本科国家级规划教材

环境保护与可持续发展

（第三版）

钱 易 唐孝炎 主编

中国教育出版传媒集团

高等教育出版社·北京

内容简介

本书第一版是"面向 21 世纪课程教材",并荣获 2002 年全国普通高等学校优秀教材一等奖。本书第二版是"十二五"普通高等教育本科国家级规划教材。本书第三版是在前两版的基础上,根据当前学科发展和教学需求,由中国工程院钱易院士和唐孝炎院士主持修订而成。

本书共分三篇,上篇,当代资源、生态与环境问题,分设资源短缺、生态退化、环境污染和全球环境问题四章;中篇,可持续发展理论及进展,分设可持续发展战略的由来与实质、可持续发展的基本理论、可持续发展的评价指标体系、环境伦理观的产生及主要内容、环境伦理观与人类行为方式、生态文明的诞生与意义六章;下篇,环境保护与可持续发展的实施途径,分设环境污染防治、清洁生产、生态保护、循环经济与循环型社会、碳达峰与碳中和、生态文明建设途径与实践创新、环境管理、环境法治、国际环境公约及履约九章。

本书可作为高等学校非环境类专业环境教育公共课教材,也可供从事环境保护的管理人员和关注环境保护事业的人员阅读。

图书在版编目(CIP)数据

环境保护与可持续发展 / 钱易,唐孝炎主编.
3 版. -- 北京:高等教育出版社,2024.9. -- ISBN
978-7-04-062548-6

I. X22

中国国家版本馆 CIP 数据核字第 2024SK3916 号

Huanjing Baohu yu Kechixu Fazhan

策划编辑	陈正雄	责任编辑	曹 瑛	封面设计	李树龙	版式设计	马 云
插图绘制	黄云燕	责任校对	刘丽娴	责任印制	刘思涵		

出版发行	高等教育出版社	网 址	http://www.hep.edu.cn
社 址	北京市西城区德外大街 4 号		http://www.hep.com.cn
邮政编码	100120	网上订购	http://www.hepmall.com.cn
印 刷	高教社(天津)印务有限公司		http://www.hepmall.com
开 本	787mm×1092mm 1/16		http://www.hepmall.cn
印 张	29.75	版 次	2000 年 7 月第 1 版
字 数	710 千字		2024 年 9 月第 3 版
购书热线	010-58581118	印 次	2024 年 9 月第 1 次印刷
咨询电话	400-810-0598	定 价	60.00 元

本书如有缺页、倒页、脱页等质量问题,请到所购图书销售部门联系调换
版权所有 侵权必究
物 料 号 62548-00

第三版序言

将宣传、推广环境保护和可持续发展的理念及实践作为通识教育内容已经是共识，"环境保护与可持续发展"课程是高等学校绿色教学系列课的重要组成部分。作为该课程的国家级规划教材，《环境保护与可持续发展》（第一版）出版已20余年，第二版也已出版10余年，被国内近百所高校选作教材和参考书，累计印刷38万册，成为环境科学与工程类专业及相关专业使用非常广泛的通识教材。

改革开放以来，中国把节约资源和保护环境确立为基本国策，把可持续发展确立为国家战略，大力推进社会主义生态文明建设。在习近平生态文明思想指引下，中国坚定不移走生态优先、绿色发展之路，促进经济社会发展全面绿色转型，建设人与自然和谐共生的现代化，美丽中国建设迈出重大步伐。近年来，全球和中国面临新的环境问题，可持续发展理念在不断完善，相关数据也在不断更新，颁布法律规范增多，基于此，清华大学和北京大学编写组从2020年开始多次商议，决定对本书进行第三次修订。

本次修订将原有内容进行了调整，并更新完善了新的理论、技术与相关数据。增加了"碳达峰与碳中和""生态文明的诞生与意义""生态文明建设途径"三章；新增了"土地资源""土壤污染""新污染物""土壤污染防治""污水资源化、城市矿山"等节；完善2010—2022年期间国内外环境质量、污染控制数据，对国内外环境质量的发展趋势进行了系统评述。此外，本书还增加了部分插图和通俗简练的案例介绍，以增强可读性。

《环境保护与可持续发展》（第三版）共分三篇。上篇主要阐述当前资源、生态与环境问题，包括：资源短缺、生态退化、环境污染和全球环境问题共四章；中篇聚焦可持续发展战略及相关认识，包括：可持续发展战略的由来与实质、可持续发展的基本理论、可持续发展的评价指标体系、环境伦理观的产生及主要内容、环境伦理与人类行为方式、生态文明的诞生与意义共六章；下篇从实现环境保护与可持续发展角度，介绍各种手段与途径，包括环境污染防治、清洁生产、生态保护、循环经济与循环型社会、碳达峰与碳中和、生态文明建设途径与实践创新、环境管理、环境法治和国际环境公约及履约共九章。

《环境保护与可持续发展》（第三版）由清华大学和北京大学多名教师共同编写，各篇章的作者是：

序言：钱易；

上篇首语：钱易；第一章，何苗、梁鹏；第二章，黄艺；第三章，何苗、梁鹏；第四章，邵敏；中篇首语，钱易；第五章，李诗刚；第六章，石磊、朱俊明；第七章，王奇；第八章，钱易、李淼；第九章，温东辉；第十章，田金平；下篇首语，唐孝炎；第十一章，梁鹏、刘艳臣；第十二章，石磊、田金平；第十三章，黄艺；第十四章，石磊、曾现来；第十五章，石磊；第十六章，田金平；第十七章，李文军；第十八章，王明远；第十九章，刘建国、胡建信。本书在编写过程中，得到了清华大学和北京大学多位教师的协助和指导，包括张远航、张天柱、陈吕军、王书肖、蒋建国、刘欢、赵明、张芳、吴清茹、陈超、覃栎。全书由梁鹏、刘永统稿，由钱易、唐孝炎主编。

东北师范大学盛连喜教授审阅全部书稿，提出许多宝贵意见和建议。高等教育出版社陈正雄编审和曹瑛副编审为本书的编写和出版付出了辛勤的劳动。在此一并表示诚挚的感谢。

由于环境保护与可持续发展的理论广泛，涉及政治、法律、经济、文化、科技等众多领域，相关知识更新迅速，再限于作者水平，本书错误、遗漏之处在所难免，敬请各高等学校的师生、研究者和广大读者批评指正。

主编
2023 年 7 月

第二版序言

十年前，基于对保护环境的高度关切和对可持续发展战略的强烈信心，我们倡议在高等学校中开设面向各专业、各学科的公共课"环境保护与可持续发展"，并编写了教材。该教材为"面向 21 世纪课程教材"，于 2000 年 7 月正式出版。据统计，至今已经印刷了 18 次共计 25 万册，被全国多所高等院校采用。这表明本书和此课程符合学习和实践科学发展观的需要，受到了广泛的欢迎。

十年来，我国在科学发展观的指引下取得了飞快的发展和惊人的进步，在转变经济增长模式，发展循环经济，建设资源节约、环境友好型社会等方面提出了明确的目标，制定了一系列法规和政策，进行了大量的工作，出现了一批令人鼓舞的样板企业、城市和地区，受到了世人的瞩目和承认。但也不能否认，目前我国存在的环境问题还相当严重，水资源的短缺和水环境的污染，大气质量的低下和对人体健康的影响，生态的破坏和生物多样性的减少，二氧化碳的大量排放和全球气候变化的影响日益明显。应该看到，还有很多人，包括政府官员、企业家和一般公众，仍然自觉或不自觉地把经济发展与环境保护对立起来，注重经济发展，轻视环境保护，在追求经济效益的同时损害了环境，使可持续发展战略不能得到真正的实施。可以说，为了贯彻落实全面、协调、可持续的科学发展观，我们要走的路还很长、很长。

还必须强调的是，为了保护环境，走可持续发展的道路，起根本作用也是最迫切需要的是全民的觉醒和一致行动。青年一代是未来的主人，他们的意识、信念、伦理、知识，将决定世界及中国的未来。因此，我们坚定地认为，在高等学校开设"环境保护与可持续发展"公共课应该是一个长期坚持的、奋斗不懈的事业。也正是出于这个信念，加上注意到十年来国内外在保护环境与实施可持续发展战略方面的丰富的经验和教训，我们对《环境保护与可持续发展》教材进行了修订。

《环境保护与可持续发展》（第二版）共分四篇。第一篇，当代资源、生态与环境问题，内分：资源短缺、生态系统退化、环境污染和全球环境问题四章；第二篇，可持续发展理论及进展，内分：可持续发展的由来、可持续发展的基本理论、可持续发展的评价指标体系和循环经济与循环型社会四章；第三篇，环境保护与可持续发展的实施途径，内分：环境法治、环境管理、生态环境保护、清洁生产、环境污染防治和国际环境公约及履约六章；第四篇，环境伦理观，内分：环境伦理观的产生及主要内容、环境伦理观与人类活动方式两章。

本书由北京大学和清华大学的一些教师共同编写，各篇章的作者是：序言：钱易；第一篇篇首语：唐孝炎，第一章：何苗，第二章：黄艺，第三章：何苗，第四章：邵敏；第二篇篇首语：钱易，第五章：李诗刚，第六章：石磊，第七章：王奇，第八章：石磊；第三篇篇首语：唐孝炎，第九章：王明远，第十章：李文军，第十一章：黄艺，第十二章：石磊，第十三章：何苗，第十四章：邵敏、胡建信、刘建国；第四篇篇首语：钱易，第十五章：钱易，第十六章：温东辉。全书由何苗、李文军统稿，由钱易、唐孝炎主编。

担任本书责任编辑的陈文副编审，为本书的编写和出版付出了辛勤的劳动，在此表示诚挚的感谢。

由于环境保护与可持续发展战略的内容广泛，涉及政治、法律、经济、文化、科技等众多领域，再限于作者水平，本书错误、遗漏之处在所难免，敬请各高等学校的师生和其他有关人士批评指正。

主编

2010 年 1 月于北京

第一版序言

在迎接 21 世纪到来的历史性时刻，人们无不回顾着人类在过去的岁月中取得的辉煌成就。由于科学技术的不断进步，世界经济的迅猛发展，人类社会发生了翻天覆地的变化，先人的许多梦想已经或正在逐步变成现实。这是很令人欢欣鼓舞的。

但人类在 20 世纪中叶开始了一场新的觉醒，那就是对环境问题的认识。残酷的现实告诉人们，人类经济水平的提高和物质享受的增加，在很大程度上是以牺牲环境与资源换取得来的。环境污染、生态破坏、资源短缺、酸雨蔓延、全球气候变化、臭氧层出现空洞……正是由于人类在发展中对自然环境采取了不公允、不友好的态度和做法的结果。而环境与资源作为人类生存和发展的基础和保障，正通过上述种种问题对人类进行着报复。可以毫不夸张地说，人类正遭受着严重环境问题的威胁和危害。这种威胁和危害关系到当今人类的健康、生存与发展，更危及地球的命运和人类的前途。

经验教训促进了人类的严肃思考。环境问题既是由于人类对环境的不正确态度所造成，也就只能依靠改变人类对环境的态度来解决。20 世纪的历史必然会记录下 60 年代以来的一系列重大事件，其中最突出的是联合国召开的两次大会：1972 年在瑞典斯德哥尔摩召开的人类环境会议和 1992 年在巴西里约热内卢召开的环境与发展大会。两次大会的主要成果是明确了保护环境必须成为全人类的一致行动，保护环境主要应改变发展的模式，将经济发展与保护环境协调起来，走可持续发展的道路。

环境科学技术在新形势下应运而生且不断发展进步，主要包括为加深对生态环境本质认识的各项科学和技术，为防治环境问题的出现及危害的各项科学和技术，以及为保护环境所采取的政治、法律、经济、行政、教育的各项专门知识和手段。高等学校内环境保护专业、系科、学院及环境科学研究院所如雨后春笋般涌现。环境科学、技术与工程已经成为社会关注的热点。

然而，环境科学技术虽然是保护环境所必不可少和迫切需要的，却远不是唯一有效的。为了保护环境，走可持续发展的道路，起根本作用也是最迫切需要的是全人类的觉醒和一致行动。从高层的决策人物到普通的老百姓，从工、农、商、学、兵各行业到政治、法律、经济、文化、科技各界，无一例外地与环境问题密切相关，并对环境保护起重要的作用。尤其是年轻的下一代，他们将是未来世界的主人，他们的意识、伦理、知识、信念，都将极大程度地决定世界的未来。

这就是我们倡议在高等学校各专业、各学科开设"环境保护与可持续发展"公共课的出发点。本书正是为这门课而准备的。

本书的主要内容包括：人类、环境与生态系统；当代资源和环境问题；可持续发展战略的理论与实施；环境伦理观；环境保护的主要途径；以及旨在预防污染的清洁生产。本书的特点是，它融社会科学和自然科学为一体；涉及了科学知识和思想意识；既揭露了问题，总结了教训，又论述了人类对这些问题进行严肃思考的结论，阐明了解决问题、寻求光明前景的战略和措施。"环境保护与可持续发展"这门课无意凌驾于其他课程之上，但希望它会对其他课程发生密切的联系并产生一定的影响。

　　本书是由北京大学和清华大学的一些教师共同编写的。各篇章的作者是：序言：钱易；第一篇：黄润华；第二篇篇首语：唐孝炎，第四章：郭怀成、黄润华，第五章：钱易、郝吉明、聂永丰、余刚（按写作的节次排列，下同），第六章：郭怀成、第七章：唐孝炎、邵敏、任久长、黄润华；第三篇第八章、第九章：李诗刚；第四篇第十章：胡伟希；第五篇篇首语：栾胜基，第十一章：栾胜基，第十二章：王明远，第十三章：唐剑武，第十四章：黄霞、郝吉明、聂永丰，第十五章：任久长，第十六章：唐孝炎、谢绍东；第六篇第十七章至第二十章：席德立；结语：钱易。本书第二篇由邵敏统稿，第五篇由郝吉明统稿。全书由唐孝炎、钱易主编。

　　在本书编写过程中得到了以陈静生、傅国伟两位教授为首的审稿委员会的指导和帮助，审稿委员会成员有：王玉庆、王耀先、林又槟、金毓荃、张晓健、康慕谊、张月娥。担任本书责任编辑的陈文副编审，为本书的编写和出版付出了辛勤的劳动。在此谨一并表示诚挚的感谢。

　　由于可持续发展是一项全新的战略，编写这本书是一个全新的尝试，遗漏、错误在所难免，敬请读者和有关人士批评指正。

编者

1999.12

目　录

上篇　当代资源、生态与环境问题

中篇　可持续发展理论及进展

下篇 环境保护与可持续发展的实施途径

当代资源、生态与环境问题

　　人类出现后，在为了生存而与自然界的斗争中，运用自己的智慧和劳动，不断地改造自然，创造和改善自己的生存条件。同时，将经过改造及使用的自然物和各种废弃物还给自然界，使它们又进入自然界参与物质循环和能量流动过程。其中，有些成分会引起环境质量的下降，影响人类和其他生物的生存和发展，从而产生了环境问题。

　　环境问题可以说自古就有。产业革命后，社会生产力的迅速发展、机器的广泛使用，为人类创造了大量财富，而工业生产排放的废弃物却进入环境。环境本身是有一定的自净能力的，但是当废弃物的产生量越来越大，超过环境的自净能力时，就会影响环境质量，造成环境污染。尤其是第二次世界大战以后，社会生产力突飞猛进。工业动力的使用猛增，产品种类和产品数量急剧增加，农业开垦的强度和农药使用的数量也迅速扩大，致使许多国家普遍发生了严重的环境污染和生态破坏问题。同时，随着全球人口的急剧增长和经济的快速发展，资源需求也与日俱增，人类正受到某些资源短缺和耗竭的严重挑战。资源和环境问题威胁着人类的生存和持续发展。

环境污染往往是由局地向区域，再向全球逐步发展的。20世纪四五十年代人们刚刚开始认识环境污染，首先发现局地污染，然后发展到区域污染，到20世纪八九十年代全球环境问题已经提上议事日程，受到了全世界的关注。中国对环境污染的认识要比发达国家晚20多年，也是经过了局地→区域→全球的过程。目前，各个国家除了密切关注本国的环境问题之外，已经对区域和全球的环境问题给予广泛的关注。

资源与环境问题是当今世界人类面临的重要问题。这些问题是多方面的，本篇讨论的资源与环境问题主要是由于人类利用资源和环境不当，造成人类社会发展中与自然不相协调所致。本篇主要针对当前已经存在的矛盾，着重介绍资源短缺、环境污染和生态破坏方面的主要问题。这三者其实是互相密切关联的。为了能清楚说明问题的所在，本篇将分别进行讨论。由于全球环境问题关系到全人类和子孙后代的利益，本篇将单设一章叙述。

第一章　资源短缺

【导读】本章述及的资源是自然资源，即天然存在的自然物质，如水资源、土地资源、能源与矿产资源等，是人类生存和发展的必要条件。自然资源分为不可再生资源与可再生资源，前者在人类社会不断扩大的需求下，可能出现耗竭。此外，资源空间分布不均衡，一定程度上也加剧了资源短缺。本章将围绕资源短缺，介绍全球和我国的水资源、土地资源、能源与矿产资源状况，阐述各种资源的特点、分析其短缺的原因和当前面临的问题。

第一节　水　资　源

水是基础性的自然资源，是战略性的社会经济资源。水是生命的摇篮，生物的进化就是从水生向陆生发展的，人类的发展也无不与水密切相关。人类的古代文明发源地都在河谷地带。在人类的历史上，从依山傍水而建的古代城市，到蓬勃发展的现代化大都市，水都发挥了重要的作用。

长期以来，人们普遍认为水资源是大自然赋予人类的，取之不尽，用之不竭。因此，不加爱惜，肆意浪费。但近年来越来越严重的水危机已经警示人们要珍惜水资源，否则我们将面临危险的局面。

水资源问题在全世界引起广泛重视始于 20 世纪后半叶，许多国家用水量急剧上升，一些地区出现水危机，这引起世界有关组织对水资源问题及其影响的重视与探讨。为此，联合国在 1977 年召开世界水会议，把水资源问题提高到全球的战略高度考虑。但是，随着人口膨胀、工业发展、城市化、集约农业的发展和人们生活的改善，水的供需矛盾越来越突出。1991 年国际水资源协会（International Water Resources Association，IWRA）在摩洛哥召开的第七届世界水资源大会上，提出"在干旱半干旱地区国际河流和其他水源地的使用权可能成为两国间战争的导火线"的警告。1998 年世界环境与发展委员会（World Commission on Environment and Development，WCED）在一份报告中指出："水资源正在取代石油而成为在全世界范围引起危机的主要问题"。最新的调查报告表明，现在全世界 13% 的人口（约 8 亿），尚未拥有充足的食物和水。21 世纪面临的最大挑战之一即是为逐渐增长的人口提供所需的水，同时平衡不同需水者之间的需求。

为了应对上述越来越突出的水资源问题，联合国于 2003 年首次发布《联合国世界水发展报告》，并于 2006 年 3 月在墨西哥召开的第四届"世界水资源论坛"上公布了《联合国世界水发展报告》（Ⅱ），这份报告的标题为"水——我们共同的责任"，对全球淡水资源做了迄今为止最为全面的分析和评估。报告援引最新数据和图表，深入分析了世界各地的水资源状况，通过 17 个案例研究分析了典型的水资源问题，深入探讨了水资源及其管理政策的各个层面，并对可持续利用、提高使用效率和精心管理日渐稀少的淡水资源提出了多项建议。

一、全球淡水资源

地球上水的总量并不小，包括高含盐量的咸水和淡水。但与人类生产生活关系密切又容易开发利用的淡水资源仅占全球总水量的 0.3%，主要为河流、湖泊和地下水。图 1-1 列出了世界水资源的分布状况。

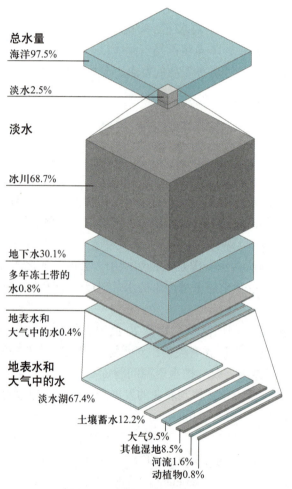

图 1-1   世界水资源分布状况

（引自：联合国环境规划署（UNEP）. 全球环境展望（4），2007，4.）

陆地上的淡水资源分布很不均匀。空间上，世界各大洲的自然条件不同，降水、径流和水资源概况差异较大。世界河流平均年径流量为 468 500 亿立方米，其中亚洲的径流量最大，占 30.76%；其次是南美洲，占 25.1%；南极洲最小，只占 4.93%。各大陆水资源分布都是不均匀的：一方面欧洲和亚洲集中了全球 72.19% 的人口，而仅拥有世界河流径流量的 37.61%；另一方面，南美洲人口占全球的 5.89%，却拥有世界河流径流量的 25.1%。水资源在时间尺度上也具有挑战性，干旱季节水资源缺乏，问题突出。淡水资源的分布极不均衡，导致一些国家和地区严重缺水。北非和西亚许多国家降雨量小，蒸发量大，因此径流量很小，人均及单位土地的淡水占有量都极小；相反，冰岛、厄瓜多尔、印度尼西亚等国家，以每公顷土地计的径流量比贫水国高出 1 000 倍以上。

目前世界水资源正面临日益短缺和匮乏的现实，表现为：

（1）世界上许多河流濒临枯竭 2006 年发布的《联合国水资源发展报告》显示，世界各地主要河流正以惊人的速度走向干涸，全球 500 条主要河流中至少有一半严重枯竭或被污染。滋养着人类文明的河流在许多地方被掠夺式开发利用，加之工业化、城市化及集约农业的迅速发展，大量截留河流之水，未来的水资源将面临更为严重的威胁。

（2）许多河流受到不同程度的污染 全球经济的快速发展使许多水域和河流受到严重污染。污染的河流致使农业灌溉用水、饮用水源及工业用水的安全保障受到威胁，受损的河流区域生态系统使 1/5 的淡水水生生物濒临灭绝。

（3）全球气候变化引发一些地区的水文异常 气候变化对全球水资源产生了一定的影响。据研究，北纬 30° 到南纬 30° 地区的降水量将可能增加，但许多热带和亚热带地区的降水量则可能减少并变得不稳定。干旱、泥石流、台风等将可能增加，而河流在枯水期的流量将可能进一步减小。最近的估算表明，今后一段时间的气候变化将使全球水紧张程度提高 20%。

水资源短缺的现实与目前不合理的开发利用方式密切相关，表现为：

（1）水资源的供需矛盾持续增加 全球用水量在 20 世纪增长了 6 倍，其增长速度是人口增速的 2 倍，持续增长的全球用水需求是水资源短缺的核心问题。农业用水供需矛盾更加紧张，到 2030 年，全球粮食需求将提高 55%，这意味着需要更多的灌溉用水，而这部分用水已经占到全球人类淡水消耗的近 70%。同时城市用水更加紧张，2007 年，全球有将近一半人口居住在城镇，到 2030 年，城镇人口将增加近 2/3，造成城市用水需求激增。

（2）用水浪费严重加剧了水资源短缺 在不发达地区和国家，由于技术设备和生产工艺落后，工业生产用水的浪费十分惊人，造成了工业水耗过高；农业灌溉设备工程落后造成了灌溉漏失率过高，浪费水资源；在城市用水中，由于输水管道和卫生设备渗漏，造成了大量水资源的浪费。

世界范围内水资源短缺不仅制约着经济发展，影响着人类赖以生存的粮食的产量，直接损害着人们的身体健康。还需要指出的是，为争夺水资源，在一些地区经常会发生流血冲突。如水资源匮乏就是西亚、非洲等国家和地区关系紧张的重要根源，同一条河流的上游、下游国家常可能因为水量或水质问题而发生争执。

二、中国水资源形势

中国的水资源总量为 2.8 万亿立方米，居世界第 6 位，但中国的人均水资源占有量 2 200 m³，仅为世界人均水资源占有量的 1/4，居世界第 110 位，属水资源短缺的国家。

除水资源不足外，中国的水资源还存在十分严重的地区分布不均匀性。水资源的分布趋势是东南多西北少，相差悬殊。长江流域、珠江流域、浙闽台诸河和西南诸河等流域的耕地面积只占全国耕地面积的36.59%，但水资源占有量却占全国总量的81%，人均水资源占有量约为全国平均值的1.6倍，平均每公顷耕地占有的水资源量则为全国平均值的2.2倍；而北方的辽河、海河、黄河，以及淮河四个流域耕地较多，人口密度大，但水资源占有量仅为全国总量的19%，人均水资源占有量约为全国平均值的19%，平均每公顷耕地占有的水资源量则为全国平均值的15%。因此，中国北方很多地区和城市缺水现象十分严重。

另外，江河泥沙含量高是我国水资源的一个突出问题。中国西部地区是长江、黄河、珠江和众多国际河流的发源地，地形高差大，又有大面积的黄土高原和岩溶山地，自然因素加上长时间的人为破坏，使很多地区水土流失严重，对当地的土地资源和生态环境造成严重危害，也使许多江河携带大量泥沙，黄河的高含沙量更是世界之最。这些问题增加了中国江河治理、水资源开发利用的复杂性。

1. 中国农业缺水状况

中国是农业大国，农业用水占全国用水总量的2/3左右。目前全国有效灌溉面积约为0.481亿公顷，约占全国耕地面积的51.2%，近一半的耕地得不到灌溉，其中位于北方的无灌溉耕地约占72%。河北、山东和河南缺水最为严重；西北地区缺水量也不小，而且区域内大部分为黄土高原，人烟稀少，改善灌溉系统的难度较大；宁夏、内蒙古的沿黄灌区以及汉中盆地、河西走廊一带，则急需扩大灌溉面积。中国农业用水的利用效率不高，仅为40%，远低于发达国家的80%，粗放式的用水方式导致水资源更为紧张。

2. 中国城市缺水状况

城市是人口密集和工业、商业活动频繁的地区，城市缺水在中国表现十分突出。近20多年来，随着城市化率的不断提高、城镇人口和建成区面积的显著增加，城市工业和服务业的快速发展，许多地区和城市的原有水资源已经不能满足城市生产、生活的用水需求，部分城市的饮水安全已经受到威胁，接连出现了资源型和水质型缺水危机，城市缺水已经成为社会可持续发展的重要制约因素。据住房和城乡建设部2006年公布的数据，全国600多座城市中有400多座供水不足，110多座严重缺水；14个沿海开放城市中，有9个严重缺水。北京、天津、青岛、大连、深圳等城市缺水最为严重；地处水乡的上海、苏州、无锡、重庆等出现水质型缺水。目前，中国城市的年缺水量已远远超过60亿立方米。为促进城市化的健康发展，解决城市"水困境"已成为一个不容忽视的重大命题。

在中国全面建成小康社会的进程中，社会经济要有更好更快的发展，城镇化水平要继续提高，城市水资源将面临更加严峻的形势，水安全保障问题会更加突出并有可能影响国家的安全格局。第七次全国人口普查统计，2020年城镇人口比重达64%，城镇人口增加到9.02亿，在采取有效节水措施的前提下用水量仍然要比2004年有较大的增加。而到了2030年，人均水资源将下降到1 700 m^3，接近国际警戒线。水资源的安全保障是关系到城市的生存和可持续发展的重大问题之一。

3. 中国西北地区严重缺水

中国西北地区的资源型缺水问题已成为制约该地区发展的主要因素。中国西北地区地域辽阔，农业资源丰富，耕地面积占全国耕地总面积的 38.1%，林地面积占全国林地总面积的 52.1%，是中国主要的农产品生产地。然而西北地区由于地处干旱半干旱气候带，降水量稀少，十分干旱，生态环境极其脆弱。而对水资源不合理的开发利用更使本已脆弱的生态系统雪上加霜。一方面，该地区降水少蒸发多，水资源极度短缺，为满足生活生产需要，人们对水资源过度开发且保护不力，使该地区的生态进一步恶化。2001 年西北地区水资源开发利用率为 38.3%，已接近国际上公认的 40% 的警戒线。不少内陆河流和经济较为发达的地区水资源处于过度开发状态，如石羊河流域水资源开发利用率高达 154%，黑河流域为 112%，塔里木河流域为 79%，准噶尔盆地为 80%，湟水流域和关中地区均超过 60%。另一方面，西北地区农业用水利用率很低，多采用明渠引水、大水漫灌的方式灌溉，灌溉单位用水量极高，每公顷农田灌溉水量 1.35 万立方米，个别地区高达 2.25 万 ~ 3 万立方米，水资源使用率不足 50%，严重浪费了本已紧张的水资源，加剧了生态环境的恶化，造成河流水量减少，土地日见干旱，耕地沙化、土壤次生盐碱化加重，灌区盐碱化面积已占有效灌溉面积的 15% ~ 30%，仅甘肃、宁夏、青海和新疆四省区的盐渍化土地就达 1 574 万平方千米。

第二节　土　地　资　源

土地是人类赖以生存的空间，人类社会的发展离不开对土地资源的利用和改造。

一、世界土地资源现状

土地作为一种资源，具有两个主要属性：面积和质量。

在全球 51 000 万平方千米总面积中，无冰雪覆盖的陆地面积为 13 300 万平方千米。然而，考虑到土地的质量属性，上述数字必然大打折扣。

所谓土地质量，从农业利用的角度来看，包括土地的地理分布、土层薄厚、肥力高低、水源远近等，这些属性对于农业生产都有着不同程度的影响。从工矿和城乡建设用地的角度，还要考虑地基的稳定性、承压性能和受地质地貌（火山、地震、滑坡等）、气象灾害（干旱、暴雨、大风等）威胁的程度等。在土地质量的诸要素中，还有一个重要的因素，即土地的可达性，包括土地离现有居民点的远近，以及道路和交通情况等因素，这些因素影响着劳动力与农机具到达该土地所消耗的时间和能量。

考虑上述因素，则陆地面积中大约有 20% 处于极地和高寒地区，20% 处于干旱地区，20% 处于山地陡坡、10% 因岩石裸露缺乏土壤。以上几项，共占陆地面积的 70%，这部分土地在利用上存在着不同程度的限制因素，地理学家和生态学家称之为"限制性环境"。其余 30% 土地限制性较小，适宜人类居住和利用，包括可耕地和住宅、工矿、交通、文教及军事用地。

分布在地球不同地理位置的土地资源，由于组成的复杂性和地区的特殊性，状况十分复杂。地带性是世界上土地资源分布的主要特征，从整体看，土地资源沿纬度延伸，大致可划分为若干个自然地带，表 1–1 中汇总了全球不同地区的土地资源概况。从表中可见，世界土地资源的地理条件差异很大，再加之人口、民族以及各国社会经济条件的不同，土地资源的利用特征也不尽相同。但综合分析，世界范围内各区域都面临土地资源匮乏的局面。

表 1–1 全球不同地区的土地资源概况

项目	土地总面积 / km²	耕地 /%			永久性草地 /%			森林覆盖率 /%			人口密度 / （人·km⁻²）
年份	2018	2005	2010	2018	2005	2010	2018	2005	2010	2018	2019
北美洲	18 523 740	11.10	10.50	10.60	0.20	0.20	0.20	35.30	35.40	35.50	17
亚洲	31 103 020	16.10	15.90	16.00	2.30	2.60	2.90	19.30	19.70	19.90	31
欧洲	22 137 500	12.60	12.40	12.30	0.70	0.70	0.70	45.50	45.80	45.90	22
南美洲	17 461 720	5.80	6.40	6.90	1.00	1.00	1.00	51.30	49.80	48.60	17
非洲	29 883 670	7.20	7.60	8.10	1.00	1.10	1.20	23.30	22.70	21.60	30
大洋洲	8 496 130	3.20	3.10	3.80	0.20	0.20	0.20	21.50	21.30	21.80	8

二、世界土地资源问题

1. 世界人口增加对土地资源构成了巨大的压力

土地资源具有固定的人口承载力（population supporting capacity of land）。土地的人口承载力是指在一定范围内、一定的生产力水平与人口数量、人均需求水平的基础上，以土地持续利用为前提，通过对土地生产潜力分析所得到的一个国家或地区利用其自身土地资源所能持续供养的人口数量。联合国粮食及农业组织（Food and Agriculture Organization of the United Nations，FAO）对全球的 117 个发展中国家的土地人口承载力进行了分析，评估结果显示这 117 个发展中国家中大部分国家人口的增长超出了土地承载能力，55% 的国家土地与人口之间呈现危机状况。

据联合国人口机构预测，到 2050 年，世界人口可能达到 94 亿，全世界人口迅猛发展，使土地的人口负荷系数（为某国家或地区人口平均密度与世界人口平均密度之比）每年增加 2%，若按农用面积计算，其负荷系数增加 6% ~ 7%，这意味着人口的增长将给本来就十分紧张的土地资源，特别是耕地资源造成更大的压力。

2. 世界土地资源的数量不断减少

据有关资料表明，全世界每年有近 500 万公顷的土地被工业或其他项目占用，世界大城市的面积正以比人口增长速率高出两倍的速率发展；同时全球的农业用地却在逐年减少，美国农业经济学界普遍认为，人均耕地占有量不足 0.4 hm² 时难以保障粮食安全供给，而如今世界人均耕地仅为 0.23 hm²，且还在不断下降，耕地锐减的形势给人类的生存和发展敲响了警钟。

3. 世界土地资源的质量逐步恶化

当前，人类的不合理开发使用造成了全球土地资源质量的下降。土地资源的地力衰退主要表现在养分的缺失。据统计，世界土地养分不足的面积约占陆地总面积的 23%。

全球范围内水土流失情况严重。水土流失是土地资源遭受破坏带来的结果，而水土流失又反过来影响土地资源的质量。全世界每年有 700 万～900 万公顷农田因水土流失丧失生产能力，全球河流每年将大约 240 亿吨泥沙带入大海，还有几十亿吨流失的土壤在河流河床和水坝中淤积。同时世界范围内土壤盐渍化加重、土地资源沙漠化趋势在扩展，全球沙化、半沙化面积逐年增加，土壤污染加剧，这些都使全球的土地资源质量严重下降。

如上所述，人类已经并将继续面临土地资源日益匮乏的问题，人类必须在控制人口增长、制止耕地损失方面采取有力的措施，保护日益稀少的土地资源。

三、中国土地资源

中国土地资源的特点是：① 土地总量较大，人均占有量少。中国陆地总面积约占全世界陆地面积的 1/15，位居世界第 3 位。② 山地多，平原少。③ 土地类型较多，土地适宜性差别大。土地所处的区位、地质、地形、气候、土壤和生物等因素的制约，致使中国土地区域差异性较大，类型较多。④ 农业用地比重偏低，人均占有耕地少，中国农业用地只占土地总面积的 56% 左右，低于世界平均水平（66%）。人均耕地面积约有 0.10 hm^2，有些地区如上海、北京、天津、广东和福建等地甚至低于联合国粮农组织提出的人均 0.05 hm^2 的最低界限。⑤ 利用难度大的土地面积比例大，在土地总面积中，戈壁、沙漠、冰川、永久冻土、石山和裸地等约占 28%。另外，还有沼泽、滩涂、荒漠和荒山等，开发利用需要进行大量投入，后备土地资源不足。

中国近年来由于工业化、城市化加快，投资规模逐年加大，各项建设用地需求量大，建设也占用了相当数量的耕地，这些造成了中国耕地面积锐减。据中国自然资源部的报告统计，"十五"期间，全国耕地面积净减少 616.31 万公顷（9 240 万亩），由 2000 年 10 月底的 1.28 亿公顷（19.24 亿亩）减至 2005 年 10 月底的 1.21 亿公顷（18.31 亿亩），年均净减少耕地 123.26 万公顷（1 848 万亩）。同时人口的持续增长给中国的土地资源构成了严重的压力。中国土地资源的发展趋势不仅仅在于资源人均占有量和总资源数量的日益减少，土地资源质量下降的现象更令人担忧，水土流失、荒漠化及石漠化也呈现加剧的趋势。《第三次全国国土调查主要数据公报》显示 2019 年年末我国耕地面积为 19.18 亿亩。根据《全国国土规划纲要（2016—2030）》确定的"2020 年全国耕地保有量目标为 18.65 亿亩，2030 年全国耕地保有量目标为 18.25 亿亩"，从全国层面看，我国耕地数量实现了国家规划确定的保有量目标。

可见，中国的土地资源形势严峻，一方面在人口增长与经济发展压力下，土地资源短缺状况日益突出，另一方面，土地资源利用粗放、浪费严重，以及土地资源管理不当，加剧了形势的严峻性。因此，必须优先保护土地资源，合理开发利用我国土地资源，实现土地资源的持续利用。

第三节   能   源

　　能源是人类社会赖以生存和发展的重要物质基础，其开发利用极大地推进了世界经济和人类社会的发展。纵观人类社会发展的历史，人类文明的每一次重大进步都伴随着能源利用的改进和更替。过去 200 多年，建立在煤炭、石油、天然气等化石燃料基础上的能源体系极大地推动了人类社会的发展。然而，人们也越来越感到大规模使用化石燃料所带来的严重后果：资源日益枯竭，环境日渐恶化，政治经济纠纷不断，甚至诱发战争，导致全球气候变化。

一、能源分类

　　对能源有不同的分类方法。

1. 按能量蕴藏方式分类

　　根据能量蕴藏方式的不同，可将其分为三大类。

　　（1）第一类：来自地球以外的太阳能。人类现在使用的能量主要来自太阳能，故太阳有"能源之母"之称。现在除了直接利用太阳的辐射能之外，还大量间接使用太阳能源。例如，目前使用最多的煤炭、石油、天然气等化石能源，就是千百万年前绿色植物经光合作用形成有机质，在漫长的地质变迁中所形成的。此外，如生物质能、风能、海洋能、雷电等，也都是太阳能经过某些方式转化而形成的。

　　（2）第二类：地球自身蕴藏的能量，主要指地热及原子能燃料，还包括地震、火山喷发和温泉等自然呈现出的能量。地球上的核裂变燃料和核聚变燃料是原子能的储存体，即使将来每年耗能比现在多 1 000 倍，这些核燃料也足够人类使用 100 亿年。

　　（3）第三类：地球和其他天体引力相互作用而形成的，主要指地球和太阳、月球等天体间有规律运动而形成的潮汐能。

2. 按能源相互比较的方法分类

　　能源也可按照相互比较的方法进行分类，包括四种情形。

　　（1）一次能源与二次能源：在自然界中天然存在的，可直接取得而不改变其基本形态的能源称为一次能源，如煤炭、石油、天然气、风能、地热能等；由一次能源经过加工转换成另一种形态的能源产品称为二次能源，如电力、煤气、蒸汽以及各种石油制品。

　　（2）可再生能源与非再生能源：在自然界中可以不断再生并有规律地得到补充的能源称为可再生能源，如太阳能和由太阳能转换而成的水能、风能、生物质能等，它们可以循环再生，不会因长期使用而减少；经过亿万年形成的、短时间内无法恢复的能源称为不可再生能源，如煤炭、石油、天然气、核燃料等，它们随着大规模的开采利用，储量越来越少，总有枯竭之时。

　　（3）常规能源与新能源：在相当长的历史时期和一定科学技术水平下，已经被人类长期广泛利用的能源为常规能源，如煤炭、石油、天然气、水能、电力等。新近开发并有发展前途的能源为新能源或替代能源，如太阳能、地热能等。

（4）燃料能源与非燃料能源：属于燃料能源的有矿物燃料（煤、石油等）、生物燃料（薪柴、沼气、有机废物等）、化工燃料和核燃料四类。非燃料能源多数具有机械能，如水能、风能等，有的含有热能，有的含有光能。

从能源使用对环境污染的大小，又把无污染或污染小的能源称为清洁能源，如太阳能、水能、氢能等。

二、世界能源利用现状及问题

全球能源分布是不均衡的，每个国家的能源结构差异非常大，这种能源分布的不均衡给世界的政治、经济格局带来了重大的影响。

在常规能源中，地球上的煤炭资源主要分布在北半球，集中在北美洲、中国和俄罗斯及周边地区，约占世界总储量的55%；从已探明的石油储量看，世界总储量是2 444亿吨，目前有七大储区，第一大储油区是西亚地区，后续分别为拉丁美洲、北美洲、俄罗斯及周边地区、非洲、西欧、东南亚，七大油区占世界石油总量的95%。据英国石油公司提供的资料，在全世界一次能源供应总量构成中，石油占31%，煤炭占27%，天然气占24%，可再生能源占14%，核能占4%。可见目前世界上的主要能源结构是以化石能源为主的。但使用化石能源排放的CO_2是主要的温室气体，全球气候变暖的威胁正要求人类减少化石能源的使用量。

全球化石能源的未来不容乐观。19世纪70年代的产业革命以后，全球的化石燃料消费急剧增大。时至今日，地质学家和经济学家都在评估全球化石能源开始匮乏的时间，表1-2列举了常规能源占全球能耗的比例及可用年限，可见，化石能源将耗尽是无可争辩的事实。

表1-2 常规能源占全球能耗的比例及可用年限

能源结构	占全球能耗的比例/%	可用年限/年
煤炭	27	139[*]
石油	31	53.5[*]
天然气	24	48.8[*]

[*]由储产比（R/P ratio）计算获得。储产比是指用能源的当年探明剩余储量除以当年的产量，获得结果是，如果按照当年的生产速率，该能源的剩余储量可以持续使用的年限。表格中的数据来源为英国石油公司提供的2020年的数据。

目前，全球范围面临能源危机和能源挑战。在能源利用方面的现状和主要问题体现在四个方面。

（1）能源结构：由于资源分布的差异，各个国家的能源结构差异很大。据英国石油公司2021年的能源统计资料，经济合作发展组织的地区，包括欧洲和北美洲，是可燃性可再生能源的主要使用地区，这几个地区使用的总和达到了总数的58.6%。煤炭资源丰富的发展中国家，能源消费以煤炭为主，如中国的煤炭消费比重是54.7%，印度是56.7%；石油在发达国家能源消费中所占的比重均在 35% 以上，如美国是 38.0%，日本是 37.3%；天然气资源丰富的国家则多利用天然气，如俄罗斯天然气在能源消费中所占的比重为 54.6%。

（2）能源效率：欠发达国家技术落后，导致其能源效率不高，与发达国家的差距很大。例如，中国的单位产值能耗 [t（标煤）/百万美元] 为 319，而美国为 138，欧洲国家为 118，日本为 119。因此，提高能源效率是缓解能源危机的一个重要途径。

（3）能源环境：能源利用会产出一系列的环境问题，如温室效应、酸雨等，能源的开采等过程中也会造成植被破坏、水土流失等生态问题。能源与经济、环境与社会问题交织在一起，对人类可持续发展提出了严峻的挑战。

（4）能源安全：1974 年世界发达国家成立的国际能源组织（International Energy Agency，IEA）正式提出能源安全的概念，其核心是要保障能源的可靠供应。而现今的能源安全已成为国家经济安全的重要方面，不仅包括能源供应的安全，也包括能源生产与使用所造成的环境污染的治理。能源安全与国家战略、全球政治和实力等密切相关，甚至成为目前地区性战争的焦点和根源。

三、中国能源利用现状及问题

1. 中国能源资源的现状

（1）能源总量比较丰富，但人均拥有量低：中国拥有较为丰富的化石能源，其中煤炭占主导地位。2020 年，煤炭资源保有量 1 432 亿吨，剩余已探明可采储量约占世界的 13.3%，列世界第四位；已探明的石油、天然气资源储量相对不足；油页岩、煤层气等非常规化石能源储量潜力较大。中国拥有较为丰富的可再生能源，水力资源理论蕴藏量折合年发电量为 6.19 万亿千瓦时，经济可开发年发电量约 1.76 万亿千瓦时，相当于世界水力资源量的 12%，列世界首位。人均能源拥有量在世界上处于较低水平，煤炭和水力资源人均拥有量相当于世界平均水平的 50%；石油、天然气人均资源量仅为世界平均水平的 1/15；耕地资源不足世界人均水平的 30%，这制约了生物质能源的开发。

（2）能源赋存分布不均衡：中国能源分布广泛但不均衡，煤炭资源主要赋存于华北、西北地区，水力资源主要分布在西南地区，石油、天然气资源主要赋存于东、中、西部地区和海域。中国主要的能源消费地区集中在东南沿海经济发达地区，资源赋存与能源消费地域存在明显差别。大规模、长距离的北煤南运、北油南运、西气东输、西电东送，是中国能源流向的显著特征和能源运输的基本格局。

（3）能源开发难度较大：与世界相比，中国煤炭资源地质开采条件较差，大部分需要井下开采，极少量可供露天开采。石油、天然气资源地质条件复杂，埋藏深，勘探开发技术要求较高。未开发的水力资源多集中在西南部的高山深谷，远离负荷中心，开发难度和成本较大。非常规能源资源勘探程度低，经济性较差，缺乏竞争力。

2. 中国能源存在的问题

随着中国经济的发展和工业化、城镇化进程的加快，能源需求不断增长，构建稳定、经济、清洁、安全的能源供应体系面临着重大挑战，突出表现在以下两方面。

（1）资源约束突出，能源效率偏低：中国优质能源相对不足，制约了供应能力的提高；能源分布不均，也增加了持续稳定供应的难度；经济增长方式粗放、能源结构不合理、能源技术装备水平低和管理水平相对落后，导致单位国内生产总值能耗和主要耗能产品能耗高于主要能源消费国家平均水平，进一步加剧了能源供需矛盾。单纯依靠增加能源供应，难以满足持续增长的消费需求。

（2）能源消费以煤为主，环境压力加大：煤炭是中国的主要能源，以煤为主的能源结构在未来相当长时期内难以改变。煤炭生产方式和消费方式，加大了环境保护的压力。煤炭的开采会造成地表沉陷、水资源污染、植被退化等问题；而煤炭消费是造成煤烟型大气污染的主要原因，也是温室气体的主要来源。在目前碳达峰和碳中和的目标之下，我国的能源结构使温室气体减排行动面临巨大挑战。

中国政府 2020 年发表的《新时代的中国能源发展》，总结了我国能源发展取得的历史成就，并详细介绍了全面推进能源消费方式变革、建设多元清洁的能源供应体系、发挥科技创新第一动力作用、全面深化能源体制改革、全方位加强能源国际合作等政策措施。

正在快速增长的中国经济，面临着有限的化石燃料资源和更高的环境保护要求的严峻挑战，因此，坚持节能优先、提高能源效率、优化能源结构、依靠科技进步开发新能源、保护生态环境，将是中国长期的能源发展战略。

第四节　矿　产　资　源

一、矿产资源及其特点

矿产资源是地壳形成后，经过几千万年、几亿年甚至几十亿年的地质作用而形成，露于地表或埋藏于地下的具有利用价值的自然资源。矿产资源是人类生活资料与生产资料的主要来源，是人类生存和社会发展的重要物质基础，充当目前 95% 以上的能源、80% 以上的工业原料、70% 以上的农业生产资料。20 世纪 60 年代之后，人类对矿产资源开发和利用的量急剧增长，矿产资源在现代工业生产和国民经济发展中起到越来越重要的作用。据联合国环境规划署 2019 年《全球资源展望》报告，全球金属矿石的使用自 1970 年以来每年以 2.7% 的速率增加，从 1970 年的 26 亿吨增加到 2017 年的 91 亿吨，反映了金属在建筑业、基础设施、制造业和日用消费品方面的重要性。全球 GDP 增长与矿产资源需求增长基本是同步的，包括各种金属和非金属矿产资源，这反映了人类社会发展与国家经济发展对矿产资源的依赖程度。

与其他的自然资源不同，矿产资源具有以下三个基本特点。

1. 不可再生性和耗竭性

矿产资源是在漫长的地质作用过程中形成的，人类社会相对于这样的地质过程而言，可以说是极为短暂的。因此，矿产资源基本上都是不可再生的、有限的耗竭性自然资源。

2. 区域性分布不平衡

矿产资源具有显著的地域分布特点。例如，我国的煤矿集中分布于北方，磷矿集中分布于南方；世界上的石油多集中分布于海湾地区。矿产资源这种分布不平衡的特点，决定了其成为一种在国际经济、政治中具有高度竞争性的特殊资源。

3. 动态性

矿产资源是在一定科学技术水平下可利用的自然资源，矿产资源的储量和利用水平随着科学技术、经济社会的发展而不断变化。甚至原本认为不是矿产资源的，现在却可以作为矿产资源予以利用。

二、中国的矿产资源

1. 中国矿产资源的特点

中国地质条件复杂，具有多种矿产的成矿条件，矿产资源十分丰富，种类齐全，居世界领先地位。截至 2020 年底，已发现矿产 173 种，已探明有储量的矿产 159 种，其中能源矿产 13 种，金属矿产 59 种，非金属矿产 95 种，水汽矿产 6 种，探明储量潜在价值仅次于美国和俄罗斯，居世界第三位，是世界上矿产资源最丰富、矿种配套最齐全的少数几个国家之一。但由于人口基数大，中国人均矿产资源占有量仅为世界人均占有量的 58%，居世界第 53 位，从这方面看，中国又是一个资源相对贫乏的国家。

2. 中国矿产资源存在的问题

（1）矿产资源种类多、储量总量大、人均水平低：中国一些重要矿产品位偏低，贫劣资源比重大。如中国的铁矿平均品位只有 33%，比世界铁矿平均品位低 11 个百分点；锰矿平均品位 22%，不到世界商品矿石工业标准（48%）的一半。

（2）组分复杂的共伴生矿产多：有 80 多种矿产含共伴生资源储量，以有色金属矿产最为普遍。

（3）大宗支柱性矿产储量不足：国内矿产资源保证程度持续下降，重要矿产资源对外的依赖程度越来越大。中国 45 种矿产到 2020 年可以保证的有 24 种，基本保证的 2 种，短缺的 10 种，严重短缺的 9 种。目前中国主要矿产储量的增长远低于开采量的增长，产量增长又低于消费量的增长。国家经济建设所需要的重要矿产如石油、铁矿石、铜等矿产进口量持续攀升，对国际原材料市场的依赖程度越来越高。我国原油产量 2022 年达到 2.05 亿吨，相比于 2010 年的 2.03 亿吨，增长了 1%；2022 年天然气产量约 2 200 亿立方米，年增产量连续六年超百亿立方米；2022 年我国铁矿石原矿产量为 9.68 亿吨，进口量超过国内生产量的 80%；我国是全球最主要的精炼铜产量增长贡献国，2022 年我国精铜产量在全球占比达到 43.1%，位居世界首位，其中进口量超过国内生产量的 70%。

（4）矿产资源利用率低，矿区生态环境破坏严重：中国金属矿山采选回收率平均比国际水平低 10%～20%；约有 2/3 具有共生、伴生有用组分的矿山未开展综合利用，已综合回收的矿山，资源综合利用率仅为 20%；尾矿利用率仅达 10%。金属矿山附近尾矿废弃物排放达 50 亿吨；煤矸石达 40 亿吨，并以每年 4 亿～5 亿吨的排放量剧增；选矿废水不经处理即排放，污染了水体和土壤；全国复垦率仅为 20%；绿色矿山技术的开发和应用迫在眉睫。

（5）矿产资源需求对外依存度高：我国关键矿产高度依赖国外，其中石油、铁、铜、镍、钴、铌、钽、铂族、铀等 12 种战略性矿产对外依存度超过了 70%。未来，我国能源资源综合进口依存度仍将呈不断上升趋势，大量依赖进口的局面将长期存在。

目前，中国经济增长和矿产资源消费处于同步增长的阶段。随着中国工业化进程的不断加大，中国后备资源储量的增长速率已经滞后于消耗速率，矿产资源对经济社会的支持力度正呈下降趋势。

3. "城市矿产" 资源的涌现

随着地下矿产资源的开采，大量的物质经消费利用报废变成了固体废物。"城市矿产" 是指工业化和城镇化过程中产生和蕴藏于废旧机电设备、电线电缆、通信工具、汽车、家电、电子产品、金属和塑料包装物以及废料中，可循环利用的钢铁、有色金属、贵金属、塑料、橡胶等资源。

随着自然矿产资源的短缺和 "城市矿产" 资源的增长，以 "城市矿产" 为主的固体废物再生资源将成为未来资源供给的主要来源。开展 "城市矿产" 循环利用不仅是缓解资源瓶颈约束的有效途径、减轻环境污染的重要措施，也是发展循环经济的重要内容和培育新的经济增长点的客观要求。

 思考题

1. 简述自然资源的基本属性，思考社会发展与自然资源之间的关系。
2. 简述人类当前面临的水危机状况，思考水资源可持续利用的途径与方式。
3. 简述世界土地资源分布的特征，思考如何协调世界人口与土地资源之间的关系。
4. 简述能源分类形式，思考如何实现能源的可持续利用。
5. 简述新能源类型，思考我国能源发展战略。
6. 简述我国矿产资源状况及变化趋势，思考如何保护我们的矿产资源。

 参考文献

［1］联合国教科文组织世界水评估计划 . 联合国世界水发展报告［R］. 2015—2023.

［2］国务院第三次全国国土调查领导小组办公室，自然资源部，国家统计局 . 第三次全国国土调查主要数据公报［R］. 2018.

［3］联合国环境规划署 . 全球资源展望［R］. 2019.

［4］国务院新闻办公室 . 新时代的中国能源发展［R］. 2020.

第二章 生态退化

【导读】生态系统是生物成分和非生物成分通过能量流动和物质循环而相互联系所形成的功能单位。当外界干扰在系统的耐受范围内时，生态系统的自我调节和恢复功能可使其恢复到原来的状态，或者达到新的平衡。当外界干扰强度过大或干扰时间过长时，生物种类、数量发生明显下降，功能趋于简单，系统演替处于退化趋势。近代以来，人类对于生态系统的影响已从直接破坏转变为影响力更大的气候变化、环境污染等间接破坏，对地球生物圈造成广泛的压力，导致生态系统的全面退化。本章将在介绍生态系统基本概念的基础上，分别按自然生态系统和人工生态系统陈述生态系统的现状。其中，自然生态系统按照联合国环境规划署"千年生态系统评估"的系统分类，人工生态系统选择城市为代表，并通过专栏介绍相关研究领域的新知识和新成果。

专栏 2-1　联合国千年生态系统评估

千年生态系统评估（Millennium Ecosystem Assessment，MA）是联合国在可持续发展战略框架下，对世界资源利用现状、发展趋势以及对人类影响的一次综合评估。由联合国秘书长安南于 2000 年提出，联合国环境规划署、开发计划署、世界银行等机构和生物多样性公约、防止荒漠化公约等组织共同发起的评估计划。

千年生态系统评估的目标，是通过对全球、区域、国家、局地不同尺度的生态进行评估，为决策者提供生态系统演变状况、生态系统变化对其所支撑的生命系统所造成的影响、人类响应生态系统变化的政策措施等科学信息，从而指导和影响决策者，以达到改善自然和人工生态系统的目的。

2005 年 3 月 30 日，联合国发布了"千年生态系统评估"成果。综合报告《生态系统与人类福利》（Ecosystem and Human Well-Being）所发布的主要信息有以下几方面。

1. 生态系统服务能力在不断下降

（1）三分之一生态系统的服务受到一定程度的降低或破坏；

（2）生态系统呈现非线性变化：过去的 50 年里，人类对生态系统的改变超过历史上任何时间段；

（3）贫困与生态系统服务密切相关：国家、地区、人群间的贫富差距不断扩大，而贫困人群因其生存对生态系统服务能力的依存性最强，成为生态系统供应能力下降与破坏的最直接受害者。

2. 引起生态系统改变的重要因素多样

（1）间接驱动力

（a）人口的急剧增长，增加资源和环境的总消耗量；

（b）人均收入的增加和生活水平的总体提高，增大了对自然资源的人均索取量；

（c）妇女地位的提高，民主决策的加强，多方环境协议的制定等，使社会政治驱动力作为影响决策的力量，向着有利于生态保护的方向发展；

（d）人们的价值观、信仰和准则，影响人们的消费行为和环境认知价值，间接驱动着生态系统的变化；

（e）科学的进步与技术的发展在推动经济发展的同时，对生态系统产生正反两方面的效应。技术进步使大部分农产品的单位产量得到提高，而技术发达又使砍伐森林的能力提高，海洋捕鱼的广度与深度加大，导致森林系统与海洋系统的破坏比以往更为广泛与迅速。

（2）直接驱动力

（a）栖息地被改变；

（b）过度开发；

（c）全球气候变暖。

评估结果显示，经济与社会的进步对生态系统变化的影响仍难以估量。虽然可持续发展提了多年，但全球生态系统及其供应能力并没有好转，全球环境恶化的趋势亦没有得到根本的改变，贫困与饥饿、资源浪费、生态破坏等现象依然非常严重。

第一节　生态系统的基本概念

系统是由各自独立又相互联系、相互作用的组分构成的统一整体。小至细胞大至宇宙，都可称为系统。生态系统是由一定空间范围内生物群落及其生存环境共同组成的动态平衡系统。生物群落由存在于生态系统内互相依存的动物、植物、微生物组成。

自然界中的生态系统多种多样且大小不一，小至一滴湖水、一条小沟、一个小池塘、一个叶片，大至森林、草原、湖泊、海洋以至整个生物圈，都是一个生态系统。从人类的角度理解，生态系统包括人类本身和人类的生命支持系统——大气、水、生物、土壤、岩石，这些要素也在互相作用构成一个整体，即人类的自然环境。人类是生态系统一个不可分割的组成部分，生态系统是地球生命支持系统的基本组成部分，其状况与变化趋势对生态系统服务以及人类福祉具有决定性影响。

除了上述自然生态系统以外，还存在许多由人类的活动而产生的生态系统，即所谓的人工生态系统，它包括城市、农业、养殖等系统。人工生态系统还包括一些特殊的微系统，如宇宙飞船和用于生态学试验的美国生物圈一号封闭系统。

任何生态系统都具有以下三个特性：

（1）具有能量流动、物质循环和信息传递三大功能。生态系统内能量的流动通常是单向的，不可逆转；物质的流动是循环式的；信息传递包括物理信息、化学信息、营养信息和行为信息，构成一个复杂的信息网。

（2）具有自我调节的能力。生态系统受到外力的胁迫或破坏，在一定范围内可以自行调节和恢复。系统内物种数目越多，结构越复杂，则自我调节能力越强。

（3）是一种动态系统。任何生态系统都有其发生和发展的过程，经历着由简单到复杂，从幼年到成熟的过程。

一、生态系统的组成、结构和类型

（一）生态系统的组成和结构

生态系统的种类多样，其组成成分也非常繁杂。从生态系统各组分的性质可以将其分为两大类，即非生物组分和生物组分。

1. 非生物组分

非生物组分是指生命以外的环境因素，主要有四个方面。

（1）太阳辐射（solar radiation）：主要指来自太阳的直射和散射辐射，是生态系统的主要能源。太阳辐射能通过自养生物的光合作用被转化为有机物中的化学能。同时，太阳辐射也为生态系统中的生物提供生存所需的温热条件。

（2）无机物质（inorganic substance）：生态系统环境中的无机物质，一部分指来自大气的氧、二氧化碳、氮、水及其他物质，另一部分指来自土壤中的氮、磷、钾、钙、硫、镁、水、氧和二氧化碳等。

（3）有机物质（organic substance）：生态系统环境中的有机物质，主要指来源于生物残体、排泄物及植物根系分泌物等的含碳化合物，如蛋白质、糖类、脂类和腐殖质等。它们是连接生物与非生物组分的物质。

（4）土壤（soil）：土壤是无机物和有机物的储藏库，是支持陆生植物最重要的基质，是微生物、动物的主要栖息地。

2. 生物组分

生物组分是指生态系统中的动物、植物、微生物等；根据各生物组分在生态系统中在物质循环和能量转化过程所起的作用，以及它们取得营养方式的不同，又将其细分为生产者、消费者和分解者三大功能类群。

（1）生产者（producer）：主要指能用简单的无机物制造有机物的自养型生物，包括所有能进行光合作用的绿色植物和一些化能合成细菌。绿色植物通过叶绿素捕获太阳能，化能细菌通过氧化特定无机物获得能源，把从环境所摄取的无机物质合成为有机物质——糖类、脂肪和蛋白质等，从而将能源转化为生物化学能储藏在有机物中。这种首次将能量和物质输入生态系统的同化过程称为初级生产（primary production），这类以简单无机物为原料制造有机物的自养者被称初级生产者（primary producer），在生态系统的构成中起着主导作用，直接影响生态系统的存在和发展。

（2）消费者（consumer）：指除了微生物以外的异养生物，主要是依赖初级生产者或其他生物为物质和能源的各种动物。根据食性的不同，又分为草食性动物、肉食性动物、寄生动物、腐生动物和杂食动物5种类型。

（3）分解者（decomposer）：主要是指以动物残体为生的异养微生物，包括真菌、细菌、放线菌，也包括一些原生动物和腐食性动物，如甲虫、蠕虫、白蚂蚁和一些软体动物。分解者又被称为还原者，能使构成有机成分的元素和储备的能量通过分解作用释放归还到周围环境中去，在物质循环、废物消除和土壤肥力形成中发挥巨大的作用。

消费者和分解者依赖初级生产者提供能量和养分，通过细胞代谢进行再生产和再利用形成生物量的过程称为次级生产（secondary production）。消费者和分解者作为异养生物被统称为次级生产者（secondary producer）。在健康的生态系统内，物质在各组分之间有序循环，能量在各组分之间迅速流动（图 2-1）。

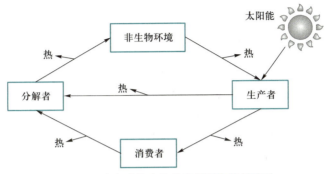

图 2-1 生态系统中的物质循环和能量流动

（二）生态系统的类型

生态系统类型众多，可根据生态系统的起源、生境特征等属性划分为不同的生态系统类型。

根据人类干扰程度可分为自然生态系统、半人工生态系统和人工生态系统。自然生态系统指未受人类干预和扶持，在一定空间和时间范围内，依靠生物和环境本身的自我调节能力来维持相对稳定的生态系统，如原始森林、海洋、冻原等生态系统；人工生态系统指按人类的需求而建立，受人类活动强烈干预的生态系统，如城市、农田、人工林、人工气候室等；半人工生态系统指经过了人为干预，但仍保持了一定自然状态的生态系统，如天然放牧的草原、人类经营和管理的天然林等。

在生态学研究中，多根据环境性质和地理特征的不同，将生态系统分为水域生态系统和陆地生态系统两大类型。二者还可进一步细分为更多种的生态系统（图 2-2）。

图 2-2 不同生态系统类型

二、食物链和食物网

各种生物之间存在着取食和被取食的关系，这就是食物链（food chain）。通过这种关系，能量在生态系统内传递。我国民谚所说的"大鱼吃小鱼，小鱼吃虾米"就是食物链的生动写照。例如，青草→昆虫→小鸟→鹰构成一条食物链，青草→野兔→狐狸也是一条食物链。

在自然界中，实际存在的取食关系要复杂得多。例如，小鸟不仅吃昆虫，也吃野果；野兔不仅被狐狸捕食，也被其他食肉兽捕食。因此，许多食物链经常互相交叉，形成一张无形的网络，把许多生物包括在内，这种复杂的捕食关系就是食物网（food web）。

一般来说，食物网越复杂，生态系统就越稳定，当食物网中某个环节（物种）缺失时，其他相应环节能起补偿作用。相反，食物网越简单，则生态系统越不稳定。例如，某个生态系统中只有一条食物链：林草→鹿→狼。如果狼被消灭，没有天敌的鹿大量繁殖，超过林草的承载力，草地和森林遭到破坏，鹿群也被饿死，结果是整个生态系统的破坏。这种情况在美国亚利桑那州一个林区就曾经发生过。如果那个林区不仅仅只有林草→鹿→狼，还存在另一种食肉动物，鹿群的大量增长就能刺激其他食肉动物的繁殖，从而减少鹿群的数量，使生态系统得以维持。

生态系统中的食物链很多，主要的是捕食食物链和碎食食物链。前者以活的动植物为起点，后者以死的生物或腐屑为起点。在陆地生态系统和大部分水域生态系统中，能量流动主要通过碎食食物链，通过捕食食物链流动的净初级生产量占比非常小。只有在某些水域生态系统中，如在一些由浮游藻类和滤食性原生动物组成的食物链的湖泊中，捕食食物链才成为能量流动的主要渠道。

三、营养级和生态金字塔

尽管食物链和食物网在理论上反映了生态系统中物种和物种间的营养关系，但这种关系是如此复杂，迄今尚未有一种食物网能如实地反映自然界食物网的复杂性。为了研究的方便和更真实地描述生态系统中的能量流动和物质循环，生态学家提出了营养级的概念。

营养级指食物链中的一个环节，它是处于食物链同一环节上所有生物物种的总和，因此也称为营养物种。例如，所有绿色植物和自养生物均处于食物链的第一环节，构成第一营养级；所有以生产者为食的动物属于第二营养级，又称植食动物营养级；所有以动物为食的肉食动物为第三营养级；以下还可能有第四（第二级肉食营养级）和第五营养级等。生态系统中的物质和能量就这样通过营养级向上传递。

但是，当能量在食物网中流动时，其转移效率很低。下面营养级所储存的能量只有大约10%能够被上一营养级所利用。其余大部分能量被消耗在该营养级的呼吸作用上，以热量的形式释放到环境中。这在生态学上被称为10%定律或1/10律。图2-3的生物量金字塔和能量金字塔显示了这条定律。

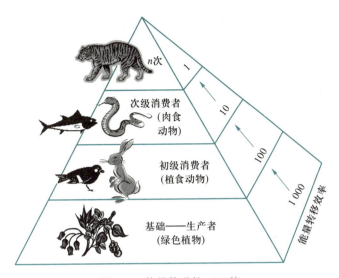

图 2-3 能量传递的 1/10 律

（引自：祝廷成等．植物群落生态学．北京：高等教育出版社，1993．）

四、生态系统的功能

生态系统具有三大功能：能量流动、物质循环和信息传递。

（一）能量流动

地球是一个开放系统，存在着能量的输入和输出。能量输入的根本来源是太阳能，食物链中的"食物"是光合作用新固定和储存的太阳能，化石燃料则是过去地质年代固定和储存的太阳能。

光合作用是植物固定太阳能的有效途径，其全过程很复杂，包括 100 多步化学反应，但其反应式却非常简明：

$$6CO_2 + 6H_2O \xrightarrow[\text{光照}]{\text{叶绿体}} C_6H_{12}O_6 + 6O_2$$

能够通过光合作用制造食物分子（有机质）的植物被称为"自养生物"，主要是绿色植物。其他生物靠自养生物取得其生存所必需的食物分子，这些生物称为"异养生物"。例如，食草的动物和昆虫是绿色植物的消费者。它们无法固定太阳能，只能直接（食草兽）或间接（食肉兽）从绿色植物中获取富能的化学物质，然后通过"呼吸作用"把能量从这些化学物质中释放出来。

呼吸作用也包括 70 多步化学反应，其总反应式亦非常简明：

$$C_6H_{12}O_6 + 6O_2 \xrightarrow{\text{酶}} ATP + 6CO_2 + 6H_2O$$

生成物中的 ATP 即三磷酸腺苷是生物化学反应中通用的能量，可保存能量供细胞未来之需，也可以构成和补充细胞的结构以及执行各种各样的细胞功能。

生态系统中的能量流动按热力学第一定律和第二定律进行。根据热力学第一定律，能量可以从一种形式转化为另一种形式，在转化过程中，能量既不会消失，也不会增加，这就是能量守恒原理。根据热力学第二定律，能量的流动总是从集中到分散，从能量高向能量低的方向传递，在传递过程中总会有一部分能量成为无用能被释放出去。

地球生物圈能量的转移是热力学定律的极好说明。据测定，进入地球大气圈的太阳能为每分钟 8.368 J/cm^2。其中约 30% 被反射回外太空，20% 被大气吸收，其余的 46% 到达地面。地球表面上大部分地区没有植物，到达绿色植物上的太阳辐射只占 10% 左右。植物叶面又反射一部分，能被植物利用的太阳能只有 1% 左右。就是利用这极其微小的部分太阳能，绿色植物每年制造出 $1\,500 \times 10^8 \sim 2\,000 \times 10^8$ t 有机物质（干重），提供给包括人类在内的全球消费者。绿色植物实现了从辐射能向化学能的转化，然后以有机质的形式通过食物链把能量传递给草食性动物，再传递给肉食性动物。动植物死亡后，其躯体被微生物分解，把复杂的有机物转化为简单的无机物，同时把有机物中储存的能量释放到环境中去。生产者、消费者和分解者的呼吸作用也要消耗部分能量，被消耗的能量也以热量的形式释放到环境中。这就是地球生态系统中的能量流动（图 2-4）。

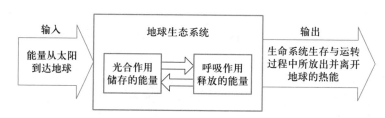

图 2-4　地球生态系统中的能量流动

（引自：Sutton D B，Harman N P．Ecology：Selected Concepts，1973.）

大自然赋予生物以多样性使生态系统更加和谐。由于存在着这种多样性，每种生物都会在生态系统中找到适宜的栖息地。当某种病害袭来时，只有某些敏感的物种遭到伤害。灾害过后，幸存的物种可能使生态系统得以复苏。不幸的是，这种生态平衡虽然很精巧，但很脆弱，易遭外力破坏。人类虽无力改变热力学定律，但往往能轻易地破坏生态金字塔和生物多样性，使不少地区陷入"生态危机"中。

（二）物质循环

有机体中几乎可以找到地壳中存在的全部 90 多种天然元素。但生物学研究表明，生命必需的元素只有大约 24 种，即碳、氧、氮、氢、钙、硫、磷、钠、钾、氯、镁、铁、碘、铜、锰、锌、钴、铬、锡、钼、氟、硅、硒、钒，可能还有镍、溴、铝和硼。上述元素中的 4 种，即碳、氢、氧和氮占生物有机体组成的 99% 以上，在生命中起着关键的作用，被称为"关键元素"或"能量元素"。其他元素分为两类：常量（大量）元素和微量元素。其中，微量元素虽然数量少，但其作用不亚于常量元素，缺少微量元素动植物就不能生长；反之，微量元素过多也会造成危害。当前的环境污染问题中，有些就是由于某些微量元素过多所导致。

生物圈中碳、氮、硫、磷的循环在生命活动中起着重要作用，下面分别予以介绍。

1. 碳循环

碳是构成生物体的基本元素，占生物总质量约 25%。在无机环境中，以二氧化碳和碳酸盐的形式存在。生态系统的碳循环包括以下三种形式（图 2-5）。

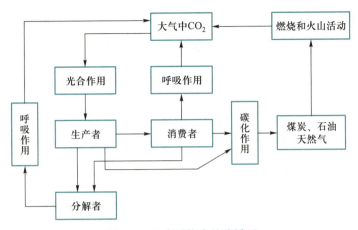

图 2-5 生态系统中的碳循环

(引自：祝廷成等. 植物群落生态学. 北京：高等教育出版社，1993.)

生态系统中碳循环的基本形式是大气中的 CO_2 通过生产者的光合作用生产糖类，其中一部分作为能量为植物本身所消耗，植物呼吸作用或发酵过程中产生的 CO_2 通过叶片和根部释放回到大气圈，然后再被植物利用。

糖类的另一部分被动物消耗，食物氧化产生的 CO_2 通过动物的呼吸作用回到大气圈。动物死后，经微生物分解产生 CO_2 也回到大气中，再被植物利用。这是碳循环的第二种形式。

生物残体埋藏在地层中，经漫长的地质作用形成煤炭、石油和天然气等化石燃料。它们通过燃烧和火山活动放出大量 CO_2，进入生态系统的碳循环。这是碳循环的第三种形式。

2. 氮循环

氮是形成蛋白质、氨基酸和核酸的主要成分，是生命的基本元素。

大气中含量丰富的氮绝大部分不能被生物直接利用。大气氮进入生物有机体的主要途径有四种：① 生物固氮（豆科植物、细菌、藻类等）；② 工业固氮（合成氨）；③ 岩浆固氮（火山活动）；④ 大气固氮（闪电、宇宙线作用）。其中第一种能使大气氮直接进入生物有机体，其他则以氮肥的形式或随雨水间接地进入生物有机体。

进入植物体内的氮化合物与复杂的碳化合物结合形成氨基酸，随后形成蛋白质和核酸，构成植物有机体的重要组成部分。植物死亡后，一部分氮直接回归土壤，经微生物分解重新被植物利用；另一部分作为食物进入动物体内，动物的排泄物和尸体经微生物分解后归还土壤或大气，从而完成氮循环（图 2-6）。

在全球氮循环中，通过上述 4 种途径的固氮作用，每年进入生物圈的氮为 92×10^6 t，经反硝化作用（含氮化合物还原成亚硝酸盐和氮气的过程）回归大气的氮每年为 83×10^6 t。二者之差 9×10^6 t 代表着生物圈固氮的速率，这些被固定的氮分布在土壤、海洋、河流、湖泊、地下水和生物体中。

3. 硫循环

地球中的硫大部分储存在岩石、矿物和海底沉积物中，以黄铁矿、石膏和水合硫酸钙的形式存在。

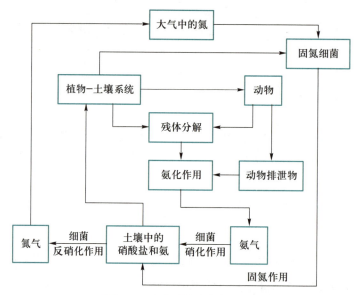

图 2-6 生态系统中的氮循环

（引自：Miller G T. Living in the Environment. Wadsworth，1996.）

大气圈中天然源的硫包括 H_2S、SO_2 和硫酸盐。H_2S 来自火山活动、沼泽、稻田和潮滩中有机物的嫌气（缺氧）分解等途径。SO_2 来自火山喷发的气体。大气圈中硫酸盐（如硫酸铵）则来自海浪花的蒸发。

大气圈中硫的 1/3（包括硫酸盐的 99%）来自人类活动。其中 2/3 来自含硫化石燃料（煤和石油）的燃烧，其余来自炼油和冶金工业和其他工业过程。

进入大气圈的 H_2S 和 SO_2 均可氧化成 SO_3，进一步与水汽反应生成硫酸。SO_2 和 SO_3 也可与大气圈中的其他化学品反应生成亚硫酸盐和硫酸盐。这些硫酸和硫酸盐都是酸沉降的组成部分。图 2-7 显示了全球硫循环过程。

4. 磷循环

生态系统中的磷主要以磷酸盐（PO_4^{3-} 和 HPO_4^{2-}、$H_2PO_4^-$）的形式存在。磷是生物的重要营养成分，它是携带遗传信息 DNA 的组成元素，是动物骨骼、牙齿以及贝壳的重要组分。

生态系统中的磷具有不同于碳、氮和硫元素的特点。第一，它全部来源于岩石的风化作用，经破碎、溶解后进入土壤水，被植物吸收。但生态系统中可利用的磷很少，因为磷酸盐难溶于水，地球上含磷的岩石也不多。因此，在许多土壤和水体中，缺磷常常是植物生长的限制性因素。另一方面，水体中磷的过度增加又可能引起富营养化。第二，它在循环过程中和微生物的关系不像碳和氮那样大。生物死亡后，躯体中的磷酸盐逐渐释放出来，回到土壤和海洋中去。第三，磷不进行大气迁移，因为在地表的温度和压力下，磷及其化合物不以气态存在。虽然磷酸盐的颗粒能被风吹扬至远距离，但它并不是构成大气的组分。

动物从植物或其他动物中获取磷，其排泄物和遗体腐解后，其中的磷酸盐又回到土壤和水体中，最终在海底成为含磷沉积岩。经过漫长的地质作用海底抬升成为陆地，完成磷的大循环（图 2-8）。这种循环规模很大，历时漫长。

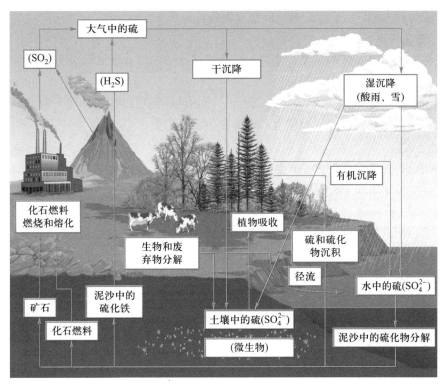

图 2-7 全球硫循环

（大英百科全书，2010）

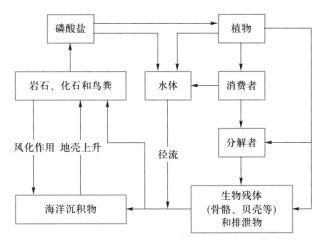

图 2-8 生态系统中的磷循环

磷由海洋到陆地循环的另一途径是通过鸟类（如鹈鹕和鸬鹚等食鱼鸟）摄取海洋生物中的磷酸盐，它们的排泄物在特殊地点形成鸟粪磷矿，是高质量的商品磷肥。当然，与磷酸盐从陆地向海的大规模迁移相比，这种反向迁移在数量上很微小。

人类对自然磷循环的干扰表现在两方面。第一，大量开采磷矿制造磷肥和洗涤剂；第二，通过农田退水、大型养殖场排水和城市污水，将大量磷酸盐排放到水环境中，造成水中蓝细菌、藻类和水生植物的爆炸性生长，在陆地淡水水体中成为"藻花"或"水华"，在海洋中成为"赤潮"，是富营养化的极端表现。

（三）信息传递

信息传递是生态系统的重要功能之一。生态系统中的信息形式可分为以下四类。

1. 物理信息

物理信息由声、光和颜色等构成。例如，动物的叫声可以传递惊慌、警告、安全和求偶等信息；某些光和颜色可以向昆虫和鱼类提供食物信息。

2. 化学信息

化学信息是由生物代谢作用产物（尤其是分泌物）组成的化学物质。同种动物间释放的化学物质能传递求偶、行踪和划定活动范围等信息。

3. 营养信息

营养信息由食物和养分构成。通过营养交换的形式，可以将信息从一个种群传递给另一个种群。食物网和食物链就是一个营养信息系统。

4. 行为信息

无论是同一种群还是不同种群，它们的个体之间都存在行为信息的表现。不同的行为动作可传递不同的信息，如某些动物以飞行姿势和舞蹈动作传递觅食和求偶信息，以鸣叫和动作传递警戒信息等。

五、生态平衡

一个健康的生态系统，其结构与功能应该处于相对稳定状态。在一定时期内，生态系统的生产者、消费者和分解者之间保持着动态平衡，系统内的能量流动和物质循环在较长时期内保持稳定的状态称为生态平衡，又称自然平衡。

如果生态系统中物质与能量的输入大于输出，其总生物量增加，反之则生物量减少。在自然状态下，生态系统的演替总是自动地向着物种多样化、结构复杂化、功能完善化的方向发展。如果没有外来因素的干扰，生态系统最终必将达到成熟的稳定阶段。稳定的生态系统，其生物种类最多，种群比例最适宜，总生物量最大，系统的内稳定性最强。

生态平衡依靠一系列反馈机制来维持，物质循环与能量流动中的任何变化，都是对系统发出的信号，会导致系统向进化或退化的方向变化。但是变化的结果又反过来影响信号本身，使信号减弱，最终使原有平衡得以保持。例如，某一森林生态系统中食叶昆虫（如松毛虫）数量增多（信号），林木因此受害。这种信号传递给食虫鸟类（如灰喜鹊），促使其大量繁殖，捕食食叶昆虫，使虫数量得到控制，于是森林生态系统的生态平衡逐渐得到恢复。而且，生态系统结构越复杂，物种越多。食物链和食物网的结构越复杂多样，能量流动与物质循环就可以通过多渠道进行。渠道之间具有相互补偿的作用，一旦某个渠道受阻，其他渠道有可能替代其功能，起着自动调节作用。当然，这种调节作用是有限度的，超过这个限度就会引起生态失调，乃至生态系统的破坏。

影响生态平衡的因素既有自然的也有人为的因素。自然因素（如火山、地震、海啸、林火、台风、泥石流和水旱灾害等）常常在短期内使生态系统破坏或毁灭。受破坏的生态系统在一定时期内有可能自然恢复或更新。人为因素包括人类有意识"改造自然"的行动和无意识对生态系统的破坏，如砍伐森林、疏干沼泽、围湖围海（垦殖）和环境污染等。这些人为因素都能破坏生态系统的结构与功能，引起生态失调，直接或间接地危害人类本身。所谓的"生态危机"大多指人类活动引起的此类生态失调。

生态平衡的破坏往往出自人类的贪欲与无知，过分地向自然索取，或对生态系统的复杂机理知之甚少而贸然采取行动。近百年来，人类在发展过程中采取了许多只顾及眼前的和局部的利益，忽略了长远的和全球利益的行动，对生物圈已经造成了深远的伤害，使得生态系统结构失衡，功能严重退化，生态系统服务功能丧失。

第二节　自然生态系统的退化

自然生态系统为人类生存和发展提供基本的物质条件，对人类福祉和社会发展起着至关重要的作用，其变化直接或间接地影响人类的健康、安全、物质需求和各种社会关系。在过去的 20 年里，人类商品生产、服务、资金、技术、信息、创意和劳动力流动范围的不断扩大，全球生态系统和生物多样性受社会经济活动的全球化、工业化的强烈影响，发生了急剧的、前所未有的变化。

▎一、海岸带生态系统的退化

海岸带生态系统是指海岸带范围内的水生生物、陆生生物和非生物组分及其相关关系构成的功能单位。海岸带（coastal zone）是海岸线向陆海两侧扩展一定宽度的带状区域，包括陆域与近岸海域，对于其范围至今尚无统一的界定。《千年生态系统评估》将海岸带定义为"海洋与陆地的界面，向海洋延伸至大陆架的中间，在大陆方向包括所有受海洋因素影响的区域；具体边界为位于平均海深 50 m 与潮流线以上 50 m 之间的区域，或者自海岸向大陆延伸 100 km 范围内的低地，包括珊瑚礁、高潮线与低潮线之间的区域、河口、滨海水产作业区，以及水草群落"。海岸带占全球陆地面积的 18%，海洋面积的 8%。由于地处水圈、岩石圈、大气圈和生物圈交汇的生态过渡带，海岸带生态系统同时兼备海洋生态系统和陆地生态系统两者的特征。海岸带生态系统包括了海岸生态系统、近海海洋生态系统、部分陆地生态系统和部分海洋湿地系统在内的 4 个子系统，拥有复杂多样的环境条件和丰富多彩的自然资源，是地球上最具生机又极度脆弱的一个多功能、多界面、多过程的生态系统。我国研究人员常把海岸带生态系统划分为 9 个生态类型，即海湾、河口、草滩湿地、海藻（草）床、红树林、珊瑚礁、海岛、一般浅海和养殖生态系。

海岸带生态系统，是人口分布最密集的区域。全球沿海地区的平均人口密度是全球平均人口密度的 2 倍。其中，1 亿多人生活在海拔高度不超过 1 m 的地方。世界 33 个大都市中有 21 个位于沿海地区，而且大部分都在发展中国家。我国约占国土陆地面积 13% 的海岸带上，集中了全国 70% 以上的大城市、50% 左右的人口和 55% 左右的国民收入。随着人口数量的日益增长和社会经济的不断繁荣，海岸带已成为政治、经济、军事上的重要地带，人流、物流、资金流和信息流的集中区域。

而海岸地区的高度城市化过程，引起了海岸线退化，红树林、珊瑚礁等面积减退，对近海岸生态系统健康形成巨大的胁迫。对海岸线的开发，使海滨、沙丘、湿地、红树林、礁岛和暗礁等能减弱自然灾害的缓冲地带急剧减少。据联合国环境规划署 2019 年发布的《全球环境展望6》，自 1980 年以来红树林面积减少了 20%~35%，目前海草栖息地的年破坏率约为 8%；全世界 70% 的珊瑚礁受到影响，有些地区的珊瑚礁每年都会发生白化。

人类活动带来的海岸带生态系统结构的剧烈变化，使该系统提供自然资源和支持环境的能力严重退化，系统脆弱性和敏感性进一步加剧。近岸海域污染导致赤潮频繁暴发，生物多样性减少，引起渔业资源衰退，海岸侵蚀与淤积导致海岸线后退，严重干扰了海岸地区的生态安全。2005 年夏天，墨西哥湾生成的飓风"卡特里娜"，在美国路易斯安那州新奥尔良市造成了巨大的生命财产损失。这是人类违反自然规律，盲目推进城市化，毁损了海岸湿地自然生态系统的缓冲能力所造成的恶果。

我国海岸带生态系统退化主要体现在海岸线后退，红树林和珊瑚礁生态系统局部退化，海岸带防护林破碎化，海岸带土地局部出现沙化和贫瘠化等方面。

组成海岸带生态系统的近海海洋，也出现了退化状态。近海海洋作为人类蛋白质的主要提供地之一，持续的过度捕捞对海洋生物多样性造成了严重影响，造成了若干物种的急剧减少和区域性灭绝，并使食肉鱼类的总生物量在 1970—2000 年之间下降了一半（52%），海洋生物种平均减少了 30%。尤其是 1950 年开始的工业化捕鱼，严重影响了近海生物资源。美国海洋生态学家，通过分析 4 个大陆架和 9 个深海生态系统近 10 年的数据发现，金枪鱼、青枪鱼、旗鱼、大比目鱼、鲨鱼和比目鱼等主要商业鱼种，在个体大小和种群数量上，已经受到了严重威胁。鱼类平均大小仅为 50 年前的 1/5 或 1/2，有些商业鱼类已濒临灭绝。

二、淡水生态系统的退化

在全球生态系统中，水和水域作为一个完整的综合生态系统，服务于人类的生存和发展。然而，第二次世界大战后的全球人口膨胀和经济高速发展，对淡水生态系统造成了前所未有的压力，使系统本身处于急剧退化的趋势中。

1. 水资源减少和用水量的增加

作为基本资源，水是世界上分布最广、数量最大的资源。但全球可利用的淡水资源有限，且分布不均。不同区域自然地理条件的差异，形成了不同的降水、径流和水文状况，从而导致水资源量在空间上的不同分布。而区域人口和经济发展，在许多地区与淡水资源的分布并不协调。例如，非洲扎伊尔河的水量占整个非洲大陆循环可利用水量的 30%，但该河主要流经人口稀少的地区，一些人口众多的地区严重缺水；美洲的亚马孙河，其径流量占南美总径流量的 60%，但它没有流经人口密集的地区，其丰富的水资源无法被充分利用。水资源与人口分布经济发展的不协调，加重了全球的缺水状况，影响了淡水生态系统提供水资源的基本服务功能。

水资源量不仅仅取决于河流径流，以及与河流径流量相关的大气降水量和蒸发量，还和人类用水量息息相关。从20世纪80年代起，世界主要河流的径流量呈持续减少的趋势。随着人口膨胀与工农业生产规模的迅速扩大，全球淡水用量迅速增长。从工业革命到现在，世界农业用水量增加了7倍，工业用水量增加了20倍，且将以每年4%~8%的速率持续增加。

自然水量的减少和人类用水的不断增加，在两个方面减少着淡水生态系统的基质。这成为维持淡水生态系统健康，保持淡水生态系统服务功能的巨大压力。

2. 水量和水质下降导致鱼类急剧减少

在淡水生态系统中，水资源量短缺的同时，农业施肥、城市废水和城区径流等污染物，加剧了水质下降。目前，高收入国家中70%的废水得到处理，而中低收入国家中平均仅8%的废水得到处理。未经收集或处理的污水排入水体中，使得全球河流稳定流量的40%左右受到影响。

淡水资源的过度开发和水质不断下降，给淡水生物种群带来了巨大的压力。2021年由世界自然基金会（World Wide Fund for Nature，WWF）、世界自然保护联盟（International Union for Conservation of Nature，IUCN）和淡水生命联盟（Alliance for Freshwater Life）等16个保护组织联合发布的报告《世界上被遗忘的鱼类》（The World's Forgotten Fishes）指出，已知有80种淡水鱼类宣布灭绝，其中仅2020年就灭绝了16种。自1970年以来，淡水洄游鱼类的数量下降了76%，大型淡水鱼类的数量下降了94%，远远高于陆地生物种群。水生物种减少的区域主要集中在澳大拉西亚界（Australasian）和新热带界[①]（Neotropical）水域（图2-9）。

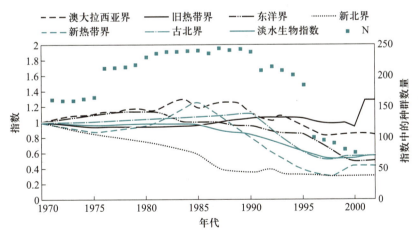

图 2-9　世界动物地理区淡水生物物种数量变化趋势图
（引自：2006年《联合国世界水发展报告》）

---

①　世界动物地理区划分为6界，即古北界、新北界、东洋界、旧热带界、新热带界和澳大拉西亚界；澳大拉西亚界包括澳大利亚大陆及附近一些岛屿；新热带界包括整个南美、中美和西印度群岛。

许多水生的珍稀和濒危物种，也面临灭绝的威胁。例如，中国长江流域特产的白鱀豚（*Lipotes vexillifer* Miller）的种群数量已从 20 世纪 80 年代的近 400 头减少至 1995 年的不足 100 头（图 2-10），到 2007 年已经难觅踪迹。根据非正式科考的偶然发现概率推断，存活在 1 000 多千米的长江中的白鱀豚不足 50 头。

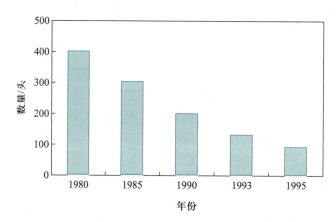

图 2-10　中国长江流域白鱀豚（*Lipotes vexillifer* Miller）种群数量变化

三、农业生态系统的退化

农业生态系统是基于人类满足自身生存需要，通过积极干预自然所形成的具有自然、社会双重属性，生态、经济、社会多种功能的半自然复合生态系统。它包括人类生产的农田系统和生活的村落环境。

农业生态系统是全球主要粮食来源，是构成人类社会存在和发展的重要基础。由于人类对农业生态系统认识的局限性和片面性，在过去的 50 年中，非可持续的发展方式已经导致全球范围内 40% 的农业生态系统出现退化。在区域和国家尺度上，土地生产力下降和土壤生物多样性衰减，削弱了农田系统提供物种的服务功能，影响长期持续的食物供应，危及区域或国家的安全。农业环境的污染，影响农产品质量，降低农村景观的观赏性，威胁人类健康、经济繁荣和社会进步。

（一）农田面积减少

农业生态系统是以村落—土壤—植物—大气连续体为基础的生产和生活系统，农业耕地（农田）为该系统的基础和核心部分。农业生态系统范围非常广泛，覆盖了全球 27% 的陆地。从全球角度来看，在大多数发达国家，农业生态系统的边缘处于持续缩小的状态。日本、澳大利亚和美国这些曾经的农业大国，在过去 20 年农业面积处于持续减少的趋势。日本的耕地面积自 1961 年以来一直呈负增长状态，年均减少 3.15×10^4 hm²。而在土地生产力不高且农业生产效率低下的发展中国家，为了满足日益增长的人口对粮食的需求，农业面积在不断增大。撒哈拉以南非洲（sub-Saharan Africa）地区就是典型例子。

我国随着工业化和城市化进程的加快，农业生态系统占据的耕地面积日趋缩减。国土资源公报数据显示，1996 年全国耕地面积为 1.3 亿公顷，到 2021 年下降到 1.28 亿公顷，人均耕地面积不到 0.1 hm²，为世界平均人均耕地面积的 40%。

在我国，沙漠化和荒漠化也是农业可耕作面积减少的主要原因之一。北方地区的江河断流、湖泊干涸、地下水位下降等导致的沙漠化，云南贵州等西南地区水土流失导致的荒（石）漠化[①]，使得农业可耕作面积急剧减少。目前我国水土流失面积已达 367 万公顷，并且以平均年增 1 万公顷的速度增加，沙漠化面积已达到 26 714 万公顷。

城市化进程，改变了农业土地利用方式，土地荒漠化使农业生态系统边界日趋缩小。随着人口增加、经济发展和对农产品需求不断增长，农业生态系统承载的压力将比以往更加严峻。

（二）土壤退化

土壤退化是指在各种自然和人为因素影响下所发生的导致土壤自然生产力和环境调控潜力持续性下降甚至完全丧失的物理、化学和生物学过程。近半个世纪以来，为了满足日益增长的人口需求，现代农业以不断提高土地的集约利用程度和增加农业生产资料的投入量来获得作物的高水平单产。这些现代农业生产措施，极大地损害了农业土壤的基本结构和功能，导致土壤退化和农业生态环境脆弱性的增加。

我国农业有五千余年的历史，传统农业中的种植业和饲养业紧密结合，通过施用有机肥保持土壤养分平衡，遵循了生态系统过程的自然运行规律，保证了农业的持续发展。但自 20 世纪 50 年代以来，为了满足日益增长的人口对粮食的需求，化肥、农药的投入使用不断增加。过去 50 余年来，我国的农田单位面积的化肥施用量从 1952 年的 0.175 kg/hm² 增加到 2006 年的 487.5 kg/hm²，一些经济发达地区甚至接近 700 kg/hm²。

虽然化肥的投入和农业生产技术水平的改进，大大促进了粮食产量的提高，但远远超出 225 kg/hm² 安全上限的化肥施用量，给农业生态系统带来了潜在威胁。长期过分依赖化肥的增产效果，导致土壤对养分的吸持能力明显减弱，农田耕作层土壤有机质含量下降，团粒结构破坏并减少，蓄水保肥能力下降。例如，有"黑土明珠"之称的黑龙江克山县黑土有机质含量已由过去的 7%～8% 减至 4%～5%，全氮含量由 0.40%～0.60% 下降到 0.25%～0.30%，且呈进一步下降趋势。过多施用化肥，养分离子大量占据土壤颗粒吸附位，使土壤的缓冲能力下降，改变土壤的酸碱度和土壤微生物结构，削弱土壤生产力和污染物自净能力，降低了农业生态系统的生态服务功能。

中国每年农药使用量达 120 万吨以上，有 7% 的农业土壤受到杀虫剂的污染。农药的大量使用，破坏了农田生态平衡，使抗药性生物成为优势种，生物多样性显著降低。农药残留通过作物累积，进入食物链，直接危害人类健康。

中国农膜使用面积已突破亿亩，残膜率 40%，年残留量高达 35 万吨。农膜残留在土壤中，在物理化学和生物作用下，逐渐破碎为微塑料，不仅影响土壤微生物活性，改变土壤理化性质，还可能进入食物链，影响人体健康。

[①] 石漠化即喀斯特荒漠化，指在热带、亚热带湿润、半湿润气候条件和岩溶及其发育背景下，受人为活动的干扰，地表植被遭受破坏，导致土壤严重流失，溶岩大面积裸露或砾石堆积的土地退化现象。石漠化是荒漠化的类型之一，主要出现在我国广西和贵州等地的碳酸岩分布区。

高度集约经营的现代农业，在加大农药、化肥、地膜投入的基础上，增加了农业产出，但导致了农田土壤退化，土地自然生产力衰竭，农业生态系统功能的降低。

（三）种植物种单一化

景观结构是指组成景观的元素（水文、地形、气候、土壤、动植物等）和组分（森林、草地、农田、水体、道路、村落等）的种类、形状、大小、数目、轮廓及空间配置。农业景观结构即农田斑块、沟渠廊道、村落基质及其之间的比例。景观结构组成的不同直接影响农业生态系统能流、物流、信息流的变化。

由于追求经济效益，现代农业都是以特定物种为主导的单元化经营。这种集约化生产方式，使农田斑块数量减少，面积加大，形成结构单一、单元规格不合理的农业景观。减少了生境组分，增加了生境斑块之间的距离，使得特定物种受天敌捕捉的可能性大大增加。

单一农业景观，减弱了系统本身的缓冲能力，导致农业生态系统抵抗自然灾害的能力越来越弱，削弱了系统对病虫危害的抵御，以及对农田小气候的改善作用，使农业生产越来越多地依赖化肥、农药和灌溉等现代技术措施，增大了农业生态系统的波动性，降低了系统的自我调控能力。我国平均每年农田受灾面积达 0.147 亿公顷，每年减产粮食总量约 400 亿千克。

（四）基因多样性减少和外来物种入侵

以高产为目的的农业选种和引种，导致地球上单一物种面积增加，极大减少了自然生态系统中的基因多样性。引种是人类在农业生产中的重大活动之一。为了提高农业产量，高产品种在世界各地得到引种和推广。优良品种的引种有效增加了农作物产量。例如，自 1955 年新疆引种高产棉花以来，其产量增加了近 70 倍。然而，普遍推广高产品种，致使许多地方种从农业生态系统中消失。据统计，20 世纪 50 年代以来，中国蔬菜品种丢失率达 40%。

生物入侵是在农田生态系统中引进新物种的另外一个生态风险。侵入中国危害较大的物种或病害包括美洲斑潜蝇、稻水象甲、马铃薯甲虫、美国白蛾、湿地松粉蚧、紫茎泽兰、薇甘菊、水花生、毒麦、假高粱、互花米草、凤眼莲、水稻细菌性条斑病、马铃薯癌肿病、大豆疫病、棉花黄萎病和玉米霜霉病等，这些都或多或少与农业品种的引进有关。由于入侵物种在本土环境中缺乏必要的制约因素，在生态系统中大量繁殖，迅速扩散，对本土农业生产和自然生态系统造成了巨大危害。

四、草地生态系统的退化

草地生态系统是以多年生耐旱、耐低温、禾草占优势的植物群落为主要生产者的陆地生态系统。它主要分布在大陆性半湿润和半干旱气候条件下的中纬度地带，是陆地生态系统中最脆弱的一个子系统。草地是维系人类生存的一种重要自然资源，也是保证全球生态系统平衡的绿色调节者。草地生态系统不仅是畜牧业基础原材料的供给者，也是畜牧业产品的生产者，并通过调节气候、维持生物多样性、减缓旱涝灾害、防治水土流失、净化环境质量等，为人类提供生态服务。特别是在干旱、高寒和其他生境严酷的地区，草地作为直接的资源提供者和环境服务者，给当地居民的健康安全和社会经济发展，提供着不可替代的支撑作用。全球气候变暖和不合适的草地开发利用，使全球约 50% 的草地退化和处于退化状态，威胁着草地生态系统健康。

中国拥有包括荒草地在内的各类天然草原近 4 亿公顷，居世界第二位，占国土面积的 41.7%。目前全国 90% 的草地不同程度地出现退化，其中，中度退化以上的草地面积已占半数。我国西部天然草地退化、沙化和盐碱化面积已经占到 75% ~ 95%。新疆是我国主要牧区之一，天然草地面积 5 160 万公顷，占新疆绿地面积的 83%。然而新疆 85% 的天然草地处在退化之中，其中严重退化的草场面积已占到 37.5%。

（一）植被结构改变

据联合国政府间气候变化专门委员会（Intergovernmental Panel on Climate Change，IPCC）的报告，人类通过燃烧化石燃料获取能源，导致全球温度比工业化前的水平高出 1.1 ℃，而在未来 20 年则继续升温，届时将比工业化前的水平高出 1.5 ℃。我国的草地主要分布在干旱和半干旱生态脆弱地区，抗干扰能力比较差，对气温和降水量变化反应敏感。20 世纪 90 年代后，草地分布区气候出现与全球变化相同的趋势，气候趋向于暖干化，影响了草地生态系统的植被结构。

中国科学院青海海北高寒草地生态系统定位站的研究结果表明，三江源地区的平均温度从 20 世纪 80 年代逐渐升高，进入 90 年代后期该地区年均降水量逐渐减少，导致合适放牧的草种产量显著降低。中国科学院内蒙古草原生态系统定位研究站也证实，由于干旱化使一些不能适应增温旱化环境的物种分布面积减小，旱生性较强的物种有增加趋势。其结果是高寒草甸面积减少，而高寒草原、荒漠面积扩大，形成牧草生长低矮、生产力低下、面积日益减小的退化草地生态系统。

（二）能量不平衡

草地生态系统多分布在农牧交错区，对草地的利用主要采取自然粗放的经营方式。为了满足日益增长的人口需要，人们不断增加草地畜载量，导致草地生态系统内能量不平衡。在我国 266 个牧区、半农半牧区县（旗）中，204 个县（旗）处于超载状态，其中牧区县（旗）平均超载 28%，半农半牧区县（旗）平均超载 42%。近年来，对于重点天然草场的保护，使得载畜量有所下降，据 2011 年统计，重点天然草原平均牲畜超载率降至 10.1%。

过度放牧干扰了草地生态系统内的植被关系和能量平衡。畜禽过度啃食牧草，减少了有机质向土壤中的输入，限制了资源需求量较高的物种生长，改变了植物的竞争格局，增加了竞争排除，进而减少了群落的物种多样性。过度放牧抑制了优良牧草的正常发育，结构简单的植物群落组成使生态系统种子库得不到足够的补给，大量的毒杂草和不可食杂草滋生蔓延，降低了草地生产力。

（三）自我调节功能减弱

人工草场是为满足人类社会生产生活的实际需要，通过人为设计、耕作建植、管理利用的草地。为了获得更高的产出，人工草场多为单一或几个生长快适口性好的草种混播而成。相对天然草场来说，人工草场生态系统中的草种类型单一，系统结构简单，这不仅影响了人工草场生态系统的多样性和稳定性，也大大削弱了人工草场在保护水土、防治沙化、调节土壤环境质量等方面的生态服务功能。

施肥是人工草场的主要管理活动之一。施肥增加了土壤中的有效资源，改变植物地上、地下的竞争强度，进而引起植物群落多样性格局的变化。如松嫩平原半湿润区，广种薄收的草场和农田，使大面积地带性植被贝加尔针茅草原所剩无几。

（四）草场退化

草原开垦是导致草原生态系统退化的重要因素之一。为了满足世界人口不断快速增长的需求，越来越多的草地生态系统被开垦用于发展农业生产和其他经济收益更高的产业。其中，大量不具备建设为农田生态系统的草原被无序开垦。例如，半干旱气候、没有灌溉水源的典型草原和沙性母质的典型草原和草甸草原，被开垦成系统不稳定生产力低下的农田生态系统。随着风沙活动加剧，土地迅速沙漠化，使之不得不被弃耕。弃耕后的草原生态系统，细土颗粒被吹走，粗沙粒占比增加，土壤表层逐渐变为粗沙土，有机质含量急剧减少，全氮含量远远低于原草原土壤，草原生态系统结构和功能遭到极大破坏。例如内蒙古呼伦贝尔草原，由草原开垦的弃耕地经 20 多年的演替，依然有基质较粗、风蚀严重的地段，沙化至今不能恢复。松嫩平原北部的草地生态系统，原先黑土层厚达 50 ~ 70 cm，有机质含量高达 6% ~ 15%，历经长期的过度开垦，目前这些肥沃的土壤已消耗殆尽，丧失了草地生态系统提供资源和环境的服务功能。

五、森林生态系统的退化

根据国际地圈 – 生物圈计划（International Geosphere-Biosphere Programme，IGBP）定义，森林是指由形成郁闭或部分郁闭林冠的树木占有的面积。森林生态系统是由乔木为主体的生物群落（包括植物、动物和微生物）及其非生物环境（光、热、水、气、土壤等）组成的动态系统，是陆地生态系统中组成结构最复杂、生物种类最丰富、生物量最大、生产力最高、自动调节能力最强、稳定性最大以及功能最完善的有机部分。它不仅可以提供木材、食物和肥料，而且能够涵养水源、调节气候、减少自然灾害和丰富生物多样性，还具有医疗保健、陶冶情操和旅游休憩等社会功能。

森林占全球陆地面积的 26%，其碳储量占整个陆地植被碳储量的 80% 以上，每年碳固定量约为陆地生物碳固定量的 2/3。通过森林管理，增加森林资源，减少森林损毁，已经成为应对气候变化、实现碳达峰和碳中和"双碳"目标的有效途径。然而，在过去3 个世纪中，全球的森林面积已经减少了一半，有 25 个国家的森林实际上已经消失，另有29 个国家丧失了 90% 的森林覆被。

（一）森林面积减小

在经济发展的驱动下，全球森林面积持续下降（图 2-11）。根据世界粮食及农业组织（FAO）的森林评估报告，非洲在农村人口增长的压力下，大面积的森林被改造为农业用地以维持生计。拉丁美洲则将森林改变为大规模的养牛场，使大片森林受损。许多发展中国家依靠出口木材赚取外汇，热带地区仍以森林为主要资源，满足日常生活需要，这也成为森林减少的主要原因。

据中国林业统计报告，我国 2020 年森林面积为 2.2 亿公顷，森林覆盖率达 22.96%。近 20 年来我国森林面积在持续增加，然而新增森林多为不成熟次生林，其生态系统服务功能并不高。我国森林分布不均，主要集中在东北和西南地区。这些地区人口多、人类活动强度大，使得我国现有的森林大都呈片状或孤岛状分布。

图 2-11　2010—2025 年全球森林总面积及预测

森林生态系统功能的维持，需要达到一定面积。森林面积减少，增加了森林生态系统的破碎程度，减少了可供利用的生物自然栖息地的数量，封锁了生物迁徙的通道，提供了外来物种侵害的途径，改变了栖息地边缘的微观气候，其非完整性直接影响了森林生态系统的物种多样性。森林消失不仅影响生物多样性，增加系统脆弱性，降低森林生态系统的自我调节能力，还影响水源和土壤，对温室气体减排也会产生不利影响。

（二）森林结构简单

森林被破坏后，常常自然形成次生林，或通过人工种植形成人工林。

次生林是原始森林经过多次不合理采伐和严重破坏后自然形成的森林。次生林虽然与原始林一样同属天然林，但它是在不合理的采伐、樵采、火灾、垦殖和过度放牧后，形成的自然群落。中国次生林约占全国森林面积的 46.2%，约占全国森林总蓄积量的 23.3%。与原始林相比，次生林具有幼林比例升高、种类成分单纯、群落层次结构简单、稳定性差、生态系统结构和功能趋于简单的特点。

人工林是采用人工播种、栽植或扦插等方法和技术措施营造培育而成的森林。2020年我国人工造林保存面积 7 954.28 万公顷，约占我国总森林面积的 1/3，占世界总人工林面积的 1/3，居世界首位。由此可以看出，我国森林生态系统是以人工林为主的。

虽然人工林在很大程度上对我国的生态环境（尤其是一些脆弱地带）起到缓解和改善作用，但人工林尤其是人工纯林，具有种类组成单一、结构简单、易受干扰、自我调节能力差等缺陷。大量研究表明，人工林的土壤饱和持水量、土壤肥力都低于天然林，土壤侵蚀量却大于天然林，其生态服务功能远低于天然林。

第三节　城市生态系统的脆弱化

城市体现了人类梦寐以求的物质文明和活力。与传统农村相比，生产高效和经济活动集约化的城市，在就业、财富、卫生、交通、通信、文化、娱乐等方面都占有明显的优势。然而人类构建的功能高度集中的城市系统，对于自然灾害和人为破坏的抵御能力相对较弱，是一个脆弱的生态系统。

一、城市化进程

人口持续向城市集中是 20 世纪经济和社会发展的重要特征之一。20 世纪初期，1.5亿人口居住在城市，占世界总人口的 10%。到 2020 年 7 月，全球人口数达 75.85 亿，城市人口超过总人口的一半，在人类历史上城市居住人口首次超过农村住居人口。在发展中国家，城市化的速度远高于世界平均水平，如亚非拉国家有超过 70% 的人口居住在城市。

城市化进程中，城市数量和城市人口增加的同时，现有城市的规模亦逐渐增大。2020 年全球城区人口规模 500 万以上 1 000 万以下的特大城市有 51 个，其中我国有 14 个。1 000 万人以上的超大城市有 34 个，其中我国有 7 个，它们是上海、北京、重庆、广州、深圳、成都和天津。过去 30 年来，我国城市化速度突飞猛进，城市化率（即城镇人口占全国总人口的比重）由 1985 年的 23.71% 增长到 2020 年的 63.89%；城镇人口数由 1985 年的 2.51 亿增长到 2020 年的 9.02 亿，年平均增长率为 7.4%；城市数量 2020 年末达到 672 个，比 1949年增加 540 个，其中 93 个城市人口超过 100 万，7 个超过 1 000 万。

人类社会发展经历了依靠自然生态系统谋生的游牧生活阶段，依靠农田生态系统谋生的田园生活阶段，以及主要依靠城市生态系统谋生的工业化、城市化阶段。如果把地球上自有人类以来的历史看作 24 h，那么工业革命以来的城市化进程还不到 16 s 的时间，而仅在 20 世纪的 5 s 内，世界城市人口就从 2.2 亿增加到 22 亿。现在的城市，占世界人口的一半以上，占全球国内生产总值 90%，消耗 80% 的辅助能源。城市对能源、淡水、燃料等自然资源的大量需求，对大气污染、水体污染、固体垃圾的大量输出，使得城市生态系统成为一个物质能量高度聚集、环境变化剧烈的脆弱生态系统。

二、城市生态系统

1. 城市生态系统的概念

城市生态系统是城市居民与其周围环境相互作用形成的网络结构，是人类在改造和适应自然环境的基础上建立的特殊人工生态系统。在时空分布上，城市是人类生产和生活活动高度集中的场所。在功能上，城市是经济实体、社会实体、科学文化实体和自然实体的有机统一。

我国生态学家马世骏和王如松在 1984 年提出了城市是经济－自然－社会复合体的复合生态系统理论。他们认为，自然及物理子系统是城市赖以生存的基础，各部门经济活动和代谢过程子系统是城市生存和发展的活力和命脉，人的社会行为及文化观念子系统是城市演替与进化的动力泵。它们互为环境，相辅相成，相克相生，这导致了城市这个高度人工化生态系统的矛盾运动，图 2–12 为城市生态系统模式图。

2. 城市生态系统组成与结构

城市生态系统由自然系统、经济系统与社会系统组成。自然系统包括城市居民赖以生存的基本物理和生物环境，如太阳、空气、淡水、森林、气候、岩石、土壤、动物、植物、微生物、矿藏以及自然景观等，以生物与环境的协同共生，环境对城市活动的支持、容纳、缓冲及净化为特征；经济系统涉及生产、分配、流通与消费的各个环节，包括工业、农业、交通、运输、贸易、金融、建筑、通信、科技等，以物资从分散向集中的高密度运转、能量从低质向高质的高强度集聚、信息从低序向高序的连续积累为特征；社会系统涉及城市居民及其物质生活与精神生活诸方面，以高密度的人口和高强度的生活消费为特征，包括居住、饮食、服务、供应、医疗、旅游以及人们的心理状态，还涉及文化、艺术、宗教、法律等上层建筑范畴。社会系统产生于人类的自身活动，主要存在于人与人之间的关系上，存在于意识形态领域中。

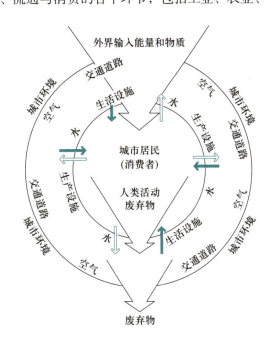

⟸ 城市居民对环境的影响
⟹ 环境对城市居民的反馈作用

图 2-12　城市生态系统模式图

　　城市生态系统的结构除了自然生态系统本身的结构外，还有以人类为主体的社会结构和经济结构等。

　　（1）空间结构：城市由各类建筑群、街道、绿地等构成，形成一定的空间结构。通常有同心圆、辐射（扇形）、镶嵌三类结构。城市空间结构往往取决于城市的地理条件、社会制度、经济状况、种族组成等因素。

　　（2）社会结构：包括人口、劳动力和智力结构。城市人口是城市的主体，其数量往往决定着城市的规模和等级。

　　（3）经济结构：由生产系统、消费系统、流通系统三部分组成。各部分的比例因城市不同而异，主要取决于城市的性质和职能。

　　（4）营养结构：城市生态系统是以人类为中心成分的复合生态系统，系统中生产者绿色植物的量很少；主要消费者是人，而不是其他动物；分解者微生物也少。因此城市生态系统不能维持自给自足的状态，需要从外界供给物质和能量，从而形成不同于自然生态系统的倒三角营养结构（图 2-13）。为了维持城市生态系统的能力和物质需求，人类的生态足迹越来越远。

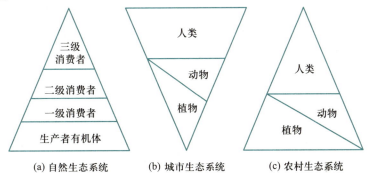

(a) 自然生态系统　　(b) 城市生态系统　　(c) 农村生态系统

图 2-13　自然生态系统、城市生态系统与农村生态系统的营养结构示意图

专栏 2-2　生态足迹

　　1992 年 Rees 提出，为了满足任何已知人口（个人、城市、国家或地区）的资源消费和吸纳这些人口产生的废弃物，所需要的生物生产土地的总面积和水资源量的总和，为该人口数的生态足迹（ecological footprint）。

　　生态足迹是将一个地区或国家的资源、能源消费与该地区所拥有的资源和环境能力相比较，以判断该地区的发展是否处于生态承载力的范围内，是否具有安全性。1996 年 Rees 和 Wackemagel 提出计算一定的人口和经济规模条件下，维持资源消费和废弃物吸收所必需的生物生产土地面积的生态足迹账户模型框架。其计算模型为：

$$EF = N \times ef = N \times \sum \gamma_j A_i = N \times \sum \gamma_j \times \frac{C_i}{P_i}$$

　　式中，EF 为总的生态足迹（hm^2）；N 为人口数量；ef 为人均生态足迹（hm^2）；γ_j 为不同生产性物质的均衡因子。某生产性面积的均衡因子，等于全球该生产性面积的平均生产力除以全球所有生产性土地面积的平均生态生产力；A_i 为生产第 i 种消费项目人均占有的实际生态生产性土地面积（hm^2）；C_i 是第 i 项的人均年消费量，该值等于第 i 项的年消费总量（产出＋进口－出口）与总人口的比值；P_i 为相应的生物生产性土地生产第 i 项消费项目的年平均生产力。

　　生态足迹测量了人类的生存所必需的真实土地面积（一种整合参数）。通过生态足迹的计算和分析，能比较全球和某区域范围内，自然资产的产出和人类的消费情况，对该范围内人类对自然生态服务的需求与自然所能提供的生态服务之间的差距做出评估。

三、城市生态系统的脆弱现状

1. 城市小气候

　　城市生态系统中，城市地区有建筑物和水泥、沥青等铺设的独特下垫面，地面动力学粗糙度明显增大，地面热容量和热释放量均比乡村地区明显增加，从而使其上空的边界层特性与周围的乡村地区大为不同，产生了热岛、干岛、湿岛和混浊岛等独特的城市气候效应。化石燃料燃烧后释放的物质，改变了大气组成，对城市内热量和水汽循环产生强烈影响，形成了城市小气候。虽然城市小气候不足以改变城市所在地的原有气候类型，但在许多气候要素上表现出明显的城市气候特征。

　　（1）城市热岛效应：空气组成和下垫面改变等原因，导致太阳短波反射、反射率、长波辐射、大气温度等均不同于乡村自然生态系统，出现了城市"热岛"现象，即随着人口密度、建筑物密度等由城市内向外逐渐降低，城市气温呈现出由中心向外递减的现象。以上海市为例，自 1950 年以来就出现了以南京路和西藏路为中心的城市热岛，在 1980 年以前城市热岛主要集中于市区 100 km^2 范围内，然而从 1980 年起热岛开始迅速扩大至

400 km²，特别是20世纪90年代上海市城市建设步入新一轮的全面大发展时期以来，城市热岛已扩张至近郊区，热岛控制面积已超过800 km²。

（2）城市冠层：城市冠层（urban canopy layer）是指直接受到下垫面建筑物和人类活动的影响，内部流场结构被改变的地面至建筑物顶层的大气层。城市冠层作为城市边界层的最底层部分，表现为内部风温特征复杂、湍流运动紊乱、风速降低。

城市化使市区由过去的城郊非均匀下垫面转变成城市粗糙下垫面，市区建筑群相应增多、增密和增高，使得下垫面的动力学粗糙度相应增大，当地的流场结构发生了根本的改变。以北京市为例，研究点气象塔周围地区，由20世纪90年代前的市郊变成市区，周围的流场日趋复杂，风向变得非常紊乱。由于下垫面粗糙度逐年增加，其阻碍作用增加了地表对空气水平平均动能的消耗，使得近地面风速存在非常明显的递减趋势。越靠近地表，平均风速逐年递减的趋势越显著，其中8 m高度上的夏季平均风速就由1994年的1 123 m/s减小到2003年的171 m/s，形成了明显的高度在47～63 m之间的城市冠层。对上海市多年风速的研究也表明，城区地面1981—1985年的平均风速比1911—1915年减小了23.17%。

空气污染和人工建筑构成的粗糙下垫面，改变了城市局部的气温及风速，形成了与自然生态系统不同的城市小气候。

2. 城市水循环

以经济活动为主要目的的城市建筑，改变了城市降水和水循环，导致城市生态系统中水资源短缺，水环境被污染。

（1）总降水量减少，水循环改变：城市建设中大量兴建房屋和道路，扩大了不透水地面面积，使大部分天然植被消失，形成生态学上的城市沙漠。城市沙漠的干旱化，使降水的云下蒸发过程加强，从而减少降水量。空气污染使大气中的凝结核增加，形成小的云滴和下雨滴，影响从云过程向雨过程的云水转化，从而影响降水量效率，使无效的痕量雨天数增加。

1977—2003年北京地区气象台站的降水资料显示，北京的城市化进程使北京地区降水量呈减少趋势。其中，城市下游东南部地区减少量大于城市上游的东北部地区，东南部地区年降水量比城区和西部减少约18%。0.1～5.0 mm的小雨对北京城市化进程最敏感，下游东南部地区该档降水天数比城区明显减少，但痕量降水天数有增加的迹象。

降落到地面的水，因为城市地表透水性的改变，无法渗入地下补充地下水，绝大部分成为地表水，携带着地表污染物，沿城市下水管网直接排入城市附近水域，污染城市流域地表水。城市水渠和下水管道，还缩短了汇流时间，增大了径流曲线的峰值，弱化了城市抵御洪水的能力，增加了城市生态系统的脆弱性。

（2）淡水资源短缺，地下水过度开采：城市水资源是指一切可以被城市的居民生活和工农业生产利用的水源，包括当地的天然淡水资源、外来饮水资源和经处理过的污水。城市水资源是城市赖以生存和发展的重要物质基础，是城市社会生产和人民正常生活的前提条件。

为了满足城市经济活动过程中巨大的水需求量，地下水成为城市主要补充水源。据中国地质调查局统计，20 世纪 70 年代，我国地下水年均开采量为 572 亿立方米；80 年代，增加到 748 亿立方米；到 1999 年已达 1 058 亿立方米；近年来，这个数字一直在每年 1 000 亿立方米以上。相对于逐年增长的地下水开采量，地下水资源却十分有限。目前，我国北方地下淡水可采资源量为每年 1 536 亿立方米，南方地下水可采资源量为每年 1 991 亿立方米，均不到 2 000 亿立方米。

地下水的过度开采，将导致地下水水位下降，在城市形成地下水区域性降落漏斗。在意大利米兰，十年内地下水水位下降了 20 m，北京地下水水位也以每年 0.5～1.0 m 的速度下降，在南水北调进京后才止跌回升。我国地下水漏斗区域总面积达 87 000 km²。长期抽用地下水还可能引起地面下沉，危害城市安全。

（3）城市流域水体污染：城市生产和生活排放的污水，导致了城市流域的水污染。城市区域内云集着工矿企业，工业生产的高度发展推动着城市经济发展。而工业生产产生的大量污水，污染着城市内和城市周边的水域。根据中华人民共和国住房和城乡建设部公布的数据，2019 年全国污水排放量为 554.65 亿立方米，比上年增加约 3%。2019 年我国污水处理厂达 2 471 座，污水处理率达 96%，这使得未处理的污水排放量并没有显著增加（图 2-14）。

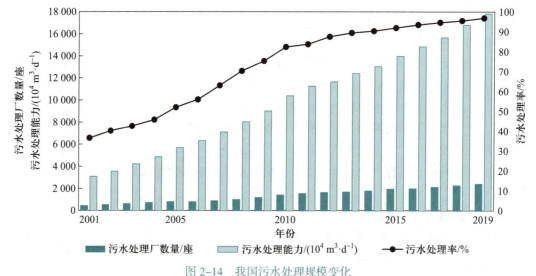

图 2-14　我国污水处理规模变化

（数据来源：中华人民共和国住房和城乡建设部）

虽然未处理污水依然威胁着城市生态系统的水域安全，但在城市生产和生物污水排放量持续增高的状态下，城市污水处理系统行使了生态系统分解者的功能，保证了水域生态系统的健康。

3. 城市土壤环境

城市作为典型的人工生态系统，其自然土地不但在系统中所占比例很小，而且能保留自然状态的土壤非常少。有的被剥离了表土，芯土露在外面；有的自然剖面被翻动，有的仅仅是土壤物质的堆积。人类活动对土壤的践踏或重物积压，改变了土壤团粒结构，减弱了土壤透水性，破坏了城市自然水系。在酸雨的影响下，城市土壤的 pH 比自然生态系统中的 pH 低，部分土壤则由于尘埃、垃圾和废水的污染，出现富营养化和碱化；生产和生活过程中产生的废弃物也常混入土壤中，致使城市土壤中含有比自然生态系统土壤中多得多的污染物。

对于城市系统土地存量而言，城市发展的过程就是土壤不断减少的过程。图 2-15 显示，深圳市从 1979 年开始建立城市，95% 以上的土地为正常土壤，到 2005 年，只有 10% 的自然土地存在，形成了破碎的城市内土地系统。

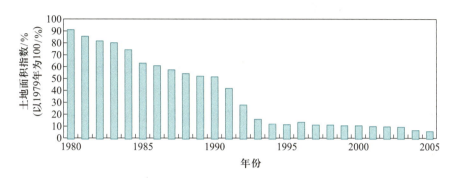

图 2-15　1980—2005 年深圳市土地面积指数统计

（数据来源：深圳市统计局，2006）

城市生活垃圾的增加，尤其有毒有害固体废弃物的增加，加速了城市生态系统土壤质量的恶化。在发达国家，每人每天生活垃圾产生量约 1.5 kg，在中等收入国家的大城市，这个数字是 0.5 ~ 0.8 kg。即使在低收入国家的大城市，如加尔各答、卡拉奇和雅加达，每人每天产生的垃圾也达 0.5 ~ 0.6 kg。近年来，电子垃圾成为城市生态系统的重要污染源。据联合国《全球环球展望 4》报道，世界上 90% 的电子垃圾最后在亚太地区的发展中国家消解。因为技术的限制，这些电子垃圾中只有少量的金属材料被拆除后回收，其他部分混在普通城市垃圾中，成为土壤和地下水的潜在危害。

4. 城市中的人工生物环境

城市化对城市生态系统内的植物和动物区系，产生着不可逆转的影响。

在城市的植物区系中，一方面是乡土植物种类的减少，另一方面是人布植物的增多。人布植物（anthropochore）是指随着人类活动而散布的植物（农作物和杂草等），也包括人类有意或无意引入，并驯化了的野生植物，这类植物也称归化植物。城市化程度越高，人布植物在植物区系总种数中所占比例越大，最后形成对城市环境适应能力不同的城市植物群落。

城市动物是城市生态系统中的消费者。城市化过程使自然环境发生深刻的改变，不可避免地会引起野生动物种类和数量发生变化。开阔空间的丢失，以及作为食物来源与隐蔽条件的植被受到破坏，导致城市野生动物种类减少。人类活动的强烈干扰、污染和交通噪声都是野生动物消失的重要因素。对环境变化特别敏感的鸟类，受到的影响尤为明显。某些能忍受环境变化，并能与人伴生的有害动物（如家栖鼠、蜚蠊等），则变得更加适应城市生态环境。

城市生态系统中，最终形成了一个完全不同于自然生态系统的城市植物和动物区系。

5. 城市生态系统的非稳态性

城市生态系统是一个开放性的系统，其系统的运作依赖外界系统的能量补充，如从地层获取原油，转化为电力、煤气、蒸汽，供生产、生活、交通等用。这些能量在系统内通过人类生产、消费实现流通转化，逐级消耗，使城市成为能量单向流动的生态系统。未消耗的一部分能量，以废物形式排入环境，成为城市与周边环境的污染物。依赖其他系统存在的城市，没有完整的食物链。只有少量绿色植物和动物，枯枝落叶被人为清除，土壤微生物多样性减小，功能减弱，系统无法完成完整的营养元素循环，使城市生态系统成为偏离自然平衡点处的非稳态平衡系统。

第四节   生态系统退化对可持续发展的影响

人类社会的发展过程总是与自然演化过程紧密相联。自然生态系统的过程和生物多样性，为人类提供了生存和发展的物质基础，支持与维持了人类赖以生存的自然环境条件和生命支持系统，是人类生存和良好生活质量的保障。按照"千年生态系统评估"的定义，人类从生态系统获得的利益叫生态系统服务功能。这些功能包括生态系统通过直接为人类提供物质的供给服务，对洪水、干旱、土地退化和疾病等自然灾害减弱的调控服务，维持土壤形态和营养循环的支撑服务，以及娱乐、宗教等其他非物质利益的文化服务。

然而，根据 IPBES[①] 发布的《全球生物多样性和生态系统服务评估报告》，自然提供的生物多样性和生态系统服务功能，正在全世界范围内恶化（见专栏 2-3）。近几个世纪的工业化进程中，人们干预自然的能力不断增强，因为森林采伐、湿地开发、生物资源的开发利用，以及土地利用方式的改变，全球生态系统的格局发生了极大的变化，导致自然生态系统面积减少，受人控制的生态系统面积迅速增加。同时，大量环境污染物进入生态系统，大大超过生态系统的承载容量，进而破坏生态系统的结构与功能，生态系统服务功能受到损害。生态系统调节大气化学环境、保护生物多样性及进化进程、维持土壤肥力等的能力受到削弱，从而导致了全球性的生态环境危机，使人类未来的发展受到威胁。从这个角度理解生态系统和可持续发展的关系，就是生态系统保护着人类的生存环境，保护着地球生命支持系统，维持着一个可持续的生物圈。具有健全的生态服务功能的生态系统，是人类生存与现代文明的基础。科学技术能影响生态服务功能，但不能替代自然生态系统服务功能，维持生态系统的生态服务功能是可持续发展的基础。而生态系统的退化，无疑会降低生态系统给人类提供基本物质和生产环境的能力，弱化生态系统的服务功能，对人类的可持续发展产生不可估量的负面影响。

一、生态系统的退化与人类发展的物质基础

生态系统的退化，影响了自然为人类提供物质的能力，削弱了可持续发展的物质基础。

---

① IPBES（The Intergovernmental Science-Policy Platform on Biodiversity and Ecosystem Services）全称为"生物多样性和生态系统服务政府间科学政策平台"，是 2012 年成立的一个独立政府间机构，旨在加强生物多样性与生态系统服务的科学政策接口，以保护和持续利用生物多样性，促进人类长期福祉和可持续发展。

1. 危及发展的物质基础

生态系统通过第一性生产与次级生产，为人类提供食物和饲料、能源、药品和遗传资源，以及对人类的身体健康和文化传承至关重要的各种材料。每年各类自然生态系统为人类提供粮食 18 亿吨，肉类约 6 亿吨，海洋还提供约 1 亿吨鱼。全球 20 多亿人依赖木材燃料来满足其初级能源需求，约有 40 亿人的健康保健主要依赖天然药物，用于治疗癌症的药物中约 70% 是天然药物或源于自然的合成药品。

生态系统退化，减少了生态系统的产出，对于直接依赖生态系统生存的发展中国家的发展，影响尤其严重。中国西南部高山森林地区，多数县财政收入依赖森林采伐，森林资源为该地区的主要财政来源。例如，阿坝藏族羌族自治州高山峡谷区的小金县、壤塘县、金川县、茂县、理县、黑水县等是四川著名的林区。从 20 世纪 50 年代采伐至今，森林资源接近枯竭，有的县已经无林可采，造成上述县财政困难极大，根本无法发展其他产业。而森林过度砍伐、盲目开垦等，使山地灾害愈演愈烈，造成直接和间接的经济损失越来越大。

2. 危及发展的潜在需求物质

自然通过其生态和进化过程，维持人类赖以生存的空气、淡水和土壤质量，分配淡水，调节气候，创造了适宜生物生存的环境。生态系统通过生物群落的整体性，增强生物对自然灾害的抵抗能力。相同物种的不同种群，对气候因子的扰动与化学环境的变化具有不同的抵抗能力。生态系统为不同种群的生存提供了场所，可以避免某一环境因子的变化而导致物种的绝灭或遗传基因的丢失。

生态系统在维持与保存生物多样性的同时，还为农作物品种的改良提供了基因库。目前为止，人类已知的可食用植物约有 8 万种，而只有 150 种粮食植物被人类广泛种植与利用，其中 82 种作物提供了人类 90% 的食物。以显花植物为主的农作物和牧草，产量依赖野生动物与昆虫的传粉和种子扩散。生态系统还是现代医药的最初来源。在美国用途最广泛的 150 种医药中，118 种来源于自然，其中 74% 来源于植物，18% 来源于真菌，5% 来源于细菌，3% 来源于脊椎动物。全球约有 80% 的人口依赖传统医药，85% 的传统医药与野生动植物有关。野生动植物的保存，为治疗疑难病症提供了可能。

这些由健全的自然生态系统所维持着的野生物种，既是人类潜在食物的来源，也是农作物品种改良与新的抗逆品种的基因来源，是人类应对未来变化的物质基础。由于食物链的作用，地球上每消失一种植物，往往有 10～30 种依赖这种植物的动物和微生物随之消失。而世界上的生物物种正在以每天几十种的速度消失，每一物种的消失，都减少了自然和人类适应变化条件的选择余地。生物多样性的减少，必将恶化人类生存环境，限制人类生存与发展机会的选择。

二、生态系统的调控能力与人类发展的稳定需求

自然生态系统的退化，减弱了对灾害的调控能力，增加了可持续发展的不稳定性。

1. 气候变化的适应

从人类诞生以来，地球气候一直处于不断变化中。尽管近 1 万年来，全球气候比较稳

定，但其周期性的变化，仍影响了人类活动、人口分布和经济发展。虽然地球气候的变化主要受太阳黑子及地球自转轨道变化的影响，但生物本身在全球气候的调节中也起着非常重要的作用，缓解着气候变化对人类发展的冲击。例如，生态系统通过固定大气中的 CO_2 而减缓地球的温室效应；植物通过发达的根系从地下吸收水分，通过叶片蒸腾将水分返回大气，大面积的森林蒸腾导致雷雨，从而减少了森林区水分的损失，降低气温，形成适宜人类生存和发展的环境基础。大面积森林覆盖的亚马孙流域，森林生态系统为人类生存提供了基础，形成了人类早期的玛雅文化。热带雨林对全球水循环和碳固定的影响，使亚马孙流域成为地球的肺。而亚马孙流域森林砍伐导致的森林生态系统破坏，对当地水循环和全球气候变化形成了潜在威胁。2007 年由 WWF 出版的名为《温室中的干旱和大火——亚马孙的恶性循环》的报告披露，从 2007 年到 2030 年，亚马孙流域的森林退化将释放 555 亿 ~969 亿吨 CO_2，其最高值超过全球温室气体两年排放量的总和，将打破全球气候系统的稳定性。森林不仅对全球的降温意义重大，还将影响大洋洋流和淡水水源。随着亚马孙森林进一步遭到破坏，预计印度和中美洲降水量会有所减少，在作物生长季节，美国和巴西的一些产粮区也面临着降水减少的不利局面，这严重干扰当地居民的生存和发展。

2. 自然灾害的缓解

在健康的生态系统中，雨水首先由土壤吸收，再由植物利用，或在植物根系阻止水分在地表快速流动的情况下，慢慢渗透入土壤转入地下水。当生态系统结构遭受破坏、自然植被消失、土地涵养水分的能力下降，雨水直接降落到裸露的地面，不仅增加地面径流，导致土壤与营养物的流失，还大大减少土壤对水分的吸收，减少地下水的补给量，增加洪水和干旱的频率。水土流失的发生，使土壤生产力下降，增加农业发展的投入。冲刷的泥沙还造成下游可利用水资源量减少，河道、水库淤积，增加发电成本。在全球，仅水土流失导致水库淤积所造成的损失每年约 60 亿美元。生态系统对自然灾害的缓解能力减弱，环境脆弱性增强，间接导致了可持续发展支持成本的增加。

大量的研究表明，非洲大范围的干旱，与大规模的森林砍伐有直接关系。喜马拉雅山大范围的森林砍伐加剧了孟加拉国的洪涝灾害。我国近年来长江全流域洪涝灾害不断出现，与中上游植被及中游湖泊减少、水源涵养能力下降、水土流失加剧的密切关系，已为人们所广泛认识。而破坏较少的生态系统对巨大自然灾害的缓解能力，也在 2004 年 12 月的印度洋海啸中得到证明。因为海边处于原始状态的茂密红树林，印度泰米尔纳德邦一个渔村 172 户人家幸免于难，另外 3 个 1 000 户左右的村子，也因为红树林的阻挡，使海啸危害降到了最低程度。

三、生态系统的维持功能与人类发展的基本环境

生态系统维持自身平衡和协调的基本功能，为人类发展提供了稳定的大气、水域和土壤环境，使人类的发展具有了稳定和可持续的环境。

例如，土壤是构成生态系统的主要组分，是一个国家发展的基础和财富的重要组分。生态系统的退化，可以使这份通过成千上万年积累形成的财富，短时间内流失殆

尽，使人类失去发展的基本环境。在世界历史上，肥沃的土壤养育了早期的文明，也有的古代文明因土壤生产力的丧失而衰落。在今天，全世界约有 20% 的土地由于人类活动的影响而退化。非洲的土地退化，导致生态移民和种族冲突，使当地人们失去了生存和发展的基础。

四、生态系统的服务功能与人类发展的非物质基础

人类在生存和发展中，除了对物质的需求，还有精神愉悦和灵魂抚慰的需求。生态系统具有的非物质服务功能，为人类的持续发展提供了精神保障。

生态系统的非物质服务功能主要包括生命支持系统的维持和精神生活的享受两类。前者指易被人们忽视的支撑与维持人类生存环境和生命支持系统的功能，如生物多样性、气候调节等；后者指生态系统为人类提供娱乐消遣与美学享受，如宗教、娱乐、美学、文化等。通过丰富精神生活、发展认知、大脑思考、消遣娱乐，以及美学欣赏等方式，人类从生态系统获得非物质效益。这种愉悦和幸福感，是维持人类和平，保持可持续发展的精神基础。

生态系统退化引起的物种减少、生物多样性降低、自然景观退化，导致了与此相关的文化多样性降低、自然美学价值下降。对生态系统的肆意破坏，摧毁着人类从诞生起就具有的自然崇拜文化，对社会的可持续发展产生了不利的精神效应。

专栏 2-3 IPBES 的《全球生物多样性和生态系统服务评估报告》

《全球生物多样性和生态系统服务评估报告》(The Global Assessment Report on Biodiversity and Ecosystem services) 是 IPBES 在 2019 年发表的对全球自然生态系统的综合评估报告。这是自"千年生态系统评估"发布以来的首次对自然生态系统的全球性评估。该报告评估了自然界的现状和趋势，分析了这些趋势的社会影响及其直接和间接原因，以及提出为确保所有人的美好未来可采取的行动。

《全球生物多样性和生态系统服务评估报告》所发布的主要信息如下。

1. 自然可持续发展能力下降，生物多样性损失严重

（1）自 1970 年以来，在 18 类自然对人类贡献的评估中有 14 类下降，且多为调节贡献（如土壤有机碳和传粉昆虫多样性）和非物质贡献，极大地影响了自然可持续发展能力。

（2）全球大部分自然环境受人类活动影响，生态系统和生物多样性指标迅速下降；全球濒危物种比以往任何时候都要多。

（3）在全球范围内，人工栽培植物及驯化动物的生物多样性、遗传多样性正在丧失，这破坏了许多农业系统抵御气候变化及病虫害的能力。

（4）生物群落在有管理/无管理和区域内/区域外之间变得越来越相似，导致局部生物多样性降低；人类活动为生物快速进化创造条件，对物种可持续性的长期影响不能确定。

2. 过去50年全球自然环境加速变化的驱动因素

（1）间接驱动力

（a）在过去50年里，人口翻了一番，全球经济增长了近四倍，全球贸易增长了近十倍，共同推动了对能源和材料的需求，加剧了环境压力。

（b）经济激励措施一般倾向于扩大经济活动，加速了对环境的损害。而只有在经济激励措施中考虑到生态系统对人类贡献的多重价值，才有助于在经济发展中获得更好的生态、经济和社会成果。

（c）全球土地面积至少有四分之一由当地人民拥有、管理、使用或占有，其土地自然退化速度通常较慢，但也在逐渐退化。

（2）直接驱动力

（a）土地和海洋利用模式的改变；

（b）生物体的直接利用；

（c）气候变化；

（d）环境污染；

（e）外来入侵物种。

3. 全球可持续发展目标难以实现，需寻求转型变革

（1）按照目前轨迹，大多数国际社会和环境目标（如爱知生物多样性目标和《2030年可持续发展议程》的目标）将无法实现。

（2）目前在执行政策响应和行动来保护自然及可持续管理自然方面取得了进展，与不干预的情景相比产生积极成果，但进展仍不足以阻止导致自然环境恶化的直接和间接驱动因素，自然、生态系统功能及自然对人类的许多贡献的消极趋势预计将持续到2050年及以后。

（3）预计今后几十年中自然及其对人类贡献发生变化的直接驱动因素中，气候变化将变得越来越重要。各种情景表明，能否实现可持续发展目标和2050年生物多样性愿景，取决于在确定未来目标和目的时是否考虑到了气候变化的影响。

（4）全球可持续发展目标可以通过迅速和更好地部署现有政策工具以及实施能够更有效地争取个人和集体为转型变革而采取行动的各项新举措来加以实现。转型变革需致力于实现相辅相成的国际目标和具体目标、支持地方人民在当地采取行动、规范私营部门投资和创新的新框架、制定更具包容性和适应性的政策和管理办法、实现多部门协同规划与战略政策组合等，以在地方、国家和全球各级实现可持续发展。

 思考题

1. 生态系统有哪些组成成分，各有什么作用、地位？
2. 能量在生态系统中流动有哪些主要特点？流动的渠道是什么？

3. 简述我国自然生态系统退化的主要原因。

4. 简述城市生态系统脆弱现状的主要特点。

5. 简述生态系统退化对可持续发展的影响。

 参考文献

［1］Odum E P，Barrett G W. 生态学基础［M］. 5 版. 陆健健，王伟，王天慧，等译. 北京：高等教育出版社，2009.

［2］van der Maarel E，Franklin J. 植被生态学［M］. 2 版. 杨明玉，欧晓昆，译. 北京：科学出版社，2017.

［3］沈国英，黄凌风，郭丰，等. 海洋生态学［M］. 3 版. 北京：科学出版社，2010.

［4］马世骏，王如松. 社会 – 经济 – 自然复合生态系统［J］. 生态学报，1984，4（1）：1–9.

［5］Gomiero T，Pimentel D，Paoletti M G. Is there a need for a more sustainable agriculture？［J］. Critical Reviews in Plant Sciences，2011，30（2）：6–23.

［6］Srivastav，A L，Dhyani R，Ranjan M，et al. Climate-resilient strategies for sustainable management of water resources and agriculture［J］. Environmental Science and Pollution Research，2021，28（31）：41576–41595.

第三章　环境污染

【导读】环境污染是指由于人类活动向环境排放超过其自净能力的物质或能量，改变环境正常状态，对人类的生存与发展、生态系统稳定可能产生不利影响。环境污染与资源短缺、生态破坏相互关联，往往从局地向区域、全球发展。本章主要介绍环境污染的产生、危害及发展趋势。根据污染介质不同，环境污染通常包括水污染、大气污染、土壤污染、固体废物及有害化学品污染。本章首先对不同介质中典型污染源、危害及污染状况进行概述；由于噪声、电磁辐射和热等以能量形式进入环境，可能产生物理性污染，本章将对不同物理性污染的产生、危害进行介绍；考虑到持久性有机污染物、内分泌干扰物、抗生素等新污染物问题凸显，受到国内外高度关注，最后简要介绍新污染物种类、筛选及风险评估等内容。

第一节　水　污　染

自然界的水循环是由自然循环和社会循环所构成的二元动态循环。所谓水的社会循环是指人类生活和生产从天然水体中取用大量的水，在利用以后产生生活污水和工业废水等，又排放到天然水体中去的循环过程。在这个循环过程中水受到了污染。

水环境污染是指排入天然水体的污染物，在数量上超过了该物质在水体中的本底含量和水体环境容量，从而导致水体的物理特征和化学特征发生不良变化，破坏了水中固有的生态系统，破坏了水体的功能及其在经济发展和人民生活中的作用。为了确保人类生存的可持续发展，人们在利用水的同时，还必须有效地防治水环境的污染。

造成水环境污染的因素是多方面的，主要是：① 向水体排放未经妥善处理的生活污水和工业废水；② 含有化肥、农药的农田灌溉用水进入水体；③ 城市地面的污染物被雨水冲刷随排水系统进入水体；④ 随大气扩散的有毒物质通过重力沉降或降水过程而进入水体等。

一、水环境污染物

造成水环境污染的污染源有多种，不同污染源排放的污水、废水具有不同的成分和性质，但其所含的污染物主要有以下几类。

（一）悬浮物
悬浮物主要指悬浮在水中的污染物质，包括无机的泥沙、炉渣、铁屑，以及有机的纸片、菜叶等。水力冲灰、洗煤、冶金、屠宰、化肥、化工、建筑等的工业废水和生活污水中都含有悬浮状的污染物，排入水体后除了会使水体变得浑浊，影响水生植物的光合作用以外，还会吸附有机毒物、重金属、农药等，形成危害更大的复合污染物沉入水底，日久后形成淤积，会妨碍水上交通或减少水库容量，增加挖泥负担。

（二）耗氧有机物

生活污水和某些工业废水中含有糖类、蛋白质、氨基酸、脂类、纤维素等有机物质，这些物质以悬浮状态或溶解状态存在于水中，排入水体后能在微生物作用下分解为简单的无机物，在分解过程中消耗氧气，使水体中的溶解氧减少，严重影响鱼类和水生生物的生存。当溶解氧降至零时，水中厌氧微生物占据优势，造成水体变黑发臭，将不能用作饮用水源和其他用途。耗氧有机物的污染是当前我国最普遍的一种水污染。由于有机物成分复杂，种类繁多，一般用综合指标生化需氧量（BOD）、化学需氧量（COD）或总有机碳（TOC）等表示耗氧有机物的量。清洁水体中五日生化需氧量（BOD_5）应低于 3 mg/L，BOD_5 超过 10 mg/L 则表明水体已经受到严重污染。

（三）植物性营养物

植物性营养物主要指含有氮、磷等植物所需营养物的无机、有机化合物，如氨氮、硝酸盐、亚硝酸盐、磷酸盐和含氮、磷的有机物。这些污染物排入水体，特别是流动较缓慢的湖泊、海湾，容易引起水中藻类及其他浮游生物的大量繁殖，形成富营养化污染，除了会使自来水处理厂运行困难，造成饮用水的异味外，严重时还会使水中溶解氧下降，鱼类大量死亡，甚至会导致湖泊的干涸消亡。特别应注意的是富营养化水体中有毒藻类（如微囊藻类）会分泌毒性很强的生物毒素，如微囊藻毒素，这些毒素是很强的致癌毒素，而且在净水处理过程中很难去除，对饮用水安全构成了严重的威胁。

（四）有毒的有机污染物

近年来，水中有毒有机污染物造成的水污染问题越来越突出，主要来自人工合成的各种有机物质，包括有机农药、化工产品等。农药中有机氯农药和有机磷农药危害很大。有机氯农药（如 DDT、六六六等）毒性大、难降解，且会在自然界积累，造成二次污染，已禁止生产与使用。现在普遍采用有机磷农药，种类有敌百虫、乐果、敌敌畏、甲基对硫磷等，这类物质毒性大，也属于难生物降解有机物，并对微生物有毒害和抑制作用。

人工合成的高分子有机物种类繁多、成分复杂，使城市污水的净化难度大大增加。在这类物质中已被查明具有三致作用（致癌、致突变、致畸形）的物质有聚氯联苯、联苯胺、稠环芳烃等多达 20 余种，疑致癌物质也超过 20 种。

（五）重金属

重金属污染是危害最大的水污染问题之一。重金属通过矿山开采、金属冶炼、金属加工及化工生产废水、化石燃料的燃烧、施用农药化肥和生活垃圾等人为污染源，以及地质侵蚀、风化等天然污染源形式进入水体。水中的重金属离子主要有汞、镉、铅、铬、锌、铜、镍、锡等，通常可以通过食物链在动物或人体内富集，不但污染水环境，还严重威胁人类和水生生物的生存。

（六）酸碱污染

酸碱污染物排入水体会使水体 pH 发生变化，破坏水的自然缓冲作用。当水体 pH 小于 6.5 或大于 8.5 时，水中微生物的生长会受到抑制，致使水体自净能力减弱，并影响渔业生产，严重时还会腐蚀船只、桥梁及其他水上建筑。用酸化或碱化的水浇灌农田，会破坏土壤的物化性质，影响农作物的生长。酸碱物质还会使水的含盐量增加，提高水的硬度，对工业、农业、渔业和生活用水都会产生不良的影响。

（七）石油类

含有石油类产品的废水进入水体后会漂浮在水面并迅速扩散，形成一层油膜，阻止大气中的氧进入水中，妨碍水生植物的光合作用。石油在微生物作用下的降解也需要消耗氧，造成水体缺氧。同时，石油还会使鱼类呼吸困难直至死亡。食用在含有石油的水中生长的鱼类，还会危害人体健康。

（八）放射性物质

放射性物质主要来自核工业和使用放射性物质的工业或民用部门。放射性物质能从水中或土壤中转移到牲畜、蔬菜或其他食物中，并进入人体浓缩和富集。放射性物质释放的射线会使人的健康受损，最常见的放射病就是白血病。

（九）热污染

废水排放引起水体的温度升高，被称为热污染。热污染会影响水生生物的生存及水资源的利用价值。水温升高还会使水中溶解氧减少，同时加速微生物的代谢速率，使溶解氧下降得更快，最后导致水体的自净能力降低。热电厂、金属冶炼厂、石油化工厂等常排放高温的废水。

（十）病原微生物

生活污水、医院污水和屠宰、制革、洗毛、生物制品等的工业废水，常含有病原体，会传播霍乱、伤寒、胃炎、肠炎、痢疾以及其他病毒传染的疾病和寄生虫病。污水生物性质的检测指标一般为：总大肠菌群数、细菌总数和病毒等。水中存在大肠菌，表明该污水受到粪便污染，并可能有病原菌及病毒的存活。水中常见的病原菌有志贺氏菌、沙门氏菌、大肠杆菌、小肠结肠炎耶尔森氏菌、霍乱弧菌、副溶血性弧菌等，已被检出的病毒有 100 余种。由水中病原微生物导致的大范围的人群感染引起了各国对病原微生物污染的高度重视，各个国家都加强了旨在控制病原微生物的环境标准的制定，以保障水质的卫生学安全。

二、水污染源的分类

人类活动所排放的各类污水是将上述污染物带入水体的一大类污染源，由于这些污水、废水多由管道收集后集中排出，因此常被称为点污染源。大面积的农田地面灌溉或雨水如酸雨等也会对水体造成污染，由于其进入水体的方式是无组织的，通常被称为面污染源。

（一）点污染源

主要的点污染源有生活污水和工业废水。由于产生废水的过程不同，这些污水、废水的成分和性质有很大的差别。

1. 生活污水

生活污水主要来自家庭、商业、学校、旅游服务业及其他城市公用设施，包括厕所冲洗水、厨房洗涤水、洗衣机排水、沐浴排水及其他排水等。污水中主要含有悬浮态或溶解态的有机物质（如纤维素、淀粉、糖类、脂肪、蛋白质等），还含有氮、硫、磷等无机盐类和各种微生物。一般生活污水中悬浮物的含量在 $200 \sim 400$ mg/L，由于其中有机物种类繁多，性质各异，常以生化需氧量（BOD）或化学需氧量（COD）来表示其含量。一般生活污水的 BOD_5 在 $200 \sim 400$ mg/L。由于地域和人群生活习惯的不同，生活污染的污染物含量及性质也有一定的差别。近年来，氮、磷污染物质引起的水体富营养化在各地均有发展，因此，我国最近加强了对城市污水处理厂脱氮除磷的要求。

2. 工业废水

工业废水产自工业生产过程，其水量和水质随生产过程而异。根据其来源可以分为工艺废水、原料或成品洗涤水、场地冲洗水及设备冷却水等；根据废水中主要污染物的性质，可分为有机废水、无机废水、兼有有机物和无机物的混合废水、重金属废水、放射性废水等；根据产生废水的行业性质，又可分为造纸废水、印染废水、焦化废水、农药废水、电镀废水等。

不同工业排放废水的性质差异很大，即使是同一种工业，由于原料工艺路线、设备条件、操作管理水平的差异，废水的数量和性质也会不同。一般来讲，工业废水有以下几个特点。

（1）废水中污染物浓度大、成分复杂、有毒物质含量高：某些工业废水含有的悬浮物或有机物浓度是生活污水的几十甚至几百倍；工业废水常呈酸性或碱性，废水中常含不同种类的有机物和无机物，有的还含重金属、氰化物、芳香族化合物、多氯联苯等有毒污染物，处理难度大，对人体健康和生态系统危害大。

（2）废水水量和水质变化大：因为工业生产一般有分班进行的特点，废水水量和水质常随时间而变化，工业产品的调整或工业原料的变化，也会造成废水水量和水质的变化。

表 3-1 列出了几种主要的工业废水的水质特点及其所含的污染物。

表 3-1 几种主要的工业废水的水质特点及其所含的污染物

工业部门	工厂性质	主要污染物	废水特点
动力	火力发电，核电站	热污染，粉煤灰，酸，放射性物质	高温，酸性，悬浮物多，水量大，有放射性
冶金	选矿，采矿，烧结，炼焦，冶炼，电解，精炼，淬火	酚，氰化物，硫化物，氟化物，多环芳烃，吡啶，焦油，煤粉，重金属，酸，放射性	COD 高，有毒性，偏酸，水量较大，有放射性
化工	肥料，纤维，橡胶，染料，塑料，农药，油漆，洗涤剂，树脂	酸或碱，盐类，氰化物，酚，苯，醇，醛，氯仿，氯乙烯，农药，洗涤剂，多氯联苯，重金属，硝基化合物，氨基化合物	COD 高，pH 变化大，含盐量大，毒性强，成分复杂，难生物降解
石油化工	炼油，蒸馏，裂解，催化，合成	油，氰化物，酚，硫，砷，吡啶，芳烃，酮类	COD 高，毒性较强，成分复杂，水量大
纺织	棉毛加工，漂洗，纺织印染	染料，酸或碱，纤维，洗涤剂，硫化物，硝基化合物，砷	带色，pH 变化大，有毒性

续表

工业部门	工厂性质	主要污染物	废水特点
制革	洗皮，鞣革，人造革	酸，碱，盐类，硫化物，洗涤剂，甲酸，醛类，蛋白酶，锌，铬	COD 高，含盐量高，有恶臭，水量大
造纸	制浆，造纸	碱，木质素，悬浮物，硫化物，砷	碱性强，COD 高，水量大，有恶臭
食品	屠宰，肉类加工，油品加工，乳制品加工，水果加工，蔬菜加工等	有机物，病原微生物，油脂	BOD 高，致病菌多，水量大，有恶臭

（二）面污染源

面污染源又称非点污染源，主要指农村灌溉水排入湖泊、湿地等，以及农村生活中无组织排放的废水、污水。其他分散排放的小量污水，也可列入面污染源。

农村废水一般含有有机物、病原体、悬浮物、化肥、农药等污染物；畜禽养殖业排放的废水，常含有很高的有机物浓度；由于过量地施加化肥、使用农药，农田地面径流中含有大量的氮、磷营养物质和有毒的农药。

大气中含有的污染物随降雨进入地表水体，也可认为是面污染源，如酸雨。

此外，天然性的污染源，如水与土壤之间的物质交换，风刮起泥沙、粉尘进入水体等，也是一种面污染源。

对面污染源的控制，要比对点污染源难得多。值得注意的是，对于某些地区和某些污染物来说，面污染源所占的比重往往不小。例如，对于湖泊的富营养化，面污染源的贡献率常会超过 50%。

三、水污染的危害

水污染危害主要有以下几点：

（一）危害人体健康

水污染直接影响饮用水源的水质。当饮用水源受到合成有机物污染时，原有的水处理厂不能保证饮用水的安全可靠，这将会导致如腹水、腹泻、肠道线虫、肝炎、胃癌、肝癌等很多疾病的发生。与不洁的水接触也会染上如皮肤病、沙眼、血吸虫、钩虫病等疾病。

（二）降低农作物的产量和质量

由于污水提供的水量和肥分，很多地区的农民有采用污水灌溉农田的习惯。但惨痛的教训表明，含有有毒有害物质的废水、污水污染了农田土壤，造成作物枯萎死亡，使农民受到极大的损失。研究表明，在一些污水灌溉区生长的蔬菜或粮食作物中，可以检出痕量有机物，包括有毒有害的农药等，它们必将危及消费者的健康。

（三）影响渔业的产量和质量

渔业生产的产量和质量与水质直接紧密相关。由于水污染而造成淡水渔场鱼类大面积死亡事故，已经不是个别事例，还有很多天然水体中的鱼类和水生生物正濒临灭绝或已经灭绝。海水养殖事业也受到了水污染的威胁和破坏。水污染除了造成鱼类死亡影响产量外，还会使鱼类和水生生物发生变异。此外，在鱼类和水生生物体内还发现了有害物质的积累，使它们的食用价值大大降低。

（四）制约工业的发展

由于很多工业（如食品、纺织、造纸、电镀等）需要利用水作为原料或洗涤产品而直接参加产品的加工过程中，水质的恶化将直接影响产品的质量。工业冷却水的用量最大，水质恶化也会造成冷却水循环系统的堵塞、腐蚀和结垢问题，水硬度的增高还会影响锅炉的寿命和安全。

（五）加速生态环境的退化和破坏

水污染造成的水质恶化，对于生态环境的影响更是十分严重。水污染除了对水体中天然鱼类和水生物造成危害外，还会影响水体周围的生态环境。污染物在水体中形成的沉积物，对水体的生态环境也有直接的影响。

（六）造成经济损失

水污染对人体健康、农业生产、渔业生产、工业生产以及生态环境的负面影响，都可以表现为经济损失。例如，人体健康受到危害将减少劳动力，降低劳动生产率，疾病多发需要支付更多医药费；对工农业、渔业产量质量的影响更有直接的经济损失；对生态环境的破坏意味着对污染治理和环境修复费用的需求将大幅度增加。

四、中国水污染状况

自 20 世纪 80 年代以来，中国经历了一个经济快速发展的过程，同时也经历了一个对水的需求量不断增大、水污染不断加重的过程。根据《第二次全国污染源普查公报》，2017 年全国水污染物排放量：化学需氧量 2 143.98 万吨，氨氮 96.34 万吨，总氮 304.14 万吨，总磷 31.54 万吨，动植物油 30.97 万吨，石油类 0.77 万吨，挥发酚 244.10 吨，氰化物 54.73 吨，重金属（铅、汞、镉、铬和类金属砷，下同）182.54 吨。

1. 中国河流和湖泊的水污染状况

《地表水环境质量标准》（GB 3838—2002）是按照不同水域、不同功能分成五类制定的。这五类水域及其功能是：

Ⅰ类水体：为源头水及其国家自然保护区；

Ⅱ类水体：为集中生活饮用水水源地一级保护区、珍稀水生生物栖息地、鱼虾产卵场等；

Ⅲ类水体：为集中饮用水水源地二级保护区、渔业用水及游泳区等；

Ⅳ类水体：为一般工业用水区、人体非直接接触的娱乐用水区；

Ⅴ类水体：为农业用水区、一般景观要求水域。

达不到 Ⅴ 类水体水质的水体往往被称为劣 Ⅴ 类水体。

2021 年，全国地表水监测的 3 632 个国考断面中，Ⅰ～Ⅲ 类水质断面（点位）占 84.9%，比 2020 年上升 1.5 个百分点，劣 Ⅴ 类占 1.2%，均达到 2021 年水质目标要求。主要污染指标为化学需氧量、高锰酸盐指数和总磷。

2021 年，长江、黄河、珠江、松花江、淮河、海河、辽河七大流域和浙闽片河流、西北诸河、西南诸河等主要江河监测的 3 117 个国考断面中，Ⅰ～Ⅲ类水质断面占 87.0%，比 2020 年上升 2.1 个百分点；劣 V 类占 0.9%，比 2020 年下降 0.8 个百分点。主要污染指标为化学需氧量、高锰酸盐指数和总磷。长江流域、西北诸河、西南诸河、浙闽片河流和珠江流域水质为优，黄河流域、辽河流域和淮河流域水质良好，海河流域和松花江流域为轻度污染。2021 年，开展水质监测的 210 个重要湖泊（水库）中，Ⅰ～Ⅲ类水质湖泊（水库）占 72.9%，比 2020 年下降 0.9 个百分点；劣 V 类占 5.2%，与 2020 年持平。主要污染指标为总磷、化学需氧量和高锰酸盐指数。开展营养状态监测的 209 个重要湖泊（水库）中，贫营养状态湖泊（水库）占 10.5%，比 2020 年上升 5.2 个百分点；中营养状态占 62.2%，比 2020 年下降 5.1 个百分点；轻度富营养状态占 23.0%，比 2020 年下降 0.1 个百分点；中度富营养状态占 4.3%，与 2020 年持平。

2007 年 5 月太湖流域爆发了大面积的富营养化，对太湖周边城市的生产、生活用水危害极大，这为我们国家的水环境安全保障敲响了警钟。太湖地区人口密度已达每平方千米 1 000 人，是世界上人口密度最高的地区之一，同时经济发展速度快，这个区域生活污水的日排放量为 3 万多吨，高密度的人群、高速发展的经济对湖泊水质造成了巨大的影响，亟待转变发展模式，加强源头控制，并采取切实措施修复已受污染的水体。

我国水体重金属污染问题十分突出，江河湖库底质的污染率高达 80.1%。2003 年黄河、淮河、松花江、辽河等十大流域的流域片重金属超标断面的污染程度均为超 V 类。2004 年太湖底泥中总铜、总铅、总镉含量均处于轻度污染水平。黄浦江干流表层沉积物中 Cd 超背景值 2 倍，Pb 超 1 倍，Hg 含量明显增加；由长江、珠江、黄河等河流携带入海的重金属污染物总量约为 3.4 万吨，对海洋水体的污染危害巨大。可见，水体重金属污染已成为我国严重的环境污染问题，并且严重影响着人类身体健康乃至生命。

2. 中国海洋水环境质量现状

2021 年，中国管辖海域水质状况如下：一类水质海域面积占管辖海域面积的 97.7%，比 2020 年上升 0.9 个百分点；劣四类水质海域面积为 21 350 km²，比 2020 年减少 8 720 km²。主要超标指标为无机氮和活性磷酸盐。近岸海域水质状况：2021 年，全国近岸海域水质总体稳中向好，优良（一、二类）水质海域面积比例为 81.3%，比 2020 年上升 3.9 个百分点；劣四类为 9.6%，比 2020 年上升 0.2 个百分点。主要超标指标为无机氮和活性磷酸盐。11 个沿海省份中，江苏、上海和浙江近岸海域优良水质海域面积比例比 2020 年有所上升，福建、广东和海南基本持平，辽宁、河北、天津、山东和广西有所下降。面积大于 100 km² 的 44 个海湾中，11 个海湾春、夏、秋三期监测均出现劣四类水质。主要超标指标为无机氮和活性磷酸盐。

3. 中国地下水水污染状况

地下水水质除受水文地质化学背景影响外，人类活动导致的污染是影响地下水水质的主要原因。随着社会经济的不断发展，中国人口也不断增长，城镇生活污水和工业废水排放、农业面源等导致了地下水污染。根据《2017 中国生态环境状况公报》显示，全国

5 100 个地下水水质监测点位中，优良级、良好级、较好级、较差级和极差级点位分别占 8.8%、23.1%、1.5%、51.8% 和 14.8%。较差级和极差级点位共计达 66.6%，约占 2/3。地下水主要超标指标为总硬度、锰、铁、溶解性总固体、"三氮"（亚硝酸盐氮、氨氮和硝酸盐氮）、硫酸盐、氟化物、氯化物等，个别监测点存在砷、六价铬、铅、汞等重（类）金属超标现象。根据《2020 年中国生态环境状况公报》显示，以浅层地下水水质监测为主的 10 242 个监测点中，Ⅰ~Ⅲ类水质的监测点只占到 22.7%，Ⅳ类占到 33.7%，Ⅴ类占到 43.6%。2021 年，监测的 1 900 个国家地下水环境质量考核点位中，Ⅰ~Ⅳ类水质点位占 79.4%，Ⅴ类占 20.6%，主要超标指标为硫酸盐、氯化物和钠。目前我国地下水型饮用水源基本实现全面监测，地下水重点污染源得到初步监控。地下水更新慢，污染问题治理修复难度大。总体而言，我国的地下水污染恶化的趋势初步得到了遏制，但整体状况依然严峻，形势不容乐观。

4. 中国水环境污染事故增加

近年来，中国水环境污染事故频发，损失巨大，隐患严重：从 2001 年到 2004 年，全国共发生具有灾害特征的水污染突发性事故 3 988 起，平均每年近 1 000 起。例如，2004 年川化集团违法排污使沱江发生氨氮污染灾害，造成沱江下游死鱼 100 万千克，25 天百万群众饮水中断，生产停顿，生态环境遭受严重破坏，直接经济损失达 3 亿元。2005 年中石油吉林石化公司双苯厂爆炸，约有 100 t 硝基苯进入松花江水体，导致松花江严重的污染灾害，造成了巨大的经济损失和严重的国际国内影响。根据国家环境保护总局的调查，全国有大量的化工企业分布在江河湖海沿岸的环境敏感区，这成为水污染事故发生的隐患。例如，三峡水库及上游区有 2 000 余家化工、医药企业，沿江有几十家化学品的装卸码头和中转仓库，每年化工原料及危险产品的运输能力达到 200 多万吨。所有这些构成了三峡库区发生水污染灾害的隐患，并可能造成比松花江污染事件后果更为严重、损失更为惨重的重大水污染灾害。

专栏 3-1　近年中国水污染事件纪实

年份	事件	事件概要
2004	沱江"3·02"特大水污染事故	川化集团将大量高浓度工业废水排进沱江，导致沿江简阳、资中、内江三地百万群众饮水被迫中断
	楚雄市龙川江水污染事件	龙川江沿河两岸为云南省楚雄市的主要经济带，分布着冶炼、化工、造纸、制药、烟草和盐矿等工矿企业。2004 年 6 月初，楚雄市龙川江发生严重镉污染事件，楚雄水文站、智民桥、黑井等断面的总镉超标 36.4 倍
2005	松花江重大水污染事件	2005 年 11 月 13 日，中石油吉林石化公司双苯厂苯胺车间发生爆炸事故。事故产生的约 100 t 苯、苯胺和硝基苯等有机污染物流入松花江。苯类污染物是对人体健康有危害的有机物，因而导致松花江发生重大水污染事件

续表

年份	事件	事件概要
2005	北江镉污染事故	北江是珠江三大支流之一，也是广东省各市的重要饮用水源。2005年12月15日，北江韶关段出现严重镉污染，高桥断面检测到镉浓度超标12倍多。此次镉污染事故是由韶关冶炼厂在设备检修期间超标排放含镉废水所致，是由企业违法超标排污导致的环境污染事故
2006	牤牛河水污染事件	2006年8月21日，牤牛河附近发生化工污染，污染物为二甲基苯胺。此次污染事故是由吉林长白山精细化工有限公司向河中人为排放化工废水所致
	湖南岳阳砷污染事件	2006年9月8日，湖南省岳阳县城饮用水源地新墙河发生水污染事件，砷超标10倍左右，8万居民的饮用水安全受到威胁和影响。污染发生的原因为河流上游3家化工厂的工业废水"日常性排放"，致使大量高浓度含砷废水流入新墙河
2007	太湖水污染事件	2007年夏，无锡市区域内的太湖水位出现50年以来最低值，再加上天气连续高温少雨，太湖水富营养化较重，从而引发了太湖蓝藻暴发，严重影响了无锡市饮用水的水源水质
2008	汶川特大地震灾害	2008年5月12日，四川省汶川县附近发生里氏8.0级特大地震灾害，直接受灾区达10万平方公里。灾区水源水质变差，净水构筑物损毁。引发的次生灾害也对地表水源地、地下水源地、集中式供水安全、分散式供水安全造成了影响，包括由地震引发的化学品泄漏、大量使用消杀剂等
2010	北江中上游铊超标	2010年10月，广东省北江中上游河段发现铊超标。此次铊超标是由韶关冶炼厂排污所致，这一事件对下游的清远、广州、佛山等城市的供水安全造成了严重威胁
2011	新安江苯酚污染	2011年6月，浙江省建德市境内一辆运输苯酚的车辆发生追尾，导致约20 t苯酚随雨水流入新安江。下游桐庐、富阳等地的多家水厂停止取水，影响55.22万居民用水
2015	嘉陵江锑浓度超标	2015年11月，甘肃陇星锑业有限责任公司选矿厂尾矿库溢流井拱板破裂，泄漏的尾矿浆中所含的锑不断溶出，造成下游太石河、西汉水、嘉陵江共300多公里河段水体锑浓度超标，涉及甘陕川三省，形成重大突发环境事件
2020	依吉密河钼浓度超标	2020年3月，黑龙江省伊春市伊春鹿鸣矿业有限公司钼矿尾矿库泄漏230万立方米尾矿。造成依吉密河至呼兰河约340 km河道钼浓度超标，直接导致铁力市第一水厂（依吉密河水源地）停止取水，约6.8万人用水受到一定影响

5. 造成目前中国水污染状况的主要原因

中国地面水最常见的水污染是有机污染、重金属污染、富营养污染及这些污染物共存的复合性污染。中国多数污染河流的特征都属于有机污染，表现为水体中 COD、BOD 浓度增高。例如，淮河全流域每年排放的工业废水和城市污水量约 36 亿立方米，带入的 COD 总量约为 150 万吨。如此大量的有机污染物使淮河中的有机物含量严重超标，溶解氧含量则显著不足，甚至降低到零。应该注意的是，受到有机污染的河流往往同时接纳大量悬浮物，它们组成中的相当一部分是有机物，排入水体后先是沉淀至河底形成沉积物。沉积物是水体的一个潜在污染源。

有机污染中有毒的难降解合成有机物污染受到广泛注意，它们即使在十分低的含量下也可能对人体健康有直接危害，如致癌、致畸、致突变。目前在中国水体中检出了多种有毒污染物，而且含量远远高出地面水环境质量标准的限制，其中很多种物质属于内分泌干扰物质和持久性有机污染物。

造成中国目前水环境污染的原因主要有：

（1）城市废水处理率低：随着城市化进程加快、生活污水排放量逐年增大，中国污水排放总量逐年增加。近年来，中国政府在水污染治理方面的投入不断增大，污水处理率逐年提高。到 2005 年，城市污水处理率已达到 97.53%。在已经建设的城市废水处理厂中，还有相当一部分因为排水管网建设未能配套，以及污水处理费不能收齐等原因而不能正常运行，绝大部分污水处理厂没有完善的污泥处理设施。虽然建成了废水处理设施，却没有充分发挥其减轻水污染的作用。

（2）工业污染源控制不力：违规排污行为非常突出，造成了水环境的急剧恶化。2007 年，国家环保总局对重点流域进行了专项检查，被检查的 11 个省区的 126 个工业园区中，有 110 个存在环境违法行为，占抽查总数的 87.3%；75 家城镇污水处理厂，有 38 家存在运转不正常、处理不达标或停运现象，占抽查总数的 50.7%；529 家企业中有 234 家企业存在违法行为，占总数的 44.2%。

（3）对面源污染控制的重要性认识不足：除点源污染外，农业面源污染、城市面源污染等非点源污染也是导致中国水环境恶化的重要原因。中国是一个农业大国，农业和农村的面源污染不可忽视，其中包括：夹带着大量剩余化肥、农药的农田径流，畜禽养殖业废水废渣，农村生活污水及生活垃圾，以及水土流失造成的污染等。城市中含有大量污染物的初期雨水或排入污水管网的雨水也未经处理便进入了环境水体，加剧了水体的污染程度。近年来中国正逐渐认识非点源污染对于水环境质量的影响，但目前尚无专门针对非点源污染控制的标准或法规出台，非点源污染仍处于无序排放状态。

第二节　大　气　污　染

对大气污染的关注起源于对空气有害影响的观察，也就是说，如果大气中某种组分达到一定浓度，并持续足够长的时间，达到对公众健康、动物、植物、材料、大气环境美学因素产生可以测量的负面影响，就是大气污染。随着人们对大气组分及其效应的认识逐步加深，大气污染涉及的范围也在不断拓展。

　　按照污染的范围，大气污染可分为下列三种类型。

　　（1）局地性大气污染：在较小的空间尺度内（如厂区或者一个城市）产生的大气污染问题，在该范围内造成影响，并可以通过该范围内的控制措施解决的局部污染。

　　（2）区域性大气污染：跨越城市乃至国家的行政边界的大气污染，需要通过各行政单元间相互协作才能解决的大气环境问题，如北美洲、欧洲和东亚地区的酸沉降、大气棕色云等。

　　（3）全球性大气污染：涉及整个地球大气层的大气环境问题，如臭氧层被破坏以及温室效应等。

一、大气污染源及污染物

　　大气污染源可分为两类：天然源和人为源。天然源系指自然界自行向大气环境排放物质的场所。人为源系指人类的生产活动和生活活动所形成的污染源。自然环境所具有的物理、化学和生物功能（自然环境的自净作用），能够使自然过程所造成的大气污染经过一定时间后自动消除，大气环境质量能够自动恢复。一般而言，大气污染主要是人类活动造成的。随着人类活动的加剧，许多大气污染的形成是人为源和天然源共同作用的结果。

　　大气污染物是指由于人类活动或自然过程排入大气，并对人和环境产生有害影响的物质。

　　大气污染物的种类很多，按其来源可分为一次污染物和二次污染物。一次污染物系指直接由污染源排放的污染物。而在大气中一次污染物发生化学作用生成的污染物，常称为二次污染物，它常比一次污染物对环境和人体的危害更为严重。

　　大气污染物按其存在状态则可分为两大类：气溶胶状污染物和气态污染物。

（一）气溶胶状污染物

　　大气污染中的气溶胶粒子指的是沉降速率可以忽略的固体粒子、液体粒子或固液混合粒子。一般可包括粉尘、烟、飞灰、黑烟、霾、雾。其中，粉尘指悬浮于气体介质的固体颗粒，受重力作用能发生沉降，但在一定时间内能保持悬浮状态。烟指由冶金过程形成的固体颗粒。飞灰指燃料燃烧产生的烟气排出的分散得较细的灰分。黑烟指燃料燃烧产生的可见气溶胶。霾是大气中悬浮的大量微小颗粒使空气浑浊、能见度降低到 10 km 以下的天气现象。雾是大气中的大量微细水滴（或冰晶）的可见集合体。

　　我国现行空气质量标准规定的气溶胶状污染物主要是颗粒物。一般按其尺寸大小将大气中的颗粒物划分为总悬浮颗粒物、可吸入颗粒物和细颗粒物。

　　总悬浮颗粒物：空气动力学直径小于等于 100 μm 的颗粒物的总和；

　　可吸入颗粒物：空气动力学直径小于等于 10 μm 的颗粒物的总和；

　　细颗粒物：空气动力学直径小于等于 2.5 μm 的颗粒物的总和，这部分颗粒物污染物可通过呼吸道吸入肺泡，因而危害更大。

（二）气态污染物

1. 一次污染物

　　大气中有多种气态的一次污染物，按其成分可分为无机气态污染物和有机气态污染物，主要有下列几种。

（1）硫氧化物（SO_x）：主要来自含硫的化石燃料燃烧产生的废气，多数为二氧化硫（SO_2），少数是三氧化硫（SO_3），二者均是大气中的主要气态污染物，特别是当它们和固体颗粒相结合后危险更大。全世界每年向大气中排放二氧化硫约 1.5 亿吨。

（2）氮氧化物（NO_x）：主要是一氧化氮（NO）和二氧化氮（NO_2），它们主要是在高温条件下，氮和空气中的氧反应化合而形成的。汽车发动机和以矿物燃料为动力的燃烧器，都可能排放氮氧化物。

（3）挥发性有机物（VOCs）：大气中普遍存在的一类具有挥发性的气态有机化合物，包含几百种甚至上千种不同的有机物，大致可以分为六类：① 饱和烷烃和卤代烷烃；② 烯烃和卤代烯烃；③ 芳香烃和卤代芳香烃；④ 含氧有机物；⑤ 含氮有机物；⑥ 含硫有机物。VOCs 的来源复杂，主要是燃料燃烧、溶剂挥发、石油化工及天然源等。

（4）碳氧化物（CO_x）：主要是一氧化碳（CO）和二氧化碳（CO_2）。CO 是城市大气中含量很高的气态污染物，城市大气中的 CO 主要由汽车尾气排放，高浓度的 CO 经常出现在城市人群的上下班时间交通繁忙的道路和交叉路口。矿物燃料的不完全燃烧也产生大量的 CO。

CO_2 在很长时间里并没有被认为是一种污染组分，但是它是一种温室气体，随着对气候变化的关注，大气 CO_2 的排放及变化规律在大气环境的研究中越来越重要。

（5）含卤素的化合物：含卤素的化合物在大气中的浓度水平很低，但是在大气环境中具有十分重要的作用。平流层臭氧化学的研究揭示，大气中的含卤素化合物特别是含氯氟的氟利昂类物质及其替代中间物质，以及含溴的哈龙类物质，是造成臭氧损耗的关键因素。另外，在沿海地区的大气化学，以及大气–海洋相互作用的研究中，小分子的卤代烃类和无机的氯气、氯化氢及氟化物也具有重要的作用。

2. 二次污染物

大气中的二次污染物的生成、影响和控制是大气污染研究的重要内容。表 3-2 列举了部分大气中一次污染物及由其所生成的二次污染物。

表 3-2 大气中一次污染物及由其所生成的二次污染物

污染物	一次污染物	二次污染物
含硫化合物	SO_2、H_2S	SO_3、H_2SO_4、硫酸盐
碳氧化物	CO、CO_2	无
含氮化合物	NO、NH_3	NO_2、HNO_3、硝酸盐
挥发性有机物	碳氢化合物	酮、醛、过氧乙酰硝酸酯
含卤素的化合物	HF、HCl	无
VOCs+NO_x	烯烃、芳香烃、羰基化合物、NO_x 等	O_3、二次有机气溶胶

二次污染物的危害更大。典型的二次污染事件包括洛杉矶光化学烟雾和伦敦烟雾。洛杉矶光化学烟雾是汽车排放的大量氮氧化物或挥发性有机物，通过复杂的光化学反应形成的大气污染现象；伦敦烟雾是燃煤导致的大量煤烟尘和二氧化硫，与在化学反应作用下形

成的硫酸、硫酸盐等混合形成的酸性烟雾。

空气中还存在以下有毒有害的污染物：

（1）多环芳烃类化合物：多环芳烃是分子中含有两个及以上苯环的碳氢化合物，包括萘、蒽、菲、芘等150余种化合物，有些多环芳烃还含有氮、硫等原子。苯并[a]芘是最早被发现的大气中的化学致癌物，而且致癌性很强，因此苯并[a]芘（B[a]P）常被用作多环芳烃的代表。B[a]P是燃料及有机物质在400℃以上高温经热解、环化、聚合等反应过程而生成的一种芳香族有机物，其分子结构由5个苯环所组成。城市大气中的B[a]P主要来源于化石燃料的燃烧。

国际抗癌组织委员会推荐的大气中B[a]P的限定含量为0.1 μg/100 m³。我国的北京、抚顺、青岛、太原、杭州、昆明、广州、西安、包头、银川等城市监测结果表明，这些城市大气中的B[a]P含量都曾超过推荐的限值。我国城市大气中的多环芳烃类化合物的污染水平及其健康风险值得高度关注。

（2）重金属：重金属一般以天然丰度广泛存在于自然界中，但由于人类对重金属的开采、冶炼、加工及商业制造活动日益增多，造成不少重金属如铅、汞、镉、钴等进入大气、水、土壤中，引起严重的环境污染。

重金属一般是水体污染和天然污染的重点污染物。近年来，大气中的重金属污染也引起越来越多的关注，主要的污染物是铅和汞。在用四乙基铅作汽油的防爆剂时，汽车尾气中的铅有97%成为直径小于0.5 μm的颗粒，飘浮在空气中，对人体健康具有很大危害。矿业生产和燃煤过程导致汞向大气的排放，由于我国一次能源主要依赖燃煤，我国被认为是向大气中排汞量很大的国家。而且，汞在大气中能被传送很远的距离，造成严重的区域性污染问题。

（3）大气中的持久性有机污染物：持久性有机污染物（persistent organic pollutants，POPs）是指那些难以通过物理、化学及生物途径降解的有毒有害有机物。根据《关于持久性有机污染物的斯德哥尔摩公约》（POPs公约），这些物质具有持久性、生物蓄积性、毒性、挥发性等特征。目前POPs公约规定中的POPs包括12类物质，它们分别是滴滴涕（DDT）、狄氏剂（dieldrin）、异狄氏剂（endrin）、艾氏剂（aldrin）、氯丹（chlordane）、七氯（heptachlor）、六氯苯（HCB）、灭蚁灵（mirex）、毒杀芬（camphechlor）、多氯联苯（PCBs）、二噁英（dioxins）和呋喃（furans）。

持久性有机污染物是成千上万种人造化学品中的很小部分。人工合成的化学物质引起的环境与人体健康效应，以及这些物质在大气中的输送和有效控制等将受到全人类越来越深切的关注。

二、典型的大气污染

（一）煤烟型污染

煤是重要的固体燃料，它是一种复杂的物质聚集体，其可燃成分主要是由碳、氢及少量氧、氮和硫等一起构成的有机聚合物。煤中还含有多种不可燃的无机成分（统称灰分），其含量因煤的种类和产地不同而有很大差异。燃煤是多种污染物的主要来源。与燃油和燃气相比，相同规模的燃烧设备，燃煤排放的颗粒物和二氧化硫要多得多。虽然燃烧条件影响污染物的生成和排放，但煤的品质也是重要的影响因素。

对于给定的燃烧设备和燃烧条件，烟气中所含飞灰的初始浓度，主要取决于煤的灰分含量。煤中灰分含量越高，烟气中飞灰的初始浓度也越高。我国原煤灰分含量普遍较高，平均达 25%。2020 年我国原煤入洗率达到 73.2%，洗煤后灰分含量往往在 7%～10%。

燃烧过程中形成的氮氧化物，第一类由燃料中固定氮生成，常称为燃料型氮氧化物；第二类由空气中氮气在高温下通过原子氧和氮之间的化学反应生成，常称为热力型氮氧化物；在低温火焰中由于碳自由基的存在还会生成第三类氮氧化物，通常称为瞬时型氮氧化物。化石燃料的含氮量差别很大。石油的平均含氮量为 0.65%（质量分数，下同），而大多数煤的含氮量为 1%～2%。一些实验结果表明，燃料中 20%～80% 的氮转化为氮氧化物。

不完全燃烧产物主要为 CO 和挥发性有机物。它们排入大气不仅污染环境，也使能源利用效率降低，导致能源浪费。

烟气中硫组分几乎完全来自燃料。经物理、化学和放射化学方法测定的结果证实，煤中含有四种形态的硫：黄铁矿硫（FeS_2）、有机硫（$C_xH_yS_z$）、元素硫和硫酸盐硫。在燃烧过程中，前三种硫都能燃烧放出热量，并释放出硫氧化物或硫化氢，在一般燃烧条件下，二氧化硫是主要产物。硫酸盐硫主要以钙、铁和锰的硫酸盐形式存在，硫含量相对要少得多。

燃煤产生的 SO_2 在大气中会氧化而生成硫酸雾或硫酸盐气溶胶，是环境酸化的重要前体物，也是大气污染的主要酸性污染物。因此，当一次污染物主要为 SO_2 和煤烟时，二次污染物主要是硫酸雾和硫酸盐气溶胶。在相对湿度比较高、气温比较低、无风或静风的天气条件下，SO_2 在重金属（如铁、锰）氧化物的催化作用下，易发生氧化作用生成 SO_3，继而与水蒸气结合形成硫酸雾。硫酸雾是强氧化剂，其毒性比 SO_2 更大。它能使植物组织受到损伤，对人的主要影响是刺激其上呼吸道，附在细微颗粒上时也会影响下呼吸道。硫酸雾污染一般多发生在冬季，尤以清晨最为严重，有时可连续数日。例如，1964 年的日本四日市气喘病事件，即是二氧化硫与重金属颗粒形成的硫酸烟雾，连续 3 天不散，导致气喘病患者大量死亡。

SO_2 与大气中的烟尘有协同作用，可使呼吸道疾病发病率增高，慢性病患者的病情迅速恶化，使危害加剧。例如，20 世纪 50 年代的著名伦敦烟雾事件，以及马斯河谷事件和多诺拉烟雾事件等，都是这种协同作用所造成的。

中国是燃煤大国，SO_2 的大量排放曾是我国最为严重的大气污染问题之一。随着酸雨和二氧化硫控制区、大气污染防治行动计划以及打赢蓝天保卫战等系列措施的制定，我国 SO_2 排放已经得到了有效控制。

（二）酸沉降

酸沉降是指大气中的酸性组分通过降水（如雨、雾、雪）等方式迁移到地表，或含酸组分在气流的作用下或者通过重力沉降直接迁移到地表。前者是湿沉降，后者是干沉降。酸沉降已成为当今世界上最严重的区域性环境问题之一。

酸雨，顾名思义，就是雨水呈酸性。雨、雪或其他形式的大气降水的 pH 如果小于 5.6，表明大气可能受到致酸物质的影响。最早引起注意的是酸性降雨，所以习惯上将致酸物质的沉降称为酸雨。现代酸雨的研究始于 20 世纪 50 年代北欧的斯堪的纳维亚半岛，继之，20 世纪 70 年代北美也开始了大规模的酸雨问题研究。亚洲各国对酸雨的研究起步较晚，中国于 20 世纪 70 年代末观测到酸雨现象，20 世纪 80 年代初期开始实施全国范围的酸沉降研究。经过十几年的观测和分析，结果显示中国降水 pH 小于 5.6 的区域大约占陆地国土面积的 1/3，国家划定的酸雨控制区占陆地国土面积的 8.4%，我国西南、华南、华中和东南沿海等地区是酸沉降的重点区域。

酸沉降的形成与大气中的污染物质二氧化硫、氮氧化物、颗粒物和挥发性有机物等有关。大气中污染物二氧化硫、氮氧化物和挥发性物质可以通过大气中的化学转化或者云水和雨滴中的化学过程，氧化生成硫酸、硝酸和有机酸，然后随着干、湿沉降过程到达地表，造成地表生态环境的酸化。

酸沉降在全球造成的影响巨大。酸雨能破坏农作物和森林，抑制土壤中有机物的分解和氮的固定，导致钙、镁、钾等养分淋溶流失，使土壤日益酸化、贫瘠化。酸雨的腐蚀力很强，能大大加速建筑物、金属、纺织品、皮革、纸张、油漆、橡胶等物质的腐蚀速度。另外，酸沉降加速湖泊的酸化，影响湖泊生态功能和渔业生产。酸雨也会对人体健康产生危害作用，土壤、湖泊和地下水酸化后，由于金属的溶出，对饮用者会产生危害。含酸的空气使多种呼吸道疾病增加，特别是硫酸雾微粒侵入人体肺部，可引起肺水肿和肺硬化等疾病而导致死亡。

酸沉降是一种跨越国界的大气污染，它可以随同大气转移到成百上千千米以外，甚至更远的地区。科学家在通常认为地球上最洁净的北极圈内冰雪层中，也检测出浓度相当高的酸性组分。因此，全球和区域尺度酸沉降的控制是一项长期和艰巨的工作。

（三）光化学烟雾

在一定的条件下（如强日光、低风速和低湿度等），NO_x 和 VOCs 发生复杂的化学反应，生成臭氧（占反应产物的 85% 以上）、过氧乙酰硝酸酯（PAN，约占反应产物的 10%）、高活性自由基（·OH、RO_2·、HO_2·、RCO·等）、醛类（甲醛、乙醛、丙烯醛）、酮类和有机酸类，以及颗粒物、细粒子等二次污染物。这种由反应物和产物形成的高氧化性的混合气团，称为光化学烟雾。

光化学烟雾污染是典型的二次污染，即由源排放的一次污染物在大气中经过化学转化而成，它一般出现在相对湿度较低的夏季晴天，最易发生在中午或下午，在夜间消失。这一污染影响的范围可达下风向几百到上千千米，因此也是一种区域性污染问题。

光化学烟雾是 1940 年在美国的洛杉矶地区首先发现的，继美国之后，日本、英国、德国、澳大利亚和中国先后出现过光化学烟雾污染。一般而言，机动车尾气是光化学烟雾的主要污染源。汽车排放的污染物分别来自排气管、曲轴箱，以及燃料箱和化油箱。随着汽车保有量的增加，汽车排放在人为排放 CO、NO_x 和 VOCs 中所占的份额越来越高。机动车排放的 VOCs 有几百种组分，包括烷烃、烯烃、芳香烃和羰基化合物等。这些组分参加活跃的大气化学过程，是大气臭氧和二次有机气溶胶生成的重要前体物。据估算，美国交通源排放的 CO、NO_x 和 VOCs 已分别占到全国排放总量的 62.6%、38.2% 和 34.3%。近年来，在我国主要城市汽车排放污染物所占份额也达到了类似的水平。除机动车外，其他向大气释放 NO_x 和 VOCs 的污染源，如燃煤过程、石油化工甚至天然源等，也是造成光化学烟雾污染的不容忽视的原因。

早在 20 世纪 70 年代末，我国就在兰州西固石油化工区首次发现了光化学烟雾污染问题，并证实该地区光化学烟雾的前体物主要来源于石油化工排放的 VOCs 和电厂排放的氮氧化物。1986 年夏季在北京也发现了光化学烟雾污染的迹象。随着经济的高速发展，我国中、南部特别是沿海城市均已发生或面临光化学烟雾的威胁，上海、广州、深圳等城市也频繁观测到光化学烟雾污染的现象。根据现行城市交通规划对北京市和广州市的光化学烟雾预测，北京市在今后 20 年内如果不采取有效的机动车排放控制措施，O_3 浓度将大幅超过国家空气质量标准；如果广州市机动车排放量增加 1 倍，O_3 平均浓度和最大浓度都将增加 60% ~ 100%。因此，严格控制城市机动车排放，合理规划交通发展规模，建立和完善机动车管理体系，是改善城市空气质量的当务之急。而且，随着机动车保有量的快速增加，我国大城市的大气污染已逐渐出现在煤烟型污染问题上叠加光化学烟雾污染的严重趋势，呈现两种污染相互复合的污染特征。

（四）室内空气污染

据统计，人在每天的 24 h 中，平均有 22 h 是在室内活动，因此，室内空气质量将直接影响人体的健康。近年来的研究表明，一些办公室、商场等公共场所以及家庭居室内的空气中，含有多种有毒有害的化学物质。据国外一项室内空气持续 5 年的检测结果，室内空气中的化学物质多达数千种，其中某些有毒有害物质的含量比室外绿化区的含量多 20 倍。特别是那些刚完工的新建筑，在 6 个月内，室内空气中的有毒有害物质的含量比室外空气中的含量多 20 ~ 100 倍。

据报道，某些长期生活和工作在不良室内环境的工作人员和学生中出现了一些特异性的症状，主要表现为鼻和咽喉受刺激和干燥，人容易疲倦、乏力甚至头痛和记忆力减退等，这些症状估计与建筑物内的空气质量有关，因此被称为"病态建筑物综合征"。

近年来，由于室内装修而引发的室内空气质量造成人体健康危害的问题，在我国也时有发生，并越来越引起人们的关注。室内空气中的污染物主要有来自装饰材料的甲醛、挥发性有机物（VOCs）、放射性元素氡以及各种病原微生物等。

三、大气污染的危害

许多证据表明，大气污染会影响人类和动物的健康、危害植被、腐蚀材料、影响气候、降低能见度。目前，虽然对其中有些影响的认识比较充分，但大多数的不良影响尚难以量化。下面仅简要介绍大气污染对人体健康、植物、材料和全球性影响。

（一）大气污染对人体健康的危害

大气污染物对人体健康危害严重，如颗粒物与硫的氧化物、一氧化碳、光化学烟雾和铅等重金属均对人体健康产生不利影响。污染物对健康的影响随污染物浓度和组成、暴露水平以及人体健康状况而异。

1. 大气颗粒物

大气颗粒物对人体健康的影响取决于两方面因素：① 沉积于呼吸道中的位置，这与颗粒的大小相关。粒径 0.01 ~ 1.0 μm 的细小粒子在肺泡的沉积率最高；粒径大于 10 μm

的颗粒吸入后绝大部分阻留在鼻腔和鼻咽喉部，只有很小部分进入气管和肺内。② 在沉积位置上对组织的影响，这取决于颗粒物的化学组成。

颗粒物组成十分复杂，各种污染源都会有所贡献。其表面还会浓缩和富集多种化学物质。其中，多环芳烃类化合物等随呼吸吸入体内成为肺癌的致病因子；许多重金属（如铁、铍、铝、锰、铅、镉等）的化合物也可对人体健康造成危害。因此，人体暴露在颗粒物浓度高的环境中，呼吸系统和心血管系统的发病率和死亡率增高。除短期的高剂量暴露的急性影响外，研究表明低污染水平的长期暴露也会导致发病率和死亡率的显著增加。

2. 二氧化硫（SO_2）

SO_2 进入呼吸道后，部分被阻留在上呼吸道。在潮湿的黏膜上生成具有刺激性的亚硫酸、硫酸和硫酸盐，增强了刺激作用。上呼吸道对 SO_2 的这种阻留作用，在一定程度上可以减轻其对肺部的侵袭，但进入血液的 SO_2 仍可随血液循环抵达肺部产生刺激作用。

进入血液循环的 SO_2 也会对全身产生不良反应，它能破坏酶的活力，影响糖类及蛋白质的代谢，对肝脏有一定损害，在人和动物体内均使血中白蛋白与球蛋白比例降低。动物试验证明，SO_2 慢性中毒后，机体的免疫机能会受到明显抑制。

3. 一氧化碳（CO）

CO 是无色无臭的有毒气体。CO 与血液中血红蛋白间的亲和力约是氧的 210 倍，它们结合后生成的碳氧血红蛋白（HbCO），严重阻碍血液输氧，引起人体缺氧，发生中毒。当人体暴露在 $600 \sim 700 \text{ mL/m}^3$ 的 CO 环境中，1 h 后就会出现头痛、耳鸣或呕吐等症状；而暴露在 $1\,500 \text{ mL/m}^3$ 的 CO 环境中，1 h 便有生命危险。长期吸入低浓度 CO 可发生头痛，头晕，记忆力减退，注意力不集中，对声、光等微小改变的识别力降低，心悸等现象。

4. 近地面臭氧（ground-level ozone）

由于光化学烟雾特别是臭氧的高氧化性，近地面的臭氧与人体直接接触，将导致严重的健康危害。最明显的作用是对黏膜系统的伤害，对眼睛具有强烈的刺激，同时对鼻、咽喉、气管和肺也有损伤。臭氧浓度水平过高或者长时间接触，会引起呼吸系统病变，造成中枢神经系统损害，并妨碍血液输氧的功能。

与近地面臭氧上升相伴随的是大气中的过氧乙酰硝酸酯（PAN）的升高，PAN 是一种极强的催泪剂，同时近来的研究显示，PAN 可能具有潜在的致癌作用。

5. 大气中的铅（Pb）

Pb 是生物体酶的抑制剂，进入人体中的 Pb 随血液分布到软组织和骨骼中。急性 Pb 中毒较少见；慢性 Pb 中毒可分为轻度、中度和重度。轻度 Pb 中毒的症状有神经衰弱综合征、消化不良；中度 Pb 中毒出现腹绞痛、贫血及多发性神经病；重度 Pb 中毒出现肢体麻痹和中毒性脑病例。儿童 Pb 中毒可推迟大脑发育或感染急性脑症。

（二）大气污染对植物的危害

大气污染对植物的危害可归纳为以下几个方面：损害植物酶的功能组织，影响植物新陈代谢的功能，破坏原生质的完整性和细胞膜。此外，还会损害根系生长及其功能，减弱输送作用，导致生物产量减少等。

大气污染对植物的危害程度取决于污染物剂量、污染物组成等因素。例如，环境中的

SO_2 能直接损害植物的叶子，长期阻碍植物生长；氟化物会使某些关键的酶催化作用受到影响；O_3 可对植物气孔和膜造成损害，导致气孔关闭，也可损害三磷酸腺苷的形成，降低光合作用对根部营养物的供应，影响根系向植物上部输送水分和养料。大气是多种气体的混合物，大气污染经常是多种污染物同时存在，对植物产生复合作用。在复合作用中，每种气体的浓度、各种污染物之间浓度的比例、污染物出现的顺序（即它们是同时出现还是间歇出现）都将影响植物受害的程度。单独的 NO_x 似乎对植物不大可能构成直接危害，但它可与 O_3 及 SO_2 反应后，通过协同途径产生巨大危害。

（三）大气污染对材料的危害

大气污染可使建筑物和暴露在空气中的金属制品及皮革、纺织等物品发生性质的变化，造成直接和间接的经济损失。SO_2 与其他酸性气体可腐蚀金属、建筑石料及玻璃表面。SO_2 还可使纸张变脆、褪色，使胶卷表面出现污点、皮革脆裂并使纺织品抗张力降低。O_3 及 NO_x 会使染料与绘画褪色，从而对宝贵的艺术作品造成威胁。光化学烟雾对材料（主要是高分子材料，如橡胶、塑料和涂料等）也会产生破坏作用。酸沉降对于材料特别是金属和石质文物的损坏作用受到了极大的关注。

（四）大气污染的其他影响

长期以来，人们一直把对能见度的影响作为城市大气污染严重性的定性指标。随着研究的深入，人们更多地认识到污染物的远距离迁移和由此引起的区域性危害，对能见度的影响已经远远超出城市地区本身，能见度已成为一个区域性大气质量的重要参考指标。严重的光化学烟雾能显著地降低大气能见度，造成城市的大气质量恶化。

水循环对于地球上人类的生存是至关重要的。大气污染会导致降水规律的改变。大气污染影响凝聚作用与降水形成，有可能导致降水的增加或减少。

大气污染还会产生全球性的影响。这些影响包括大气中 CO_2 等和非 CO_2（如 O_3、颗粒物等）的辐射活性组分气体浓度增加，导致全球气候变化；人工合成的氟氯烃化合物等化学物质导致臭氧层损耗；区域排放的大气汞通过全球循环，沉降到偏远地区并威胁当地地表生态环境和人体健康等全球性环境问题。

四、中国的主要大气污染问题及趋势

中国是一个发展中国家，城市化和工业化在推动社会经济高速发展的过程中，大气环境质量的现状和变化趋势值得引起高度的重视。实际上，国家在经济增长、能源消耗增加等压力下，在大气污染防治方面投入了巨大的努力。我国《国民经济和社会发展第十一个五年计划规划纲要》提出"十一五"期间单位国内生产总值能耗降低 20%，主要污染物排放总量减少 10% 的约束性指标。面对我国雾霾暴发的严峻挑战，由国务院印发的《大气污染防治行动计划》指出到 2017 年，全国地级及以上城市可吸入颗粒物浓度比 2012 年下降 10% 以上，优良天数逐年提高；京津冀、长三角、珠三角等区域细颗粒物浓度分别下降 25%、20%、15% 左右，其中北京市 $PM_{2.5}$ 年均浓度控制在 60 $\mu g/m^3$ 左右。2018 年，国务院发布《打赢蓝天保卫战三年行动计划》提出，到 2020 年，SO_2、NO_x 排放总量分别比 2015 年下降 15% 以上；$PM_{2.5}$ 未达标地级及以上城市浓度比 2015 年下降 18% 以上，地级及以上城市空气质量优良天数比例达到 80%，重度及以上污染天数比例比 2015 年下降 25% 以上；提前完成"十三五"目标的省份，要保持和巩固改善成果；尚未完成的省份，要确保全面实现"十三五"约束性目标；北京市环境空气质量改善目标应在"十三五"目标基础上进一步提高。2021 年 2 月 25 日，生态环境部举行例行新闻发布会，宣布《打赢蓝天保卫战三年行动计划》圆满收官。

尽管大气污染防治取得阶段性的成果，但当前大气污染防治形势尚未发生根本性转变。2019 年，全国仍有 47.2% 的城市 $PM_{2.5}$ 浓度超标，区域重污染天气时有发生，约七成人口生活在 $PM_{2.5}$ 超标的大气环境中，城市大气 $PM_{2.5}$ 年均质量浓度分别是欧洲和美国的 2.4 倍和 4.5 倍，是世界卫生组织准则值的 3.6 倍。同时，臭氧（O_3）污染呈现持续升高态势，2019 年 337 个城市 O_3 日最大 8 h 浓度第 90 百分位数的平均值比 2015 年上升 20.3%；103 个城市 O_3 浓度超标，比 2015 年增加 84 个。大气污染形成的氧化性特征十分显著，京津冀城市的 O_3 日最大 8 h 浓度第 90 百分位数约为美国洛杉矶等污染较重城市的 1.5 ~ 1.8 倍，凸显我国正面临 $PM_{2.5}$ 和 O_3 污染双重挑战，由大气氧化导致的二次污染物（$PM_{2.5}$ 和 O_3）成为协同防控重点。当前，我国主要大气污染物排放仍处高位，减排难度巨大，这是因为：二氧化硫（SO_2）和颗粒物减排空间显著收窄，氮氧化物（NO_x）和挥发性有机物（VOCs）减排技术和治理瓶颈还未突破。与此同时，气候系统、陆地生态系统与大气污染存在的复杂相互作用，气候变暖造成生态系统自然排放增加，使得治理减排更为艰难。由此，环境空气质量持续改善已进入极为艰难的"持久战"时期，减污降碳与气候变化协同应对成为新使命。

第三节　土　壤　污　染

土壤是人类生存的基础。随着工业化、城市化、农业集约化的快速发展，大量未经处理的废弃物向土壤系统转移，并在自然因素的作用下汇集、残留于土壤中。土壤污染与退化已成为我国乃至全球性环境问题之一，得到了全世界的普遍关注。

一、土壤污染源及污染物

土壤污染是指人类活动所产生的污染物质通过各种途径进入土壤，其数量超过了土壤的容纳和净化能力，从而使土壤的性质、组成及结构等发生变化，并导致土壤的自然功能失调、土壤质量恶化的现象。土壤污染的明显标志是土壤生产力的下降。

（一）土壤污染源

土壤污染物的来源极为广泛，主要来自工业、城市废水和固体废物、农药和化肥、牲畜排泄物及大气沉降等。

1. 工业、城市废水和固体废物

在工业、城市废水中，常含有多种污染物。当长期使用这种废水灌溉农田时，便会使污染物在土壤中积累而引起污染。利用工业废渣和城市污泥作为肥料施用于农田时，常常

会使土壤受到重金属、无机盐、有机物和病原体的污染。工业废物和城市垃圾的堆放场，往往也是土壤的污染源。

2. 农药和化肥

现代农业生产大量使用的农药、化肥和除草剂也会造成土壤污染。如有机氯杀虫剂 DDT、六六六等在土壤中长期残留，并在生物体内富集。氮、磷等化学肥料，凡未被植物吸收利用的都在根部以下积累或转入地下水，成为潜在的土壤环境污染物。

3. 牲畜排泄物和生物残体

禽畜饲养场的积肥和屠宰场的废物中含有寄生虫、病原菌和病毒等病原体，当利用这些废物作肥料时，如果不进行物理和生物处理便会引起土壤或水体污染，并可通过农作物危害人体健康。

4. 大气沉降物

大气中的 SO_2、NO_x 和颗粒物可通过干湿沉降进入农田。如北欧的南部、北美的东北部等地区，因雨水酸度增大，引起土壤酸化、土壤盐基饱和度降低。大气层核试验的散落物也会造成土壤的放射性污染。

此外，工业生产过程中的溶剂泄漏、输送管道泄漏、运输过程中的漏洒和意外事故也会使土壤受到污染。土壤中重金属或放射性元素含量超标也可能由自然原因引起，如在含有重金属或放射性元素的矿床附近，这些矿床的风化分解作用，会导致周围土壤重金属或放射性元素含量超标。

（二）土壤污染物

凡是进入土壤并影响土壤的理化性质和组成，而导致土壤的自然功能失调、土壤质量恶化的物质，统称为土壤污染物。土壤污染物的种类繁多，按污染物的性质一般可分为四类：有机污染物、重金属、放射性元素和病原微生物。

1. 有机污染物

我国土壤有机污染物主要有有机农药、多环芳烃、多氯联苯、增塑剂等。主要来源于化工医药生产、皮革制造、废物集中处理、采油炼油过程、污水灌溉等。此外，石油烃、丁草胺、有机溶剂等也是土壤中常见的有机污染物。

2. 重金属

重金属主要有 Hg、Cd、Cu、Zn、Cr、Pb、As、Ni、Co、Sn 等。使用含有重金属的污水进行灌溉是重金属进入土壤的一个重要途径。重金属进入土壤的另一途径是随大气沉降落入土壤。由于重金属不能被微生物分解，一旦土壤被重金属污染，其自然净化过程和人工治理都将非常困难。此外，重金属可以被生物富集，因而对人类有较大的潜在危害。

3. 放射性元素

放射性元素主要来源于大气层核试验的沉降物，以及原子能和平利用过程中所排放的各种废气、废水和废渣。含有放射性元素的物质不可避免地随自然沉降、雨水冲刷和废弃物的堆放而污染土壤。土壤一旦被放射性物质污染就难以自行消除，只能靠其自然衰变为稳定元素，而消除其放射性所需时间往往很长。放射性元素也可通过食物链进入人体。

4. 病原微生物

土壤中的病原微生物，可以直接或间接地影响人体健康。它主要包括病原菌和各种病毒，主要来源于人畜的粪便及用于灌溉的污水（未经处理或处理未达到相应标准的生活污水，特别是医院污水）。人类若接触含有病原微生物的土壤，可能会对健康带来直接影响，若食用被土壤污染的蔬菜、水果等则间接受到危害。

二、土壤污染的影响和危害

土壤污染对环境和人类造成的影响与危害在于它可导致土壤的组成、结构和功能发生变化，进而影响植物的正常生长发育，造成有害物质在植物体内累积，并可通过食物链进入人体，以致危害人的健康。土壤污染的最大特点是，一旦土壤受到污染，特别是受到重金属或有机农药的污染后，其污染物是很难消除的。因此，要特别注意防止重金属等污染物质进入土壤。对于已被污染的土壤，应积极采取有效措施，以避免和消除它可能对动植物和人体带来的有害影响。

（一）土壤污染对植物的影响

当土壤中的污染物超过植物的忍耐限度时，会被植物吸收而使代谢失调；一些污染物在植物体内残留，会影响植物的生长发育，甚至导致遗传变异。

1. 无机污染物的影响

长期使用酸性肥料或碱性物质会引起土壤 pH 的变化，降低土壤肥力，减少作物的产量。

Cu、Ni、Co、Mn、Zn、As 等元素的污染，能引起植物生长和发育障碍；而 Cd、Hg、Pb 等元素的污染，一般不引起植物生长发育障碍，但它们能在植物可食部位蓄积。

2. 有机污染物的影响

利用未经处理的含油、酚等有机污染物的污水灌溉农田，会使植物生长发育受到阻碍。农田在灌溉或施肥过程中，极易受三氯乙醛（植物生长紊乱剂）及其在土壤中转化产物三氯乙酸的污染。三氯乙醛能破坏植物细胞原生质的极性结构和分化功能，使细胞和核的分裂产生紊乱，形成病态组织，阻碍正常生长发育，甚至导致植物死亡。小麦最容易遭受其危害，其次是水稻。

3. 土壤生物污染的影响

土壤生物污染是指一个或几个有害的生物种群，从外界环境侵入土壤，大量繁衍，破坏原来的动态平衡，对人体或生态系统产生不良的影响。造成土壤生物污染的污染物主要是未经处理的粪便、垃圾、城市生活污水、饲养场和屠宰场的污物等。其中危险性最大的是传染病医院未经处理的污水和污物。

（二）土壤污染物在植物体内的残留

植物从污染土壤中吸收各种污染物质，经过体内的迁移、转化和再分配，有的分解为其他物质，有的部分或全部以残毒形式蓄积在植物体内的各个部位，特别是可食部位，对人体健康构成潜在性危害。

土壤中的污染物主要是以离子形式被植物根系吸收。植物对土壤中污染物的吸收量，与土壤的类型、温度、水分、空气等有关，也与污染物在土壤中的数量、种类、形态和植物品种有关。

1. 重金属在植物体内的残留

植物对重金属吸收的有效性，受重金属在土壤中活动性的影响。一般情况下，土壤中有机质、黏土矿物含量越多，盐基代换量越大，土壤的pH越高，则重金属在土壤中活动性越弱，重金属对植物的有效性越低，也就是植物对重金属的吸收量越小。在上述因素中，最重要的影响因素可能是土壤的pH。例如，在中国水稻区，不同土壤受到相同水平的重金属污染，但水稻籽实中重金属含量按下列次序递增：华北平原碳酸盐潮土（pH>8.0）远小于东北草甸棕壤（pH=6.5~7.0），后者又远小于华南的红壤和黄壤（pH<6.0）。

农作物体内的重金属主要是通过根部从被污染的土壤中吸收的。例如，植物从根部吸收镉之后，各部位的含镉量为根>茎>叶>荚>籽粒。一般根部的含镉量超过地上部分的两倍。此外，汞、砷也是可以在植物体内残留的重金属。

2. 农药在植物体内的残留

农药在土壤中受物理、化学和微生物的作用，按照其被分解的难易程度可分为两类：易分解类（如2，4-D和有机磷制剂）和难分解类（如2，4，5-T和有机氯、有机汞制剂等）。难分解的农药成为植物残毒的可能性很大。

植物对农药的吸收率因土壤质地不同而异，其从沙质土壤吸收农药的能力要比从其他黏质土壤中高得多。不同类型农药在吸收率上差异较大，通常农药的溶解度越大，被作物吸收也就越容易。

3. 放射性物质在植物体内的残留

放射性物质指重核^{235}铀和^{239}钚的裂变产物，包括34种元素、189种放射性同位素。当分析某一种裂变产物的生物学意义时，必须考虑它们的产率、射线能量、物理半衰期、放射性核素的物理形态和化学组成，以及由土壤转移到植物的能力、生物半衰期和有效半衰期等因素。

放射性物质进入土壤后能在土壤中积累，形成潜在的威胁。由核裂变产生的两种重要的长半衰期放射性元素是^{90}锶（半衰期为28年）和^{137}铯（半衰期为30年）。空气中的放射性^{90}锶可被雨水带入土壤中。因此，土壤含^{90}锶的浓度常与当地的降雨量成正比。^{137}铯在土壤中吸附得更为牢固，有些植物能积累^{137}铯，所以高浓度的放射性^{137}铯能通过这些植物进入人体。

（三）土壤污染对人体健康的影响和危害

1. 病原体对人体健康的影响

病原体是由土壤生物污染带来的污染物，其中包括肠道致病菌、肠道寄生虫、破伤风杆菌、肉毒杆菌、霉菌和病毒等。病原体能在土壤中生存较长时间，如痢疾杆菌能在土壤中生存22~142天，结核杆菌一般能生存180~210天，蛔虫卵能生存315~420天，沙门氏菌能生存35~70天。土壤中肠道致病性原虫和蠕虫进入人体主要有两个途径：① 通过食物链经消化道进入人体。例如，蛔虫、毛首鞭虫等一些线虫的虫卵，在土壤中经几周时间发育后，变成感染性的虫卵通过食物进入人体。② 穿透皮肤侵入人体。例如，十二指肠钩虫、美洲钩虫和粪类圆线虫等虫卵在温暖潮湿土壤中经过几天孵育变为感染性幼虫，再通过皮肤穿入人体。

传染性细菌和病毒污染土壤后对人体健康的危害更为严重。一般来自粪便和城市生活污水的致病细菌有沙门氏菌属、芽孢杆菌属、梭菌属、假单孢杆菌属、链球菌属及分枝杆菌属等。另外，随患病动物的排泄物、分泌物或其尸体进入土壤而传染至人体的还有破伤风、恶性水肿、丹毒等疾病的病原菌。目前，在土壤中已发现 100 多种可能引起人类致病的病毒，如脊髓灰质炎病毒、致肠细胞病变人孤儿病毒、柯萨奇病毒等，其中最危险的是传染性肝炎病毒。

2. 重金属对人体健康的影响

土壤重金属被植物吸收以后，可通过食物链危害人体健康。例如，1955 年日本富山县发生的"镉米"事件，即"痛痛病"事件。其原因是农民长期使用受神通川上游铅锌冶炼厂的含镉废水污染的河水灌溉农田，导致土壤和稻米中的镉含量增加。人们长期食用这种稻米，使得镉在人体内蓄积，从而引起全身性神经痛、关节痛、骨折，以致死亡。土壤中的重金属也可能向下迁移进入地下水，从而威胁饮水安全。

3. 有机污染物对人体健康的影响

土壤中的有机污染物可通过农产品、挥发吸入进入人体，也可以向下迁移进入地下水从而通过饮水进入人体，影响人体的新陈代谢、发育和生殖等功能，危害人体健康。诸多有机污染物，如氯代烃、农药等都具有致癌、致畸、致突变（"三致"）效应。

三、世界及我国土壤污染的状况

（一）世界土壤污染的状况

自 1977 年开始，美国纽约州著名的"拉夫运河污染事故"引起了美国民众对土壤污染的关注，也使得美国政府开始认识土壤污染危害。随后美国颁布了超级基金法，并不断探索和改进。为加强受污染场地的治理，美国政府于 1997 年 5 月发起并推动了"棕色地块（brownfields，指因现实或潜在的有害和危险物的污染而影响到扩展、振兴和重新利用的土地）全国合作行动议程"（Brownfields National Partnership Action Agenda），当年美国在 100 余个"棕色地块"投入的资金超过 4 亿美元。1998 年 3 月，美国确立了 16 个"棕色地块"治理示范社区，吸引了 9 亿多美元的开发基金。

尽管欧盟是世界上生态环境质量良好的地区之一，但它仍然受到土壤污染的威胁。2000 年，荷兰、奥地利和西班牙分别投资 5.5 亿、0.67 亿和 0.14 亿欧元用于恢复被污染的土壤。而欧洲环境局估计要恢复欧洲被点源污染的土壤需要投资 59 亿～109 亿欧元。最新统计，15 个欧盟成员国每年销售 321 386 t 杀虫剂，这些杀虫剂施用后就有可能污染当地土壤。在德国，土地污染问题正受到广泛关注。据统计，截至 2002 年，德国境内大约有 362 000 处场地被疑作受污染场地，面积约 128 000 hm^2，严重阻碍了所在地区的经济发展，并增加了投资的环境风险性。

欧盟委员会与成员国在 2004 年形成一份土壤监测协议，同时建立土壤监测网络和对重点地区实行重点监测，并为此制订了相应的工作计划与时间表，土壤保护是欧盟第六个环境行动计划重点战略之一。

日本是最早重视土壤污染的国家，在 1970 年制定了《农地土壤污染防治法》（1993年修订），开展了农田土壤中镉、铜、砷的监测，并对超标土壤进行修复。日本农田污染以镉为主，占超标面积的 92.5%，通过土壤修复，镉超标面积降低了 71.2%。日本土壤污染调查监测事件也呈逐年增多之势，监测项目由重金属发展为金属和有机物，土壤污染类型逐步演变为重金属和有机物（主要是 VOCs）复合污染型。日本富山县神通川流域和群马县渡良濑川流域等处，矿山和冶炼厂的重金属污染了农田。近年来，集成电路板和电子产品净洗、金属零件清洗及交通运输的发展，使挥发性有机物成为土壤污染的新动向。《土壤污染对策法实施规则》中将对象物质分成三种，分别为第Ⅰ种特定有害物质（主要是挥发性有机物），第Ⅱ种特定有害物质（主要是重金属等）和第Ⅲ种特定有害物质（主要是农药等）。

（二）我国土壤污染状况

近 20 年来，随着社会经济的高速发展和高强度的人类活动，我国因污染退化的土壤面积日益增加、范围不断扩大，土壤质量恶化加剧，危害更加严重，已经影响可持续发展和建设美丽中国的目标，未来 15 年将面临更为严峻的挑战。

我国受农药、重金属等污染的土壤面积达上千万公顷，其中矿区污染土壤达 200 万公顷、石油污染土壤约 500 万公顷、固废堆放污染土壤约 5 万公顷，已对我国生态环境质量、食品安全和社会经济持续发展构成严重威胁。我国土壤污染退化已表现出多源、复合、量大、面广、持久、毒害的现代环境污染特征，正从常量污染物转向微量持久性有毒污染物，尤其在经济快速发展地区。我国土壤污染退化的总体现状已从局部蔓延到区域，从城郊延伸到乡村，从单一污染扩展到复合污染，从有毒有害污染发展至有毒有害污染与 N、P 营养污染的交叉，形成点源与面源污染共存，生活污染、农业污染和工业污染叠加，各种新旧污染与二次污染相互复合或混合的态势。

2005—2013 年，环境保护部会同国土资源部用时 8 年开展了全国首次土壤污染状况调查，调查了除香港、澳门特别行政区和台湾地区以外的陆地国土，调查点位覆盖全部耕地以及部分林地、草地、未利用地和建设用地，实际调查面积约 630 万平方千米。基于调查结果，发布了《全国土壤污染状况调查公报》，公报指出：全国土壤环境状况总体不容乐观，部分地区土壤污染较重，耕地土壤环境质量堪忧，工矿业废弃地土壤环境问题突出。工矿业、农业等人为活动以及土壤环境背景值高是造成土壤污染或超标的主要原因。全国土壤总的超标率为 16.1%，其中轻微、轻度、中度和重度污染点位比例分别为 11.2%、2.3%、1.5% 和 1.1%。污染类型以无机型为主，有机型次之，复合型污染比重较小，无机污染物超标点位占全部超标点位的 82.8%。

土壤污染直接导致农产品品质不断下降，危害人体健康，降低我国农产品的国际市场竞争力。16 个省的检查结果表明，蔬菜、水果中农药总检出率为 20%～60%，总超标率为 20%～45%；值得注意的是，东南沿海地区部分地区出现具有内分泌干扰作用的多环芳烃、多氯联苯、塑料增塑剂、农药甚至二噁英等复合污染高风险区，浓度高达每千克数百微克。我国土壤污染退化带来的食物安全问题已经到了相当严重的地步。为此，2016 年 5月，国务院印发《土壤污染防治行动计划》，提出 3 个阶段的分期工作目标。

第四节 固体废物及有害化学品污染

人类在其生产过程、经济活动与日常生活中不停产生固体废物，其数量在不断增长。

一、固体废物的来源、分类及特点

固体废物是指在生产、生活和其他活动中产生的丧失原有利用价值或者虽未丧失利用价值但被抛弃或者放弃的固态、半固态和置于容器中的液态、气态的物品、物质，以及法律、行政法规规定纳入固体废物管理的物品、物质。

（一）固体废物来源及分类

固体废物可以根据其性质、状态、来源等进行分类，如按其化学性质可分为有机废物和无机废物；按其形态可分为固态废物、半固态废物和液态（气态）废物；按其产生源可分为城市固体废物、工业固体废物、农业固体废物及放射性固体废物四类；按其污染特性可分为危险废物与一般废物。根据 2020 年修订实施的《中华人民共和国固体废物污染环境防治法》（以下简称《固废法》），固体废物又分为工业固体废物、生活垃圾、建筑垃圾、农业固体废物、危险废物五类。

1. 工业固体废物

工业固体废物是指在工业、交通等生产过程中产生的固体废物。工业固体废物主要包括冶炼废渣、粉煤灰、炉渣、煤矸石、尾矿、脱硫石膏、污泥、赤泥、磷石膏、工业副产石膏、钻井岩屑、食品残渣、纺织皮革业废物、造纸印刷业废物、化工废物等。

2. 生活垃圾

生活垃圾是指在日常生活中或为日常生活提供服务的活动中产生的固体废物，以及法律、行政法规规定视为生活垃圾的固体废物。生活垃圾主要分为有害垃圾（废电池、废荧光灯管、废温度计、废血压计等）、厨余垃圾（家庭、餐馆、农贸市场等产生的垃圾）、可回收物（废纸、废塑料、废金属、废纺织物等）和其他垃圾。

3. 建筑垃圾

建筑垃圾是指建设单位、施工单位新建、改建、扩建和拆除各类建筑物、构筑物、管网等，以及居民装饰装修房屋过程中产生的弃土、弃料和其他固体废物。建筑垃圾主要有工程渣土、工程泥浆、拆除垃圾、装修垃圾等。

4. 农业固体废物

农业固体废物是指农业生产活动中产生的固体废物。农业固体废物按照来源主要分为农业固体废物（谷物种植等产生的废物）、林业废物、畜牧业废物、渔业废物等。

5. 危险废物

危险废物是指列入国家危险废物名录或者根据国家规定的危险废物鉴别标准和鉴别方法认定的具有危险特性的固体废物。一般具有毒性、腐蚀性、易燃性、反应性或者感染性中的一种或者几种危险特性的固体废物会被认定为危险废物，目前共有 50 类固体废物列入国家危险废物名录。

（二）固体废物特点

1. 资源和废物的相对性

固体废物具有鲜明的时间和空间特征，从时间方面讲，它仅仅是在目前的科学技术和经济条件下无法加以利用，但随着时间的推移、科学技术的发展，以及人们的要求变化，今天的废物可能成为明天的资源。从空间角度看，废物仅仅相对于某一过程或某一方面没有使用价值，而并非在一切过程或一切方面都没有使用价值。一种过程的废物，往往可以成为另一种过程的原料。固体废物一般具有某些工业原材料所具有的化学、物理特性，且较废水、废气容易收集、运输、加工处理，因而可以回收利用。因此，应该说废物是在错误的时间放在错误地点的资源。

2. 富集终态和污染源头的双重作用

固体废物往往是许多污染成分的终极状态。例如，一些有害气体或飘尘，通过治理最终富集成为固体废物；一些有害溶质和悬浮物，通过治理最终被分离出来成为污泥或残渣；一些含重金属的可燃固体废物，通过焚烧处理，有害金属浓集于灰烬中。但是，这些"终态"物质中的有害成分，在长期的自然因素作用下，又会转入大气、水体和土壤，故又成为大气、水体和土壤环境的污染"源头"。

3. 危害具有潜在性、长期性和灾难性

固体废物对环境的污染不同于废水、废气和噪声。固体废物呆滞性大、扩散性小，它对环境的影响主要是通过水、气和土壤进行的。其中污染成分的迁移转化，如浸出液在土壤中的迁移，是一个比较缓慢的过程，其危害可能在数年甚至数十年后才能发现。从某种意义上讲，固体废物特别是有害废物对环境造成的危害可能要比废水、废气造成的危害严重得多。

二、固体废物的环境问题

（一）量大面广

伴随着工业化和城市化进程的加快、经济不断增长、生产规模不断扩大，以及人们消费需求的不断提高，固体废物产生量也在不断增加，资源的消耗和浪费越来越严重。

据《2020 年大、中城市固体废物污染环境防治年报》统计，2019 年，196 个大、中城市生活垃圾产生量为 2 350.2 万吨。其中，产生量前几名的城市依次是上海、北京、广州、重庆、深圳。快速增长的生活垃圾加重了城市环境污染，如何妥善解决生活垃圾，已是我国面临的一个重要的城市管理问题和环境问题。

近年来，我国工业固体废物的产生量基本在 30 亿～50 亿吨，2019 年达到峰值 44.1 亿吨。据 2021 年《中国环境状况公报》统计，2020 年，我国工业固体废物产生量为 36.8 亿吨，综合利用量为 20.4 亿吨，处置量为 9.2 亿吨。工业固体废物产生量超过 1 亿吨的行业有电力热力生产和供应业、黑色金属冶炼和压延加工业、黑色金属矿采选业、煤炭开采和洗选业、有色金属矿采选业，分别占全国工业固体废物产生量的 20.7%、15.3%、14.6%、13.2%、12.6%。

近年来，危险废物的产生量也呈现逐年上升的趋势。2020 年，我国工业危险废物产生量为 7 281.8 万吨，产生量排名前五的行业依次是化学原料和化学制品制造业、有色金属冶炼和压延加工业、石油煤炭及其他燃料加工业、黑色金属冶炼和压延加工业、电力热力生产和供应企业，产生量占全国危险废物产生量的 69.6%。此外，社会生活中还会产生大量含镉、汞、铅、镍等重金属的废电池和荧光灯管等危险废物。国家危险废物名录中的 50 类废物在我国均有产生。

（二）占用大量土地资源

固体废物的露天堆放和填埋处置，需占用大量宝贵的土地资源。固体废物产生越多，累积的堆积量越大，填埋处置的比例越高，所需的面积也越大，如此一来，势必使可耕地面积短缺的矛盾加剧。我国许多城市利用城郊设置的垃圾堆放场，侵占了大量农田。

（三）固体废物对环境的危害

在一定条件下，固体废物会发生物理、化学或生物的转化，对周围环境造成一定的影响。如果处理、处置不当，污染成分就会通过水、气、土壤、食物链等途径污染环境，危害人体健康。通常，工业、矿业等废物所含的化学成分会形成化学物质型污染，人畜粪便和有机废物是各种病原微生物的滋生地和繁殖场，形成病原体型污染，危害人体健康和自然生态系统。

1. 对大气环境的污染

露天堆放的固体废物，其中的微细颗粒和粉尘能够随风飞扬，对空气造成污染。调查研究的结果证实，当风力达到 4 级以上时，堆放的固体废物表层的粒径为 1.0 ~ 1.5 cm 的粉末将被剥离，并在空气中飘扬，其飘扬高度可达 20 ~ 50 m。此外，固体废物中一些有机物质的生物分解与化学反应，能够不同程度地产生毒气或恶臭，造成局部空气的严重污染。生活垃圾填埋场产生的沼气会影响附近植物的正常生长，尤其是当废物中含有重金属时，会更大程度地对附近植物生长产生抑制。

2. 对水环境的污染

任意向水体投放固体废物，会使水体受到严重的污染。堆积的固体废物经过雨水的浸渍，其中有机成分及有害化学物质的溶解、转化，其渗滤液将使附近的包括地下水在内的水体受到污染。

3. 对土壤环境的污染

固体废物及其淋洗和渗滤液中所含有的有害物质能够改变土壤的性质和土壤的结构，并将对土壤中微生物的活动产生影响。这些有害成分的存在，不仅有碍植物根系的发育与生长，而且还会在植物有机体内积蓄，通过食物链危及人体健康。

在固体废物污染的危害中，最为严重的是危险废物的污染，其中的剧毒性废物会对土壤造成持续性的危害，这是应加以防范的。

三、化学品及有害废物对人类的危害

危险废物所具有的特性包括毒性、易燃性、反应性、腐蚀性和疾病传染性。许多国家根据这些性质制定出本国的鉴别标准与危险废物名录。联合国环境规划署的《控制危险废物越境转移及其处置巴塞尔公约》列出了"应加控制的废物类别"共 45 类,"须加特别考虑的废物类别"共 3 类,同时也列出了危险废物"危险特性的清单"共 14 种特性。我国参考国际公约,从特定来源、生产工艺及特定物质等方面把危险废物分成了50 类。

20 世纪 30 至 70 年代,在国内外都发生了因工业固体废物处置不当而祸及居民的公害事件,如含镉固体废物排入水体及土壤引起日本富山县"痛痛病"事件,美国拉夫运河河谷土壤污染事件,以及我国发生在 20 世纪 50 年代的锦州镉渣露天堆积污染井水事件等。尽管近年来由于国家的严格管理,严重的污染事件发生较少,但固体废物污染环境对人类健康的潜在危害和影响是难以估量且不容忽视的。

有研究表明,已经在人体中检测到了大约 300 种人工合成化学品,这些物质会干扰人体内分泌,对生殖发育产生毒性,导致神经行为异常等,从而影响人类的健康和发展。我国是化学品生产和使用大国,根据《中国现有化学物质名录》统计,我国现有化学物质约4.5 万余种,每年还新增上千种新化学物质,这些化学物质在生产、加工、使用、消费和废弃处置环节都在向大气、水、土壤释放大量化学物质并产生大量废物。我国抗生素年使用量高达 18 万吨,约占全球 50%[①],其环境与健康风险隐患极大。目前已在我国河流、湖泊、动物、人体中均检测出对生态系统和人体健康具有潜在有毒有害作用的化学品,如持久性有机污染物、内分泌干扰物、铅、汞、镉等。据世界卫生组织估计,在 2016 年由化学品污染带来的疾病大约导致了 160 万人的死亡[②]。

四、废弃电器电子产品

废弃电器电子产品是指废弃的电器电子设备及其零部件,也称电子废物,其种类繁多,主要包括电视机、电冰箱、洗衣机、房间空调器、微型计算机、吸油烟机、电热水器、燃气热水器、打印机、复印机、传真机、监视器、移动电源、电话座机等。

随着科技产品更新换代速度的加快及生活水平的提高,电器电子产品使用时间越来越短。根据《2020 年全球电子废弃物监测》统计,2019 年,全球产生电子废物达到 5 360 万吨,5 年内增长了 21%。报告显示,亚洲产生的电子废弃物数量最多,约为 2 490 万吨。根据行业统计数据,2020 年,中国报废电视机约 4 350.8 万台,电冰箱约 1 315.5 万台,洗衣机约 1 705.4 万台,空调约 783 万台,微型计算机约 620.2 万台。这还不包括收录机、随身听、微波炉、电风扇等小家电,可以说目前中国正面临电子废物的暴发期。

废弃电器电子产品具有高附加值成分含量高和潜在危害大等特性。不同电器电子产品,其对应组分的比例会有很大差异,但整体而言,金属和塑料占电子废物总量的比例很高,除了普通金属外,还含有大量贵金属、稀有金属,回收利用的潜在价值很大。但是,废弃电器电子产品中含有的 1 000 多种物质中很多是有毒物质,当电器电子产品废弃后,含有上述组分的电子废物必须采取合理安全的方式进行处理处置,如果任意堆放,可

---

① 生态环境部网站政策解读。
② 赵静,王燕飞,蒋京呈,等.化学品环境风险管理需求与战略思考[J].生态毒理学报,2020,15(1):72-78.

能会对环境造成潜在的危害。如果处理不当，不但不能实现所含成分的有效回收，反而会造成更严重的二次污染。以废弃电路板资源化为例，在过去相当长的一段时间内，国内很多私人企业采用简单酸溶或用冲天炉焚烧的方法提取（贵）金属，溶解产生的废酸和印刷线路板中的溴化物阻燃剂在燃烧时都会释放出极为有毒的二恶英类和呋喃系物质。

专栏 3–2   废弃电器电子产品中包含的主要危险组分

物质和组分	描 述
电池	含有重金属，如铅、汞和镉
阴极射线管	锥玻璃中的铅和面板玻璃内部的荧光粉
废石棉	废石棉必须进行单独处理
调色墨盒，液态、浆状和彩色粉	色粉和调色墨盒必须从电子电器废物中取出进行单独处理
印刷电路板	在印刷电路板中，镉通常含在 SMD 芯片电阻器、红外检测器和半导体中
电容器中的多氯联苯	含多氯联苯的电容器必须去除进行安全处置
液晶显示器	表面积大于 $100\ cm^2$ 的液晶玻璃必须单独从电子废物中除去
含有卤化阻燃剂的塑料	含卤化阻燃剂的塑料在焚烧 / 燃烧过程中，会产生有害组分
含有 CFCs、HCFCs 或 HFCs 的设备	存在于泡沫和冷冻回路中的 CFCs 必须进行合理的提取和分解处理；存在于泡沫和冷冻回路中的 HCFCs 或 HFCs 必须进行合理的提取和分解处理或者循环使用
气体放电管	所含的汞必须预先除去

五、固体废物的越境转移

全世界每年产生的危险废物约 5 亿吨，大部分产生于工业发达国家。随着发达国家日趋严格的环境标准，污染处理的成本急剧上升，发达国家开始以废物进出口贸易为名向别国转移或偷运固体废物，特别是危险废物。一些发展中国家由于经济落后，便从国外进口固体废物，赚取处理费的同时，回收利用其中的有价值成分。过去，我国也将进口固体废物作为国内快速工业化进程中原料供应的重要补充，某些企业或个人环保意识薄弱，为谋求个人利益给发达国家转嫁废弃物提供了机会，加上环境保护法律不完善，执法不严，致使大量固体废弃物越境转移输入我国。

为了保护人类健康和环境，特别是保护发展中国家免受危险废物和其他废物产生、越境转移和处置所造成的危害，在联合国环境规划署及国际社会的积极努力下，《控制危险废物越境转移及其处置巴塞尔公约》于 1989 年 3 月 22 日获得通过，并于 1992 年 5 月 5 日生效，确立了产生方对其危险废物和其他废物承担全生命周期责任的基本原则，建立了以事先知情同意为核心的危险废物和其他废物越境转移的国际规则，是以保护发展中国家环境利益为宗旨的国际环境公约。

中国也逐渐认识到固体废物越境转移对人民群众身体健康和我国生态环境安全造成的严重危害。为此，2017 年 7 月国务院办公厅印发《禁止洋垃圾入境 推进固体废物进口管理制度改革实施方案》，大力推进固废管理制度改革。生态环境部、商务部、国家发展和改革委员会、海关总署发布《关于全面禁止进口固体废物有关事项的公告》，自 2021 年 1 月 1 日起全面禁止进口固体废物。

第五节　环境物理性污染

在人类生存活动的环境中，可分为天然物理环境和人工物理环境。物理环境由声环境、电磁环境、光环境、热环境等所构成。

物理环境的声、光、电磁、热等都是人类生活活动和生产活动所必需的。但人类需要生活在其所适宜的物理环境中，当物理环境中任何一项的强度过高或过低，就会对人类生活产生不适宜作用，甚至还能够对人体的健康造成危害。在这种情况下，就形成了物理性环境污染。

一、噪声污染

随着工业、交通和城市建设的飞速发展，环境噪声污染日趋严重。在我国一些大城市的环境污染投诉中，噪声占了 60%～70%，已经成为社会的一大公害。

（一）噪声污染及其危害

噪声是指不需要的、使人厌烦并干扰人的正常生活、工作和休息的声音。噪声不仅取决于声音的物理性质，也和人的生活状态有关；噪声可以是杂乱无序的声音，也可能是节奏和谐的乐音。当声音超过了人们生活和社会活动所允许的程度时就成为噪声污染。

噪声的强度用声级表示，单位为分贝（dB）。一般来讲，声级在 30～40 dB 范围内是比较安静的环境；超过 50 dB 就会影响睡眠和休息；70 dB 以上干扰人们的谈话，使人心烦意乱，精力不集中；而长期工作或生活在 90 dB 以上的噪声环境中，会严重影响听力和导致其他疾病的发生。

我国的《声环境质量标准》（GB 3096—2008）规定了城市五类区域的环境噪声最高限值（表 3-3），五类标准的适用区域为：0 类标准适用于康复疗养等特别需要安静的区域；1 类标准适用于以居住、文教机关为主的区域；2 类标准适用于居住、商业、工业混杂区；

3 类标准适用于工业区；4 类标准包括 4a 类和 4b 类两种类型，适用于交通干线两侧，其中 4b 类为铁路干线两侧区域。值得注意的是，机场周围区域受飞机通过（起飞、降落、低空飞越）噪声的影响，不适用本标准。

表 3-3　城市五类区域的环境噪声最高限值　　　　　单位：dB

类别	昼间（6：00—22：00）	夜间（22：00—6：00）
0	50	40
1	55	45
2	60	50
3	65	55
4a	70	55
4b	70	60

与其他由有毒有害物质导致的环境污染与公害不同，噪声属于物理性污染和感觉公害，噪声污染主要来源于交通运输、工业生产、建筑施工和日常生活。噪声污染对人体健康会造成危害，也会使生活质量降低。

（二）我国噪声污染现状

我国当前城市噪声污染已经日益加剧和突出，并在一定程度上影响了经济的发展和人们的健康，越来越被人们所关注。

我国城市噪声中各类环境噪声的污染现状如下。

1. 城市区域环境噪声

据《2021 中国生态环境状况公报》，2021 年，324 个地级及以上城市区域昼间等效声级平均值为 54.1 dB。16 个城市区域昼间环境噪声总体水平为一级，占 4.9%；200 个城市为二级，占 61.7%；102 个城市为三级，占 31.5%；6 个城市为四级，占 1.9%；无五级城市［昼间平均等效声级 ≤ 50.0 dB 为好（一级），50.1 ~ 55.0 dB 为较好（二级），55.1 ~ 60.0 dB 为一般（三级），60.1 ~ 65.0 dB 为较差（四级），>65.0 dB 为差（五级）］。324 个地级及以上城市各类功能区昼间总点次达标率为 95.4%，比 2020 年上升 0.8 个百分点；夜间为 82.9%，比 2020 年上升 2.8 个百分点。

2. 城市道路交通噪声

2021 年，324 个地级及以上城市道路交通噪声昼间等效声级平均值为 66.5 dB。232 个城市道路交通昼间噪声强度为一级，占 71.6%；80 个城市为二级，占 24.7%；9 个城市为三级，占 2.8%；3 个城市为四级，占 0.9%；无五级城市［昼间平均等效声级 ≤ 68.0 dB 为好（一级），68.1~70.0 dB 为较好（二级），70.1~72.0 dB 为一般（三级），72.1~74.0 dB 为较差（四级），>74.0 dB 为差（五级）］。

然而，与发达国家相比，我国的道路交通噪声容许值明显偏高。另一方面，由于我国人口密度大，城市规划欠合理，交通干道与居民区往往距离较近，道路交通噪声对居民的影响较发达国家要大。

二、电磁污染

当前，人类社会已全面进入电子信息时代，电子设备得到广泛的应用，如无线通信、卫星通信、无线电广播、无线电导航、雷达、电子计算机、超高压输电网、变电站、短波与微波治疗仪等设备，特别是手机得到了极为广泛的应用，这一方面为人类造福，而另一方面电子设备都要不同程度地发射出不同波长和频率的电磁波。这些电磁波看不见，却有着强大的穿透力，而且充斥于整个人类活动的空间环境，成为一种新的"文明"的污染源，即危害人们健康的"隐形杀手"——电磁辐射。电磁辐射对人类生活环境和生产环境造成严重的污染，使人类健康受到危害。因此，近年来在国内外对电磁辐射危害与防护这一课题的研究受到普遍的重视。在联合国召开的全世界人类环境会议上，已经把微波辐射列入"造成公害的主要污染物"的"黑名单"。

（一）电磁污染源

电磁污染源可分为自然污染源和人为污染源两大类。

自然电磁污染源是由某些自然现象所引发的，包括雷电、火山喷发、地震及太阳黑子活动所引发的磁暴等。在一般情况下，自然电磁辐射的强度对人类伤害影响都较小，即使雷电有可能在局部地区瞬间地冲击放电使人畜伤亡，但发生的概率极小。可以认定，自然电磁辐射能够对短波电磁造成严重的干扰，但是对人类并不构成严重的危害。

人为电磁污染源主要有以下几种：① 放电所致污染源，如电晕放电（高压输电线由于高压、大电流而引起的静电感应、电磁感应、大地泄漏电流）、辉光放电（白炽灯、高压水银灯及其他放电管）、弧光放电（开关、电气铁道、放电管的点火系统、发电机、整流装置等）、火花放电（电气设备、发动机、冷藏车、汽车等的整流器、发电机放电管、点火系统等）；② 工频交变电磁场源，如大功率输电线、电气设备、电气铁道的高压、大电流；③ 射频辐射场源，如无线电发射机、雷达、高频加热设备、热合机、微波干燥机、医用理疗机、治疗机等；④ 建筑物反射，如高层楼群及大的金属构件。

在上述人为污染源中，射频辐射场源是电磁辐射的主要污染源。

射频辐射场源指的是，频率变化介于 $0.1 \sim 3\,000$ MHz 之间的、由无线电设备或射频设备运行过程中所产生的电磁感应和电磁辐射。

电磁辐射污染的度量单位有多种。由于射频电磁场的频段不同，对其进行测定所采用的单位也有所不同。

① 高频（100 kHz ~ 30 MHz）、甚高频（30 ~ 300 MHz）的电场强度的表示单位为：V/m、mV/m、μV/m 及 dB；磁场强度的表示单位为：A/m、mA/m、μA/m。

② 特高频（微波 >300 MHz）以能量通量密度加以度量，其表示单位为：W/cm^2、mW/cm^2、$\mu W/cm^2$。

（二）电磁辐射的危害

1. 电磁辐射对人体的伤害

电磁辐射对人体的伤害与波长有关，长波对人体的伤害较弱，波长越短对人体的伤害越强，而以微波对人体的伤害最大。一般认为，微波辐射对内分泌和免疫系统产生作用，小剂量短时间的照射，对人体产生的是兴奋效应，大剂量长时间作用则对人体产生不利的抑制效应。电磁辐射对血液系统、生殖系统、遗传系统、中枢神经系统、免疫系统等的伤害极大。

2. 电磁辐射有治癌与致癌双重作用

微波对人体组织具有致热效应，能够对人体进行理疗治疗癌症，在微波的照射下，癌细胞组织中心温度上升，从而使癌细胞的增殖遭到破坏。这是电磁辐射能够治疗癌症的一面。但是，电磁辐射对人体还具有致癌作用的另一面，这是为人们所关注的。动物实验结果表明，实验动物经微波作用后，癌症的发病率上升。

3. 电磁辐射能够导致儿童智力残缺

世界卫生组织认为，计算机、电视机、手机等设备产生的电磁辐射，对胎儿能够产生不良影响，因此建议怀孕妇女在孕期的前三个月应避免接触电磁辐射。其原因是在母体内的胎儿，对有害因素的毒性作用非常敏感，受到电磁辐射作用后，可能产生下列不良影响：在胚胎形成期，有可能导致流产；在胎儿的发育期，有可能使中枢神经受到损伤，从而使婴儿智力低下。

4. 手机电磁波污染造成的危害

当前，我国已成为"手机大国"。据我国工业和信息化部统计，至 2020 年底我国手机普及率达到 113 部 / 百人。手机对飞机等交通工具危害严重，飞机起飞降落阶段使用手机，可能对通信导航系统产生干扰，导致飞机的电子控制系统出现误动，发生重大事故。

三、热污染

热环境所指的是提供给人类生产、生活及生命活动的良好适宜的生存空间的温度环境。热污染就是人类活动影响和危害热环境的现象，也就是使环境温度反常的现象。

从大范围来讲，人类活动改变了大气的组成，从而改变了太阳辐射的穿透率，造成全球范围的热污染，最严重的危害是"温室效应"的加剧，这将给地球的生态系统带来灾难性的影响。有关全球气候变暖部分在本书第四章第一节将有专门的论述。

（一）水体热污染及危害

向自然水体排放温热水，导致水体升温，当水温升高至对水生生物的生态结构产生影响的程度时，就会使水体水质恶化，并影响人类在生产、生活方面对水体的应用，这种情况就是水体热污染。

工业生产的冷却水是使水体遭受到热污染的主要来源，其中主要是电力工业，其次则是冶金、化工、石油、造纸和机械行业。

水体遭受热污染，可能使水体的物理性质改变，使水体的生态系统及水生生物系统受到一系列的危害。鱼类生命活动适宜的温度范围是比较窄的，很小的温度波动都可能对鱼类的生命活动造成致命的伤害。温度是水生生物生命活动的基本影响因素，水温的变化将会影响水生生物从排卵到卵的成熟等一系列环节。水温度上升，给一些致病的昆虫，如蚊子、苍蝇、蟑螂、跳蚤及其他能够传染疾病的昆虫以及病原体微生物提供了最佳的滋生繁衍条件和传播机会，使这些生物大量繁殖和泛滥，形成"互感连锁反应"，导致一些传染性疾病，如疟疾、登革热、血吸虫病、流行性脑膜炎等的流行。据科学论证证实，20 世纪 60 年代在澳大利亚流行过的一种脑膜炎，就是因为发电厂外排冷却水，导致河水升温，使一种变形原虫大量滋生所引发的。2002 在美国纽约新发现的"西尼罗河病毒"也是由于水温增高，使蚊子大量滋生传染所引发的一种怪病。

（二）城市热岛效应及其危害

由于城市人口集中，城市建设使大量的建筑物、混凝土代替了田野和植物，改变了地表的反射率和蓄热能力，形成了不同于周边地区的热环境，即城市热岛效应。"城市热岛效应"是城市气候最为明显的特征之一。它的表现特征是城区的气温显著地高于周围的农村地区。1918 年霍华德在《伦敦的气候》一书中，把伦敦的气温高于周围农村的这种特殊的局部气温分布现象称为"城市热岛效应"。城市热岛效应是随着城市化而出现的一种特异的局部气温分布现象。

城市热岛效应给人们的身体健康和社会经济带来的损失是不容低估的，主要有以下几个方面。

（1）促使光化学烟雾形成：在高温季节，汽车尾气和工厂排放的废气中的氮氧化物和碳氢化物，经光化学反应形成一种浅蓝色的烟雾，形成二次污染物，不易沉降，使空气浑浊，造成散射光，显著降低能见度，水平视程因之缩短，不利于车辆的行驶安全；对人的眼睛有强烈的刺激作用，也容易引发呼吸道感染，还能使高血压等疾病的死亡率增高。城市热岛效应强度越大，太阳辐射强度越大，这种光化学烟雾浓度就越大，危害性就越强。

（2）加重了污染：由于城市热岛效应的存在，城市中盛行上升气流。城市空气中悬浮着大量的烟尘等微粒，因而城市上空易形成以这些微粒为凝结核的云团。热岛导致的上升气流高度不高，所以形成的云也都是低云，烟尘等微粒直径都很小，所以易于成云却难产生降水。每当城市上空风速较小时，不产生降水的低云团的大气仿佛成了一个朦胧的"浑浊岛"，由于低云的"阻挡"，低空的污染物难以升空，市区的近地层空气污染就相当严重。

第六节　新污染物

近年来，我国深入开展二氧化硫、二氧化氮、大气细颗粒物、化学需氧量、氨氮等常规污染物的污染防治工作，取得了显著成效。然而，持久性有机污染物（POPs）、内分泌干扰物（EDCs）、抗生素等新污染物问题逐渐显现，并已经受到我国政府的高度重视。新污染物治理已成为持续改善生态环境质量，保障人民群众健康和引领全球生态环境治理的重要举措。在新污染物环境风险准确评估基础上，对其风险进行科学管控是支撑新污染物精准防控和依法治理的必要手段。

一、新污染物的概念和类别

新污染物是指新近发现或被关注、对生态环境或人体健康存在风险、尚未纳入管理或者现有管理措施不足以有效防控其风险的污染物。新污染物多具有生物毒性、环境持久性、生物累积性等特征，在环境中即使浓度较低，也可能具有显著的环境与健康风险，其危害具有潜在性和隐蔽性。目前，国内外广泛关注的新污染物主要包括国际公约管控的持久性有机污染物（POPs）、内分泌干扰物（EDCs）、抗生素和微塑料等（图 3-1）。

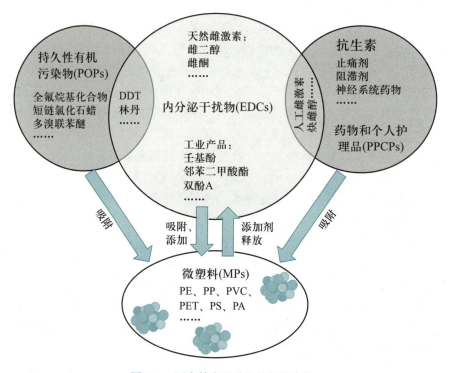

图 3-1   国内外广泛关注的新污染物

（一）持久性有机污染物

持久性有机污染物（POPs）是指具有高毒性，进入环境后难以降解，可生物积累，能通过空气、水和迁徙物种进行长距离越境迁移并沉积到远离其排放地点的地区，并能够在陆地生态系统和水域生态系统中积累，对环境和生物体造成负面影响的天然或人工合成的有机物，包括滴滴涕（DDT）、多氯联苯（PCBs）、二噁英、多溴联苯醚（PBDEs）、六溴联苯、六溴环十二烷（HBCD）、全氟辛基磺酸（PFOS）、全氟辛酸（PFOA）和短链氯化石蜡（SCCPs）等。POPs 可以在环境介质及生物体中残留数年至数十年，呼吸、摄食和生物富集等途径可以造成人体或生物的 POPs 暴露，从而导致生殖、遗传、免疫、神经或内分泌系统的危害效应。国际社会于 2001 年达成了《关于持久性有机污染物的斯德哥尔摩公约》（POPs 公约），在附件 A（消除类）、附件 B（限制类）和附件 C（无意产生类）清单中列明了首批 12 种 POPs，分别提出淘汰、限制或限排等管控要求，并允许缔约方大会动态增列管控化学物质；截至 2022 年 6 月，经过 7 次增列，POPs 公约管控化学物质已扩展至 31 种。

（二）内分泌干扰物

内分泌干扰物（EDCs）是指可引起生物体内分泌系统紊乱的外源性物质，如壬基酚、双酚 A、邻苯二甲酸酯、有机氯农药等，它们不仅能够引起生物体自身健康状况变化，甚至可能引发种群性别比例失衡而导致种群数量衰减。EDCs 在环境介质、食品、饮用水、包装材料、化妆品和多种消费品中都有检出。它们通过接触、摄入、生物富集等多种途径造成生物暴露，它们通常并不直接表现为有毒物质的急性毒性，而是类似于雌激素在低剂量下也能通过影响生物体的内分泌而造成危害效应。研究表明 EDCs 与多种疾病存在相关性，如肥胖、2 型糖尿病、甲状腺疾病、神经发育性疾病、激素相关的癌症和生殖系统疾病等。

（三）抗生素

抗生素是指由微生物或高等动植物在生活过程中所产生的具有抗病原体或其他活性的一类次级代谢产物，能干扰其他生活细胞发育功能的化学物质。临床常用的抗生素有微生物培养液中的提取物以及用化学方法合成或半合成的化合物，如 β - 内酰胺类、大环内酯类、喹诺酮类、磺胺类等。由于在医疗、畜禽和水产养殖上的大量使用，抗生素不断进入环境中，表现为"持续存在"的状态。环境中持续存在的抗生素不仅可以选择性抑杀一些环境微生物，而且能够诱导一些耐药菌群或抗性基因的产生，耐药性菌株可通过各种途径感染人体。抗生素残留也会造成人和动物体内肠道菌群的微生态改变，增加条件性致病菌感染的风险。

（四）微塑料

微塑料（MPs）是指颗粒尺寸小于 5 mm 的塑料，其粒径范围可从几微米到几毫米，是形状多样的非均匀塑料颗粒混合体。其成分包括聚乙烯（PE）、聚丙烯（PP）、聚氯乙烯（PVC）、聚对苯二甲酸乙二醇酯（PET）、聚苯乙烯（PS）和聚酰胺（PA）等。微塑料在生态系统中以初级微塑料（人造微材料）或次级微塑料（由较大的塑料垃圾分解而产生）的形式存在。微塑料具有粒径小、疏水性强、稳定不易分解、分布广等特点。微塑料因其吸附作用或含有的添加剂，成为很多其他新污染物的载体，被摄食后会对生物产生毒性作用，并在食物链中发生转移和富集，对生态环境安全构成潜在威胁。

二、新污染物基础科学研究的兴起

1962 年，美国科普作家蕾切尔·卡逊在《寂静的春天》中生动描述了滴滴涕（DDT）对生态环境的破坏，揭开了人类重新认识有毒有害化学物质危害的序幕，经过几十年方兴未艾的发展和积累，20 世纪 90 年代末出现新污染物（emerging contaminants）的概念，自此全球新污染物研究进入迅速发展期。近二三十年来，我国开展了大量新污染物相关的基础研究，并取得了一系列重要研究成果，包括新污染物分析方法体系的建立，我国典型地区新污染物污染状况、污染特征和环境影响的评价，以及新污染物控制方法的建立。根据新污染物风险评估与管控领域研究态势分析，我国相关 SCI 论文发文量位居全球第一；中国科学院和清华大学名列新污染物相关 SCI 发文量全球前五的科研机构。近 20 年来，中国科学院、清华大学、北京大学、南京大学、南开大学、同济大学、大连理工大学等研究机构完成的多项新污染物相关的创新成果荣获国家自然科学奖和科学技术进步奖。但是，相关研究以基础理论或原理研究为主，能够真正支撑新污染物治理的技术应用尚不足。"新污染物治理面临何种问题和挑战？"入选中国科协 2022 十大前沿科学问题。

三、我国新污染物治理拉开帷幕

新污染物科学研究的兴起及其产生的大量研究成果在一定程度上推动了我国新污染物治理的行动。2001 年我国作为首批签约国签署了 POPs 公约，批约和履约行动奏响了新污染物治理从研究走向实践的序曲。2020 年 10 月中国共产党第十九届中央委员会第五次全体会议审议通过的《中共中央关于制定国民经济和社会发展第十四个五年规划和二〇三五年远景目标的建议》提出"重视新污染物治理"。2021 年 3 月全国人民代表大会通过《中华人民共和国国民经济和社会发展第十四个五年规划和 2035 年远景目标纲要》，强调"重视新污染物治理"。2021 年 11 月，《中共中央 国务院关于深入打好污染防治攻坚战的意见》的主要目标中要求"到 2025 年，新污染物治理能力明显增强"。2022 年 3 月，国务院政府工作报告写入"加强新污染物治理"。2022 年 5 月，国务院办公厅印发《新污染物治理行动方案》，全面部署新污染物治理工作，为我国新污染物治理拉开帷幕。目前，各省（直辖市、自治区）新污染物治理工作方案正在陆续出台。

《新污染物治理行动方案》部署了包括完善法规制度，建立健全新污染物治理体系；开展调查监测，评估新污染物环境风险状况；严格源头管控，防范新污染物产生；强化过程控制，减少新污染物排放；深化末端治理，降低新污染物环境风险；加强能力建设，夯实新污染物治理基础在内的六方面的行动举措。我国新污染物治理总体思路是"筛、评、控"，即首先在有毒有害化学物质中筛选出具有潜在环境风险、需要优先开展环境风险评估的新污染物，再通过进一步环境风险评估识别出需要进行优先控制的新污染物，然后对这些重点新污染物实行全过程管控，包括其源头禁限、过程减排和末端治理，即"禁、减、治"。

四、新污染物优先性筛选

有毒有害化学物质的生产和使用是新污染物的主要来源。我国是化学品生产和使用大国，近五年我国化学药品原药年产量就高达 270 万～350 万吨。新污染物种类繁多，精确筛选出需要优先研究和管控的新污染物至关重要。我国研究者开展了一系列研究来不断完善新污染物的筛选和风险评估方法，基于有毒有害化学品性质、毒性、环境暴露等信息进行我国优先控制新污染物筛选。然而，缺乏充足的环境暴露和毒理数据的新污染物易被优控筛选方案排除。因此，应在新污染物清单数据和相关实验研究数据基础上，借助计算化学和计算毒理学方法，开发可靠的新污染物特性、毒性和暴露精准预测模型，建立基于环境风险的优先控制对象筛选信息化平台，综合考虑新污染物在特定环境中的污染水平、持久性、危害效应、暴露水平、生态和健康风险，并在利益相关者充分交流信息的基础上筛选确定优先控制污染物清单，筛选优先管控的新污染物，并进行动态更新（图 3-2）。

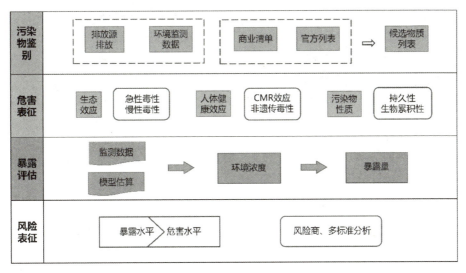

图 3-2　优先控制新污染物筛选一般指标

五、新污染物环境监测与风险评估

新污染物分析和监测是其环境风险评估的基础手段。在分析技术方面，近年来，环境中多类别新污染物快速筛查和精准定量分析技术，以及基于靶向/非靶向分析和效应导向分析（EDA）的新污染物识别等方法正得到快速发展和应用。鉴于新污染物在环境中存在的浓度非常低，且环境样品中通常存在复杂的基质干扰，目前的监测体系面临两个主要问题：一是针对不同类物质，前处理步骤有差异且需要的样品量较大，相应分析过程也会消耗大量的人力和物力；二是同一种方法检测新污染物数量有限，现有的分析方法大多数集中于几类结构相似的新污染物，能同时检测的新污染物数量有限。针对该问题，清华大学研究团队选择 8 大类 41 小类共计 168 种药物及代谢物作为目标物，基于固相萃取 – 高效液相色谱/质谱，开发出能同时检测 168 种目标物的环境样品分析方法。通过对前处理、色谱和质谱条件共计 14 项参数的优化，显著缩短了样品预处理时间，与美国环保局 USEPA 1694 经典方法相比，仪器分析效率提高了约 7 倍，有机试剂的使用减少 90%。目前，亟须建立全国统一、数据共享、动态更新的新污染物污染状况数据库和评估信息化平台，为准确评估新污染物区域环境风险提供科学支撑。

2020 年 12 月，生态环境部发布《化学物质环境与健康危害评估技术导则（试行）》《化学物质环境与健康暴露评估技术导则（试行）》和《化学物质环境与健康风险表征技术导则（试行）》三项技术标准，为新污染物环境风险评估提供技术指导。

1. 简述水污染的各种类型及危害，思考控制我国严重水污染状况的可行措施。
2. 思考近年来我国环境污染事故频发的原因及控制措施。

3. 简述大气污染的类型及危害，思考我国大气污染应采用的有效控制措施。

4. 简述机动车大气污染状况，思考我国汽车产业发展与环境保护的关系。

5. 简述固体废物的特点及引发的环境问题。

6. 简述电磁污染的危害，简述控制噪声污染的措施。

7. 简述我国新污染物治理的总体思路和行动举措。

 参考文献

［1］地表水环境质量标准（GB 3838—2002）［S］．北京：中国环境科学出版社，2002．

［2］毛东兴，洪宗辉．环境噪声控制工程［M］．2 版．北京：高等教育出版社，2010．

［3］梁学庆．土地资源学［M］．北京：科学出版社，2006．

［4］郝吉明，马广大，王书肖．大气污染控制工程［M］．4 版．北京：高等教育出版社，2021．

［5］马翼．人类生存环境蓝皮书［M］．北京：蓝天出版社，1998．

［6］唐孝炎，张远航，邵敏．大气环境化学［M］．2 版．北京：高等教育出版社，2006．

［7］张自杰．排水工程：下册［M］．5 版．北京：中国建筑工业出版社，2015．

第四章　全球环境问题

【导读】本章选择了 5 个全球变化中的突出问题，即气候变化、臭氧层损耗、生物多样性锐减、持久性有机污染物和全球汞污染，简要介绍了这些问题的历史、现状和趋势；基于最新的科学研究进展，阐述了这些问题发生的原因和过程机制；评估了这些问题可能导致的生态环境、人群健康影响；描述了全球合作应对这些问题的努力和成效。5 个方面的问题各具特色，分析和比较这些问题的共性和差异性，将对人类生存发展中预防和解决全球尺度的环境问题有启示意义。

第一节　气 候 变 化

气候是与人们每天的生活息息相关的一个重要自然因素。气候实际上是指包括温度、湿度和降水等在内的综合信息。因此，地球气候系统是一个涉及阳光、大气、陆地、海洋和人类活动在内的复杂巨系统。当人们为明天的工作或休闲计划而关心天气预报的时候，似乎都会觉得天气是大气的自然过程，人类活动对其影响甚微。然而，事实却并非如此。

实际上，人类活动对全球气候变化具有深刻和重要的影响。尤其是工业革命以后，由于人类大量地使用化石燃料（煤炭、石油和天然气），加上土地利用变化等其他人为活动过程，导致温室效应加剧，并由此产生一系列的环境和气候问题。1992 年 6 月，有 154 个国家参加的联合国环境与发展大会在巴西里约热内卢召开，会议通过了《气候变化框架公约》。1997 年 12 月在日本京都，170 多个国家的政府首脑聚集在一起，就全球气候变化达成了《京都议定书》，这是控制温室气体排放的世界性协议，希望在气候变化导致严重后果发生之前，采取一致的行动，控制气候变化的发展趋势。联合国通过气候变化大会协调全球应对气候变化的目标、方法和行动。2020 年 9 月习近平主席在第 75 届联合国大会上宣布，中国将提高国家自主贡献力度，二氧化碳排放量在 2030 年达到峰值，努力争取2060 年前实现碳中和。

一、地球系统的能量平衡

地球上的温度变化、大气运动、水滴 – 水蒸气 – 冰的相互转化过程，最根本的驱动力是太阳能。太阳能以电磁波的方式到达地球。到达地球的太阳辐射以 500 nm 为中心的短波为主，并包括一部分高能的紫外光和能量较低的红外光。

太阳光以 30×10^5 km/s 的速度自宇宙空间到达地球的路径几乎是真空的状态，因此没有能量的损失。当阳光进入地球大气层时，大气中的化学物质对于太阳的短波辐射产生光吸收。其中最重要的光吸收物质是氧气分子，氧气主要吸收波长小于 240 nm 的短波紫外线，氧气分子本身由于吸收了能量，被分解为两个氧原子。

另外，氧分子的同素异形体臭氧分子（O_3）也是太阳辐射的重要光吸收物质。臭氧的光吸收与氧气分子相比，发生在波长更长的波段。实际上，臭氧的光吸收有三个谱带，分别为 200～300 nm、300～360 nm 和 400～850 nm。臭氧吸收紫外光后，自身分解为氧原子和氧分子，这一过程表示为：

$$O_3 + h\nu \ (\lambda < 320 \text{ nm}) \longrightarrow O_2 + O$$

当太阳辐射自外层空间到达大气层时，其中波长小于 100 nm 的紫外光在地表上空约 100 km 的高度几乎被 N_2、O_2、N 和 O 完全吸收，距地表 50～100 km 高度范围内的 O_2 将太阳辐射中波长小于 200 nm 的部分吸收。从 50 km 向下自 25～30 km 的高度内，O_3 是最主要的光吸收物质，O_3 吸收波长小于 310 nm 的绝大部分紫外光。由于波长小于 310 nm 的短波紫外光能破坏生物键，对人体健康和地表生物造成损害，O_3 对地球生物圈具有重要的保护作用。

在吸收太阳辐射的同时，地球本身也向外层空间辐射热量。地球的热辐射以 3～30 μm 的长波红外线为主。与太阳的短波辐射不同，当这样的长波辐射进入大气层时，最主要的光吸收物质为分子量更大、极性更强的分子。如果同时考虑分子在大气层的丰度，那么地球热辐射最重要的吸收物质为 CO_2 和 H_2O。

由于红外线的能量较低，不足以导致分子键的断裂，CO_2 和 H_2O 对红外辐射的吸收没有化学反应的发生。光吸收的结果只是阻挡热量自地球向外逃逸，相当于地球和外层空间之间的一个绝热层，即"温室"的作用。因此，大气中的 CO_2 和 H_2O 等微量组分对地球长波辐射吸收作用使近地面热量得以保持，从而导致全球气温升高的现象被称为"温室效应"，这些微量组分就称为温室气体。其他重要的温室气体还包括甲烷（CH_4）、臭氧（O_3）、氧化亚氮（N_2O），氟氯烃类（CFCs）等。

除了上述的光吸收过程外，太阳和地球辐射在大气层中还会受到颗粒物质及云层对其的反射和散射，大气层本身也会有热辐射过程发生。另外，以海洋为主体的地球水系也会通过潜热和感热的方式参与热循环。所谓感热是指通过湍流自地表传输到大气的热量；而潜热是指水蒸气凝聚时释放出来的热量。一般而言，地球的温度基本上是恒定不变的。这意味着地球系统的能量基本上处于一个平衡的状态（图 4-1）。

应该指出，图 4-1 显示的是地球 - 大气系统的能量平衡。如果是短时或者区域甚至局地的情况，这种辐射平衡就可能不存在。地球上纬度自 30°S 到 30°N 的区域占地球表面积的 50%，但却接受太阳辐射的绝大部分，高纬度地区的太阳辐射相对就少得多，而两极由于冰雪覆盖更加剧了这种温度的梯度。海洋在全球温度分布中也起着一定的作用。因此，一般说来低纬度地区存在辐射增温过程，而高纬度地区则相反，存在辐射降温过程。

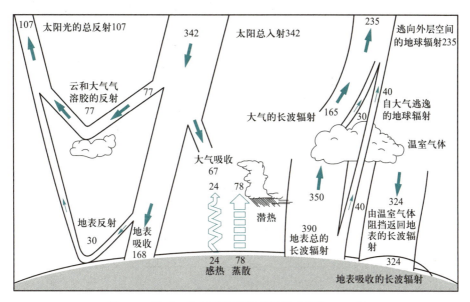

图 4-1　地球 – 大气系统的能量平衡（单位：W/m^2）

（引自：Houghton J T.Climate Change 1995：The Science of Climate Change.Cambridge University Press，1996.）

二、人类活动对气候变化的影响

从上面的地球能量平衡中可以看到，温室气体对地球红外辐射的吸收作用在地球 – 大气的能量平衡中具有非常重要的作用。实际上，假如地球没有现在的大气层，那么地球的表面温度将比现在低 33 ℃，在这样的条件下人类和大多数动植物将面临生存的危机。因此，正是大气层的温室效应造成了对地球生物最适宜的环境温度，从而使得生命能够在地球上生存和繁衍。我们将这种温室效应称为天然温室效应。在天然温室效应中，H_2O 的贡献超过 60%，CO_2 也有重要的贡献。

然而，全球气候变化成为一个受到普遍关注的全球环境问题，主要是由于人类在自身发展过程中对能源的过度使用和对自然资源的过度开发，造成大气中温室气体的浓度以极快的速度增长，使得温室效应不断强化，从而引起全球气候的改变（图 4-2）。

造成温室效应加强的原因很多，科学家对大气中一些痕量气体的浓度进行了观测和分析。以下将对重要的温室气体的演变趋势逐一进行讨论。

（一）二氧化碳

二氧化碳（CO_2）是大气中丰度仅次于氧、氮和惰性气体的物质，由于它对地球红外辐射的吸收作用，CO_2 一直是全球气候变化研究的焦点。将 CO_2 累计排放量与全球增温的历史资料进行统计分析，发现二者之间具有显著的相关关系（图 4-3）。

世界各地的观测都表明，CO_2 的全球浓度上升十分显著。

为了了解 CO_2 浓度的历史情况（图 4-4），科学家对南极冰芯气泡中的 CO_2 进行了测量，从而得到过去千余年内的 CO_2 演变规律。这些结果与全球本底站之一的美国茂纳罗亚（Mauna Loa）站对 20 世纪 50 年代以来的大气观测结果非常吻合（图 4-4）。图中同时还给

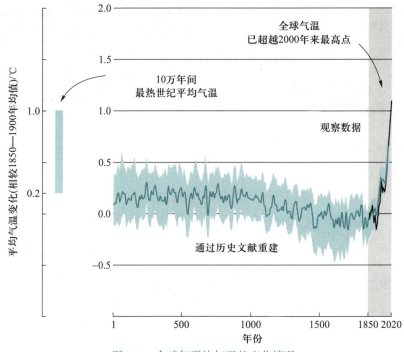

图 4-2   全球年平均气温的变化情况

（来自联合国政府间气候变化专门委员会（IPCC）《气候变化 2021：自然科学基础》）

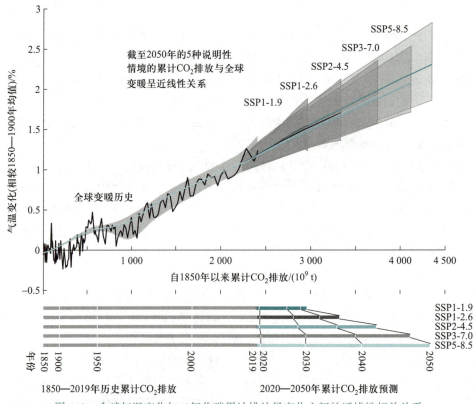

图 4-3   全球气温变化与二氧化碳累计排放量变化之间的近线性相关关系

（来自 IPCC，2021）

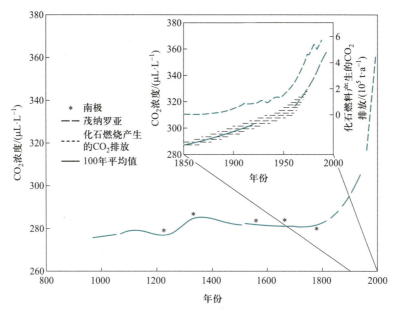

图4-4 过去1 000年来冰芯气泡中和大气观测得到的CO_2浓度变化

（放大图为工业革命以来的情况，其中矿石燃料产生的CO_2量以碳计）

（引自：Houghton J T.Climate Change 1995：The Science of Climate Change. Cambridge University Press，1996.）

出了来源于化石燃料使用产生的CO_2排放的相关变化（图4-4右上放大图）。CO_2的浓度变化是工业革命以后大气组成变化的突出特征，其根本原因在于人类生产和生活过程中化石燃料的大量使用。

另一方面，人类在追求经济发展的高速度的同时，也改变了地球表面的自然面貌。如对森林树木无节制地乱砍滥伐，导致全球森林覆盖率的急剧下降，尤其是热带雨林的衰退。这虽然有可能增加地球表面对阳光的反射，但是由于植被的减少，全球总的光合作用将减小，从而增加了CO_2在大气中的积累。同时，植被系统对水汽的调节作用也被减弱，这也是引起气候变化的重要因素。

（二）甲烷

甲烷（CH_4）是大气中浓度最高的有机物，由于全球气候变化问题的日益突出，CH_4在大气中的浓度变化也受到越来越密切的关注。各项研究显示，CH_4对红外辐射的吸收带不在CO_2和H_2O的吸收范围之内，而且CH_4在大气中浓度增长的速率比CO_2快，单个CH_4分子的红外辐射吸收能力超过CO_2。因此，CH_4在温室效应的研究中具有十分重要的地位。

大气中CH_4的来源非常复杂。除了天然湿地等自然来源以外，超过2/3的大气CH_4来自与人为活动有关的源，包括化石燃料（天然气的主要成分为甲烷）燃烧、生物质燃烧、稻田、动物反刍和垃圾填埋等（表4-1）。

（三）氧化亚氮

据估计，每年向大气中排放N_2O 300万～800万吨（以氮计）（图4-5）。N_2O是低层大气含量最高的含氮化合物。N_2O主要来自天然源，也就是土壤中的硝酸盐经细

表 4-1   大气中甲烷的全球源汇估计（2008—2017 年）   单位：Tg（CH₄）/a

源			
天然源	湿地	181（159～200）	总天然源 218（183～248）
	其他	37（21～50）	
人为源	化石燃料燃烧	111（81～131）	总人为源 358（336～376）
	农业和废弃物	217（207～240）	
	生物质和生物燃料燃烧	30（22～36）	
总源	576（550～594）		
汇			
化学反应	518（474～532）		
土壤吸收	38（27～45）		
总汇	556（501～574）		

来源：Saunois 等，2020。

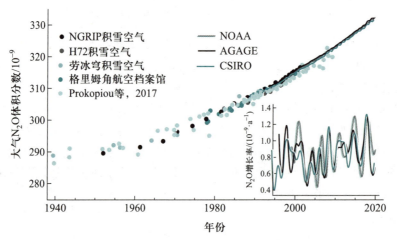

图 4-5   1940 年以来观测获得的大气 N₂O 体积分数变化趋势

（来自 IPCC，2021）

菌的脱氮作用而生成。N_2O 主要的人为源是农业生产（如含氮化肥的使用）、工业过程（如己二酸和硝酸的生产），以及燃烧过程等。目前对 N_2O 天然源的研究还有很大的不确定性，但一般估计其大约为人为源的 2 倍。但是，由于 N_2O 在大气中具有很长的化学寿命（大约 120 年），N_2O 在温室效应中的作用同样引起人们广泛的关注。

（四）氟利昂及替代物

氟利昂是一类含氟、氯烃类化合物的总称。其中最重要的物质是 CFC-11（$CFCl_3$）、CFC-12（CF_2Cl_2）。一般认为这类化合物没有天然来源，大气中的氟利昂全部来自它们的生产过程。这些物质被广泛地用于制冷剂、喷雾剂、溶剂清洗剂、起泡剂和烟丝膨胀剂等。氟利昂的大气寿命很长，而且对红外辐射有显著的吸收。因此，它们在温室效应中的作用不容忽视。

另外，由于科学研究证实氟利昂是破坏臭氧层的主要因素，目前全球正采取行动停止氟利昂的生产和使用，并逐步使用其替代物［如 HCFC-22（CHClF$_2$）］。大气监测表明，大气中氟利昂浓度的增长速率已经减缓（图 4-6），然而替代物的浓度正在不断上升。许多替代物破坏臭氧层的能力虽然明显减小，但却具有显著的全球增温能力。

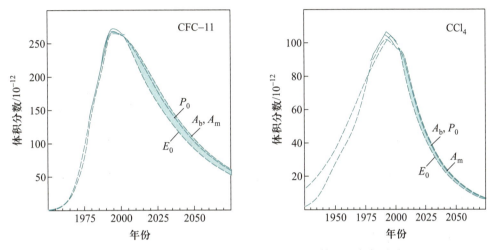

图 4-6 大气中 CFC-11 和 CCl$_4$ 浓度的观测结果和未来预测

（实线为观测值，长虚线为根据冰芯记录估计的历史变化，短虚线是根据不同情景的未来浓度预测。两条长虚线是不同研究者的结果。图中 A_b 是最佳估计情景，E_0 是零排放情景，A_m 是最大允许生成情景，P_0 是零生产情景）

（引自：联合国环境规划署，世界气象组织，臭氧层损耗的科学评估，2002.）

（五）六氟化硫

全氟代烷烃（CF$_4$、CF$_3$CF$_3$ 等）和六氟化硫（SF$_6$）等化合物因为在大气中的寿命极长（一般超过千年），同时具有极强的红外辐射吸收能力，在近年的温室气体研究中受到越来越密切的关注。其中的 SF$_6$ 还在 1997 年京都国际气候变化会议上被列入受控的 6 种温室气体之一。

CF$_4$ 和 CF$_3$CF$_3$ 是工业铝生产过程中的副产品，SF$_6$ 是主要用作大型电器设备中的绝缘流体物质。这些物质没有天然的来源，全部来源于人类的生产活动，而它们一旦进入大气就会在大气中积累起来，对地球的辐射平衡产生越来越严重的影响。图 4-7 中显示的是在一个环境监测本底站（Cape Grim）测得的 SF$_6$ 大气浓度变化。由图可见 SF$_6$ 的大气浓度水平是几乎直线上升的。

（六）臭氧

存在于对流层和平流层的臭氧，虽然在空中的垂直分布高度不同，但都是重要的影响大气辐射过程的气体。臭氧浓度的变化对太阳辐射和地球辐射均有影响。一般认为，平流层臭氧浓度如果上升，平流层会由于臭氧的吸热增加而升温；另一方面，其主要的作用是阻挡更多的太阳辐射到达地表，对地表又起降温作用；而如果对流层的臭氧浓度增加，将导致温室效应的加强，是增温效果。

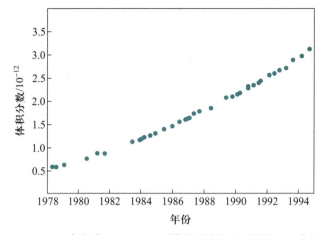

图 4-7　1978 至 1994 年间在 Cape Grim 环境监测本底站观测的 SF_6 大气浓度变化

（引自：Intergovernmental Panel on Climate Change（IPCC）.

Climate Change. Cambridge University Press，1995.）

　　平流层和对流层的臭氧之间存在着相互影响作用，而且对流层臭氧浓度的变化与其前体物（如甲烷）也密切相关，造成间接的气候变化影响，因此，臭氧的气候效应还有待进一步研究。

（七）颗粒物

　　大气中普遍存在的颗粒物在全球辐射平衡中起着重要的作用。大气中的颗粒物通过两种方式影响气候：一是颗粒物的光散射和光吸收作用产生的直接效应；二是参加成云过程影响云量、云的反照率和云的大气寿命，造成间接效应。

　　平流层中有极少的颗粒物，然而大规模的火山爆发可以把大量的气溶胶尤其是硫酸盐气溶胶送入平流层，从而使得更大量的太阳辐射被反射回太空，造成地表降温。在对流层中，颗粒物是一类结构和组成均很复杂的成分。一般，颗粒物的大小决定了颗粒物对短波辐射和红外辐射的有效拦截能力。入射的太阳辐射被小粒子（直径在 0.1 ~ 2 μm 之间）有效地反射，而这样粒径的粒子对地球的红外辐射没有有效的作用。当然，由于大气中存在水汽和其他化学组分，细粒子有可能会长大，其光反射的性质也会随之发生变化。另外，化学成分对气溶胶的化学性质也有重要的影响。气溶胶中的炭黑因对太阳辐射具有强烈的吸收作用，故对地球大气系统产生增温的效果；而硫酸盐气溶胶的增加，由于其光反射作用，则会导致地面的降温。

　　与温室气体相比，对流层中气溶胶的大气寿命要短得多，一般在大气中仅停留几天的时间，其空间的分布范围在几百到上千千米。因此，对流层气溶胶产生的辐射影响具有区域性的特征，要了解气溶胶的辐射效应，还必须有更准确的气溶胶空间分布信息。至于气溶胶气候影响中的间接效应，则需要更深入的研究来得到可靠的结论。实际上，在目前的全球气候模式中，气溶胶的影响是最不确定的因素之一。

　　为了了解温室气体在全球气候变化中的重要作用，并以此为基础分析未来全球气候的变化趋势，在研究中引入了辐射强迫（radiative forcing）的概念。辐射强迫是指由于大气中某种因素（如温室气体的浓度、气溶胶水平等）的改变引起的对流层顶向下的净辐射通量的变化。如果有辐射强迫存在，地球－大气系统将通过调整温度来达到新的能量平衡，从而导致地球温度的上升或下降。

从以上的讨论可知，气候变化涉及辐射、大气运动、化学组成和化学反应等复杂体系。大气中影响气候变化的化学组分很多，为了评价各种温室气体对气候变化影响的相对能力，人们采用了一个被称为"全球增温潜势"（global warming potential，GWP）的参数。某种温室气体的全球增温潜势定义式为：

$$GWP = \frac{给定时间范围内某温室气体的累积辐射强迫}{同一时间范围内参考气体(CO_2)的累积辐射强迫}$$

表4-2列出了部分温室气体的全球增温潜势值，这个参数对于科学地制定温室气体排放的控制对策具有重要的意义。

表 4-2　部分温室气体的全球增温潜势

物质	大气寿命 /a	全球增温潜势（时间尺度 /a）		
		20	100	500
CO_2	可变	1	1	1
CH_4	12 ± 3	56	21	6.5
N_2O	120	280	310	170
CHF_3	264	9 100	11 700	9 800
HFC-152a[①]	1.5	460	140	42
HFC-143a[②]	48.3	5 000	3 800	1 400
SF_6	3 200	16 300	23 900	34 900

注：引自 IPCC 报告，1995；① 分子式为 $C_2H_4F_2$；② 分子式为 $C_2H_3F_3$；①② 这两种物质均为臭氧层损耗物质的替代物。

三、全球气候变化及其可能造成的影响

联合国政府间气候变化专门委员会（IPCC）组织世界范围的气候科学家和技术专家对气候变化及影响因素进行了深入的研究，认为人类活动对全球气候具有确实的影响。

气候变化一般包括气温、降水和海平面变化等多方面的指标。研究表明，2001—2020年间，全球表面温度较1850—1900年间的平均值增加0.84～1.1 ℃，人为活动导致的温室气体排放增加是引起增温的主要原因；与此同时，自1950年以来全球平均降水增加，自1990年以来出现全球冰川覆盖和北极海冰减少；1901—2018年间海平面上升0.15～0.25 m，而且海洋上层（0～700 m）的温度显著上升，这些变化在很大程度上与人为活动有关。

对全球气候未来可能的变化趋势，科学家依据迄今取得的研究成果进行了预测，即通过建立全球气候变化模型，设计未来人类活动的各种可能情景，分析全球平均温度的变化（图4-8）。

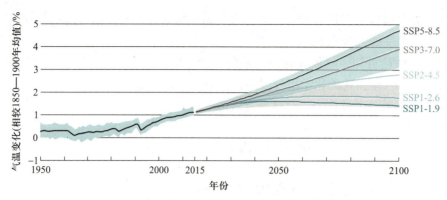

图 4-8   IPCC 预测的 1950—2100 年的温度上升结果比较

（右边标注的情景方案具体内容见图 4-3；来自 IPCC，2021）

应该指出的是，虽然上述气候变化的结果从数据上似乎并不惊人，然而这些数字是全球的平均水平，气温、降水和海平面高度及其变化速率在全球的分布并不均匀，在地球的某些地区会在短时间内发生急剧的气候变化，如高温天气、飓风暴雨等极端天气的频率增多等，温度升高将导致冰川融化、海平面上升，更会引起巨大的环境、经济和社会冲击。

全球气候变化可能导致的影响大致有以下几方面。

1. 对人体健康的影响

气候变化会导致极热天气频率的增加，使得由于心血管和呼吸道疾病的死亡率增高，尤其是对老人和儿童；传染病（疟疾、脑膜炎等）的频率由于病原体（病菌、蚊子）的更广泛传播而增加。

2. 对水资源的影响

温度的上升导致水体挥发和降水量的增加，从而可能加剧全球旱涝灾害的频率和程度，并增加洪灾发生的机会。

3. 对森林的影响

森林树种的变迁可能跟不上气候变化的速率；温度的上升还会增加森林病虫害和森林火灾的可能性。

4. 对沿海地区的影响

海平面的上升会对经济相对发达的沿海地区产生重大影响。据估计，美国海平面上升 50 cm 的经济损失为 300 亿~400 亿美元；同时，海平面的上升还会造成大片海滩的损失。

5. 对生物物种的影响

很多动植物的迁徙将可能跟不上气候变化的速率；温度的上升还会使全球一些特殊的生态系统（如常绿植被、冰川生态等）及候鸟、冷水鱼类的生存面临困境。

6. 对农业生产的影响

由于气候变化，某些地区的农业生产可能会因为温度上升引起农作物产量增加而受益，但全球范围农作物的产量和品种的地理分布将发生变化；农业生产可能必须相应改变土地使用方式及耕作方式。

上述影响，在一定程度上正在产生。尽管我们对全球气候变化的本质、趋势和程度的认识还有相当大的不确定性，但我们必须着眼于现在，加强科学研究，并在此基础上采取有效措施，控制全球气候的变化。

第二节　臭氧层损耗

一、臭氧层

离地面 $10 \sim 50$ km 高度之间的大气层称为平流层（图 4-9）。平流层中最重要的化学组分就是臭氧，它保存了大气中 90% 的臭氧，将这一层高浓度的臭氧称为"臭氧层"。

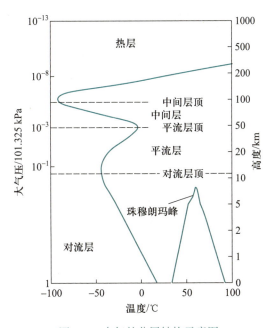

图 4-9　大气的分层结构示意图

平流层臭氧的生成和消耗机制，在相当长的一段历史时期内，被认为是 Chapman 于 1930 年提出的纯氧体系的光化学反应机制。Chapman 认为，来自太阳的高能紫外辐射可使高空中的氧气分子分解为两个氧原子，其化学反应可以表示为：

$$O_2 + h\nu\,(\lambda < 240\,\text{nm}) \longrightarrow O + O$$

这个反应产生的氧原子具有很强的化学活性，能很快与大气中含量很高的 O_2 发生进一步的化学反应，生成臭氧分子：

$$O_2 + O \longrightarrow O_3$$

生成的臭氧分子在平流层也能吸收紫外辐射并发生光解：

$$2O_3 + h\nu \longrightarrow 3O_2$$

实际上，除了 Chapman 提出的臭氧去除反应外，平流层臭氧更重要的去除途径是催化反应机制：

$$Y + O_3 \longrightarrow YO + O_2$$
$$YO + O \longrightarrow Y + O_2$$

其净结果是：

$$O_3 + O \longrightarrow 2O_2$$

其中的 Y 主要是指平流层中的三类物质，即奇氮（NO，NO_2）、奇氢（OH，HO_2）和奇氯（Cl，ClO）等。在上述反应过程中，物质 Y 破坏了一个臭氧分子，但 Y 本身却并没有被消耗，它还可以继续破坏另一个臭氧分子。化学反应中起这样作用的物质被称为催化剂。上述的反应称为催化反应。

地球在其漫长的进化过程中，大气通过以上的臭氧生成及消耗反应过程，臭氧和氧气之间达到动态的化学平衡，大气中形成了一个较为稳定的臭氧层，这个臭氧层的高度在距离地球表面 15 ~ 25 km 处。生成的臭氧对太阳的紫外辐射有很强的吸收作用，有效地阻挡了对地表生物有伤害作用的短波紫外线向地表的辐射。因此，实际上可以说，直到臭氧层形成之后，生命才有可能在地球上生存、延续和发展，臭氧层是地表生物的"保护伞"。

二、臭氧层损耗

平流层臭氧对地球生命具有如此特殊重要的意义，但其在大气中只是极其微小和脆弱的一层气体。如果在 0 ℃的温度下，沿着垂直于地表的方向将大气中的臭氧全部压缩到一个标准大气压，那么臭氧层的总厚度只有 3 mm 左右。这种用从地面到高空垂直柱中臭氧的总层厚来反映大气中臭氧含量的方法叫作柱浓度法，采用多布森单位（Dobson unit，简称 D.U.）来表示，正常大气中臭氧的柱浓度约为 300 D.U.。

近 30 年来，人们逐渐认识到平流层大气中的臭氧正在遭受着越来越严重的破坏。许多科学家很早就对平流层中臭氧的来源与去除过程开展了研究。

1985 年，英国科学家 Farmen 等人总结了他们在南极哈雷湾（Halley Bay）观测站自 1975 年的观测结果，发现从 1975 年以来，那里每年早春（南极 10 月份）总臭氧浓度的减少超过 30%，如此惊人的臭氧减弱引起了全世界极大的震动（图 4–10），臭氧层破坏的问题也从此开始受到不仅来自科学界，同时来自世界各国政府、企业和社会各界的广泛重视。

进一步的测量表明，在过去 10 ~ 15 年，每到春天南极上空的平流层臭氧都会发生急剧的大规模的耗损，极地上空臭氧层的中心地带，近 95% 的臭氧被破坏。从地面向上观测，高空的臭氧层已极其稀薄，与周围相比像是形成了一个"洞"，直径上千千米，"臭氧洞"就是因此而得名的。卫星观测表明，臭氧洞的覆盖面积有时甚至比美国的国土面积还要大。图 4–10 给出在南极地区各观测点上的臭氧总浓度的变化情况。

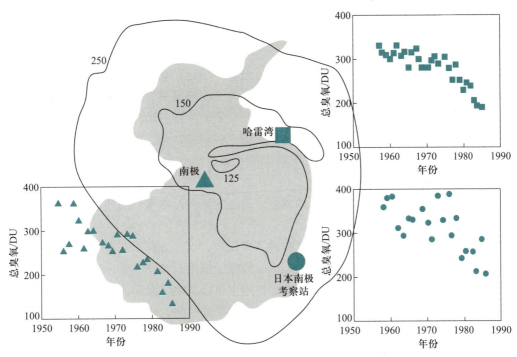

图 4-10　南极地区各观测点上的臭氧总浓度的变化情况（十月份平均值）

（引自：UNEP/GEMS. Environment Library No 7. The Impact of Ozone-Layer Depletion.1992.）

　　臭氧洞被定义为臭氧的柱浓度小于 200 D.U.，即臭氧的浓度较臭氧洞发生前减少超过 30% 的区域。臭氧洞可以用一个三维的结构来描述，即臭氧洞的面积、深度以及延续的时间。1987 年 10 月，南极上空的臭氧浓度降到了 1957—1978 年间的一半，臭氧洞面积则扩大到足以覆盖整个欧洲大陆。1994 年 10 月 17 日观测到的臭氧洞曾一度蔓延到了南美洲最南端的上空。近几年臭氧洞的深度和面积等仍在继续扩展，1995 年观测到的臭氧洞发生时间是 77 天，到 1996 年南极平流层的臭氧几乎全部被破坏，臭氧洞发生时间增加到 80 天。1997 年至今，科学家进一步观测到臭氧洞发生的时间也在提前，连续两年南极臭氧洞从每年的冬初即开始，1998 年臭氧洞的持续时间超过了 100 天，是南极臭氧洞发现以来的最长纪录，而且臭氧洞的面积比 1997 年增大约 15%，几乎可以相当于 3 个澳大利亚。近些年，人类严格控制臭氧层损耗物质的生产和消耗，南极上空臭氧洞出现"愈合"迹象，2020 年 11 月美国航天署（NASA）公布南极臭氧洞降到了 1988 年以来的最低值，面积为 1960 万平方千米。目前科学界仍在密切观测和评估全球臭氧损耗的恢复进展。

　　进一步的研究和观测还发现，臭氧层的损耗不只发生在南极，在北极上空和其他中纬度地区也都出现了不同程度的臭氧层损耗现象。实际上，尽管没有在北极发现类似南极臭氧洞的臭氧损失，但科学研究发现，北极地区在 1—2 月的时间。16 ~ 20 km 高度的臭氧损耗约为正常浓度的 10%，60°N ~ 70°N 范围的臭氧柱浓度的破坏为 5% ~ 8%。因此，与南极的臭氧破坏相比，北极的臭氧损耗程度要轻得多，而且持续时间相对较短。

三、造成臭氧层损耗的原因

南极臭氧洞一经发现，立即引起了科学界及整个国际社会的高度重视。最初对南极臭氧洞的出现有过三种不同的解释：第一种解释认为，南极臭氧洞的发生是因为对流层中低臭氧浓度的空气传输到达平流层，稀释了平流层臭氧的浓度；第二种解释认为，南极臭氧洞是宇宙射线导致高空生成氮氧化物的结果；第三种解释认为，人工合成的一些含氯和含溴的物质是造成南极臭氧洞的元凶，最典型的是氟氯碳化合物，即氟利昂（CFCs）和含溴化合物哈龙（Halons）。

越来越多的科学证据否定了前两种观点，而证实氯和溴在平流层通过催化化学过程破坏臭氧是造成南极臭氧洞的根本原因。

那么，氟利昂（CFCs）和哈龙是怎样进入平流层，又是如何引起臭氧层破坏的呢？

就密度而言，人为释放的 CFCs 和 Halons 的分子都比空气分子重，但这些化合物在对流层几乎是化学惰性的，自由基对其的氧化作用也可以忽略。因此，它们在对流层十分稳定，不能通过一般的大气化学反应去除。经过一两年的时间，这些化合物会在全球范围内的对流层分布均匀，然后主要在热带地区上空被大气环流带入平流层，风又将它们从低纬度地区向高纬度地区输送，从而在平流层内混合均匀。

在平流层内，强烈的紫外线照射使 CFCs 和哈龙分子发生解离，释放出高活性原子态的氯和溴，氯和溴原子也是自由基。氯原子自由基和溴原子自由基就是破坏臭氧层的主要物质，它们对臭氧的破坏是以催化的方式进行的：

$$Cl + O_3 \longrightarrow ClO + O_2$$
$$ClO + O \longrightarrow Cl + O_2$$

据估算，一个氯原子自由基可以破坏 $10^4 \sim 10^5$ 个臭氧分子，而由哈龙释放的溴原子自由基对臭氧的破坏能力是氯原子的 $30 \sim 60$ 倍。而且，氯原子自由基和溴原子自由基之间还存在协同作用，即二者同时存在时，破坏臭氧的能力要大于二者简单的加和。

实际上，上述均相化学反应并不能解释南极臭氧洞形成的全部过程。深入的科学研究发现，臭氧洞的形成是有空气动力学过程参与的非均相催化反应过程。当 CFCs 和哈龙进入平流层后，通常是以化学惰性的形态（$ClONO_2$ 和 HCl）存在，并无原子态的活性氯和溴的释放。但南极冬天的极低温度造成两种非常重要的过程：一是极地的空气受冷下沉，形成强烈的西向环流，称为"极地涡旋"（polar vortex）。该涡旋的重要作用是使南极空气与大气的其余部分隔离，从而使涡旋内部的大气成为一个巨大的反应器。另外，尽管南极空气十分干燥，极低的温度使该地区仍有成云过程，云滴的主要成分是三水合硝酸（$HNO_3 \cdot 3H_2O$）和冰晶，称为极地平流层云（polar stratospheric clouds）。

南极的科学考察和实验室研究都证明，$ClONO_2$ 和 HCl 在平流层云表面会发生以下化学反应：

$$ClONO_2 + HCl \longrightarrow Cl_2 + HNO_3$$
$$ClONO_2 + H_2O \longrightarrow HOCl + HNO_3$$

生成的 HNO_3 被保留在云滴中。当云滴成长到一定的程度后将会沉降到对流层，与此

同时也使 HNO_3 从平流层去除，其结果是 Cl_2 和 $HOCl$ 等组分的不断积累。

Cl_2 和 $HOCl$ 是在紫外线照射下极易光解的分子，但在冬天南极的紫外光极少，Cl_2 和 $HOCl$ 的光解机会很小。当春天来临时，Cl_2 和 $HOCl$ 开始发生大量的光解，产生前述均相催化过程所需的大量氯原子，以致造成严重的臭氧损耗。氯原子的催化过程可以解释所观测到的南极臭氧破坏的约 70%，氯原子和溴原子的协同机制可以解释大约 20%。当更多的太阳光到达南极后，南极地区的温度上升，气象条件发生变化，南极涡旋逐渐消失，南极地区臭氧浓度极低的空气传输到地球的其他高纬度和中纬度地区，造成全球范围的臭氧浓度下降。

北极也发生与南极同样的空气动力学和化学过程。研究发现，北极地区在每年的 1 月至 2 月生成北极涡旋，并发现有北极平流层云的存在。在涡旋内活性氯（ClO）占氯总量的 85% 以上，同时测到与南极涡旋内浓度相当的活性溴（BrO）的浓度。但由于北极不存在类似南极的冰川，加上气象条件的差异，北极涡旋的温度远较南极高，而且北极平流层云的云量也比南极少得多。因此，目前北极的臭氧层破坏还没有达到出现又一个臭氧洞的程度。

由上可见，南极臭氧洞的形成是包含大气化学、气象学变化的复杂过程，但其产生根源是地球表面人为活动释放的氟利昂和哈龙，曾经是一个谜团的臭氧洞得到了清晰的定量的科学解释。令科学家和社会各界忧虑的是，CFCs 和哈龙具有很长的大气寿命，一旦进入大气就很难去除，这意味着它们对臭氧层的破坏会持续一个漫长的过程，臭氧层正受到来自人类活动的巨大威胁。

为了评估各种臭氧层损耗物质对全球臭氧破坏的相对能力，可以采用"臭氧损耗潜势"（ozone depletion potential，ODP）这一参数。臭氧损耗潜势是指在某种物质的大气寿命期间内，该物质造成的全球臭氧损失相对于相同质量的 CFC-11 排放所造成的臭氧损失的比值。在大气化学模式计算中，某物质 X 的 ODP 值可以表示为：

$$ODP = \frac{单位质量的物质 X 引起的全球臭氧减少}{单位质量的 CFC-11 引起的全球臭氧减少}$$

臭氧损耗物质的大气浓度分布及参与的大气化学过程是影响其 ODP 值的主要因素。由于对这些因素的处理方式不同，不同研究者得到的臭氧损耗物质的 ODP 值存在一定的差异，表 4-3 给出了几种典型臭氧损耗物质的 ODP 值计算结果。

表 4-3 几种典型臭氧损耗物质的 ODP 值

物质	模式计算	半经验计算
CFC-11	1.00	1.00
CFC-12	0.82	0.9
CFC-113	0.90	0.9
CH_3CCl_3	0.12	0.12
HCFC-22	0.04	0.05
HCFC-123	0.014	0.02

续表

物质	模式计算	半经验计算
CH_3Br	0.64	0.57
Halon-1301	12	13
Halon-1211	5.1	5

注：1. 本表引自 UNEP. Scientific Assessment of Ozone Depletion.1994。

2. 表中 CFC 表示氟利昂类化合物，其后的数字代表分子中所含的 C、H、F 原子的数目，第一个数字是 C 原子数减去 1，第二个数字是 H 原子数加 1，第三个数字是 F 原子数；HCFC 表示含氢的氟氯碳化合物，其后的数字的含义与 CFC 一致；Halon 类化合物的后面四位数字分别代表碳、氟、氯和溴的原子数。

从表 4-3 中的数据来看，虽然不同的研究者给出的计算结果有一定的差异，但各类臭氧损耗物质的 ODP 值的大小次序大体一致，含氢的氟氯碳化合物的 ODP 值远较氟利昂低，而许多哈龙类化合物对平流层的破坏能力大大超过氟利昂。这些研究为决策者制定臭氧损耗物质的淘汰战略和替代方案提供了有力的科学依据。但是，目前使用的许多替代产品（如 HCFC 类化合物）具有较高的 GWP 值，是重要的温室气体。因此，还不是理想的臭氧损耗物质的替代物。在选择臭氧损耗物质的替代产品时，除了必须考虑该物质的 ODP 值外，还必须考虑它的 GWP 值，及其经过大气化学过程后最终产物的环境效应，在这一方面还有许多工作有待完成。

四、臭氧层损耗的后果

来自太阳的紫外辐射根据波长分为 3 个区，波长为 315～400 nm 的紫外光称为 UV-A 区，该区的紫外光不能被臭氧有效吸收，但是也不造成地表生物圈的损害；波长为 280～315 nm 的紫外光称为 UV-B 区，该区的紫外辐射对人类和地球其他生命造成的危害最严重；波长为 200～280 nm 的紫外光称为 UV-C 区，该区的紫外光波长短、能量高，并能被平流层大气完全吸收。

臭氧层的破坏，会使其吸收紫外辐射的能力大大减弱，导致到达地球表面 UV-B 区紫外光强度明显增加，给人类健康和生态环境带来严重的危害。紫外辐射增强可能带来的影响有以下几方面。

（一）对人体健康的影响

UV-B 区紫外光的增强对人类健康有严重的危害作用。潜在的危险包括引发和加剧眼部疾病、皮肤癌和传染性疾病。对有些危险如皮肤癌已有定量的评价，但其他影响如传染病等目前仍存在很大的不确定性。

实验证明紫外光会损伤角膜和眼球晶体，如引起白内障、眼球晶体变形等。据分析，平流层臭氧减少 1%，全球白内障的发病率将增加 0.6%～0.8%，由于白内障而引起失明的人数将增加 10 000～15 000 人；如果不对紫外光的增加采取措施，从现在到 2075 年，UV-B 区紫外辐射的增强将导致大约 1 800 万例白内障病例的发生。

UV-B 区紫外线的增强能明显地诱发人类常患的 3 种皮肤疾病。这 3 种皮肤疾病中，巴塞尔皮肤瘤和鳞状皮肤瘤是非恶性的。利用动物实验和人类流行病学的数据资料得到的最新研究结果显示，若臭氧浓度下降10%，非恶性皮肤瘤的发病率将会增加26%。另外的一种恶性黑瘤是非常危险的皮肤病，科学研究也揭示了UV-B区紫外光与恶性黑瘤发病率的内在联系，这种危害对浅肤色的人群，特别是儿童尤其严重。

动物实验发现紫外光照射会减少人体对皮肤癌、传染病及其他抗原体的免疫反应，进而导致对重复的外界刺激丧失免疫反应。人体研究结果也表明暴露于UV-B区紫外光中会抑制免疫反应，人体中这些对传染性疾病的免疫反应的重要性目前还不十分清楚。但在世界上一些传染病对人体健康影响较大的地区以及免疫功能不完善的人群中，增加的UV-B区紫外光对免疫反应的抑制影响相当大。

已有研究表明，长期暴露于强紫外光的辐射下，会导致细胞内的DNA改变，人体免疫系统的机能减退，人体抵抗疾病的能力下降。这将使许多发展中国家本来就不好的健康状况更加恶化，大量疾病的发病率和严重程度都会增加，尤其是麻疹、水痘、疱疹等病毒性疾病，疟疾等通过皮肤传染的寄生虫病，肺结核和麻风病等细菌感染，以及真菌感染等疾病。

（二）对陆生植物的影响

臭氧损耗对植物的危害机制目前尚不如其对人体健康的影响清楚，但在已经研究过的植物品种中，超过50%的植物有来自UV-B区紫外光的负影响，如豆类、瓜类等作物，另外某些作物如土豆、番茄、甜菜等的质量将会下降。

植物的生理和进化过程都受到UV-B区紫外光的影响，甚至与当前阳光中UV-B区紫外光的量有关。植物也具有一些缓解和修补这些影响的机制，在一定程度上可适应UV-B区紫外光的变化。当植物长期接受UV-B区紫外光的辐射时，可能会造成植物形态的改变，影响植物各部位生物质的分配、各发育阶段的时间及二级新陈代谢等。对森林和草地，可能会改变物种的组成，进而影响不同生态系统的生物多样性分布。目前，这方面的研究工作尚处于起步阶段。

（三）对水生生态系统的影响

世界上30%以上的动物蛋白质来自海洋，满足人类的各种需求。在许多国家，尤其是发展中国家，这一百分比往往还要高。

海洋浮游植物并非均匀分布在世界各大洋中，通常高纬度地区的密度较大，热带和亚热带地区的密度要低得多。除可获取的营养物、温度、盐度和光外，在热带和亚热带地区普遍存在的阳光中UV-B区紫外光的含量过高的现象也在浮游植物的分布中起着重要作用。

研究人员已经测定了南极地区UV-B区紫外辐射及其穿透水体的量的增加，有足够证据证实天然浮游植物群落与臭氧的变化直接相关。对臭氧洞范围内和臭氧洞以外地区的浮游植物生产力进行比较的结果表明，浮游植物生产力下降与臭氧减少造成的UV-B区紫外辐射增加直接有关。一项研究表明在冰川边缘地区的生产力下降了6%～12%。由于浮游生物是水生生态系统食物链的基础，浮游生物种类和数量的减少会影响鱼类和贝类生物的产量。据另一项科学研究的结果，如果平流层臭氧减少25%，浮游生物的初级生产力将下降10%，这将导致水面附近的生物减少35%。

此外，研究发现UV-B区紫外辐射对鱼、虾、蟹、两栖动物和其他动物的早期发育阶段都有危害作用。最严重的影响是导致其繁殖力下降和幼体发育不全。即使在现有的水平下，UV–B 区紫外辐射已是限制因子。因而，其照射量略有增加就会导致消费者生物的显著减少。

尽管已有确凿的证据证明 UV–B 区紫外辐射的增加对水生生态系统是有害的，但目前还只能对其潜在危害进行粗略的估计。

（四）对生物化学循环的影响

阳光中紫外光的增强会影响陆地和水体的生物化学循环，从而改变地球 – 大气系统中一些重要物质在地球各圈层中的循环。例如，温室气体和对化学反应具有重要作用的其他微量气体的排放和去除过程，包括 CO_2、CO、氧硫化碳（COS）及 O_3 等。这些潜在的变化将对生物圈和大气圈之间的相互作用产生影响。

对陆生生态系统，紫外光增强会改变植物的生成和分解，进而改变大气中重要气体的吸收和释放。例如，在强烈 UV–B 区紫外光照射下，地表落叶层的降解过程被加速；UV–B区紫外光对生物组织的化学反应可导致落叶层光降解过程减慢或被阻滞。植物的初级生产力随着 UV–B 区紫外辐射的增加而减少，但对不同物种和某些作物的不同栽培品种来说影响程度是不一样的。

UV–B 区紫外辐射对水生生态系统也有显著的作用。这些作用直接造成水生生态系统中碳循环、氮循环和硫循环的影响。UV–B 区紫外光对水生生态系统中碳循环的影响主要体现在对初级生产力的抑制。在几个地区的研究结果表明，现有 UV–B 区紫外辐射的减少可使初级生产力增加，南极臭氧洞的发生导致全球 UV–B 区紫外辐射增加后，水生生态系统的初级生产力受到损害。除对初级生产力的影响外，还会抑制海洋表层浮游细菌的生长，从而对海洋生物生物化学循环产生重要的潜在影响。UV–B 区紫外光促进水中的溶解有机质（DOM）的降解，同时形成溶解无机碳（DIC）、CO，以及可进一步矿化或被水中微生物利用的简单有机质等。UV–B 区紫外光增强对水中的氮循环也有影响，它们不仅抑制硝化细菌的作用，而且可直接光降解像硝酸盐这样的简单无机物质。UV–B 区紫外光对海洋中硫循环的影响可能会改变 COS 和二甲基硫（DMS）的海 – 气释放，这两种气体可分别在平流层和对流层中被降解为硫酸盐气溶胶。

（五）对材料的影响

UV–B 区紫外光的增强会加速建筑、喷涂层、包装及电线电缆等所用材料的降解作用，尤其是高分子材料的降解和老化变质。特别是在高温和阳光充足的热带地区，这种破坏作用更为严重。全球每年由于这一破坏作用造成的损失估计达到数十亿美元。

UV–B 区紫外光无论是对人工聚合物，还是天然聚合物，以及其他材料都会产生不良影响，加速它们的光降解，从而限制了它们的使用寿命。研究结果已证实 UV–B 区紫外光对材料的变色和机械完整性的损失有直接的影响。

在聚合物的组成中增加光稳定剂的含量可能缓解上述影响，但需要满足下面三个条件：① 在阳光的照射光谱发生了变化，即 UV–B 区紫外光增强后，该光稳定剂仍然有效；② 该光稳定剂自身不会随着 UV–B 区紫外光的增强被分解掉；③ 经济可行。目前，利用光稳定性更好的塑料或其他材料替代现有材料是一个正在研究中的问题。然而，这些方法无疑将增加产品的成本。而对于许多正处在用塑料替代传统材料阶段的发展中国家来说，解决这一问题更为重要和迫切。

（六）对对流层大气组成及空气质量的影响

平流层臭氧的变化对对流层的影响是一个十分复杂的科学问题。一般认为平流层臭氧减少的一个直接结果是到达低层大气的 UV-B 区紫外光增强。由于 UV-B 区紫外光的高能量，这一变化将导致对流层的大气化学反应更加活跃。

首先，在污染地区（如工业区和人口稠密的城市），UV-B 紫外光的增强会促进对流层臭氧和其他相关氧化剂如过氧化氢（H_2O_2）等的生成，使得一些城市地区的臭氧超标率大大增加。而与这些氧化剂的直接接触会对人体健康、陆生植物和室外材料等产生各种不良影响。在那些较偏远的地区，NO_x 的浓度较低，臭氧的增加较少，甚至还可能出现臭氧减少的情况。但不论是污染较严重的地区还是清洁地区，H_2O_2 和 ·OH 自由基等氧化剂的浓度都会增加。其中 H_2O_2 浓度的变化可能会对酸沉降的地理分布产生影响，使城市的污染向郊区蔓延，清洁地区的面积越来越少。

其次，对流层中一些控制着大气化学反应活性的重要微量气体的光解速率将提高，其直接的结果是大气中重要自由基如 ·OH 自由基的浓度增加。·OH 自由基浓度的增加意味着整个大气氧化能力的增强。由于 ·OH 自由基浓度的增加会使甲烷和 CFCs 替代物，如HCFCs 和 HFCs 的浓度成比例地下降，从而对这些温室气体的气候效应产生影响。

再次，对流层大气化学反应活性的增加还会导致颗粒物生成的变化。例如，云的凝结核，由来自人为源和天然源的硫（如氧硫化碳和二甲基硫）的氧化和凝聚形成。

随着对这些过程的科学研究的不断深入，平流层臭氧的减少与对流层大气化学反应活性及气候变化之间复杂的相互关系正逐步被揭示。

臭氧层保护是全球环境合作的典范，从"臭氧洞"的观测、臭氧损耗机制的建立，到《蒙特利尔议定书》的签订，各国通力合作、快速行动，据 2022 年联合国发布的《臭氧层损耗科学评估报告》，预计到 2040 年全球大部分地区的臭氧层将恢复到 1980 年臭氧洞出现之前的水平。

第三节　生物多样性锐减

生物多样性保护和生物资源的持续利用已经受到国际社会的极大关注。1992 年 6 月在巴西召开的联合国环境与发展大会上，通过了《生物多样性公约》，该公约的目标是从事生物多样性保护，持久使用生物多样性的组成部分，公平合理地分享在利用遗传资源中所产生的惠益。中国和其他 135 个国家和地区在公约上签字。保护生物多样性已成为全球的联合行动。自 1994 年起，全球每两年召开一次《生物多样性公约》的缔约方大会，讨论如何保护生物多样性。中国于 1994 发布了《中国生物多样性保护行动计划》，并获得了2021 年第 15 次缔约方大会的主办权。

通过签订《生物多样性公约》，全球对生物多样性保护和生物资源的持续利用已经基本上达成了共识。这些共识的基本点可以归纳为：

① 人类的一些活动正在导致生物多样性的严重丢失；

② 生物多样性及其组成成分具有多方面的内在价值，如生态、遗传、社会、经济、

科学、教育、文化、娱乐和美学价值；

③ 生物多样性对保持生物圈的生命支持系统十分重要；

④ 保护和持久利用生物多样性对于满足全世界日益增长人口的粮食、健康和其他需求至关重要；

⑤ 确认生物多样性保护是全人类共同关心的事项。

那么，什么是生物多样性？中国和全球的生物多样性现状如何？如何保护生物多样性呢？这些就成为大家共同关心的问题。

一、生物多样性和生物资源

（一）生物多样性

生物多样性是指地球上所有生物——动物、植物和微生物及其所构成的综合体。生物多样性通常包括 3 个层次：生态系统多样性、物种多样性和遗传多样性。生物多样性的 3 个层次完整描述了生命系统中从宏观到微观的不同认识方面。科学工作者可以采用不同的方法测定这 3 个不同层次的多样性。

1. 生态系统多样性

生态系统多样性是指生物群落和生境类型的多样性。地球上有海洋、陆地，有山川、河流，有森林、草原，有城市、乡村和农田，在这些不同的环境中，生活着多种多样的生物。实际上，在每一种生存环境中的环境和生物所构成的综合体就是一个生态系统。中国生态系统多样性十分丰富，主要有森林生态系统、草原生态系统、荒漠生态系统、农田生态系统、湿地生态系统和海洋生态系统等。

生态系统的主要功能是物质交换和能量流动，它是维持系统内生物生存与演替的前提条件。保护生态系统多样性就是维持了系统中能量和物质流动的合理过程，保证了物种的正常发育和生存，从而保持了物种在自然条件下的生存能力和种内的遗传变异度。因此，生态系统多样性是物种多样性和遗传多样性的前提和基础。

2. 物种多样性

物种多样性是指动物、植物、微生物物种的丰富性。物种是组成生物界的基本单位，是自然系统中处于相对稳定的基本组成成分。一个物种是由许许多多种群组成的，不同的种群显示了不同的遗传类型和丰富的遗传变异。

对于某个地区而言，物种数多，则多样性高；物种数少，则多样性低。自然生态系统中的物种多样性在很大程度上可以反映出生态系统的现状和发展趋势。

通常，健康的生态系统往往物种多样性较高，退化的生态系统则物种多样性较低。

物种多样性所构成的经济物种是农、林、牧、副、渔各业所经营的主要对象，为人类生活提供必要的粮食、医药，特别是随着高新技术的发展，许多生物的医用价值将不断被开发和利用。

3. 遗传多样性

遗传多样性是指存在于生物个体内、单个物种内及物种之间的基因多样性。物种的遗传组成决定着它的性状特征，其性状特征的多样性是遗传多样性的外在表现。通常所谓的

"一母生九子，九子各异"，指的是同种个体间外部性状的不同，所反映的是内部基因多样性。任何一个特定的个体和物种都保持大量的遗传类型，可以被看作单独基因库。

基因多样性包括分子水平、细胞水平、器官水平和个体水平上的遗传多样性。其表现形式是在分子、细胞和个体 3 个水平上的性状差异，即遗传变异度。

遗传变异度是基因多样性的外在表现。基因多样性是物种对不同环境适应与品种分化的基础。遗传变异度越丰富，物种对环境的适应能力越强，分化的品种、亚种也越多。基因多样性是改良生物品质的源泉，具有十分重要的现实意义。

遗传多样性是农、林、牧、副、渔各行业中的种植业和养殖业选育优良品种的物质基础。

中国是一个古老的农业大国，栽培作物的基因多样性异常丰富。中国栽培的农作物有 600 余种，其中有 237 种起源于中国。水稻在全国约有 50 000 个品种，小麦约有 30 000 个品种，大豆约有 20 000 个品种。常见蔬菜有 80 余种，共有 20 000 个品种，常见果树有 30 余种，约有 10 000 个的品种。

（二）生物资源

1. 生物资源及其特性

生物资源是指对人类有直接、间接和潜在用途的生物多样性组分，包括生物的遗传资源、物种资源、生态系统的服务功能资源等。

生物资源属于可更新资源，在一定的环境条件下，具有一定的可更新速率。

作为可更新资源，似乎是无限的、永远存在的。然而，在时间、空间范围和环境条件一定的情况下，可更新速率是有限的。因此，生物资源也是有限的。如果过度开发，开发速率超过可更新速率，那么可更新资源就会转变成不可更新资源，造成资源枯竭。

生物资源，尤其是生态系统的服务功能资源，是一种公共资源，具有很强的自然属性，不具有市场贸易属性和交换的经济价值。因此，长期以来，被人们认为是公共的、免费的资源。在人口数量增长、科技发达、对生态环境破坏日益严重的情况下，生物资源的经济价值和对社会经济的约束力日益明显。人们对生物资源的观念开始转变，开始以可持续发展的观念进行生物资源的管理，在这一过程中，出现了生态经济学。

2. 生物资源的价值

人们已经意识到生物多样性及其组成成分的内在价值，包括在生态、社会、经济、科学、教育、文化、娱乐和美学等领域的价值，而且生物多样性对于人类社会经济的发展具有历史的、现实的和未来的价值。下面扼要地介绍两方面的价值。

（1）生物多样性是人类赖以生存的生命支持系统：地球上的生物多样性及由此而形成的生物资源构成了人类赖以生存的生命支持系统。人类社会从远古发展至今，无论是狩猎、游牧、农耕，还是集约化经营都建立在生物多样性基础之上。随着社会的进步和经济的发展，人类不仅不能摆脱对生物多样性的依赖，而且在食物、医药等方面更加依赖生物资源的高层次开发。

在工业化之前，世界人口只有 8.5 亿，而今已突破 80 亿。人口数量增加也依赖生物多样性资源的开发。例如，在农业上，遗传多样性的价值特别明显，为了稳产、高产，人们培养出大量的作物、蔬菜和果类的优良品种，以及家畜和家禽的优良品种。这种增加栽培作物生物多样性的技术，不断地满足着人口数量增大对粮食的需求。此外，野生生物资源的价值也十分可观。据统计，美国在1967—1980年，捕杀的野生生物资源的价值平均每年达870亿美元。生物资源在发展中国家经济中的比重远大于发达国家。

生物多样性资源（如传统的中草药、抗生素和近年来的转基因产品等）对人类健康至关重要。世界卫生组织特别鼓励利用传统药物。发展中国家大多数人的基本健康依赖传统药物，所使用的中草药涉及5 100多个物种。近年来对药用植物的需求量较10年前翻了三番。美国20种最畅销的药品中都含有从生物中提取的化合物，其销售额在1988年达60亿美元。世界上3 000多种抗生素都来自微生物，而且这个数字还在扩大。可以预料，一些疑难病症如艾滋病、癌症的治疗，都寄希望于生物产品。

1973年人类首次成功地利用基因工程技术，通过基因操作将外源基因转入目标生物体内，提高目标生物的竞争能力和对环境的适应性，抑制有害基因的表达。当前，国内外基因工程的药品和食品已经进入市场，显示了诱人的前景。基因多样性的价值受到世界各国的重视。

（2）生态系统提供了极其重要的"生态服务"功能：生态系统的"生态服务"功能指的是生物在生长发育过程中，以及生态系统在发展变化过程中为人类提供的一种持续、稳定、高效舒适的服务功能。例如，维护自然界的氧-碳平衡，提供氧气；净化环境，提供清洁的空气和饮用水；为人类提供优美的生态环境和休息娱乐场所；可以涵养水源，防止水土流失；可以降解有毒有害污染物质等。

生态系统的生态服务功能的资源特性长期以来曾经被人们所忽视。然而，生态服务功能的经济价值并不低于生态系统的直接经济价值（表4-4）。随着人类对生态系统破坏范围和强度的增加，生态服务功能本身受到了严重损伤，人们才强烈地感受到生态服务功能的存在。当人们企图恢复生态服务功能，需要投入人力、物力、财力时，才感到生态服务功能是一种资源。

（三）生物多样性资源经济价值及其评估

生物多样性具有巨大的社会经济价值。生物多样性经济价值的评估能够为公众提供一个共同的生物多样性的经济价值观及评价尺度。

生物多样性的评估是当今世界生态经济学的热点和难点之一，是资源经济学、环境经济学、生态经济学的交叉前沿，涉及基因、物种及生态系统的经济评估，是对传统经济学的巨大挑战。

1. 经济价值分析

生物多样性的经济价值主要包括直接使用价值、间接使用价值和潜在使用价值。

直接使用价值包括林业、农业（种植业和野生植物）、畜牧业、渔业、医药业和部分工业等产品和加工品的直接使用价值，还包括生物资源的旅游观赏价值、科学文化价值、畜力使用价值等。直接经济价值即资源产品或简单加工品所获得的市场价值，或在缺乏市场定价情况下以替代花费的大小来衡量。

间接使用价值主要体现在生态系统的结构和功能、演化、物质和遗传资源、生态服务功能等方面，可以采用一系列经济评估的方法进行概括性分析，但由于生物多样性的自然属性与市场、商品的社会属性距离甚远，存在一系列不确定性。

潜在使用价值包括野生动植物在将来有用的选择价值和在伦理学上的存在价值。

2. 综合评估与初步结论

《中国生物多样性国情研究报告》（1998）报道了中国陆地生物多样性经济价值的初步评估结果（表4-4）。从表4-4中可以看出：① 生物多样性具有直接使用价值、间接使用价值和潜在使用价值，其社会经济价值巨大；② 生物多样性的间接经济价值远远大于直接经济价值。

表4-4 中国陆地生物多样性经济价值的初步评估结果（1998年）

价值类别	价值 /（10 000 亿元）	
直接使用价值	产品及加工品年净价值	1.02
	直接服务价值	0.78
	小计	1.80
间接使用价值	有机质生产价值	23.3
	CO_2 固定价值	3.27
	O_2 释放价值	3.11
	营养物质循环和储存价值	0.32
	土壤保护价值	6.64
	涵养水源价值	0.27
	净化污染物价值	0.40
	小计	37.31
潜在使用价值	选择使用价值	0.09
	保留使用价值	0.13
	小计	0.22

注：本表引自《中国生物多样性国情研究报告》编写组．中国生物多样性国情研究报告．北京：中国环境科学出版社，1998.

采用同样的方法，《中国生物多样性国情研究报告》报道了对中国履行《生物多样性公约》投入产出的预测结果：到2010年以前，中国履约平均年投入94亿元，但是中国履约投入所产生的年生态效益为1 233.5亿元，年经济效益为556.2亿元，二者之和为1 789.7亿元。与投入相比，效益明显大于投入。上述经济价值评价结果表明，生物多样性保护是一项具有巨大经济效益和社会效益的公益事业。

二、生物多样性锐减

（一）全球生物多样性丰度
1. 全球生物圈的物种丰度

经过鉴定，用双命名法命名、记录的生物物种大约有170万种，其中6%的物种生活在寒带或极地地区，59% 在温带，35% 在热带（表 4–5）。然而至今对全世界的物种，特别是热带物种还不完全了解，如果把尚未了解的物种也估计在内，那么在全球的物种丰度至少增加 86%，全球物种估计值在 500 万 ~ 1 000 万种之间。

表 4–5   三个气候带的物种数量估计

气候带	已鉴定物种数 /100 万种	总物种数量估计值	
		最低 /100 万种	最高 /100 万种
寒带	0.1	0.1	0.1
温带	1.0	1.2	1.3
热带	0.6	3.7	8.6
合计	1.7	5.0	10.0

注：本表引自世界资源研究所（WRI，1986）。

热带雨林物种最丰富，昆虫数量最大。无脊椎动物是已描述物种的最大成分，昆虫中数量最大、最多的是鞘翅目昆虫（表 4–6）。近期的热带雨林考察证明，在潮湿的热带雨林中尚未鉴定的昆虫和其他无脊椎动物数量十分惊人。

表 4–6   各类生物物种数量的估计值

生物类型	已鉴定物种数	物种总数（估计值）
非维管束植物	150 000	200 000
维管束植物	250 000	280 000
无脊椎动物	1 300 000	4 400 000
鱼类	21 000	23 000
两栖类	3 125	3 500
爬行类	5 115	6 000
鸟类	8 715	9 000
哺乳类	4 770	4 300
合计	1 742 000	4 926 000

注：本表引自世界资源研究所（WRI，1986）。

目前，已有的物种保护方案都集中在大型脊椎动物和特殊的有价值植物上，而昆虫常常被忽视。然而，昆虫及无脊椎动物的物种丰度以其自己的功能表明它们在生态学上是重要的。原因是：① 昆虫是热带小型肉食性动物的主要食物；② 昆虫是种子的捕食者，因而它影响了森林中的物种组成；③ 昆虫是花粉传递者，常与特异植物物种有特殊关系；④ 昆虫对热带生态系统结构与功能有明显的影响。

2. 中国生物多样性丰度

中国地域辽阔，地貌类型丰富，具有北半球所有的生态系统类型，形成了复杂的生物区系构成，从而使中国成为世界上生物多样性最丰富的8个国家之一。

中国生物资源无论是种类还是数量在世界上都占有相当重要的地位。例如，在植物种类数目上，中国约有30 000种，仅次于马来西亚（约45 000种）和巴西（约有40 000种），居世界第三位。中国是世界上野生动物资源最丰富的国家之一，有许多特有的珍稀种类。例如，全世界鹤类有15种，中国有9种；在欧美一些国家完全没有灵长类动物，中国有17种。全球海洋生物可以分为40多门，中国海域几乎每门生物都有，在物种数量方面所占比例很大。

中国农业历史悠久，栽培作物、果树、经济作物均在世界上占据重要地位，是世界上八个作物起源地中心之一。世界上栽培作物有1 200种，其中200种起源于中国。中国水稻品种繁多，遗传多样性十分丰富，栽种面积占世界第二位。

此外，中国还拥有大量的特有物种和自然历史孑遗物种。例如，大熊猫、白鳍豚、水杉、银杉等。表4-7为中国特有种属与世界已知种属的比较。

表4-7　中国特有种属与世界已知种属的比较

分类群	世界已知属和种	中国特有属和种	占总种属/%
哺乳类	499 种	72 种	14
鸟类	1 186 种	99 种	8
爬行类	376 种	26 种	6.9
两栖类	279 种	30 种	10.8
鱼类	2 804 种	440 种	15.7
苔藓	494 属	8 属	1.6
蕨类	224 属	5 属	2.2
裸子植物	32 属	8 属	2.5
被子植物	3 116 属	232 属	7.4

（二）全球生物多样性锐减

1. 生态系统多样性的锐减

生态系统多样性的锐减主要是各类生态系统的数量减少、面积缩小和健康状况的下降。在我国，主要生态系统表现为森林生态系统、草原生态系统、荒漠生态系统、西藏高原高寒区生态系统、湿地生态系统、内陆水域生态系统、海岸生态系统、海洋生态系统、农业区生态系统和城市生态系统等。各种生态系统均受到不同程度的威胁。

（1）栖息地的改变和生物多样性的丢失：生物生态系统多样性的主要威胁是野生动植物栖息地的改变和丢失，这一过程与人类社会的发展密切相关。在整个人类的历史进程中，栖息地的改变经历了不同的速率和不同的空间尺度。在中国、西亚、欧洲和中美洲，栖息地的改变大约经历了 1 万年，改变过程较慢。在北美洲，栖息地的改变较为迅速，从东到西横跨整个大陆的广大地区，栖息地的改变只经历 400 余年。严格地说，热带栖息地的改变主要发生在 20 世纪后半叶。目前，热带森林、温带森林和大平原，以及沿海湿地正在大规模地转变成农业用地、私人住宅、大型商场和城市。

栖息地的改变与丢失意味着生态系统多样性、物种多样性和遗传多样性的同时丢失。例如，热带雨林生活着上百万种尚未记录的热带无脊椎动物物种，由于这些生物类群中的大多数具有很强的地方性，随着热带雨林的砍伐和转化为农业用地，很多物种可能随之灭绝。又如，大熊猫（*Ailuropoda melanoleuca*）从中更新世到晚更新世的长达 70 万年的时间内曾广泛分布于我国珠江流域、华中长江流域及华北黄河流域。由于人类的农业开发、森林砍伐和狩猎等活动的规模和强度的不断加大，大熊猫的栖息地现在只局限在几个分散、孤立的区域。栖息地的碎裂化直接影响大熊猫的生存。据中国林业部与世界野生动物基金会在 1985—1988 年的联合调查，大熊猫的栖息地不断缩小，与 20 世纪 70 年代相比，大熊猫分布区由 45 个县减少到 34 个县，栖息地的面积减少了 1.1 万平方千米，且分布不连续。栖息地的分离、破碎，将大熊猫分割成 24 个亚群体，造成近亲繁殖，致使遗传狭窄，种群面临直接威胁。

（2）中国生态系统受到的威胁：下面简述我国森林生态系统、荒漠生态系统和湿地生态系统多样性锐减的状况。

① 森林生态系统受到的威胁。中国现有原生性森林已不多，它们主要集中在东北和西南的天然林区。针叶林面积约占一半，阔叶林占 47%，针阔混交林占 3%。据 2006 年统计，中国现有森林面积 17 491 万公顷，仅占世界森林面积的 4%，全国的森林覆盖率仅占 18%，近年来我国的森林覆盖率呈增长趋势，但主要是人工林在增长，而作为生物多样性资源宝库的天然林仍在减少，并且残存的天然林也处于退化状态。中国公布的第一批珍稀濒危植物有 388 种，绝大多数属于森林野生种，它们的分布区在萎缩，种群数量在下降。

森林生态系统受到威胁的主要原因是森林采伐量一直大于生长量，而且呈增长和居高不下的趋势。森林过度砍伐对生物多样性的威胁：一是减少了森林群落类型；二是森林生境的破坏引起动植物种类的消失和被迫迁移。人工林产业的发展以破坏蕴藏着丰富多样性资源的天然林为代价，大规模地营造品种单一的人工林。随着人工林面积的增加，森林病虫害将进入高发期。

战争造成森林和生物多样性资源的大量消亡。1840—1949 年，由于战争和对中国林木资源的掠夺，中国的天然林锐减。当时中国近 80% 的原始森林被破坏和消失。抗日战争时期，森林资源遭受严重破坏，仅东北森林就损失 642 亿立方米，占全国损失森林蓄积量的 10% 以上。

② 荒漠生态系统受到的威胁。中国西北的荒漠生态系统的类型多样，并不像人们想象的那么单调。据初步统计，沙质荒漠有 8 个生态系统，砾质 – 沙质荒漠有 13 个，石质 – 碎石质荒漠 10 个，黏土荒漠（盐漠）有 7 个，此外在荒漠河岸及其他隐域生境还有 9 个生态系统。在广大的荒漠地区生活着许多特有的动植物物种和特有的生物资源。尽管在一般人心中，荒漠地广人稀，受人为活动影响较小，然而那里的许多环境已经遭到破坏，生物多样性在急剧缩小。例如，破坏性的采掘使珍贵药材甘草、麻黄、锁阳遭到破坏，野生资源急剧减少。由于过度捕猎和栖息地的改变，原产准噶尔盆地的高鼻羚羊从

20世纪50年代起就再也见不到了。新疆虎是亚洲虎的一个独特亚种，仅分布在塔里木河下游的罗布泊一带，由于猎杀和栖息地的改变，早在20世纪初就已经灭绝了。

　　③ 湿地生态系统受到的威胁。湿地集土地资源、生物资源、水资源、矿产资源和旅游资源于一体。在长期的人类活动影响下，湿地被不断地围垦、污染和淤积，面积日益缩小，物种减少，已经遭到不同程度的破坏。农业围垦和城市开发是中国湿地破坏的主要原因。珠江三角洲、长江中下游平原的湿地，自古以来被开垦种植水稻。三江平原湿地是目前农垦对象。据初步统计，近40年来，中国沿海地区累计围垦滩涂面积达100万公顷，相当于沿海湿地的50%。围海造地工程使中国沿海湿地每年以2万公顷的速率在减少。另据统计，1950—1980年，中国天然湖泊数量从2 800个减少到2 350个，湖泊总面积减少了11%。有的城市周围的湖泊由于严重的污染和富营养化，实际上或者几乎丧失了生态系统的正常功能。

2. 物种多样性锐减

　　自从大约38亿年以前地球上出现生命以来，就不断地有物种的产生和灭绝。

　　物种的灭绝有自然灭绝和人为灭绝两种过程。物种的自然灭绝是一个按地质年代计算的缓慢过程，而物种的人为灭绝是伴随着人类的大规模开发产生的，自古有之，只不过当今人类活动的干扰大大加快了物种灭绝的速率和规模。有记录的人为灭绝的物种多集中于个体较大的有经济价值的物种，本来这些物种是潜在的可更新资源，但人类过度地猎杀、捕获导致了许多物种的灭绝和资源丧失。世界各国已经注意到，生物多样性的大量丢失和有限生物资源的破坏已经和正在直接或间接地抑制经济的发展和社会的进步。

　　物种多样性的丢失涉及物种灭绝（extinction）和物种消失（extirpation）两个概念。物种灭绝是指某一个物种在整个地球上丢失；物种消失是一个物种在其大部分分布区内丢失，但在个别分布区内仍有存活。物种消失可以恢复，但物种灭绝是不能恢复的，造成全球生物多样性的下降。

　　（1）物种灭绝的自然过程：化石记录充满着已灭绝生物的证据。地质记载可以很好地证实：恐龙曾经在地球上出现过，但是经过一定时间后消失了。在爬行类动物中，已识别的12个目中，现在尚存的只有3个目，其他的9个目只是化石种类了。

　　生物物种自然灭绝的原因可能是：① 生物之间的竞争、疾病、捕食等长期变化；② 随机的灾难性环境事件。地球大约经历了46亿年的发展过程，在过去的地质年代中，曾发生过许多灾难性事件，以物种丢失速率为特征，已经认定，约有9次灾难性的物种大灭绝事件。例如，大陆的沉降、漂移，冰河期，大洪水等使生活在地球上的人类和生物遭受毁灭性打击。在2.5亿年前，出现了一次规模和强度最大的物种灭绝，估计当时海洋中95%的物种都灭绝了。在6 500万年前的白垩纪末期，很多爬行类动物，如恐龙、翼手龙等灭绝了。与此同时，约有76%的植物物种和无脊椎动物物种也灭绝了。

　　（2）物种灭绝的人为过程：物种的人为灭绝自古有之。大约在更新世后期，世界各地同时发生了大型动物灭绝事件。这些大规模的灭绝事件，多数与大规模殖民化相关联。这些土地原先是没有人居住的，野生动物自由地生活。殖民化后，人口数量增加，过度狩猎，超过了野生动物的繁殖速率，野生动物经不起人类突然的捕杀和栖息地的变化，导致许多大型动物的灭绝。

由在美国南加利福尼亚发现的化石研究表明，在北美被殖民化后的不长一段时间里，发生了包含 57 种大型哺乳动物和几种大型鸟类的灭绝。其中包括 10 种野马，4 种骆驼家族里的骆驼，2 种野牛，1 种原生奶牛，4 种象，以及羚羊、大型的地面树懒、美洲虎、美洲狮和体重可达 25 kg 的以腐肉为食的猛禽等。如今，这些大型动物尚存的唯一代表是严重濒危的加利福尼亚神鹰。

又如，大约 1 000 年前，在波利尼西亚人统治新西兰的 200 年间，新西兰出现了物种灭绝浪潮。它卷走了 30 种大型的鸟类，包括 3 m 高、250 kg 重的大恐鸟，不会飞的鹅，不会飞的大鹅鹕和一种鹰；同时还有一些大个体的蜥蜴和青蛙、毛海豹等。

上述例子表明：① 可更新的生物资源由于人类的不可持续利用，转化成不可更新资源，结果是以物种资源的灭绝而告终；② 物种的人为灭绝并不是现代才有的现象，自古有之。假如史前的土著人能给那些可食的经济物种一些适宜的生存机会的话，情况会是另一种局面。

在近几个世纪，由于工业技术的广泛应用，人类对自然开发规模和强度增加，人为物种灭绝的速率和受灭绝威胁的物种数量大大增加。已知在过去的 4 个世纪中，人类活动已经引起全球 700 多个物种的灭绝，其中包括 100 多种哺乳动物和 160 种鸟类。其中 1/3 是 19 世纪前消失的，1/3 是 19 世纪灭绝的，另 1/3 是近 50 年来灭绝的。据联合国估计，过去 40 多年地球生物多样性降低了 68%（1970—2016）。

世界自然基金会（WWF）2022 年发布的《地球生命力报告》对全球包括 5 230 个物种的近 3.2 万个种群进行了监测，发现野生动物种群数据（包括哺乳动物、鸟类、两栖动物、爬行动物和鱼类）自 1970 年以来平均下降了 69%，尤其是热带地区野生脊椎动物种群数量正在以惊人的速率急剧下降；在所有监测物种种群中，淡水物种种群下降幅度最大，在短短几十年间平均下降了 83%；栖息地丧失和迁徙路线受阻是洄游鱼类物种面临的主要威胁。

中国的动物和植物的灭绝情况，按已有的资料统计，犀牛（*Rhinoceros sp.*）、麋鹿（*Elaphurus davidianus*）、高鼻羚羊（*Saiga tatarica*）、白臀叶猴（*Pygathrix nemaeus*）以及植物的崖柏（*Thuja sitchuanensis*）、雁荡润楠（*Machilus minutiliba*）、喜雨草（*Ombrocharis dulcis*）等已经消失几十年甚至几个世纪了，但高鼻羚羊是在 20 世纪 50 年代以后消失的。中国动物的遗传资源受威胁的现状十分严重。如中国优良的九斤黄鸡、定县猪已经灭绝。

此外，还有相当数量的植物种类和动物种类正面临着即将到来的灭绝，其数量之大是令人悲伤和遗憾的。中国国家重点保护野生动物名录中受保护的濒危野生动物已经有 400 多种，植物红皮书中记述的濒危植物高达 1 019 种。实际上还有许多保护名录之外的生物物种很可能在未被人们认识之前就已经灭绝了。

由于人为活动，直接或间接地已引起很多物种濒临灭绝。引起物种灭绝或濒危的最重要的人为影响有：① 栖息地的破坏和变化；② 过度狩猎和砍伐；③ 捕食者、竞争者和疾病的引入所产生的效应。这些压力导致产生了一些小而分散的种群，这些种群易遭受近亲繁殖和种群数量不稳定的有害影响，导致种群数量减少，最终消失或灭绝。其灭绝涡流如图 4-11。

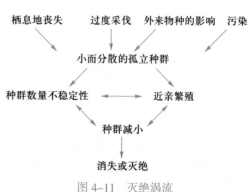

图 4-11 灭绝涡流

（三）物种多样性丢失的若干实例

1. 近代过度捕杀引起陆生物种灭绝和濒危

以不可持续的捕杀率捕获野生生物作为市场商品是造成大量物种灭绝和濒危的主要的原因之一。渡渡鸟、大海雀鸟、旅鸽等是一些有名的例子。

（1）渡渡鸟：渡渡鸟是第一个有记载的、由于人类的过度捕杀而造成的动物灭绝实例。渡渡鸟属鸽形目鸽形科，像火鸡一样，体形较大，性迟钝，不会飞。

渡渡鸟原产于印度洋马达加斯加东部的毛里求斯岛上。1507 年葡萄牙人发现这个小岛，1598 年又被荷兰人所统治。当人类入侵这个遥远的孤岛时，殖民者把捕猎渡渡鸟当作一种游戏，采集它们的蛋。殖民者为了开垦农场，先用火烧渡渡鸟的栖息地，然后放出野猫、野猪和猴子等动物捕食渡渡鸟，结果造成渡渡鸟的数量迅速减少。1681 年，渡渡鸟灭绝，甚至连一具完整的骨骼都没留下。牛津大学保存的唯一的一个标本也在 1755 年火灾中焚毁，灰烬中只保留头和脚。

（2）大海雀鸟：大海雀鸟在北大西洋分布很广。纽芬兰东部的 Funk 岛是大海雀鸟的最大繁殖栖息地。当地人称它为企鹅，但是它与南半球的企鹅并没有直接关系。

数百年来，大海雀鸟被纽芬兰岛上的土著居民和欧洲渔民作为鲜肉、蛋、油的来源。18 世纪中期，当人们发现大海雀的羽毛可以用于填充床垫而变成一种价值很高的商品时，便开始系统而又无情地捕杀。

18 世纪末，对大海雀鸟的屠杀是极其严重的。人们几乎整个夏天都生活在这个岛上，进行捕杀和加工操作，其目的就是猎杀海鸟以获得羽毛。人类的贪婪给大海雀鸟带来的是衰运，是种族的迅速灭绝。19 世纪初期大海雀鸟在 Funk 岛受到灾难性的威胁。1844 年 6 月 4 日最后两只个体死亡了。

（3）旅鸽：旅鸽从整个美洲大陆的灭绝是一个非常典型的例子。300 年前，旅鸽可能是世界陆地上个体数量最多的鸟，有 30 亿~50 亿只，占北美鸟个体总数的 1/4。旅鸽大群的迁徙时，密度之大足以遮天蔽日，长达数小时。1810 年美国自然主义者亚历山大·威尔逊观察到，迁飞的旅鸽群长 144 km、宽 0.6 km，估计有 20 亿只。

旅鸽的繁殖地区在美国东北部和加拿大东南部的橡树、山毛榉、栗树的森林中。旅鸽冬天栖息在美国东南部具有丰盛果实的森林中，由于数量大，它们栖息的重量能够把树枝压断。

旅鸽由于肉质味美、高密度的聚群迁徙、越冬繁殖等特性，容易被大量捕杀，所以就成为商业猎手的猎获对象。各种捕杀方法如敲击、射杀、网捕和烟熏麻醉等使旅鸽以难以置信的数量被杀死。例如，据估计 1861 年在美国密歇根州约有 10 亿只旅鸽被杀死。

高强度捕杀及所伴随的繁殖栖息地的破坏，两者共同夹击，导致旅鸽数量急剧下降。在 1894 年，观察到最后筑巢的旅鸽。1914 年辛辛那提公园，最后一只旅鸽孤独地死去。就这样，在几十年的时间里，世界上数量最大的鸟种灭绝了。

2. 同人类竞争的物种的灭绝

许多大型捕食动物，包括狼和其他犬类、棕熊、许多大型猫科动物如美洲狮或亚洲虎，被看作人类的重要竞争对手（在一些情况下，它们也捕食人类），所以它们被捕杀了不少，处于已经灭绝或濒临灭绝的境地。害虫也属于与人类竞争的类群。通常控制虫害的手段包括使用毒饵、无目标地施用杀虫剂，也能造成鸟类的大量间接性死亡。例如，可导致鹰的种类和数量减少，也可能是导致其灭绝的重要原因。

3. 物种引进造成的灭绝

位于非洲的世界第二大湖——维多利亚湖发生过一起灾难性的物种灭绝事件。这次事件不是受到 3 000 万人口压力和富营养化的影响，而是引入尼罗河河鲈鱼导致的。

河鲈鱼可以达 2 m 长、60 kg 重。1954 年，河鲈鱼作为一种渔业资源首次引入维多利亚湖。但直到 20 世纪 80 年代，其数量才迅速增长，现在维持在每年 20 万～30 万吨的产量。这种新的渔业资源主要用于出口，当地人的收入比以前增多了。

不幸的是，这种鱼的产量和持续性的增长是建立在捕食当地土著鱼的基础之上的。该湖鱼的种群原来由 400 个物种组成，其中 90% 属于湖体自身的土著种。仅在河鲈鱼剧增的几年时间内，本地鱼群在数量和丰富度上都下降了。1978 年前，本地种占湖区鱼类产量的 80%，河鲈鱼仅占 2%；1983—1986 年间，河鲈鱼占到了 80%，其他引进种和当地种共占 20%；到目前，本地种只占 1%，基本上已经灭绝了。

应该看到，世界各国高度重视生物多样性保护。2021 年 10 月，《生物多样性公约》第十五次缔约方大会（COP15）第一阶段会议通过《昆明宣言》，承诺制定、通过和实施一个有效的全球生物多样性框架，以扭转当前生物多样性丧失趋势，确保最近在 2030 年使生物多样性走上恢复之路，进而实现"人与自然和谐共生"的 2050 年愿景。

第四节 持久性有机污染物

20 世纪 30 年代以来，化学品在人类社会被大量开发和广泛应用。目前，全世界市场现有化学品达 100 000 种，每年约有 1 500 种新化学品投入市场[1]。全球化学品产量从 20 世纪 30 年代的 100 万吨 /a，增至 21 世纪初的 4 亿吨 /a[2]。化学品的大量生产和广泛使用为现代社会带来了广泛福利，同时也引起了日益广泛的化学品环境问题。20 世纪 60～70 年代开始，科学家们在包括极地在内的全球环境介质中普遍监测到了滴滴涕（DDT）、多氯联苯（PCBs）等具有环境持久性、生物累积性和远距离迁移性的有毒有机化学品污染，并陆续发现了此类化学品对野生动物和人体健康造成的潜在毒害影响。1962 年，蕾切尔·卡逊（Rachel Carson）出版了影响世界环境保护运动的《寂静的春天》一书，主要描述和揭示了由 DDT 等有机氯农药所引发的生态危机。随后，越来越多的科学证据表明，主要由人类开发合成以及工业活动过程产生的众多此类被称为"持久性有机污染物"或"POPs"的有毒化学物质，污染已遍及地球的各个角落，正日益严峻地威胁着人类的生命和健康安全，以及全球生态环境，逐渐成为世界各国普遍关注的重大全球性环境问题之一。2001年 5 月，国际社会在瑞典斯德哥尔摩共同签署了《关于持久性有机污染物的斯德哥尔摩公约》（简称斯德哥尔摩公约或 POPs 公约），启动了针对此类有毒化学物质的全球统一控制

---

[1] Willis J. Much done，much still to do，Chemicals and the Environment. Our Planet，UNEP，2002.

[2] OECD. Environmental Outlook for the Chemicals Industry. 2001.

行动，成为继气候变化公约、臭氧层保护公约之后，又一项具有规定减排义务及严格国际法律约束力的重要全球环境公约。

一、持久性有机污染物的概念及特性

持久性有机污染物（POPs）具有如下四方面特性。

（1）环境持久性（persistence）：是指因分子结构稳定，在环境中难以自然降解，半衰期较长，一般在水体中半衰期大于 2 个月，或在土壤中半衰期大于 6 个月，或在沉积物中的半衰期大于 6 个月。

（2）生物累积性（bio-accumulation）：是指因其具有有机污染通常特有脂溶性，可经环境介质进入并蓄积于生命有机体内，并可通过食物链的传递和富集，可在处于较高营养级的生物体或人体内累积到较高浓度，一般的生物浓缩系数（BCF）或生物积累系数（BAF）大于 5 000，或 $\lg K_{ow}$ 值（正辛醇 – 水分配系数）大于 5。

（3）远距离环境迁移性（long-range environmental transportation）：是指因其具有半挥发性及环境持久性，可以通过大气、河流、海洋等环境介质或迁徙动物，从排放源局地远距离扩散、迁移到其他地区（包括南极、北极在内），一般其在大气中的半衰期大于 2 天或其蒸气压小于 1 000 Pa。POPs 的生物累积性如图 4-12 所示，可见通过生物浓缩和累积作用，从 DDT 浓度水体中到食物链顶层生物体内可以放大至 1 000 万倍。

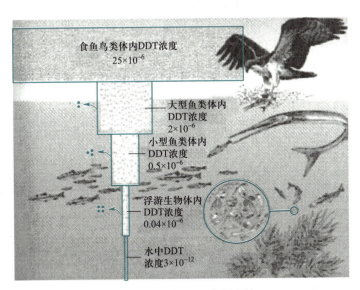

图 4-12　POPs 的生物累积性

（引自：Miller G T. Living in the Environment. 12th ed. Thomson Brooks/Cole，2002.）

（4）环境和健康不利影响性（adverse effect）：是指对生态系统及人体健康可能产生的各种不利影响，包括人体健康毒性或生态毒性。鉴于 POPs 的持久性和生物累积性，环境中较低浓度的 POPs 可以经过长期的暴露接触，逐渐对人体和生物体构成健康及生命危害。POPs 的基本特性及主要由斯德哥尔摩公约所确定的国际鉴别标准如表 4-8 所示。

表 4–8   POPs 的基本特性及国际鉴定标准

特性	国际鉴定标准
持久性 （满足其中的任何一项鉴定标准）	水体：半衰期 >2 个月
	土壤：半衰期 >6 个月
	沉积物：半衰期 >6 个月
	其他证明其环境持久性的科学证据
生物累积性	水生生物中的 BCF 或 BAF>5 000，或 $\lg K_{ow}$ >5，或在其他生物体中的高生物积累性和生态毒性的证据，或在生物群系中证明其值得关注的生物累积潜力的监测数据
环境和健康不利影响	产生或可能产生对人体健康或生态环境的毒害影响证据
远距离环境迁移性	大气半衰期 2 天，或蒸气压 <1 000 Pa①，或监测数据、环境归趋特性或模型结果表明的远距离环境迁移潜力

注：① 欧洲与北美的《远距离越境空气污染公约"POPs 议定书"》（LRTAP/POPs）中的远距离环境迁移性标准。

二、持久性有机污染物的种类及来源

按照产生过程或来源，POPs 可分为有意生产（intentional POPs）和无意产生（unintentional POPs）这两大类，前者是指人类社会有意开发、生产的具有某种应用价值的人工合成化学品，如 DDT、PCBs 等农业、工业用途化学品；后者是指在化工生产或废物焚烧等人类经济活动过程无意产生和排放、无任何经济价值的副产物或污染物，如二噁英等。表 4–9 给出了斯德哥尔摩公约首批确认的 12 种 POPs 及现已初步确认 11 种候补的 POPs 类化学品，共 23 种，预计未来将有越来越多的 POPs 被确认并列入公约受控清单中来。

表 4–9   POPs 清单

类别	POPs 物质			
	首批确认受控的 POPs（2001）		初步确认候选增列的 POPs（截至 2008）②	
	中文名称	英文名称	中文名称	英文名称
农药	滴滴涕	DDT	林丹（γ- 六六六）	γ –Hexachlorocyclohexane（HCH）
	艾氏剂	Aldrin	开蓬（十氯酮）	Chlordecone
	氯丹	Chlordane	α- 六六六	α –Hexachlorocyclohexane（α –HCH）
	狄氏剂	Dieldrin	β- 六六六	β –Hexachlorocyclohexane（β –HCH）
	异狄氏剂	Endrin	硫丹	Endosulfan
	七氯	Heptachlor		
	灭蚁灵	Mirex		
	毒杀芬	Toxaphane		
	六氯苯	Hexachlorobenzene（HCB）		

续表

类别	POPs 物质			
	首批确认受控的 POPs（2001）		初步确认候选增列的 POPs（截至 2008）②	
工业化学品	多氯联苯①	Polychlorinated biphenyls（PCBs）	六溴联苯	Hexabromobiphenyl
	六氯苯①	Hexachlorobenzene（HCB）	五溴代二苯醚	Pentabromodiphenyl ether（PeBDE）
			全氟辛烷磺酸类化合物	Perfluorooctane sulfonate（PFOS）
			短链氯化石蜡	Short-chain Chlorinated Paraffins
			八溴二苯醚（商用混合物）	Commercial Octabromodiphenyl Ether
			五氯苯①②	Pentachlorobenzene
无意产生的副产物或污染物	多氯代二苯并二噁英	Polychlorinated dibenzo-*p*-dioxin（PCDDs）	五氯苯①②	Pentachlorobenzene
	多氯代二苯并呋喃	Polychlorinated dibenzofurans（PCDFs）		
	六氯苯①	HCB		
	多氯联苯①	PCBs		

注：① 六氯苯和多氯联苯也可无意产生，同时被公约列为有意生产和无意产生 POPs 控制范畴，五氯苯可能亦然。

② 这些物质截至 2008 年虽已经公约审查确认属于 POPs，2009 年公约缔约方大会认定其同时属于附件 A（消除类）和 C（无意生产类）。

目前确认的 POPs 主要是人工制造的有意生产类 POPs。有意生产类 POPs 可分为农业化学品（杀虫剂）和工业化学品，前者包括 DDT 等多种有机氯杀虫剂，后者包括 PCBs 等多种在电力、建材、涂料、电子、机械和纺织等众多工业领域应用的人工合成化学品，其中多种可能存在于现代社会的各种日用消费品中。

这些在现代社会中通常大量生产和广泛使用的 POPs 类工农业化学品，可以通过化学品及其应用产品的贸易而广为传输，并可能在其生产、流通、使用和废弃的产品生命周期过程中，尤其是使用和废弃环节，释放入环境。因此，在人类社会中，各种有意生产类 POPs 对人体及生态环境所构成的危害风险是显而易见的，人类社会必须对上述 POPs 类有害化学品的开发、生产和使用行为实施严格约束，包括采取禁止、淘汰或限制措施，以消除在化学品的福利性开发和应用过程中可能造成的环境与健康的不利影响。

无意产生 POPs 的来源十分广泛，来自各种包含有机成分的燃烧过程及化工生产过程。二噁英是无意产生类 POPs 的典型代表，其主要来源类别包括：① 废物焚烧，包括城市生活垃圾、危险废物、污水处理污泥废物的焚烧处理过程；② 钢铁工业，主要包括铁矿石烧结和钢铁冶炼过程；③ 有色金属再生加工工业，主要包括铜、锌、铝等有色金属的再生加工中的热处理过程；④ 造纸工业，是指使用元素氯实施漂白的纸浆生产过程；⑤ 化学工业，如氯酚、氯醌、氯碱及其他多种有机氯化工生产过程。此外，焚烧危险废物的水泥窑、垃圾露天焚烧、遗体火化、铜制电缆焚烧，以及电力、供暖及交通过程中的燃煤或燃油过程，甚至秸秆焚烧、森林火灾等过程，都会产生二噁英等无意产生的POPs。

斯德哥尔摩公约设定了 POPs 筛选标准，并不断更新 POPs 管控名单。2019 年 5 月第 9 次缔约方大会审议了候选 POPs 和建议新增的名单，确定将 18 种（类）新 POPs 物质增列入公约管制物质名单。目前共计有 30 种（类）POPs 被列入，其中农药 18 种；工业化学品 13 种（含无意产生的副产品 7 种）；既属于农药，也是工业化学品 3 种。

三、持久性有机污染物的污染及危害

POPs 具有持久性、累积性和远距离迁移特性，局部的 POPs 污染排放，可能扩散至全球，并威胁到世界各地的野生动物及人体健康，这使 POPs 成为当今世界普遍关注的全球性环境问题。

POPs 的全球污染扩散过程如图 4-13 所示。由于 POPs 的半挥发性，其在温度较高的地区或时期会挥发进入大气当中，然后会随着气温的降低而冷凝沉降到地表，这使 POPs 在气温较高的低纬度地区的挥发量大于沉降量，在气温较低的高纬度地区则使沉降量大于挥发量。因此，低纬度地区排放的 POPs 会随着大气流动流向并沉降于中高纬度地区，并最终在气温很低的极地积累，这一过程被称为"全球蒸馏效应（Global Distillation）"，这也是人们在极地地区或北半球高山地区往往监测到较高浓度 POPs 的原因。POPs 的这种从

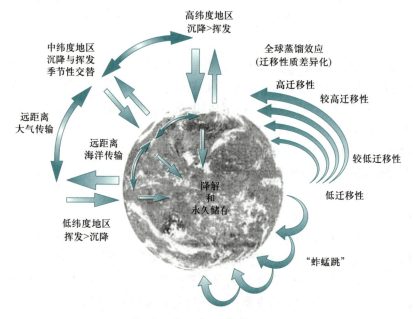

图 4-13　POPs 的全球污染扩散过程

（引自：Wania F，Mackay D. Tracking the distribution of persistent organic pollutants. Environ. Sci. Technol, 1996，30：390-396.）

低纬度地区排放，并伴随中纬度地区气温的冷、暖季节变化而挥发和沉降，通过全球蒸馏效应，逐渐积累到极地地区的现象，也被称为"蚱蜢跳"现象。继20世纪60年代开始普遍监测到DDT和PCBs等POPs之后，科学家们在北极生态系统内陆续监测到了全氟辛烷磺酸类化合物、多溴代二苯醚、短链氯化石蜡和硫丹等多种人工合成的POPs类化学品的污染[①]，而生活在北极地区的加拿大因纽特人及格陵兰岛居民，其体内脂肪和母乳中通常可以检测到较高浓度的POPs。

通常以低浓度长期存在于环境中的POPs，对生物体的毒害作用是潜在的、慢性的和多方面的。现有科学研究表明，POPs可能对野生动物和人体产生免疫机能障碍（immune dysfunction）、内分泌干扰（endocrine disruption）、生殖及发育不良（reproductive and developmental impairment）、致癌（carcinogenicity）和神经行为失常（neural behavioural disorders）等毒害作用[②]。大量研究表明，POPs可以抑制免疫系统机能，包括抑制巨噬细胞等具有自然免疫杀伤细胞的增殖及活性，导致机体因免疫力降低而容易感染传染疾病，这被认为是导致在地中海和波罗的海海域海豚、海豹等野生动物出现大量相继死亡现象的原因。加拿大因纽特人的婴儿患急性耳炎等传染性疾病的发病率高，且常常出现因难以产生病毒抗体而导致预防接种失败的现象，也被归于体内积累较高浓度的POPs所致。目前，绝大多数POPs都被证实具有内分泌干扰作用，在自然界中不断发现的野生动物的"雌性化"、性别发育过程延缓及繁殖能力降低的现象，以及近半个世纪以来人类男性精子数量下降和女性乳腺癌发病率上升，都被认为与POPs的污染有关。POPs的生殖及发育毒害影响，广泛见于鸟类产蛋力下降、蛋壳变薄、胚胎发育滞缓或畸形等研究报道，对人类则表现出婴儿体重较轻、头脑发育缓慢和智力发育不全等。多种POPs被认为是可疑的致癌物质，其中，PCBs被证实可促进癌症的发生，二噁英则是公认的强致癌物质。此外，还有研究指出POPs具有神经行为毒性，表现在自发行为失常或过度兴奋，适应、学习和记忆机能受损等方面。

第五节　全球汞污染

汞，俗称水银，位于元素周期表第80位，是第ⅡB族过渡元素，曾被广泛应用于化妆美白、避孕、牙科汞合金等方面，具有数千年的使用历史。1956年震惊世界的日本水俣病暴发，使得人们开始认识汞污染，特别是甲基汞污染的危害。随后，在没有明显汞污染源的北美和北欧鱼体中发现的高甲基汞负荷，促使科学界进一步认识局地汞排放的全球性危害。联合国环境规划署在2002年《全球汞评估》中指出，"人为活动的汞排放已经明显改变了全球汞的自然循环，对人类健康和生态系统构成了严重威胁"，最终推动《关于汞的水俣公约》的生效与全球汞污染的共同治理。

---

① WWF. The tip of the iceberg: Chemical contamination in the Arctic [R/OL]，2005.

② Vallack H W, et al. Controlling persistent organic pollutants-what next? Environmental Toxicology and Pharmacology，1998，6:143—175; Jones K C, de Voogt P. Persistent Organic Pollutants: state of the science, Environmental Pollution, 1999，100: 209—221.

一、汞的性质及危害

相对于其他常见的金属，汞具有许多独特的物理化学性质。汞原子的基态构型为 $[Xe]4f^{14}5d^{10}6s^2$，其前第一、第二、第三、电离能分别为 1 007 kJ·mol^{-1}、1 809 kJ·mol^{-1} 和 3 300 kJ·mol^{-1}。由于汞具有较大的第三电离能，它通常不会形成高于 +2 的氧化态。在固相中，元素汞采用扭曲的六方密堆积结构，变形明显。六个六边形共面汞原子的距离比六个邻近的非共面汞原子的距离大 16%。这种来自正常六方密堆积的变形与在锌和镉金属中所观察到的现象相反。汞在极性和非极性溶剂中的溶解度均有限，具有高密度（20 ℃ 时为 13.546 g·cm^{-3}）和高表面张力。在所有常见金属中，汞的电阻率（95.8 μΩ·cm）仅次于铋。汞容易与许多金属（包括银、金、钠和锌）形成合金，这一过程称为汞齐化。汞齐化可用于化学合成和从矿石中提取金银。著名的北美淘金热就是使用汞齐化方法提取金银。由于汞不会与铁形成汞齐铁，因此可以使用铁烧瓶来储存金属或汞齐。汞有 7 个稳定同位素 ^{196}Hg（0.15%）、^{198}Hg（9.97%）、^{199}Hg（16.87%）、^{200}Hg（23.01%）、^{201}Hg（13.18%）、^{202}Hg（29.86%）和 ^{204}Hg（6.87%）。汞在环境中不仅会发生质量分馏，也会发生奇数和偶数汞同位素非质量分馏。这使得汞成为自然界唯一具有"三维"同位素示踪体系的重金属（表 4–10）。

表 4–10　元素汞的物理性质

属性	数值	属性	数值
原子质量	200.59	标准电极电位（Hg^{2+}/Hg）/V	+0.854
天然同位素数量	7	密度 /（g·cm^{-3}，20 ℃）	13.546
电子构型	5d^{10}6s^2，1S^0	蒸气压 /（mmHg，20 ℃）	1.84×10^{-3}
第一电离能 /（kJ·mol^{-1}）	1 007	溶解度 /[g·（100 g 水）$^{-1}$，25 ℃]	6×10^{-6}
第二电离能 /（kJ·mol^{-1}）	1 809	电阻率 /（μΩ·cm，20 ℃）	95.8
第三电离能 /（kJ·mol^{-1}）	3 300	晶体结构	hcp（歪晶）
熔点 /℃	−38.9	鲍林电负性	2.00
沸点 /℃	357	原子半径 /pm（Hg^{2+}，6 配体）	116
汽化热 /（kJ·mol^{-1}）	59.1	原子半径 /pm（Hg$^+$，6 配体）	133
溶解热 /（kJ·mol^{-1}）	2.3	原子半径 /pm（Hg，12 配体）	151

由于特殊的物理化学性质，汞是唯一一种在室温下呈液态的常见金属，也是极少数在低温下呈气态单原子的元素之一。大气中的汞主要以单质汞的形式存在。部分单质汞在自由基的作用下或者在颗粒物上发生氧化反应，可形成气态氧化汞或颗粒汞。三种形态的汞之间可以相互转化，进而影响汞的归趋。其中，气态单质汞是大气汞的主要存在形式，易挥发且化学惰性大，可在大气中滞留 0.5～1 年。因此，汞可在大气中进行长距离传输并形成大范围的汞污染。气态氧化汞相对易溶于水而颗粒汞易被水冲刷，因此，气态氧化汞和

颗粒汞在大气中的滞留周期通常只有数小时到数周。需要注意的是，气态氧化汞只是人为定义的汞的形态。现在已知的大气中的气态氧化汞主要包括 $HgCl_2$、$HgBr_2$ 等二价汞化合物和极少量的二价有机汞。受限于当前检测手段，气态氧化汞的形态尚不完全清楚。大气中的汞经过沉降进入生态系统中，可进一步转化为毒性更大的甲基汞或二甲基汞。这些脂溶性化合物难以被生物代谢，因此可在食物链中被生物放大，越高级的消费者体内积累浓度越高。

人体汞暴露的途径主要有三条：一是食物摄入，该途径也是甲基汞富集最重要的途径；二是涉汞活动中的呼吸摄入，往往发生在职业暴露环境或者是大气汞浓度高的城市地区；三是化妆品等含汞产品的皮肤接触。汞的毒性极高，不同形态的汞都具有生物毒性。汞主要通过影响中枢神经系统危害人体健康，同时也影响循环系统、呼吸系统等。汞可以溶解于血清中，被传输送到大脑等中枢系统，导致神经中毒，也可以沉积在甲状腺、心肌、肾脏、肝脏、前列腺等各组织器官，导致功能障碍。汞以氯化汞的形式排出，排泄半衰期从几天到几个月不等，中枢神经等部分沉积的汞半衰期可以长达几年。甲基汞是有机汞的主要形态，易透过血脑屏障，进入大脑、肝脏、肾脏、胎盘与周围神经。甲基汞的排泄半衰期约 70 天。脑中的甲基汞可以转化成无机汞，牢固与含硫基（—SH）的大分子结合。汞的毒性机理复杂，但大部分研究认为，汞与含硫基的大分子结合是汞神经毒性的主要原因。汞可以干扰含硫分子的生物学功能，改变蛋白质构象，引发蛋白质功能和活性异常。这种异常会激发氧化应激，增加活性氧的积累，从而导致细胞损伤。汞中毒带来的氧化应激，还可以直接损伤线粒体，最终导致细胞死亡。此外，汞与硫基的结合，会抑制重要酶活性，抑制核酸和蛋白质的合成，抑制细胞修复和细胞周期机制。成人头发汞含量达到 $50\ \mu g/g$，血液汞含量达到 $0.4\ \mu g/g$，即可发生汞中毒。常见的汞中毒表现为记忆缺失、神经刺痛、肺部炎症、蛋白尿等急性疾病，也可以诱导视听下降、高血压、精子活性不足等慢性疾病。由此可见，汞污染具有四个主要特征：持久性、远距离传输、神经毒性、生物累积性。

二、汞污染的来源与特征

汞在陆地的丰度位居地壳元素含量排名第 60 位，基本与银相当，但远远低于元素周期表中同主族的锌或镉。汞在地壳中主要以朱砂矿的形式存在，部分汞以杂质的形式存在于煤炭或者金属矿石中。火山喷发等自然地质过程会将部分稳定存在于岩石圈的汞排放到大气中并参与全球循环。工业革命以来，人类生产和生活过程中将大量存在于矿石中的汞排放到大气中，导致全球汞负荷显著增加，造成全球性的汞污染问题。经测算，全球每年大气汞排放约为 7 800 t，其中 10% 来自自然源排放，30% 来自人为源排放，剩下 60% 来自历史沉降的再排放。全球排放的大气汞每年约有 3 600 t 汞沉降回陆地生态系统，主要分布在赤道附近，包括东南亚、亚马孙地区和中非地区。而更多的汞沉降到海洋，约 3 800 t。陆地也通过河流向海洋单向输送溶解态的汞，因此海洋成为全球汞污染最重要的汇（图 4-14）。

（一）环境汞污染的来源

全球环境汞污染主要来自化石燃料的燃烧、有色金属冶炼、水泥制造、小手工炼金、氯碱工业、城市垃圾和垃圾焚烧等人类生产生活过程。据估算，工业革命以来，人类活动向环境中累积排放的汞高达 75.5 万吨。其中，大约 43%、21% 和 21% 分别直接排放到大

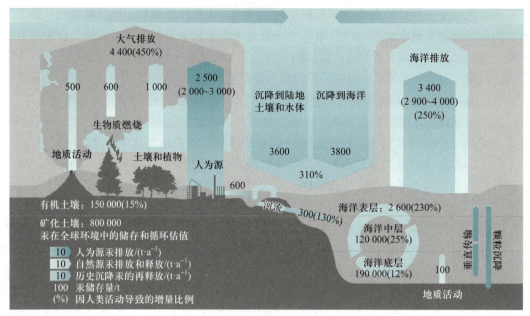

图 4-14　全球海陆汞循环

（UNEP 2018）

气、水体和土壤中，另有 14% 的汞被填埋。从趋势上看，全球环境汞排放在过去上百年内急剧上升，其主要排放源和排放地区发生了显著的变化（图 4-15）。1850—1920 年间"淘金热"的兴起使得金银矿开采和冶炼相关的汞排放占比高达 90%，主要集中在北美、拉丁美洲、欧洲等地区。1920—1950 年间，第二次世界大战的军备需要促进了化学品制造和大型金矿开采，造成了大量的汞排放，主要集中在北美、欧洲、非洲和亚洲。1950—1990 年间，第二次世界大战后世界产业格局再次变化，汞排放主要来自氢氧化钠生产、电子产品生产、废物焚烧、各类金属矿产冶炼等新兴产业，排放集中在北美、欧洲、亚洲和非洲。1990 年之后，由于环境管理的普及，欧美大型工业生产的大气汞排放逐步降低；然而，发展中国家由于经济发展的需要，煤炭使用带来的汞排放占据主要地位。此期间汞排放主要集中在亚洲的发展中国家、非洲、南美洲以及持续使用煤炭的大洋洲和北美发达地区。

据《全球汞评估报告 2018》的估计，2015 年全球人为源大气汞排放为 2 220 t，其中 1/3 来自手工炼金，随后是煤炭燃烧、水泥生产等。全球向水体排放的汞为 1 800 t，其中

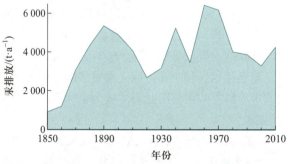

图 4-15　1850—2010 年全球人为活动向环境排放的汞

（Horowitz 等，2014）

约 2/3 来自手工炼金的排放，随后是来自废物和废水处理、原矿采选和能源部分的排放。不管是大气还是水体排放，手工炼金的汞排放都是最主要的排放源，主要集中在南美、东亚、东南亚及撒哈拉以南的非洲。但需要指出的是，手工炼金的排放相对其他的排放来说有很大的不确定性。

（二）大气汞污染的特征

汞在常温下的蒸气压为 1.84×10^{-3} mmHg，在大气中能以气态单质的形式存在，因此大气是汞的重要储存介质。大气中的汞主要以单质汞（Hg^0）和氧化态汞（Hg^{II}）的形式存在，Hg^0 通常占大气总汞的 95% 以上。自 1970 年以来，国际上开始对大气汞进行观测。迄今，全球范围内已有多个观测站开展了长期的大气汞观测，并形成了北美汞观测网络和全球汞观测网络。全球大气汞观测网络的观测结果显示，北半球大气汞背景点的浓度为 $1.50 \sim 1.70$ ng/m^3，南半球的大气汞背景点浓度为 $0.90 \sim 1.10$ ng/m^3。北美大气汞观测网络中城市和背景地区的分形态汞观测结果，大气汞的浓度范围为 $1.32 \sim 2.02$ ng/m^3。在东亚地区，东京、首尔等城市的大气汞浓度在 $2.20 \sim 4.40$ ng/m^3，而绿林山、Cape Hedo 等东亚背景点的大气汞浓度为 $1.60 \sim 1.80$ ng/m^3，这显示东亚地区的总汞浓度要显著高于欧洲和北美（表 4-11）。

表 4-11　全球观测点大气汞浓度

观测点	地区	时间	大气总汞 / （ng·m^{-3}）	参考文献
上海崇明，中国	偏远	2016.3—2016.12	1.60 ± 0.56	Tang 等，2018
北京，中国	城市	2018.1—2018.12	2.72	Wu 等，2020
合肥，中国	城市	2013.7—2014.7	3.98 ± 1.93	Hong 等，2016
北京，中国	城市	2015.9—2016.7	4.80 ± 3.53	Zhang 等，2019
上海崇明，中国	偏远	2009.9—2012.4	2.67 ± 1.73	Zhang 等，2017
上海，中国	郊区	2015.6—2016.5	2.91	Qin 等，2019
厦门，中国	城市	2012.3—2013.2	3.74	Xu 等，2015
珠峰站，中国	偏远	2016.4—2016.8	1.48 ± 0.36	Lin 等，2019
瓦里关，中国	偏远	2007.9—2008.9	2.00 ± 0.98	Fu 等，2012
南海，中国	偏远	2015.9	1.53 ± 0.32	Wang 等，2019
富贵角，中国台湾	偏远	2017.10—2018.9	2.64 ± 6.47	Sheu 等，2019
边户岬，日本	偏远	2007.10—2018.12	1.84 ± 0.43	Marumoto 等，2019
Pic du Midi，法国	偏远	2011.11—2012.11	1.90	Fu 等，2016
Yongheung，韩国	郊区	2013.1—2014.8	2.82 ± 1.1	Lee 等，2016
Rochester，美国	城市	2008.1—2010.12	1.58 ± 36	
Dexter，美国	郊区	2008.1—2010.12	1.60 ± 0.59	Udaysankar 等，2012
Atlanta，美国	郊区	2007.1—2008.12	1.36 ± 0.17	
Patagonia，阿根廷	偏远	2012.10—2017.7	0.87 ± 0.16	Diéguez 等，2019

中国大气汞背景值观测主要位于长白山、贡嘎山、瓦里关山、哀牢山、纳木错、香格里拉、珠穆朗玛峰等。城市地区大气汞观测主要分布在北京、上海、南京、贵阳等经济发达或汞污染严重的区域。近年来，随着中国《大气污染防治行动计划》和《打赢蓝天保卫战三年行动计划》等系列措施的实施，部分地区的大气汞浓度显著下降。上海崇明的观测数据显示，该地区大气汞浓度从 2014 年的（2.68 ± 1.07）ng·m^{-3} 下降到（1.60 ± 0.56）ng·m^{-3}，下降速率高达（-0.60 ± 0.08）ng·m^{-3}·a^{-1}。北京地区的研究表明，大气汞排放的下降贡献了大气汞浓度下降的 50% 以上。

汞在大气中的行为主要包括来源排放、物理化学转化、大气传输和大气沉降，其中大气沉降是连接大气和地表生态系统的主要途径。根据沉降方式不同，大气汞沉降可分为干沉降和湿沉降，其中湿沉降主要参与物种为气态氧化汞，而干沉降的过程单质气态汞和气态氧化汞均有充分参与。根据模型估计，全球大部分站点的大气汞干沉降的贡献都高于湿沉降（最高达 4.8 倍）。全球范围内大气汞沉降量为 7 400 t/a，其中陆地生态系统的沉降量约为 3 600 t/a，而 66% 的大气汞是以气态氧化汞的形式沉降到陆地和海洋生态系统中。受大气环流、排放分布和传输距离等的影响，当前大气汞沉降主要集中在北美 50°N 以南地区、欧洲、除青藏高原地区外的东亚、南亚、东南亚、东非和南美洲。此外，大气汞沉降的分布也受到降雨和大气环流的影响。赤道附近上升气流带来的强降雨，以及由副热带高气压带吹向赤道低气压带的定向风使得赤道穿越的印度洋、太平洋地区具有较强汞沉降。除赤道外，副热带高气压带向副极地低气压带的西风传输，也导致两极海岸地区具有较强汞沉降。

（三）水体汞污染的特征

一般来说未受人为源污染的天然水体的汞含量低于 5 ng/L，其中甲基汞含量为总汞的千分之一至百分之一。世界卫生组织规定饮用水总汞的浓度上限为 1 000 ng/L，这个含量对应中国水质标准五类水标准，而一二类水体标准要求总汞含量不能高于 50 ng/L。水体汞污染既来自大气沉降也来源于周边点源排放，如小手工炼金、化工厂和废物处理等人类活动。一些靠近污染点源的水体汞浓度可以超出国标五类水限值一千倍。这些水体中的汞可以随着河流定向迁移，污染下游几十到几百公里之外的生态系统。而值得注意的是，由于甲基汞的高富集性，即使在一些远离排放源的、汞含量低的水域，这些水域依然可能产出高汞水产品。这个富集过程与水产品的食物链条长短及水体富营养化程度等均有关联，因此水体的汞含量高低并不是决定水产品中汞含量的唯一因素。

一些汞随着河流传输最终进入海洋。河流传输的汞被认为是近岸海洋地区最大的汞输入来源。全球范围对近海汞输入贡献最大的河流是亚马孙河（22%），之后是恒河（11%）和长江（5%）。最新的研究估算了这些通过河流传输到海洋的汞通量高达 1 000（893 ~ 1 224）t/a，其中甲基汞 9 656（8 405 ~ 11 350）kg/a。这些河流传输的汞和大气沉降的汞（3 800 t）构成了海洋中汞的主要来源。现阶段，海洋中的汞存量达到 31.3 万吨，其中 99% 储存于深海。因此，海洋是全球汞排放最重要的汇。海洋中贮存的汞大约 2/3 来自 16—19 世纪期间金银冶炼的汞排放，剩下的 1/3 则来自 20 世纪至今的煤炭和其他工业活动的大气汞排放。

（四）沉积物污染特征

全球传输的汞沉降到各地的冰川、湖泊、海洋底泥等自然沉积物的表面，并随着沉积物的自然增长保存了下来。通过分析这些分布在世界各地的沉积物中的汞沉降，可以重现各地汞沉降的历史。北美和欧洲由于经济发展和"淘金热"，其汞污染始于1850年前后，并且在1960年前后达到顶峰，随后由于环保政策的影响，对应的汞沉降量随着当地大气汞排放的下降逐渐降低。对比之下，东亚、非洲和大洋洲等地，由于经济发展和对煤炭能源的依赖，自1900年之后，每年的汞沉降量持续增长至今日。此外，在人类活动较少的两极地区及青藏高原地区，汞的沉降量也在持续增加，增速也未曾减缓。这些自然记录的证据说明，全球汞排放并未缓解，只是主要排放地点从发达国家转移到了发展中国家，并且来自历史沉降累积的汞的再排放，可能会抵消现阶段对汞污染治理的效果。

需要注意的是，汞在自然环境沉积物中的累积量并不完全等同于大气沉降量。这主要是因为汞在沉降到陆地海洋环境后还会经历一系列包括氧化还原、逃逸、吸附等在内的沉降过程。这些过程还受气候变化、飞禽和海洋生物等的干扰。因此，一些特定自然环境中（如湖泊底泥、海洋底泥）的汞沉积量会比沉降在环境介质表面（如湖面和海面）的大气沉降量还要高，造成更严重的生态环境和健康危害。

三、应对汞污染的全球行动

（一）控制人为源汞排放的途径

汞随矿石进入人类活动中后难以直接消除，随着人类的生产生活的进行发生不同介质间的迁移，并最终排放到环境中。以煤炭中汞的流向为例，煤炭中的汞经过开采，首先进入洗煤选煤环节，一部分流入洗精煤，进入后续燃煤过程，另一部分则在该环节进入洗煤废水和洗煤副产品——煤矸石、中煤。在燃煤过程中，汞又会分流，大部分的汞排放到大气中，剩余的汞则被末端污控设置捕捉，流向燃煤副产品——脱硫石膏和煤粉灰。这些副产品还会经过固废处置，或者进入水泥窑实施固废共处置，产生新的排放，或者经过墙板制造、路基等稳定化工艺，固定在产品中。因此，为避免汞污染控制的跨介质转移，需要采用全生命周期的方法开展人为源汞排放的控制。

对于汞全生命周期的控制，第一环节是源头控制。公约提出全球汞的五大排放源为燃煤电厂、燃煤工业锅炉、有色金属冶炼、水泥熟料生产、废物燃烧。这些排放源所产生的汞主要来自含有汞的燃料/原料，并非企业生产有意使用的物质。公约提出BAT/BEP指南，希望缔约方通过清洁能源替代、再生金属生产替代等方式减少矿石资源的消耗，通过洗煤、选矿等措施减少燃料/原料中伴生汞的含量，通过选择使用低汞煤或低汞原料减少汞的输入等。此外，公约希望缔约方可以减少有意用汞。通过限制添汞产品的生产、贸易，从源头上减少汞在日常产品，如电池、荧光灯、体温计中的含量。通过鼓励工艺迭代，减少落后行业的使用汞催化剂的工艺，从而减少工艺过程中的汞输入。通过要求履约国提交手工及小规模炼金国家行动计划，逐步减少汞在该行业的利用。

工艺过程和末端污控控制，是汞全生命周期控制的第二环节。公约在BAT/BEP指南中，对重点行业都提出了可行的控制措施。以燃煤为例，燃烧过程的控制是通过改变优化燃烧和在炉膛中喷入添加剂氧化吸附等方式，结合后续设施加以控制。通过改进燃烧方式，在降低 NO_x 的同时，抑制一部分汞的排放，流化床燃烧方式在降低 NO_x 排放的同时可以降低烟气中汞及其他微量重金属的排放。主要包括：循环流化床技术、低氮燃烧技术、炉膛喷吸附剂技术、添加氧化剂技术。末端污染控制措施同样重要，燃煤现有的脱硝装置、除尘器和脱硫装置组合，可以对烟气中的汞具有一定的去除作用，同时实现硫、氮、颗粒物等多污染物联合脱除。烟气脱硝装置可以促进烟气中零价汞的氧化，以颗粒态形式存在的汞在经过电除尘器、电袋复合除尘或袋式除尘器时可以被去除，气态氧化汞易溶于湿法脱硫浆液中而被去除。湿式电除尘器、烟气循环流化床脱硫等烟气治理设施对汞及其化合物均有一定的脱除效果。燃煤行业同样可以采取如燃煤烟气采用的改性 SCR 催化剂汞氧化技术、除尘器前喷射吸附剂（如活性炭、改性飞灰、其他多孔材料等）、脱硫塔内添加稳定剂、脱硫废水中加络合（螯合）剂等专门脱汞技术，最高去除率可以达到 99%。

汞废物的管控，是全生命周期管控的第三环节。汞废物的环境无害化处理，可以实现汞的回收、再生或直接再利用，一方面进一步促进源头减汞，另一方面减少固废处置环节造成的新的排放、释放和污染。汞废物的处置，和《巴塞尔公约》存在关联性。因此，公约希望相关机构密切合作，同时鼓励缔约国相互合作，并与相关政府间组织及其他实体合作，开发并保持全球、区域和国家对汞废物实行环境无害化管理的能力。

（二）控制人为源汞排放的国际行动

联合国环境规划署于 2002 年完成了第一次《全球汞评估报告》，指出人为活动汞排放的全球性危害。随后在 2003 年，首次提出尽快在国家、区域和全球采取行动管制汞污染。自此，汞污染问题从学术问题上升到政策问题，登上国际舞台。2005 年，在第 23 届联合国环境规划署理事会会议上，来自 140 个国家的部长一致同意采取自愿步骤减少汞排放。2007 年，联合国环境规划署理事会设立汞问题不限成员名额特设工作组，并召开了 2 次不限名额特设工作组会议。2009 年，在第 25 届联合国环境规划署理事会会议上，各国达成一致，决定在 2010—2013 年期间召开 5 次政府间谈判委员会，以达成全球具有法律约束力的文书。2013 年 10 月，世界各国经过多轮政府间谈判，正式通过了《关于汞的水俣公约》（以下简称公约），以有效遏制汞的使用、释放和排放。2017 年 8 月 16 日，公约正式生效。

《关于汞的水俣公约》包含 35 个条款和 5 个附件，从开采、贸易、使用、排放与释放、废物处置等各个方面进行全过程管控。公约具有强制性、时限性、开放性三个特点。公约规定，自公约生效后，立即禁止新建汞矿，在 15 年内关闭现有汞矿。针对不同国家，公约规定了不同的策略。如小规模手工炼金行业，先进国家需要规定具有法律约束力的强制性措施，而一些欠发达国家可以采取自愿性措施，制定国家行动计划，逐步减少汞污染。中国积极进行公约履约。按照公约时间表（图 4-16），在 2017 年公约生效后，中国提出即日起禁止开采新的原生汞矿，遵守公约的进出口管理要求，并禁止新建乙醛、氯乙烯单体的生产工艺使用汞催化剂。在 2019 年，中国禁止使用汞催化剂生产乙醛。在 2020 年，中国氯乙烯单体用汞量较 2010 年减少 50%。在 2020 年，中国需要提交手工及小规模炼金国家行动计划和大气汞排放控制国家计划。在 2022 年，中国需要建立并提交大气汞排放清单，并在 2023 年进行第一次汞公约履约的成效评估。在 2032 年，中国需要禁止所有的原生汞矿开采活动。

图 4-16 《关于汞的水俣公约》时间表

2015 年 12 月，各国在《巴黎协定》中承诺，把全球平均气温上升控制在较工业化前不超过 2 ℃，并争取控制在 1.5 ℃之内，并在 2050—2100 年实现全球"碳中和"目标，即温室气体的排放与吸收之间的平衡。应对气候变化，同时会对汞污染防治带来协同效果。例如，减少煤炭的利用，不仅可以减少二氧化碳的排放，也会减少燃煤过程带来的汞排放。加大利用再生金属比例，不仅可以减少金属冶炼的能源消费，也会减少原生金属冶炼带来的汞释放。未来汞污染的治理，不仅需要关注汞污染控制的策略，也需要结合"双碳"方针，实现"零碳社会"和"无汞社会"的协同治理。

1. 请你谈谈中国需要应对哪些方面的全球环境问题。

2. 平流层和对流层的物理化学特征有什么异同？

3. 请你分析导致气候变化可能的人为原因和自然原因。

4. 持久性有机污染物为什么能够远距离传输？

5. 你认为生物多样性的价值是什么？

6. 汞污染为什么是个全球性的问题？为什么要对汞进行全流程管理？

[1] UNEP. Global Mercury Assessment [R]. 2018, 2019.

[2] Tang Y, Wang S X, Wu Q R, et al. Recent decrease trend of atmospheric mercury concentrations in East China: the influence of anthropogenic emissions [J]. Atmospheric Chemistry and Physics, 2018, 18 (11): 8279-8291.

[3] 联合国政府间气候变化专门委员会（IPCC）. 气候变化 2021：自然科学基础 [R]. 2021.

[4] 联合国环境规划署，世界气象组织. 臭氧层耗损科学评估报告 2022 [R]. 2022.

[5] 联合国环境规划署秘书长. 平流层臭氧损耗、紫外线辐射及其与气候变化相互作用的环境影响

〔R〕. 2022.

　　〔6〕联合国《生物多样性公约》〔Z〕. 1992.

　　〔7〕国家环境保护局. 中国生物多样性国情研究报告〔R〕. 北京：中国环境科学出版社，1998.

　　〔8〕《生物多样性公约》第十五次缔约方大会（COP15）《昆明宣言》〔R〕. 2022.

　　〔9〕Carson R. Silent spring〔M〕. Boston：Houghton Mifflin Company，1962.

　　〔10〕联合国环境规划署. 关于持久性有机污染物的斯德哥尔摩公约〔Z〕. 2001.

中篇

可持续发展理论及进展

工业革命以来，特别是 20 世纪中叶开始显现的资源、生态与环境问题，使地球和人类遭受了极大的伤害及威胁，人们开始进行了严肃的思考。大批有识之士在长达数十年的研究与争论后，终于觉悟到问题出在发展模式上，可持续发展的全新概念被提到了人类发展的进程中来。

本篇首先介绍可持续发展战略的由来，阐述可持续发展的起点和演化过程，通过介绍具有里程碑意义的书籍、人类历史划时代重要会议及对全球带来重大影响的行动方案，展现可持续发展的演进过程（第五章）；通过对可持续发展的基本原则、可持续发展范式及可持续发展的影响因素的阐述与分析，介绍可持续发展的基本理论（第六章）；介绍可持续发展指标体系的理论技术，实现可持续发展战略的度量（第七章）。

可持续发展战略的实施需要采用法治、政策、科技、工程等一系列措施，但一切措施的实践都离不开人，都必然依赖人的价值观念和思想方法，环境伦理学就是可持续发展战略催生的一门新学科。可以毫不夸张地说，环境伦理学是可持续发展战略的思想基础和认识基础，本篇将设两章介绍环境伦理观的意义与发展（第八章）、环境伦理与人类行为方式（第九章）。

生态文明以尊重自然、顺应自然和保护自然为前提，实现人与自然、人与人、人与社会和谐共生，形成节约资源和保护环境的空间格局、产业结构、生产方式的经济社会发展形态，是我国实施可持续发展战略的重要体现，本篇还围绕生态文明的提出、产生发展等进行阐述（第十章）。

第五章　可持续发展战略的由来与实质

【导读】人类历史进入 20 世纪中叶，随着全球环境污染的日趋加重，种种始料不及的环境和资源问题一次次破灭了单纯追求经济增长的美好神话，系统的可持续发展思想在环境与发展的激烈博弈中逐步形成并走向成熟。本章主要介绍可持续发展这一概念的逻辑起点和演化过程。它通过三本在世界范围内具有里程碑意义的书、三次人类历史划时代的重要会议，以及三个对全球带来重大影响的行动方案，阐述了可持续发展产生的历史背景和演进脉络。对环境问题如何纳入世界各国政府和国际政治的事务议程、可持续发展如何从概念推向行动、可持续发展的战略蓝图和行动纲领，以及经济、社会与资源环境相互关联的全球可持续发展目标体系等相关内容进行了简要论述，以期读者对可持续发展战略和历程有较为清晰的了解与认知。

第一节　对传统行为和观念的早期反思

20 世纪 50 年代末，美国海洋生物学家蕾切尔·卡逊（Rachel Carson，1907—1964）在潜心研究美国使用杀虫剂所产生的显现和潜在的种种环境危害之后，于 1962 年发表了环境保护科普著作《寂静的春天》。当时，包括美国在内的一些发达国家已经出现了许多形式各异的环境污染问题，但无论是专家学者还是政府的决策者，均未对此有清晰的认知并给予足够的关注。《寂静的春天》的问世，敲响了人类由于破坏环境而将必遭大自然惩罚的警世之钟，蕾切尔·卡逊的思想开始引发了人们对传统行为和观念的批判与反思。

一、第一声呐喊的前奏

20 世纪中叶，人们为了获取更多的粮食，研制了多种化学药物，用于杀死昆虫、野草和啮齿动物。其中，以 DDT 为代表的有机氯化物被广泛使用在生产和生活中。DDT 是一种合成的有机杀虫剂，它是第二次世界大战军事医学研究发展的结果。其作为多种昆虫的接触性毒剂，具有很高的毒效，尤其适用于扑灭传播疟疾的蚊子。在农业生产中，DDT 作为一种高效农药，能够杀死大量的农业害虫，使农作物产量在短期内大幅度提高，DDT 因此在世界范围内得到广泛应用。

然而，DDT 等化学药品是双刃剑。正当人们津津乐道 DDT 的神奇功效时，其负面作用对自然生态系统可能带来的灾难性后果也悄悄向人们走来。那些被大量撒向农田和园林的有毒化学药品累积于土壤和河流之中，毒素在生物链的作用下不断传递、迁移、转化和富集，悄然无息地伤害着动植物和人群。毋庸置疑，人类这种过度使用化学药品的行为，无异于饮鸩止渴。遗憾的是，政府和有关机构包括许多专家学者对此并未给予足够的关注，而化学工业界结成的利益联盟，更是着力粉饰杀虫剂的神奇和力量，从而淡化那些隐含着的深刻且难以估量的负面影响。

作为一位生物学家，蕾切尔·卡逊根据当时美国使用 DDT 而产生危害的种种迹象，以敏锐的眼光和深刻的洞察力预感到滥用杀虫剂问题的严重后果。她历经几年艰苦的调查和研究，最终以其科学独到的分析和雄辩的观点，以及惊人的胆魄和勇气写下了《寂静的春天》，勇开先河地就环境污染问题向世界发出了振聋发聩的呼喊。对此，她这样说道：已经到了必须写一本书的时候，人类在地球上肆意妄为——我们在这条路上走得太远了。虽然人们已经对某些问题有所意识，但是有些重大观念还有待澄清，各种事件有待放在一起综合考虑。假设我不写这本书，我相信别人也会写。但我所了解的事实驱使我尽快指明这些问题，引起公众的注意。正如卡逊所期望，该书关于杀虫剂危害人类环境的惊世骇俗的科学预言，强烈震撼了社会广大民众。也正是这本书，成了当时正在美国开始出现的环境运动的奠基石之一，并且在使人们由国家公园式的自然保护向关注环境污染的重大转变中，发挥了极其重要的作用。

二、《寂静的春天》展开的忧患图卷

《寂静的春天》以明天的寓言开篇。它虚拟了一个城镇在春天里所发生的故事。一个本该尽享莺歌燕舞、生机勃勃的美好春天的美国城镇，突然被一片死亡的阴影所笼罩：神秘莫测的疾病袭击了成群的小鸡，牲畜纷纷病倒和死亡，许多人也开始患病，出现一些难以解释的死亡现象。林中没有了飞鸟，游鱼在河塘绝迹，昆虫葬身于枯萎的草丛，动物在凋败的植物间消亡。一个死寂的春天出现在人类文明高度发达的明天。而带来这一灭顶之灾的罪魁祸首不是魔法，也不是敌对势力的破坏，一切皆源于人们对 DDT 等有机农药的大量使用。卡逊继而发出醒世警言：如果人们再不醒悟过来，无论是在美国还是在世界其他地方，明天的悲剧必将变为残酷的现实。

该书指出，地球上的生物经过漫长的历史演化才与环境达到平衡，但人类现在正在改变世界的本质，源源不断制造出自然界原本没有的东西，既改变了生物的存在，也改变了人们的生存环境。卡逊认为，与人类被核战争毁灭的可能性同时存在的，就是化学药物对人类整个环境的污染。这类物质随着杀虫剂、除草剂等的滥用进入空气、土地、河流、大海，以及生物组织内，并在一个引起中毒和死亡的环链中不断传递和迁移。在地球上，水、土壤和由植物构成的大地绿色斗篷组成了支持动物生存的世界，遗憾的是现代人很少正视这个事实，整个生态系统包括水、土壤和植物等的灾难也就在人类的漠视中悄然产生。随之该书展开了这样一幅图卷：

在生命之源的水体中，随着新型有机杀虫剂的广泛使用，当其大量进入河流、湖泊时，水体生物不可避免地遭到摧残。人们已从大部分重要水系甚至地下水的潜流中检测到了这些药物，它们对整个水体带来的那些人们还知之甚少且无法测定的污染，其影响程度极有可能更具强大的毁灭性。其实，世界上众多的人口正在体验或将面临淡水严重不足的威胁，而可悲的是，人类似乎既忘记了自己的起源，又无视维持生存的最起码需求。也正因为如此，水资源的污染和破坏日趋严重，它就和其他许多资源一道变成了人类急功近利的牺牲品。

与水体的情形一样，在土壤王国，一幅源于杀虫剂对土壤影响的图像正在慢慢展现。杀虫剂在杀死损害庄稼、树木的害虫幼体和一些菌类时，也同时殃及分解有机质的虫子，并伤害另一些在根部帮助树木从土壤中吸收养分的菌类，然而正是这些生命体的活动，才使得土壤能给大地披上绿色的外衣，维持着人类和大地上各种动物的生存。经检测，即使在数十年前施用过化学药物的土壤里仍残存余毒，有关化学药物危害土壤的充分证据正在逐步积累。

至于人类对待植物的态度和认知，也显得异常粗暴和狭隘。人们往往根据自身的需求主宰某种植物的存亡，而被毁坏的植物必定连同其他物种（包括有益的昆虫、鸟类和野生动物）一道受损甚至消亡。在这种环境下，不到20年的时间，合成杀虫剂就已经传遍动物界及非动物界，最终酿成难以幸免的天灾，使鸟类、鱼类、哺乳动物，以及各种类型的野生动物直接受到伤害。对于这些在生态系统做出重大贡献并须臾不可或缺的生物，人类却用冷酷和令人毛骨悚然的死亡来酬谢它们。

对人类自身而言，每个人从胎儿、出生直到死亡，都必然通过各种途径与危险化学药物接触，在食物链的作用下，这些化学物在人体中富集，破坏肝、肾等的功能，并使神经系统受损，尤其是作为致癌物质，农药已成为人类死于癌症的第一重要诱因。人们不得不看到这样一种现实，为了能暂时消灭几类昆虫，人类竟然必须付出甚至生命的代价。更为可怕的是，杀虫剂等化学药物日益蔓延的污染，给人类投下了一片阴霾，而面对这片阴霾的笼罩，人们却难以估量和预测它的严重后果。

除此之外，具有讽刺意味的还有，由于药物的大量使用，在剿灭害虫的杀戮中，许多益虫难免被殃及甚至最终成了害虫的随葬品，而许多害虫却在反控制中产生了强大的抵抗力，几代之后，一个原先由昆虫的弱者和强者共同组成的混合群体，继而由一个具有强抗药性的昆虫种群所替代，也就是说，情形的发展与人们的愿望适得其反，人类的敌人——害虫恰恰是由于人类自身的反击变得更加强壮。

在书的最后一章，蕾切尔·卡逊向世人呼吁：现在，我们正站在两条道路的交叉口。这两条道路完全不一样，更与人们所熟悉的罗伯特·福罗斯特的诗歌中的道路迥然不同。我们长期来一直行驶的这条道路使人容易误认为是一条舒适的、平坦的超级公路，我们能在上面高速前进，可实际上，在这条路的终点却有灾难在等待着我们。而另一条道路，一条人迹罕至的岔路，却为我们提供了保住地球的最后唯一的机会。

三、卡逊思想的力量和影响

在历史的长河中，人类经过了对自然既顶礼膜拜又不断抗争的漫长历史阶段之后，通过工业革命，铸就了驾驭和征服自然的现代科学技术之剑，从而一跃成为大自然的主宰。多少年来，从没有人怀疑人类肆意改造、控制大自然的意识和行为的正确性，而蕾切尔·卡逊却第一次对此提出了大胆的挑战和质疑，从而将20世纪人类社会的一个重要课题——环境污染问题严肃地展示在世人面前。《寂静的春天》最终以其不寂静的声音和惊世骇俗的思想观念，催生了环境保护运动的春天，并孕育出现代环境保护的土壤和萌芽。正如前美国副总统阿尔·戈尔所说：《寂静的春天》犹如旷野中的一声呐喊，用它深切的感受、全面的研究和雄辩的论点改变了历史的进程。如果没有这本书，环境运动也许会被延误很长时间。毫不夸张地说，她惊醒的不是一个国家，而是整个世界。

如同科学技术的突飞猛进一样，20世纪后半叶也是人类思想发展史上成就辉煌的时代，而在所有出现的新思想、新观念中，最具代表性之一的就是全球环保意识的迅速觉醒。《寂静的春天》启蒙人类环境意识，以及为现代环境保护思想和观点做出的开创性贡献，主要体现在以下几个方面。

在生态观方面，强调自然生态系统是一个普遍联系的有机整体。在自然界没有任何孤立存在的东西，正是依赖生物数量间巧妙的平衡，自然界才能生生不息源远流长。人类只是因为一时有害于自身的需求就蔑视大自然的规律和威力，对某一种生物予以灭绝，这本身就是人类狂妄自大而表现出的愚蠢。如果不能意识到这一点，巧妙的自然平衡将遭到威胁，生物界的生态功能也将遭到破坏。

在技术观方面，呼吁人类在使用科学技术干涉自然系统时必须慎而又慎。在工业化过程中，科学的发展、技术的进步使得人类可以肆意征服自然，这一做法恰恰有可能破坏人类赖以生存的物质基础。人们应当对科技应用的负面性给予高度重视，必须充分认识到破坏自然绝对不是进步所不可避免的代价。对由于科技造成的对自然界的伤害人们不能视而不见，更不能为了既得利益刻意去掩盖事实，尤其是必须改变工业化对待大自然不负责任的基本态度和政策。

在道德观方面，提出尊重自然是人类社会最基本的道德准则。在人类社会的所有关系中，最重要的是人类同生命系统的关系。自然界是人类生存的基本条件，人本身也是自然界不可分割的一部分，而当人们在对自然界骄傲地宣战时，却恰恰忽视了这一点。卡逊认为，当人类对自然界大肆索取而不加节制的时候，人类只能悲哀地沦为自身欲望的奴隶。她至诚期盼人类务必与自然和谐相处，尊重自然，尊重生命，为了自然生灵，也为了人类自身的生存与发展。

一个正确的科学思想，往往具有人们难以想象的推动历史进步的强大力量。正因为如此，蕾切尔·卡逊思想的影响力，远远超过了《寂静的春天》本身所关注的那些问题。她在用罗伯特·福罗斯特的著名诗句结束《寂静的春天》时提到，另外的道路为我们提供了保护地球的最后唯一的机会，而这条"另外的道路"究竟什么样，《寂静的春天》没能确切告诉我们，但作为环境保护的先行者，卡逊的思想以及她所揭示的真理，引发了人类对自身的传统观念和行为进行理性的反思。

第二节　引起全球思考的"严肃忧虑"

《寂静的春天》发表后的10年间，全球的经济社会格局乃至生态环境状况均发生了深刻变化。1972年，罗马俱乐部（The Club of Rome）通过深入探讨和研究，将一份研究报告——《增长的极限》公之于世。报告对长期流行于西方的高增长理论和越来越显现的环境等问题进行了深刻反思，着力从人口增长、粮食生产、资源消耗、工业发展和环境污染几个方面阐述人类产业革命以来，传统经济增长模式给地球和人类自身带来的危害，有力地证明这一模式不但使人类与自然处于尖锐的矛盾之中，并将长期受到自然的报复，全球的经济增长也将会因为粮食短缺和环境破坏等于未来某个时段内达到极限。该报告引发了全球对传统发展模式和资源环境问题的严肃忧虑，极大地推动了日后可持续发展理论的形成和发展。

一、罗马俱乐部与其雄心勃勃的研究计划

1968 年 4 月，来自十几个国家的几十位科学家、经济学家、企业家等专家学者会聚在罗马山猫科学院，成立了日后极富影响的罗马俱乐部。罗马俱乐部是一个非正式的国际协会，俱乐部的成员基于彼此共同的信念聚集在一起。他们认为，当今世界，人类正面临着复杂且相互联系的各种重大问题，对于这些问题，传统的制度和政策不仅不能应对，甚至难以把握好它们的基本内容。因此，该俱乐部的宗旨和目标是，关注、探讨与研究人类共同面临的重大问题，使国际社会包括制定政策的人们和公众，对人类困境包括经济的、社会的、自然的和政治的诸多复杂问题有更深入的理解，并提出应该采取并能扭转不利局面的新态度、新政策和新制度。

为了实现这一雄心勃勃的目标，罗马俱乐部成立伊始，就决定实施对人类困境的开创性研究计划。其基本考虑是，探讨给人类和所有国家造成不安的复杂问题，如发展的制约、环境的退化、传统价值的遗弃、贫穷和就业的无保障，以及通货膨胀、金融和经济混乱等。这些由俱乐部称为世界性的问题，均有显著的共同特征，即这些问题已经出现在一切社会，只不过存在程度上的差异，所有问题都包含了经济的、社会的、技术的和政治的诸多因素，而且更重要的是它们相互掣肘、相互作用。俱乐部理解到，当今人类的困境在于，人类尽管具有很多知识和技能，能够看到显现的问题，但却不能理解问题及其许多组成部分的起源、意义和相互关系，因此不可能对问题做出有效的反应。其原因就是，人们在考察问题的某一部分时，不理解这一部分仅仅是问题整体的一个方面，也不理解一个因素会导致其他因素的变化。

基于这一认识，1970 年夏，罗马俱乐部确定了对人类困境的研究计划第一阶段所采取的形式，并提出了一个世界模型，模型容纳了识别人类困境的许多部分，并为分析最为重要的组成部分的行为和关系提供了一种方法。受俱乐部的委托，以美国麻省理工学院丹尼斯·米都斯（Dennis. L. Meadows）教授为首的研究小组，选择了人口增长、农业生产、自然资源、工业生产、环境污染这五个决定和限制全球增长的基本因素，以 1900—1970 年的历史数据为依据，采用系统动力学模型开始对世界困境进行研究，经过艰苦而富有开创性的工作，完成了研究报告——《增长的极限》。这是罗马俱乐部成立后的第一份研究成果，由于正当在许多工业国家陶醉于战后经济快速增长的喜悦之时，该报告却严肃地指出人类困境的重大问题，并预言地球的支撑力将会达到极限，经济增长将发生不可控制的衰退，《增长的极限》甫一发表，就在国际社会特别是在学术界引起了强烈震动和巨大反响。

二、世界模型中人类困境的阴霾

《增长的极限》的副书名为：罗马俱乐部关于人类困境的报告，其主旨从中一目了然。全书分为指数增长的本质、指数增长的极限、世界系统中的增长、技术和增长的极限，以及全球均衡状态五部分。它以其对人口增长、环境污染、资源耗竭等人类困境的深入研究，第一次向世人展示了在一个有限的星球上无止境地追求增长所带来的严重后果，其主要内容和论点如下。

1. 世界人口和工业产量的超指数增长将给世界的物质支撑施加巨大压力

一般认为，增长是一个线性的过程，而当一个量在一个既定的时间周期中，其百分比增长是一个常量时，这个量就显示出指数增长。这种指数增长，对于包括生物系统、财政系统等在内的世界上其他许多系统来说，都是一种共同的过程。指数增长能很快产生巨大的数量，并可突然地接近一个固定的极限。系统动力学模型表明，任何按指数增长的量，均以某种方式包含了一种正反馈回路。正反馈回路有时被称为"恶性循环"，在该回路中，因果关系的链条本身是封闭的，以致增加回路中的任何一个因素，都会引起一系列变化，结果会使得最初变化的因素增加得更大。从人口增长情况看，1650 年全球人口数量大约是 5 亿，增长率约为每年 0.3%，也就是说，将近 250 年翻一番；1970 年全球人口总量是 36 亿，增长率为每年 3.1%，按这个增长率相当于 33 年翻一番。因此可以说，我们这个星球的人口增长已经超指数了，而且人口曲线比严格按指数的增长上升得更快。研究还表明，工业产量甚至是比人口增长得更快的另一个数量。所有这些必然考验着地球为人口和经济增长提供物质的支撑能力究竟有多大。

2. 按指数增长的粮食、资源需求和污染会使经济增长达到某一个极限

人类对粮食的需求按指数增长直接起源于决定人口增长的正反馈回路。预测将来粮食供应除取决于土地和淡水外，也取决于农业投资，而农业投资又取决于该系统中的资本投资正反馈回路。有助于资本储备的是不可再生资源，也就是说，将来扩大粮食生产在很大程度上要依赖可以获取的不可再生资源。资源消费率增长的规律告诉人们，从现在起大多数很重要的不可再生资源在 100 年中会极其昂贵。一旦人口和经济增长的正反馈回路产生更多的人口和资源需求，系统就会被推向它的极限——耗尽地球上不可再生的资源。随着资源的消耗和废弃物排放的增加，污染就自然成了另一个按指数增长的量。从资源指数增长曲线看，最终可达到一个上限，如可耕地总量或者在地球上可以经济地得到的资源总量。但对于环境污染的判断就不是这样了。因为人们并不知道人类对自然生态可以扰乱到什么程度而没有严重后果，也不知道可以释放多少 CO_2 等污染物而不引起地球上气候的不可逆变化，当然也不了解动植物或人类在生命过程被严重地打断之前，可以吸收多少放射性、铅、汞或农药等有毒有害物质，所以人们难以为污染物质的指数增长曲线提出上限。可以做一个这样的估计，如果全球人口有像现在的美国人一样高的人均国内生产总值，那么环境的污染总负荷至少会是现在的 10 倍，人们不得不担忧，地球的自然系统能否支撑这种巨大的侵入。事实上，人们必须明白，目前我们的确不知道地球吸收污染能力的确切上限，但我们确实知道一定存在一个上限，而人数及其污染活动均按指数增长是达到上限

的最基本的途径。

3. 全球的人口和工业增长将在下个世纪的某个时段内停止

创建世界模型的主要目的，是要决定当这个世界系统达到增长的极限时，在这些行为方式中，哪一种会最有代表性。从世界模型的标准趋势看，因为不可再生资源的耗尽而发生崩溃，工业资本储存增长到需要输入大量资源的水平，在这一增长过程中，它消耗一大部分可得到的资源的储藏量。当资源价格上升和矿藏耗尽时，越来越多的资本必须用于获得资源，只能剩下极少的投资用于未来增长，最后导致投资跟不上折旧，从而工业基础开始崩溃。随之接踵而来的崩溃还依赖工业投入的资金服务和农业系统。这种情形就短期而言尤为严重，人口因其年龄结构和社会调节过程中所固有的滞后情况会继续恶化，当死亡率由于缺少粮食和健康服务而上升时，人口最终将逐渐减少。尽管世界模型是巨大的集合体且有许多不确定的因素，使之难以确定上述事件的发生时间，但在系统没有重大变化的假设下，在2100年以前停滞增长是非常可能的。

4. 利用和依靠技术力量难以阻止各种增长极限的发生

技术乐观主义者希望，依靠技术能够改变或扩展人口和资本的增长极限。研究模型系统设置了生产核动力，使资源再循环，开采最远的储藏量，抑制尽可能多的污染物质，把土地的产量推向理想的高度，只出生父母既定计划的孩子等变量。结果表明，在世界模型里，技术应用对于资源耗竭、环境污染或粮食短缺等复杂系统基本没有影响。研究甚至尝试对技术产生的利益予以最乐观的估计，但也不能防止人口和工业的最终下降，而且事实上无论如何也不会把崩溃推迟到2100年以后。也就是说，在2100年以前，增长仍然要结束。显然，单用技术手段，能够延长人口和工业增长的时间，但是并不能排除增长的最终极限。技术上的解决办法可以定义为"仅仅需要自然科学技术方面的变革，而无须考虑人类价值或道德观念方面的变革方式"。但当今世界有许多问题并没有技术上的解决办法，如核军备竞赛、种族的紧张状态和失业等。换言之，即使社会的技术进步把所有期望的事情都付诸实现，仍还存在技术上所不能解决的问题，而这些问题相互作用的结果，最后会带来人口增长和资本增长的终结。

5. 世界需要人口和资本基本稳定的全球均衡状态

由于为生存选择相当长的时间水平，以及较长的平均寿命作为理想的目标，报告对全球均衡状态得到的一套最低的要求是：① 工厂资本和人口在规模上不变。出生率等于死亡率，资本的投资率等于折旧率。② 所有投入和产出的速率保持最小，包括出生、死亡、投资和折旧。③ 资本和人口的水平及其比例与社会价值一致，随着技术进步创造新的选择自由，它们可以被深思熟虑地加以修正和稳步调整。在均衡状态中，需要不变的量只有人口和资本。而那些不需要大量不可代替的资源，或不产生严重的环境退化的人类活动，可以无限地继续增长。特别是那些被列为人类的最理想和最满意的活动，如教育、艺术、音乐、宗教、基础科学研究、体育活动和社会的相互影响。所有这些活动非常强烈地依赖两个因素：一是在人类粮食和住房的基本需要已经满足以后，它们依赖可以得到的一些剩余产品；二是需要闲暇时间，在任何均衡状态中都可以调整资本和人口的相对水平，以保证人类的物质需要在任何理想的水平上得到满足。

三、《增长的极限》的争论和贡献

《增长的极限》发表之际，正值第二次世界大战以来世界经济特别是西方国家经济增长的黄金时期，整个世界特别是西方社会处处弥漫着经济快速发展的乐观情绪。《增长的极限》却独树一帜地提出了地球极限和人类发展极限的观点，对人类社会不断追求高增长的发展模式提出了质疑和警告，这的确需要极大勇气和科学精神。毫无疑问，它的问世，一方面引发了人们密切关注资源环境与经济增长的内在联系及环境污染问题，同时又必然因其与主流思想格格不入而招来各种批判和质疑，尤其是引发了经济学家对因环境恶化造成经济增长极限的辩论和研究。

对《增长的极限》的争论主要集中在以下几点。一是关于预言人类社会走向崩溃的问题。该书确实是通过对未来一定时段内的世界人口、经济增长、生活水平、资源消耗、环境污染等所做的预测，描绘出了未来的世界发展将出现崩溃的悲观前景。但应当看到，这只是研究者们在模拟未来世界发展的各种可能发生的情景时，通过模拟情景表明，如果人类社会按传统的发展模式发展下去而不采取有效行动，崩溃将不可避免。因此，它本质上是模拟未来人类社会的各种可能的发展趋势，而不是武断预言地球和世界的某种必然结局。二是关于资源趋于枯竭带来增长极限的问题。批评者对此给予了强烈质疑，他们相信以技术力量弥补资源消耗将使极限不复存在。但事实上，人类困境的研究者们，对增长极限的关注绝不仅仅是基于资源枯竭这样一种因素，他们还注意到了人口的几何级增长、粮食生产的问题、自然环境不可逆转的破坏，以及工业增长下降等进而导致人类经济增长趋于停滞的状况。所有这些都在一个系统中起作用。三是关于零增长的问题。零增长是人们对于《增长的极限》一书最为简洁的概括和解读，也是最受到批判和质疑的观点。其实，报告提出的要放慢经济增长步伐以减缓向极限逼近的速度之思想，并不是坚持零增长的主张，而主要是对增长高于一切和对人类无限追求财富增长这一现实予以深入反思。在模型所描述的所有情景中，研究者模拟了在人口、资源、环境、技术等各种状态下人类经济增长能否持续的状况，由于大多数的情景模拟出令人震惊和担忧的结果，研究者们强烈地感觉到，如果人类不能对自己的贪婪欲望和增长的速度加以约束的话，最终将会产生灾难性的后果，而只有采取理性的增长速度，人类社会才有可能实现良性的发展。

事实上，随着时间的推移，当初《增长的极限》提出的所谓不合时宜的议题和被质疑辩论的一些理念与观点，已相继或正在被世界经济发展的现实所验证。因而，今天我们能够更加清楚地认识到，《增长的极限》一书的贡献，并不在于它给出一个惊世骇俗的人类困境的模型，而是提醒世人必须严肃对待人类未来的问题，必须注重那些依据理性和逻辑推导出的一个个人类困境。报告所表现出的对人类前途的"严肃的忧虑"及有关发展与环境关系的论述，唤起了人类自身的环境意识觉醒。"在人类财富积累规模和增长速度都史无前例的这个时代，有必要在人类亲手构建的经济系统的终极产出能力和环境承受能力之间达成谅解。"这是《增长的极限》的作者们的初衷，正因为他们对人类高生产、高消耗、高排放的经济发展模式给予了首次认真的反思，其雄辩的论证有力地推动了后来的环境保护运动，报告所阐述的"合理的持久的均衡发展"为孕育可持续发展的思想萌芽提供了养分和土壤。也正是由于这些重要贡献，《增长的极限》和罗马俱乐部写下了世界环境保护史上极其重要的篇章。

第三节　可持续发展的进军号角

就在《增长的极限》对人类环境提出深刻忧患之时，联合国于 1972 年召开了人类环境会议，人类开始对环境问题正式宣战。进入 20 世纪 80 年代，凸显在人类面前的前所未有的人口、资源与环境等严重问题，使人们越来越认识到处理好发展与环境关系的极其重要性。联合国于 1983 年成立了世界环境与发展委员会（WECD），以负责制订长期的全球环境策略，提出能使国际社会更有效地解决环境问题并共同保护环境的途径和方法。该委员会于 1987 年向联合国大会提交了研究报告《我们共同的未来》，该报告首次正式提出了可持续发展这一概念。1992 年，联合国环境与发展大会召开，这次大会成为了人类高举可持续发展旗帜，走可持续发展之路的总动员。至此，环境与发展思想产生了具有划时代意义的飞跃。

一、从 1972 年联合国人类环境会议到可持续发展的提出

1972 年，联合国在斯德哥尔摩召开人类环境会议。来自 100 多个国家和地区的代表汇聚一堂，共同讨论环境对人类和地球的影响问题。这是人类第一次将环境问题纳入世界各国政府和国际政治的事务议程。大会通过的《人类环境宣言》，宣布了 37 个共同观点和 26 项共同原则。它向全球呼吁：现在已经到达历史上这样一个时刻，我们在决定世界各地的行动时，必须更加审慎地考虑它们对环境产生的后果。由于无知或不关心，我们可能给生活和幸福所依靠的地球环境造成巨大的无法挽回的损失。因此，保护和改善人类环境是关系到全世界各国人民的幸福和经济发展的重要问题，是全世界各国人民的迫切希望和各国政府的责任，也是人类的紧迫目标。各国政府和人民必须为着全体人民自身和后代的利益而做出共同的努力。作为探讨保护全球环境战略的第一次国际会议，联合国人类环境会议的意义在于唤起了各国政府共同对整个环境问题特别是对环境污染问题的觉醒和关注，各国政府和公众环境意识，无论是在广度上还是深度上都向前迈进了一步。可以说，联合国人类环境会议正式吹响了人类共同向环境问题宣战的进军号。

然而，此时国际社会对整个环境问题的认识还是比较粗浅的，对解决环境问题的方向和途径尚未确定，尤其是未能找出环境问题的根源和责任。在这之后的十余年间，随着环境污染的不断加剧，国际社会对环境问题及其与经济、社会发展的密切关联性有着越来越清晰的认知。人们对环境困境理性地加以反思并逐步加深认识，人类要有效解决日趋严重的人口、资源与环境问题，就必须寻求一条经济、社会与环境和谐发展的道路。世界上许多机构和专家学者为此进行了艰苦的探索，国际合作也得到不断加强。联合国本着对全球

进行变革，研究自然的、社会的、生态的、经济的及在利用自然资源过程中的基本关系，确保全球发展的基本宗旨。在1983年12月的联合国大会上，决定成立世界环境发展委员会，其工作目标在于：提出经济社会发展的长期环境策略，推动各国在人口、资源、环境和发展方面广泛的合作，研究国际社会有效解决环境问题的途径和方法，协助人们对长远的环境问题建立共同认识并为之付出必要的努力，制订长远的行动计划，确立世界社会目标。

受联合国大会委托，该委员会在布伦特兰（G. H. Brundland）主席的领导下，紧紧围绕上述目标，系统研究了人类面临的重大经济、社会和环境问题，并于1987年向联合国提交了研究报告《我们共同的未来》。该报告正式提出了"可持续发展"，旗帜鲜明地将可持续发展作为基本纲领，从保护和发展环境、满足当代和后代的需要出发，提出了一系列政策目标和行动建议。报告把环境与发展这两个问题作为一个紧密相连的整体加以考虑，强调人类社会的可持续发展只能以生态环境和自然资源持久、稳定的支撑能力为基础，而环境问题也只有在经济的可持续发展中才能得以解决。因此，只有正确处理眼前利益与长远利益、局部利益与整体利益的关系，把握经济发展与环境保护的内在联系，才能使这一涉及国计民生和社会长远发展的重大问题得到解决。报告深刻指出，在过去，我们关心的是经济发展对生态环境带来的影响；而现在，我们正迫切地感到生态的压力对经济发展所带来的重大影响。因此，我们需要有一条新的发展道路，这条道路不是一条仅能在若干年内、在若干地方支持人类进步的道路，而是一直到遥远的未来都能支持全球人类进步的道路。这实际上就是第一节所提到的，卡逊在《寂静的春天》没能提供答案的所谓"另外的道路"，即"可持续发展道路"。《我们共同的未来》以其鲜明、创新的科学观点，把人们从单纯考虑环境保护引导到把环境保护与人类发展紧密结合起来，引领人类世界走上可持续发展的光明之路。

二、人类迫切的共同使命与担当

《我们共同的未来》分为共同的关切、共同的挑战、共同的努力三大部分。它详尽阐述了地球正面临着的人口、粮食保障、物种和生态资源、能源等压力的严峻挑战，深刻指出许多工业化国家的发展道路是不能持久的，环境问题只有在经济的可持续发展中才能得以解决。它呼吁世界各国政府和人民，必须从现在起对经济发展和环境保护这两个重大问题担负起自身的历史责任，为了全人类的利益做出共同的努力，把世界推向可持续发展的道路，以保护这个我们人类赖以生存的脆弱星球。

（一）共同的关切

当今世界，随着科学技术的进步，人类发展取得了巨大成就。然而，人类在不断提升生活水准的过程中，却也带给地球与人类自身一个受威胁的未来，人类不可回避地面临着难以承受的发展与环境管理的失败。从发展来看，贫困成为一个全球性的重大灾难，缺乏安全饮用水及安全居所的人口数与日俱增，贫富国家的差距日趋扩大。贫穷本身以不同的方式制造出环境压力，而环境退化又反过来导致更大的贫困，从而形成了贫穷与环境退化恶性循环的趋势。至于环境管理，20世纪50年代以来，大量污染给环境带来的影响比人类史上任何时候都要大。随着人口和生产水平的提升，人类对自然资源需求的规模及复杂性大大增加，自然界的完整性受到威胁，危及地球生命存在的危险性逐年增加，环境恶化正在侵蚀每一个国家和地区的发展潜力，人类已经接近了自然界许多不可逾越的界限。

全球正在经历着一个巨大发展和根本变迁的时代。长期以来，人类活动及其影响一直限制在国家或地区、产业或有关的领域之内。然而，这些限制现已开始分崩离析，各种引起公众关注的全球危机尤其如此，特别是在最近10年中凸显的环境危机、能源危机和发展危机，包括在全球范围内出现的酸雨危害、物种丧失、全球变暖、臭氧耗竭，以及有害化学品进入了国际贸易的食物之中等。根据联合国的预测，世界人口将在21世纪的某个时期稳定在80亿～140亿之间，毫无疑问，我们这个具有约80亿人口的人类世界，必须在有限的环境中为未来的人类世界腾出发展的空间。

随着人类经济活动强度的迅速增加，世界经济规模在21世纪的后半叶将会增加5～10倍。在20世纪，全球工业生产增加了50倍以上，其中4/5的增长产生在1950年以后。经济增长的很大部分来自开发利用森林、土壤、海洋和河流等自然资源要素，这也清楚地反映和预示，世界在今后住房、交通、农业和工业方面的巨大投资，将对生物圈产生非常深远的影响。新技术是经济发展的主要动力，虽然新技术一方面有可能使资源迅速消耗变得缓慢，但另一方面也有可能隐含很大的危险性，包括新的污染形式，以及出现改变物种进化道路和生命形式的新变种。同时，在发展中国家，由于发展的迫切性，且又缺乏减少破坏性副作用的能力，那些最依赖环境资源和污染最严重的工业发展最为迅速。所有这些重大变化，将全球的经济和生态以新的形式联结在一起。

人们过去一直对经济发展给环境带来的影响表示关注，现在又被迫对生态压力，包括土壤、水域、大气和森林的退化等对经济前景产生的影响予以高度重视，人们还在面对各国经济的互相依赖性急剧增加这个现实的同时，不得不正视各国在生态上日益增强的互相依赖性。现在世界上有许多所谓为保卫和维护人类进步、满足人类需求和实现人类理想所做出的努力，无论是在富国还是在穷国，都不是可持续的，因为它们过多、过快地开采环境资源，使其迅速耗竭而不能持续到遥远的未来。这种努力，对我们这一代也许有益，但其后果是让我们的子孙后代承受巨大损失。事实上，我们这代人对从我们的后代那里借用的环境资本，从未打算也不可能给予偿还。

《我们共同的未来》认为，造成所有这些问题的根本原因，在于没有充分重视与把握发展与环境的关联性。事实上，各种环境压力之间相互联结，并与经济发展密切相关，而环境与经济问题又同许多社会和政治因素有着千丝万缕的联系，这些联系在各个国家之间甚至全球范围内发生作用。因此，必须寻求环境与发展的新思维、新方法，这才是解决贫困加剧、人口膨胀、经济危机、世界发展不平衡等问题的治本之道，这种新的方式就是"可持续发展"。

所谓可持续发展，就是既满足当代人的需要，又不对后代满足其需要能力构成危害的发展。它包括两个重要的概念：一是需要的概念，尤其是强调世界上贫困人民的基本需要，应将此放在特别优先的地位来考虑；二是限制的概念，强调技术状况和社会组织对环境满足当前和将来需要的能力施加限制。其核心理念是公平与共同的环境利益，强调不仅关注当代而且还关注代际之间的社会公平。因此，世界各国，无论是发达国家还是发展中国家，无论是市场经济国家还是计划经济国家，其经济和社会的发展目标必须根据可持续性的原则加以确定。

（二）共同的挑战

人类所面临的挑战是空前的。《我们共同的未来》针对接踵而来的问题，特别就全球人口、粮食保障、物种和遗传资源、能源、工业与人类居住等问题进行分析并提出政策方向。

1. 人口的挑战

有限的地球资源要养活的人口越来越多。1985 年，全球人口是 48 亿，预计 2025 年将会增加到 82 亿。人口与发展、环境之间存在错综复杂的关系，人口问题不仅表现在数量上逼近承载极限，而且表现在分布上的不均衡。人口增长的很大一部分集中在低收入国家、生态环境不利的地区和贫穷的家庭，这使人口数量与资源之间的矛盾变得更加突出。解决人口问题的重点是降低人口出生率，关键是保持人口规模与资源供应之间的平衡，将人口增长率维持在经济力量所能承受的水平上。

2. 粮食的挑战

粮食产量的增长正在被由增长引发的经济和生态危机所抵消。目前世界人均粮食产量比人类历史上任何时期都高，世界粮食生产已稳步地超过了人口的增长速率。但是，工业化国家越来越难以管理过剩的粮食产品，而发展中国家数百万贫困者的生产基地正在恶化。发达国家对农业往往采取保护、补贴的措施，以保持国际竞争的优势。也正因为如此，发达国家的粮食往往生产过剩而低价输往发展中国家，影响输入国的农业政策。所以，必须在粮食生产和分配制度中提倡平等，分配均衡是保持生态健康最好的农业政策。

3. 生态的挑战

现实中物种灭绝的趋势越来越严重。物种和生态系统是重要的发展资源，最乐观的估计是在过去的 2 亿年中，每百万年平均有 90 万个物种消亡，而现今由于人类活动引起的灭绝速率要高出数百倍，甚至可能数千倍。改变经济和土地的利用方式是保护野生物种和生态系统最佳的长期方法，应当在发展政策中从根源上处理物种消亡的问题。国际社会要在一致行动的基础上，妥善处理国家短期经济利益与全球可持续发展的长期利益，以及潜在经济利益之间的冲突，将物种的消失和生态系统遭受威胁的问题，作为重大的经济和资源问题列入政治议事日程。

4. 能源的挑战

人类的能源道路正在与安全和可持续发展背道而驰。如果世界各国都按照目前发达国家人均能源消耗量发展下去，全球生态系统将难以承受如此巨大的压力。因此，一条环境上合理、经济上可行的能源道路显然是不可或缺的，而强调低能源消费、提高用能效率则是可持续发展最直接、最有效的策略。一是采取能源价格政策，在刺激效率方面发挥关键性的作用；二是实现全社会生产者、消费者的节能高效，以缓解全球能源需求增加的压力；三是利用科技手段，发展安全、干净的可再生能源。国际社会需帮助发展中国家，以改变其能源使用方式并朝提高能源效率的方向迈进。

5. 工业的挑战

与日俱增的工业污染对环境产生巨大压力。工业从自然资源库中获取原料，同时向人类环境提供产品和污染，它对环境既有加强能力，也有削弱能力。从全球范围来看，无论是什么国家，工业发展要长期持续就必须从根本上改变发展的质量，走高产低耗的可持续发展道路。工业过程的可持续发展方向是，更有效地利用资源、更有效地减少污染和废物、更有效地立足于可再生资源，最大最有效地减少对人体健康和环境不可逆转的影响，建立环境目标、法规、政策和标准，有效地使用经济手段，增加处理工业危害的能力。

6. 城市的挑战

21 世纪将是一个高度城市化的世纪。发展中国家的城市人口在过去的 65 年间增加了 10 倍，居住在百万人口以上的城市的人，1940 年只有 1%，而 1980 年则增至 10%。发展中国家鲜有政府有能力提供足够的城市居住土地与卫生、水、电及教育等服务的设施，许多工业国家的城市也面临着诸如公共设施老化、环境退化、市区污染等城市问题。各国政府需做好政治和社会选择，实施科学的城市管理，制定详细的城市发展战略，指导城市化进程，减轻对大城市中心的压力。

（三）共同的努力

一个世纪以来，人类世界和地球之间的关系经历了深刻的变化，这种变化超越了各个科学学科的能力和我们提出评价与建议的能力。实际上，国际经济体系和国家、国际的机构是通向持续发展的阻力，发达国家设置贸易壁垒，压低资源、原料价格，严重打击了发展中国家的经济，迫使这些国家过度使用脆弱的土地来增加商品的销售。此外，国家和国际性机构囿于狭隘的认识，各自着眼局部利益，对全球性的问题缺乏足够的关心。环境与发展的问题是超越国家和地区的问题，是全人类共同的事业和责任。热带雨林破坏、生物物种的灭绝、气候的变化等环境问题将使整个人类社会深受危害。《我们共同的未来》呼吁，必须根据可持续发展的概念制定环境与发展政策的主要目标，通过教育培养人类共同利益的思想，加强法制并着手改革现存的机构体制，促进地区与地区之间、国家与国家之间的合作、在平等基础上的国际经济交流，以及全世界人民一起管理全球共同的资源和共同的生态系统，以保证人类共同利益的实现，使之走向一个更加公正、更加合理、更加安全的可持续发展的社会。鉴于此，《我们共同的未来》建议，为了实现可持续发展的转变，国家、地区和国际一级机构的立法变革，其主要方向在于六个优先领域。

一是可持续发展的目标必须纳入负责国家经济政策和计划的国会、立法委员会，以及关键部门和负责国际政策机构等的职权范围。加强区域性和地区性的合作安排，所有国际组织和机构应保证其项目鼓励和支持可持续发展，致力改进相互的协调和合作。

二是各国政府要加强现有环境保护和资源管理机构的能力与作用，要加强联合国环境规划署的工作，加强国际环境合作，扩充环境基金。

三是把联合国环境规划署的地球监测机构作为危险评级的领导核心，并加强和集中其他相关机构的能力，对其监测和评价功能加以补充和支持，建立全球危险评价计划，全面增强提升评估全球危机的能力。

四是让公众充分了解并支持可持续发展的公共政策，增强科学界和非政府组织的作用，增加与工业界的合作，并尽可能扩大民众及团体的参与。

五是利用法律手段，认识和尊重个人与国家在可持续发展方面的相应权利和义务，建立和实施国家与国家间实现可持续增长的新的行动准则，加强现有的避免和解决环境纠纷的方法，并开拓新的方式。

六是实行正确的环境政策，加大投资于可持续发展的产业并加强污染控制，大大增加对发展中国家的国际财政援助，用于环境的恢复、保护和改善。

三、开启可持续发展历史的大幕

《我们共同的未来》的公之于世，使可持续发展这一崭新的科学理念被国际社会广泛关注。这一概念在 1989 年联合国环境规划署第 15 届理事会通过的《关于可持续发展声明》中得到认同。同时，环境与发展的重大主题必须由国际社会广泛参与也成为历史的必然。

在《我们共同的未来》发表 5 年之后的 1992 年，联合国环境与发展大会（UNCED）在巴西里约热内卢召开。共有 183 个国家和地区与 70 个国际组织的代表出席会议，102 位国家元首或政府首脑与会并讲话，又称"地球首脑会议"。会议一致通过了《里约环境与发展宣言》（又名《地球宪章》）和《21 世纪议程》两个纲领性文件。至此，国际社会正式把"可持续发展"作为当代人类发展的主题，庄严承诺把可持续发展从概念推向行动。

《里约环境与发展宣言》是开展全球环境与发展领域合作的框架性文件，是"为了保护地球永恒的活力和整体性，建立一种新的、公平的关于国家和公众行为基本准则"的全球伙伴关系的宣言，它提出了实现可持续发展的 27 条基本原则，强调公正合理地满足当代和世世代代发展与环境的需要；环境保护应成为发展进程中的一个组成部分，不能同发展进程孤立开看待；各国应本着全球伙伴关系的精神进行合作，以维持、保护和恢复地球生态系统的健康和完整等。

《21 世纪议程》则是全球范围内可持续发展的行动纲领和目标蓝图，涉及人类可持续发展的重要方面，主要包括经济与社会的可持续发展、资源保护与管理、加强社会组织作用，以及相关实施手段四个部分。在社会经济与社会的可持续发展方面，主要涉及国际合作、贫困、消费模式、人口与可持续性，以及制定政策等问题。在资源保护与管理方面，主要包括保护大气、统筹使用土地资源、森林保护及合理利用；制止沙漠蔓延、维持生物多样性、保护海洋资源；保护和管理淡水资源；危险废物和固体废物的管理等。在加强社会组织作用方面，主要有妇女组织的行动、持续的和公平的发展、可持续发展的社会伙伴关系等。在实施手段方面，主要包括资金来源和提高环境意识、建立国家的可持续发展能力、加强可持续发展的机构建设，以及国际法律文件和机制等。所有这些旨在建立 21 世纪世界各国在人类活动对环境产生影响的各个方面的行动规则，为保障人类共同的未来提供了一个全球性措施的战略框架。

以这次大会为标志，人类对环境与发展的认识提高到了一个崭新的阶段。如果说从

《寂静的春天》到《增长的极限》，再到《我们共同的未来》，是专家学者们长期艰苦探索，试图不断构建环境与发展理念框架的话，那么联合国环境与发展大会，则是使可持续发展得到世界最广泛接受并成为最高级别的政治意愿与承诺。为了履行《21世纪议程》的庄严承诺，中国政府于1994年制定了《中国21世纪议程》，以此作为中国可持续发展的总体战略、计划和对策方案。世界银行在1997年出版的《里约后五年》中，总结了这次首脑会议的重要性并评估了各国随后的行动："里约会议的显著特征在于，其成果是各国政府的一致意见，而不单是科学家与技术专家的一致意见。尤其是当有关行动涉及全球环境问题时，在政府首脑这一级别上确保其关于行动的承诺得以实施，这是不同寻常的，也是至关重要的。里约会议之后的5年，各国政府与国际机构在世界范围内已经进行过多种尝试，通过采用经济的、行政的和制度的手段更好地管理环境。要使发展具有可持续性，人类行为就必须有所改变。企业、消费者和政府机构都需要改变其造成环境退化的行为方式，并须投资于那些有利于保护生态系统的活动。一些开明的政府一直都在寻找更有效的途径来鼓励行为的改变，同时又能保证效率与自由。"至此，当我们回溯可持续发展的形成历程时，毫无疑问，联合国环境与发展大会为人类高举可持续发展旗帜、走可持续发展之路发出了总动员，它促使人类迈出了跨向新文明时代的关键性一步，为世界的环境与发展矗立了一座铭刻千古的里程碑。

第四节　可持续发展的实施任重道远

一、可持续发展的新世纪开局

全球各国领导人于2000年9月会聚于联合国，并发表了《联合国千年宣言》。宣言阐述了迎接新千年，创建一个更加和平、繁荣和公正的世界的共同价值和基本原则，并特别列举了具体行动的七个关键目标，包括和平、安全与裁军，发展与消除贫穷，保护我们的共同环境，人权、民主和善政，保护易受伤害者，满足非洲的特殊需要，以及加强联合国。在保护我们的共同环境方面，强调必须尊重大自然，必须根据可持续发展的规律，在对所有生物和自然资源进行管理时谨慎行事，还必须改变目前不可持续的生产和消费方式，以保证当代的利益和后代的福祉：一是必须不遗余力，使全人类，尤其是我们的子孙后代不致生活在一个被人类活动造成不可挽回的破坏、资源不足以满足他们的需要的地球；二是重申支持联合国环境与发展会议商定的可持续发展原则，包括列于《21世纪议程》的各项原则；三是决心在我们一切有关环境的行动中，采取新的养护与管理的道德标准，作为第一步，竭尽全力确保《京都议定书》生效，推动全面执行《生物多样性公约》和《在发生严重干旱和/或荒漠化的国家特别是在非洲防治荒漠化公约》，管理、保护和可持续地开发所有各类森林，拟订促进公平获取用水和充分供水的水管理战略，制止不可持续地滥用水资源，加紧合作以减少自然灾害和人为灾害的次数及其影响。

2002 年 8 月，在南非约翰内斯堡召开了第一届可持续发展世界首脑会议，192 个国家的国家元首、政府首脑或代表出席。这次会议的召开，对于重振和强化全球可持续发展伙伴关系、切实解决人类进入 21 世纪所面临的环境与发展问题具有非常重要的意义。20 世纪，人类在社会、经济、教育和科技等众多领域取得了巨大成就，但在环境与发展的问题上始终面临着严峻的挑战。许多在联合国有关会议上通过的、以全球可持续发展为目标的重要文件的执行情况并不理想，全球的环境问题依然危机四伏。这次会议全面审议了 1992 年联合国环境与发展大会所通过的《里约环境与发展宣言》《21 世纪议程》等重要文件，以及其他一些重要环境公约的执行情况。会议认为，为了地球的未来，人类迫切需要建立一个充满希望的新世界。会议通过了两份重要文件，即《约翰内斯堡可持续发展宣言》和《可持续发展世界首脑会议执行计划》。各国领导人在宣言中郑重承诺，将联合采取行动以"拯救我们的星球，促进人类发展，并实现共同的繁荣与和平"。执行计划就健康、生物多样性、农业、水、能源五大主题，提出了一些新的环境与发展目标，并设定了相应的时间表。

2015 年 9 月，联合国可持续发展峰会在纽约联合国总部召开，全球 150 多位国家元首、政府首脑参会，会议通过一份推动世界和平与繁荣、促进人类可持续发展的新议程。这份题为《变革我们的世界——2030 年可持续发展议程》的议程由联合国 193 个成员国共同达成，涵盖 17 项可持续发展目标。2015 年是联合国于 2000 年设立的实现千年发展目标的终止年，在过去的 15 年，千年发展目标拯救了数以百万计的生命，更多的人的生活因此得到改善，从而证明了设立目标的有效性。议程新确立的 17 项可持续发展目标将在未来 15 年内，应对世界在可持续发展方面的三个相互联系的问题，即经济增长、社会包容性和环境可持续性，议程呼吁世界各国在人类、地球、繁荣、和平、伙伴的 5 个关键领域采取行动。

2016 年 5 月，第二届联合国环境大会在内罗毕召开，全球 173 个国家的部长或高级代表、联合国机构及非政府组织代表参会。此次环境大会是继 2015 年联合国可持续发展峰会通过《2030 年可持续发展议程》、巴黎气候变化大会通过《巴黎协定》后，联合国召开的又一次以全球环境为议题的重大会议。大会以落实《2030 年可持续发展议程》中的环境目标为主题，聚焦当今世界环境和可持续发展面临的挑战，以期通过各项决议，全力助推全球可持续发展。进一步深化全球环境政策制定，明确未来行动方向，并为提升全球绿色发展和可持续发展搭建对话平台，加强低碳经济和可持续发展议题的各方对话，为全球绿色经济和可持续发展绘制蓝图。会议围绕空气污染、野生动植物非法贸易、海洋环境保护、化学品废物等关键环境议题展开商讨，同时还推动巴黎气候变化大会成果加速落实。

2019 年 9 月，联合国在纽约总部举行 2030 可持续发展目标峰会，与会各国领导人通过一份政治宣言，共同呼吁国际社会在未来的十年内采取行动，力争按时实现可持续发展目标。会议指出，由于社会不平等加剧，以及气候变化和生物多样性丧失所造成的不可逆转的影响，人类迄今为止在可持续发展领域所取得的成果面临倒退的威胁。在这场汇集来自政府、私营部门、民间组织及国际组织领导人的峰会上，各方一致通过了一份题为《为可持续发展行动与成就的十年做好准备》的政治宣言，呼吁进一步提振信心和动力，开展全球行动，增强领导力，投入更多资源，采取更明智的解决方案；强化地方行动，在政府、城市和地方当局的政策、预算、机构和监管框架中进行必要转型；加快应对贫困、气候变化等全球面临的最严峻挑战，以确保在 2030 年实现以 17 个可持续发展目标为核心的 2030 年可持续发展议程。

二、世界可持续发展新目标的历史承诺

《2030 年可持续发展议程》是世界可持续发展新目标的历史承诺。它为人类和地球制订了一个 15 年的行动计划。议程要求所有国家和所有利益攸关方携手合作，共同执行这一计划，并决心采取迫切需要的变革步骤，让人类摆脱贫困和匮乏，让地球治愈创伤并得到保护，让世界走上可持续且具有恢复力的道路。这个新的全球议程共有 17 个可持续发展目标和 169 个具体目标，基本内容可以归结为五大类，即人类、地球、繁荣、和平、合作伙伴，其宗旨是巩固千年发展目标，接续完成千年发展目标尚未完成的事业。它兼顾了可持续发展的三个方面，即经济、社会和环境，促使各国在今后 15 年内，在那些对人类和地球至关重要的领域中采取积极有效的行动。17 个可持续发展目标的主要内容如下。

目标 1. 在全世界消除一切形式的贫困。致力在全球所有人口中消除极端贫困，确保穷人和弱势群体享有平等获取经济资源、享有基本服务等权利。

目标 2. 消除饥饿，实现粮食安全，改善营养状况和促进可持续农业。确保所有人，特别是穷人和弱势群体有安全、营养和充足的食物，确保建立可持续的粮食生产体系。

目标 3. 确保健康的生活方式，促进各年龄段人群的福祉。消除主要传染疾病和减少非传染性疾病导致的过早死亡，大幅减少危险化学品，以及空气、水和土壤污染导致的死亡和患病人数，实现全民健康保障。

目标 4. 确保包容和公平的优质教育，让全民终身享有学习机会。保证所有男女童的教育、男女平等的教育、弱势群体的教育，增加掌握技术性和职业性技能的人数，使所有进行学习的人都掌握可持续发展所需的知识和技能。

目标 5. 实现性别平等，增强所有妇女和女童的权能。消除对妇女和女童一切形式的歧视、暴力等一切伤害行为，确保妇女在政治、经济和公共生活方面的平等机会，加强合理的政策和有执行力的立法。

目标 6. 为所有人提供水和环境卫生，并对其进行可持续管理。保证人人普遍和公平获得安全和负担得起的饮用水，把危险化学品和材料的排放减少到最低限度，大幅增加废物回收和安全再利用，促使所有行业大幅提高用水效率，保护和恢复水环境生态系统。

目标 7. 确保人人获得负担得起的、可靠和可持续的现代能源。大幅增加可再生能源在全球能源结构中的比例，改善全球能源效率，促进获取清洁能源的研究和技术，增建基础设施并进行技术升级，为所有人提供可持续的现代能源服务。

目标 8. 促进持久、包容和可持续的经济增长，促进充分的生产性就业和人人获得体面工作。实现更高水平的经济生产力，推行以发展为导向的政策，逐步改善全球消费和生

产的资源使用效率，努力使经济增长和环境退化脱钩，增加向发展中国家提供的促贸援助支持。

目标 9. 建造具备抵御灾害能力的基础设施，促进具有包容性的可持续工业化，推动创新。发展优质、可靠、可持续的基础设施，提高资源使用效率，更多采用清洁和环保技术及产业流程，加强科学研究，提升工业部门的技术能力。

目标 10. 减少国家内部和国家之间的不平等。增强所有人的能力，促进他们融入社会、经济和政治生活；确保机会均等，落实对发展中国家特别是最不发达国家的特殊和区别待遇原则；向最需要帮助的国家提供发展援助和资金。

目标 11. 建设包容、安全、有抵御灾害能力和可持续的城市与人类住区。在所有国家加强包容和可持续的城市建设，实施全面的灾害风险管理，大幅减少各种灾害造成的危害，支持在城市、近郊和农村地区之间建立积极的经济、社会和环境联系，努力保护和捍卫世界文化和自然遗产。

目标 12. 采用可持续的消费和生产模式。实现自然资源的可持续管理和高效利用，实现化学品和所有废物在整个存在周期的无害环境管理，大幅减少废物的产生，尽可能降低它们对人类健康和环境造成的负面影响，确保各国人民都能获取关于可持续发展及与自然和谐的生活方式的信息。

目标 13. 采取紧急行动应对气候变化及其影响。将应对气候变化的举措纳入国家政策、战略和规划，发达国家履行对《联合国气候变化框架公约》的承诺，满足发展中国家的需求，帮助其切实开展减缓行动，在最不发达国家和小岛屿发展中国家建立增强有关能力的机制。

目标 14. 保护和可持续利用海洋和海洋资源以促进可持续发展。预防和大幅减少各类海洋污染，可持续管理和保护海洋和沿海生态系统，以免产生重大负面影响，有效规范捕捞活动，根据保护和可持续利用海洋及其资源的国际法律框架，加强海洋和海洋资源的保护和可持续利用。

目标 15. 保护、恢复和促进可持续利用陆地生态系统，可持续管理森林，防治荒漠化，制止和扭转土地退化，遏制生物多样性的丧失。坚决停止毁林，恢复退化的森林，防治荒漠化，恢复退化的土地和土壤，保护山地生态系统，采取紧急重大行动减少自然栖息地的退化，遏制生物多样性的丧失，把生态系统和生物多样性价值观纳入国家和地方规划。

目标 16. 创建和平、包容的社会以促进可持续发展，让所有人都能诉诸司法，在各级建立有效、负责和包容的机构。在全球大幅减少一切形式的暴力和相关的死亡率，打击一切形式的有组织犯罪，大幅减少一切形式的腐败和贿赂行为，确保公众获得各种信息，保障基本自由。

目标 17. 加强执行手段，重振可持续发展全球伙伴关系。主要是从多渠道筹集额外财政资源用于发展中国家，加强在科学、技术和创新领域的南北、南南、三方区域合作和国际合作，加强全球可持续发展伙伴关系，加强全球宏观经济稳定、可持续发展政策的一致性，制定衡量可持续发展进展的计量方法。

以上目标框架远远超越了千年发展目标。新的目标和具体目标相互紧密关联，除了保留消贫、保健、教育和粮食安全和营养等发展优先事项外，还提出了各种广泛的经济、社会和环境目标，并承诺建立更加和平、更加包容的社会。更为重要的是，还提出了落实和执行手段。该议程于 2016 年 1 月 1 日起正式生效。

▌三、中国落实 2030 年可持续发展议程的行动与方案

《2030 年可持续发展议程》一经通过，中国政府就表示了与各国携手推进议程的意愿和决心。中国政府始终认为，推进可持续发展是解决各类全球性问题的根本之策，应当在经济、社会、环境三大领域形成良性循环，走出一条经济繁荣、社会进步、环境优美的可持续发展之路。为此，中国积极全面启动落实《2030 年可持续发展议程》工作：2016 年 4 月发布《落实 2030 年可持续议程中方立场文件》，并参加了联合国首轮国别自愿陈述；作为 2016 年二十国集团主席国，致力推动二十国集团制定《二十国集团落实 2030 年可持续发展议程行动计划》；2016 年 9 月发布《中国落实 2030 年可持续发展议程国别方案》，为在国家层面落实该议程提供行动指南。

《中国落实 2030 年可持续发展议程国别方案》回顾了中国落实千年发展目标的成就和经验，分析了推进落实可持续发展议程面临的机遇和挑战，明确了推进落实工作的指导思想和总体原则，阐述了落实和执行的总体实施路径，并详细制定了落实 17 项可持续发展目标和 169 个具体目标的相应方案。

中国落实《2030 年可持续发展议程》的总体路径从战略对接、制度保障、社会动员、资源投入、风险防控、国际合作、监督评估七个方面入手，分步骤、分阶段推进落实。在战略对接方面，一是将 17 项可持续发展目标和 169 个具体目标纳入国家发展总体规划，并在专项规划中予以细化、统筹和衔接；二是推动省、市、地区做好发展战略目标与国家落实议程整体规划的衔接；三是推动多边机制制定落实议程的行动计划。在制度保障方面，一是推进相关改革，建立完备的体制保障；二是完善法治建设，提供有力的法律保障；三是科学制定政策，提供有效的政策保障；四是明确政府职责，形成"中央—地方—基层"的有效落实机制。在社会动员方面，一是提高公众参与落实的责任意识；二是广泛使用传媒进行社会动员；三是积极推进参与性社会动员，发挥民间团体、私营部门、个人尤其是青少年的作用。在资源投入方面，一是聚焦财税体制改革、金融体制改革等，合理安排和保障落实议程的财政投入；二是创新合作模式，积极推动政府和社会资本合作；三是加强与国际社会的交流合作，积极引入国际先进理念、技术经验和优质发展资源。在风险防控方面，一是推动经济持续、健康、稳定增长，为落实议程提供强大的经济支撑；二是全面提高人民生活水平和质量；三是着力解决好经济增长、社会进步、环境保护等三大领域平衡发展的问题；四是加强国家治理体系和治理能力现代化建设，努力形成各领域基础性制度体系。在国际合作方面，一是承认自然、文化、国情多样性，推动各国政府、社会组织及各利益攸关方在落实议程中加强交流互鉴；二是推动建立更加平等均衡的全球发展伙伴关系；三是进一步积极参与南南合作，积极履行国际责任；四是稳妥开展三方合作。在监督评估方面，一是结合落实国家总体规划及各专门领域的工作规划开展年度评估；二是积极参与国际和区域层面的后续评估工作；三是加强

与联合国驻华系统等国际组织和机构的合作，全面评估国内各项可持续发展目标的落实进展。

2016—2020 年是全球落实《2030 年可持续发展议程》的第一个五年，中国政府成立了由 45 家政府机构组成的跨部门协调机制，按照《中国落实 2030 年可持续发展议程国别方案》，努力推进议程各项任务，在多个可持续发展目标上取得积极进展。其主要成果体现在历史性消除绝对贫困，全面建成小康社会；国民经济持续增长，发展韧性进一步增强；居民收入和公共服务全面改善；生态环境总体优化，绿色低碳转型稳步推进；促进高质量共建"一带一路"与议程协同增效等方面。

 思考题

1. 根据可持续发展的基本定义，请对可持续发展做进一步的理论思考并论述你的观点。
2. 通过可持续发展战略的产生和演变，谈谈你对环境与发展的理解和认识。
3. 请分析落实《2030 年可持续发展议程》中 17 个可持续发展目标的主要难点和问题。
4. 请谈谈对我国社会、经济与环境协调发展状况的认识，以及对如何落实 17 个可持续发展目标的看法。

 参考文献

［1］卡逊 L. 寂静的春天［M］. 吕瑞兰，李长生，译. 北京：京华出版社，2000.

［2］世界环境发展委员会. 我们共同的未来［M］. 王之佳，柯金良，译. 长春：吉林人民出版社，1997.

［3］米都斯 D. 增长的极限——罗马俱乐部关于人类困境的报告［M］. 李宝恒，译. 长春：吉林人民出版社，1997.

［4］联合国可持续发展峰会. 变革我们的世界：2030 年可持续发展议程［Z］，2016.

［5］联合国环境与发展大会. 21 世纪议程［Z］，1992.

［6］联合国环境规划署. 可持续消费与生产 ABC［Z］，2009.

［7］中华人民共和国外交部. 中国落实 2030 年可持续发展议程国别方案［R］，2016.

第六章 可持续发展的基本理论

【导读】可持续发展的概念范畴宽广，包含着不同学科视角的学者从各自角度的理解，也对世界各国发展有着不同的内涵。把握可持续发展的关键概念内涵与理论，需要结合历史背景下这一概念的由来及发展，也是当前对可持续发展开展评价与管理的基础。本章主要介绍可持续发展的内涵与基本原则、强与弱两种范式差异，以及主要影响因素。可持续发展涉及自然、社会、经济与系统四方面属性，从经济、环境与社会出发的三重底线，以及公平性、可持续性与共同性三大原则；可持续性的中心问题——对于未来需求的满足，涉及弱可持续性与强可持续性两种范式，其关键是人造资本是否及如何替代自然资本；影响可持续发展的众多因素中，最为根本的因素是资源环境约束、技术进步与制度安排。

第一节 可持续发展的内涵与基本原则

一、可持续发展的定义

1987 年，世界环境与发展委员会发布了一份影响深远的报告《我们共同的未来》，将可持续发展定义为"既满足当代人的需求，又不对后代满足其自身需求的能力构成危害的发展"。

这个定义实际包含了三个重要的概念：其一是"需求"，尤其是指世界上贫困人口的基本需求，应将这类需求放在特别优先的地位来考虑；其二是"限制"，这是指技术状况和社会组织对环境满足眼前和将来需要的能力所施加的限制；其三是"平等"，即各代之间的平等，以及当代不同地区、不同人群之间的平等。

该报告在广泛吸收与综合各方的观点的基础上界定了可持续发展的概念，由此获得了广泛的认同。然而，这种认同并不能掩盖各研究领域之间所存在的概念理解差异。至今，对于可持续发展仍有不同的解释。

（一）着重自然的属性

从自然属性定义的"可持续发展"，即"生态持续性"，旨在说明自然资源与开发利用程度间的平衡。国际生态学会（International Association for Ecology，INTECOL）和国际生物科学联合会（International Union of Biological Sciences，IUBS）将"可持续发展"定义为"保护和加强环境系统的生产和更新能力"，即"可持续发展"是不超越环境系统再生能力的发展，或者说"可持续发展"是寻求一种最佳的生态系统以支持生态的完整性和使人类生存环境得以持续。

生态持续性包括以下具体内容：① 生物资源可持续利用，即林业、渔业、水资源等可更新资源的可持续产出。在保持一个稳定的可更新生物资源库的条件下，确定获得最大连续生产量作为资源管理目标，资源承载力大小是实现这一目标的关键。② 对于能源可持续利用，尤其是可再生能源的利用，人类需要变革其能源利用方式，由对可耗竭化石能源依赖型向可再生能源依赖型的能源利用系统转变。③ 环境管理，特别强调环境资源保护，即充分利用环境资源服务于人类发展，同时对可开发的环境又不造成难以恢复的损害，保护的核心思想是要维持一个恒定的自然资本，这是可持续性的必要条件。

（二）着重社会的属性

1991 年由世界自然保护同盟（IUCN）、联合国环境规划署（UNEP）和世界野生生物基金会（WWF）共同发表的《保护地球：可持续生存战略》，将"可持续发展"定义为"在生存于不超出维持生态系统承载能力的情况下，改善人类的生存品质"，既强调了人类生产方式、生活方式要与地球承载能力保持平衡，又强调了人类可持续发展的价值观，最终改善人类的生活质量、形成美好的生活环境。只有在"发展"的内涵中包含了提高人类健康水平、改善人类生活质量、保障人类平等自由权利等，才是真正意义上的"发展"。

着重社会属性的可持续发展包括以下具体内容：① 社会稳定，一个能持久的、自力更生的、对外部干扰具有一定抗性的社会，这一社会建立在合理的自然生产力、使用有效的可更新能源、保护水土、基本稳定的人口、合适的人类生活多样性的基础上；② 社会公平性，满足当代人的需要而不损害将来人类满足自身需要的能力，控制人口规模和消费水平，增加社会收入分配的公平性是其基本条件。

（三）着重经济的属性

Costanza 在 1992 年提出，"可持续发展"是动态的人类经济系统与更大程度上动态的生态系统之间的一种关系，这种关系意味着：人类的生存能够无限期持续、人类个体能够处于全盛状态、人类文化能够发展；同时也意味着：人类经济活动的影响保持在某种限度之内以免破坏生态学上的生存支持系统的多样性及其功能。简言之，"可持续发展"可定义为"能够无限期地持续下去而不会降低包括各种'自然资本'存量（质和量）在内的整个资本存量的消费"。其他从经济学角度对"可持续发展"做出的定义包含以下内容：在保护自然资源质量的前提下，使经济发展的净利益增加到最大限度；今天的资源利用不应减少未来的实际收入的发展；以不降低环境质量为前提的经济发展；保证当代人福利增加也不减少后代福利的发展等。

着重经济属性的可持续发展包括以下具体内容：① 可持续经济增长，从现在到可预见的未来可以得到自然和社会环境支持的经济增长；② 可持续经济发展，在至少保持总资本量，即人力资本、人造资本和自然资本不下降的条件下，使经济收益最大化。

（四）着重系统的属性

即从系统观点来看人类 – 自然系统的"可持续性"。系统包括人类（人类群体、人类经济活动及人造物）和人类赖以生存的生态系统（生态群落、过程及资源），以及二者的相互作用。人类赖以生存的地球是自然、社会、经济、文化等多要素组合而成的复合生态系统，各要素之间既相互联系，又相互制约。一个可持续发展的人类社会有赖于资源持续供给的能力，有赖于生产、生活、生态功能的协调，有赖于复合生态系统的宏观控制和系统内各部门各成员的共同监测与参与。

中国科学院可持续发展战略组提出了可持续发展的系统学方向，认为可持续发展的核心在于发展系统内部"发展度、协调度、持续度"的逻辑自洽，内容包括"人与自然"和"人与人"关系的协同进化与平衡和谐、追求系统整体效益的最大化。

地球上的许多资源和环境已超越了国界和地区界线，具有全球的意义和全球的影响，对于全球的共同资源和共同环境，应当在统一目标的前提下进行管理；"可持续发展"强调对资源的保护和有效利用，对不可再生资源应尽量减少使用或以可再生资源替代、尽可能地提高利用效率和循环利用率，对可再生资源的使用要限制在其再生产承载力的限度内，并形成资源的更新机制，应着力保护生物多样性及生命支持系统，应保证可更新生物资源的可持续利用；"可持续发展"强调生态效益、经济效益和社会效益的并重和系统整体效益的效益观。

专栏 6-1 英国大气化学家拉伍洛克的"盖娅假说"

盖娅假说（Gaia hypothesis）中的 Gaia 一词，直译为大地女神，故盖娅假说也称大地女神假说，由英国大气化学家拉伍洛克（J. E. Lovelock）于 1965 年提出。盖娅假说认为，整个地球至少地表系统是一个有生命的、能够自我调节的活的系统。地球表面的温度和化学组成是受地球这个行星的生命总体主动调节的。地球的大气化学成分、温度和氧化状态受天文的、生物的或其他干扰而发生变化，发生偏离。但生物通过改变其生长和代谢，如光合作用吸收二氧化碳、释放氧气，呼吸作用及排泄、分解等作用对此做出反应，从而缓和地球表面这些变化。这种调节自地球上出现生命以后就一直存在，至今已有 30 亿年以上。

引自：詹姆斯·拉伍洛克.盖娅：地球生命的新视野.肖显静，范祥东，译.上海：格致出版社，2007.

二、可持续发展的内涵

可持续发展概念的界定在不同领域、不同研究者之间存在差异，但并不影响这一概念的广泛应用，其原因在于实践者们对这一概念内涵的普遍认同。1997 年，英国学者埃尔金顿针对企业的可持续发展，提出三重底线的原则，即经济、社会与环境责任三者的统一。2015 年，联合国大会通过了旨在消除贫困、保护地球、实现人类共同繁荣的《2030年全球可持续发展议程》，包括 17 个可持续发展目标，涉及经济发展、环境保护与社会进步的多个方面。在人类可持续发展中，经济可持续是基础，环境可持续是条件，社会可持续是目的。人类共同追求的应当是以人的发展为中心的经济－环境－社会复合系统持续、稳定、健康的发展。所以，可持续发展需要从经济、环境和社会三个角度加以解释才能完整地表述其内涵。

（1）可持续发展应当包括"经济的可持续性"：具体而言，是指要求经济体能够连续地提供产品和服务，使内债和外债控制在可以管理的范围以内，并且要避免对工业和农业生产带来不利的极端的结构性失衡。

（2）可持续发展应当包含"环境的可持续性"：这意味着要求保持稳定的资源基础，避免过度地对资源系统加以利用，维护环境吸收功能和健康的生态系统，并且使不可再生资源的开发程度控制在使投资能产生足够的替代作用的范围之内。

（3）可持续发展还应当包含"社会的可持续性"：这是指通过分配和机遇的平等、建立医疗和教育保障体系、实现性别的平等、推进政治上的公开性和公众参与性这类机制来保证"社会的可持续发展"。

更根本地，可持续发展要求平衡人与自然，以及人与人两大关系。人与自然必须是平衡的、协调的。恩格斯指出："我们不要过分陶醉于我们人类对自然界的胜利，对于每一次这样的胜利，自然界都对我们进行报复。"他告诫我们要遵循自然规律，否则就会受到自然规律的惩罚，并且提醒"我们每走一步都要记住：我们统治自然界，绝不像征服者统治异族人那样，绝不是像站在自然界之外的人似的——相反地，我们连同我们的肉、血和头脑都是属于自然界和存在于自然界之中的；我们对自然界的全部统治力量，就在于我们比其他一切生物强，能够认识和正确运用自然规律"。

可持续发展还要协调人与人之间的关系。马克思、恩格斯指出：劳动使人们以一定的方式结成一定的社会关系，社会是人与自然关系的中介，把人与人、人与自然联系起来。社会的发展水平和社会制度直接影响人与自然的关系。只有协调好人与人之间的关系，才能从根本上解决人与自然的矛盾，实现自然、社会和人的和谐发展。由此，可持续发展的内容可以归纳为三条：人类对自然的索取，必须与人类向自然的回馈相平衡；当代人的发展，不能以牺牲后代人的发展机会为代价；本区域的发展，不能以牺牲其他区域或全球发展为代价。

总之，可以认为可持续发展是一种新的发展思想和战略，目标是保证社会具有长期的持续性发展能力，确保环境、生态的安全和稳定的资源基础，避免社会、经济大起大落的波动。可持续发展涉及人类社会的各个方面，要求社会进行全方位的变革。

专栏 6-2　我国的可持续发展理念

我国自 1992 年参加在巴西里约热内卢举行的联合国环境与发展大会后，率先响应大会的成果之一《21 世纪议程》，在世界范围内首先提出了本国的 21 世纪议程。此后，可持续发展的理念就逐渐进入国家的发展理念与战略思想之中。2003 年，科学发展观问世，提出坚持以人为本，树立全面、协调、可持续的发展观，促进经济社会和人的全面发展。2015 年提出的新发展理念，包括创新、协调、绿色、开放、共享，其中创新注重发展动力，协调关注解决发展不平衡，绿色强调人与自然和谐，开放关心发展的内外联动，共享提倡社会的公平正义。此后，2017 年提出的高质量发展，进一步强调发展的重心由数量增长转向质量发展，提倡更高质量、更有效率、更加公平、更可持续、更为安全。经济、社会与环境维度的统筹兼顾始终是这些发展理念的核心内涵。

三、可持续发展的基本原则

（一）公平性原则

公平是指机会选择的平等性。可持续发展强调：人类需求和欲望的满足是发展的主要目标，因而应努力消除人类需求方面存在的诸多不公平性因素。"可持续发展"所追求的公平性原则包含两个方面的含义。

一是追求同代人之间的横向公平性，"可持续发展"要求满足全球全体人民的基本需求，并给予全体人民平等性的机会以满足他们实现较好生活的愿望，贫富悬殊、两极分化的世界难以实现真正的"可持续发展"，所以要给世界各国以公平的发展权（消除贫困是"可持续发展"进程中必须优先考虑的问题）。

二是代际间的公平，即各代人之间的纵向公平性。要认识到人类赖以生存与发展的自然资源是有限的，本代人不能因为自己的需求和发展而损害人类世世代代需求的自然资源和自然环境，要给后代利用自然资源以满足需求的权利。

（二）可持续性原则

可持续性是指生态系统受到某种干扰时能保持其生产率的能力。资源的永续利用和生态系统的持续利用是人类可持续发展的首要条件，这就要求人类的社会经济发展不应损害支持地球生命的自然系统，不能超越资源与环境的承载能力。

社会对环境资源的消耗包括两方面：耗用资源及排放废物。为保持发展的可持续性，对可再生资源的使用强度应限制在其最大持续收获量之内；对不可再生资源的使用速率不应超过寻求作为代用品的资源的速率；对环境排放的废物量不应超出环境的自净能力。

（三）共同性原则

不同国家、地区由于地域、文化等方面的差异及现阶段发展水平的制约，执行可持续发展的政策与实施步骤并不统一，但实现可持续发展这个总目标及应遵循的公平性及持续性两个原则是相同的，最终目的都是促进人类之间及人类与自然之间的和谐发展。

因此，共同性原则有两方面的含义：一是发展目标的共同性，这个目标就是保持地球生态系统的安全，并以最合理的利用方式为整个人类社会谋福利；二是行动的共同性。因为生态环境方面的许多问题实际上是没有国界的，必须开展全球合作，而全球经济发展不平衡也是全世界的事。

第二节　可持续发展范式——强与弱之争

一、何为可持续性

可持续性（sustainability）的概念于20世纪70年代提出并逐步形成，早于可持续发展的提出。可持续性是指在对人类有意义的时间和空间尺度上，以及支配这一生存空间的生物、物理、化学定律所规定的限度内，环境资源对人类福利需求的承载能力。就区域复合系统而言，可持续性是指系统发展过程中具备一种通过自身的改革不断保持和完善其组织机制的能力，其实质上是人类与自然两大系统的良性运作能力。

什么是"理想的人类生存条件"呢？是什么造就了一个富有弹性和支撑能力的生态系统？生态系统可以承受多大的胁迫以维持生态系统的良好状态？对生境进行多大程度的改变才不致过分呢？人类应当如何去分享资源和利益？人类与生态系统的利益怎样搭配才可能导致均等性和可持续性？怎样的生活方式既是理想的又是持久的？在不知道什么是理想的人类生存条件及什么支撑生态系统的前提下，人们应当如何去平衡人的需求与生态系统的需求呢？所有这些问题都是"可持续性"定义所必须回答的问题，最根本的就是：人类及其行为与赖以生存的环境之间的关系。

一般而言，科学家对"可持续性"有以下共识：① 一个具有可持续性的社会是指"这样的社会，在满足其公民最大需求的同时，社会所有的意图和目的都能无限制地持续下去"。② "发展是对生物圈的改造和对资源的利用以满足人类需求并改善人类生活的质量。为了使发展成为可持续的，就必须考虑多种社会和生态因子（包括经济因子）；考虑生命及非生命形式的资源库；同时也必须考虑多种不同行为模式所带来的长远的和眼前的利益"。③ 保育是对人类利用生物圈的活动加以管理，从而使生物圈既能为当代人提供最大限度的并能长久享用的益处，又能保持它满足子孙后代需求与愿望的潜力。④ 经济的增长为所有的世界公民（而不仅仅是少数特权者）带来公平与机遇，但又不进一步破坏世界有限的自然资源与承载力。⑤ 动态的人类经济系统从长远看也是动态的，但通常与缓慢变化着的生态系统之间互相联系，其中人类可以无限地生存下去、人类社会得到繁盛、人类文化得以发展，但人类活动带来的影响要得以限制，以使生态 – 生命支撑系统的多样性和功能不致遭到破坏。

专栏 6–3　可持续性的 6 个概念或状态

（1）在可持续性状态下，效用或消费水平是不随时间变化降低的。

（2）可持续性状态是要管理自然资源以维持未来的生产机会。

（3）在可持续性状态下，自然资本存量是不随时间而降低的。

（4）可持续性状态是要管理自然资源以维持资源服务的可持续性产出。

（5）可持续性状态是满足生态系统在时间上的稳定性和弹性的最低标准。

（6）可持续发展是能力和共识的构建。

这些概念用更标准的经济学术语来表示可持续性的必要条件，反映了可持续性对人类经济行为的约束。这些概念也存在一定关联。例如，第一个概念与第三个相联系，因为如果效用或消费不随时间而下降，那么资源就必须得到管理，从而使子孙后代能有从事生产的机会。类似地，第一个概念要求第五个概念予以诠释，因为生态系统崩溃就不能维持生产和消费。

引自：中国 21 世纪议程管理中心，中国科学院地理科学与资源研究所，编译. 可持续发展指标体系的理论与实践. 北京：社会科学文献出版社，2004.

在可持续性的评判方面，可以采用如下四项指标：第一，污染物和废弃物排放是否超过了环境的承载能力；第二，对可再生资源的利用是否超过了它的可再生速率；第三，对不可再生资源的利用是否超过了其他资本形式对它的替代速率；第四，收入是否可持续增加。

二、弱可持续性与强可持续性

迄今为止，有关可持续发展的绝大多数经济学解释都将世界环境与发展委员会（WCED）定义的可持续发展的总体目标作为其讨论的出发点。尽管该定义的总体旨意似乎非常清楚，但要成为一个广泛的政策目标，该定义在一系列重要方面却是模糊的。最明显的问题是，什么构成"需求"？对"需求"而言，经济学分析有两种基本方法：从市场的角度看，可以将市场需求看作社会需求的可操作的定义；从政府的角度看，鉴于市场的分配失灵，存在着提供改善福利的公共物品的需求（包括为弱势群体）。因此，可持续发展的争论要求回答，应当在何种程度上满足对物品和服务的每一种市场和非市场需求。

问题的答案从根本上取决于对未来的需求的可能解释，以及反过来如何去满足这种需求。这种争论与"生产性资本"的定义和作用密切相关，因为要满足需求，则某种形式的资本是必需的。资本是用来生产有价值的物品和服务所需的物质，其两种基本形式是自然资本和人造资本，另外，还包括人力资本和社会资本。这四种资本形式在满足人类的需求方面都有贡献，都是人类福利的来源。

可持续发展的中心问题（不损害子孙后代满足其需求的能力）可以表述为更加严格的形式。应当给子孙后代留下什么样的总资本存量（这决定着如何满足其"需求"）？从经济学观点出发，根据自然资本与人造资本之间的可替代性及总资本存量的变化，可以定义两种基本情况：① 总资本存量（自然资本、人造资本等存量之和）不随时间而下降，在世代之间保持不减少；② 自然资本存量不随时间而下降，在世代之间保持或增加自然资本存量。

第一种情况被称为弱可持续性（weak sustainability）。实现弱可持续性的有意义的条件是资本存量的不同要素之间可以互相替代，特别是允许人造资本可以替代日益减少的自然资本，如一个伐木场（人造资本）可以取代一片森林（自然资本），生态系统利益的减小可以来自至少同等量级的人类利益的增加。因此，可以说弱可持续性并不关心局部，而是只关心整体。

第二种情况被称为强可持续性（strong sustainability）。其一般意义是，如果一个国家的自然资本是不随时间而减少的，就可以实现可持续发展。因此，强可持续性要求保持系统组分的良好状态，同时也关照到系统整体。Pearce 等进一步把其中特别重要的部分即给经济过程提供有价值的非替代性的环境服务的资本区别开来，将其作为关键自然资本。因此，强可持续发展要求一个国家的关键自然资本存量不随时间而减少。

这里的关键是互补性和替代性。如果物品是互补的，那么它们在一起比它们分开更具有价值（它们之间具有协同作用）。而替代性使得它们可以互相替代而不损失价值。在大多数情况下这似乎是可能的，自然资本和人造资本，以及它们的不同形式之间是部分互补的、部分可替代的。许多科学家认为，对生态系统的生命支撑功能而言，可能的替代是非常有限的。尽管空间站及相关设备已经能够使人们生活在生物圈之外，但这种功能上的替代是难以达到合理的运行规模的。

基于互补性的观点，科学家们提出了遥相关（teleconnection）、临界元素（tipping element）、行星边界（planetary boundary）等概念。遥相关的概念指出，地球作为一个整体，从局部的视角理解往往存在不足，正如北半球中纬度地区的消耗臭氧物质的排放与南半球高纬度地区的季节性臭氧空洞之间的联系。对于作为一个复杂整体的地球系统，临界元素的概念进而指出某些元素已经达到了一个临界点，此时一个极小的扰动就会造成整体系统巨大而不可逆的变动，如北极的海冰。行星边界则进一步提出并量化测量了地球系统可供人类安全生存的若干边界，而人类活动的影响已经突破了气候变化、生物多样性及氮循环的安全边界。

三、资源的替代问题

当然，自然资源的相互替代也是完全可能的，如甘蔗等生物质资源可以替代石油、煤炭等化石能源。由于自然资源的相互替代性，从经济角度而言，一种特定自然资源的不可持久利用可能不会对人类构成威胁。此外，在自然资源和非自然资源之间也可能存在着相互替代的关系，如资本、知识和技能。因此，技术进步和革新将扩大一种资源的替代选择，并减少可持续性问题的未知性和不确定性。在实践中，"可持续性"概念内容极为复杂，出售或燃烧一种化石能源，并将其收益投资于开发自然资源和人工资源的替代物，或许比保存这种化石能源更有益。

经济学家为证实"可持续性"的可操作性，常用已存的和可计算的资源价值将所有自然资源转换成一种综合的经济价值 V（用货币表述）。这需要以下的理想条件：① 每种资源的确切价值是存在的，或者是可以估计的；② 资源的减少不产生影响，或能被另一种资源替代得以补偿。这将导出可持续发展的条件 $dV/dt>0$。一些经济学家走向了极端，他们要求各种形式的自然或人造资产的价值合计为非负数。这意味着生产资本甚至知识对自然资源的非强制替代都有可能。然而由于市场的缺陷，所需要的可用于转换成价值的价格体系是非常不足的。

可持续性的可操作性定义需要回答以下两个相关问题：① 我们希望确保可持续性的时间跨度；② 如何执行用人造资本替代环境资源的方案。这两个问题与未来研究及开发能够扩展的替代范围有关。

第一个问题，可以用对一系列物质存量和条件的需求来回答，这种需求要确保经济和进化发展潜力维持在目前的水平上。这意味着要维持（或增强）目前环境的基础结构和生物多样性的质量，或（至少）保持所有基本环境结构和进程的稳定状态。例如，对农业用地使用的化肥不多于能被农作物所吸收的数量；污染的排放量不多于目前生态系统可以安全地吸收或缓解的数量；森林的采伐不要超过其最大的持续产出量等。

第二个问题，应评估一种资源替代另一种资源的可能性，以及科学技术连续地提供新的替代选择的能力，资源的存储量只包括已探明的存储量，并且只有证实可以持续利用资源的新技术才能被接受，用来改善对自然资源的依赖及可持续性的境况。对于主要的可再生资源，这一方案包括：① 可维持的存储量水平必须足够高，以确保安全、可持续供给；② 在再生产过程中，起作用的再生资源的质量，必须维持在高于最低环境安全标准的水平之上。

第三节　可持续发展的主要影响因素

可持续发展概念的背后是关于人类对自然生态系统巨大影响的认识。虽然早期人类活动就造成了如猛犸象、剑齿虎等物种的灭绝，但是人类成为自然生态系统诸多变化的主导因素，被认为是近期才形成的。这一过程伴随着人口、生产规模、消费规模、基础设施、污染排放等多种指标高加速度的变化。因此，学者认为，地球进入了以人类活动为主导的一个新纪元，即"人类世"。在人类世中，如何约束人类行为是可持续发展的要义。影响可持续发展的因素众多，其中资源环境约束、技术进步、制度安排是最为根本的因素。

一、资源环境约束

资源存量与环境容量是可持续发展的约束条件。资源是一种动态的概念，是经济学中的一个范畴。而一个国家或地区所拥有的资源在数量和品种上的有限性及分布上的地域性，形成了该国或该地区的资源约束条件。资源约束是一个相对的概念，从生产的角度来讲，可能会出现物质资源相对于劳动的稀缺，也可能出现劳动相对于物质资源的稀缺。同样地，自然生态环境作为如污染物等各种人类活动影响的吸纳体，其承载力或者容量也是有限的。环境容量也随着吸纳的影响与地域而变化。

资源环境约束对经济发展存在较为复杂的作用关系。

（1）资源环境约束制约着经济发展的规模和成长速度：资源总量和环境容量约束决定经济长期发展的规模和成长速度，而个别的资源短缺所造成的资源约束会使短期经济发展受到抑制，常会成为短期经济发展的"瓶颈"。但从长期看，经过结构调整和资源的替代选择，个别资源的短缺不会影响经济发展的规模和成长速度。相比而言，环境容量短期被超越不会造成严重的后果，但长期积累会造成地球系统不可逆的变化。

（2）各种资源供给与环境吸纳能力在结构上的特点或不平衡性形成了资源环境的结构约束：资源环境约束限制着经济发展模式的选择范围，一定的资源、环境约束条件决定着一定的经济发展模式。

（3）资源、环境在总量和结构上的约束条件共同决定着经济长期发展的规模、成长速度和模式选择。

关于自然资源在经济增长中的功能，经济学家存在不同的看法。有些经济学家认为，当今世界自然资源的拥有量并不是经济发展取得成功的必要条件，如亚洲四小龙和日本这些自然资源贫乏的国家和地区在第二次世界大战后保持了几十年的快速经济增长。然而，另外一些人认为，自然资源是否对经济增长起主要作用是要因地因时而异的。马克思描述的由粗放经营向集约经营的转化，加州大学历史系教授彭慕兰所阐述的 18 世纪之后西欧与东亚经济发展的大相径庭，以及哈佛大学波特教授所讲的一些自然资源短缺的国家，反倒在更高层次上经济发展良好的事实，都是在资源逼迫（约束）下选择了具有创新功能的、高技术含量的经济增长模式的结果。

二、技术进步

技术作为人类发展史上最具变革力量的因素极大地提高了生产力，但技术进步并不意味着可持续发展。巴里·康芒纳在《封闭的循环——自然、人和技术》中利用大量翔实的实例和数据向世人表明：大多数情况下，急剧增长的污染来自人口的不如来自技术的多。人类环境危机的主要原因在于第二次世界大战以来生产技术上的空前变革：对环境具有急剧影响的生产技术已经代替了那些毁灭性较小的技术，环境危机因此成为这个逆生态模式不断增长的不可避免的结果。

"并不是因为在新技术中还有某些不成熟不完备的地方，相反它们在完成既定目标上几乎都取得了极大的成功。问题在于技术的既定目标过于单一，界定的范围过于狭窄，技术的视野仅仅是自然界的一部分，而自然界作为长期演化的稳定反馈系统，任何一点上的巨大压力都有可能导致其崩溃。"生态系统固有的复杂性使技术往往都不可避免地带有副作用，即未曾预料到的或者未加考虑的作用。例如，致力于用技术解决世界粮食问题的绿色革命（新品种的种子加上化肥和杀虫剂）就产生了经济不平等日益扩大及环境污染等副作用。这种社会副作用并不意味着绿色革命的技术是不成功的，但确实意味着在大规模采用一种新技术以前必须预计到社会的副作用，并加以预防。

美国于 1993 年开始制定的"国家环境技术战略"认为，目前主要的技术挑战在于：认识技术既是创造良好社会的手段，也是产生一些潜在的、非故意性后果的力量。如能源、水、运输及基础设施建设既促进了发展，也是经济发展的制约因素。基础设施的投资往往需要几十年。因此，选择技术应慎之又慎，应把技术开发与生态系统管理、农村和城市开发结合起来。在发展可持续社区时，充分理解每个社区独特的文化、生物、社会环境是至关重要的。

与自然生态系统不同，技术系统具有运动方向的可逆性和运动速度的可变性。从理论上讲，完全可以调整技术系统的目标、方向和速度以达到与生态系统的和谐共存。有两条途径可供选择：① 技术系统自身尽可能地形成封闭体系，最理想的状态是与生态系统只有能量交换而没有物质交换；② 探索技术系统与生态系统的相互依存关系，构建一个和谐的可持续的人工复合系统。第一条途径实质上就是要构建零排放的技术系统，该途径在理论上可行，但往往受到经济方面的限制和约束；第二条途径就是重新整合现有技术系统，尽可能利用生态系统中的可再生资源和能源代替不可再生的资源，并且尽量减少生态不相容物质的产生和排放。

三、制度安排

制度安排是实施可持续发展的重要途径。目前不可持续现象的产生原因在一定程度上在于发展观念的偏差、市场失灵和政府失灵等制度性缺陷。在 2015 年联合国大会通过

《2030 年全球可持续发展议程》及 17 个可持续发展目标之后，近年来可持续发展目标的落实不尽如人意。政府间气候变化专门委员会做出的评估报告明确地表明不可持续发展方式是造成气候变化的主要因素。

这表明全球范围内可持续发展方式还没有得以形成，不可持续的行为仍然是根深蒂固的，很多制度性因素仍然有待改善和发展。例如，经济增长被当作发展的一条金科玉律，也就是唯 GDP 至上。比较之下，人们的发展权利和福利，以及资源环境等都让路于经济增长，而并没有真正作为发展的核心；环境代价和收益并没有得到很好的内部化，很多发展是以牺牲资源环境为代价的；穷人被边缘化，不公正的利益格局逐步被固定化，等等。

因此，要推动可持续发展，就需要合理进行制度安排来规范发展的行为、有效解决市场失灵和政府失灵等问题。一般而言，既要进行正式制度安排建设，如建立合理的自然资源的产权制度、市场交易制度、资源定价制度、法制制度、资源补偿制度、环境税收制度等；需要全球治理手段，特别是推动发达国家对发展中国家可持续发展的投资；也要进行非正式制度安排建设，如建立可持续发展的伦理观以调节人与自然的关系，建立可持续发展的自然观，从人类与自然生态统一的立场去认识自然，强调人与自然关系的多样性等。

 思考题

1. 如何看待可持续发展概念中环境、经济和社会三者的权衡问题？

2. 强可持续性范式与弱可持续性范式有什么不同？二者是否都有其存在的根据和理由？

3. 政府间气候变化专门委员会明确表明不可持续发展方式是造成气候变化的主要因素。试列举影响气候变化的主要因素，并评估其可持续性程度。

参考文献

［1］罗杰斯 P P，贾拉勒 K F，博伊德 J A，等. 可持续发展导论［M］. 郝吉明，邢佳，陈莹，译. 北京：化学工业出版社，2008.

［2］拉伍洛克 J. 盖娅：地球生命的新视野［M］. 肖显静，范祥东，译. 上海：格致出版社，2019.

［3］Costanza R，Daly H E. Natural capital and sustainable development［J］. Conservation Biology，1992，6（1）：37−46.

［4］Costanza R，d'Arge R，De Groot R，et al. The value of the world's ecosystem services and natural capital［J］. Nature，1997，387（6630）：253−260.

［5］Gutés M C. The concept of weak sustainability［J］. Ecological Economics，1996，17（3）：147−156.

［6］Hartwick J M. Intergenerational equity and the investing of rents from exhaustible resources［J］. The American Economic Review，1977，67（5）：972−974.

［7］Pearce D W，Atkinson G D，Dubourg W R. The economics of sustainable development ［J］. Annual Review of Energy and the Environment，1994，19（1）：457-474.

［8］Purvis B，Mao Y，Robinson D. Three pillars of sustainability：in search of conceptual origins ［J］. Sustainability Science，2019，14（3）：681-695.

［9］Stern D I. The capital theory approach to sustainability：a critical appraisal ［J］. Journal of Economic Issues，1997，31（1）：145-174.

［10］United Nations Environment Programme，International Union for Conservation of Nature，& World Wide Fund For Nature. Caring for the Earth：A Strategy for Sustainable Living ［OL］. Switzerland：UNEP，IUCN & WWF，1991.

第七章　可持续发展评价指标体系

【导读】可持续发展评价指标体系是可持续发展理论的重要组成部分，运用指标体系可以量化国家或区域的可持续发展进程，进而引导人类社会行为的发展方向。本章首先介绍了构建可持续发展评价指标体系的基本原则，将各种评价指标体系分为单一指标评价方法与多指标加权评价方法两大类。单一指标评价方法是选用某个单一指标以评估国家或区域的可持续发展状态，本章主要介绍了绿色GDP、国家财富与真实储蓄率等经济指标方法，以及生态足迹等方法的理论及相关案例研究进展。多指标加权评价方法通过构建多层指标体系并进行不同方式加权以评估国家或区域的可持续发展状态，不同的可持续发展内涵理解导致评价指标体系的差异，本章主要介绍了联合国开发计划署提出的人类发展指数及一般性的多指标评价方法。

　　可持续发展战略已在包括中国在内的许多国家实施，为了反映不同时间和空间的可持续发展变化过程，需要采取合适的方法对可持续发展状况进行测度。联合国1992年环境与发展会议通过的《21世纪议程》明确规定："各国在国家一级，以及各国际组织和非政府组织在国际一级应探讨制定可持续发展指标的概念并确定可持续发展的指标体系。"目前，已有不少国际组织和科研机构提出了多种衡量可持续发展的指标和指标体系，为建立更为合理、完善的指标体系奠定了良好的基础。

第一节　可持续发展评价指标体系的理论基础

一、可持续发展评价指标体系的有关概念

1. 指标与可持续发展评价指标

　　指标是对事物信息的一种描述，它有助于将信息转化为更易理解的形式，并以简明的方式来描述相对复杂的状况。例如用人均GDP来表征区域经济发展的水平，用基尼系数来表征整个社会收入分配的均等程度。指标通常与目标发生关系，因此可作为评估事物发展状态与目标之间距离的一种有效工具。

　　所谓可持续发展评价指标，就是指用来描述或者评价人类社会可持续发展状态的指标。显然，对可持续发展理解的不同，就会产生不同的可持续发展指标，包括指标选择的依据、运用的方法与指标的权重。

2. 可持续发展评价指标体系

由于可持续发展系统包含经济、社会与环境等组成部分，较难以单一组分的某个方面的指标来描述可持续发展的整体状态，因此，需要构建指标体系评价区域的可持续发展。可持续发展评价指标体系是由一系列描述整个社会不同层面的指标组成的，不同指标之间的关系是可持续发展评价指标体系关注的重点。通常指标体系的层次结构从上到下依次为目标层、准则层与指标层。

二、可持续发展评价指标体系构建的基本原则

可持续发展评价指标体系用于度量、评价区域经济、社会与环境复合系统发展状态。由于整个系统结构复杂、要素众多，各子系统之间既有相互作用，又有相互间的输入和输出，应在众多的指标中选择一套系统的、具有代表性、内涵丰富且便于度量的指标作为评价指标体系。

在确定可持续发展评价指标体系时，必须遵循一定的原则。

（1）科学性原则：指标体系的构建必须严格按照可持续发展的科学内涵进行，特别强调经济、社会与环境之间的协调，应能客观真实地反映可持续发展的本质，反映人口、资源、环境与社会经济发展的数量与质量水平等。

（2）可操作性原则：可操作性原则要求指标体系不能过于庞杂，指标应易于获得且来源准确，资料的分析整理相对简单易行，以便于评估者的实际操作。由于可持续发展状态评价不具有绝对意义，在实际操作过程中主要运用可持续发展评价指标体系进行时间上或者空间上的比较，因此，要求指标的统计口径、含义、适用范围在不同时段、不同区域保持一致。

（3）完备性原则：可持续发展是一个复杂的系统，构建可持续发展评价指标体系必须全面真实地反映经济、社会、环境等各个方面的基本特征。完备性原则要求在设计指标体系的过程中，特别需要全面系统地考虑各个子系统及其相互作用关系，据此选择指标而不能有所遗漏。

（4）主成分性原则：由于描述可持续发展系统的指标范围很大，要将所有可能的方面都包括进来既无必要也无可能。因此，主成分性原则要求，在确定指标体系时，需要根据不同要素对系统作用的大小，予以不同的侧重，把握那些表征可持续发展的主导因素。

三、可持续发展评价指标体系的分类

目前，可持续发展评价指标体系衡量方法主要分为单一指标评价方法与多指标加权评价方法两种类型。

1. 单一指标评价方法

单一指标评价方法，是指选用某个单一的评价指标对可持续发展进行状态评估。由于可持续发展系统包括经济、社会与环境等各个方面，各个系统的特征及其组成千差万别，因此单一指标评价方法首先需要明确选用的指标，然后将可持续发展的各个系统都运用该

指标进行表征，最后通过加和给出整个系统的可持续发展状态指标。

目前单一指标评价方法，分别选用经济价值、面积、能值、质量等指标进行评价。例如，经济价值评价方法，主要是在传统的经济核算体系或相关总量的基础上，以货币化为度量手段整合经济、社会与环境等各个系统，尤其是环境系统的经济价值化，主要包括绿色 GDP、国家财富、真实储蓄率等方法。此外，还有基于面积指标的生态足迹评价方法与基于能值指标的能值评价方法等。在单一指标评价方法中，其他指标与单一指标的转换关系，将在很大程度上影响评价的结果。

2. 多指标加权评价方法

多指标加权评价方法，是指根据对可持续发展的理解确定指标体系的层级结构与具体指标，然后对各个指标进行归一化处理，通过各种方法确定权重并对各个指标进行整合处理，最后给出区域的可持续发展状态。

目前，多指标加权评价方法较多将可持续发展系统分解为经济、社会与环境三个子系统，然后根据需要选择相应的指标表征各个子系统。与单一指标评价方法比较，多指标加权评价方法不需要将不同指标转换成某个单一指标，但是指标体系的选取与指标的权重将在很大程度上决定着评价的结果。

第二节　可持续发展的单一指标评价方法

一、绿色 GDP、国家财富与真实储蓄率

1. 绿色 GDP

国内生产总值（GDP），是指一定时期内一个国家或者区域生产的全部产品与劳务的价值。由经济发展带来的环境污染、生态破坏等结果，未能纳入传统的 GDP 指标中。因此，为更好地评价一个国家或者区域发展所带来的经济与环境的整体成果，需要对 GDP 指标进行修正。在现行 GDP 的基础上扣除自然资源损耗价值与环境污染损失价值后的国内生产总值，就是绿色 GDP。通常来说，绿色 GDP 可以用下面的公式表示：

绿色 GDP= 现行 GDP − 环境与资源成本 − 环境资源保护成本

一般来说，由于环境污染与生态破坏的存在，绿色 GDP 小于现行 GDP。显然，如果经济发展的资源环境成本较大，将在很大程度上降低整个社会"表面上"的发展成果。这是因为，较高的资源环境成本不仅损害整个社会的福利水平，而且还将影响可持续发展能力。

早在 20 世纪 70 年代，美国著名经济学家诺德豪斯和托宾就建议修改国民经济核算体系，建议选用经济福利指标（Measure of Economic Welfare）来评价经济发展水平。经过多年的研究，1993 年联合国建立并推荐《综合环境与经济核算体系》（System of Integrated Environmental and Economic Accounting，SEEA），在 SEEA 中首次明确提出了绿色 GDP 概念，并规范了自然资源和环境的统计标准，以及评价方法。

在实际计算过程中，通过构建卫星账户来描述不同经济部门或地区经济发展所带来的污染物实物排放、资源损耗与生态破坏状况，然后通过各种环境资源的价值评估方法（见专栏 7-1），将其纳入传统的国民经济核算体系中。

关于环境资源价值量的核算主要包括三个组成部分。

（1）环境损害成本，又称为环境退化成本，是指由于污染物排放而引起的环境功能退化产生的价值损失。

（2）环境治理成本，是指为了减少经济活动中产生的污染物，对生产与生活中产生的污染物进行处理而发生的成本。

（3）生态退化成本，是指由于经济活动引起的生态功能退化的价值损失。

专栏 7-1　环境资源的价值评价方法

一、直接市场法

1. 生产率变动法

即利用生产率的变动来测算环境变化影响的估算方法。该方法把自然环境当作一种传统的生产要素来看待，人类活动引起环境质量下降表现为其他投入不变的情况下产量下降，通过减少的产出量的市场价值来计算环境损害的价值。例如，水污染将使水产品产量或价格下降，给渔民带来经济损失。

评价基本步骤为：① 估计环境变化对受纳者造成影响的物理效果和范围；② 估计该影响对成本或产出造成的影响；③ 估计产出或者成本变化的市场价值。

2. 人力资本法

如果人类的生存环境受到污染与破坏，原有的环境功能下降，就会给人的健康带来损害。这不仅可使人们失去劳动能力，而且还会给社会带来负担。人力资本法是利用环境污染与破坏所造成的人体健康和劳动能力的损害，来估计环境污染与破坏造成的经济损失的一种方法。

评价基本步骤为：① 识别环境中可致病的特征因素（致病动因）；② 确定致病动因与疾病发生率和过早死亡率之间的关系；③ 评价处于风险之中的人口规模；④ 估算由于疾病导致缺勤所引起的收入损失和医疗费用，或由于过早死亡所带来的影响。

3. 机会成本法

在估计那些无法定价或者非市场化用途的资源时，运用机会成本法估算保护无价格的自然资源（如自然保护区、热带雨林）的机会成本，可以用该资源作为其他用途（如农业、林业开发）时可能获得的最大收益来表征。

机会成本法特别适用于对自然保护区或者具有唯一性特征的自然资源开发项目的评价。也适用于评价水资源短缺的工业损失、固体废弃物占用农田对农业造成的经济损失等。

4. 重置成本法

重置成本法又称恢复费用法，是通过估算环境被破坏后将其恢复原状所需支付的费用，来评价环境影响的经济价值的一种方法。

使用重置成本法必须符合以下条件：① 被评价环境资产在评价的前后期不改变其用途；② 被评价环境资产必须是可以再生、可恢复原状的资产；③ 被评价环境资产在特征、结构和功能等方面必须与假设重置的全新环境资产具有相同性或可比性；④ 必须具备可利用的历史资料。

二、替代市场法

1. 内涵资产定价法

该方法的基本思路是观察环境条件的差别如何反映在不同的房地产价格上，并以此为依据确定环境价值。因为环境改善后效益反映在地价的上升上，所以通过观察房地产价格的变化可以评价环境改善的社会效益。

该方法适合评价环境变化问题包括：① 局部地区空气和水质量的变化；② 噪声，特别是飞机等交通噪声；③ 工厂选址（如污水处理厂）、铁路及高速公路的选线规划等。

2. 旅行费用法

通过人们的旅游消费行为对非市场环境产品或服务进行价值评价，并把消费环境服务的直接费用与消费者剩余之和当作该环境产品的价格的一种评价方法。主要应用于对户外娱乐活动（打猎、划船、森林观光等）的评价。

三、意愿调查法

意愿调查法通过直接向有关人群样本提问来发现人们是如何给一定的环境变化定价的。通常将一些家庭或个人作为样本，询问他们对于一项环境改善措施或一项防止环境恶化措施的支付意愿，或者要求住户或个人给出一个对忍受环境恶化而接受赔偿的愿望。

意愿调查法适用于评价的物品或服务包括：① 空气和水质量；② 休闲娱乐，包括狩猎、公园、野生生物；③ 生物多样性的存在价值和选择价值；④ 交通条件改善；⑤ 供水、卫生设施和污水处理。

资料来源：戴维·皮尔斯，杰瑞米·沃福德，著.世界无末日［M］.张世秋，等，译.北京：中国财政经济出版社.1996.（经改编）

为更加全面地评价人类社会发展的福利成果，也可以从更宽泛的角度界定绿色 GDP：

$$绿色 GDP = 现行 GDP - 自然环境部分的虚数 - 人文部分的虚数$$

其中，自然环境部分的虚数主要包括环境污染造成的损失、生态质量退化造成的损失等；人文部分虚数则主要包括疾病、财富分配不公、失业率上升和高发的犯罪率等造成的损失。

虽然绿色 GDP 不仅能够描述经济发展的数量，也能表达经济发展的质量，但是由于当前关于环境与资源价值的评估技术尚不完善且不易取得共识，绿色 GDP 的实际应用存在一定的技术障碍。目前，关于绿色 GDP 的核算较多处于学术研究阶段。虽然在日本、美国、加拿大、印度尼西亚等国家进行过试点，但迄今仍没有一套公认的绿色 GDP 核算方法。

对于我国而言，GDP 不单纯是一个技术性指标，它与政绩考核模式紧密联系。片面追求 GDP 势必对环境与生态产生严重破坏，因此探索绿色 GDP 的评价方法，还具有可持续发展的制度保障意义。

专栏 7-2   绿色 GDP 在我国的实践

目前关于绿色 GDP 的研究很多，美国、挪威、芬兰、法国从 20 世纪 70 年代以来陆续开展了绿色 GDP 的核算研究工作。中国社会科学院环境与发展研究中心在其 2001 年出版的《中国环境与发展评论》一书中，给出了我国 1995 年绿色 GDP 的核算结果，经济运行的全部环境成本（自然资源的耗减、生态破坏、污染损失）约占当年 GDP 的 3.7%。

2004 年 3 月，我国国家环保总局和国家统计局正式启动绿色 GDP 核算这一项目，历时两年推出《中国绿色国民经济核算研究报告 2004》。这是中国第一份有关环境污染经济核算的国家报告，也是第一份基于全国 31 个省份和 41 个部门的环境污染核算报告。

核算结果表明，2004 年，全国环境退化成本（即因环境污染造成的经济损失）为 5 118 亿元，占 GDP 的 3.05%。其中，水污染的环境成本为 2 862.8 亿元，占总成本的 55.9%；大气污染的环境成本为 2 198.0 亿元，占总成本的 42.9%；污染事故造成的直接经济损失 50.9 亿元，占总成本的 1.0%。

资料来源：《中国绿色国民经济核算研究报告 2004》（经政编）

此外，虽然绿色 GDP 是在 GDP 基础上扣除了自然资源的损耗与环境污染造成的损失等因素，但其仍以国民经济核算体系为基础，关注的对象依然为人类经济系统的运行状况。为评估自然生态系统的运行对人类经济社会提供的价值，在国民经济核算体系之外提出了生态系统生产总值（Gross Ecosystem Product，GEP）的概念，GEP 是指生态系统为人类福祉和经济社会可持续发展提供的产品与服务价值的总和。

专栏 7-3   生态系统生产总值核算

GEP 核算的主要任务是分析与评价生态系统为人类生存与发展提供的生态产品与生态系统服务的经济价值。通常来说，GEP 可以用下面的公式表示：

GEP= 生态系统产品价值 + 调节服务价值 + 文化服务价值

其中，生态系统产品价值主要包括生态系统与生态过程为人类生存、生产与生活所提供的条件与物质资源，如食物、工业原料、水资源、药品等；调节服务价值包括调节功能与防护功能，调节功能如涵养水源、调节气候、降解污染物等，防护功能如防风固沙、调蓄洪水、控制有害生物等；文化服务价值包括景观价值与文化价值，景观价值如旅游价值、美学价值，文化价值如文化认同等。部分学者对 GEP 核算进行了探索研究，如马国霞等（2017）对我国 2015 年 31 个省、自治区、直辖市的陆地生态系统生产总值进行了核算（表 7-1）。结果显示：2015 年我国 GEP 为 72.81 万亿元，GGI 指数（GEP 与 GDP 比值）为 1.01，其中西藏和青海的 GGI 指数较高。生态调节服务是生态系统最主要的生态服务类型，其价值为 53.14 万亿元，占 GEP 的 73.0%。其中，湿地生态系统的生态调节服务量最大，其次是森林生态系统，再次为草地生态系统。单位面积 GEP 和人均 GEP 的区域差距较大，整体来说西部地区的人均 GEP 相对较高，东部地区的单位面积 GEP 相对较高。

表 7-1　2015 年我国 31 个省、自治区、直辖市 GEP 核算结果

省份	GEP/亿元	省份	GGI 指数	省份	单位面积 GEP/（万元·km⁻²）	省份	人均 GEP/（万元·人⁻¹）
宁夏	2 144.7	上海	0.14	新疆	138.7	上海	1.47
天津	3 023.7	天津	0.18	甘肃	262.3	河南	1.80
上海	3 549.3	北京	0.22	宁夏	323.0	河北	1.84
北京	4 975.4	江苏	0.30	西藏	388.9	天津	1.95
海南	5 593.7	山东	0.32	青海	422.4	山东	2.06
山西	8 493.4	河北	0.46	山西	543.4	北京	2.29
重庆	8 823.0	河南	0.46	陕西	559.1	山西	2.32
陕西	11 496.0	浙江	0.54	内蒙古	586.4	江苏	2.63
甘肃	11 920.9	广东	0.54	河北	729.6	重庆	2.92
河北	13 694.5	重庆	0.56	吉林	834.8	陕西	3.03
吉林	15 643.6	辽宁	0.56	四川	894.7	安徽	3.06
辽宁	16 100.1	陕西	0.64	贵州	948.7	宁夏	3.21
贵州	16 696.4	山西	0.67	云南	1 010.1	广东	3.66
河南	17 022.6	宁夏	0.74	河南	1 019.3	辽宁	3.67
安徽	18 776.5	安徽	0.85	重庆	1 072.1	浙江	4.21
山东	20 323.9	福建	0.94	辽宁	1 103.5	甘肃	4.59
江苏	20 999.8	湖北	0.97	山东	1 321.5	湖南	4.70
新疆	23 017.4	湖南	1.10	安徽	1 344.1	贵州	4.73
浙江	23 345.3	吉林	1.11	黑龙江	1 424.8	湖北	4.91
福建	24 468.1	四川	1.43	广西	1 502.4	四川	5.25
江西	27 952.8	海南	1.51	湖南	1 505.9	吉林	5.68
湖北	28 717.4	贵州	1.59	湖北	1 544.3	江西	6.12
青海	30 513.0	江西	1.67	海南	1 645.2	海南	6.14
湖南	31 894.4	甘肃	1.76	江西	1 673.3	福建	6.37
广西	35 455.4	广西	2.11	福建	2 017.2	广西	7.39
云南	38 716.3	新疆	2.47	江苏	2 046.3	云南	8.16
广东	39 669.4	云南	2.84	广东	2 203.9	新疆	9.75
四川	43 068.4	内蒙古	3.89	浙江	2 288.8	黑龙江	17.00
西藏	47 753.5	黑龙江	4.30	天津	2 675.9	内蒙古	27.62
黑龙江	64 797.5	青海	12.62	北京	2 961.5	青海	51.85
内蒙古	69 366.4	西藏	46.53	上海	5 633.9	西藏	147.4

资料来源：[1] 欧阳志云，朱春全，杨广斌，等. 生态系统生产总值核算：概念、核算方法与案例研究 [J]. 生态学报，2013，33（21）：6747–6761. [2] 马国霞，於方，王金南，等. 中国 2015 年陆地生态系统生产总值核算研究 [J]. 中国环境科学，2017，37（4）：1474–1482.

2. 国家财富

财富是指能够带来更多价值的价值物。从可持续发展角度来看，单一的物质财富不能表达财富的全部内涵。1995 年世界银行公布了一套全新的国家财富概念和测度方法，1997 年世界银行环境局在《扩展衡量财富的手段——环境可持续发展的指标》(*Expanding the Measure of Wealth: Indicator of Environmentally Sustainable Development*) 中对世界各国的国家财富进行了计算。

根据定义，国家财富由人造资本、自然资本、人力资本和社会资本四部分组成。其中，人造资本，是人类生产活动所创造和积累的物质财富，包括房屋、基础设施（如供水系统、公路、铁路、输油管道等）、机器设备等；自然资本，是大自然赋予人类的财富，是自然生成的或具有明显的自然生长过程，包括土地、空气、森林、水、地下矿产等；人力资本，指一个国家的民众所具备的知识、经验和技能；社会资本，是促进整个社会以有效方式运用上述资源的社会体制和文化基础，是联系人造资本、自然资本和人力资本三种要素的纽带。

作为衡量可持续发展的指标，国家财富突出强调发展的可持续性，尤其人类社会未来发展（包括后代）的能力。显然，人类的生产活动不仅需要传统的人造资本，还需要人力资本、自然资本与社会资本。经济过程产出能力的高低、自然禀赋的优劣、社会成员拥有知识的多少、社会运行状况的好坏，都会对可持续发展起到促进或抑制的作用。由于国家财富需要对三种资本进行加和处理（由于存在技术性障碍，通常不考虑社会资本的量化处理），这也意味着三种资本之间可以存在替代关系，因此国家财富指标在某种程度体现了弱可持续性的思想，也就是将可持续发展理解为国家财富总量的非负增长。在实际操作过程中，如何有效地对人力资本与自然资本进行货币化度量，是决定国家财富指标应用效果的关键环节。

2021 年，世界银行对全球财富的估算进行了更新，对 1995 年与 2018 年两个年度的估算结果进行比较（表 7–2）。

表 7–2　1995 年与 2018 年全球财富变化情况

财富类别	1995 年财富价值 / 十亿美元	2018 年财富价值 / 十亿美元
人造资本	195 982	359 267
人力资本	371 572	732 179
自然资本	38 409	64 542
可再生自然资本	25 776	35 586
不可再生自然资本	12 633	28 956

数据来源：世界银行. The Changing Wealth of Nations 2021: Managing Assets for the Future. 财富总额以 2018 年美元计价。

根据计算结果，可以发现从全球财富的组成结构来看，人力资本的份额远大于人造资本与自然资本，2018 年达到 64%；与 1995 年比较，2018 年人力资本在总财富中的份额有所增加，而同期的人造资本、可再生自然资本的份额则有不同程度的下降。

　　从表 7-3 可以看出，1995—2018 年间，国家财富的全球总量与人均量都获得较大幅度增长。其中，中高收入经济体的增长幅度最大，低收入经济体与中低收入经济体增长缓慢；OECD 高收入经济体的人均财富一直最高，但其总量在全球占比随着时间推移不断下降。

表 7-3　1995—2018 年世界不同经济体财富情况

年份	1995	2000	2005	2010	2015	2018
财富价值 / 十亿美元						
低收入	2 941	3 285	3 828	4 868	6 175	6 814
中低收入	30 049	33 561	41 719	56 219	68 299	77 514
中高收入	108 870	132 912	174 524	243 603	323 819	365 811
高收入						
非 OECD	13 133	15 331	19 069	25 925	32 399	30 418
OECD	448 497	514 805	552 929	589 210	637 919	671 447
世界总额	603 490	699 894	792 069	919 824	1 068 612	1 152 005
财富份额 /%						
低收入	<1	<1	<1	1	1	1
中低收入	5	5	5	6	6	7
中高收入	18	19	22	26	30	32
高收入						
非 OECD	2	2	2	3	3	3
OECD	74	74	70	64	60	58
世界总额	100	100	100	100	100	100
人均财富价值 / 美元						
低收入	9 379	9 121	9 250	10 228	11 306	11 462
中低收入	15 253	15 516	17 721	22 066	24 896	27 108
中高收入	50 744	58 872	74 317	100 114	128 136	141 682
高收入						
非 OECD	315 088	334 226	367 631	410 083	450 258	400 891
OECD	468 398	522 668	545 341	564 426	597 897	621 278
世界平均水平	111 174	120 431	128 122	140 129	153 631	160 167

数据来源：世界银行. The Changing Wealth of Nations 2021：Managing Assets for the Future. 财富总额以 2018 年美元计价；OECD 为经济合作与发展组织（Organization for Economic Co-operation and Development）。

3. 真实储蓄率
　　真实储蓄（genuine saving）的思想来自可持续收入，它表示一定时间内某个地区创造的可以被真正用于未来发展的资本价值。真实储蓄以 GDP 为计算起点，不仅需要扣除资源环境与生态破坏的价值，而且还需要扣除人造资本的折旧及个人与公共的消费支出，这样剩余的部分表现为真实积累的资本，这些资本可以用于未来社会的发展。真实储蓄的表达式为：

真实储蓄 =GDP－人造资本折旧－生态环境退化损失－个人消费与公共消费

真实储蓄率是真实储蓄占 GDP 的百分比。根据定义，真实储蓄率可以动态地表达一个国家或地区的可持续发展能力。例如，某个国家主要通过自然资源出口（如出售石油、煤、木材或其他原料）来增加收入，并将这些收入主要用于消费而不是投资，这样就可能会出现"负真实储蓄"状态。这意味着整个国家的财富净值在减少，显然，这种发展态势将削弱其可持续发展的能力并可能剥夺子孙后代的发展机会。如果一个国家长期处于"负真实储蓄"状态，那么它能够产生的持续福利水平将会不断下降。但是，由于环境资源价值货币化存在的方法学问题，不能简单地将"正真实储蓄"数值理解为可持续发展状态。

表 7-4 列出了世界不同地区的真实储蓄率变化。可以看出，北非及撒哈拉以南非洲等地区的真实储蓄率为负，说明这些地区的发展主要依靠不断透支的自然资本来支撑。西亚地区的发展主要依靠石油产品的输出，其经济产出不足以弥补发展带来的破坏与消费支出，显然这种地区的发展模式不可持续。整体来看，其他地区的真实储蓄率基本上都为正数，但是南亚地区、拉丁美洲和加勒比地区的真实储蓄率相对较低，而高收入地区的真实储蓄率相对较高。

表 7-4　世界不同地区的真实储蓄率变化

地区和收入类型	1970—1979 平均	1980—1989 平均	1990	1991	1992	1993
地区						
撒哈拉以南非洲地区	7.3	−3.2	−3.8	−1.2	−0.6	−1.1
拉丁美洲和加勒比地区	10.4	1.9	5.5	4.1	4.7	6.1
东亚和太平洋地区	15.1	12.6	18.6	18.7	18.7	21.3
西亚和北非地区	−8.9	−7.7	−8.8	−10.8	−6.6	−1.8
南亚地区	7.2	6.5	7.6	6.3	7.1	6.4
高收入 OECD 国家	15.7	12.4	15.7	14.5	14	13.9
收入类型						
低收入	9.8	3.3	5.7	7.5	9	10.5
中等收入	7.2	2.9	10	9.7	7.8	8.1
高收入	15.2	12.3	15.9	14.6	14.1	14.1

数据来源：迪克逊　J. 扩展衡量财富的手段 . 张坤民，何雪炀，张菁，译 . 北京：中国环境科学出版社，1998：27.

二、生态足迹评价方法

生态足迹是考察人类社会经济活动对自然资本的需求和自然生态系统的供给之间关系的一项指标。生态足迹（ecological footprint）也称为生态占用，由加拿大生态经济学家W. E. Rees 于 20 世纪 90 年代初提出。生态足迹是指能够持续地提供资源或消纳废物的具有生物生产力的地域空间，更进一步讲是指要维持一个人，一个城市、地区、国家或者全球的生存所需要的或者能够消纳人类所排放的废物的具有生态生产力的地域面积。Rees 曾将生态足迹形象地描述为："一只负载着人类与人类所创造的城市、工程……的巨脚踏在地球上留下的脚印"（图 7–1）。

图 7–1　沉重的生态脚印

1. 生态生产性土地

所谓生态生产性土地，就是指具有生态生产能力的土地或水体。生态生产性土地是生态足迹分析方法的度量基础。生态系统中的生物从周围环境中吸收生命过程所必需的物质和能量转化为新的物质并储存能量，实现物质的转化和能量的积累。不同的生态系统，具有不同的生态生产力。生态生产力越大，说明单位面积能够提供的生态资源越多。

2. 生态足迹计算方法

生态足迹表征了一定的时间和空间范围内人类的社会经济活动对自然环境的需求。这些特定时空范围内的经济活动所消耗的自然资源需要生态系统来提供，所排放的废弃物也需要生态系统来消纳，生态足迹将这种需求以生态生产性土地的面积来度量。

在计算过程中，首先识别并度量出经济活动所消耗的自然资源和所排放的废弃物，进一步折算成相对应的生态生产性土地的面积。生态足迹核算中，主要考虑六类生态生产性土地：耕地、林地、草地、水域、建筑用地、化石能源用地。需要说明的是，化石能源用地是指吸收化石燃料燃烧过程中排放出的二氧化碳所需的林地面积。为了使计算结果具有可比性，从自然资源向生态生产性土地折算时，一般采用全球通用的折算系数。所以，生态足迹的单位一般为全球公顷（global hectare）。

进一步地，将六类生态生产性土地进行加总。由于土地生产力随土地类型存在很大差异，为了便于比较和汇总，在实际处理过程中需要将不同类型的土地按当量因子进行处理（表 7–5）。需要说明的是，不同土地类型的当量因子是以全球土地的平均生产力为基准而得到的。

表 7–5　不同土地类型的当量因子（2005）

土地类型	耕地	林地	牧草地	建筑用地	水域	化石能源用地
当量因子	2.64	1.33	0.50	2.64	0.4	1.33

数据来源：Global Footprint Network. Ecological Footprint and Biocapacity Technical Notes：2006 Edition.

计算公式可以表示如下：

$$EF = \sum_{j=1}^{6} A_j \times EQ_j = \sum_{j=1}^{6} \left[\left(\sum_{i=1}^{n_j} \frac{C_{ij}}{EP_{ij}} \right) \times EQ_j \right]$$

式中，EF 为一定时间一定空间范围内经济活动的总的生态足迹；A_j 为第 j 类生态生产性土地的面积；EQ_j 为当量因子；EP_{ij} 为全球平均的单位第 j 类型土地生产第 i 种资源的量；C_{ij} 为与第 j 类生态生产性土地对应的第 i 种资源消费量；n_j 表示与第 j 类生态生产性土地对应的资源共有 n_j 种。这样就得到了总的生态足迹，再除以人口即得到人均生态足迹。

各个地区的消费水平与结构不同，表现出不同大小的生态足迹。图 7-2 列出了 2010 年世界不同地区的人均生态足迹，可以发现经济发展水平与生态足迹呈现正相关关系，经济发展水平越高则生态足迹越大。

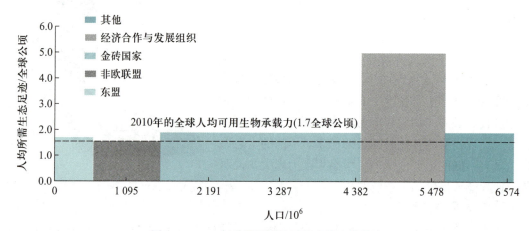

图 7-2   2010 年世界不同地区的人均生态足迹

（资料来源：中国环境与发展国际合作委员会，世界自然基金会.地球生命力报告·中国 2015）

3. 生态承载力

生态承载力（ecological capacity）是指在不损害有关生态系统的生产力和功能完整的前提下，人类社会可以持续使用的最大资源数量与排放的废物数量。在生态足迹的框架下，通常将某个地区的生态承载力，以该地区能够提供的所有生态生产性土地的面积总和表征，其度量单位与生态足迹相同，即全球公顷。

由于不同地区的资源禀赋各有差异，为了得到以全球公顷计量的各地生态承载力，需要加入与本地相应的产量因子进行调整。产量因子的含义是单位本地区某类土地的生产力与全球该类土地生产力的比值。表 7-6 是 2005 年部分国家不同土地类型的产量因子。

生态承载力的计算公式如下：

$$EC = \sum_{j=1}^{6} B_j \cdot EQ_j \cdot YF_j$$

式中，EC 为特定地区的生态承载力；B_j 为该地区某类生态生产性土地的面积；EQ_j 为当量因子；YF_j 为产量因子。这样就得到本地区总的生态承载力，再除以人口即得到人均生态承载力。

表 7-6　部分国家不同土地类型的产量因子（2005）

土地类型	耕地	林地	牧草地	水域
全球平均	1.0	1.0	1.0	1.0
阿尔及利亚	0.6	0.9	0.7	0.9
匈牙利	1.5	2.1	1.9	0.0
日本	1.7	1.1	2.2	0.8
约旦	1.1	0.2	0.4	0.7
新西兰	2.0	0.8	2.5	1.0

数据来源：Global Footprint Network. Ecological Footprint and Biocapacity Technical Notes：2006 Edition.

4. 生态赤字与生态盈余

根据地区的生态承载力与生态足迹，可以得到生态赤字或者生态盈余。当一个地区的生态承载力小于生态足迹时，出现生态赤字，其大小等于生态承载力减去生态足迹得到的差值；当生态承载力大于生态足迹时，产生生态盈余，其大小等于生态承载力减去生态足迹得到的余数。

生态赤字表明该地区人类负荷超过了其自然生态承载的能力，为了满足消费的需求，需要从区域外输入产品或资源，或者降低本地区的生物资本储蓄。这说明该地区的发展模式处于相对不可持续状态，其不可持续的程度用生态赤字来衡量。相反，生态盈余则表明地区的生态承载能力足以支撑其人类负荷，该地区的消费模式具有相对可持续性，可持续程度用生态盈余来衡量。

总体来看，一个地区经济社会发展需求的生态足迹由人口数量、人均消耗水平与单位消耗的资源强度三个因素决定，而可以供给的生态承载力则由不同类型的土地面积与单位面积的生产力所决定（图 7-3）。

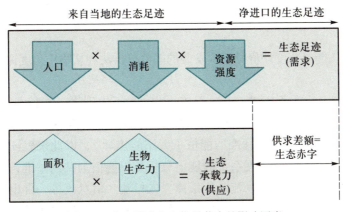

图 7-3　生态足迹和生物承载力的影响因素

专栏 7-4　2012 年我国各省（自治区、直辖市）的生态赤字与生态盈余

　　关于我国各地区的生态盈余与生态赤字，国内学者进行了较多研究。2015 年，世界自然基金会与中国科学院地理科学与资源研究所根据测算的各省份的生态足迹与生态承载力，给出了 2012 年不同地区的生态赤字与生态盈余状况，研究结果见图 7-4（其中人均水平为负代表生态赤字，人均水平为正代表生态盈余，统计数据未包括港澳台地区）。

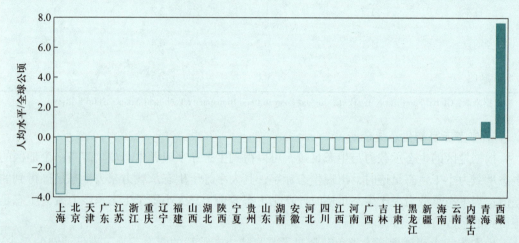

图 7-4　2012 年我国各省（自治区、直辖市）的生态赤字与生态盈余状况

　　2012 年我国只有西藏、青海两个省份为生态盈余状态，即这些区域的生物承载力能够满足本地消耗的各种生态服务需求，意味着这些区域的生态承载力大于其生态足迹；同时，上海、北京、天津等 29 个省（自治区、直辖市）表现为生态赤字状态，意味着这些区域的生态承载力小于其生态足迹。

资料来源：中国环境与发展国际合作委员会，世界自然基金会. 地球生命力报告·中国 2015

三、其他评价方法

　　此外，还有从能量角度评价可持续发展的能值分析法和从物质角度评价的物质流核算方法。

　　能值由美国生态学家 H. T. Odum 于 20 世纪 80 年代创立。能值是资源、产品或劳务形成过程中直接或间接投入的有效能的数量，它把生态或生态经济系统中流动和储存的不同种类的能量转换为同一标准的能值（太阳能焦耳），以此来表征资源、产品和服务的价值。人类社会可持续发展系统的能值分析是以能值为共同基准，综合分析评价经济、社会与自然环境系统的能物流、货币流、人口流、信息流等，得出一系列反映系统结构和功能特征与生态–经济效益的能值指标，进而评价系统的运行特征和发展的可持续性。

物质流核算方法（material flow accounting），是由德国的 Wuppertal 研究所于 20 世纪 90 年代提出，在欧盟委员会的大力推动下发展起来的。物质流核算体系以物质的质量为单位，通过分析经济社会系统的直接和间接物质投入、物质排放和存量状况，建立区域经济社会系统的物质流动账户，进而评价经济社会活动的物质投入产出和物质利用效率。主要的指标包括：总物质需求（TMR）、物质利用效率（GDP/TMR）、隐性物质流（DHF）和净物质存量（NAS）等。

第三节　可持续发展的多指标加权评价方法

一、人类发展指数

人类发展指数（human development index，HDI）是联合国开发计划署在《1990 年人文发展报告》中提出的用以衡量联合国各成员国经济社会整体发展水平的指标。HDI 体系认为，发展的真正目的是扩大人类在各种领域里的选择权，包括经济、政治和文化领域；寻求收入增长是人们所做的多种选择中的一个，但不是唯一的一个。HDI 强调经济增长只是发展的手段，其目的是创造一个能使人民享受长期、健康和创造性生活的环境。

HDI 体系认为，发展的具体结果应该有三个方面：健康长寿、教育获得与生活水平，分别用预期寿命指数、教育指数与 GDP 指数来表示，其 HDI 体系框架见图 7-5。

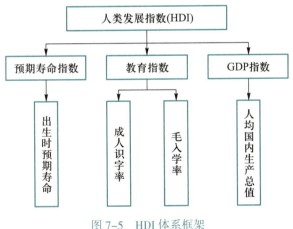

图 7-5　HDI 体系框架

（1）预期寿命指数：用于测度一个国家在出生时预期寿命方面所取得的相对成就。

（2）教育指数：衡量的是一个国家在成人识字率及小学、中学、大学综合毛入学率两方面所取得的相对成就。在计算过程中，先计算成人识字率指数和综合毛入学率指数，然后取三分之二的成人识字率指数值和三分之一的综合毛入学率指数值求和，即为教育指数的数值。

（3）GDP 指数：用按美元购买力评价的人均国内生产总值计算。由于取得状况良好的人类发展并不需要无限多的投入，因此对人均收入进行了调整，并相应地采用了对数形式。

在每个指数的计算过程中，为将每个维度的业绩表现为 0 和 1 之间的一个数值，采用下面的公式进行计算：

$$维度指数 = \frac{实际值 - 极小值}{极大值 - 极小值}$$

最后，对上述三个维度的指数进行算术平均，即可得到某个国家或者地区的 HDI 数值，见下式：

$$HDI = \frac{1}{3}预期寿命指数 + \frac{1}{3}教育指数 + \frac{1}{3}GDP\ 指数$$

总体来说，HDI 越高，说明该国家或者地区的经济和社会整体发展程度越高。自1990 年以来，联合国开发计划署每年出版《人类发展报告》，计算世界各国和地区的 HDI 并进行排序。

专栏 7-5　部分国家和地区的 HDI 及排名

根据联合国开发计划署 2019 年发表的《人类发展报告》，2018 年中国（未包括港澳台统计数字）的人类发展水平的综合指数在全球 189 个国家和地区中名列第 85 位（表 7-7）。

表 7-7　2018 年联合国人类发展指数排名

排名	国家	HDI	排名	国家	HDI	排名	国家	HDI
1	挪威	0.954	8	瑞典	0.937	15	英国	0.920
2	瑞士	0.946	9	新加坡	0.935	15	美国	0.920
3	爱尔兰	0.942	10	荷兰	0.933		……	
4	德国	0.939	11	丹麦	0.930	85	中国	0.758
4	中国香港特别行政区	0.939	12	芬兰	0.925		……	
6	澳大利亚	0.938	13	加拿大	0.922	129	印度	0.647
6	冰岛	0.938	14	新西兰	0.921			

数据来源：联合国开发计划署.人类发展报告 2019.

二、常规多指标加权评价方法

常规多指标加权评价方法，是现有评价经济社会可持续发展状态的一种常用方法。这种方法的基本思想是，考虑到经济、社会与环境系统相当复杂，很难用某个单一或者较少指标对区域的整体状态进行描述，因此需要全面、系统地分析可持续发展系统的各个组成要素，在此基础上评价整个系统的发展状况。

在具体操作过程中，首先将整个可持续发展系统分解为人口、资源、环境、社会、科技、管理等若干个子系统，选择表征不同子系统的具体指标，进而构成评价可持续发展的整个指标体系。然后对各个指标进行归一化处理，并结合各个指标的权重进行数值计算，最后将其加和得到可持续发展的评价数值。

比较 HDI 相对较少的指标数量，常规多指标加权评价方法选择的指标数量众多。因此，指标体系的构建显得尤为重要，尤其需要理清不同模块之间，以及模块内部各个指标之间的关系，尽量避免不同指标的信息重叠问题。同时，由于不同指标在可持续发展指标体系中的作用不同，其对可持续发展影响的力度也不同，因此这种方法需要对各个指标进行权重赋值。现有确定权重的方法有专家打分法、熵权系数法、灰色关联法等。显然，如何科学合理地选择权重将在很大程度上影响可持续发展状态的评估结果。

专栏 7-6　中国科学院三级指标体系

中国科学院按照人口、资源、环境、经济、技术、管理相协调的基本原理，把可持续发展指标体系分成三个层次。第一层次包括以下 5 项指标：生存支持指标，发展支持指标，环境支持指标，社会支持指标，智力支持指标；第二层次是对上述 5 个指标进行二级分类，即每项指标各包括若干二级指标；第三层次是指每个二级指标又选择若干可以操作的具体指标。从而形成了一个具有 5 项一级指标、15 项二级指标及 50 项三级指标的可持续发展指标体系（图 7-6）。

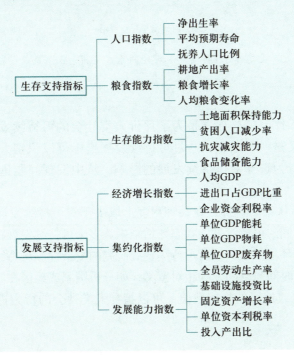

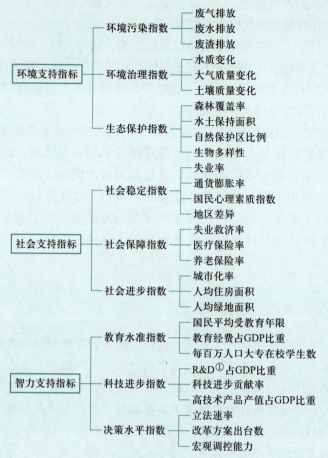

图 7-6   中国科学院可持续发展指标体系

① 指研究与开发费用

资料来源：牛文元，毛志峰.可持续发展理论的系统解析［M］.武汉：湖北科学技术出版社，1998：283.

可持续发展指标体系的构建，是为了评价人类社会的可持续发展进程。可持续发展既是一个目标，又是一个过程。通过可持续发展指标可以识别人类社会的可持续发展程度，评价人类行为选择对可持续发展的影响，从中发现问题进而为科学决策提供依据。

可持续发展指标体系的选择，在某种程度上取决于对可持续发展的理解。不同的视角与方法，会得到不同的可持续发展状态评估结果。多个可持续发展指标体系的存在，也说明了经济、社会与环境系统，以及可持续发展研究的复杂性。可持续发展指标本身并没有绝对意义，但具有时间与空间上的相对意义，如分析国家或地区在不同时期的指标变化状况，比较不同国家或地区的指标数值，可以指导人类社会的行为进而引导社会的发展方向。

 **思考题**

1. 可持续发展包括经济、社会与环境等子系统，它们的系统特征各不相同，你认为在可持续发展指标体系的设计过程中应特别关注什么？并结合具体的指标体系进行说明。

2. 请查阅绿色 GDP 的相关文献，然后谈谈你对绿色 GDP 方法的特征及其改进方向的思考。

3. 请比较绿色 GDP、国家财富、真实储蓄、生态足迹、HDI、常规多指标加权等各种可持续评价指标体系的优点与缺点。

参考文献

［1］马国霞，於方，王金南，等．中国 2015 年陆地生态系统生产总值核算研究［J］.中国环境科学，2017，37（4）：1474-1482.

［2］牛文元，毛志峰．可持续发展理论的系统解析［M］.武汉：湖北科学技术出版社，1998.

［3］欧阳志云，朱春全，杨广斌，等．生态系统生产总值核算：概念、核算方法与案例研究［J］.生态学报，2013，33（21）：6747-6761.

［4］王金南．中国环境经济核算研究报告（2005—2006）［M］.北京：中国环境出版社，2013.

［5］叶文虎，张劲松．可持续发展引论［M］.2 版．北京：高等教育出版社，2022.

［6］皮尔斯 D W，沃福德 J J.世界无末日［M］.张世秋，等，译.北京：中国财政经济出版社，1996.

［7］迪克逊 J.扩展衡量财富的手段［M］.张坤民，何雪炀，张菁，译.北京：中国环境科学出版社，1998.

第八章　环境伦理观的产生及主要内容

【导读】环境伦理观，是在人类主动改变自然环境的能力不断增长，人类生存发展活动和自然环境系统发生尖锐对立后，为满足协调人和自然环境系统的关系，指导人类和自然环境系统共同可持续发展需要的产物。环境伦理观是研究人类在生存发展过程中，人类个体与自然环境系统和社会环境系统，以及社会环境系统与自然环境系统之间的伦理道德关系的科学。本章介绍了环境伦理观的基本观念和主张，包括人与自然的关系、个人与全人类的关系，以及当代人与未来人的关系等，还分析了环境伦理观对人类行为方式的影响等。

第一节　环境伦理观的由来与发展

一、人类与自然的关系

自然环境是人类赖以生存与活动的场所，自然环境提供的生态环境和各种资源，使人类得以生活无忧，并在经济、社会活动中不断发展。同时，人类也是地球生态系统的一个组成部分，人类与地球生态系统中的其他组成部分，包括自然环境和生命系统之间，有着密不可分的联系。

但是，由于人类具有意识，能够进行高级的思维活动，有着强大的改造自然的能力而与自然生态系统中的其他生物不同，人类在自然界中占有了十分特殊的位置。这种特殊性甚至会表现出人类与自然相对立的性质，即人类往往不是消极和被动地适应自然，而是积极和主动地依靠自己的力量去改变自然，人类的活动往往造成了对自然生态系统的破坏和损害，最终引起了人类与自然的冲突和矛盾。很多环境问题是这种冲突和矛盾的结果，受到这种矛盾和冲突危害的不仅是自然，也包括人类。本书上篇详细讨论了人类活动对自然的危害和由此而生的一系列环境问题；中篇介绍了人类面对环境问题所进行的一系列思考和由此得出的结论；下篇分析了人类应如何实施可持续发展的战略，实现人与自然和谐共生。这一切都反映了人类正在调整自己与自然的关系。

1. 不同历史时期人类与自然的关系

人类与自然的关系是随着社会、经济的发展而不断变迁的。

在漫长的渔猎社会，人类靠采集野果和渔猎为生，经常受到猛兽的侵袭和自然灾害的威胁。由于自然力异常强大，人类又未掌握工具和技术，人们对自然力非常崇拜，形成了不同氏族把不同的动植物作为崇拜对象的图腾文化。在原始人眼里，作为图腾崇拜的动植物与其他自然物，与氏族的群体和个体是一个整体，氏族成员与图腾之间有着血缘关系，图腾文化说明了人类对自然的依赖性。但同时，人类为了生存，也在不断地与自然做斗争，表现在逐步发明了一些简单的工具和掌握了一些低级的技术。

大约 1 万年前，人类开始进入农业社会，由于发明了耕作的工具，掌握了耕作的技术，农业和畜牧业逐渐代替采集和狩猎而成为社会的主要产业。由于农业的发展，更由于掌握了用石头和木块建造房屋的本领，人类也由游牧生活转为定居生活。人类还发明了养殖技术，制造出了运载工具。这一切都表明，人类已经有能力在一定程度上改变自然。这个时期的人类，对自然力已不再那么恐惧和盲目崇拜。我国古代《列子》一书已经有了"愚公移山"的故事；春秋战国时期的著名思想家荀子，还提出了"制天命而用之"的思想，提倡人要勇于变革自然。这一切都反映出在农业社会中，人类对自然的依赖性已经大大减弱，但由于农业社会的生产力还主要出自土地耕作，人们对土地十分的敬畏，人类也体会到自然力对农业生产的巨大影响，因此人类还是十分注意与自然的协调，对于自然的改造和斗争仍是十分有限的。

18 世纪中叶，英国率先发动了工业革命，接着，工业化的浪潮迅速蔓延到全球，人类进入了工业文明时代。它标志着人与自然关系的一次重大历史性转折。工业文明最重要的特征是用机器代替手工生产，用地球上的化石能源代替人力、兽力能源。在工业文明时代，科学技术迅猛发展，人口急剧增加；人类的活动深入地球的每一个角落，从陆地、海洋到天空，都成为人类活动的场所，人类甚至可以进入太空；人类改造和利用自然的形式空前地多样化和复杂化，涉及一切物理、化学、生物、地质的运动形式；人类大量地开采地球上的各种资源，人工合成了数以百万计的人工材料和化学产品；人类的活动深刻地影响了地球上各种动植物和微生物的生态系统平衡和地球化学循环。总之，由于对科学的运用和技术的发明，人类改变和利用自然的能力大大提高，人类活动对自然的破坏和危害也日益显著，在人类与自然的关系上也发生了根本的变化。人类开始觉得自己的力量无比强大，可以征服自然、改造自然，其结果是造成了人与自然的严重对立，酿成了生态破坏、环境污染的严重恶果。当时在人类的心目中，自然界是为人类而存在的，只有被利用的价值。"人类中心主义"就是当时的一种代表性的哲学观点。

2. 人类中心主义

所谓"人类中心主义"，就是以人为万物的尺度，从人的利益来判定一切事务的价值。它不仅主张和赞成人类对自然的征服，而且认为人类有权根据自身的利益和好恶来随意处置和变更自然。它认为人类文明的每一种进步，都是建立在对自然征服的胜利之上的。按照"人类中心主义"，人与自然的关系不是伙伴和合作的关系，而只是对立和冲突的关系。

"人类中心主义"的典型代表有近代科学革命的倡导人培根，他在《新工具》一书中大力讴歌科学，提出"知识就是力量"。还有近代科学家和哲学家笛卡尔，他有感于人类认识和改造自然能力的提高，从哲学的角度对人类认识和改造自然客体的主体性加以概括，提出"我思故我在"，认为自然世界和自然规律都是为人而立。

"人类中心主义"是工业文明时代占据主流地位的世界观和思想行为模式。虽然人类倚仗其发达的科学技术和日益强大的社会生产力，在利用自然资源和自然环境方面取得了重大的进展，社会物质财富也空前地丰富起来，但是由于这种经济活动是以对自然界的无情榨取为代价的，其后果是一系列环境问题的产生，包括水环境污染、大气环境污染、生态破坏、酸雨侵袭、固体废弃物的增加、森林锐减、荒漠化严重、有毒化学品的危害、臭氧层破坏、全球气候变暖等。

3. 协调人类与环境的关系是时代的必需

当今世界面临的诸多环境问题，从根本上说都是由于人类在发展经济和科学技术的过程中，没有正确处理好人类活动与自然生态的关系而导致的，因此，要真正克服人类遭遇的生态环境危机，必须首先从改变人与自然的关系做起。这意味着人类必须与工业文明时代的"人类中心主义"决裂，并创建一种适合21世纪人类生存的新的文明，这种新的文明就是"生态文明"。

"生态文明"的最大特点，是要求人类重建人与自然之间和谐友好的关系。本来，在农业文明时代，人类就有十分朴素的人与自然和谐友好的思想观念，但当时强调的是人对自然的依赖和适应。而今天，人类已经掌握了利用和改造自然的强大力量，所需要的生态文明就应体现在人对自然的尊重和顺应自然，这种对自然的尊重与顺应自然，是以现代科学理论为根据的。

按照现代系统论和全球生态学的观点，整个地球是一个自组织的生态系统，这个生态系统复杂多样，对立又统一，人类必须确认自己是地球生态圈的一个成员这一事实，认识到人类社会及其活动不过是整个生态系统中的一个子系统。人类子系统的活动当然应该服从地球生态系统的规律，人类必须规范自己的行为。从生态系统的观点看，人与地球生物圈的命运是连接在一起的，生物圈的生存利益包含着人类的生存利益并且高于人类的生存利益，这就要求人类必须以生物圈的利益作为自己的根本利益，对自然和生物圈的保护负起自己的责任。

重建人与自然的和谐友好关系，意味着要在价值观上对自然有新的认识。在工业文明时代，人类在利用自然的时候仅仅出于满足自己的需要，很少顾及对自然产生的后果。例如，人类不惜猎杀成千上万的珍禽异兽，只为了获得它们的羽毛作装饰物；人类大面积地砍伐森林以获取木材，造成了荒漠化和水土流失；人类在发展经济的过程中排放大量污染物，造成了对水环境、大气环境、土壤环境、地下水环境等的破坏。著名的生态哲学家、国际环境伦理学会主席罗尔斯顿说："在实践中，环境伦理学的根本要求是保护地球上的生命，在理论上，它的根本要求是确立意义深远的价值理论，以此为它提供强有力的理论支持。"

二、环境伦理观的产生

西方环境伦理观的产生源于日益增长的环境危机意识。1971年，美国佐治亚大学的布莱克斯通（W. Blackstone）教授组织的一次会议拉开了发展环境伦理的序幕，这次会议的文集《治学与环境危机》于 1974 年正式出版，记载了哲学家对环境问题的关注。1973 年，澳大利亚哲学家希尔万（R. Sylvan）在第 15 届世界哲学大会上做了题为《需要一种全新的环境的伦理吗？》的演讲。1974 年澳大利亚哲学家帕斯莫尔（J. Passmore）出版了《人对自然的责任：生态问题与西方传统》一书。1975 年，霍尔姆斯·罗尔斯顿在国际主流学术期刊《伦理学》上发表了《存在着生态伦理吗？》。上述文章均成为现代伦理学的经典之作。

随着对环境伦理学问题的讨论逐渐深入，专门论述环境伦理学的杂志《环境伦理学》（ Environmental Ethics ）于 1979 年在美国新墨西哥大学创刊。此后又有一些杂志相继出现，如《农业与环境伦理学杂志》（加拿大）、《地球伦理学季刊》（美国）等。一些权威的哲学杂志，如《伦理学》《探索》《哲学》等也发表大量讨论环境伦理学的文章。一些大学还开设了环境伦理学课程，有的还授予这个专业的学位，许多专门的教科书相继问世。1989 年底，霍尔姆斯·罗尔斯顿发起成立了环境伦理学学会，该学会会员如今已遍布包括中国在内的许多国家。

三、中国古代的生态智慧

如前所述，远在农业文明年代，人与自然的关系还不是那么对立，这在中国悠久灿烂的传统文化中有所反映。当时，人与自然的关系被称为"天人关系"，在古代哲学家提出的"天人合一论"中，有着一系列有关尊重生命和保护自然的生态智慧，体现了环境伦理观，值得我们今天学习和领会。

著名的思想家、教育家孔子曾经说："天地之性，人为贵，大人者，与天地合其德。"

王阳明则说："大人者，以天地万物为一体者也。"庄子也说："天地与我并生，而万物与我为一。"他们所说的"天""地"和"万物"，都是指大自然，他们都是在提倡尊重自然、服从自然界的一切规律，与自然界和谐相处。

荀子提倡变革自然，但同时指出变革自然需兼得天时、地利与人和。"若是，则万物得宜，事变得应，上得天时，下得地利，中得人和，则财货浑浑如泉源，汸汸如河海，暴暴如丘山，不时焚烧，无所藏之，夫天下何患乎不足也……若是，则万物失宜，事变失应，上失天时，下失地利，中失人和，天下敖然，若烧若焦。"他几乎已经描绘出了如果遵从自然规律，则经济发展一定能够成功而持久，反之，如果违背了客观自然规律，则必将面临可怕的环境灾难的情景。

汉代思想家董仲舒对天人合一的进一步论述是："天地人，万物之本也。天生之，地养之，人成之。天生之以孝悌，地养之以衣食，人成之以礼乐。三者相为手足，合以成体，不可一无也。"非常生动地描绘了人与自然之间亲密、协调的关系。

荀子有关赞天地之化育的精辟论述为："草木荣华滋硕之时，则斧斤不入山林，不夭其生，不绝其长也；鼋鼍、鱼鳖、鳅鳝孕别之时，罔罟毒药不入泽，不夭其生，不绝其长也。"这与当代环境伦理学关于保护生物多样性的论述是多么相像。

无独有偶，《吕氏春秋》也有这样的记载："竭泽而渔，岂不获得，而明年无鱼；焚薮而田，岂不获得，而明年无兽。"深刻地说明了要保护自然、遵守自然规律的道理。

虽然上述生态伦理智慧都产生于遥远的古代，但它们具有跨越时代的永恒价值。现代环境伦理学家们注意到了这一点，他们认为，中国古代的生态智慧是现代环境伦理学宝贵的精神资源。

四、西方环境伦理学的主要观点

环境伦理学主要涉及人类在处理与自然的关系时的行为准则和责任义务，其中代表性的观点有以下几种。

1. 人类中心主义

人类中心主义又称人类中心论，是以人类为世界中心的理论。其含义伴随着人类对自身在宇宙中的地位的思考而产生，并不断变化发展。人类中心主义认为人是万物的主宰和万物的尺度。由于自然万物与人类之间缺乏伦理关系，人类给予其道德关切是不合逻辑的。他们认为保护自然的根本目的是保护人类自身，是为了人类的利益才保护自然。认为伦理原则只适用于人类，人的需要和利益是最高的，甚至是唯一的有价值的和重要的。

2. 动物解放论与动物权利论

动物解放论与动物权利论将道德共同体的主体边界拓展到动物。将道德共同体的权利内容深化为以生存权为中心的复杂的权利体系。其认为人类应当把道德应用的范围扩展到所有的动物，尊重动物的生存与发展权利。认为人的利益和动物的利益同等重要，人类道德思考的对象是感觉而不是理性，具有感觉的动物同样具有感受痛苦的能力，因而也具有利益，这些利益的受损导致痛苦，提出了动物解放论与动物权利论。

3. 生物中心主义

生物中心主义在动物解放论与动物权利论的基础上又进一步对道德边界进行了拓展。主张尊重生物个体，认为个体具有道德价值，并给予道德考虑。由于生命个体的善就是生物潜力的充分发展，则个体组成的族群，其善可由族群中各个体最大善的平均值来评估。生物中心主义反对"人类傲慢地"将生命体赋予有差异的价值，认为所有生命的个体都是生命的目的中心，均具有同等的天赋价值。

4. 生态中心主义

生态中心主义是从生态整体性的角度讨论人与自然环境的伦理关系，认为自然生态有自身的价值，应受到人类的尊重与道德关怀。生态中心主义是以生态学为基础，故又称生态伦理学。生态中心主义认为自然世界的动物、植物和组成生态系统的任何一部分均具有内在价值，不能用"对人类是否有价值"来衡量，而且自然世界的万物均有自身的利益，应给予道德考虑。生态中心主义认为目前的环境危机起源于现代人的信念、态度和价值观，要解决环境问题必须要改变人类的信念、态度和价值观。

上述几种观点考虑问题的出发点和角度不全相同，其根本目标和思想取向是基本一致的，都是试图建立人与自然之间的伦理关系，以解决人类面临的日益严重的生态破坏和环境污染问题。这些观点共同组成了环境伦理学的主要观点和内容，将在下一节中详述。

第二节　环境伦理观的主要内容

环境伦理观主要包含三方面的内容：尊重与善待自然，关心个人并关心人类，以及着眼当前并思虑未来。

一、尊重与善待自然

环境伦理学要回答的基本问题是：自然界到底有没有价值，有什么样的价值，人类对待自然界的正确态度是什么，人类对于自然界应该承担什么义务。

（一）自然界的价值

自然界对于人类的价值是多种多样的，它包括以下方面。

（1）维生的价值：人类生活在地球上，离不开自然界的空气、水、阳光、土壤，是大自然为人类提供了各种动植物作为食物和营养，可以说，是自然生态为人类提供了最基本的生存与生活的需要。

（2）经济的价值：人类在发展经济的过程中，需要从大自然开采各种资源，这些资源经过加工、制造成为产品以供人类利用，也可以作为商品流通，都具有极大的经济价值。这种经济价值首先是大自然所赋予的。

（3）娱乐、美感和塑造性格的价值：自然生态不仅能满足人类的物质需求，还可以使人类获得精神和文化上的享受。大自然的种种奇观，以及野生的各种奇花异草、珍奇动物，可以使人们获得很高的美学享受。对于生活在工作节奏紧张的都市环境中的人们，天然的山川、河流、森林、草原、海洋具有愉悦身心的作用，人们可以从秀美壮丽的大自然中获得情趣。大自然还可以磨炼人们勇于面对危险、迎接挑战和敢于冒险的精神与性格，这种性格对于人类的生存和发展是不可或缺的。

（4）历史文化的价值：人类的活动离不开自然，人类发展历程的每一个脚印都铭刻在自然界的景观和场所里。自然界是人类文明进步的最好见证和记录，它可以使人类获得历史的归属感和认同感。此外，人类的历史要比自然史短暂得多，自然界是一座丰富的自然历史博物馆，它记录了地球上出现人类以前的久远的历史。

（5）科学研究的价值：科学研究是人类特有的一种高级智力活动，从起源上说，科学研究来自对自然的想象、好奇和探索。大自然是人类从事科学研究最重要的源泉之一。

以上讨论的自然界的价值，都是对人类在地球上的生存和发展相当重要的"有用的"价值。其实，大自然还有其自身的价值，这种价值可以被称为"内在的"价值。如果我们超越了"人类中心主义"的立场，即不从人类自己的利益和好恶出发，而是从整个地球的进化过程来看自然，我们就能发现，自然界值得珍惜的一项重要价值就是它对生命的创造。地球上除了人类这种高级生物以外，还有成千上万种其他生物物种，它们和人类一样具有对外部环境的感知和适应能力，这种生命的创造是大自然的奇迹，也是人类应对自然表示尊重和敬意的原因之一。地球"生物圈"值得珍惜的另一种价值是它的生态区位的多样性和丰富性。自然在进化过程中不仅创造出种类繁多的生命物种，而且创造出适宜生命物种生存和繁衍的多种多样的生态环境。各种不同的生命物种以"生态群落"的形式出现，各有其不同的生态环境，处于不同的生态区位，而这些适合不同生命体生存和生长的各种生态环境正是由大自然提供的。除了创造生命和为生命物种提供生存与生活的环境外，大自然的价值还表现在它作为一个系统所具有的稳定性和统一性。其稳定性和统一性体现着地球作为一个整体的价值高于局部价值。就是说，从地球这个生态系统来看，包括人类在内的、地球上的一切生命物种，以及生态系统中的任何组成部分，都是地球生态系统某一功能的执行者，其价值都不能大于地球生态系统的整体价值。

（二）人类对自然界的责任和义务

对自然生态价值的认识与承认产生了人类对自然的责任和义务。人类对自然生态系统的责任和义务，从消极的意义上说，是要控制和制止人类对环境的破坏，防止自然生态的恶化；而从积极的意义上说，则是要保护和爱护自然，为自然生态的进化和达到新的平衡创造并提供更有利的条件和环境。从维持和保护自然生态的价值出发，环境伦理观要求人类尊重自然、善待自然，具体应做到以下几个方面。

1. 尊重地球上一切生命物种

地球生态系统中的所有生命物种都参与了生态进化的过程，并且具有它们生存的目的性和适应环境的能力。它们在生态价值方面是平等的。人类应该平等地对待它们，尊重它们的生存权利。这方面，人类应该放弃自以为高于或优于其他生物而鄙视"低等"生物的看法。相反，人类作为自然进化中出现最晚的成员，应该具有道德与文化上的崇高性。人类特有的这种道德和文化能力，不仅意味着人类是迄今为止自然生态系统中能力最强的生命形式，同时也是评价力最强的生命形式。因此，人类的伦理道德意识应该不仅表现在爱同类上，还应该表现在平等地对待众生万物和尊重它们的生命权利上。人类应该体会到，保有、珍惜生命是善，摧毁、扼杀生命是恶。

平等对待众生万物，并不意味着抹杀它们之间的区别，而是平等地考虑所有生命体的生态利益。由于每种生命物种在进化过程中有着不同的位置，它们的要求与利益也不相同。在对待不同的生命物种时，应该采取区别对待的原则。例如，草原上生存着羊和狼，为了获得更多的食物和保护自身的安全，人类圈养羊而赶杀狼；然而草原中狼的数量过少，放养羊的数量过多，最终将破坏草原的生态。因此，从生态平衡和环境伦理的角度，人类应当适度尊重狼的存在；推而广之，人类应当对草原生态环境中存在的各种生命体，采取平等而有区别的方式对待，从而使草原生态环境能持久地维系其中的各类生命活动。因此，区别地对待不同的生物，在道德上不仅是许可的，也是必需的。

2. 尊重自然生态的和谐与稳定

地球生态系统是一个交融互摄、互相依存的系统。在整个自然界中，无论是海洋、陆地和空中，一切生命体乃至各种无机物，都是地球这一"整体生命"不可分割的组成部分。作为自组织系统，遭受破坏的地球虽然有其自我修复的能力，但它对外来破坏力的承受能力毕竟是有限的。对地球生态系统中任何部分的破坏一旦超出其忍受值，便会环环相扣，危及整个地球生态，并最终祸及包括人类在内的所有生命体的生存和发展。因此，为了保护人类和其他生命体的生态价值，首要必须维持它的稳定性、整体性和平衡性。在整个自然进化的过程中，只有人类才有资格和能力担负起保护地球自然生态及维持其持续进化的责任。因为人类是地球进化史上晚出的成员，处于自然进化的最高级，只有人类对整个自然生态系统的这种整体性和稳定性具有认识能力。

3. 顺应自然的生活

顺应自然的生活不是指人类要放弃自己改造和利用自然的一切努力，返回生产力极不发达的原始人的生活中去，而是说，人类应该从自然中学习生活的智慧，过一种有利于环境保护与生态平衡的生活。历史的发展证明，人类的活动可能与自然生态的平衡相适应，也可能会破坏自然生态的平衡。人类在自然生态系统中与自然的关系是对立统一的，因此，即便人类认识到要保护环境，但在历史发展的过程中，还是会遇到人类自身利益与生态环境利益相冲突、人类价值与生态价值不一致的情形。为此，所谓顺应自然的生活，就是要从自然生态的角度出发，将人类的生存利益与生态利益的关系加以协调，以下的几条原则是顺应自然的生活所必须遵循的。

（1）最小伤害性原则：这一原则从保护生态价值和生态资源出发，要求在人类利益与生态利益发生冲突时，采取对自然生态的伤害减至最低限度的做法。例如，人类在与各种野生动物或有机体相遇时，只有当自己遭受或可能遭受到这些生物体或有机体的伤害或侵袭时，才允许采取自卫的行为，而那些主动伤害生物体和有意招来伤害的行为则是不符合这一原则的。又如，人类为了提高自己的免疫能力，不可避免地要用动物或生物体进行实验，在选择不同实验对象能达到同样目的时，应当尽量选用较低等的动物而不要选用较高等的动物。这一原则还要求我们在改变自然环境时谨慎行事，尤其在其后果不可预测时更应如此。例如，当我们必须毁坏一片自然环境以修建高速公路、机场或房屋时，最小伤害性原则要求选择将生态破坏减至最低的方案。

（2）比例性原则：所有生物体的利益，包括人类的利益在内，都可以区分为基本利益和非基本利益。前者关系到生物体的生存，而后者却不是生存所必需的。比例性原则要求人类利益与野生动植物利益发生冲突时，对基本利益的考虑应大于对非基本利益的考虑。从这一原则出发，人类的许多非基本利益应该让位于野生动植物的基本利益。例如，在拓荒时代，人类曾经为了生存的需要而不得不猎取兽皮，这与当今社会一些人为了显示豪华高贵而穿着兽皮服装，其利益要求的层次是不一样的。同样，为了娱乐而打猎与远古时代人类为了生存而捕获野生动物也属于不同层次的两种需要。比例性原则要求我们不应为了追求人们消费性的利益而损害自然生态的利益。

（3）公正分配原则：在人类与自然生物的关系中，有时会遇到基本利益相冲突的情形。就是说，冲突双方都是为着维持自己的基本生存而发生占有自然资源的争执。这时候，依据公正分配原则，应该共享双方都需要的自然资源。例如，人类在发展经济的过程中不至于使野生动植物消失，人类可划分野生动植物保护区，实行轮作、轮耕和轮猎等，使野生动植物还有一片不受人类干扰的生存环境和活动空间。公正分配原则还要求我们在自然资源的利用上尽可能地实行功能取代，即用一种资源代替另一种更为宝贵和稀缺的资源。例如，用人造合成药剂代替直接从珍贵野生动物体内提取某种生物性药物，用人造皮革作为野生动物皮毛的代用品等。

（4）公正补偿原则：在人类谋求基本需要和发展经济的活动中，不可避免地会对自然生态和野生动植物造成一定的危害，根据公正补偿原则，人类应当对自然生态的破坏予以补偿。例如，人们由于发展经济而破坏了大片森林，从保护和维持自然生态平衡出发，人类必须大力植树造林。这条原则尤其适用于对濒危物种的保护和处理。大自然在演化过程中，一方面不断地产生新物种，另一方面也淘汰一些不能适应环境的物种，但自然进化的倾向是使物种不断地增多和繁衍。人类的活动使自然界的物种趋于减少，工业革命以来，自然界中不少物种已永远地消失，因此，人类应该按照公正补偿原则，对濒危物种加以保护，为它们创造适宜于生存和繁衍的生态环境。

二、关心个人并关心人类

环境伦理观在关心人类与自然的关系的同时，也关心人与人的关系，因为人类本身就是自然中的一个种群，人类与自然发生各种关系时，必然牵涉人与人之间的关系。只有既考虑了人对自然的根本态度和立场，又考虑了人如何在社会实践中贯彻这种态度和立场，环境伦理观才是完善的。环境伦理观要求确立这样的行为原则：关心个人并关心人类。

从权利角度看，环境权是个人的基本人权。1992 年联合国环境与发展大会发布的《里约热内卢宣言》指出："人类拥有与自然相协调的、健康的生产和活动的权利。"人类对环境的保护和对环境污染的治理，都应该是为了保护人类的这种权利。但必须看到，人类对环境的行为往往不是个人的行为，而是需要群体的努力与合作才能奏效的。另一方面，任何人对待环境的做法和行为，其环境后果也是不限于个人的，会对周围乃至整个人类产生影响。例如，居住在河流上游的人们，应该看到自己排放废水对河流的污染会对生活在下游的人们造成危害，因此应采取谨慎行事的态度，切实治理污染。还有，某些国家将有害废弃物转移到另一些国家的做法，就是损害他国人民环境权益的做法，是不能容许的。又如，发达国家长期以来释放的大量温室气体，引起了全球气候变暖的严重倾向，威胁着全人类的生存和发展，就应该率先减排温室气体，采取有效的措施减缓全球气候变暖。随着全球经济一体化和各国间交往日趋密切，当今世界较之以往任何时候都更加成为一个整体，生态环境问题已无国界可分。在这种情况下，环境伦理学要求确立如下原则，作为在环境问题上处理个人与人类之间关系的行为准则。

1. 正义原则

从生态价值观与人类的整体利益出发，那种不顾及环境后果，仅仅追求生产率增长的行为不仅是不道德的，而且是不正义的，因为它直接侵犯了每个人平等享用自然环境的权利。按照环境伦理学，任何向自然界排放污染物，以及肆意破坏自然环境行为的活动都是非正义的，应该受到社会的谴责，而任何有利于维护生态价值和环境质量的行为则都是正义的，应该受到社会的褒扬。

2. 公正原则

公正原则要求在治理环境和处理环境纠纷时维持公道，造成环境污染的企业应该承担责任治理环境和赔偿损失。某些企业不承担责任、采用落后的工艺进行生产，导致环境污染，这种行为不仅侵犯了社会公众的利益，而且对于其他采用先进工艺、承担环境责任的企业来说是不公正的。应该强调,环境伦理观中的公正原则其实就是"公益原则",因为自然环境和自然资源属于全社会乃至全人类所有,对它的使用和消耗要兼顾个人、企业和全社会的利益,这才是公正的。

3. 权利平等原则

在环境和资源的使用和消耗上,要讲究全人类的权利平等。权利平等原则不仅适用于人与人之间,而且适用于地区与地区之间、国与国之间。应该看到,地球上每个人都享有平等的环境权利,不应因种族、肤色、经济水平、政治制度的不同而有丝毫的差异。在人类的经济活动中,往往有人只顾自己、只顾地方却不顾他人、不顾他地、他国,这是不道德和不公正的。发达国家利用技术上的优势,消耗大量的资源,而且用不平等的方式掠夺落后国的资源,是不符合环境伦理原则的,应该做的是节制自己的奢侈和浪费行为,并帮助落后国发展经济,摆脱贫困。

4. 合作原则

在环境问题上,地球是一个整体,命运相连,休戚与共。而且,全球性环境问题具有扩散性、持续性的特点,任何一个国家和地区采取单独的行动都不能取得良好的效果,也不能保证自己免受环境问题带来的危害。因此,在解决环境问题,特别是全球性环境问题的过程中,地区与地区、国与国之间要进行充分的合作。

总之,环境问题不仅是人与自然的关系问题,而且涉及人与人、地区与地区、国与国之间的关系的调整,自然环境的保护需要地球上所有人的共同努力,更需要人与人之间的合作。因此,环境伦理观要求人们关心个人并关心全人类。

三、着眼当前并思虑未来

人与自然界其他生物一样,都具有繁衍和照顾后代的本能。人类不同于其他生物之处在于:除了这种本能以外,人类还意识到自己对后代承担的道德义务和责任。在环境伦理观中,人类与子孙后代的关系之所以引起重视,是因为环境问题直接涉及当代人与后代的利益。在环境问题上,如同个人的利益和价值同群体的利益和价值有时会不一致一样,人类的当前利益和价值与长远的、子孙后代的利益和价值也难免会发生冲突。环境伦理观要求在发生这种冲突时,要兼顾当代人与后代的利益,要着眼当前并思虑未来。在涉及后代的利益时,以下几条原则是必须考虑的。

1. 责任原则

人类除了对自然界应尽责任,个人除了对社会应尽责任外,还必须对后代负起责任。环境伦理观强调,环境权不仅适用于当代人,而且适用于子孙后代。确保子孙后代有一个合适的生存环境,是当代人类责无旁贷的义务和责任。可持续发展的定义清楚地说明,这种发展是"能够满足现代人类的需求,又不致损害未来人类满足其需求能力的发展。"当代人类不可推卸的责任就是要把一个完好的地球传给子孙后代。

2. 节约原则

地球上可供人类使用的资源是有限的,为子孙后代的利益着想,人类不仅要保护和维持自然生态的平衡,而且要节约地使用地球上的自然资源。地球上可供人类利用的资源有两大类：不可再生的资源和可再生的资源。不可再生的资源只有一次性的利用价值，如被当代人消耗殆尽，后代就将得不到这类资源；可再生的资源尽管可以再生，但它的再生往往需要很长时间。还有许多的自然环境，一旦被当代人改变，即将永远无法复原，从这个意义上说，自然环境也是不可再生的。环境伦理观要求人类奉行节约的原则，具体应体现在人类的生产方式和生活方式上。资源节约的生产方式要求改革生产工艺，减少对资源的消耗，尽可能采用循环利用、重复利用的系统，并尽量回收废弃物，把一切废弃物转化成为有用的资源。在生活方式上，应当提倡节俭朴素，反对铺张浪费，尽可能使用绿色产品。总之，节约原则的实施并不仅仅出于经济上节约成本的考虑，而是为了给子孙后代留下一个可供永续利用的自然环境。

3. 慎行原则

人类改变和利用自然的行为的后果有时并不是显而易见的，而且可能对当代人是有利的，对后代却会带来长远的不利影响。这就要求在进行各种活动时采取慎行原则。当我们在采取一项改变自然的计划时，一定要估计它的长远的生态后果，以防止对后代造成损害。例如，为了提高农作物的产量，大量地使用化肥，其结果是土地的日趋贫瘠。又如，对热带雨林的破坏加剧了地球表面温度的升高，使地球上很多物种濒临灭绝，对后代造成的损失更是无法估量。在人类利用和改造自然的力量空前巨大的今天，慎行原则要求人类对科学技术可能出现的后果给予充分的估量，要克服认为科学技术只是"中立"手段的传统看法。事实上，科学技术是一把"双刃剑"，它一刃对着自然，另一刃对着人类自己。也许，人类对于科学技术可能给人类带来的短期影响容易了解和认识，但对其可能给人类和整个自然生态系统造成的长远影响则还缺乏预见和认识，目前受到普遍关注的全球气候变暖问题就是一个例子。慎行原则的意义就在于提醒人们，地球不仅是当代人的，更是子孙后代、千秋万代的，人类的行为不仅要对当代人负责，更要对后代负责。

综上所述，环境伦理观将人类对待自然、全人类和子孙后代的态度和责任作为一种道德原则看待，其目的就在于更好地规范人类对待自然的行为，以利于地球生态系统，包括人类社会这个子系统的长期、持续和稳定的发展。一种全面的环境伦理观，必须兼顾自然生态的价值、个人与全人类的利益，以及当代与后代的价值与利益。虽然从总体和一般的原理看，自然与人类、个体与群体、当代与后代之间的利益是可以兼顾的，互相一致的，但在人类的实践活动中，已经出现了这些利益与价值之间的冲突。因此，在讨论了环境伦理观的原则和内容的基础上，还有必要对人类的行为方式进行分析和研究。

1. 环境伦理观是在什么历史背景下产生的？

2. 中国古代哲人的生态智慧，对于当前解决环境问题具有什么启示？

3. 环境伦理观的主要观点是什么？

4. 你认为应该赋予人类以外的存在物以道德地位吗，为什么？

5. 仅仅为了人类的利益，能真正保护好自然吗？

参考文献

［1］余谋昌，王耀先.环境伦理学.北京：高等教育出版社，2004.

［2］Philosophy and environmental crisis by W. T. Blackstone［J］. Review of Metaphysics，1975，29（2）：336-337.

［3］Passmore J A. Man's responsibility for nature：ecological problems and western traditions［M］. New York：Charles Scribner's Sons，1974.

［4］冯契.哲学大辞典［M］.下册.上海：上海辞书出版社，2001.

［5］Singer P. Animal Liberation［J］. Philosophical Review，1995，86（4）：411-412.

［6］兰札 L，伯曼 B.生物中心主义——为什么生命和意识是理解宇宙真实本质的关键［M］.朱子文，译.重庆：重庆出版社，2012.

［7］刘璺懿.生态中心主义思想研究述评［D］.呼和浩特：内蒙古大学，2014.

［8］罗尔斯顿 H.环境伦理学.杨通进，译.北京：中国社会科学出版社，2000.

［9］纳什.大自然的权力［M］.杨通进，译.青岛：青岛出版社，1999.

第九章　环境伦理观与人类行为方式

【导读】将人类社会伦理观投射到其他生命及拓宽到自然环境，对可持续发展理论的形成具有重要意义。更为重要的是，在实施可持续发展战略的过程中，仍然需要环境伦理观的渗透和影响，推进公众增强意识和积极参与。受职业影响，科技工作者与文化、艺术、教育、宣传工作者能较快接受环境伦理观，并在工作中身体力行地进行绿色设计、创作与宣教；而在城市管理、项目建设、行业运行及日常生活的执行层面，有三类人发挥着重要和关键的作用，他们是决策者、企业家和公众。本章主要介绍环境伦理观对这三类人群行为的影响，并举例说明具备环境伦理观的决策行为、生产行为及消费行为对环境保持和可持续发展的积极贡献，从中启发将环境伦理观融入全社会、转变传统人类行为方式的多元化途径。

第一节　环境伦理观对决策者行为的影响

一、环境伦理观对决策的重要性

在相当长的时期里，人类一直认为自然资源是取之不尽、用之不竭的，而生态环境是绵绵不绝、生生不息的，因而容易养成滥采滥用的生产与生活习惯。决策者也倾向于制定加快开发资源、高速发展经济的政策。

当前全球公民环境意识普遍增强，以建设生态文明与可持续发展作为人类发展目标，每个国家的各级政府和官员都应该把保护地球作为重要的政治目标，使保护环境的要求进入所有的决策领域，全面改变单纯追求经济增长的发展模式。

在决策过程中，环境伦理观所发挥的重要作用体现在以下五个方面：

（1）决策者应充分尊重每个社会群体的利益，所制定的政策在不同区域之间特别是贫困和富足的地区之间，应保障人们公平分享地球资源和共同分担保护责任；

（2）决策者应具有睿智的长远眼光，所制定的政策不仅应满足当代人的生存与发展的需要，而且应为后代人留下足够的生存与发展的资源条件；

（3）决策者应具有无私的博爱胸怀，所制定的政策不仅应满足人类的生活与生产的必需，而且还要为地球上其他生物保留足够的生存空间，保护它们免受不必要的摧残和屠杀；

（4）决策者应具有深刻的自然情怀，所制定的政策应促进人们节俭和有效地利用所有资源，不仅使人类对自然界的影响降到最低，而且有助于保护生态过程和自然界的多样性；

（5）决策者应如同尊重物质文明一样尊重人类精神成果，所制定的政策不仅能有效保护世界文化的多样性，而且能促进各文化体系的健康发展。

只有具备了环境伦理观，对于大到全球气候变化的应对措施、南极的开发与保护问题、臭氧层保护措施、国家的能源战略等，小到对盗猎野生动物的禁令、无公害食品的推广办法、人道屠宰的标准、建筑节能标准等一系列政策问题，世界各国、国家各级政府才能在新的思维和观念平台上达成共识，做出正确的决策。在我国，只有具备环境伦理观的各级决策人物，才能够努力贯彻实施生态文明建设，带领人民坚决走可持续发展的道路，建设资源节约、环境友好、生态健康的社会。

二、环境伦理观指导下的决策

联合国环境规划署每年会根据当年的世界主要环境问题及环境热点，有针对性地发布"世界环境日"主题，其中大多包含关爱自然、发出警告、引导行动、呼吁合作等最新伦理观念。1997年的世界环境日，联合国环境规划署发表了《环境伦理的汉城宣言》，为世界各国政府的决策提供了行动指南。近年来在环境科学、环境工程及环境管理方面所取得的进展，为环境伦理观指导下的决策提供了有力的科技支撑，成功的案例经验也促进今后的决策工作更加可行，环境伦理观已经渗透在政策协调、预防措施、公众参与、支持环境友好技术、推进平等、环境教育和国际合作七个方面的决策行动中。

1. 政策协调

为了使政策有利于保障整个生命系统的可持续性，决策者必须在更宽广的范围内平衡各相关部门的利益与责任，在更深远的层次上协调人类与自然的关系。在这方面，中国黄河流域生态保护和水资源合理利用是一个有代表性的事例。

历史上奔流不息的黄河自1972年开始出现断流现象，之后逐年加剧，最为严重的是1997年的断流长达700 km、226天。上游生态环境的破坏及全流域水资源的过度开发是黄河断流的根本原因。黄河水资源的90%以上被用于浇灌数量不断增长的农田，但由于灌溉设施不配套、灌水方式落后，每年造成100亿～120亿立方米的水资源浪费。

黄河断流的现象反映出人们对待黄河的矛盾心态，一方面黄河是中华文明的摇篮，被尊称为母亲河；另一方面，黄河长期受到人们"不道德"的损害，它仅仅因为对人类有用而被称颂，而自身存在的价值被完全漠视。1998年中国163位院士联名呼吁："行动起来，拯救黄河。"他们指出：黄河断流的现实，令所有的中华儿女进行深刻反思，解决黄河断流首先要加强对黄河水资源的统一管理，加强保护和恢复黄河全流域的植被，特别是中上游的植被。

1999年国务院授权黄河水利委员会对黄河水资源实行统一调度和合理配置，通过水量调度公报、快报和省界断面及枢纽泄流控制日报制度，实施黄河水量实时和精细的统一调度。这一政策很快收到了实效，自2000年以后黄河即使在大旱之年也再未断流。2006

年国务院颁布的《黄河水量调度条例》正式实施，从法律上明确了黄河水量调度的管理体制，即水利部和国家发展和改革委员会负责黄河水量调度的组织、协调、监督、指导；黄河水利委员会负责黄河水量调度的组织实施和监督检查；有关地方人民政府的水行政主管部门和黄河水利委员会所属管理机构，负责所辖范围内黄河水量调度的实施和监督检查。在这样的科学决策与管理下，黄河有限的水资源在时空分布上得到调整，保证了黄河沿岸地区科学合理地用水。

黄河流域的治理、保护和发展需要政府进行科学论证、协调全局、有力监管，而这些都需要决策者具有公正和平等、尊重和关爱的环境伦理观。在这样的前提下，才能从根本上转变长期以来人们对黄河的掠夺型利用方式，使黄河永葆生命力，永续造福于人类。

2. 预防措施

决策者在制定任何发展项目的同时，必须严格实施环境影响评价（EIA），确保项目建设对环境的不利影响最小化；而"在那些可能受到严重的或不可逆转的环境损害的地方，不能使用缺乏充分和可靠科学依据的技术，不能延误采用防止环境退化的经济有效的措施"（《里约宣言》）。

在这方面，中国青藏铁路建设的环境影响评价与保护性预防措施是一个成功典范。

青藏铁路北起青海省西宁市，南至西藏自治区拉萨市，西宁至格尔木的一期工程已于1984年建成，由格尔木至拉萨的二期工程于2006年建成。青藏铁路二期工程全长1 142 km，其中经过海拔4 000 m以上地段960 km，经过连续多年冻土地段550 km，经过九度地震烈度区216 km，是世界上施工难度最大、海拔最高和里程最长的高原铁路，被国际社会誉为"可与长城媲美的伟大工程"。

更值得称道的是，由于决策者具有敏锐的环境意识、工程执行严格的环境影响评价，穿越在生态脆弱的青藏高原上的青藏铁路在铁路选线、工程施工和实际运营时，对高原生态环境、江河水源、自然景观及野生动植物均未造成过度的负面影响。

青藏铁路经过海拔4 650 m的错那湖，它是当地藏族人民心中的"天湖"，铁路离湖最近处只有几十米。为防止施工污染湖水，建设者们用24万多个沙袋沿错那湖一侧堆起一条近20 km的防护长城，将美丽宁静的"天湖"与热火朝天的施工工地隔开。

为了不影响野生动物种群的栖息和繁殖，青藏铁路在设计时尽可能避开保护区，在沿线野生动物经常通过的地方，设置了33处野生动物通道，其中包括著名的可可西里、三江源地区"以桥代路"的铁道线，既保证了藏羚羊等野生动物迁徙，又减少了对沿线草地、冻土和湿地生态环境的破坏。

为了减少建设对当地生态环境的干扰，青藏铁路尽量减少车站设置；对沿线必须设置的车站，采用了太阳能、电能、风能等清洁能源；对运营后产生的各类垃圾收集堆放，定期运交高原下邻近城市的垃圾场集中处理。

这些设计和建设中实施的污染预防与生态防护措施，显示出决策者对大自然的尊敬，对其他生命的关照，对自我行为的约束，这些正是环境伦理观所要求的。

3. 公众参与

决策者在制定有关发展和环境保护的政策和计划时，必须反映所有相关人员的利益，并接受他们无拘束的评判。为了使公众充分参与决策，相关政策资料应尽可能提供给公众，给予他们充分的时间提出意见，并将合理的意见与建议纳入政策中。

美国等西方国家的环境保护运动是自下而上开展的，从 20 世纪 60 年代开始，公众环境意识被唤起和激发，公众针对已经出现的环境公害，经由民间组织向企业抗议、向法院起诉、向议会呼吁和游说，最终通过立法，实现对环境污染和生态破坏的治理、补偿、监督和控制。这段历史促使决策者认识到：公众参与既是现代民主社会的基本要求，也是环境保护的基础。因此，许多国家政府已把环境保护的公众参与确定为公民的一项基本权利，在环境基本法、环境法案或其他综合性法律的环境保护条文中明确了公众参与的实体和程序性权利。

与发达国家所走过的道路不同的是，早期中国公众的环境意识较为淡薄，环境保护主要依靠政府来推动。自 20 世纪 90 年代以后，在国际社会的影响下，面对日益加剧的国内环境问题，中国公众的环境意识不断提高，决策者通过政务公示、举报信箱、科研与调查、听证会等方式和渠道鼓励公众参与环境保护，对现行或拟定政策提出建议和意见。

从环境伦理观出发，为了既保证当代人公平合理地分配资源，又为子孙后代留下足够其生存与发展的资源，决策者必须保障政策制定过程的公开与透明。

4. 支持环境友好技术

环境友好技术，是经过研究和评估后，确认对各环境要素影响小、资源消耗水平低、废弃物产生量少的技术。决策者应支持和鼓励对环境友好技术的研究与应用。为此，政府应该给予必要的财政补贴、优先贷款、减免税收等经济鼓励，创造有利的条件，启动环境友好技术的发展和应用，并推动科学技术情报资料的交流。

美国环境保护局和许多行业协会自 20 世纪 90 年代以来倡导和实施了一系列自愿性伙伴合作计划，对推动环境友好技术的发展起到了积极作用。这些计划在设计中体现出决策者对大自然的人文关怀，在实施中体现出决策者对参加企业的鼓励与信任。

1995 年，美国环境保护局与其他联邦机构、工业部门和学术机构共同合作，启动了"绿色化学（green chemistry）"项目。"绿色化学"是一种全新的、有别于传统化学工业的化学物质生产系统，从原材料的选择到加工工艺的设计，都将减少或消除有毒有害物质的使用和产生，因此化学品生产将从根本上保障对人体和环境的安全。绿色化学项目有力地推动了美国企业实施清洁生产，企业在参加项目时虽然也获得了一定的补助金或奖励，但更为重要的是企业可获得巨大的经济回报，同时加强了企业长期生存与发展的能力，因为不进行绿色革新，传统的污染型企业已很难在美国立足。

进入 21 世纪，美国环境保护局又启动了国家环境表现跟踪（National Environmental Performance Track）计划，鼓励已达到法律要求的企业，自己选择可行的环境目标。例如，开发更加环境友好的技术或产品，加强管理以减少事故和风险，提高资源使用效率以减少废物的产生，减少土地侵占和保护周边的生态环境等，承诺不断提高环境表现，超越现行的环境标准，使其环境表现达到更有利于公众、社会和环境的行为水平。

中国多年来对企业实施"一控双达标"等环境法规与政策，企业整体污染预防能力和管理水平稳步提高。在此基础上，2001 年国家环境保护总局借鉴美国环境保护局开展的鼓励型环境管理模式和成功经验，推出了"中国环境友好企业"计划，推动企业走上了环境友好的绿色发展道路。特别值得关注的是，伴随着全球"企业入园"的大趋势，我国大部分企业（尤其是生产制造企业）落户于各类工业园区和开发区，自 1999 年开始试点生态工业园区建设，生态环境部、科学技术部、发展和改革委员会、工业和信息化部、自然资源部等多个部门先后开展了 ISO14000 国家示范区、国家生态工业示范园区、可持续发展实验区、低碳工业园区、绿色园区等一系列试点项目。

5. 推进平等

环境伦理观主张代内平等和代际平等，而代内平等是代际平等的前提，它要求同一时代的不同地域、不同人群之间对资源利用适度且公平，对环境保护所带来的利益与所支付的代价实行公平的分配和负担。当前国际社会越来越重视社会弱势群体的发展，如妇女、贫困者、残疾者、美洲和大洋洲等地原住居民、老人、儿童等群体的需求和呼吁，因为他们的需求往往与其赖以生存的土地、水源、林区、草原等各类环境的可用性和安全性相关联。因此，决策者应当跳出自身的利益圈，倾听弱势群体的需求，鼓励他们参与环境保护，在人人有机会参与的前提下，才能保证弱势群体能够分享因发展和环境政策而产生的利益，促进社会平等。

以妇女为例，首先，她们在社会生活中扮演多重角色——每一位母亲是孩子的第一个老师，大多数妻子决定了家庭的生活方式与消费模式，女性在工作中影响周围人们的视角，一些女性领导对决策过程起着重要的作用；其次，妇女的天性和母爱精神使她们更亲近环境，热爱环境；再者，妇女更易受到环境污染和破坏的损害，而且这种损害对人类后代的健康也带来潜在的威胁。因此，1995 年在北京召开的联合国第四次世界妇女大会上将"妇女与环境"列为一个重要领域，会议《行动纲领》还特别强调："妇女对无害生态环境的经验及贡献必须成为《21 世纪议程》的中心组成部分。除非承认并支持妇女对环境管理的贡献，否则可持续发展就将是一个可望而不可即的目标。"

6. 环境教育

政府决策者应通过各种渠道传播环境伦理观，对社会各阶层进行环境教育，特别是为青少年设计环境意识与环境伦理观的教育内容。

当前一系列新的环境伦理观念与学说已构成一门"环境伦理学"，它把伦理道德的对象从人与人的关系扩展到人与自然的关系，承认并尊重生命和自然界的生存权利。许多国家已在基础教育中增加了有关环境保护的课程和户外活动，一些自然科学的课程内容也从新的视角做了修订，如地理课中增加了全球气候变暖对南极和北极影响的内容，生物课中增加了保护生物多样性的内容；在高等教育中，很多学校面向各种专业的学生开设了"环境保护与可持续发展"公共课，一些专业也增加了有关环境保护的设计与技术课程，如建筑节能技术、绿色化工工艺、环境保护汽车设计等。

此外，决策者还应当认识到：环境教育不仅仅局限于学校和课堂，而是扩展到全社会和大自然；在环境教育中重要的是传递一种理念与态度，不应该只限于知识资料的整理与传达。在一些动物园，管理人员已经将一些写着"肉可食用""骨可入药""皮可制革"的恶劣标牌更换为"人类的朋友""国家一级保护动物"等；在一些旅游景点，管理人员在景区内严格控制客流量和经营活动，拆除大兴土木、有损自然景观的人工建筑，设置介绍环境保护知识、动植物常识、民族传统文化的标牌；一些城市管理者不再为清除杂草而喷洒除草剂，让生命力顽强的野草为城市增添些绿色，也不再为消除积雪而撒盐，通过人力铲雪把宝贵的雪水填进树坑。有时，一个小的决策变化会对公众产生深刻的教育意义。

专栏 9-1　人道屠宰

人道屠宰，广义上讲就是在动物的运输、装卸、停留及宰杀过程中，采取合乎动物行为的方式，以尽量减少动物的紧张和恐惧。自 2008 年开始，我国开始起草人道屠宰草案，并开始全国范围的人道屠宰培训。

很多人把人道屠宰与获得"更好吃的肉"联系起来，但我们需要关注的是人道屠宰对于动物福利及"施行于动物的人道主义"的意义。因为在人道屠宰的背后，是大量的对动物的不人道的事实。因此，越来越多的人呼吁：要人道地对待动物！

为什么要对动物实行人道主义？从根本上说，除了获得好吃的肉之外，对其他物种和生命的善意，也意味着人类对自身价值观及道德底线的尊重。而这种"恻隐之心"是我们自古就有的基本价值观，孟子就说过："君子之于禽兽也，见其生，不忍见其死；闻其声，不忍食其肉。"米兰·昆德拉也说过："对于人性，道德上的真正考验、根本性考验，在于如何对待那些需要他怜悯的动物。"

尽管当前社会上还有很多不公正或不平等的事实，还有庞大的弱势群体，但对动物的关怀与对人类的关怀并不对立，甚至可以互相促进。毕竟，我们人类的价值观底线得到提升的话，连动物都得到善待，更何况于人？从这一点上讲，对动物的人道主义，也将是我们时代进步的推动力之一。正如观察黑猩猩 38 年的传奇动物学家珍妮·古道尔所说：我们面前的路程依然很漫长，不过我们已经朝着正确的方向前进了。

引自：信海光.为什么对动物实行人道主义不是"伪善".竞报，2007-12-18（2）.有修改。

7. 国际合作

"只有一个地球"，世界各国应共同承担保护地球环境的责任。具体行动包括：各地区和国家积极参与合作，共同执行对环境有利的政策，遵守已建立起来的多边协议；相互交流制定政策的经验和科技进展情报，以利于全球环境保护和改善，并对即将来临的环境问题提出早期警报。

世界各国在联合国的号召和组织下所进行的保护臭氧层的国际合作行动，已经取得突破性的进展。

自 20 世纪 70 年代，科学家通过观测和分析发现南极上空平流层中的臭氧浓度降低。1976 年联合国环境规划署第一次讨论了臭氧层的破坏问题，1977 年通过了第一个《关于臭氧层行动的世界计划》。1985 年 3 月联合国在维也纳召开"保护臭氧层外交大会"，通过了《保护臭氧层维也纳公约》《维也纳公约》，明确要求缔约国采取适当的国际合作与行动措施以保护臭氧层。同年 10 月，英国科学家在南极观察站首次发现了巨大的臭氧"空洞"，这一事实促使许多国家积极响应联合国的号召。《维也纳公约》于 1988 年 9 月生效，中国于 1989 年 9 月加入，截至 2005 年 3 月，加入《维也纳公约》的国家达到 190 个。

为使《维也纳公约》要求得到落实，1987 年联合国环境规划署组织召开了"保护臭氧层公约关于含氯氟烃议定书全权代表大会"，大会形成了《关于消耗臭氧层物质的蒙特利尔议定书》《蒙特利尔议定书》，明确了受控物质的种类、受控物质控制时间表及有关措施。截至 2023 年 10 月，加入《蒙特利尔议定书》的缔约方已有 198 个。

虽然联合国与各缔约国具有国际合作与共同行动的良好意愿，但《蒙特利尔议定书》的执行过程并非一帆风顺，各国因国情历史不同、经济水平不同而产生分歧，其中一个焦点问题是：发达国家应该如何对发展中国家实施真正的援助？由于发达国家工业化历史长，产生污染多，是造成臭氧层损耗的主要责任者，典型的臭氧层损耗物质（ODS）——氟利昂（CFCs）即由美国杜邦公司首先合成制造。《蒙特利尔议定书》考虑到这一差别，已确定发展中国家受控时间表可比发达国家相应延迟 10 年。尽管如此，由于制冷、消防、电子等行业的重要原料多为 ODS，为支持这些行业的持续发展，就必须研发替代品并进行大规模生产，这需要强大的经济与科技支撑，是许多发展中国家难以承受的；另外，以杜邦公司为代表的发达国家的企业已率先研制出氟利昂替代品，为了完成《蒙特利尔议定书》规定的 ODS 淘汰时间表，按照常规的国际贸易合作模式，发展中国家如果无力开展耗费时间与财力的自主研发，就必须支付给发达国家大笔技术转让费以获取替代品生产技术。从环境伦理观的角度看，在前几代人所处时代的不公平发展的历史背景下，《蒙特利尔议定书》并没有真正提出当代人公平发展的可行办法，所以中国等众多发展中国家当时没有立即加入《蒙特利尔议定书》。

在发展中国家的强烈呼吁下，联合国于 1989 年在赫尔辛基第一次缔约方大会之后，开始了《蒙特利尔议定书》的修正工作，并于 1990 年在伦敦召开第二次缔约方大会，提出了《伦敦修正案》。《伦敦修正案》确定建立一种多边基金机制，将接受发达国家的捐款并向发展中国家提供资金和技术援助，以确保国家间的技术转让在最优惠的条件下进行。《伦敦修正案》得到许多发展中国家的肯定，1991 年 6 月中国政府向联合国正式提出签约，《伦敦修正案》自 1992 年 8 月 10 日开始对中国生效。

此后，联合国每年召开的缔约方大会都会回顾和审议《蒙特利尔议定书》的实施进展，并对受控物质种类、淘汰时间表等内容进行补充和调整，形成《哥本哈根修正案》《北京修正案》等重要文件。中国在国际合作中，一方面在多边基金框架下，与联合国环境规划署、联合国工业与发展组织、联合国开发计划署和世界银行 4 个国际执行机构建立密切的工作关系，至 2007 年 1 月，争取到近 450 个项目，获得可淘汰 10.8 万 t ODS 的 7 亿美元赠款；另一方面中国积极参加历次缔约方大会和有关国际会议，努力推动国际履约谈判，并向国际社会派送了多名国内专家，协助其他国家编制淘汰 ODS 的战略方案，维护了发展中国家利益。

在世界各国的共同努力下，全球 ODS 使用量有了大幅度下降，到 1993 年底，使用哈龙、氟利昂的总量比 1986 年下降了 58%；从 1994 年起，对流层中的 ODS 浓度开始下降；2000 年起平流层中的 ODS 浓度在达到最大浓度后也开始下降。科学家预测臭氧层将在 21 世纪中期缓慢复原。从各项国际环境条约的执行过程看，《蒙特利尔议定书》及其修正案是全球范围内履约情况最好的，为世界各国共同应对全球环境问题提供了典范。

近年来全球气候变暖已成为举世瞩目的焦点问题，世界各国如何携手应对这一环境问题，将影响人类未来的生存与发展。借鉴臭氧层保护行动的成功经验，联合国已于 1992 年提出《联合国气候变化框架公约》，于 1997 年通过《京都议定书》，作为应对全球气候变化的基本框架；同样是由发展历史和经济水平所决定，发达国家与发展中国家承担的仍然是"共同但有区别的责任"。2015 年《联合国气候变化框架公约》的近 200 个缔约方在巴黎气候变化大会上达成《巴黎协定》；在 2016 年 4 月的开放签署首日，共有 175 个国家（包括我国）签署了这一协定，创下国际协定开放首日签署国家数量最多纪录，各国承诺将全球气温升高幅度控制在 2 ℃之内。由于减少温室气体的排放量与每个国家的能源与发展战略紧密相关，这一次公约与议定书的签约和履约将是一个漫长且曲折的过程，但只要遵循环境伦理观的思想原则，人类一定会寻找出解决之道。

第二节　环境伦理观对企业家行为的影响

在环境伦理观指导下的决策必然使工业发展的模式发生根本性转变；企业家也需要站在更高的高度重新审视企业行为是否符合环境伦理观的要求。

一、环境伦理观指导下的企业理念

工业生产是人类高强度影响环境的活动。传统的工业发展模式以资源消耗型为主，产业链是一个经历原料—产品—废弃物的直线型过程。人类从环境中摄取原料、排放废物，自然环境既是工业生产原材料的廉价仓库，又是其废弃物的免费排放场。

环境伦理观要求企业的发展不应以牺牲环境、破坏资源为代价，而要在生产全过程及产品生命周期的每个环节体现对自然的尊重和对资源的珍惜。在这一观念影响下，企业界提出生态工业的理念，将自然的生态原理应用到工业生产过程中，使直线型产业链转变为封闭循环型产业链，从而提高资源利用率，以达到自然资源合理与有效利用的目的。

在 21 世纪即将到来之际，美国的保罗·霍肯等环保人士提出了"自然资本论"，将经济发展所需要的资本总结为 4 种：以劳动和智力、文化和组织形式出现的人力资本，由现金、投资和货币手段构成的金融资本，包括基础设施、机器、工具和工厂在内的加工资本，以及由资源、生命系统和生态系统构成的自然资本。"自然资本论"第一次真正赋予了自然资源以资本平等地位，为工业发展提供了又一条新型的发展方案，其中包括提高资源的利用率、模仿生态系统的物质循环模式、以提供服务和产品性能替代提供产品实物、向自然资源投资等重要措施。这些措施已经逐渐渗透进工商业系统，并影响企业家对企业发展战略的选择。

当前企业环境问题所引发的伦理、道德责任越来越复杂而新奇，它要求企业权衡科技、经济、社会、伦理等多方面因素，往往要考虑长远，而且要勇于面对未知事物和承担环保责任。

专栏 9-2　对转基因技术的争议

现代科技使农业生产驶入了工业化发展的高速轨道，特别是以转基因技术为代表的生物技术，更是为粮食高产和品种改良注入了一股"核动力"。但是，转基因技术自诞生之日起就引发了全球的争议，"转基因技术是否对人类具有潜在危害""转基因技术是否造成生态不安全""拥有转基因技术的美国孟山都公司应当担负怎样的环境伦理责任"？

目前全球转基因产业基本上是由两个基因支撑起来的，一个是草甘膦抗性基因，已被转入玉米和大豆等作物中，这样在农田施用草甘膦以清除杂草时，转基因玉米或转基因大豆完全不会受到影响；另一种是 Bt 毒素基因，已被转入水稻和棉花等作物中，使这些转基因植物具有了抗虫能力。从生物学理论分析，这两个基因在作物体内表达后，不仅对其营养成分没有影响，而且也不会对人体产生任何作用。如果有效切断基因扩散途径，或人工设计好基因表达的"开关"——启动子，那么转基因技术的作用范围完全可以被控制，也不会威胁生态安全。然而在实践中，转基因技术与其他任何新技术一样，可能存在着目前人类尚未认知的潜在风险。

支持转基因技术的人认为：为了满足不断增加的全球人口对粮食的需求，发展转基因技术就成为一种必然。美国农业部认为基因工程只是另一种形式的人工育种，相对于传统农业的育种技术、防病虫害措施及贮藏技术等，转基因技术因操作目标精准而更加安全、环保和节约。

然而一些科学家的警告也值得关注，"通过与农作物花粉的杂交，除草剂抗性基因已经从它们的宿主植物中溜进杂草；如果你曾经走过一块充满花粉的基因改良作物农田，这些基因也已经进到你的鼻子里了；每只蜜蜂会将那些基因装进花粉囊带回蜂房：它们将被酿进蜂蜜中；每粒被打谷机漏掉的种子会带着基因流落到下一年的灌木篱墙或路边杂草带中。如果这种不受控制的工程基因的转移给予杂草获取空前水平的草甘膦抗性基因的途径，那么可能产生毁灭性的后果。"

引自：斯蒂芬·帕卢比.进化爆炸.温东辉，译.北京：中国环境科学出版社，2008.

二、环境伦理观指导下的企业行为

为遵循环境伦理观，企业家可从开展环境友好的工商业实践、延伸企业责任、实施环境管理体系三方面行动。

1. 开展环境友好的工商业实践

企业应效法自然，使同样的产出消耗最少的能源和物资，以及排放最少的废物。为此，应广泛采用环境友好的生产工艺，节约使用能源和材料，增加使用再循环物资和可再生资源，减少排放有害物，利用废旧物资生产。同时，为支持环境友好的工商业实践，金融和保险机构也必须增加对环境有利的投资。

在美国推行"绿色化学"项目时，有很多企业积极设计全新的"绿色工艺"和"绿色化学品"。例如，拜耳（Bayer）公司改进了亚氨基双琥珀酸钠合成途径，生产原料为可生物降解的、环境友好的螯合剂，在合成过程中不产生任何废物，并减少了有毒物质氰化氢（HCN）的使用，拜耳公司因此荣获 2001 年度"替代合成途径奖"。又如，PPG 公司开发了一种含稀有金属钇的涂料，以阳离子电解沉降法可以将此涂料覆于材料表面，替代含铅涂料，用于汽车的防腐层和雷管的电镀层，新涂料毒性小于含铅涂料，而稳定性是含铅涂料的两倍，PPG 公司因此荣获 2001 年度"设计更安全化学品奖"。

在中国推出"中国环境友好企业"计划的几年中，也涌现出一批批推行清洁生产业绩优秀的企业和生态工业园区，其中山东鲁北化工企业集团的绿色实践已有 30 多年的历史。鲁北化工前身是一家小硫酸厂，利用工厂濒临渤海、地处黄河三角洲的地理与资源条件，企业在创建之时就自筹实验经费，承担了国家"六五"攻关项目——石膏制硫酸联产水泥技术实验，此后历经"七五"成果产业化、"八五"和"九五"工程放大与创新配套联动，不断发展壮大，开创了"磷铵－硫酸－水泥联产""海水一水多用"及"清洁发电与盐、碱联产"三条绿色生态产业链。这三条绿色生态产业链将不同的产品依其内在的联系，实施科学的排列组合，所开发应用的技术涵盖多个行业，涉及系统科学、生态学、环境工程、化工工艺等，各系统之间相互关联形成一个完整的工业系统，整套系统实现了资源的最有效利用，消除了污染的排放，取得了经济、社会和环境的最佳效益。目前鲁北化工已跻身中国最大的复合肥生产基地和规模宏大的海水资源综合利用基地。

我国自 20 世纪末还开展了生态工业园区建设。相对于产业链结构简单的独立工厂，承担了密集的工业生产活动的园区具有规模性优势和创新转型动力，产业共生效益的潜力显著，基础设施集约化程度高，行政管理体系相对独立高效，因此工业园区是我国建设绿色制造体系、实施制造业强国战略最重要和广泛的载体。截至 2019 年 7 月，我国已有 305 家工业园区入选了生态工业示范园区、可持续发展实验园区、循环化改造或绿色园区等项目，占国家级和省级园区总数的 12%；93 个园区开展了国家生态工业示范园区创建工作，其中 55 个园区通过了国家生态工业示范园区考核。

比较国家生态工业示范园区验收基准年与规划基准年的经济发展、资源能源、污染物的总量与强度变化发现，国家生态工业示范园区建设前后其 COD 和 SO_2 排放总量分别下降 25% 和 51%，排放强度下降 52% 和 69%；能耗、新鲜水耗、废水排放量、固体废物产生量分别增加了 20%、18%、12% 和 6%，但其强度下降 22%、25%、28% 和 32%。从业人数和工业用地面积分别增加了 23% 和 30%，人均工业增加值和单位土地面积工业增加值产出分别增加 27% 和 20%。国家生态工业示范园区以较小的土地占有和人力投入，对所在地区的经济发展做出了很大的贡献，以较小的环境负荷做出了显著的经济贡献，可有效缓解区域经济发展面临的资源环境压力。

2. 延伸企业责任

企业必须认识到其环境责任不仅仅停留在生产环节，而要扩大到生产的全过程，并延伸到产品生命周期的各个阶段，包括产品的回收利用和最终处置。对于一个有远见的企业，必须摒弃"末端治理"的生产方式和"消费主义"的生活主张，由此还可能触发新的商机。

在全球石油资源紧张与发展低碳经济的压力下，英国石油公司和荷兰壳牌石油已开始企业改造，发展燃料电池、风力、太阳能等各种替代能源，希望早日从"石油公司"脱胎换骨为"能源公司"。全球多家汽车公司纷纷开发以电力、天然气、液化气、太阳能、氢燃料电池等为能源的清洁汽车。

雷·安德森是全球最大的室内装饰公司——美国英特飞公司的创始人，对于企业环境问题的深刻反思促使他对公司业务做出根本性转变，英特飞公司由单纯提供"地板材料产品"成功转型为提供"地板铺盖服务"。具体方式是：英特飞公司将出售地毯改为出租地毯，并不再以生产整块地毯为主要业务，而是大量生产小块的地毯，同时为客户提供地毯拼接铺盖的服务，这样地毯一有破损或沾污，公司可派人来只取下几小块进行修补、清洗或更换即可，这样就节约了大量资源，公司与客户之间的关系也从一次交易的短暂接触发展成持续不断的互惠关系。

美国冷气机制造商开利公司推出了"凉爽服务"，业务从"卖冷气机"转为"出租舒适"，公司派人到顾客家中免费安装冷气机，负责维持最舒适的温度，甚至还为顾客重新设计室内照明，安装特殊窗户，以便在提供凉爽舒适的生活品质时还能进一步降低冷气系统的能源消耗量，而顾客则定期缴付服务费。

在受环境伦理观影响的全球经济浪潮下，明智的企业家一定会改变观念，对企业重新设计和定位，使企业在主动承担更多环保责任的同时，获得更长久的经济利益，在社会上树立更积极的企业形象。

3. 实施环境管理体系

企业需要有一套制度化的环境管理体系，定期审计生产和经营活动，检查对环境产生的影响，防止污染和治理污染，使对环境造成的压力最小化。企业可将污染防治和治理技术所需的费用计入预算，作为正常生产活动的一部分。

环境管理体系，是一个企业内部全面管理体系的组成部分，它包括为制定、实施、实现、评审和保持环境方针所需的组织机构、规划活动、机构职责、惯例、程序、过程和资源，还包括企业的环境方针、目标和指标等管理方面的内容。目前全球企业最常用的环境管理体系是 ISO14000 环境管理体系，此外石油天然气等行业推行的是健康、安全与环境（HSE）管理体系。

通过实施环境管理体系，一个企业开展环境友好的实践就不再是一时或一事的行为，而是可以转化为企业运营的长期行动。环境伦理观将逐步融入企业文化之中。

第三节　环境伦理观对公众行为的影响

在环境伦理观的影响下，人们的日常生活方式和消费模式也在悄悄发生改变，通过适度消费、健康饮食、环保居家、绿色出行等的实践，每个人留在地球上的生态足迹正在缩小。

一、环境伦理观指导下的现代生活理念

从根本上追溯，环境污染、生态退化、物种灭绝的原因在于人类自身对更多、更舒适、更奢华生活的追求。中国可可西里的藏羚羊在 20 世纪 80 年代曾被盗猎者屠杀，濒于灭绝，仅仅是因为一条以藏羚羊腹部底绒织成的"沙图什"披肩，在英国和意大利可以卖到上万美元；全球原始森林面积急剧缩减，无数原本生机勃勃的参天大树被砍伐，是由于人们偏爱纯天然实木家具或地板；为出行快捷方便，越来越多的家庭购买了汽车，全球石油资源因此而加速消耗，城市空气质量也因此日益恶化。这样的事例比比皆是，工业革命所带来的经济高速增长，也使许多地区陷入"更多的工作、更多的消费，以及对地球更多的损害"的困境之中。

人类开始反思：什么是高质量的生活，拥有更多的财富能够得到更大的幸福吗？事实上，超过一定界限之后，更多的物质并不带来更多的充实，心理学家的调查证实"在富裕和极端贫穷的国家中得到的关于幸福水平的记录并没有什么差别"。

人类的生命源泉来自大自然，虽然现代社会已经编织了一张无所不能的消费网络，但人类的衣、食、住、行终究离不开大自然的馈赠。环境伦理观呼唤人们要从心底尊重我们的"衣食父母"——地球。

20 世纪 90 年代，美国学者艾伦·杜宁鼓励人们走出消费误区，走向"持久文化"运动。"持久文化"的核心就是量入为出，人类可以提取地球资源的利息而不是本金，摆脱无节制的消费，人类可以在友谊、家庭和有意义的工作中寻求充实，实现个人价值。当前，以适度消费为核心的绿色消费正在全球兴起，作为一种新文化，绿色消费是我们的权利，运用这个权利，人类可以过上一种简朴而丰富的高品质生活；绿色消费是我们的义务，履行这个义务，地球上更多的生命体和生态环境可以有尊严地长存。

二、环境伦理观指导下的公民行为

为遵循环境伦理观，公民可以选择对环境有利的生活方式，并积极参与环境保护相关的工作和活动，在日常生活与消费中融入关怀与同情。

1. 对环境有利的生活方式

公民应当学会合理规划，拒绝浪费的生活方式；学会理性消费，拒绝奢侈的物质消费，用对环境有利的生活和消费方式寻求保护地球的途径。

专栏 9-3　联合国为中国提出环保小建议

联合国开发计划署（UNDP）针对中国国情，曾提出 30 条环保小建议，这些建议看似简单，但是如果每个人都去做，能大大改善我们居住的环境。这些建议如下。

居家时：

1. 电视关机后切断电源，因为电器待机时也在耗电；

2. 随手关灯；

3. 使用节能灯；

4. 将空调温度提高或降低 1 ℃；

5. 购买节能型家用电器；

6. 多种花草；

7. 使用再生纸；

8. 珍惜点滴用水；

购物时：

9. 自备购物袋；

10. 少买不可降解的光碟，多使用下载功能；

11. 住宿酒店时重复使用毛巾；

12. 选购绿色洗涤剂；

工作时：

13. 少使用计算机屏保功能，屏保比待机更耗电；

14. 让纸张循环利用；

15. 双面打印；

16. 关闭计算机后切断电源；

17. 手机充电完毕后拔掉充电器；

18. 节约用纸；

19. 多使用视频会议，节省出差造成的能源浪费；

20. 安装感应照明设备；

外出时：

21. 给汽车轮胎适当充气，以节省燃料；

22. 长时间等待时关掉发动机；

23. 多骑车，少开车；

24. 拼车出行；

25. 多乘坐公共交通工具；

26. 使用小排量汽车；

其他建议：

27. 带自己的筷子上餐馆，节省对木材的消耗；

28. 选择绿色材料进行装修，如安装节能保温门窗等；

29. 使用双键马桶，节约用水；

30. 可多使用微波炉加热食品，它们比电炉更节能。

2. 积极参与

普通公众是环境污染的最大受害群体，为了改善决策质量，并保证公众利益有专门的代表，公众在道德上和在政治上应积极参与环保公共事务的决策过程，充分行使宪法赋予的知情权、参与权、表达权和监督权。具体包括以下四个方面。

（1）公众可进行环保投诉和建议：对发生在身边的引资、立项、征地、勘察、建厂及施工等涉及环保的工作，公众可以通过有效的途径，如环保信箱、市长电话等及时提出批评、投诉、举报和建议，将可能的污染控制在预期和前期。

（2）公众可发挥监督和举报的力量：任何污染源的出现，都不会是悄无声息的，知情者要勇于承担起投诉和举报的责任，不让污染事件在身边继续蔓延和扩大。

（3）公众可积极参加相关的调查：环境保护部门经常进行社会问卷调查或开通 24 小时的电子信访调查，公众可自由充分地向环境保护部门表达自己的观点和立场，提出自己的建议和意见。

（4）公众可充分利用宣传工具：公众可通过广播、电视和网上的交流，与相关部门的负责人定期或不定期地沟通，即时咨询制度和事务，了解环境保护的新规定和要求，更好地行使自己的知情权和参与权。

公众广泛参与环境事务，将促进政府政策走向平等和平衡。

3. 关怀与同情

为了实现环境伦理观所提倡的生命平等的理念，每个公民应主动帮助那些在环境上、经济上和社会上处于弱势的群体，如贫困人群、少数民族、受灾群众、残疾人等，保障他们与其他人公平地分享环境资源的权利；社区可以将界限扩大到所有活着的生命，使生活于其中的有益动植物均受到关怀。社区在引领环保生活风尚中大有可为，如开展垃圾分类、集体采购无公害蔬菜和绿色食品、募捐赈灾、增加无障碍设施、植树种草、家庭旧物交换、环保宣传等。

每个热心环保公益的公民，都可以把一个人、一个家的经验与社区邻居分享，使社区成为和谐发展的社会单元。身为科技工作者及文艺、教育、宣传战线工作者的公民，更可以通过积极开展环境保护科学研究、可持续发展观的宣传教育，拓展环境伦理观的范畴和深化环境伦理观的内涵，并以新理念影响更广泛的人群及下一代人。

1. 在决策过程中，决策者为什么要遵循环境伦理观的思想原则？

2. 为应对全球气候变化，决策者、企业家和个人应分别从哪些方面努力？

3. 请对建设绿色大学校园提出一些建议。

［1］许鸥泳. 环境伦理学［M］. 北京：中国环境科学出版社，2002.

［2］卡特 V，戴尔 T. 表土与人类文明［M］. 庄峻，鱼姗玲，译. 北京：中国环境科学出版社，1987.

［3］布朗 L R. 建设一个持续发展的社会［M］. 祝友三，等，译. 北京：科学技术文献出版社，1984.

［4］林培英，杨国栋，潘淑敏. 环境问题案例教程［M］. 北京：中国环境科学出版社，2002.

［5］国家环境保护局自然保护司. 黄河断流与流域可持续发展——黄河断流生态环境影响及对策研究会论文集［C］. 北京：中国环境科学出版社，1997.

［6］温东辉，陈吕军，赵华林，等. 鼓励型工业污染预防政策的理论与实践［M］. 北京：中国环境科学出版社，2003.

［7］中国环境科学学会妇女与环境网络. 妇女与环境［M］. 北京：中国建筑工业出版社，2000.

［8］解振华. 推动科技进步 加强国际合作 为保护全球气候做出新贡献［J］. 环境保护，2008，395（5A）：8-9.

［9］Hawken P，Lovins A，Lovins L H. 自然资本论——关于下一次工业革命［M］. 王乃粒，诸大建，龚义台，译. 上海：上海科学普及出版社，2000.

［10］Anderson R C. 迷途知返——朝向可持续发展企业的模式［M］. 王乃粒，龚义台，译. 上海：上海科学普及出版社，2002.

［11］Palumbi S R. 进化爆炸——人类如何引发快速的进化演变［M］. 温东辉，译. 北京：中国环境科学出版社，2008.

［12］杜宁　A. 多少算够——消费社会与地球的未来［M］. 毕聿，译. 长春：吉林人民出版社，1997.

［13］陈吕军. 做好碳达峰碳中和工作，中国工业园区必须做出贡献［N］. 中国环境报，2021-3-10：08 专版.

第十章　生态文明的诞生与意义

【导读】本章阐述了三个方面的内容：一是生态文明的内涵和定义，其中对内涵的阐述先分别从多角度分析"文明"和"生态"两个词广义和狭义的释义，以及从相关学科的角度深入辨析；二是生态文明的由来及重大意义，从"人类文明的演进和趋向""人与自然关系认识的演进"以及西方发达国家近半个世纪在工业生态学、生态城市、生态经济学等领域的实践及对中国的启示等多个视角，深刻理解和认识生态文明的由来，进而阐述了新时代我国生态文明建设的重大意义、六项原则及科学内涵的发展；三是简要说明生态文明与可持续发展的关系。本章与第十六章"生态文明建设途径与实践创新"结合，可对中国生态文明的发展和建设有一个基本的认识。

第一节　生态文明的内涵及定义

一、生态文明的内涵

界定生态文明的内涵需深刻理解"文明"与"生态"这两个词的含义。"文明"主要有两种用法，一是日常用语中表述社会发展或人类活动中代表开化、进步、美好等正向积极的状态或行为，常与野蛮、落后、丑恶相对；二是历史学家定义的文明，即一个可以被描写和叙述的事实，须具备两个条件——社会活动的发展和个人活动的发展，社会的进步和人性的进步。文明要求的发展和改善既包括物质生活条件、政治经济制度、人际关系的改善，还包括道德和精神的改善。历史学意义上，文明指整个社会形态的持续改善和进步。

《辞海》对"文明"的释义有三种。一是光明而有文采，如《易·乾·文言》："见龙在田，天下文明。《孔颖达疏》："天下文明者，阳气在田，始生万物，故天下有文章而光明也。"二是文治教化，如杜光庭的《贺黄云表》："柔远俗以文明，慑凶奴以武略。"三是指社会进步、有文化的状态。从《辞海》关于文明的定义看，"文明"与"文化"关系密切。进一步分析《辞海》对文化的释义，一方面其泛指一般知识，包括语文知识，如"学文化"即指学习文字和求取一般知识，对个人而言的"文化水平"指一个人的语文和知识程度；另一方面文化在广义上指人类社会的生存方式及建立在此基础上的价值体系，是人类在社会历史发展过程中所创造的物质财富和精神财富的总和。文化可分为三个层面：① 物质文化，指人类在生产生活过程中所创造的服饰、饮食、建筑、交通等各种物质成果及其所体现的意义；② 制度文化，指人类在交往过程中形成的价值观念、伦理道德、风俗习惯、法律法规等各种规范；③ 精神文化，指人类在自身发展演化过程中形成的思维方式、宗教信仰、审美情趣等各种思想和观念。狭义的文化指人类的精神生产能力和精神创造成果，包括一切社会意识，如自然科学、技术科学、社会意识形态等。

《辞海》对"生态"的释文为："生物与环境，以及生物与生物之间的相互关系。生物的生存、活动、繁殖需要一定的空间、物质与能量。任何生物的生存都不是孤立的，同种个体之间既有互助又有竞争，植物、动物、微生物之间也存在复杂的相生相克关系。人类为满足自身的需要，不断改造环境，环境反过来又影响人类"。

研究实践中，"生态"一词的含义与生态学密切相关。生态学于 1866 年由德国学者海克尔（E. H. Haeckel）提出，定义为研究生物有机体与其环境相互关系的科学，他所指的环境包括非生物环境和生物环境两类。1966 年 R. L. Smith 提出，生态学是研究有机体与生活之地相互关系的科学。生态学家 E. P. Odum 在 1971 年提出，生态学是研究生态系统结构和功能的科学，主要内容可包括五个方面：一是一定地区内生物的种类、数量、生物量、生活史及其空间分布特征；二是一定地区内营养物质、水等非生命物质的质量和分布特征；三是温度、湿度、光、土壤等各种环境因素对生物的影响；四是生态系统中的物质循环和能量流动特征；五是环境对生物的调节作用。这五个方面也是生态学重要的原理。

生态学的基本原理既可应用于生物，也可应用于人类所从事的各项生产活动。现代生态学的发展已然越来越把人放在中心位置，随着人口数量快速增加、人类活动迅猛增加，引起的环境、资源问题越来越多，促使生态学的研究从以生物为研究主题发展到以人为研究主题，从自然生态系统的研究发展到人类生态系统的研究。在此背景下，生态学的定义演进也反映了这种变化，把研究人与环境的相互关系纳入进来。当前，对生态学的定义为：研究生物和人与环境之间的相互关系，研究自然生态系统和人类生态系统的结构和功能的一门科学。

生态学研究通常可分为 4 个层次，按由低到高排序为个体、种群、群落和生态系统。个体是研究中的基本单元，因为对环境及其变化产生直接感应和响应的只能是个体。种群的动态变化往往也是因为个体的生命周期变化（从出生到死亡）而引起，不同物种的个体彼此间多样化的相互作用又会对群落的结构和功能动态变化产生深刻影响。个体通过繁殖把遗传物质传递给后续个体，这些个体则是未来种群、群落和生态系统的重要组成成分，由此形成迭代演化的过程。

生态学理论中的生态系统概念、营养动力学定量研究方法，及至发展形成的整体论的科学思维方法、非线性科学、生态哲学等思想影响深远，成为理解当代许多重大问题必须运用的方法，推动了人类从认识自然、改造自然、役使自然到尊重自然、顺应自然、保护自然的发展，这也是生态文明思想的重要组成内容。

钱易等提出，"生态文明是以生态学、非线性科学、系统科学、生态哲学为基本指南而谋求人类与地球生物圈协同进化的文明，是人类在社会经济和技术水平发展到一定阶段后开始有意识并理性地运用生态学知识、宏观系统观点和师法自然的生态智慧，以寻找可持续的人类生产和生活的文明"。人类的实践日益证明，把生态学、非线性科学、系统科学、生态哲学与历史学中的"文明"概念有机结合而形成的"生态文明"概念是人类思想史上一次伟大的革命和创新。

二、生态文明的定义

中国工程院将生态文明定义为："生态文明（ecological civilization）是指以尊重自然、顺应自然和保护自然为前提，实现人与自然、人与人、人与社会和谐共生，形成节约资源和保护环境的空间格局、产业结构、生产方式的经济社会发展形态。"中国工程院"中国生态文明建设发展研究"项目组提出，"生态文明是人类文明发展的一个新的阶段，即工业文明之后的文明形态，是人类为保护和建设美好生态环境而取得的物质成果、精神成果和制度成果的总和，是贯穿经济建设、政治建设、文化建设、社会建设全过程和各方面的系统工程，反映了一个社会的文明进步状态，即人类对于经济发展和生态环境辩证关系的思考，是以人与自然、人与人、人与社会和谐共生、良性循环、全面发展、持续繁荣为基本宗旨的社会形态。"《辞海》对生态文明的定义为："指人与自然和谐共生、全面协调、持续发展的社会和自然状态。"

2015 年 4 月 25 日，中共中央、国务院《关于加快推进生态文明建设的意见》提出了2020 年的主要目标，从结果导向的表述也可探究对生态文明的理解。意见指出："到 2020年，资源节约型和环境友好型社会建设取得重大进展，主体功能区布局基本形成，经济发展质量和效益显著提高，生态文明主流价值观在全社会得到推行，生态文明建设水平与全面建成小康社会目标相适应。"

专栏 10-1 《关于加快推进生态文明建设的意见》（节选）

主要目标：

——国土空间开发格局进一步优化。经济、人口布局向均衡方向发展，陆海空间开发强度、城市空间规模得到有效控制，城乡结构和空间布局明显优化。

——资源利用更加高效。单位国内生产总值二氧化碳排放强度比 2005 年下降40%~45%，能源消耗强度持续下降，资源产出率大幅提高，用水总量力争控制在6 700 亿立方米以内，万元工业增加值用水量降低到 65 立方米以下，农田灌溉水有效利用系数提高到 0.55 以上，非化石能源占一次能源消费比重达到 15% 左右。

——生态环境质量总体改善。主要污染物排放总量继续减少，大气环境质量、重点流域和近岸海域水环境质量得到改善，重要江河湖泊水功能区水质达标率提高到80% 以上，饮用水安全保障水平持续提升，土壤环境质量总体保持稳定，环境风险得到有效控制。森林覆盖率达到 23% 以上，草原综合植被覆盖率达到 56%，湿地面积不低于 8 亿亩（1 亩 ≈ 667 m^2），50% 以上可治理沙化土地得到治理，自然岸线保有率不低于 35%，生物多样性丧失速率得到基本控制，全国生态系统稳定性明显增强。

——生态文明重大制度基本确立。基本形成源头预防、过程控制、损害赔偿、责任追究的生态文明制度体系，自然资源资产产权和用途管制、生态保护红线、生态保护补偿、生态环境保护管理体制等关键制度建设取得决定性成果。

2015 年 9 月 21 日，中共中央、国务院印发《生态文明体制改革总体方案》，明确生态文明体制改革的六大理念，包括"三个自然""发展和保护统一""两山理念""自然价值和资本""空间均衡""生命共同体"，这些理念一定程度上也可视为对生态文明定义的阐释。

专栏 10-2 《生态文明体制改革总体方案》（节选）

生态文明体制改革的理念：

——树立尊重自然、顺应自然、保护自然的理念，生态文明建设不仅影响经济持续健康发展，也关系政治和社会建设，必须放在突出地位，融入经济建设、政治建设、文化建设、社会建设各方面和全过程。

——树立发展和保护相统一的理念，坚持发展是硬道理的战略思想，发展必须是绿色发展、循环发展、低碳发展，平衡好发展和保护的关系，按照主体功能定位控制开发强度，调整空间结构，给子孙后代留下天蓝、地绿、水净的美好家园，实现发展与保护的内在统一、相互促进。

——树立绿水青山就是金山银山的理念，清新空气、清洁水源、美丽山川、肥沃土地、生物多样性是人类生存必需的生态环境，坚持发展是第一要务，必须保护森林、草原、河流、湖泊、湿地、海洋等自然生态。

——树立自然价值和自然资本的理念，自然生态是有价值的，保护自然就是增值自然价值和自然资本的过程，就是保护和发展生产力，就应得到合理回报和经济补偿。

——树立空间均衡的理念，把握人口、经济、资源环境的平衡点推动发展，人口规模、产业结构、增长速率不能超出当地水土资源承载能力和环境容量。

——树立山水林田湖是一个生命共同体的理念，按照生态系统的整体性、系统性及其内在规律，统筹考虑自然生态各要素、山上山下、地上地下、陆地海洋及流域上下游，进行整体保护、系统修复、综合治理，增强生态系统循环能力，维护生态平衡。

第二节　生态文明的由来及重大意义

一、生态文明的由来

"生态文明"概念并非是突然出现的，在这个概念出现之前，许多人所做的工作都可被视作重要的铺垫或准备，其中"可持续发展"概念的提出尤其重要。关于可持续发展概念的由来及发展，本书已有专章阐述。钱易等在《生态文明理论与实践》中从"人类文明的演进和趋向"阐述生态文明的由来；刘旭等在《中国生态文明理论与实践》中从"人与自然关系认识的历史演进"视角阐述生态文明的由来。两个视角实质上均是从较长的历史演变思考人与自然的关系或人与环境的关系演变，深刻理解和认识生态文明的由来。以下讨论充分吸收了上述两种思想，对生态文明的由来进行简要的总结。

（一）从人类文明的演进和趋向认识生态文明的由来

《生态文明理论与实践》从三个方面阐述"人类文明的演进和趋向"：一是环境与传统文明的演进，二是工业文明对环境的征服与问题，三是摆脱工业文明困境的探索。这三个方面的内在主线是环境变迁与人类文明的演进之间的紧密关系。

前述对"文明"一词的含义已有阐述，以下采用《辞海》对"环境"的释义，阐述其含义。环境，一般指围绕人类生存和发展的各种外部条件和要素的总体。环境在时间和空间上是无限的，分为自然环境和社会环境。自然环境，按组成要素，分为大气环境、水环境、土壤环境和生物环境等。众多的环境保护法规把应当保护的对象称为环境，包括大气、水、土地、矿藏、森林、草原、野生动植物、自然遗迹、人文遗迹、自然保护区、风景名胜区、城市和乡村。环境是人类文明孕育发展的重要物质基础，不仅人类的体质、生产力和思想观念等会因环境的变迁而发生改变，动植物的组成结构功能等亦会随环境的变化而发生改变，同时人类和动植物的系统性变化也会作用于环境，形成复杂的交互作用关系。总体而言，人口、资源和环境三者间存在复杂、动态的相互影响、相互制约的关系。人是社会经济系统的主体，资源是人类生存发展的基本条件，环境则是人类活动的基本场所和所需的各种资源的来源。人类活动利用各种资源，发展出不同的环境景观格局。但如果资源数量减少质量下降、环境受到破坏难以恢复，人类的生存也会受到威胁。"沧海桑田"即是人口、资源和环境三者间存在复杂、动态关系演变的一个具体体现。

1. 环境与传统文明的演进

环境对传统文明的演进首先表现在推动人类体质变化、人类生产力变化、人类精神世界发展。环境变迁推动了人类生态结构、脑容量等体质结构变化，形成新的生物适应机制，并在长期的手脚分工和直立行走过程中驱动身体构造持续变化，进一步在长期使用天然工具过程中学会制造工具，完成从猿到人的飞跃。环境变迁推动了人类生产力变化，人类通过对火的学习利用和控制，使得人类顺利地生存下来，进而不断推动原始农业的诞生、家畜养殖业发展和原始生产力发展提升。在此基础上人类大脑演变更加复杂，火和工具的使用增强了人类的作物生产能力和迁徙能力。环境变迁推动了人类精神世界发展，人类在适应环境变迁的过程中进化，拥有了更大脑容量和更高级智商，开始有意识地从环境中获取信息，开始使用简单指令和表述进行理解交流，这些信息经遗传不断复制强化，发展出对语言的习得和使用，并形成语言符号传递信息，推动了人类认知和行为模式的发展，成为"文化"的主要成分。

环境对传统文明的演进其次表现在推动狩猎采集和游牧文明发展。地球时时刻刻都在进行着能量流动和物质循环，能量可由一种形式转化为其他形式，既不能消灭也不能凭空产生。生态系统中的能量流动和物质循环通过食物链传递，形成生产者、消费者、分解者的闭环循环。在原始社会狩猎采集社会阶段，人类与生态系统中其他成员的关系是食物关系、营养关系、吃与被吃的关系，生态系统的能量流动在关系的相互作用中产生。此时人类和其他生物种群一样，完全依赖自然界的物质生产，食物就是当时生命系统中能量、物质存在的形式。在这个过程中，人类投入的能量是劳动者自身的劳动力，人类从生物界摄取的能量则仅限于太阳能及每日获取的食物和由植物所提供的燃料。游牧文明本质也是产生于对生态环境的适应过程。游牧文明具有的分散性特征是人类对草原生态环境的一种适应方式，因牧草虽是可再生资源，但没有任何牧场可经得起长期放牧，为此要保证被牲畜啃食过的牧草能及时恢复，保证草原上放牧牲畜能繁衍不断，定期适时转移牧地，追寻新的丰盛的牧场，满足牲畜对草和水的需求以及牧人对牲畜的需求。游牧文明既包含人类为饲养牲畜对牧场的选择，也包含不同环境条件下草场的能动性，这体现了游牧与自然生态间紧密的联系。

环境对传统文明的演进再次表现在推动农耕文明发展。农业的出现与发展也是建立在对自然生态系统的巨大改变之上，自然生态系统创造了耕地，生产谷物，形成牧场，承载牲畜。更重要的是这种强化的食物生产系统在世界不同地方发生，包含不同环境的农作物和牲畜。人类在进化过程中掌握了从不同生态系统中获取食物的方式，农业生产即由此开始。这些自然生态系统能产出更多的食物，使人类社会得以定居并演化出各种形式，这是人类历史上最为重要的转变——农耕文明的出现。进一步，从石器时代到铁器时代，人类逐渐学会制造、使用和推广金属农具，这进一步推动原始农业发展进入古代农业阶段。人类开始综合运用人力、畜力作为农业动力，并发展出牛耕铁犁为典型形态，积累直观经验，形成农业技术。

与此同时，耕作及发达的农业文明对环境的利用和对生态系统的影响也逐渐显现。随着农业技术的发展和对自然资源的利用能力日益成熟，世界各地形成了多种发达的农业文明，都是充分利用特定自然环境的结果。人类在利用环境开展农业活动时，毁林、草地犁成耕地、在边缘地区和陡峭山坡进行农耕等，从量变到质变，逐渐摧毁了原有生态系统的自然平衡和固有稳定，土壤侵蚀、退化和沙化等问题逐渐出现，这是人类活动对自然环境作用的结果；相应地，自然环境的恶化也损害了人类社群生活状态的稳定。除了对生态系统的不良影响之外，驯养动物也越来越对特定的生态系统产生影响，尤其随着人类驯养规模越来越大，过度放牧引发的问题逐渐显现。历史上就出现了不少因对环境不当利用而导致生态环境恶化，最终走向衰落的农业文明例子，如美索不达米亚平原上的古巴比伦文明、尼罗河畔的古埃及文明，以及古印度文明、玛雅文明等。森林破坏、过度放牧也同样出现在古代中国，水土流失导致黄河泥沙含量增多，土地荒漠化程度加剧。

2. 工业文明对环境的征服与环境污染问题

工业革命开启开创了工业文明。工业革命始于18世纪，以蒸汽机、电力、汽车等的发明为重要标志，人类自此走上工业化道路，涌现了许多新技术，极大地改变了人们获取物质的能力，创造了农业文明所未有且难以企及的生产和生活方式。

工业化初期，煤炭是主要能源，地下蕴藏的煤炭资源被赋予了空前的价值，开发了大量新煤矿，煤炭产量大幅上升。煤的使用推动了蒸汽机的运转和工厂的发展，方便了人们的日常生活；但也释放了大量的烟尘、二氧化硫、二氧化碳、一氧化碳和其他有毒有害的污染物质。矿产冶炼加工业的发展排出大量二氧化硫，同时释放铅、锌、镉、铜、砷等，大气、土壤和水域被大量污染。其中著名的有伦敦烟雾事件、泰晤士河污染、德国鲁尔工业区污染等。

19世纪末，全球开始兴起第二次工业化，钢铁工业、化学工业，铝、钨等新金属元素，镭和铀等新化学元素，人造丝绸等新合成材料，燃油汽车发动机和喷气式飞机等新时代的工业技术，成为新的里程碑和标志性成就。工业化范围扩散至美国、日本等地，同时向外传播的还有工业污染。此外农药、除草剂与燃油发动机的使用，核能的研发与应用等带来了数量更大、威胁更强的环境问题。其中典型的有德国莱茵河污染、比利时马斯河谷烟雾事件，美国匹兹堡污染、宾夕法尼亚州多诺拉烟雾事件、洛杉矶光化学烟雾事件，以及日本的水俣病事件、富山县神通川流域痛痛病事件等。此外，20世纪初含铅汽油的发明和使用，也产生了持久而深远的铅污染，在20世纪五六十年代达到峰值。全球花了一百年时间，直到2021年才实现汽油禁铅，但含铅汽油的大量使用已对人类产生了深远影响，到现在仍在显现。

20世纪下半叶，世界经济从世界大战后转向恢复期，西方主要国家加快工业化和城市化进程，经济在较长时期持续高速增长，进入第三次工业化时期。这个时期，大量合成化学品被制造出来，电子工程、遗传工程等新兴技术成为发展的新高地，以石油和天然气为主要原料的有机化学工业快速发展，西方发达国家大规模发展合成橡胶、塑料和合成纤维三大高分子合成材料，并开发生产出合成洗涤剂、合成油脂、有机农药、食品与饲料等非常多样的有机化学品。不可否认这个时期有机化学工业产出的方便耐用的产品极大地丰富了人类生活，提高了生活质量。但有阳光的地方就有阴影，合成化学品的破坏性也随之产生，对环境产生前所未有的有机毒害和污染。典型的例子有合成化学和核技术产生的有机氯化物污染和放射性污染。因对DDT、六六六等有机氯化物农药的毒性和持久性认识不足，随着其大量使用，土壤、河流、供水系统等被污染，并经食物链在人类身体组织里沉积下来，造成持久性的伤害。此外，切尔诺贝利事件也是迄今为止最为严重的民用核事故。从历史角度看，放射性核技术已然对生态系统的运行带来了环境效应和风险，切尔诺贝利核污染会在未来几个世纪内继续影响生物群落的生长。20世纪下半叶开始，钢铁业、造船业、化学工业及其他高能耗工业在许多新兴工业化国家发展起来，随着地区工业化水平迅速提升，民众生活水平显著提高，工业化促进了城市化，城市化进一步加速工业化，由此产生了大量的生活垃圾和工业垃圾。新兴工业化国家及其环境问题快速凸显。与此同时，国际工业污染向新兴工业化国家转移，暴露出更严重的环境问题，发展中的东亚曾一度成为欧美国家的垃圾处理站，环境问题的全球性进一步加剧。

20世纪末，人类生态系统已受到严重威胁和破坏，世界上的各个角落几乎都留下了污染的印迹，对全球的生态稳定造成直接且普遍的危害。不仅如此，环境问题还在世界范围内扩散，海洋石油污染、酸雨、臭氧层空洞、全球气候变暖等问题演化为全球性生态难题。

3. 全球环境合作探索摆脱工业生态文明困境之道

不论是各国具体的环境问题，还是世界经济一体化伴生的全球环境问题，其呈现出的覆盖面广、影响面宽、加快全球化的特点，决定了世界各国在应对环境问题时必须结成命运共同体，各国间只有通力合作方能克服经济不平等和地理因素差异，在全球范围内有效地开展环境监测、调查研究，找到可持续发展的方案。在这个过程中的若干里程碑行动在本书可持续发展相关部分已有充分阐述。

20世纪70年代关于环境问题的讨论和应对主要局限于发达工业化国家，重点聚焦污染治理和野生动物保护。从20世纪80年代开始，环境问题的讨论和应对工作已在发展中国家开展，关注的焦点既包括污染治理、野生动物保护，还扩展到自然资源的可持续管理和应用等更有广泛意义的问题。发展中国家在区域和全球性环境问题的实践和实施可持续发展战略上做出了大量的努力，取得积极的成效。

随着发展中国家环境意识的逐渐增强，在现代环境法全面蓬勃发展的国际大趋势中，发展中国家加快环境立法，已有150多个发展中国家开展了环境立法实践。同时，发展中国家逐渐重视环保产业发展，因地制宜地进行产业升级转型和改革，探索经济与环境相协调的可持续发展。与发达国家面临的环境挑战不同，发展中国家面临经济发展、生态退化和环境污染等复合型、压缩性问题，本质上是不同形式的资源短缺问题，这使得大部分发展中国家反而走向高消耗、高污染的经济发展之路，结果破坏了生态，生态被破坏反过来也制约了经济的发展。因此，发展中国家需要积极寻找合适的发展战略，以免陷入生态恶性循环之中。

为应对和解决环境问题，人类社会已进行了长期的思考、实践，形成了相应的理论，局部的污染治理和全面的环境保护，乃至长远的可持续发展战略等，均反映出人类在认识和解决环境问题的不同阶段性水平和近中期成效。这为进一步探寻新的努力方向奠定了坚实的基础。这一新的努力方向首先必须能从更好地调节人与自然的和谐共生关系着手，人类社会迫切需要一种与自然生态环境系统更加协调的生存智慧，在经济社会发展和生态环境保护之间找到合适的平衡点和相应的方法，绝不能再走以牺牲环境换取一时的经济增长之路。因此，人类需要重新探索发展道路，建设新形态的文明，即人类社会系统与地球自然系统协同进化，经济、社会与生物圈协同进化的文明，这样的一种文明，就是生态文明。

（二）从人与自然关系认识的演进体悟生态文明的重大意义

2018年全国生态环境保护大会上，习近平总书记以"推动我国生态文明建设迈上新台阶"为题发表重要讲话，从5 000多年的中华文明孕育出的丰富生态文化、四大文明古国兴衰演替、马克思主义关于人与自然关系的思想等几个方面阐述了加强生态文明建设的重大意义，深刻回答了为什么建设生态文明、建设什么样的生态文明、怎样建设生态文明等重大理论和实践问题。

1. 中华文明孕育出"天人合一"的丰富生态文化和管理制度

中华民族向来尊重自然、热爱自然。绵延5 000多年的中华文明孕育出丰富的生态文化、生态观念，对处理人与自然关系形成了重要的认识，强调要把天地人统一起来、把自然生态同人类文明联系起来，按照大自然规律活动，取之有时，用之有度。中国古代发展出"天人关系"的自然观，其思想是把天、地、人作为统一的整体看待，人类在社会发展的同时要尊重自然规律，和自然建立和谐的关系，其中代表性表述为"天人合一"理念，这种人和自然的关系认识体现了古人朴素的生态价值观，对生态文明的发展产生了积极的影响。

中国古代大量著作中有与"天人合一"相似思想的多样化表述,《易经》中说,"观乎天文,以察时变;观乎人文,以化成天下""财成天地之道,辅相天地之宜"。《道德经》中说,"人法地,地法天,天法道,道法自然。"《孟子》中说,"不违农时,谷不可胜食也;数罟不入洿池,鱼鳖不可胜食也;斧斤以时入山林,材木不可胜用也。"《荀子》中说,"草木荣华滋硕之时,则斧斤不入山林,不夭其生,不绝其长也。"《齐民要术》中有"顺天时,量地利,则用力少而成功多"的记述。

专栏 10-3　中国二十四节气里的智慧

二十四节气——春雨惊春清谷天,夏满芒夏暑相连,秋处露秋寒霜降,冬雪雪冬小大寒——是中国古代农耕文明的产物,是先民顺应农时,通过观察天体运行,认知一岁中时令、气候、物候等方面变化规律所形成的知识体系,在指导农业生产、农民生活方面发挥着重要的作用。2016 年,二十四节气入选联合国教育、科学及文化组织人类非物质文化遗产名录。

二十四节气始于中国古人在黄河流域的天文观测活动和生产、生活实践,有着极其悠长的历史,是"天文之学"与"人文之学"的完美结合。二十四节气背后蕴含着一种"大思维、大科学"。它是涵盖天文、气象、历法、物候、农事、音律、政事、养生等领域的综合知识体系,其中蕴含着深厚的文化内涵,并通过口头文学、书面文学及民俗节庆等多种形式呈现,对人们日常的农业生产、生活实践有着重要的指导意义。

二十四节气萌芽于夏商时期,在战国时期已基本成型,并于秦汉之时趋于完善和定型。二十四节气建构的传统时间体系是人与自然和谐共生的体现,与当前所提倡的"尊重自然、顺应自然、保护自然"生态文明观念不谋而合。

此外,我国古代在实践中形成"天人合一"为代表的自然生态观的同时,很早就把关于自然生态的观念上升为国家管理制度,专门设立掌管山林川泽的机构,制定政策法令,这就是虞衡制度。《周礼》记载,设立"山虞掌山林之政令,物为之厉而为之守禁""林衡掌巡林麓之禁令,而平其守"。秦汉时期,虞衡制度分为林官、湖官、陂官、苑官、畴官等。虞衡制度一直延续到清代。我国不少朝代都有保护自然的律令,并对违令者重惩,如周文王颁布的《伐崇令》规定:"毋坏室,毋填井,毋伐树木,毋动六畜。有不如令者,死无赦。"

2. 马克思主义关于人与自然关系的思想

马克思主义高度重视人与自然的关系,认为人与自然是和谐统一的有机整体,它们之间是相互影响、相互制约、紧密联系、不可分割的关系。恩格斯在论述人类干预自然、破坏人与自然和谐统一的关系时指出:"这种事情发生得愈多,人们愈会重新地不仅感觉到,而且也会意识到自身和自然界的一致。而那种把精神和物质、人和自然、灵魂和肉体对立起来的荒谬的、反自然的观点,也就愈不可能存在了。"马克思、恩格斯指出:"社会化的人,联合起来的生产者,将合理地调节他们和自然之间的物质变换,把它置于他们的共同控制之下,靠消耗最小的力量,在最无愧于和最适合于他们的人类本性的条件下来进行这种物质变换。"他们还强调人类的活动要以尊重自然规律为前提。人类有能力通过实践活动来改造自然，但前提必须是在尊重客观规律的基础上进行。人类在征服自然、改造自然和发展文明的同时，更应善待自然，尊重自然规律。同时，马克思主义还认为，人类要爱护自然，而不要破坏自然。如果人类长期停留在物质享受上，就会产生恶性消费和恶性发展，从而破坏环境，也摧毁人类自身。马克思明确反对人类破坏自然界的行为，并告诫说："不以伟大的自然规律为依据的人类计划，只会带来灾难。"总之，要求人类正确处理人与自然的关系，是贯穿马克思主义生态观的主线。

2018 年 5 月 4 日，中国共产党召开纪念马克思诞辰 200 周年大会。习近平总书记在会上特别强调，学习马克思，就要学习和实践马克思主义关于人与自然关系的思想。马克思、恩格斯认为，"人靠自然界生活"，人类在同自然的互动中生产、生活、发展，人类善待自然，自然也会馈赠人类，但"如果说人靠科学和创造性天才征服了自然力，那么自然力也对人进行报复"。恩格斯在《自然辩证法》中写道："美索不达米亚、希腊、小亚细亚以及其他各地的居民，为了想得到耕地，毁灭了森林，但是他们做梦也想不到，这些地方今天竟因此而成为不毛之地，因为他们使这些地方失去了森林，也就失去了水分的积聚中心和贮藏库。阿尔卑斯山的意大利人，当他们在山南坡把那些在山北坡得到精心保护的枞树林砍光用尽时，没有预料到，这样一来，他们把本地区的高山畜牧业的根基毁掉了；他们更没有预料到，他们这样做，竟使山泉在一年中的大部分时间内枯竭了，同时在雨季又使更加凶猛的洪水倾泻到平原上。"

3. 生态兴则文明兴，生态衰则文明衰

习近平总书记在 2018 年全国生态环境保护大会上强调："生态兴则文明兴，生态衰则文明衰。"生态环境是人类生存和发展的根基，生态环境变化直接影响文明兴衰演替。古代埃及、古代巴比伦、古代印度、古代中国四大文明古国均发源于森林茂密、水量丰沛、田野肥沃的地区。奔腾不息的长江、黄河是中华民族的摇篮，哺育了灿烂的中华文明。而生态环境衰退特别是严重的土地荒漠化则导致古代埃及、古代巴比伦衰落。我国古代一些地区也有过惨痛教训。一度辉煌的楼兰文明已被埋藏在万顷流沙之下，那里当年曾经是一块水草丰美之地。河西走廊、黄土高原都曾经水丰草茂，由于毁林开荒、乱砍滥伐，生态环境遭到严重破坏，加剧了经济衰落。唐代中叶以来，我国经济中心逐步向东、向南转移，很大程度上同西部地区生态环境变迁有关。

以史为鉴，可以知兴替。党中央反复强调要高度重视和正确处理生态文明建设问题，就是因为我国环境容量有限，生态系统脆弱，污染重、损失大、风险高的生态环境状况还没有根本扭转，并且独特的地理环境加剧了地区间的不平衡。"胡焕庸线"东南方 43% 的国土，居住着全国 94% 左右的人口，以平原、水网、低山丘陵和喀斯特地貌为主，生态环境压力巨大；该线西北方 57% 的国土，供养大约全国 6% 的人口，以草原、戈壁、沙漠、绿洲和雪域高原为主，生态系统非常脆弱。我国的基本国情，决定了我们必须走生态优先、绿色发展的生态文明之路。

（三）西方发达国家近半个世纪的生态化实践对中国生态文明的启发

可以从生态工业、生态城市和生态经济三个视角考察西方发达国家近半个多世纪以来在工业领域、城市、经济系统方面开展生态化转型发展的实践创新，这对中国生态文明的

发展有重要借鉴意义。

1. 工业生态学

工业生态学（industrial ecology）是欧美国家 20 世纪 90 年代发展出来的一个新兴学科，或称产业生态学，具体用哪个名称，实不用纠结，关键是理解内涵和指向为要。工业生态学研究物质、能源在工业和消费活动中的流动及其产生的环境影响，以及经济、政策、管理、社会因素对物质、能源流动、使用及资源转化的影响，同时强调从系统观、动态观、效率观综合施策。

1989 年被普遍认为是工业生态学学科的元年。这一年，41 岁的美国科学院院士，哈佛大学肯尼迪政府学院的 William Clark 教授，在《科学美国人》杂志组织了一期专刊，名为管理地球（*Managing the planet*），这期专刊共有 11 篇文章，其中有一篇题名为制造业的战略（*Strategies for manufacturing*），领衔作者是美国工程院院士 Robert Frosh 教授，正是在这篇文章中提出了后来被大家所熟知的工业生态系统的概念，即"工业活动的传统模式——突出表现为企业购入原料，生产并售出产品，对废弃物进行处理处置，向更集成的模式，工业生态系统转变。在这个系统中，通过优化物质和能源的消耗，让废弃物产生最小化，同时使得一个过程的废弃物，通过必要的预处理或纯化，可以作为另一个过程的原材料。"这一期专刊中的第二篇文章，题名为大气环境之变（*The changing atmosphere*），由美国工程院院士 Thomas Graedel 教授领衔。写这篇文章的时候，Graedel 教授在贝尔实验室，后来去了耶鲁大学，组建了工业生态研究中心，对推动工业生态学领域的发展起了非常重要的作用，中国许多本领域的学者都曾在耶鲁大学工业生态研究中心学习过。

1989 年，《科学》（*Science*）杂志报道了丹麦卡伦堡产业共生案例，这个案例也被大量广泛地研究传播，全球影响力很大，被视为工业生态学学科的一个里程碑。1989 年，中国人均 GDP 是全球的 1/12，美国的 1/70。当年，中国已走过改革开放十年，经济社会发展正处在一个紧要关头。

1991 年，召开了国际工业生态学领域首个重要会议。由美国电话电报公司（AT&T）为首的产业界发起，得到美国工程院支持，在美国工程院举行了工业生态学专题会议。参会人员约 21 人，主要来自 AT&T 贝尔实验室，产业界还有美国通用电气公司（GE，参会者就是 Robert Frosh）、IBM、杜邦等参加。参会的学术机构有世界资源研究所（WRI）、麻省理工学院、密歇根大学、耶鲁大学、纽约大学，以及美国环境保护署。会议重点讨论了工业生态学的技术要素和未来方向。

1997 年全球第一本工业生态学领域学术期刊《工业生态学杂志》（*Journal of Industrial Ecology*）诞生。重点关注四大领域：① 刻画资源流量和存量及其驱动力、成本、环境影响，主要方法为物质流分析、生命周期评价、投入产出分析；② 探究影响物质能量流量和存量的社会、产业和经济相关的动力机制，包括循环经济、可持续生产与消费、物质闭环系统/废弃物再利用、资源效率及去物质化、产业共生等方面；③ 政策和商业模式，包括面向产品的环境政策、生态产业发展、循环经济政策与商业模式等方面；④ 方法前沿，聚焦生命周期评价、物质流分析、环境扩展的投入产出分析、综合评价模型等方面。

2001 年，国际工业生态学学会（ISIE）成立，并在荷兰莱顿大学召开了首次学会年会，第 10 届大会 2019 年在清华大学举行。从发达国家工业生态学发展源起和关注的重点领域看，工业生态学是人类在经济、文化和技术不断发展的前提下，有意识并理性地去探索和维护可持续发展的方法。工业生态学要求不是孤立而是协调地看待工业系统与其周围环境的关系。这是一种试图对整个物质循环过程——从天然材料、加工材料、零部件、产品、废旧物品到产品最终处置——加以优化的方法。需要优化的要素包括物质、能量和资本。ISIE 将工业生态学定位为支撑可持续性和循环经济的科学。工业生态学的范围和关注点包括工业、环境、资源、生命周期、闭环、代谢、系统、可持续性等，从多维度多对象审视工业、技术、社会经济系统变化对生物物理环境的影响，包括局地、区域、全球；产品、过程、产业部门、经济系统不同的维度。

工业生态学关注工业系统如何运行（即物质、能量在系统中的流动代谢），系统如何调控，系统与生物圈的相互作用；基于此及对自然生态系统的认知，确定如何重构工业系统使其与自然生态系统功能兼容共处等关键问题。工业生态学强调模仿自然生态系统的优化设计原则：① 避免过度使用资源，避免废物产生快于自然系统的处理消纳能力；② 模仿自然生态系统的行为和结构来设计社会系统；③ 将社会系统功能纳入自然系统的子系统；④ 非必要不使用——仅在资源要素投入能产生可再生资源时才使用不可再生资源。这些原则的根本目的是实现物尽其用。

IPAT 方程被视为是工业生态学的主方程，其表达式为：

$$I = P \times A \times T$$

式中，I 是人类活动对环境的影响测度；P（population）是人口；A（affluence）是富足程度的测度，通常与经济产出的规模密切相关，实践中常用 GDP 表达；T 是消费的技术效率测度，实践中常用单位经济产出的环境影响表达。耶鲁大学工业生态研究中心的 Thomas Graedel 教授和 Marian Chertow 教授将 IPAT 方程改写为下式：

$$总体环境影响 = 人口 \times \frac{GDP}{人口} \times \frac{资源用量}{GDP} \times \frac{环境影响}{资源用量}$$

进一步地，对于二氧化碳排放，IPAT 方程衍生为 KAYA 方程，表达式为：

$$CO_2 排放量 = 人口 \times \frac{GDP}{人口} \times \frac{能源用量}{GDP} \times \frac{CO_2 排放量}{能源用量}$$

不论是 IPAT 方程还是 KAYA 方程，其核心思想是将社会经济活动中产生环境影响的主要因素分解为不同维度，进一步运用主成分分析或其他方法，分解分析各因素在不同时期的作用贡献，进而找到政策的主要作用方向。

2000 年后，越来越多的中国学者投身到工业生态学研究，并将工业生态学应用到中国经济、社会、环境等与可持续发展相关的各领域，使之成为支撑中国生态文明建设的重要学科基础之一。

2. 生态城市

城市发展与生态环境的关系是人与自然和谐共生关系的重要组成。人类社会发展过程中，聚落是城市的早期萌芽，这个时期人类在聚落选址及建造材料选择时就有意无意地与其周围自然环境的资源条件进行联系。

　　城镇化是伴随工业化发展，非农产业在城镇集聚、农村人口向城镇集中的自然历史过程，是人类社会发展的客观趋势，是城市现代化的必由之路和国家现代化的重要标志。工业革命以来，西方发达国家的经济社会发展历程显示，一个国家或地区要成功实现现代化，必须在推动工业化发展的过程中同时注重城镇化发展。

　　城市在快速发展过程中，伴随着强劲的现代化需求、密集的土地开发利用、大规模的基础设施和住房建设，以及产城融合发展。许多城市及所在地区出现了一系列资源能源和环境问题，如资源型城市资源耗竭、环境污染、生态退化、健康影响、交通拥堵、垃圾围城等问题，严重威胁着城市乃至区域经济社会发展、社会稳定和人的身心健康。人们开始寻找城市发展与自然环境能协调的理想城市形态，在此背景下，生态城市的概念被提出。

　　图 10-1 为西方生态城市发展演进过程示意图，经历了生态思想起源、生态意识觉醒、城市生态演进、蓬勃交流应用、经验指导实践等过程。1866 年德国生态学家海克尔首次提出生态的概念，拉开了生物与其生存环境之间相互关系研究的序幕，引发了人类与所生活的城市、自然环境间相互关系的思考。人们试图运用生态学原理解决城市问题，把城市看作一个有机体，从组成、结构、过程、功能等方面，探究有效分散中心城市功能，为人们提供兼具城乡优点的聚居环境。

　　20 世纪五六十年代，随着众多环境公害事件的发生，《寂静的春天》《人口爆炸》《增长的极限》《只有一个地球》等具有里程碑意义的著作问世，引起人类社会对城市生态环境破坏的广泛关注和深入思考，生态意识开始觉醒。1969 年，美国宾夕法尼亚大学麦克哈格（MacHarg）教授在《设计结合自然》一书中提出结合自然的生态设计方法，全球进入了探索城市未来发展模式的快速发展阶段。联合国 1971 年在"人与生物圈（MAB）"计划中提出生态城市概念，将其定义为人类聚集区生态化发展下实现自然、城市与人有机融合的共生互惠结构，以期实现社会和谐、经济高效及生态良性循环，并建议将城市作为以人类活动为中心的生态系统进行研究。1972 年联合国在《人类环境宣言》中提出，必须对人类定居和城市化加以规划，实现社会、经济和环境的共同最大利益。

　　20 世纪 70 年代中期至 80 年代，生态城市的研究出现多样化讨论并不断演进。如美国作家欧内斯特·卡伦巴赫出版的小说《生态乌托邦》，是描绘可持续发展社会的首次尝试。它描绘了一个生态精密、技术可行、制度创新的社会，引发广泛讨论，被世界各地广泛了解。同年，美国生态学家理查德·雷吉斯特成立了城市生态学研究会，提出"重建与自然相平衡的城市"。

　　20 世纪 90 年代，可持续发展成为全球共识，以追求人与自然和谐为目标的城市生态运动在全球许多国家开展。1990 年城市生态学研究会在美国加利福尼亚州伯克利召开第一届国际生态城市研讨会，带动了全球广泛的生态城市学术研究交流与实践探索，带动了全球学术团体对生态及可持续的关注和研究，中国生态城市的研究也开始起步。

　　进入 21 世纪，全球越来越多的国家和地区以《21 世纪议程》为基础，提出各自可持续发展的目标，并把生态城市建设作为重要的载体，开展了大量的实践，以探索通过城市的合理规划和设计，实现城市与自然和谐之道。其中，欧洲各国最早开展实践并涌现出大

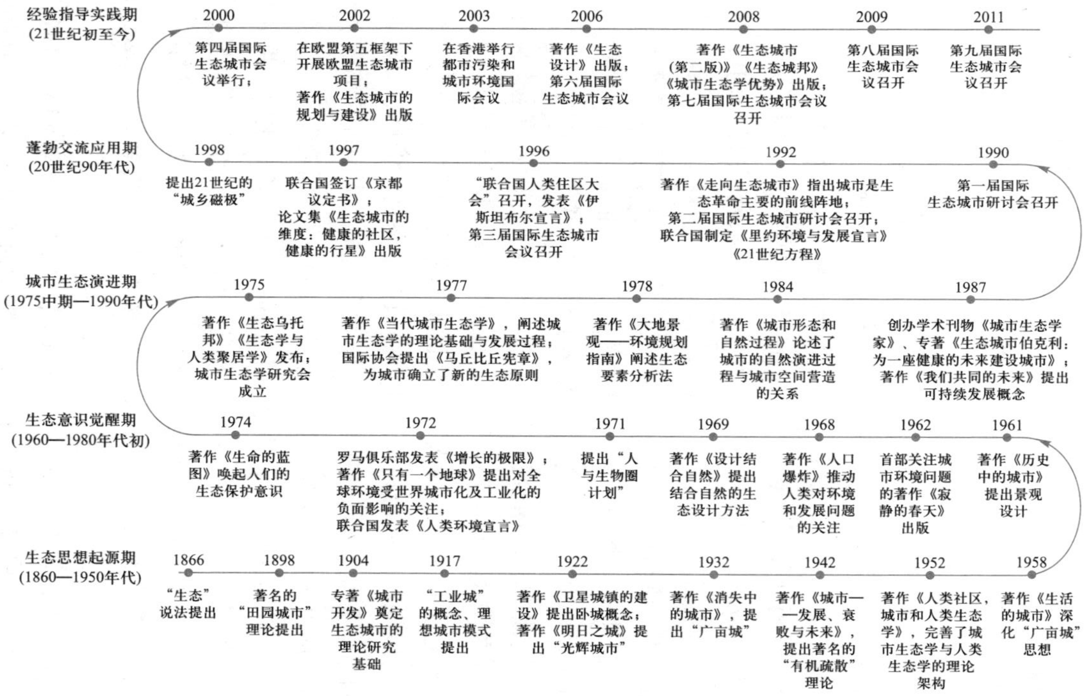

经验指导实践期（21世纪初至今）

- 2000　第四届国际生态城市会议举行
- 2002　在欧盟第五框架下开展生态城市项目，著作《生态城市规划与建设》出版
- 2003　在香港举行都市污染和城市环境国际会议
- 2006　著作《生态设计》出版；第六届国际生态城市会议
- 2008　著作《生态城市》（第二版）《生态城邦》《城市生态学优势》出版，第七届国际生态城市会议召开
- 2009　第八届国际生态城市会议召开
- 2011　第九届国际生态城市会议召开

蓬勃交流应用期（20世纪90年代）

- 1998　提出21世纪的"城乡磁极"
- 1997　联合国签订《京都议定书》，论文集《生态城市的维度：健康的社区、健康的行星》出版
- 1996　"联合国人类住区大会"召开，发表《伊斯坦布尔宣言》；第三届国际生态城市会议召开
- 1990　第一届国际生态城市研讨会召开
- 1992　著作《走向生态城市》指出城市是生态革命主要的前线阵地，第二届国际生态城市研讨会召开；联合国制定《里约国际生态发展宣言》《21世纪方程》

城市生态演进期（1975中期—1990年代）

- 1975　著作《生态乌托邦》《生态城市》《人类聚居学》发布，城市生态学研究会成立
- 1977　著作《当代城市生态学》，阐述城市生态学的理论基础和发展过程，国际协会提出《马丘比丘宣言》，为城市确立了新的生态原则
- 1978　著作《大地景观——环境规划指南》，阐述生态要素分析法
- 1984　著作《城市形态和自然过程》论述了城市的自然演进过程与城镇空间营造的关系
- 1987　第一届国际生态城市研讨会召开；著作《我们共同的未来》提出可持续发展观念

生态意识觉醒期（1960—1980年代初）

- 1974　著作《生命的蓝图》唤起人们的生态保护意识
- 1972　罗马俱乐部发表《增长的极限》，著作《只有一个地球》提出对全球环境及工业化的负面影响的关注，联合国发表《人类环境宣言》
- 1971　提出"人与生物圈计划"
- 1969　著作《设计结合自然》提出与自然结合的生态设计方法
- 1968　著作《人口爆炸》推动人类对环境问题和发展问题的关注
- 1962　著作《寂静的春天》出版
- 1961　创办学术刊物《城市生态学家》；专著《生态城市的胜利：为一座健康的未来建设城市》提出
- 1958　著作《生活的城市化》"广亩城"深化思想

生态思想起源期（1860—1950年代）

- 1866　"生态"说法提出
- 1898　著名的"田园城市"理论提出
- 1904　专著《城市的演变与开发》奠定生态城市理论研究基础
- 1917　"工业城"的理念和生态城市模式思想提出
- 1922　著作《卫星城镇的建设》提出卫星城概念，著作《明日之城市》提出"光辉城市"
- 1932　著作《消失中的城市——发展，提出了"广亩城"
- 1942　著作《城市发展——起源、演变和前景》提出著名的"有机疏散"理论
- 1952　著作《人类社区、城市和人类生态学》，完善了城市生态学的理论架构
- 1958　著作《历史中的城市》提出景观设计

图10-1　西方生态城市发展演进过程

（张若馨，2013）

量典型的生态城市案例，代表性的实践是 2002 年欧盟在第五框架下开展的欧盟生态城市项目，以及 2005 年欧盟在第六框架下进一步开展的欧盟协奏曲项目，试点城市几乎遍布了欧洲各国。此外，美国、巴西、新西兰、澳大利亚、南非等国家也成功开展生态城市建设。欧美等发达国家开展的生态城市案例，涵盖了多样化的社会背景、地理条件、生态环境及城市规模形态等，在土地利用、交通运输、社区管理、城市空间绿化、布局优化等方面为生态城市建设提供了大量的范例和经验，可为全球更多国家推进生态城市建设提供参考借鉴。在这个过程中，形成了诸多介绍成熟案例经验的著作，对实践有积极指导意义，如《绿色城市主义：欧洲城市的经验》《生态城市的规划与建设》《生态城市前沿：美国波特兰成长的挑战和经验》等。

专栏 10-4　美国纽约中央公园建设和发展的启示

纽约中央公园是一个为大众服务的城市公园，面积达 340 公顷，在纽约市最繁华的曼哈顿区中心位置。中央公园的设计理念为一个令人精神得到愉悦放松的自然天地：在田园牧歌似的草地、风景如画的灌木丛、高低起伏的小山丘和平静如画的湖面的环绕中，使得沉思和道德提升成为可能。中央公园内部有植物园、动物馆、运动场、美术馆、影剧院和大面积的湖面、样式繁多的喷泉、草坪、各种旅游步道等公园所需的功能和景点、设施，有野生动物保护中心，有连绵不断、变化多姿的丘峦，很方便、很自然、很生态、很原真。它既为忙碌紧张的市民提供一个悠闲放松的空间，也为全球各国游人搭建了观光旅游平台，被誉为"都市之肺"。中央公园创造的公众共享城市绿地空间，对生态城市的发展影响深远。随着城市的飞速发展，人们享受开放空间的机会在减少，在城市中心地带的一片绿色能给人们带来精神上的振奋。在寸土寸金的曼哈顿区，纽约中央公园面积占城市的 6%，建设和发展长达 150 年，已深入纽约人的生活，其城市与自然的和谐之道对许多城市的规划建设起到了深远的示范和借鉴作用。我国有多个城市学习借鉴了中央公园经验，包括重庆市中央公园、合肥市绿轴公园等。

来源：鲁世超. 纽约中央公园，建设公园城市的一堂必修课［J］. 城市开发，2022，7：80-83.

联合国人居署在《2022 世界城市状况报告》中指出，城镇化仍然是 21 世纪一个势不可挡的大趋势，预计到 2050 年将新增城市人口 22 亿。报告同时也强调了城镇面临的突出威胁，如全球通胀和生活成本问题凸显、供应链受阻、气候变化等。为此，城镇可持续发展需要向着更为公平、绿色并以知识为基础的愿景发展。联合国人居署呼吁不论是国家还是地方各级政府都应做出更大承诺，加大力度推行创新型技术和城市生活理念。联合国人居署的报告列举了法国巴黎、澳大利亚墨尔本等城市日趋流行的"15 分钟城市空间"概念，以期为更多城市提供借鉴和启发。国际生态城市研究从早期的理想理念构建、应对生态环境危机、探索解决途径，逐步走向了建设实践及全球性的经验分享与借鉴。在应对气候变化的全球背景下，这形成了将全球城市发展纳入可持续发展的良性循环中，并将生态城市建设提升到了全人类共同关注的责任高度。

当今中国，城镇化与工业化、信息化和农业现代化同步发展，是现代化建设的核心内容，彼此相辅相成。工业化处于主导地位，是发展的动力；农业现代化是重要基础，是发展的根基；信息化具有后发优势，为发展注入新的活力；城镇化是载体和平台，承载工业化和信息化发展空间，带动农业现代化加快发展，发挥着不可替代的融合作用。生态城市建设是我国生态文明建设尤为重要的载体。西方发达国家生态城市的规划和管理经验，无疑会对我国的生态城市建设产生积极的指导意义。

3. 生态经济学

生态经济学建立在 Kenneth E. Boulding、Nicholas Georgescu-Roegen、Herman E. Daly、Robert Costanza 等学者的研究基础之上。Kenneth E. Boulding 于 1966 年提出了"太空船式的经济"及创建生态经济学的倡议。他提出将人类社会看成一个大的生态系统，主要目的是应对世界工业经济不断发展出现的环境污染与资源枯竭问题。1971 年 Nicholas Georgescu-Roegen 提出生态经济的概念及体系构想，进而由 Herman E. Daly 为代表的诸多学者进一步推动了生态经济的理论发展，使其作为一门独立的跨学科科学逐步形成。1989年《生态经济学》（*Ecological Economics*）期刊和国际生态经济学会（International Society for Ecological Economics）创立，这标志着生态经济正式成为一个专业研究领域，生态经济研究进入全面发展时期。

生态经济学研究生态系统和经济系统的复合系统的结构、功能及其运动规律，即生态经济系统的结构及其矛盾运动发展规律，是生态学和经济学相结合而形成的一个跨学科的研究领域，旨在解释不同时间空间下，人类经济社会与自然生态系统间的共同演化和互相依存关系。生态经济学有别于环境经济学，后者是对环境的主流经济分析，前者则把经济系统视为生态系统的子系统，并强调保存自然资本。生态经济学和环境经济学属不同的经济学派，生态经济学强调强有力的可持续性，并否定物质资本可取代自然资本的看法。生态经济学认为经济系统是支撑它的全球生态系统的一部分或子系统，并将研究视角从人类经济圈扩展至整体的生态环境圈。

生态经济学的一个主要特质是论述聚焦于自然、公义及时间，包括代际平等、环境承载力、环境转变的不可逆性、长远后果的不确定性，以及可持续发展等议题。生态经济学还对社会新陈代谢开展研究，包括经济体系的能源、资源的流动，认为经济体系跟能源和资源的流动，以及由生态系统所提供的"服务"紧密相连并因而得以维持。生态经济学认为生态经济问题不仅是经济问题，而且是关系到人类生存发展的大问题，关注如何在地球系统的生态与物理约束下发展。

生态经济学的一个重要的基础概念是自然资本（natural capital），将其定义为人们所利用的土地和自然资源，包括清新的空气、干净的水、肥沃的土地、森林、渔场、矿产资源，以及使经济活动和生命本身成为可能的生态支持系统。自然资本不仅包括为人类所利用的资源，如水资源、矿物、木材等，还包括森林、草原、沼泽等生态系统及生物多样性。联合国《环境经济核算体系 2012——中心框架》和《环境经济核算体系——试验性生态系统核算》将自然资本定义为由自然资源和生态系统两部分组成。自然资源由矿产和能源资源、土壤资源、木材资源、生物资源、水资源、土地空间资源组成，生态系统包括海洋生态系统、森林生态系统、淡水生态系统、农业生态系统等。从生态经济学的视角，自然资本作为生产的基础，至少与人造资本同等重要，因此应仔细核算自然资本的状况、改善或退化，并反映在国民收入核算中。

生态经济学者建议自然资本核算和保护方法至少应包括三个方面：一是对自然资本的物质核算，除了国民收入核算，通过设计卫星账户可表示自然资源的丰度和稀缺性，并估计自然资源的年度变化。卫星账户还可以表示污染物、水质、土壤肥力等的变化，以及不同地区环境条件变化相关的其他重要物质指标。通过建立卫星账户定量评估重要资源的损耗或环境退化，进而支撑决策需要重点保护或恢复的自然资本。自然资本的物质核算可通过编制自然资源资产负债表表征，即一个地区在某个特定时间点上所拥有的自然资源资产的总价值和把自然资源维持在某个规定水平之上的成本（负债）。二是可持续产量水平的量化。人类社会发展中，出现过大量自然资源开发超过自然系统承载力的情况。通过分析自然系统可为人类提供可持续产出水平，可判断经济的均衡产出是否超过自然系统的可持续产出，进而制定针对性、系统性的保护政策。三是环境消纳能力的确定。工业革命初期，人类活动产生了很多废弃物，包括家庭、农业、工商业废弃物。随着时间的推移，自然过程可以把许多废弃物分解并吸收到环境中而不产生危害。但随着人类生产活动的发展，废弃物的种类、数量及对环境持久性影响加大，已不可能被环境全部吸收，需要对受纳环境可接受的废弃物排放有科学的估计，制定系统的防治策略。这三个方面都是生态经济学强调的自然能力可持续性原则的重要组成。

生态经济学的另一个重要的基础概念是生态系统的服务功能及其生态经济价值。生态系统服务有多种形式，不同生态系统具有不同的生态系统服务类型，具体可分为三种类型：供给服务，如森林提供木材；调节服务，如森林固碳与净化空气；文化服务，如森林公园为游客提供的乐趣和精神享受。一般来说，供给服务与自然资源的物质性惠益有关，而其他生态系统服务与自然资源的非物质性惠益有关。自然生态系统提供的产品和服务支撑着人类的生存和经济发展，并且给商业和社会带来直接及间接的利益，却一直被忽视。自然资本和金融资本是经济发展的两个重要的资本类型。但在传统经济发展模式下，金融资本通过杠杆作用，巨大的扩张能量，使人类对自然资本欠下巨额债务。人类应该认真反思和重塑经济增长模式，建立有投资价值的自然资本新经济体系。人们已认识到生态系统服务功能是人类生存与现代文明的基础。

我国1979年成立中国生态学学会，1984年成立中国生态经济学会，1985年，专门研究生态经济的学术期刊《生态经济》创刊。这一定程度上说明我国在生态经济方面觉醒较早。中国生态经济学在长期研究实践中，经历了四个主要的阶段：以生态平衡为核心的理论研究阶段（1981—1983年），以生态经济协调发展为核心的理论研究阶段（1984—1991年），以生态环境与社会经济可持续发展为核心的理论研究阶段（1992—2000年），以绿色发展为核心的理论研究阶段（2001年至今），并提出生态经济学是以生态学原理为基础，经济学原理为主导，以人类经济活动为中心，运用系统分析方法，综合地研究生态系统和生产力系统的相互影响、相互制约、相互作用及其协调机制的科学。生态经济学研究旨在以人与自然和谐共处为目标，探索在不超过自然生态系统自我调节能力阈值或不超过自然生态系统可修复阈值的前提下，经济快速高效增长的方式和途径。

2013 年，《中共中央关于全面深化改革若干重大问题的决定》明确提出，健全自然资源资产产权制度和用途管制制度。对水流、森林、山岭、草原、荒地、滩涂等自然生态空间进行统一确权登记，形成归属清晰、权责明确、监管有效的自然资源资产产权制度。建立空间规划体系，划定生产、生活、生态空间开发管制界限，落实用途管制。健全能源、水、土地节约集约使用制度。健全国家自然资源资产管理体制，统一行使全民所有自然资源资产所有者职责。完善自然资源监管体制，统一行使所有国土空间用途管制职责。探索编制自然资源资产负债表，对领导干部实行自然资源资产离任审计。建立生态环境损害责任终身追究制。实行资源有偿使用制度和生态补偿制度。加快自然资源及其产品价格改革，全面反映市场供求、资源稀缺程度、生态环境损害成本和修复效益。2015 年《生态文明体制改革总体方案》明确在市县层面开展自然资源资产负债表编制试点，核算主要自然资源实物量账户并公布核算结果；并出台《编制自然资源资产负债表试点方案》，在内蒙古呼伦贝尔市、浙江湖州市、湖南娄底市、贵州赤水市、陕西延安市开展试点，构建土地资源、森林资源、水资源等主要自然资源资产实物量账户，建立健全科学规范的自然资源统计调查制度。2017 年国家颁布《领导干部自然资源资产离任审计规定（试行）》，审计领导干部自然资源资产管理和生态环境保护相关的法律法规遵守情况、重大决策、目标完成情况、监督责任履行情况。

2018 年 5 月，习近平总书记在全国生态环境保护大会上提出："要加快构建生态文明体系，加快建立健全以生态价值观念为准则的生态文化体系，以产业生态化和生态产业化为主体的生态经济体系，以改善生态环境质量为核心的目标责任体系，以治理体系和治理能力现代化为保障的生态文明制度体系，以生态系统良性循环和环境风险有效防控为重点的生态安全体系。"构建新时代我国生态经济体系，是生态文明体系的重要组成。当前，自然生态系统"有价"理念在中国日益深入人心。

二、生态文明建设的核心要义

（一）生态文明建设是关系中华民族永续发展的根本大计

改革开放以来，我国经济发展速度远远超过了工业发达国家，但经济发展模式仍较粗放。资源短缺、生态破坏和环境污染等挑战复杂严峻，因此迫切需要实施可持续发展战略。自 1993 年以来，我国就把可持续发展战略定为国家基本战略。党的十七大把科学发展观写入党章，并提出建设生态文明。党的十八大指出，建设生态文明，是关系人民福祉、关乎民族未来的长远大计。面对资源约束趋紧、环境污染严重、生态系统退化的严峻形势，必须树立尊重自然、顺应自然、保护自然的生态文明理念，把生态文明建设放在突出地位，融入经济建设、政治建设、文化建设、社会建设各方面和全过程，努力建设美丽中国，实现中华民族永续发展。

党的十八大以来，以习近平同志为核心的党中央创造性地把生态文明建设纳入统筹推进"五位一体"总体布局和协调推进"四个全面"战略布局。党的十九大更是把生态文明建设作为关系中华民族永续发展的根本大计，确立了习近平生态文明思想，坚定不移以人民为中心，走生态优先、绿色发展的高质量发展道路。国土空间开发保护格局不断优化，资源能源利用效率持续提升，绿色发展方式和生活方式加速形成，积极应对全球气候变化，生态文明建设成效显著、世界影响深远。

党的二十大报告指出，坚持山水林田湖草沙一体化保护和系统治理，全方位、全地域、全过程加强生态环境保护，生态文明制度体系更加健全，污染防治攻坚向纵深推进，绿色、循环、低碳发展迈出坚实步伐，生态环境保护发生历史性、转折性、全局性变化，我们的祖国天更蓝、山更绿、水更清。我国生态文明的理念与联合国可持续发展的精神相一致，而且符合我国的国情。我们要坚定信念，加倍努力，坚持可持续发展战略，才能实现全面建成小康社会、美丽中国的伟大梦想。

在党中央统一领导部署下，全国生态文明建设持续深入推进，国家相继出台《关于加快推进生态文明建设的意见》《生态文明体制改革总体方案》以及环境保护督察、生态保护红线、生态环境损害赔偿等大量改革举措，生态文明"四梁八柱"制度体系基本形成。全社会对保护与发展关系的认识更加深刻，人与自然是生命共同体、绿水青山就是金山银山等理念正在牢固树立，深入人心。同时，我国生态文明理念日益得到国际社会认可，成为全球生态文明建设的重要参与者、贡献者、引领者。

（二）生态文明建设的重大原则

习近平总书记在 2018 年全国生态环境保护大会讲话中，首次提出新时代推进生态文明建设必须坚持好六项原则。

一是坚持人与自然和谐共生。人与自然是生命共同体，生态环境没有替代品，用之不觉，失之难存。在发展过程中，要坚持节约优先、保护优先、自然恢复为主的方针，像保护眼睛一样保护生态环境，像对待生命一样对待生态环境，让自然生态美景永驻人间，还自然以宁静、和谐、美丽。

二是坚持绿水青山就是金山银山。这是重要的发展理念，也是推进人与自然和谐共生现代化建设的重大原则。保护和改善生态环境就是发展生产力。生态环境问题归根结底还是发展方式和生活方式问题。为从根本上解决好人与自然和谐共生问题，就必须要长期不懈地贯彻创新、协调、绿色、开放、共享的新发展理念，加快形成节约资源和保护环境的空间格局、产业结构、生产方式、生活方式，给自然生态留下休养生息的时间和空间。

三是坚持良好生态环境是最普惠的民生福祉。环境就是民生，发展经济是为了民生，良好的生态环境同样也是为了民生。生态文明是全社会共同参与共同建设共同享有的事业，为此需要把建设美丽中国内化为全体人民自觉行动。坚持生态惠民、生态利民、生态为民，重点解决损害群众健康的突出环境问题，不断满足人民日益增长的优美生态环境需要。

四是坚持山水林田湖草是生命共同体。要统筹兼顾、整体施策、多措并举，全方位、全地域、全过程开展生态文明建设。要从系统工程和全局角度寻求新的治理之道，不能再是头痛医头、脚痛医脚，各管一摊、相互掣肘，而必须统筹兼顾、整体施策、多措并举，全方位、全地域、全过程开展生态文明建设。比如，治理好水污染、保护好水环境，就需要全面统筹左右岸、上下游、陆上水上、地表地下、河流海洋、水生态水资源、污染防治与生态保护，达到系统治理的最佳效果。

五是坚持用最严格制度最严密法治保护生态环境。奉法者强则国强，奉法者弱则国弱。令在必信，法在必行。国家提出生态文明建设党政同责、一岗双责，强调落实领导干部生态文明建设责任制，严格考核问责。对不顾生态环境盲目决策、造成严重后果的人，必须追究其责任，而且应该终身追责。国家不断强化生态文明制度创新，强化制度执行，让制度成为刚性的约束和不可触碰的高压线，杜绝制度规定成为"没有牙齿的老虎"。

六是坚持共谋全球生态文明建设。毋庸置疑，生态文明建设关乎人类未来，保护生态环境、应对气候变化需要全球共同努力。国家提出"成为全球生态文明建设的重要参与者、贡献者、引领者"的发展目标，积极深度参与全球环境和气候治理，贡献世界环境保护和可持续发展的中国方案，着力引导应对气候变化国际合作。

（三）生态文明建设的科学内涵

2018年6月，中共中央、国务院《关于全面加强生态环境保护 坚决打好污染防治攻坚战的意见》明确，生态文明建设必须坚持八个方面。一是坚持生态兴则文明兴。建设生态文明是关系中华民族永续发展的根本大计，功在当代、利在千秋，关系人民福祉，关乎民族未来。二是坚持人与自然和谐共生。保护自然就是保护人类，建设生态文明就是造福人类。必须尊重自然、顺应自然、保护自然，像保护眼睛一样保护生态环境，像对待生命一样对待生态环境，推动形成人与自然和谐发展现代化建设新格局，还自然以宁静、和谐、美丽。三是坚持绿水青山就是金山银山。绿水青山既是自然财富、生态财富，又是社会财富、经济财富。保护生态环境就是保护生产力，改善生态环境就是发展生产力。必须坚持和贯彻绿色发展理念，平衡和处理好发展与保护的关系，推动形成绿色发展方式和生活方式，坚定不移走生产发展、生活富裕、生态良好的文明发展道路。四是坚持良好生态环境是最普惠的民生福祉。生态文明建设同每个人息息相关。环境就是民生，青山就是美丽，蓝天也是幸福。必须坚持以人民为中心，重点解决损害群众健康的突出环境问题，提供更多优质生态产品。五是坚持山水林田湖草是生命共同体。生态环境是统一的有机整体。必须按照系统工程的思路，构建生态环境治理体系，着力扩大环境容量和生态空间，全方位、全地域、全过程开展生态环境保护。六是坚持用最严格制度最严密法治保护生态环境。保护生态环境必须依靠制度、依靠法治。必须构建产权清晰、多元参与、激励约束并重、系统完整的生态文明制度体系，让制度成为刚性约束和不可触碰的高压线。七是坚持建设美丽中国全民行动。美丽中国是人民群众共同参与共同建设共同享有的事业。必须加强生态文明宣传教育，牢固树立生态文明价值观念和行为准则，把建设美丽中国化为全民自觉行动。八是坚持共谋全球生态文明建设。生态文明建设是构建人类命运共同体的重要内容。必须同舟共济、共同努力，构筑尊崇自然、绿色发展的生态体系，推动全球生态环境治理，建设清洁美丽世界。

2022年《习近平生态文明思想学习纲要》发布，系统全面阐释了习近平生态文明思想的核心要义。将习近平生态文明思想的科学内涵由原来的"八个坚持"拓展为"十个坚持"，即坚持党对生态文明建设的全面领导，坚持生态兴则文明兴，坚持人与自然和谐共生，坚持绿水青山就是金山银山，坚持良好生态环境是最普惠的民生福祉，坚持绿色发展是发展观的深刻革命，坚持统筹山水林田湖草沙系统治理，坚持用最严格制度最严密法治保护生态环境，坚持把建设美丽中国转化为全体人民自觉行动，坚持共谋全球生态文明建设之路。其中，"坚持党对生态文明建设的全面领导"和"坚持绿色发展是发展观的深刻革命"是在"八个坚持"基础上的新增内容。将"坚持党对生态文明建设的全面领导"放在"十个坚持"之首，既体现了党的百年奋斗历史经验，又是全面系统推进生态文明建设、实现美丽中国目标的必然要求。

第三节　生态文明与可持续发展

　　回顾人类文明发展历史，人类曾经历过原始文明、农耕文明和工业文明等发展阶段。特别是自工业革命后，人类走上工业化道路，开创了工业文明，技术进步日新月异，人类取得极大的经济社会发展成就，创造了前所未有的生产、生活方式。随着全球工业化全面深入地发展，资源短缺、生态破坏、环境污染、气候变化等问题也越来越凸显，已威胁到了地球的命运和人类的生存。正是这些问题启发了人类，经过不断思考、争论和在多方人士包括联合国的努力下，诞生了可持续发展战略，人类也开始明白应走向生态文明的新时代。

　　现已普遍形成共识，可持续发展观的产生和提出，有其深刻且特定的现实原因。工业文明中后期，人类活动对自然界产生的种种影响、自然灾害、生态危机等迫使人类反思总结过往文明发展过程中所出现的问题，反省以牺牲环境换取经济发展的模式是否合适，觉醒的公众环保意识和日益高涨的群众环保运动也推动全球社会加快探寻避免社会生态性崩溃的行之有效的解决之道。

　　中国在20世纪90年代中期提出可持续发展战略，编制《中国可持续发展行动纲领》与《中国21世纪人口、环境与发展白皮书》。我国从2004年提出建立资源节约型、环境友好型社会，根本目的是通过转变经济增长方式等措施，从根本上解决全面建设小康社会面临的资源与环境压力，保障经济社会的绿色、持续、健康、协调发展。尽管如此，可持续发展战略的实践过程中也暴露出产能过剩、经济发展过程资源消耗高和废弃物排放高等问题依然存在，人民群众的环保意识尚待持续提高等。从这一点看，发展中国家可持续发展战略的实施依旧任重而道远。

　　中国提出生态文明，是符合中国实际，对可持续发展战略的再发展。党的十八大以来，我国生态文明建设取得历史性成就。2016年，联合国环境规划署发布《绿水青山就是金山银山：中国生态文明战略与行动》报告，对中国生态文明建设给予了高度评价。生态文明建设已经是中国走向光明的、可持续发展未来的重要保障，也将是人类走向光明未来的必由之路。图10-2基于党的十八大、党的十九大和党的二十大报告，简述了各阶段生态文明建设的成效，列出面向未来生态文明建设的定位和发展目标相关内容。

党的十八大	党的十九大	党的二十大
过去五年： ● 生态文明建设扎实展开，资源节约和环境保护全面推进 面向未来： ● 全面落实经济建设、政治建设、文化建设、社会建设、生态文明建设五位一体总体布局 ● 把生态文明建设放在突出地位，融入经济建设、政治建设、文化建设、社会建设各方面和全过程 发展目标： ● 全面建成小康社会和全面深化改革开放的目标 ● 确保到二〇二〇年实现全面建成小康社会宏伟目标	过去五年： ● 生态文明建设成效显著 面向未来： ● 建设生态文明是中华民族永续发展的千年大计 ● 加快生态文明体制改革，建设美丽中国 发展目标： ● 从二〇二〇年到二〇三五年，在全面建成小康社会的基础上，再奋斗十五年，基本实现社会主义现代化；生态环境根本好转，美丽中国目标基本实现 ● 从二〇三五年到21世纪中叶，在基本实现现代化的基础上，再奋斗十五年，把我国建成富强民主文明和谐美丽的社会主义现代化强国	过去五年： ● 大力推进生态文明建设 ● 生态文明制度体系更加健全，生态环境保护发生历史性、转折性、全局性变化，我们的祖国天更蓝、山更绿、水更清 面向未来： ● 未来五年是全面建设社会主义现代化国家开局起步的关键时期 ● 全面建成社会主义现代化强国、实现第二个百年奋斗目标，以中国式现代化全面推进中华民族伟大复兴 发展目标： ● 从二〇二〇年到二〇三五年基本实现社会主义现代化 ● 从二〇三五年到21世纪中叶把我国建成富强民主文明和谐美丽的社会主义现代化强国

图 10-2　党的十八大以来我国生态文明建设的定位和发展目标概览

专栏 10-5　党的十八大以来我国生态文明建设的成就

2023 年，习近平总书记在全国生态环境保护大会上总结了我国生态文明建设取得的成就并强调，党的十八大以来，我们把生态文明建设作为关系中华民族永续发展的根本大计，开展了一系列开创性工作，决心之大、力度之大、成效之大前所未有，生态文明建设从理论到实践都发生了历史性、转折性、全局性变化，美丽中国建设迈出重大步伐。我们从解决突出生态环境问题入手，注重点面结合、标本兼治，实现由重点整治到系统治理的重大转变；坚持转变观念、压实责任，不断增强全党全国推进生态文明建设的自觉性主动性，实现由被动应对到主动作为的重大转变；紧跟时代、放眼世界，承担大国责任、展现大国担当，实现由全球环境治理参与者到引领者的重大转变；不断深化对生态文明建设规律的认识，形成新时代中国特色社会主义生态文明思想，实现由实践探索到科学理论指导的重大转变。经过顽强努力，我国天更蓝、地更绿、水更清，万里河山更加多姿多彩。新时代生态文明建设的成就举世瞩目，成为新时代党和国家事业取得历史性成就、发生历史性变革的显著标志。

我国生态环境保护结构性、根源性、趋势性压力尚未根本缓解。我国经济社会发展已进入加快绿色化、低碳化的高质量发展阶段，生态文明建设仍处于压力叠加、负重前行的关键期。必须以更高站位、更宽视野、更大力度来谋划和推进新征程生态环境保护工作，谱写新时代生态文明建设新篇章。

总结新时代十年的实践经验，分析当前面临的新情况新问题，继续推进生态文明建设，必须以新时代中国特色社会主义生态文明思想为指导，正确处理几个重大关系。一是高质量发展和高水平保护的关系，要站在人与自然和谐共生的高度谋划发展，通过高水平环境保护，不断塑造发展的新动能、新优势，着力构建绿色低碳循环经济体系，有效降低发展的资源环境代价，持续增强发展的潜力和后劲。二是重点攻坚和协同治理的关系，要坚持系统观念，抓住主要矛盾和矛盾的主要方面，对突出生态环境问题采取有力措施，同时强化目标协同、多污染物控制协同、部门协同、区域协同、政策协同，不断增强各项工作的系统性、整体性、协同性。三是自然恢复和人工修复的关系，要坚持山水林田湖草沙一体化保护和系统治理，构建从山顶到海洋的保护治理大格局，综合运用自然恢复和人工修复两种手段，因地因时制宜、分区分类施策，努力找到生态保护修复的最佳解决方案。四是外部约束和内生动力的关系，要始终坚持用最严格制度最严密法治保护生态环境，保持常态化外部压力，同时要激发起全社会共同呵护生态环境的内生动力。五是"双碳"承诺和自主行动的关系，我们承诺的"双碳"目标是确定不移的，但达到这一目标的路径和方式、节奏和力度则应该而且必须由我们自己做主，绝不受他人左右。

来源：2023 年 7 月 17 日至 18 日，全国生态环境保护大会在北京召开。中共中央总书记、国家主席、中央军委主席习近平出席会议并发表重要讲话。

对比生态文明建设和可持续发展战略的诞生过程可以发现，两者发生在相同的历史阶段，针对的是相同的资源、环境、生态危机，目标又都是人类和地球的可持续发展的未来。生态文明正是可持续发展的思想基础，可持续发展战略的实施必须依靠生态文明建设。

生态文明同样是倡导全球共同发展的最大共识、最大抓手、最大平台。面对气候变化、生态环境退化和生物多样性丧失等全球性挑战，共同应对生存和发展危机成为各国摒弃制度模式偏见和文明冲突、寻求人类共同利益和共同发展的弥合点。生态文明理念与联合国 2030 年可持续发展目标高度契合、相互呼应，是我国与国际社会在人类发展理念和发展方向上求同存异取得的最大共识；我国在生态文明建设领域积累的丰富理论创新、制度经验和成功实践，为各国实现可持续发展提供了中国智慧和中国样本，是积极发展全球伙伴关系、营造良好外部环境的最大抓手；生态文明建设满足当代生产发展需要、实现人类永续发展，是推动全球共同发展、共建人类命运共同体的最大平台。

1. 本章从人类文明的演进和趋向讨论了生态文明的由来，请同学们选择自己感兴趣的角度，结合典型的例子，思考你对"生态兴则文明兴，生态衰则文明衰"的认识。

2. 地理学中有一条著名的"胡焕庸线"，这条线北起黑龙江黑河，一路向着西南延伸，直至云南腾冲。该线东南方 43% 的国土居住着全国 94% 左右的人口，以平原、水网、低山丘陵和喀斯特地貌为主，生态环境压力巨大；该线西北方 57% 的国土，供养大约全国 6% 的人口，以草原、戈壁沙漠、绿洲和雪域高原为主，生态系统非常脆弱。请同学们结合中国这一基本国情和自己家乡的特点，思考"大家"和"小家"协同开展生态文明建设的重要性和意义。

3. 请结合你的学习理解，尝试给出一个你自己的生态文明定义。

参考文献

［1］习近平．推动我国生态文明建设迈上新台阶［J］．求是，2019（3）.

［2］钱易，何建坤，卢风．生态文明理论与实践［M］．北京：清华大学出版社，2018.

［3］钱易．生态文明的由来和实质［J］．秘书工作，2017（1）：73–75.

［4］钱易．新时代生态文明建设与可持续发展之路［J］．审计观察，2018（6）：18–23.

［5］钱易．面向可持续发展的工程教育［J］．中国大学教学，2016（3）：8–10.

［6］张若馨．国际生态城市建设案例库调查分析及中国现状比照研究［D］．北京：清华大学博士学位论文，2013.

下 篇

环境保护与可持续发展的实施途径

　　针对当代的资源、生态与环境问题，如何实施环境保护以达到社会的可持续发展，这是本篇将要讨论的问题。本篇在内容的编写和安排上，考虑了以下几方面的因素：

　　首先，在环境保护与可持续发展的实施过程中，技术层面和管理层面的途径相互结合、缺一不可。从环境问题的发生、原因识别、机理分析，到提出解决方法、方案的实施及实施效果评价，这一过程既涉及环境污染防治，也涉及环境管理，而环境法治更是实施环境保护、保证社会可持续发展的根本和依据。

　　其次，环境保护和可持续发展的实施手段和途径是动态的，而不是静止的。无论在管理层面（包括法律及管理制度的建设），还是在环境技术手段层面，都是随着环境问题的发生和变化的需求而逐步发展和完善的，今后仍将不断发展。这也是环境科学作为一门学科，能够拥有新的魅力之所在。

　　基于以上考量，本篇设置 9 章内容，其中环境污染防治（第十一章）针对末端污染进行治理的技术研究，是长期以来环境保护实施的主要途径；清洁生产（第十二章）则是随着对环境问题产生根源的不断认识，试图从源头控制污染的治理理念和技术手段；这种理念和实施途径的不断发展、完善的过程也体现在生态保护（第十三章）、循环经济与循环型社会（第十四章）、碳达峰与碳中和（第十五章）、生态文明建设途径与实践创新（第十六章）、环境管理（第十七章）、环境法治（第十八章）的内容中。此外，国际环境公约及履约（第十九章）是针对全球环境问题，国际社会达成的一系列具有法律约束力的条文。除了涉及对全球环境问题的科学认识外，还涉及国际法、国际政治及环境外交等多方面，是环境科学研究的新领域。环境、资源问题具有区域性和全球性的特征，因此资源和环境问题的解决需要世界各国的共同努力，国际合作就显得愈发重要。随着国际社会对保护环境和人类可持续发展达成共识，越来越多的国际环境公约被制定，其在解决国际环境事务中的作用也会愈加重要。

第十一章 环境污染防治

【导读】环境污染主要由于人类活动向环境排放超过其自净能力的物质或能量，改变环境正常状态，对人类的生存与发展、生态系统稳定可能产生不利影响。环境污染与资源短缺、生态破坏相互关联，往往从局地向区域、全球发展。本章主要介绍环境污染的产生、危害及发展趋势。根据污染介质不同，环境污染通常包括水污染、大气污染、土壤污染、固体废物及有害化学品污染，本章首先对不同介质中典型污染来源、危害及污染状况进行概述；由于噪声、电磁辐射和热等以能量形式进入环境可能产生物理性污染，本章将对不同物理性污染的产生、危害进行介绍；考虑到持久性有机污染物、内分泌干扰物、抗生素等新污染物问题凸显，受到国内外高度关注，最后简要介绍新污染物种类、筛选及风险评估等内容。

第一节 水污染防治

一、水污染源防治对策

自 20 世纪 80 年代以来，中国经历了一个经济快速发展的过程，同时也经历了一个对水的需求量不断增大、水污染不断加重的过程。由于大量污水的排放，我国的许多河川、湖泊等水域都受到了严重的污染。水污染防治已成为我国最紧迫的环境问题之一。

为了切实控制水污染，并同时解决水资源短缺的矛盾，中国迫切需要水资源水环境管理的综合策略：控制水的需求，强调节水优先；加强源头控制，切实防治污染；多渠道开发水源，特别重视开发非传统水资源。

水污染的主要来源有：工业废水、城市废水和农村面污染源。对各类水污染源应分别采取如下基本防治对策。

（一）工业废水防治对策

在我国总污水排放量中，工业污水排放量约占 60%，工业废水中含有各类有毒、有害物质，因此工业废水污染的防治是水污染防治的首要任务。国内外工业废水污染防治的经验表明，工业废水污染的防治必须采取综合性对策，才能收到良好的防治效果。

1. 切实优化工业结构

目前我国的工业生产正处在一个关键的发展阶段，应在产业规划和工业发展中，贯穿可持续发展的指导思想，调整产业结构，完成结构优化，使之与环境保护相协调。严格控制、加快淘汰或改造高消耗、高污染的企业，加快淘汰小造纸、小化工、小制革、小印染、小酿造等不符合产业政策的重污染企业。环境保护部 2008 年发布第一批"高污染、高环境风险"产品名录，共涉及 6 个行业的 141 种"双高"（即高污染、高环境风险）产品，国家将严格限制"双高"产业。"高污染"产品是指在生产过程中污染严重、难以治理的产品；"高环境风险"产品是指在生产、运储过程中易发生污染事故、危害环境和人体健康的产品。"高污染、高环境风险"产品的生产将付出巨大的环境代价，如重铬酸钠产品。我国大多数企业都采用落后的有钙焙烧工艺生产重铬酸钙，产生的铬渣中所含"铬酸钙"，是世界卫生组织等国际权威机构公认的强致癌物。目前，我国不仅遗留了 400 万吨铬渣没有处理，而且每年还新产生至少 50 万吨，对公共环境和人体健康构成重大威胁。国家将严格限制这些高污染产品的生产，并逐步调整优化这些产业结构。

2. 推行清洁生产，从源头削减污染

清洁生产包括合理选择原料和进行产品的生态设计、改革生产工艺和更新生产设备、提高水的循环使用和重复使用率，以及加强生产管理、减少和杜绝跑冒滴漏。在工业企业内部加强技术改造、推行清洁生产是防治工业水污染最重要的对策与措施。这不仅可以从根本上消除水污染，提高资源利用率，取得显著的环境效益，而且还可以带来巨大的经济效益和社会效益。在我国，应以造纸、酿造、化工、纺织、印染行业为重点，加大污染治理和技术改造力度，推行清洁生产。在行业中应提倡向先进水平看齐，切实完成削减污染物排放总量的目标，使工业污染物的排放量在工业总产值增长的同时，不仅不能增长，还要不断降低。可以预料，只有工业污染排放量实现了负增长，我国的水污染防治才可能得到保障。

3. 严格执法，加强工业废水治理

应进一步完善废水排放标准和相关的水污染控制法规和条例，加大执法力度，严格限制废水的超标排放。改变有法不依、执法不严、违法不究的现象，加强对工业企业的监管，发现违法排污一定要严加处罚。严格执行水污染物排放标准和总量控制制度，加快推行排污许可证制度，对国家控制重点企业，应特别严格控制其废水达标排放和总量削减状况。严格按照有关标准，监测排入城镇排水系统的工业废水水质和水量，保证工业废水处理厂设施安全运行，健全环境监测网络，在不同层次，如车间、工厂总排出口和受纳水体进行水质监测，并增强事故排放的预测与预防能力。

当前，我国一些地方仍处于环境污染事故的高发期。一些地方的工业企业污染事故频发，严重污染环境，危害群众身体健康和社会稳定。应加大环境污染事件风险源识别与预警、快速处理处置等综合性应急技术系统的开发与应用，增强我国重大环境污染事件的预防、处理能力。

4. 提高工业废水综合利用水平

工业废水中的污染物都是流失的资源，应采用有效技术回收利用，在减量化、资源化的基础上使其无害化。

通过过程节水技术应用，我国大部分工厂耗水量持续下降。例如钢铁行业，从 2011 年耗水量 3.76 m^3/t 下降到 2021 年的 2.44 m^3/t，与国外先进值（2.1 m^3/t）还有一定差距；石油炼制行业 2019 年耗水量 0.6 m^3/t，与国外先进水平（0.2 m^3/t）相比，还有较大提升的空间。

工业用水的重复利用率是衡量工业节水程度高低的重要指标，提高工业用水的重复利用率是一项十分有效的节水措施。电力、冶金、化工、石油、纺织、轻工为我国六大重点用水部门，应在这些部门重点开展节水工作，根据国外先进水平及国内实际状况，规定各种行业水重复利用率的合理范围，以促进各行业提高水的重复利用和循环利用水平。

（二）城市污水防治对策

随着近 30 多年污水处理设施建设和运行管理力度的加大，我国城市污水收集处理能力水平显著提升。截至 2022 年底，我国城市污水厂集中处理率达 98.11%，县城污水处理率达到 96.94%，城市排水管道长度达 80.27 万千米。但是，我国城镇污水收集处理仍存在发展不平衡不充分问题，短板弱项依然突出。特别是污水管网建设改造滞后、污水资源化利用水平偏低、污泥无害化处置不规范、设施可持续运行维护能力不强等问题，与实现高质量发展还存在差距。因此，建设高质量城镇污水处理体系仍然十分重要。

1. 加强城市污水处理厂的建设和运行

为使城市污水处理高质量发展，应加快补齐污水收集处理、再生水利用、污泥处置设施短板，推广厂网一体、泥水并重、建管并举，提升设施整体效能。预计到 2025 年，水环境敏感地区污水处理基本达到一级 A 排放标准；全国地级及以上缺水城市再生水利用率达到 25% 以上，京津冀地区达到 35% 以上，黄河流域中下游地级及以上缺水城市达到 30%；城市和县城污泥无害化、资源化利用水平进一步提升，城市污泥无害化处置率达到 90% 以上。我国"十四五"城镇污水处理及资源化利用发展规划中明确指出，应以建设高质量城镇污水处理体系为主题，从增量建设为主转向系统提质增效与结构调整优化并重，提升存量、做优增量，系统推进城镇污水处理设施高质量建设和运维，有效改善我国城镇水生态环境质量。补齐城镇污水管网短板，提升收集效能；强化城镇污水处理设施弱项，提升处理能力；加强再生利用设施建设，推进污水资源化利用；破解污泥处置难点，实现无害化，推进资源化。应形成布局合理、系统协调、安全高效、节能低碳的城镇污水收集处理及资源化利用新格局，实现污水处理高质量、可持续发展。

2. 合理规划排水系统

在建设城市污水处理厂的同时，应合理地规划并建设配套城市排水系统，新建城市或城区应建设分流制排水系统，对于旧城市或旧城区已有的合流制排水系统，应加以必要的改造。建设改造过程要因地制宜，践行海绵城市理念，加强管理、提高质量，保证运行过程真正达到合流制与分流制运行效果，避免雨污混接严重干扰系统运行。分流制排水系统结合源头—过程—末端适当考虑初期雨水截流与处理，合流制排水系统需考虑配套溢流污水调蓄与处理设施，既要防止不经妥善处理的污水直接排放造成水环境的污染，还要建立厂网统筹系统提升运行管理效能。到 2025 年，全国城市生活污水集中收集处理率力争达到 70% 以上；县城污水处理率达到 95% 以上。

3. 大力推行城市污水资源化

随着世界城市化进程加快，许多城市严重缺水，特别是工业和人口过度集中的大城市和超大城市，情况更加严重。例如，美国加利福尼亚州、得克萨斯州、亚利桑那州、内华达州的一些城市，墨西哥的墨西哥市，我国的大连、青岛、天津、北京、太原等城市普遍缺水。应十分注意将水污染防治与城市污水资源化相结合，在消除水污染的同时，进行污水再生利用，以缓解城市水资源短缺的局面，这对于我国北方缺水城市尤其有重要意义。

城市污水资源化技术包括能源高效利用技术与物质高效回收技术。污水资源化技术包括利用废水中的有机物产甲烷、产氢、产电，以及利用水源热泵实现区域供热或制冷；物质高效回用技术包括回收废水中的碳、氮、磷、硫等物质。作为城市污水资源化的"污水概念厂"所提倡的"水质永续、能量自给、资源回收、环境友好"已得到业内共识，并用于宜兴城市污水概念厂实践，该厂已于2021年建成投产。

（三）农村面污染源防治对策

最常见的农村水污染源是各类面源污染，如农田中使用的化肥、农药，会随雨水径流流入地表水体或渗入地下水体；畜禽养殖粪便及乡镇居民生活污水等，也往往以无组织的方式排入水体。其污染源面广而分散，污染负荷也很大，是水污染防治中不容忽视而且较难解决的问题。应结合生态农业和社会主义新农村的建设，尽快采取有效措施，防治农业和农村产生的面污染源，应采取的主要对策如下。

1. 发展节水型农业

农业是我国的用水大户，其年用水量约占全部用水量的62%。节约灌溉用水，发展节水型农业不仅可以减少水资源的使用，同时可以减少化肥和农药随排灌水的流失，从而减少其对水环境的污染；此外，还可节省肥料。因此，具有十分重要的意义。

农业节水可以采取的措施有：① 大力推行喷灌、滴灌等节水灌溉技术；② 制定合理的灌溉用水定额，实行科学灌水；③ 减少输水损失，提高灌溉渠系利用系数，提高灌溉水利用率。

2. 合理利用化肥和农药

应合理使用化肥和农药，减少农田径流中氮、磷的含量，以及有毒农药等污染。

化肥污染防治对策有：改善灌溉方式和施肥方式，减少肥料流失；加强对土壤和化肥的化验与监测，科学定量施肥。特别是在地下水水源保护区，应严格控制氮肥的施用量；调整化肥品种结构，采用高效、复合、缓效新化肥品种；增加有机复合肥的施用；大力推广生物肥料的使用；加强造林、植树、种草，增加地表覆盖，避免水土流失及肥料流入水体或渗入地下水；加强农田工程建设（如修建拦水沟埂及各种农田节水保田工程等），防止土壤及肥料流失。

农药污染防治对策有：开发、推广和应用生物防治病虫害技术，减少有机农药的使用量；研究采用多效抗虫害农药，发展低毒、高效、低残留量新农药；完善农药的运输与使用方法，提高施药技术，合理施用农药；加强农药的安全施用与管理，完善相应的管理办法与条例。

3. 加强对畜禽排泄物、村镇生活污水、生活垃圾的有效处理

对畜禽养殖业的污染防治应采取以下措施：合理布局，控制发展规模；加强畜禽排泄物的综合利用，改进清除方式，制定畜禽养殖场的排放标准、技术规范及环保条例；收集并处理、利用农村废弃物及畜禽养殖业废弃物，利用其中的能源和肥源，同时大大降低污染负荷；加强农村的基础设施建设，收集并处理、利用农村生活污水和生活垃圾；利用在水体附近的空地建设生态塘或湿地系统，以大量截留面源污染物进入水体，也可以与种植作物或养殖水生物结合起来。

二、流域水污染防治

水环境是一个复杂的大系统，水污染防治必须着眼整个流域或区域。《中华人民共和国水污染防治法》第十五条规定，防治水污染应当按流域或者按区域进行统一规划。流域是一个完整的水文循环单元，自然作用和人类活动产生的点源、非点源污染物经由支流汇入干流，从而对水环境和水生态系统产生重要影响。因此，流域作为一个相对完整的资源管理单元和人类活动的集中区域，不仅是人类需求和水生态系统生存的载体，也是资源供求、人与自然、发展与水环境保护的矛盾冲突集中体。水环境问题是一个涉及土地利用、上下游相互关系、多种水体类型、多种污染类型的综合性问题，所以基于流域尺度进行水环境管理势在必行。

美国在 20 世纪 80 年代提出流域水环境保护的概念，强调流域生态系统的整体治理，在综合考虑流域水文和污染物质输移的基本规律，以及水生态和社会经济子系统的构成与相互反馈作用的基础上，对地下水、地表水、湿地、水生态系统进行统筹规划、设计、实施和保护，制定综合性的流域水污染防治措施。

自 20 世纪 70 年代中期起，我国在一些重点流域展开了大规模的防治工作，取得了阶段性成果，部分河段水质有所改善。但是，由于污染物的排放未得到根本遏制，一些江河湖海的污染情况依然十分严重。在"十五"期间，淮河、海河、辽河、太湖、巢湖、滇池（以下简称"三河三湖"）等重点流域和区域的治理任务只完成计划目标的 60% 左右，全国 26% 的地表水国控（国家重点监控）断面劣于水环境 V 类标准，62% 的断面达不到 III 类标准；流经城市 90% 的河段受到不同程度污染，75% 的湖泊出现富营养化；30% 的重点城市饮用水源地水质达不到 III 类标准；主要污染物排放量远远超过环境容量，环境污染严重。

因此，在"十一五"期间，我国加大了流域水污染防治力度。我国目前实行重点流域管理，重点流域包括：海河流域、淮河流域、辽河流域、太湖流域、滇池流域、巢湖流域、三峡库区及其上游、南水北调东线、黄河流域、松花江流域、珠江流域 11 个流域，并制定了各自专门的水污染防治规划。这 11 个重点流域的流域面积约占全国的 39%，人口约占全国的 63%，GDP 约占全国的 66%，水资源量约占全国的 48%，废水量约占全国的 76%。可以预见，上述重点流域水污染得到有效控制，全国的水环境质量将会得到明显改善。

《"十三五"生态环境保护规划》提出重点流域水污染防治规划。长江流域强化系统保护，加大水生生物多样性保护力度，强化水上交通、船舶港口污染防治。实施岷江、沱江、乌江、清水江、长江干流宜昌段总磷污染综合治理，有效控制贵州、四川、湖北、云南等省份流域总磷污染。坚持太湖综合治理，增强流域生态系统功能，防范蓝藻暴发，确保饮用水安全；加强巢湖氮磷总量控制，改善入湖河流水质，修复湖滨生态功能；加强滇池氮磷总量控制，重点防控城市污水和农业面源污染入湖，分区分步开展生态修复，逐步恢复水生态系统。海河流域突出节水和再生水利用，强化跨界水体治理，重点整治城乡黑臭水体，保障白洋淀、衡水湖、永定河生态需水。大幅降低淮河流域造纸、化肥、酿造等行业污染物排放强度，有效控制氨氮污染，持续改善洪河、涡河、颍河、惠济河、包河等支流水质，切实防控突发污染事件。重点控制黄河流域煤化工、石化企业污染物排放，持续改善汾河、涑水河、总排干、大黑河、乌梁素海、湟水河等支流水质，降低中上游水环境风险。持续改善松花江流域阿什河、伊通河等支流水质，重点解决石化、酿造、制药、造纸等行业污染问题，加大水生态保护力度，进一步增加野生鱼类种群数量，加快恢复湿地生态系统。大幅降低辽河流域石化、造纸、化工、农副食品加工等行业污染物排放强度，持续改善浑河、太子河、条子河、招苏台河等支流水质，显著恢复水生态系统，全面恢复湿地生态系统。对于珠江流域建立健全广东、广西、云南等省份联合治污防控体系，重点保障东江、西江供水水质安全，改善珠江三角洲地区水生态环境。

重点流域水污染防治主要政策措施在于以下几方面：① 政府要加强统一领导，落实目标责任。一是落实各级政府的环境保护目标责任制，二是依法建立排污单位环境责任追究制度。对造成环境危害的单位依法追究责任，依法进行环境损害赔偿。② 提升环境监管能力，严格环保执法监督。一方面，加强水质监测能力，在重大流域省市骨干监测站重点配置分析有毒有害污染物的监测仪器设备，县级站重点补充必要的仪器设备，构建由国控常规监测断面（点位）与水质自动监测站组成的流域水环境监测体系，形成国控、省控、市控断面（点位）完整的流域监测网络，实现流域饮用水源地和跨省市水环境质量的全面监控和同步监测。另一方面，提升执法监察能力，强化水污染应急和污染源监控能力。③ 强化建设项目环境管理，严格环境准入。④ 多方筹集资金，落实规划项目。⑤ 鼓励公众参与，保护环境权益。建立环境信息共享与公开制度，让公众了解流域环境质量；同时，加强环境宣传与教育，提高群众保护水环境的意识和自觉性。⑥ 加强科学研究，提供决策支持。依靠科技防控突发性水环境污染事件，实现污染防控工作的科学化和规范化。

三、饮用水水源地保护与饮用水安全保障

饮用水安全事关国计民生。全世界每年约 400 万儿童死于水致传染病。不安全的饮用水是发展中国家 80% 疾病和 30% 死亡的起因。因此，饮用水水源地的环境保护与管理引起了世界各国的广泛关注。

目前我国水环境污染问题依然严重，城市供水安全受到威胁。集中式饮用水水源地可以分为河流型、湖库型和地下水型 3 种类型。2005 年，全国县级以上城市共有集中式饮用水水源地 2 246 个，年供水量 495.73 亿立方米，集中式供水服务人口达 6.52 亿。监测结果表明我国 30% 的重点城市饮用水水源地水质达不到Ⅲ类标准。对我国饮用水的污染物及其来源的分析表明，河流型饮用水水源地的主要污染物是 COD、BOD、氨氮和大肠菌群等；湖库型饮用水水源地的主要污染物是 COD、总磷和总氮等；地下水型饮用水水源地的主要污染物是总硬度、氟化物、硝酸盐、硫酸盐、铁、锰等。此外，在我国不少城市饮用水中检出数十种有机污染物，其中一些有机污染物具有致癌、致畸、致突变性，对人体健康存在长期潜在危害。我国饮用水安全的形势依然严峻，饮用水源的保护工作是我国当前水污染防治工作的重要任务。

为了确保城乡居民的饮用水安全，我国于 2008 年 6 月开始实施的修订法《中华人民共和国水污染防治法》（以下简称防治法）进一步完善了饮用水水源保护区管理制度及饮用水水源保护区分级管理制度。防治法规定，国家建立饮用水水源保护区管理制度，并将其划分为一级和二级保护区，必要时可在饮用水水源保护区外围划定一定的区域作为准保护区；对饮用水水源保护区实行严格管理。防治法规定：禁止在饮用水水源保护区内设置排污口；禁止在饮用水水源一级保护区内新建、改建、扩建与供水设施和保护水源无关的建设项目，禁止在饮用水水源二级保护区内新建、改建、扩建排放污染物的建设项目；已建成的，要责令拆除或者关闭。应健全饮用水水源安全预警制度，制定突发污染事故的应急预案。完善饮用水水源地监测和管理体系，每年对集中式饮用水水源地至少进行一次水质全分析监测，形成常规监测与应急监测相结合的监测网络，提高饮用水水源地污染事故预警及防控能力。

2021 年，生态环境部开展了饮用水水源保护区专项执法检查。监测的 876 个地级及以上城市的集中饮用水水源，825 个全年达标，占 94.2%。

四、地下水污染防治

地下水是我国重要的饮用水水源和战略资源。2021 年我国首次完成全国地下水储存量评价，查明全国地下水总储存量约为 52.1 万亿立方米。在全国 655 个城市中，超过60% 的城市以地下水为饮用水源。由于我国北方地区的地表水资源相对缺乏，其社会经济发展对地下水资源依赖程度高，约 65% 的生活用水、50% 的工业用水和 33% 的农业灌溉用水来自地下水。地下水资源在保障城乡居民生活、支撑经济社会发展和维持生态平衡等方面具有十分重要的战略意义。

由于地下水特殊的埋藏和赋存环境，地下水污染具有隐蔽性、持久性和不可逆性等特点。《2009 中国生态环境状况公报》首次公布了当年地下水水质监测点的统计性数据。结果显示 641 个监测点中，水质适用于各种用途的 I ~ II 类监测井占评价监测井总数的2.3%，适用于集中式生活饮用水水源及工农业用水的 III 类监测井占 23.9%，适用于除饮用外其他用途的 IV ~ V 类监测井占 73.8%；主要污染指标是总硬度、氨氮、亚硝酸盐氮、硝酸盐氮、铁和锰等。这说明我国目前的地下水污染状况仍然十分严峻。《2022 中国生态环境状况公报》显示，全国监测的 1 890 个国家地下水环境质量考核点位中，I ~ IV 类水质点位占 77.6%，V 类占 22.4%，主要超标指标为铁、硫酸盐和氯化物；V 类点位占比较上一年仍增加了 1.8%。总体而言，地下水环境质量不容乐观。

我国地下水污染防治工作起步较晚。2005 年我国启动了全国首轮地下水污染调查与评价工作，以城市及人口密集区和重要经济区（带）为重点，以区域地下水系统为单元，以浅层地下水及其环境系统为对象，系统开展了无机污染和有机污染调查，为地下水污染防治和地下水资源保护提供科学依据。2011 年发布实施了我国第一个《全国地下水污染防治规划（2011—2020 年）》，标志着全国性地下水污染防治工作的开始。2015 年和 2016 年国务院相继印发《水污染防治行动计划》（"水十条"）和《土壤污染防治行动计划》（"土十条"），要求地下水污染加剧趋势得到初步遏制，全国地下水质量极差的比例控制在 15% 左右；从全面控源、加强监测监管、强化科技支撑等不同方面推动落实地下水污染防治。2017 年和 2018 年我国相继通过《中华人民共和国水污染防治法》第二次修正和《中华人民共和国土壤污染防治法》，其中多个条款明确了地下水污染防治相关的各项规定。2017 年，我国在 1994 年实施的标准基础上修订发布了《地下水质量标准 GB/T 14848—2017》，水质指标由 39 项增加至 93 项，如增加了铝、硫化物、钠 3 项感官性状及一般化学指标，铊、硼、锑等 4 项无机毒理学指标及三氯乙烯、三氯甲烷、六氯苯等 47 项有机毒理学指标。为了加强地下水管理，防止地下水超采和污染，保障地下水质量和可持续利用，国家《地下水管理条例》于 2021 年 12 月 1 日起正式施行，对地下水调查与规划、节约与保护、超采治理、污染防治、监督管理、法律责任等方面进行了具体规定。

"十三五"期间，我国针对地下水污染源头风险管控，相继开展了加油站等重点污染源的防渗改造、废弃井封井回填等工作，完成全国 9.6 万座加油站的 36.2 万个地下油罐的防渗改造。北京市 2013 年发布了《北京市地下水保护和污染防控行动方案》，要求全市 4 216 眼废弃机井全部封填。2015 年起各省（市）依据"水十条"和"土十条"等政策要求，稳步推进化工园区、尾矿库、垃圾填埋场等地下水重点污染源的防渗改造工作。"十四五"阶段，中央生态环境资金项目储备库设置地下水污染防治项目储备库，持续重点支持地下水环境状况调查评估、地下水环境监管能力建设和地下水污染防控与修复等类型的项目，组织各地持续推进地下水污染防治试点项目申报工作，加强地下水污染防治项目储备。

尽管已取得了一系列成绩，我国目前在地下水污染防治方面仍然任重而道远。由于监测手段不成熟、监测点位不全面，尚未全面掌握地下水有机污染状况。为加强推进地下水污染防治工作，需要进一步完善重点区域和污染源地下水环境状况调查评估、监测预警、企业地下水污染风险管控与修复等方面的规范、导则、技术指南，提供在产企业地下水污染风险管控与修复的法律依据；需要进一步加强污染源控制和管理，对工矿企业开展防渗改造，进一步加强城市污水管网渗漏、生活和农业污染源的监管、排查和防治工作；在科技研发方面，亟须进一步加强地下水污染防治技术方法创新研究，围绕地下水污染调查、监测预警、污染溯源、风险管控、修复治理等方面提供强有力的科技支撑。

五、废水处理的基本方法

废水中污染物多种多样，根据污染物形态可分为溶解性、胶体状和悬浮状污染物；根据化学性质可分为有机污染物和无机污染物；根据有机污染物生物降解的难易程度，又可分为可生物降解的有机污染物和难生物降解的有机污染物。废水处理即是利用各种技术措施将各种形态的污染物从废水中分离出来，或将其分解、转化为无害和稳定的物质，从而使废水得以净化的过程。

根据所采用技术措施的作用原理和去除对象，废水处理方法可分为物理处理法、化学处理法和生物处理法三大类。

（一）废水的物理处理法

废水的物理处理法是利用物理作用进行废水处理的方法，主要用于分离去除废水中不溶性的悬浮污染物。在处理过程中废水的化学性质不发生改变。主要工艺有筛滤截留、重力分离（自然沉淀和上浮）、离心分离等，使用的处理设备和构筑物有格栅和筛网、沉沙池和沉淀池、气浮装置、离心机、旋流分离器等。

1. 格栅和筛网

格栅是由一组平行的金属栅条制成的具有一定间隔的框架。将其斜置在废水流经的渠道上，用于去除废水中粗大的悬浮物和漂浮物，以防止后续处理构筑物的管道阀门或水泵被堵塞。筛网是由穿孔滤板或金属网构成的过滤设备，用于去除较细小的悬浮物。

2. 沉淀法

沉淀法的基本原理是利用重力作用使废水中重于水的固体物质下沉，从而达到与废水分离的目的，这种工艺在废水处理中应用广泛，主要应用于：① 在沉沙池中去除无机沙粒；② 在初次沉淀池中去除重于水的悬浮物；③ 在二次沉淀池中去除生物处理出水中的生物污泥；④ 在混凝工艺之后去除混凝形成的絮凝体；⑤ 在污泥浓缩池中分离污泥中的水分和浓缩污泥。

3. 气浮法

用于分离相对密度与水接近或比水小、靠自重难以沉淀的细微颗粒污染物。其基本原理是在废水中通入空气，产生大量的细小气泡，并使其附着于细微颗粒污染物上，形成相对密度小于水的浮体，上浮至水面，从而达到使细微颗粒污染物与废水分离的目的。

4. 离心分离

使含有悬浮物的废水在设备中高速旋转，由于悬浮物和废水质量不同，所受的离心作用不同，从而可使悬浮物和废水分离。根据离心力的产生方式，离心分离设备可分为旋流分离器和离心机两种类型。

5. 膜分离

可使溶液中某些成分不能透过，而其他成分能透过的膜，称为半透膜。膜分离是利用特殊半透膜的选择性透过作用，将废水中的颗粒、分子或离子与水分离的方法，包括微滤、超滤和反渗透等。

（二）废水的化学处理法

化学处理法利用化学反应来分离、回收废水中的污染物，或将其转化为无害物质，主要有中和法、混凝法、化学沉淀法、氧化还原法、吸附法和离子交换法等。

1. 中和法

中和法是利用化学方法使酸性废水或碱性废水中和达到中性的方法。在中和处理中，应尽量遵循"以废治废"的原则，优先考虑废酸或废碱的使用，或酸性废水与碱性废水混合中和的可能性，其次才考虑采用药剂（中和剂）进行中和处理。

2. 混凝法

混凝法是通过向废水中投入一定量的混凝剂，使废水中难以自然沉淀的胶体状污染物和一部分细小悬浮物经脱稳、凝聚、架桥等反应过程，形成具有一定大小的絮凝体，在后续沉淀池中沉淀分离，从而使胶体状污染物得以与废水分离的方法。通过混凝，能够降低废水的浊度、色度，去除高分子物质、呈悬浮状或胶体状的无机、有机污染物和某些重金属物质。

3. 化学沉淀法

化学沉淀法是通过向废水中投入某种化学药剂，使之与废水中的某些溶解性污染物质发生反应，形成难溶性盐类沉淀下来，从而降低水中溶解性污染物浓度的方法。化学沉淀法一般用于含重金属工业废水的处理。根据使用的沉淀剂的不同和生成的难溶盐的种类，化学沉淀法可分为氢氧化物沉淀法、硫化物沉淀法和钡盐沉淀法等。

4. 氧化还原法

氧化还原法是利用溶解在废水中的有毒有害物质能被氧化或还原的性质，把它们转变为无毒无害物质的方法。废水处理使用的氧化剂有臭氧、次氯酸钠等，还原剂有铁、锌、亚硫酸氢钠等。

5. 吸附法

吸附法是采用多孔的固体吸附剂，利用固液相界面上的物质传递，使废水的污染物转移到固体吸附剂上，从而使之从废水中分离去除的方法。具有吸附能力的多孔固体物质称为吸附剂。根据吸附剂表面吸附力的不同，可分为物理吸附、化学吸附和离子交换性吸附，在废水处理中所发生的吸附过程往往是几种吸附作用的综合表现。常用的吸附剂有活性炭、磺化煤、沸石等。

6. 离子交换法

离子交换是指在固体颗粒和液体的界面上发生的离子交换过程，离子交换法即是利用离子交换剂对物质的选择性交换能力，去除水和废水中的杂质和有害物质的方法。

（三）废水的生物处理法

自然界中存在大量的微生物。这些微生物具有氧化分解有机物并将其转化成稳定无机物的能力。废水的生物处理法就是利用微生物的这一功能，并采用一定的人工措施，营造有利于微生物生长、繁殖的环境，使微生物大量繁殖，以提高微生物氧化、分解有机物的能力，从而使废水中的有机污染物得以净化的方法。

根据采用微生物的呼吸特性，生物处理法可分为好氧生物处理法和厌氧生物处理法两大类。根据微生物的生长状态，废水生物处理法又可分为悬浮生长法（如活性污泥法）和附着生长法（如生物膜法）。

1. 好氧生物处理法

好氧生物处理法利用好氧微生物，在有氧环境下，将废水中的有机物分解成二氧化碳和水。好氧生物处理法处理效率高、使用广泛，是废水生物处理中的主要方法。好氧生物处理法的工艺很多，包括活性污泥法、生物滤池、生物转盘、生物接触氧化等。

2. 厌氧生物处理法

厌氧生物处理法利用兼性厌氧菌和专性厌氧菌在无氧条件下降解有机污染物，最终产物为甲烷、二氧化碳等。多用于有机污泥、高浓度有机工业废水，如啤酒厂废水、屠宰厂废水等的处理，也可用于低浓度城市污水的处理。污泥厌氧处理构筑物多采用消化池，最近20多年来，开发出了一系列新型高效的厌氧处理构筑物，如厌氧滤池、升流式厌氧污泥床、厌氧流化床等。

3. 天然生物处理法

天然生物处理法即利用在天然条件下生长、繁殖的微生物处理废水的技术。主要特征是工艺简单、建设与运行费用都较低，但净化功能易受到自然条件的制约。主要的处理技术有稳定塘、土地处理法和人工湿地等。

（四）废水处理工艺流程

由于废水中污染物成分复杂，单一处理单元不可能去除废水中全部污染物，常需要多个处理单元有机组合成适宜的处理工艺流程。确定废水处理工艺的主要依据是所要达到的处理程度。而处理程度又主要取决于原废水的性质、处理后废水的出路及接纳水体的环境标准和自净能力。

1. 城市废水的一般处理工艺流程

城市废水处理的主要任务是去除其中含有的悬浮物和溶解性有机物。根据不同的处理程度，可分为预处理、一级处理、二级处理和三级处理。

（1）预处理：主要设备包括格栅、沉沙池，用于去除城市污水中的粗大悬浮物和相对密度大的无机沙粒，以保护后续处理设施正常运行并减轻负荷。

（2）一级处理：一般为物理处理法，主要去除污水中的悬浮状固体。悬浮物去除率为50%～70%，有机物去除率为25%左右，一般达不到排放标准。因此，一级处理属于二级处理的前处理。主要设备为沉淀池。

（3）二级处理：为生物处理，用于大幅度去除污水中呈胶体或溶解性的有机物，有机物去除率可达90%以上，处理后出水 BOD_5 可降至 20～30 mg/L，达到国家规定的污水排放标准。主要工艺有活性污泥法、生物膜法等。

（4）三级处理：在二级处理之后，用于进一步去除残存在废水中的有机物和氮、磷等以满足更严格的废水排放要求或回用要求。采用的工艺有生物除氮脱磷法或混凝沉淀、过滤、吸附等一些物理化学方法。

2. 工业废水的处理工艺流程

由于工业废水水质成分复杂，且随行业、生产工艺流程不同而不同，故没有通用的工艺流程。可根据废水的水量和水质、处理程度要求选取适宜的单元技术和工艺流程。

六、城市污水再生利用

城市污水水质、水量稳定，经处理和净化以后可以作为再生水源加以利用，世界上不少缺水国家把城市污水的资源化作为解决水资源短缺的重要对策之一。我国城市污水再生利用的意义十分重大，2002 年和 2016 年修订的《中华人民共和国水法》明确了地表水与地下水统一调度开发、开源与节流相结合、节流优先和污水处理再利用的水资源开发利用原则，将污水的再生利用列为水资源可持续利用的重要内容。

1. 污水再生利用途径

根据城市污水处理程度和出水水质，经净化后的城市污水可以有多种回用途径。国家标准《城市污水再生利用 分类》（GB/T 18919—2002）列出了再生水的主要用水类别，有农业利用、城市杂用、工业利用、环境利用等。

专栏 11-1　再生水利用类型

序号	分类	范围	示例
1	农林牧 渔业用水	农田灌溉 造林育苗 畜牧养殖 水产养殖	种子与育种、粮食与饲料作物、经济作物 种子、苗木、苗圃、观赏植物 畜牧、家畜、家禽 淡水养殖
2	城市杂用水	城市绿化 冲厕 道路清扫 车辆冲洗 建筑施工 消防	公共绿地、住宅小区绿化 厕所便器冲洗 城市道路的冲洗及喷洒 各种车辆冲洗 施工场地清扫、浇洒、灰尘抑制、混凝土制备与养护、施工中的混凝土构件和建筑物冲洗 消火栓、消防水炮
3	工业用水	冷却用水 洗涤用水 锅炉用水 工艺用水 产品用水	直流式、循环式 冲渣、冲灰、消烟除尘、清洗 中压、低压锅炉 溶料、水浴、蒸煮、漂洗、水力开采、水力输送、增湿、稀释、搅拌、选矿、油田回注 浆料、化工制剂、涂料
4	环境用水	娱乐性景观环境用水 观赏性景观环境用水 湿地环境用水	娱乐性景观河道、景观湖泊及水景 观赏性景观河道、景观湖泊及水景 恢复自然湿地、营造人工湿地
5	补充水源水	补充地表水 补充地下水	河流、湖泊 水源补给、防止海水入侵、防止地面沉降

2. 再生水水质标准与处理工艺

对于城市污水的回用工程，最重要的是再生水的水质要满足一定的水质标准。回用对象不同，所规定的标准也不同。我国已颁布的再生水标准和规范有：《城市污水再生利用　分类》（GB/T 18919—2002）、《城市污水再生利用　城市杂用水水质》（GB/T 18920—2020）、《城市污水再生利用　景观环境用水水质》（GB/T 18921—2019）、《城市污水再生利用　工业用水水质》（GB/T 19923—2022）、《城市污水再生利用　地下水回灌水质》（GB/T 19772—2005）、《城市污水再生利用 农田灌溉用水水质》（GB 20922—2007）、《城市污水再生利用 绿地灌溉水质》（GB/T 25499—2010）、《城镇污水再生利用工程设计规范》（GB 50335—2016）、《建筑中水设计标准》（GB 50336—2018）。

针对再生水的不同用途和水质要求，2021 年我国《水回用导则　再生水分级》（GB/T 41018—2021）将再生水划分为三个基本等级：A 级、B 级和 C 级（表 11-1），每个级别下的再生水水质要求与其用途相关，可融入现有的各项再生水水质标准，同时还给出了不同级别再生水的处理工艺需求。该标准把水的级别与用水类别和处理要求结合起来，并结合现有的所有再生水水质标准，使得再生水利用的整体标准化思路变得清晰明了。

表 11-1 再生水分级

级别		水质基本要求①	典型用途	对应处理工艺
C	C2	GB 5084—2021（旱地作物、水田作物）②	农田灌溉③（旱地作物）等	采用二级处理和消毒工艺。常用的二级处理工艺主要有活性污泥法、生物膜法等
	C1	GB 20922—2007（纤维作物、旱地谷物、油料作物、水田作物）②	农田灌溉③（水田作物）等	
B	B5	GB 5084—2021（蔬菜）② GB 20922—2007（露地蔬菜）②	农田灌溉③（蔬菜）等	在二级处理的基础上，采用三级处理和消毒工艺。三级处理工艺可根据需要，选择以下一种或多种技术：混凝、过滤、生物滤池、人工湿地、微滤、超滤、臭氧等
	B4	GB/T 25499—2010	绿地灌溉等	
	B3	GB/T 19923—2022	工业利用（冷却用水）等	
	B2	GB/T 18921—2019	景观环境利用等	
	B1	GB/T 18920—2020	城市杂用等	
A	A3	GB/T 1576—2018	工业利用（锅炉补给水）等	在三级处理的基础上，采用高级处理和清毒工艺。高级处理和三级处理可以合并建设。高级处理工艺可根据需要选择以下一种或多种技术：纳滤、反渗透、高级氧化、生物活性炭、离子交换等
	A2	GB/T 19772—2005（地表回灌）	地下水回灌（地表回灌）等	
	A1	GB/T 19772—2005（井灌）	地下水回灌（井灌）等	
		GB/T 11446.1—2013	工业利用（电子级水）	
		GB/T 12145—2016	工业利用（火力发电厂锅炉补给水）	

① 当再生水同时用于多种用途时，水质可按最高水质标准要求确定，也可按用水量最大用户的水质标准要求确定。

② 农田灌溉的水质指标限值取 GB 5084—2021 和 GB 20922—2007 中规定的较严值。

③ 农田灌溉应满足《中华人民共和国水污染防治法》的要求，保障用水安全。

再生处理工艺必须包含的两个基本处理单元是过滤和消毒。

滤料过滤（砂滤）是应用最广、最传统的过滤方法，根据预处理的不同，可分为直接过滤、接触过滤、絮凝过滤及普通过滤四种过滤方式。针对再生水的水质要求，在滤池的过滤机理和过滤方式的选择、滤池类型和构造、滤池的工艺设计和运行控制，以及作为预处理的混凝沉淀工艺方面有特定的要求。

膜过滤是一种较高级的过滤方法，在再生水处理工艺中，膜过滤技术逐渐获得越来越多的认可和工程应用。目前，北京奥林匹克森林公园湖泊和圆明园福海等都是通过膜过滤处理后的再生水进行补给。

消毒是再生水处理的最后一个环节，是保障再生水安全性的关键措施。消毒的主要目的是利用物理或化学方法杀灭水中的病原体，防止其对人类的健康产生危害。加氯是最传统的消毒方法。此外，二氧化氯、紫外线、臭氧消毒法在再生水处理中均可应用。需要指出的是，在有消毒效果保持要求时，从再生水厂输出的再生水中需要保持一定的余氯。此时即使选择其他消毒方法，也应把具有后消毒能力的氯或氯胺作为辅助消毒方法。对一些不需要含有余氯的再生水用途，如绿化浇灌、农业灌溉，除加氯以外的其他消毒方法可能是不错的选择，应经过全面的比较确定。

专栏 11-2　城市污水再生利用案例

美国城市污水的再生与回用起步较早。目前全美回用城市污水量达 9.37 亿立方千米 /a，主要用于非饮用途径，包括：① 回用于灌溉 5.81 亿立方千米 /a；② 工业回用 2.86 亿立方千米 /a；③ 回灌地下水 0.47 亿立方千米 /a；④ 其他回用水（娱乐、养鱼、野生动物栖息地等）0.13 亿立方千米 /a。下面介绍美国污水再生与回用的几个实例。

（1）加利福尼亚州橙县 21 世纪水厂生产的再生水回灌地下补给地下水。该市由于超量开采地下水，造成地下水位低于海平面，促使海水不断流向内陆，致使地下淡水退化不宜饮用。为防止地下水位下降造成海水入侵，美国加利福尼亚州橙县早在 1965 年就开始研究将三级处理出水回灌地下，以阻止海水入侵。橙县为此兴建了"21 世纪水厂"，原水为城市污水二级处理出水，进一步经沉淀、过滤和活性炭处理后回灌地下水。

（2）佛罗里达州圣彼得斯堡的污水再生与回用。该市是城市污水回用的先驱之一。1978 年实施了双配水系统，供给用户两种质量的水（饮用水和非饮用水），再生水开始用于非饮用水目的的使用。1991 年该市向 7 000 多户家庭及办公楼提供再生水 8 万立方米 /d，并用作公园、操场、高尔夫球场灌溉用水，以及空调系统冷却水和消防用水。

（3）亚利桑那州帕洛弗迪核电站回用再生水作冷却水。该核电站是美国最大的核电站，地处沙漠，严重干旱，因此回用再生水作为冷却水。再生水来自两座城市污水处理的二级生物处理出水，输至核电站再经补充处理，使之达到所需水质。该核电站采用冷却水系统，补给水约 20 万立方米 /d。

随着人口增长、城市化发展和全球气候变化，人均水资源短缺在全球多个国家地区都成为制约发展的重要原因之一，饮用回用也被人们所接受。饮用回用分为直接饮用回用和间接饮用回用。直接饮用回用指将经过深度处理后的再生水与其他水源混合，直接进入给水处理系统，或直接进入供水管网的回用方式；间接饮用回用则指有目的地将深度处理后的出水，注入特定的地表或地下水体中，经自然净化缓冲后，再进入给水处理系统的回用方式。

全球再生水饮用回用项目至少有 24 处，年产量约 9.2 亿立方米。最早开展直接饮用回用的是纳米比亚首都温得和克市，拥有 25 万人，极度干旱，年均降雨量在 360 mm。自 1969 年开始，该市的 Goreangab 水厂开始接收污水处理厂的尾水，处理量为 4 300 m^3/d，1997 年升级改造至 7 500 m^3/d。2002 年，在原厂旁又新建一个处理量 21 000 m^3/d 的再生水厂，可以满足该市 35% 的饮用水需求。美国是再生水饮用回用最为广泛的国家，但主要以间接饮用回用为主。早在 1962 年美国便在加利福尼亚州洛杉矶地区建立了全美第一个间接饮用回用工程。在 2004 年建立的加利福尼亚州橙县地下水补给系统，用于抵御海水入侵和增加供水水源，被证明是再生水饮用回用的国际模式与设计基础。目前，该工程规模已达到了 37.9 万立方米 /d。

3. 我国的污水再生与回用

早在 1988 年，我国国务院就颁布《城市节约用水管理规定》，鼓励水资源短缺地区积极利用再生水，并同时制定污水处理和污水再利用计划。"八五"期间，国家将"城市污水回用"研究课题列入国家科技攻关计划，并在大连、天津、泰安、太原、北京等城市开展了城市污水回用技术研究和初步工程实践，提供了 5 套城市污水回用于不同回用途径（工业冷却与工艺过程、市政景观、化学工业、钢铁工业和石化工业）的成套工艺技术，污水再生利用中的水质净化、深度处理、水质稳定、管道设备防腐防垢、微生物污染等技术问题在当时的技术经济水平上得到较全面的解决。与此同时，北京、青岛、深圳等地对具有一定建设规模的办公楼、宾馆、饭店和生活小区等的再生水（也称建筑中水）回用做了规定，使建筑中水设施的建设得到一定的发展。1995 年，住建部颁布《城市中水设施管理暂行办法》，规定了中水的用途、中水设施规划建设单位资质和责任、中水利用水质标准、相关管理方法和奖惩办法等。1998 年，国务院颁布更新的《城市节约用水管理规定》，要求加强城市节约用水管理，保护和合理利用水资源，促进国民经济和社会发展。

进入 21 世纪之后，我国的城市污水再生利用工作开始出现突破性的进展。2000 年，建设部、国家环保总局、科技部联合发布了《城市污水处理及污染防治技术政策》，提倡各类规模的污水处理设施按照经济合理和卫生安全的原则，实行污水再生利用。

2002 年，全国人大通过了《中华人民共和国水法》，明确表示了国家对再生水利用的鼓励。随后，国家各部委纷纷采取行动，发布了《城市污水再生利用技术政策》《对再生水等实行免征增值税政策通知》《关于加强城市污水处理回用促进水资源节约与保护的通知》《国务院关于加快水利改革发展的决定》《"十二五"全国城镇污水处理及再生利用设施建设规划》《城镇污水再生利用技术指南》等政策法规，启动了一批再生水示范工程项目的建设。天津、北京、青岛、西安、合肥、大连、石家庄等地的再生水工程项目陆续形成规模化生产能力，大大促进了再生水在科研和示范应用方面的发展。

2014 年，习近平总书记就保障国家水安全问题发表重要讲话，提出"节水优先、空间均衡、系统治理、两手发力"的新时期治水新思路，并指出在城市建设中应充分考虑水资源的支撑能力，提高污水处理和再生利用率。"十三五"期间国务院颁布了《水污染防治行动计划》，也就是著名的"水十条"，提出全国应以缺水及水污染严重地区城市为重点，完善再生水利用设施，促进再生水利用。到 2020 年，缺水城市再生水利用率达到 20% 以上，京津冀区域达到 30% 以上。此后，全国人大、发改委、生态环境部、工信部、住建部、水利部等部委出台了众多政策，全方位推进污水再生利用。

2021 年初，发改委联合 10 个部委联合印发《关于推进污水资源化利用的指导意见》，提出到 2025 年，全国地级及以上缺水城市再生水利用率达到 25% 以上，京津冀地区达到 35% 以上。2021 年 6 月，发改委联合住建部又制定《"十四五"城镇污水处理及资源化利用发展规划》，明确加强再生水利用设施建设，推进污水资源化利用。新建、改建和扩建再生水生产能力不少于 1 500 万立方米 /d。北京市节水行动实施方案规定，到 2022 年，北京市住宅小区、单位内部的景观环境用水和其他市政杂用用水，应当使用再生水或雨水。

目前我国的城市污水处理正以前所未有的速度发展，2020 年全国污水处理量已达 557 亿立方米 /d，这些达标出水为再生水利用提供了稳定可靠、数量可观的水源，我国的污水再生利用规模和速率将迅速发展。

在我国推动再生水的利用，除上述提及的从处理技术上保障再生水的水质和水量安全外，尚需要在以下几个方面加强。

（1）着力推进重点领域污水资源化利用：加快推动城镇生活污水资源化利用，系统分析日益增长的生产、生活和生态用水需求，以现有污水处理厂为基础，合理布局再生水利用基础设施；积极推动工业废水资源化利用。开展企业用水审计、水效对标和节水改造，推进企业内部工业用水循环利用，提高重复利用率。推进园区内企业间用水系统集成优化，实现串联用水、分质用水、一水多用和梯级利用；稳妥推进农业农村污水资源化利用。积极探索符合农村实际、低成本的农村生活污水治理技术和模式。

（2）实施污水资源化利用重点工程：实施污水收集及资源化利用设施建设工程。推进城镇污水管网全覆盖，加大城镇污水收集管网建设力度，消除收集管网空白区，持续提高污水收集效能；实施区域再生水循环利用工程。推动建设污染治理、生态保护、循环利用有机结合的综合治理体系，因地制宜建设人工湿地水质净化等工程设施；实施工业废水循环利用工程。缺水地区将市政再生水作为园区工业生产用水的重要来源，严控新水取用量。推动工业园区与市政再生水生产运营单位合作，规划配备管网设施；实施农业农村污水以用促治工程。逐步建设完善农业污水收集处理再利用设施，处理达标后实现就近灌溉回用；实施污水近零排放科技创新试点工程。研发集成低成本、高性能工业废水处理技术和装备，打造污水资源化技术、工程与服务、管理、政策等协同发力的示范样板；综合开展污水资源化利用试点示范。聚焦重点难点堵点，因地制宜开展再生水利用、污泥资源化利用、回灌地下水，以及氮磷等物质提取和能量资源回收等试点示范。

（3）健全污水资源化利用体制机制：健全法规标准。推进制定节约用水条例，鼓励污水资源化利用，实现节水开源减排。加快完善相关政策标准，将再生水纳入城市供水体系；构建政策体系。制定区域再生水循环利用试点、典型地区再生水利用配置试点、工业废水循环利用、污泥无害化资源化利用、国家高新区工业废水近零排放科技创新试点等实施方案，细化工作重点和主要任务，形成污水资源化利用"1+N"政策体系；健全价格机制。建立使用者付费制度，放开再生水政府定价，由再生水供应企业和用户按照优质优价的原则自主协商定价；完善财金政策。加大中央财政资金对污水资源化利用的投入力度。支持地方政府专项债券用于符合条件的污水资源化利用建设项目。鼓励地方设计多元化的财政性资金投入保障机制；强化科技支撑。推动将污水资源化关键技术攻关纳入国家中长期科技发展规划、"十四五"生态环境科技创新专项规划，部署相关重点专项开展污水资源化科技创新。

（4）保障措施：加强组织协调。按照中央部署、省级统筹、市县负责的要求，推进指导意见实施。压实地方责任，各省（区、市）政府抓紧组织制定相关规划或实施方案；市县政府担负主体责任，制定计划，明确任务，确保各项工作顺利完成；强化监督管理。督促有关方面严格实行区域流域用水总量和强度双控制度，强化水资源管理考核和取用水管理，确保《国家节水行动方案》落到实处；加大宣传力度。结合世界水日、中国水周、全国城市节水宣传周等主题宣传活动，采取多种形式广泛深入开展宣传工作，加强科普教育，提高公众对污水资源化利用的认知度和认可度，消除公众顾虑，增强使用意愿。

第二节　大气污染防治

一、大气污染综合防治策略

基于大气污染的区域性、系统性和整体性，应注重大气污染防与治的结合，并将其纳入区域环境综合防治之中。大气污染综合防治实质就是为了达到区域环境空气质量的目标，对多种大气污染控制方案的技术可行性、经济合理性、区域适用性和实施可能性等进行最优化选择和评价，从而得出最优的控制技术和工程措施，并实施。

大气污染的综合防治应该注重以下几个方面：

1. 做好全面环境规划，合理布局

大气污染防治涉及技术、经济和社会发展等诸多方面。影响环境空气质量的因素很多，从社会、经济方面，包括城市发展规模、城市功能区划分、人口增长和分布、经济发展类型、规模和速度、能源结构、交通运输发展等；从环境保护方面，包括污染源类型、数量和分布、污染物排放的种类、数量、方式和特征等。因此，为了控制区域、城市和工业区的大气污染，必须在进行区域性经济和社会发展规划时，做好全面环境规划，采取区域性的综合防治措施。例如，我国珠江三角洲、长江三角洲大气复合污染防治，京津及周边省市大气复合污染综合防治，都是从区域的角度，或者是从城市群的角度进行污染源控制，以及经济发展类型的调整，进行综合的治理。

2. 完善环境管理体制和法规，加强环境管理

完善的环境管理体制由环境立法、环境监测和环境保护管理机构三部分组成。环境立法是进行环境管理的依据，环境监测是进行环境管理的重要手段，环境保护管理机构是实施环境管理的领导者和组织者。目前我国已经建立了包含《大气污染防治法》《环境空气质量控制标准》《大气污染物排放标准》《大气污染控制技术标准》及《大气污染警报标准》等基本完整的法律及标准体系。我国在 1987 年制定了《大气污染防治法》，后经 1995 年、2000 年、2015 年和 2018 年四次修订或修正。从制定《大气污染防治法》到连续的修订，说明了法律手段在防治大气污染中的重要作用。大气污染防治法中对大气污染防治的监督管理体制、主要的法律制度、防治固定源大气污染、防治机动车船舶排放污染，以及防治废气、尘和恶臭污染的主要措施、法律责任等均做了较为明确、具体的规定。其重要的制度有：大气污染物排放总量控制和许可证制度、污染物排放超标违法制

度、排污收费制度等。

3. 推行清洁生产，实施可持续发展的能源战略

清洁生产倡导采用无污染或少污染的清洁能源、清洁的生产工艺，通过生产的全过程控制从根本上削减污染。我国的能源结构面临着经济发展和环境保护两方面的挑战，必须实施可持续的能源战略，包括综合能源规划与管理、改善能源供应结构和布局、提高清洁能源和优质能源比例、提高能源利用效率、节约能源、推广污染少的煤炭开采技术和清洁煤技术，积极开发利用新能源和可再生能源。在国务院发布的《打赢蓝天保卫战三年行动计划》中明确提出加快调整能源结构，构建清洁低碳高效能源体系。具体要求包括有效推进北方地区清洁取暖、重点区域继续实施煤炭消费总量控制、开展燃煤锅炉综合整治、提高能源利用效率、加快发展清洁能源和新能源等。

4. 采取大气污染净化技术，严格控制污染源排放

对各类大气污染源采取有效的污染控制技术和装置，进行污染治理，是改善环境空气质量的基础，是实施大气污染综合防治的前提。针对不同的污染源特征，宜采取针对性的处理技术。我国在"十一五"期间特别加强工业废气污染防治，以占工业二氧化硫排放量65%以上的国控重点污染源为重点，严格执行大气污染物排放标准和总量控制制度，加快推行排污许可证制度，促使工业废气污染源全面、稳定达标排放。工业炉窑开展新一轮的除尘改造，推广使用高效的布袋除尘设施。加强煤炭、钢铁、有色金属、石油化工和建材等行业的废气污染源控制，对重点工业废气污染源实行自动监控。自2013年国务院发布的《大气污染防治行动计划》实施以来，重点行业脱硫、脱硝、除尘改造工程建设快速推进。所有燃煤电厂、钢铁企业的烧结机和球团生产设备、石油炼制企业的催化裂化装置、有色金属冶炼企业均安装了脱硫设施，对每小时20蒸吨及以上的燃煤锅炉实施了脱硫改造。到2023年底95%以上煤电机组实现了超低排放。新型干法水泥窑实施低氮燃烧技术改造并安装脱硝设施。燃煤锅炉和工业窑炉现有除尘设施得到升级改造。挥发性有机物污染治理逐步开展。石化、有机化工、表面涂装、包装印刷等行业实施了挥发性有机物综合整治；加油站、储油库、油罐车、油码头积极开展油气回收治理。

二、我国大气污染的综合防治措施

我国大气污染的主要来源有能源生产和消费排放的废气、机动车尾气排放及工业废气排放等。因此，我国的大气污染综合防治，应着力提高能源效率和节能、洁净煤技术、开发新能源和可再生能源、机动车污染控制，以及工业污染防治等方面。2013年，国务院发布的《大气污染防治行动计划》是我国针对环境突出问题开展综合整治的首个国家行动计划。该行动计划有力推动了产业、能源和交通运输等重点领域结构优化，大气污染防治的新机制基本形成。2018年印发的《打赢蓝天保卫战三年行动计划》要求大幅减少主要大气污染物排放总量，协同减少温室气体排放，明显降低$PM_{2.5}$浓度，明显减少重污染天数，明显改善大气环境质量，明显增强人民的蓝天幸福感。我国在调整优化产业结构、推动产业转型升级的大气污染防治核心措施主要包括以下5方面。

1. 推行节能减排工程，提高能源利用率，逐步优化能源结构

相应于经济规模，我国属能源高消费国家。我国的能源工业面临两方面的挑战，既要满足经济发展对能源的需求，又要同时考虑大气环境保护的因素。

《中华人民共和国国民经济和社会发展第十一个五年规划纲要》提出了"十一五"期间单位国内生产总值能耗降低 20% 左右，主要污染物排放总量减少 10% 的约束性目标。这是建设资源节约型、环境友好型社会的必然选择；是推进经济结构调整、转变增长方式的必由之路。主要目标是到 2010 年，万元国内生产总值能耗由 2005 年的 1.22 t（标准煤）下降到 1 t（标准煤）以下，降低 20% 左右；二氧化硫排放量由 2005 年的 2 549 万吨减少到 2 295 万吨；"十一五"期间实现节能 1.18 亿吨（标准煤），减排二氧化硫 254 万吨的目标。

2007 年发改委同有关部门制定的《节能减排综合性工作方案》指出，"十一五"期间将加快实施十大重点节能工程，形成 2.4 亿吨（标准煤）的节能能力。这十大节能重点工程简述为：① 改造低效燃煤工业锅炉（窑炉），采用循环流化床、粉煤燃烧等技术改造或替代现有中小燃烧锅炉（窑炉）；② 区域热电联产：发展采用热电联产和热电冷联产，将分散式供热小锅炉改造为集中供热；③ 在钢铁、建材等行业开展余热余压利用；④ 节约和替代石油：在电力、交通运输等行业实施节油措施，发展煤炭液化、醇醚类燃料等石油替代产品；⑤ 电力系统节能：在煤炭等行业进行电动机拖动风机、水泵系统优化改造；⑥ 能量系统优化：在石化、钢铁等行业实施系统能量优化，使企业综合能耗达到或接近世界先进水平；⑦ 建筑节能：严格执行建筑节能设计标准，推动既有建筑节能改造，推广新型墙体材料和节能产品等；⑧ 绿色照明：在公用设施、宾馆、商厦、写字楼及住宅中推广高效节电照明系统等；⑨ 政府机构节能：政府机构建筑按照建筑节能标准进行改造，在政府机构推广使用节能产品等；⑩ 建设节能监测和技术服务体系。

2013 年《大气污染防治行动计划》中对重点区域设置了煤炭消费总量控制目标，扭转了全国煤炭消费总量快速上涨的势头。2018 年"打赢蓝天保卫战三年行动计划"通过重点治理京津冀、长三角和汾渭平原，推动高污染行业结构调整和清洁能源替代，推广新能源汽车，控制扬尘污染，加强区域联防联控及环境监测与执法，实现全国 $PM_{2.5}$ 浓度持续下降，空气质量优良天数增加，重点区域空气质量显著改善。2023 年"空气质量持续改善行动计划"以改善空气质量为核心，以减少重污染天气和解决人民群众身边的突出大气环境问题为重点，以降低 $PM_{2.5}$ 浓度为主线，大力推动 NO_x 和 VOCs 减排，开展区域协同治理，扎实推进绿色低碳转型，强化面源污染治理，加强源头防控，加快形成绿色低碳生产生活方式，实现环境效益、经济效益和社会效益多赢。

2. 大力推广洁净煤技术，推进工业企业升级改造

洁净煤技术是指煤炭开发利用的全过程中，旨在减少污染排放与提高利用效率的加工、燃烧、转化及污染控制等新技术。主要包括煤炭洗选、加工（型煤、水煤浆）、转化（煤炭气化、液化）、先进发电技术（常压循环流化床、加压流化床、整体煤气化联合循环）、烟气净化（除尘、脱硫、脱氮）等方面的内容。

中国是世界上最大的煤炭生产国和消费国，传统的煤炭开发利用方式导致严重的煤烟型污染，已成为中国大气污染的主要类型。由于这种以煤为主的能源格局在相当长一段时期内难以改变，发展洁净煤技术是现实的选择。目前洁净煤技术作为可持续发展战略的一项重要内容，受到了中国政府的高度重视，其发展已被列入《中国 21 世纪议程》。中国洁净煤技术主要包括煤炭加工、高效洁净燃烧和发电、煤转化、污染排放控制及废弃物处理 4 个领域，主要涉及煤炭、电力、化工、建材、冶金 5 个行业。解决煤炭中硫造成的污染是洁净煤技术的重点课题之一，从中国的实际出发，应实行统筹规划、合理分工，以国家发布的排放标准为依据，以经济实用为目标，寻求各种脱硫措施的合理组合，体现煤中硫生命周期全过程控制的指导思想。我国深入推进煤质管理，严格控制高硫分、高灰分的劣质煤进入流通和使用环节。2014 年国家发布《商品煤质管理暂行办法》，将超高灰和超高硫劣质煤纳入控制范围。

不断修订加严水泥、石化、冶金等重点行业排放标准，全面实施这些重点行业污染治理设施提标改造工程。2014 年启动燃煤电厂超低排放和节能改造工作，改造后燃煤电厂颗粒物、SO_2、NO_x 排放浓度分别不高于 10 mg/m^3、35 mg/m^3、50 mg/m^3，建设清洁燃煤发电体系。此外，非电行业污染控制不断加强。2019 年，《关于推进实施钢铁行业超低排放的意见》明确钢铁企业实施超低排放改造的时间表和技术路线，要求 2020 年底前完成重点区域改造，2022 年底前完成京津冀及周边地区改造，2025 年底前全国钢铁企业基本完成改造。2021 年《关于推进实施水泥行业超低排放改造的指导意见》提出 2023 年底前，京津冀及周边地区、长三角、汾渭平原水泥行业基本完成改造，2025 年底前，全国水泥企业基本完成改造。石化行业推进 LDAR（泄漏检测与修复）技术和加油站油气回收，实施"禁油推水"，把过去使用的溶剂型涂料更换成 VOCs 含量较低的水性涂料；推进绿色生产技术创新、实现生产工艺的升级改造，全面启动 VOCs 治理。对涉气重点污染源企业安装在线监控装置，积极推进污染源在线监控体系建设，提高实时监控能力。

3. 加强机动车污染控制，统筹"车油路"污染治理

机动车污染与机动车保有量、燃料利用率、燃料性能及交通状况等诸多因素密切相关。随着机动车保有量的迅速增加和城市化进程的加快，中国一些大城市的大气污染类型正在由煤烟型向混合型或机动车污染型转化，机动车尾气排放已经成为主要城市的重要污染源。

据统计，2020 年全国机动车保有量达 3.72 亿辆，其中汽车 2.81 亿辆，新能源汽车达 492 万辆；2020 年全国新注册登记汽车 2 424 万辆，同比下降 5.95%。而新注册登记机动车 3 328 万辆，同比增加 114 万辆，增长 3.55%。全国有 70 个城市的汽车保有量超过 100 万辆，31 个城市超 200 万辆，13 个城市超 300 万辆。其中北京、成都、重庆超过 500 万辆，苏州、上海、郑州超过 400 万辆，西安、武汉、深圳、东莞、天津、青岛、石家庄 7 个城市超过 300 万辆。城市机动车排放污染问题日益突出。

控制机动车污染的措施有以下几点。

（1）合理规划城市交通：土地利用和交通综合战略有可能在不增加汽车交通需要的情况下，使得人们更加方便地到达工作地点、商店和其他设施。各种研究报告指出，在居住密度比较高，以及工作和住所比较平衡的城市，人们外出的次数少、行程短，可以更多地步行或骑车。以欧洲和日本的城市为例，在密度很高的核心区内，30% ~ 60% 居民出行可以步行或骑自行车。与之相反，澳大利亚和美国由于城市趋向分散，人口密度小，只能依靠汽车出行。

为了既保证满足居民的需要，又控制机动车的保有量，进行合理的城市规划，即调整交通需求是最有效的途径之一。

（2）发展公共交通车：创造清洁健康的城市环境要求政府将其规划和协调能力应用于有关的交通管理之中。政府可以投资发展高效、可持续的公共交通系统，如公共汽车、轻轨、地铁等。这将提高城市居民使用公共交通的便捷性，减少私人汽车的使用；也可以鼓励公共交通系统使用清洁能源，如电动公交车或氢燃料电池公交车，以减少公交车辆的尾气排放。这些努力，不仅有助于改善城市环境、提高居民的生活质量，还将助力应对气候变化和城市污染问题。

（3）采用清洁油品：车用燃料对车辆排放有很大影响，故要有计划地改善燃油品质。《大气污染防治法》规定：制定燃油质量标准，应当符合国家大气污染物控制要求，并与国家机动车、船、非道路移动机械大气污染物排放标准相互衔接，同步实施。20 世纪 90 年代末，国家环保总局受国务院委托组织了有关十二个部委，成立了"国家淘汰车用含铅汽油协调小组"，起草了《关于限期停止生产销售使用车用含铅汽油的通知》。要求 1999 年 7 月 1 日起，直辖市、省会、特区等重要城市汽油无铅化；2000 年 1 月 1 日起，汽油生产企业停止生产含铅汽油；2000 年 1 月 1 日起，汽车制造企业生产的新车均使用无铅汽油。

改善油品质量的措施还包括取消低辛烷值汽油、提高汽油辛烷值、引进使用汽油发动机清洁剂等，已经在许多国家得到开发。一些低污染的碳氢化合物燃料包括液化石油气（LPG）、液化天然气（LNG）、甲醇、乙醇和生物气体，也是可供城市机动车选择的清洁燃料。2017 年车用汽柴油实施了国 V 标准，标志着我国车用油品完成了低硫化进程。2018 年，中国实现车用柴油、普通柴油、部分船舶用油"三油并轨"；2019 年起，中国全面实施车用汽柴油国 Ⅵ 标准，进一步分别降低了烯烃、芳烃和多环芳烃的含量。

（4）严格汽车排放标准及相关法规：实施更加严格的机动车尾气排放标准、加强在用车的监督管理均可以减轻日益增加的汽车对空气质量的影响。为有效控制交通行业大气污染物排放，我国机动车排放标准不断提升。我国机动车目前执行国 Ⅵ 标准，该标准在国 V 标准基础上提高了 40%~50%，比欧六标准还高，与美国相当，基本是目前世界范围内最严格的排放标准之一。要达到这一排放标准，不仅需要车辆技术的改进，而且要求燃料的同步改善，相应改进三元催化转化器的催化剂成分、电控发动机技术（如电控多点燃料喷射、电控点火、电控 EGR 和电控催化剂等）、废气再循环等技术。

4. 加快调整产业结构，持续推动面源污染治理

通过大气污染治理，倒逼企业转型升级，加快淘汰落后产能，化解过剩产能，推动产业结构不断优化。逐年提高第三产业比重，科学调控火电、钢铁、水泥等重点行业的产品产量，推动传统产业转型升级，实现环境效益、经济效益和社会效益多赢。全面开展不符合产业政策、不符合当地产业布局规划、无相关审批手续、不能稳定达标排放的"散乱污"企业及集群排查整治，美化人民群众的生活环境，促进区域经济转型发展。

中国持续加强北方防沙带生态安全屏障建设，大力推进"三北"防护林建设、草原保护和防风固沙工程，有效遏制荒漠化、石漠化，沙尘暴明显减少。各地采用饲料化、肥料化、能源化等方式，大幅提高秸秆综合利用率，可有效控制秸秆露天焚烧。扬尘综合治理迈上新台阶，建筑施工工地周边围挡、物料堆放覆盖扬尘、路面硬化和道路机械化清扫等

措施都是行之有效的。

5. 重点城市和城市群地区的大气污染综合防治

针对中国城市大气污染的特点，国家加大重点区域的大气污染综合防治力度，努力改善城市和区域空气环境质量。

根据"大气污染防治行动计划""打赢蓝天保卫战三年行动计划""空气质量持续改善行动计划"的具体要求，将京津冀及周边、长三角等城市群列入大气污染防治重点区域并开展动态更新。在大气污染防治重点区域，二氧化硫、二氧化氮、总悬浮颗粒物和可吸入颗粒物浓度应稳定达到大气环境质量标准。具体措施有以下几种。

（1）以国家西气东输、西电东送为契机，加快城市能源结构调整。通过划定高污染燃料禁燃区，推广电、天然气、液化气等清洁能源的使用，减少城市原煤的消费量，推广洁净煤技术；促进热电联产和集中供热的发展，有效控制煤烟型污染。

（2）推行清洁生产，从源头控制污染。通过产业结构调整，采取关停并转措施，淘汰技术落后、能耗高、污染环境的企业；加快以节能降耗、综合利用和污染治理为主要内容的技术改造，控制工业污染；鼓励企业建立环境管理体系，在有条件的企业推广ISO14000 环境管理体系认证。

（3）强化对机动车污染排放的监督管理。加强对在用机动车的排气监督检测、维修保养和淘汰更新工作，鼓励发展清洁燃料车和公共交通系统，完善道路交通管理系统，控制交通污染。

（4）采取综合措施，控制城市建筑工地和道路运输的扬尘污染。提高城市绿化水平，最大限度减少裸露地面，降低城市大气环境中悬浮颗粒物浓度。

（5）加强协调管理，加大支持力度；加强环境法治建设，严格执行行政监督；提高环境监测水平，建立监测网络，定期发布大气环境质量信息，促进达标工作。由国家相关部门对重点城市限期达标工作加强监督检查和具体指导，促进重点城市中大气环境质量未达标城市按期实现达标。

经过多年的持续治理，我国空气质量初步好转。根据生态环境部统计数据，2023 年1—12 月，全国 339 个地级及以上城市平均空气质量优良天数比例为 85.5%，较 2019 年上升 3.5 个百分点；$PM_{2.5}$ 平均浓度为 30 $\mu g/m^3$，较 2019 年改善 16.7%；O_3 平均浓度为 144 $\mu g/m^3$，较 2019 年同期下降 2.7%；PM_{10} 平均浓度为 53 $\mu g/m^3$；SO_2 平均浓度为 9 $\mu g/m^3$；NO_2 平均浓度为 22 $\mu g/m^3$；CO 平均浓度为 1.0 mg/m^3。

三、大气污染控制技术

依据大气污染物类别不同，其治理技术也不相同。可分为两类治理技术，即颗粒污染物的治理技术和气体污染物的治理技术。

（一）颗粒污染物的治理技术

去除气体中颗粒污染物通常采用各种除尘技术，即将含尘气体引入具有一种或几种作用力的除尘器，使颗粒污染物相对其运载气流产生一定的位移，并从气流中分离出来，最后沉降到捕集表面上。根据作用力与沉积面的不同，现有的除尘方法可分为下列几种基本类型。

1. 重力沉降

在颗粒污染物本身具有的重力作用下，并施加适宜的条件，较大的颗粒能够产生明显的沉降作用，最终沉降在沉积面上而得以去除。

2. 惯性分离

突然改变颗粒污染物载气的运动速度或方向，其中的颗粒在惯性力的作用下，与载气产生分离运动，并沉降在沉积面上而得以去除。

3. 离心分离

使含有颗粒污染物的气体在一定的设备内做圆周运动，产生离心力，颗粒在离心力的作用下，产生与气体的分离运动，以设备内壁面为沉积面而被分离。

上述三种为机械除尘，设备包括重力除尘器、惯性除尘器和旋风除尘器，其中旋风除尘器结构简单，维护运行方便，在我国工业和民用锅炉中广泛应用。

4. 过滤分离

使含有颗粒污染物的气体通过过滤材料，颗粒污染物便被阻留在滤料层中。气态介质过滤的机理比较复杂，分离的作用力也较多，如惯性力、湍流力、扩散力等。此外，可能利用的还有电场力、磁场力等。设备有过滤式除尘器，如袋式除尘器，其广泛应用于工业尾气的除尘方面，运行稳定，效率高。

5. 静电沉积

使含有颗粒污染物的气体通过电晕放电的电场，其中的颗粒污染物荷电，在电场力的作用下，颗粒便向集尘极表面沉积而与载气分离，气体得到净化。设备为各种电除尘器，其除尘效率高，能够处理温度达 350 ℃的高温废气，但不宜直接处理高含尘废气。对高含尘废气，应首先进行预除尘处理。

（二）气体污染物治理技术

1. SO_2 的治理技术

二氧化硫的治理技术主要分为燃煤脱硫、烟气脱硫两种方式，其中烟气脱硫技术是当前应用最为广泛、效率最高的技术，也是大气环境中 SO_2 的主要防治与控制手段。

（1）燃煤脱硫：燃煤脱硫可分为物理法、化学法及其他方法。

在燃煤脱硫的物理法中，应用比较广泛的洗选技术是降低 SO_2 排放量比较实用的技术。其基本原理和实施方法是：煤中硫化铁的相对密度为 4.7 ~ 5.2，而煤本体的相对密度仅为 1.25，因此，将煤加以破碎后，利用两者相对密度的不同，通过洗选的方式去除煤中的硫化铁和部分其他矿物质。

煤燃烧前的化学脱硫法一般采用强酸、强碱和强氧化剂，在一定的温度和压力下通过化学氧化、还原提取、热解等步骤来脱除煤中的黄铁矿。化学法分选适用于已经过物理分选，排除了大部分矿物质后的最后一道工序。化学分选需要高活性的化学试剂，工艺过程大多在高温高压下进行，对煤质有较大的影响，而且成本很高，因此限制了化学脱硫法的应用。

（2）烟气脱硫：已开发的多种烟气脱硫工艺，按气体净化原理，可分为吸收法、吸附法和催化转化法。

石灰石是烟气脱硫工艺最早采用的吸收剂之一，并在烟气脱硫领域得到了比较广泛的应用，主要用于大型工业脱硫装置。这种工艺的最大优点是吸收剂来源广泛、价廉易得、成本低。以石灰石或石灰浆液作为脱硫剂，在脱硫塔（或称吸收塔）内与含有 SO_2 的烟气进行充分接触，浆液中的碱性物质与 SO_2 发生反应，生成亚硫酸钙（$CaSO_3$）和硫酸钙（$CaSO_4$），从而去除烟气中的 SO_2。

喷雾干燥法（SDA）烟气脱除 SO_2 技术是在 20 世纪 80 年代开发的一种新技术。它是由美国 Joy 公司和丹麦 Niro Atomizer 公司协作共同开发的。目前，该工艺已在一些国家得到应用，投入运行的电厂发电机组容量已超过 6 000 MW。该法主要用于燃用低硫煤的电厂烟气的脱硫，但近年来也已开始进行高硫煤的旋转喷雾脱硫的研究工作。喷雾干燥原理是：将经过雾化的吸收剂喷入含有 SO_2 的烟气中，吸收剂为分散相，烟气为分散介质，在吸收塔内，在吸收剂和热烟气之间发生传质和传热过程，将脱硫废渣加以分离，取得烟气脱硫的效果。

2. 氮氧化物（NO_x）的防治技术

NO_x 的控制与治理技术可分为三种类型，即燃烧控制技术、烟气脱硝技术和烟气同时脱硫脱硝技术。

（1）燃烧控制技术：一般采用低 NO_x 燃烧技术，以降低 NO_x 的生成，包括分级燃烧法、再燃烧法、低氧燃烧法、浓淡偏差燃烧法及烟气再循环等方法。这些方法的基本的思路是：使已经生成的 NO_x 被碳部分还原；创造形成缺氧富燃的燃烧区；降低局部高温区的燃烧温度，使燃烧区的氧浓度适当降低。采用这些技术能够使 NO_x 的生成量显著降低（对燃煤锅炉一般不超过 75%）。燃烧控制技术在当前是控制 NO_x 排放采用的主要技术手段。

（2）烟气脱硝技术：一般包括选择性催化还原脱硝技术（SCR 技术）、选择性非催化还原脱硝技术（SNCR 技术）、吸收法、吸附法净化烟气中的 NO_x。前两种技术通过加入 NO_x 还原的添加剂，不产生固体和液体的二次污染物，相对而言具有明显的优势，也是目前商业化的主要方法。SCR 技术一般主要包括脱硝反应器、还原剂储存及供应系统、氨喷射器、控制系统四个部分。脱硝反应器是 SCR 技术的核心装置，一般装有催化剂及吹灰器等，工业实践中脱硝效率一般在 60%～90% 之间。SNCR 技术中，尿素或氨基化合物注入烟气作为还原剂，将 NO_x 还原为 N_2。SNCR 技术的优势是易于安装，但工业实践中，其脱硝效率一般在 30%～60%。吸收法实质上是将 NO 通过与氧化剂 O_3、ClO_2 或 $KMnO_4$ 反应，生成 NO_2，NO_2 被水或碱性溶液吸收，即实现烟气脱硝过程。由于吸收剂种类多、来源广泛、适应性强、可因地制宜、综合利用，因此广为中小型企业所采用，但是吸附法烟气脱硝技术带来水污染问题，这是值得注意的。吸附法主要采用活性炭、分子筛、硅胶等吸附剂将 NO_x 脱除，但需要大量吸附剂、设备庞大、投资大、运行动力消耗也大。

（3）烟气同时脱硫脱硝技术：烟气同时脱硫脱硝技术目前大多处于研究和工业示范阶段。该技术目前主要有三类。第一类是烟气脱硫和烟气脱硝的组合技术；第二类是利用吸附剂同时脱除 SO_x 和 NO_x；第三类是对现有的烟气脱硫系统进行改造，通过在脱硫系统中添加脱硝剂等方式，增加系统的脱硝功能。

3. 机动车排气污染控制技术

机动车排放气体的组成极其复杂，据统计有 100 多种成分，主要有以下几种。

（1）燃料完全燃烧产物：二氧化碳、水蒸气。

（2）燃料不完全燃烧产物：一氧化碳、苯并[a]芘。

（3）未燃烧燃料及燃料分解产物：碳氢化合物、碳烟。

（4）燃烧的中间产物：醛、乙醇、酚醛、有机酸。

（5）空气氧化产物：氮氧化物、氨。

（6）燃料及润滑油的添加物及有毒物质：氧化铅、硫化物、磷化物、金属化合物等。

在众多的有害物质中，最主要的对人体能够造成危害，而且应当积极加以治理的是一氧化碳（CO）、氮氧化物（NO_x）、碳氢化合物及铅等。

汽车排放的污染气体中，95%都是通过尾部的排气管排放的，因此，污染控制的重点对象就是汽车尾部的排气管，所以也称为汽车尾气的污染控制。控制的污染指标是一氧化碳（CO）、碳氢化合物（HC）、氮氧化物（NO_x）及悬浮颗粒等。

对汽车尾气污染的控制途径有三种。

（1）燃料的改进与代替：提高燃料的品位，有利于发动机的运行工况，降低CO、HC及NO_x的排放量。

（2）机内净化：在汽车的设计与制造过程中，充分考虑蒸汽的回收利用，减少曲轴箱废气的串漏；采用新的供油方式，提供符合发动机在各种工况下所需浓度的燃料气，降低排气量及有害物质的含量。

（3）机外净化：废气在离开发动机进入大气前的处理，也称为尾气净化，多采用催化方法，习惯上称为尾气催化净化。

催化剂可分为两大类，其一是贵金属催化剂，其二是一般金属催化剂，包括金属氧化物催化剂和合金催化剂。

① 贵金属催化剂。贵金属催化剂所使用的是稀有金属，如铂（Pt）、钌（Ru）等，这类催化剂具有耐用、耐高温、耐化学作用的特性，而且具有较大的适应性，可作为活性组分。如铂作为活性组分，活性高、抗硫性能强、起燃温度低，对NO_x的氧化还原反应有较好的选择性。钌具有很好的对NO_x氧化还原性能，而且价格较低。铂、钌作为催化剂的主要活性组分是合理适宜的。此外，钯（Pd）、铑（Rh）也有较好的选择性和催化性。但这种贵金属催化剂资源少，价格昂贵，在我国难以普遍应用。此外，这类催化剂不能和铅接触，一旦和含铅气体接触，就可能因"中毒"而失效。

② 金属氧化物催化剂和合金催化剂。金属氧化物催化剂多由CuO、Fe_2O_3、Cr_2O_3、Mn_2O_3等两种以上的氧化物载于载体上制成。汽油中的Pd对Cu-Al_2O_3催化剂起促进作用，可提高其选择性。以钴的氧化物为主的多组分催化剂作为三效催化剂具有良好的应用前景。三效催化净化系统的实质是在稀薄空燃比条件下，利用燃烧产生的HC、CO对NO_x进行催化还原反应，使其形成N_2，这种工艺能够同步对三种有害气体加以净化处理。

第三节　固体废物污染防治与综合利用

对固体废物污染的控制，关键在于解决好废物的处理、处置和综合利用问题。

《中华人民共和国固体废物污染环境防治法》（以下简称《固体废物法》）确立了固体

废物污染防治的"三化"原则，即减量化、资源化、无害化，明确了对固体废物进行全过程管理的原则，以及对危险废物重点控制的原则。

1. 减量化

减量化的实质是减少固体废物的产生量和排放量，从"源头"上采取措施，最大限度地减少固体废物的产生量与排放量，这样就能够直接减少固体废物对环境的污染，减轻对人体健康的危害。减量化的要求，不仅仅限于减少固体废物的数量和降低其体积，还应当尽可能地减少其种类，特别是应减少危险固体废物中的有害成分。

减量化是防止固体废物污染的优先措施，应对固体废物的数量、体积、种类、有害性质与特征进行全面的管理，鼓励和积极开展清洁生产，开发与推广先进的生产技术和设备，充分合理地利用能源及资源。

2. 资源化

固体废物的资源化是指在管理和工艺上采取措施，从固体废物中回收物质和能源，加速物质和能量的循环。资源化包括下列三方面的含义。

（1）物质回收：从生活固体废物中回收二次物质，如纸张、玻璃、金属等。

（2）物质转换：利用废物制取新形态的物质，如利用废玻璃和废橡胶生产铺路材料，利用炉渣生产水泥及其他建筑材料，利用有机垃圾生产复合肥等。

（3）能量转换：从对生活固体废物利用的过程中回收能量，作为热能或电能。例如，通过有机废物的焚烧处理回收热量，进一步发电；利用有机垃圾厌氧发酵产生能够作为能源的沼气等。

3. 无害化

无害化是指将已产生又暂时还不能综合利用的固体废物，经过物理、化学或生物方法，进行处理与处置，达到消毒、解毒或稳定的目的，以降低并防止固体废物对环境的污染和对人体健康的威胁。

《固体废物法》还确立了对固体废物进行全过程管理的原则。所谓全过程管理是指对固体废物的产生、收集、运输、利用、储存、处理与处置的全过程，对过程的各个环节都实行控制管理和开展污染防治措施。《固体废物法》确定这一原则是因为固体废物从其产生到最终处置的全过程中的每个环节都有产生污染危害的可能，如固体废物在焚烧过程中可能对空气造成污染，在填埋处理过程中如产生渗滤液，可能对地下水产生污染等，因此有必要对整个过程及其每个环节都实施全方位的监督与控制。

《固体废物法》对危险固体废物提出了重点控制的原则。由于危险固体废物的种类繁多、性质复杂、危害特性和方式各有不同，应根据不同的危险特性与危害程度，采取区别对待、分类管理的原则，对危害程度特别严重的危险固体废物要实施严格控制和重点管理。对危险固体废物进行全方位控制与全过程管理，全方位控制包括对其鉴别、分析、监测、试验等环节；全过程管理则包括对其接收、检查、残渣监督、处理操作和最终处置各环节。

《中华人民共和国国民经济和社会发展第十四个五年规划和2035年远景目标纲要》中提出"全面整治固体废物非法堆存，提升危险废弃物监管和风险防范能力"。《关于深入打好污染防治攻坚战的意见》中明确提出，要求加强固体废物和新污染物治理，全面禁止进口洋垃圾，推动污染防治在重点区域、重点领域、关键指标上实现新突破。意见还提出"到 2025 年，固体废物和新污染物治理能力明显增强"，同时在加快推动绿色低碳发展、深入打好净土保卫战、切实维护生态环境安全及提高生态环境治理现代化水平等诸多方面对固体废物处理利用行业的发展提出了要求。

一、固体废物减量化对策与措施

（一）生活垃圾

控制生活垃圾产生量增长的对策和具体措施如下：

1. 推行垃圾分类收集

城市垃圾收集方式分为混合收集和分类收集两大类。混合收集通常指对不同产生源的垃圾不做任何处理或管理的简单收集方式。无论从保护生态环境和资源利用的角度，还是从技术经济角度，混合收集都是不可取的。按垃圾的组分进行分类收集，不仅有利于废品回收与资源利用，还可大幅度减少垃圾处理量。分类收集过程中通常可把垃圾分为易腐物、可回收物、不可回收物等几大类。其中可回收物又可按纸、塑料、玻璃、金属等几类分别回收。2021 年全国各地因地制宜推行垃圾分类制度，城市垃圾分类处理处置工作扎实推进，无害化处理效果显著。据《中国统计年鉴 2021》数据显示，2020 年全国城市生活垃圾清运量 2.35 亿吨，无害化处理率达 99.7%。农村生活垃圾收运处理的行政村比例达 90% 以上，2.4 万个非正规垃圾堆放点得到整治。

2. 避免过度包装和减少一次性商品的使用

生活垃圾中一次性商品废物和包装废物日益增多，既增加了垃圾产生量，又造成资源浪费。为了减少包装废物产生量，促进其回收利用，世界上许多国家颁布包装法规或者条例。强调包装废物的生产者、进口者和销售者必须"对产品的整个生命周期负责"，承担包装废物的分类回收、再生利用和无害化处理处置的义务，负担其中需要的费用。促使包装制品的生产者和进口者，以及销售者在产品的设计、制造环节上少用材料，减少废物产生量，少使用塑料包装物，多使用易于回收利用和无害化处理处置的材料。

3. 推进产品回收、利用的再循环

报废的产品包括大批量的日常消费品，以及耐用消费品如汽车、电视机、冰箱、洗衣机、空调、地毯等。随着电子信息技术的飞速发展，计算机、手机等电子产品的更新换代的速度异常之快，废弃的计算机设备的数目惊人，对这些废物进行再利用是减少城市固体废物产生量的重要途径。

（二）工业固体废物

我国工业固体废物产生量巨大。提高工业生产水平和管理水平，全面推行无废、少废工艺和清洁生产，减少废物产生量是固体废物污染控制的最有效途径之一。

利用清洁绿色的生产方式代替污染严重的生产方式和工艺，既可节约资源，又可少排或不排废物，减轻环境污染。在企业生产过程中，发展物质重复利用和循环利用工艺，使第一种产品的废物成为第二种产品的原料，并以第二种产品的废物再生产第三种产品，

如此循环和回收利用，最后只剩下少量废物进入环境，以取得经济、环境和社会的综合效益。

二、固体废物资源化与综合利用

固体废物资源化途径包括物质回收、物质转换和能量回收。

（一）废物资源化技术

废物资源化技术主要包括物理、化学和生物处理技术。

1. 物理处理技术

物理处理是通过浓缩或相变化改变固体废物的结构，使之成为便于运输、储存、利用或处置的形态。物理处理技术包括压实、破碎、分选、增稠、吸附等。物理处理也往往作为回收固体废物中有价物质的重要手段。

2. 化学处理技术

采用化学方法使固体废物发生化学转换从而回收物质和能源，是固体废物资源化处理的有效技术。煅烧、焙烧、烧结、溶剂浸出、热分解、焚烧等都属于化学处理技术。

（1）煅烧：煅烧是在适宜的高温条件下，脱除物质中二氧化碳和结合水的过程。煅烧过程中发生脱水、分解和化合等物理化学变化。例如，碳酸钙渣经煅烧生成石灰。

（2）焙烧：焙烧是在适宜条件下将物料加热到一定的温度（低于其熔点），使其发生物理化学变化的过程，根据焙烧过程中的主要化学反应和焙烧后的物理状态，可分为烧结焙烧、磁化焙烧、氧化焙烧、中温氯化焙烧、高温氯化焙烧等。

（3）烧结：烧结是将粉末或粒状物质加热到低于主成分熔点的某一温度，使颗粒黏结成块或球团，提高致密度和机械强度的过程。为了更好地烧结，一般需在物料中配入一定量的熔剂，如石灰石、纯碱等。

（4）溶剂浸出：使固体物料中的一种或几种有用金属溶解于液体溶剂中，以便从溶液中提取有用金属，这种化学过程称为溶剂浸出法。按浸出剂的不同，浸出法可分为水浸、酸浸、碱浸、盐浸和氰化浸等。溶剂浸出法在固体废物回收利用有用元素中应用很广泛，如用盐酸浸出固体废物中的铬、铜、镍、锰等金属，从煤矸石中浸出结晶三氯化铝、二氧化钛等。

（5）热分解（或热裂解）：热分解是利用热能切断相对分子质量大的有机物，使之转变为含碳量更少、相对分子质量小的物质的工艺过程。应用热分解处理有机固体废物是热分解技术的新领域。通过热分解可在一定温度条件下，从有机废物中直接回收燃料油、气等。适于采用热分解的有机废物有废塑料（含氯者除外）、废橡胶、废轮胎、废油及油泥、废有机污泥等。

（6）焚烧：有关内容见后。

3. 生物处理技术

固体废物处理及资源化中常用的生物处理技术有以下几种。

（1）沼气发酵：沼气发酵是有机物质在隔绝空气和保持一定水分、温度、酸和碱度等条件下，利用微生物分解有机物的过程。经过微生物的分解作用可产生沼气。沼气是一种混合气体，主要成分是甲烷（CH_4）和二氧化碳（CO_2）。其中甲烷占 60% ~ 70%，二氧化碳占 30% ~ 40%，还有少量氢、一氧化碳、硫化氢、氧和氮等气体。城市有机垃圾、污水处理厂的污泥、农村的人畜粪便、作物秸秆等皆可作产生沼气的原料。为了使沼气发酵持续进行，必须提供和保持沼气发酵中各种微生物所需的条件。沼气发酵一般在隔绝氧的密闭沼气池内进行。

（2）堆肥：堆肥是将人畜粪便、垃圾、青草、农作物的秸秆等堆积起来，利用微生物的作用，将堆料中的有机物分解，产生高热，以达到杀灭寄生虫卵和病原菌的目的。堆肥分为普通堆肥和高温堆肥，前者主要是厌氧分解过程，后者则主要是好氧分解过程。

（3）细菌冶金：细菌冶金是利用某些微生物的生物催化作用，使矿石或固体废物中的金属溶解出来，从溶液中提取所需要的金属。它与普通的"采矿—选矿—火法冶炼"比较，具有如下几个特点：① 设备简单、操作方便；② 特别适宜处理废矿、尾矿和炉渣；③ 可综合浸出、分别回收多种金属。

（二）工业固体废物资源化

我国工业固体废物，尤其是大宗工业固体废物的综合利用工作取得较大进展，综合利用产品日益丰富。"十三五"期间，累计综合利用各类大宗工业固体废物约 130 亿吨，减少占用土地超过 100 万亩，提供了大量资源综合利用产品，促进了煤炭、化工、电力、钢铁、建材等行业高质量发展，资源环境和经济效益显著，对缓解我国部分原材料紧缺、改善生态环境质量发挥了重要作用。

2021 年，国家发展和改革委员会推动开展大宗固体废弃物综合利用示范，工业固体废物资源化的途径很多，主要包括：

（1）提取各种金属：把最有价值的各种金属提取出来，是固体废物资源化的重要途径。在重金属冶炼渣中，往往可提取金、银、钴、锑、钯、铂等，有的含量甚至可达到或超过工业矿床的品位，从这些矿渣回收的稀有贵重金属的价值甚至超过主金属的价值。在综合利用这些固体废物时，应首先提取这些稀有贵重金属和其他有价值金属，然后再进行一般利用。

我国 20 余种矿产中含有共伴生组分 59 种，13.56%（8 种）共伴生组分已被不同程度回收综合利用，各类型矿山共伴生组分综合利用率为 20% ~ 80%，但不同矿种共伴生组分综合利用水平差距较大，其中有色金属矿山共伴生矿产综合利用水平高于黑色金属矿山、化工矿山。

（2）生产建筑材料：固体废弃物生产建筑材料主要有以下几方面用途。一是生产碎石。一些冶金矿渣，如高炉渣、铁合金渣、钢渣及矿山废石可用作混凝土骨料、道路材料、铁路道砖等。二是生产水泥。有些工业废渣的化学成分与水泥接近，具有水硬性，可作为水泥工业原料。三是生产建筑制品。用粉煤灰、尾矿、赤泥、煤矸石、电石渣等生产砖、砌块、大型墙体材料。四是生产铸石和微晶玻璃。铸石是钢材、有色金属的良好代用材料，微晶玻璃在工业和建筑中有广泛的用途。用某些工业固体废弃物可生产铸石和微晶玻璃。五是生产矿渣棉和轻骨料。用高炉矿渣、煤矸石、粉煤灰等生产矿渣棉，用粉煤灰或煤矸石生产陶粒，用高炉渣生产膨胀矿渣等。轻骨料和矿渣棉在工业和民用建筑中具有越来越广泛的用途。

（3）回收能源：很多工业固体废物热值高，可以回收利用。常用方法有焚烧法、热解法等热处理法，以及甲烷发酵法和水解法等低温方法。例如，粉煤灰中含碳量达10%以上（甚至30%以上），可以回收后加以利用；煤矸石发热量为$0.8 \sim 8$ MJ/kg，可利用煤矸石发展坑口电站。

三、固体废物的无害化处理及处置

（一）焚烧处理无害化

焚烧法是一种高温热处理技术，即以一定的过剩空气量与被处理的废物在焚烧炉内进行氧化燃烧反应，废物中的有害毒物在高温下氧化、热解而被破坏。这种处理方式可使废物完全氧化成无毒害物质。焚烧技术是一种可同时实现废物无害化、减量化、资源化的处理技术。

焚烧法可处理城市垃圾、一般工业废物和有害废物，但当处理可燃有机物组分很少的废物时，需补加大量的燃料。

一般来说，发热量小于3 300 kJ/kg的垃圾属低发热量垃圾，不适宜焚烧处理；发热量介于3 300 ~ 5 000 kJ/kg的垃圾为中发热量垃圾，适宜焚烧处理；发热量大于5 000 kJ/kg的垃圾属高发热量垃圾，适宜焚烧处理并回收其热能。

固体废物焚烧炉种类繁多。通常根据所处理废物将焚烧炉分为城市垃圾焚烧炉、一般工业废物焚烧炉和有害废物焚烧炉三种类型。

废物在焚烧过程中会产生一系列新污染物，有可能造成二次污染。对焚烧设施排放的大气污染物控制项目包括以下几种。

（1）有害气体：包括SO_2、HCl、HF等。

（2）烟尘：将颗粒物、黑度、总碳量作为控制指标。

（3）重金属元素单质或其化合物：如Hg、Cd、Pb、Ni、Cr、As等。

（4）有机污染物：如二噁英，包括多氯二苯并对二噁英（PCDDs）和多氯二苯并呋喃（PCDFs）。

（二）固体废物的处置技术

固体废物经过减量化和资源化处理后，剩余的、无再利用价值的残渣，往往富集了大量不同种类的污染物质，对生态环境和人体健康具有即时和长期的影响，必须妥善加以处置。安全、可靠地处置这些固体废物残渣，是固体废物全过程管理中的重要环节。

1. 固体废物处置原则

固体废物中的污染物质在长期处置过程中，由于本身固有的特性和外界条件的变化，必然会因在固体废物中发生的一系列相互关联的物理、化学和生物反应，导致对环境的污染。

固体废物的最终安全处置原则大体上可归纳为三点。

（1）区别对待、分类处置、严格管制有害废物：固体物质种类繁多，其危害环境的方式、处置要求及所要求的安全处置年限均各有不同。因此，应根据不同废物的危害程度与特性，区别对待、分类管理，对具有特别严重危害的有害废物采取更为严格的特殊管制。这样，既能有效地控制主要污染危害，又能降低处置费用。

（2）最大限度地将有害废物与生物圈相隔离：固体废物，特别是有害废物和放射性废物最终处置的基本原则是合理地、最大限度地使其与自然和人类环境隔离，减少有毒有害物质进入环境的速率和总量，将其在长期处置过程中对环境的影响降至最低。

（3）集中处置：对有害废物实行集中处置，不仅可以节约人力、物力、财力，利于监督管理，也是有效控制乃至消除有害废物污染危害的重要形式和主要的技术手段。

2. 固体废物处置的基本方法

固体废物的处置方法可分为土地耕作、永久储存（储留地储存）和土地填埋三种类型，其中应用最多的是土地填埋处置。

土地填埋处置是从传统的堆放和填地处置发展起来的一项最终处置技术，不是单纯的堆、填、埋，而是按照工程理论和土工标准，对固体废物进行有控管理的一种综合性科学工程方法。在填埋操作处置方式上，它已从堆、填、覆盖向包容、屏蔽隔离的工程储存方向上发展。土地填埋处置，首先需要进行科学的选址，在设计规划的基础上对场地进行防护（如防渗）处理，然后按严格的操作程序进行填埋操作和封场，要制定全面的管理制度，定期对场地进行维护和监测。

土地填埋处置具有工艺简单、成本较低、适于处置多种类型固体废物的优点。目前，土地填埋处置已成为固体废物最终处置的一种主要方法。土地填埋处置的主要问题是渗滤液的收集控制问题。

（1）土地填埋处置的分类：土地填埋处置的种类很多，名称也不尽相同。按填埋场地形特征可分为山间填埋、峡谷填埋、平地填埋、废矿坑填埋；按填埋场水文气象条件可分为干式填埋、湿式填埋和干湿式混合填埋；按填埋场的状态可分为厌氧性填埋、好氧性填埋、准好氧性填埋和保管型填埋；按固体废物污染防治法规，可分为一般固体废物填埋和工业固体废物填埋。

（2）填埋场的基本构造：填埋场构造与地形地貌、水文地质条件、填埋废物类别有关。按填埋废物类别和填埋场污染防治设计原理，填埋场构造有衰减型和封闭型之分。通常，用于处置城市垃圾的卫生填埋场属衰减型填埋场或半封闭型填埋场，而处置有害废物的安全填埋场属全封闭型填埋场。

全封闭型填埋场的设计是将废物和渗滤液与环境隔绝开，将废物安全保存相当一段时间（数十年甚至上百年）。这类填埋场通常利用地层结构的低渗透性或工程密封系统来减少渗滤液产生量和通过底部的渗透泄漏渗入蓄水层的渗滤液量，将对地下水的污染减小到最低限度，并对所收集的渗滤液进行妥善处理处置，认真执行封场及善后管理，从而达到使处置的废物与环境隔绝的目的。

第四节　土壤污染防治

一、土壤污染综合防治策略

　　土壤污染是指在人类生产活动中产生的对人类和动植物有害的物质进入土壤，其积累数量和速率超过土壤净化能力的现象。由于包气带土壤与地下含水层关系密切，在降水、淋滤、入渗等作用下，污染物会随降水进入地下水；当潜水位抬升时，土壤中污染物也可能通过溶解等作用进入地下水。当污染物进入地下水后，迁移能力大大增强，潜在的污染范围也会扩大。因此，土壤污染防治工作应注重土壤与地下水的联防联治。

　　土壤及地下水污染具有隐蔽性、持久性和复杂性等特点，污染物类型及其分布在横向地域和垂向地层上呈现显著差异，污染修复治理普遍难度大、能耗高。因此，对土壤及地下水污染的防治工作应以预防为主，发生污染后应首先去除污染源、防止污染进一步扩散，再选择经济合理、因地制宜的治理修复手段，切实保障粮食安全、饮水安全和人居环境安全。

（一）完善土壤管理体制和法规，健全法规标准体系

　　目前我国仍面临土壤污染底数不清、相关法律法规欠缺等问题，这严重制约了我国土壤污染防治工作的开展及市场发展。因此，摸排我国土壤污染本底情况、制定土壤环境相关法律法规和标准规范，成为统领土壤污染防治工作的首要任务。尽管在2005—2013年开展了全国首次土壤污染状况调查，但受限于资源条件和检测技术，我国目前掌握的土壤污染数据在体量上仍不足以支撑土壤环境管理体系。2017年，国家五部委联合部署了"全国土壤污染详查工作"，计划到2020年底掌握重点行业企业用地中污染地块的分布及其环境风险情况。2022年国务院下发开展第三次全国土壤普查的通知，以达到全面掌握我国土壤资源情况的目标。

　　在国家政策与法律法规方面，2016年国务院印发了《土壤污染防治行动计划》（"土十条"），全面部署了我国土壤污染防治工作。2018年生态环境部、国家市场监督管理总局联合发布《土壤环境质量　农用地土壤污染风险管控标准（试行）》《土壤环境质量　建设用地土壤污染风险管控标准（试行）》，替代了1995年颁布的《土壤环境质量标准》（GB 15618—1995）。2019年1月1日，国家颁布实施《土壤污染防治法》，填补了我国土壤污染防治领域的立法空白，为扎实推进"净土"保卫战、全面落实土壤污染防治工作提供了有力的法律武器。由此可见，土壤环境质量调查为政策制定奠定基础，政策法规和技术发展为土壤污染防治提供指导和支撑，三者相辅相成，共同促进了我国土壤污染防治体系的建立。

（二）建立农用地分类管理，加强建设用地土壤环境监管

　　过去30年，为满足人口增长，我国农药化肥和农膜的使用量增加2~4倍。《全国土壤污染状况调查公报》显示，我国耕地土壤污染点位超标率达19.4%，其中重金属超标点

位数占全部超标点位数的 82.8%。在南方粮食高产区，土壤重金属污染严重且集中连片分布。不断恶化的土壤环境已经成为阻碍我国农业可持续发展的重大障碍，危及粮食安全，严重阻碍我国经济的高速发展。"土十条"提出了将农用地分成优先保护类、安全利用类和严格管控类，以耕地为重点，分别采取相应管理措施，保障农产品质量安全；各地要将符合条件的优先保护类耕地划为永久基本农田，实行严格保护，确保其面积不减少、土壤环境质量不下降。需从源头强化农业投入品管理，防治农业面源污染，加强对未污染土壤和未利用地的保护。为推进"十四五"期间农业面源污染防治工作，生态环境部和农业农村部联合印发《农业面源污染治理与监督指导实施方案（试行）》，削减土壤和水环境农业面源污染负荷，促进土壤质量和水质改善。

建设用地土壤与地下水污染来源于生产管理过程中的跑、冒、滴、漏现象及突发的生产事故，主要污染源有工业企业及工业聚集区、矿区开采区及尾矿库、危废处置场、垃圾填埋场，以及加油站地下油储罐等。在工矿企业区域及时开展土壤环境监测是提早发现和预防土壤污染最为有效快捷的措施之一。统计资料显示美国 1970 年之前建设的加油站几乎全部存在泄漏现象，因此于 1984 年开展了地下储油罐项目，对地下储油罐进行登记和检查，并对石油泄漏进行清理。项目运行至今，共清理了全美各地超过 50 万个地下储油罐，美国因石油泄漏引发的土壤地下水污染得到了有效防治。我国同样存在分布众多且分散的工矿企业潜在污染源，及时排查建设用地潜在污染源、建立监管控制名录是进行建设用地污染管控的有效举措。

（三）强化风险管控，因地制宜推进绿色低碳修复

依据《土壤污染防治法》，我国实行建设用地土壤污染风险管控和修复名录制度。对土壤污染进行风险管控是阻断土壤污染的重要途径，也是土壤污染防治工作的核心之一。土壤及地下水中污染物类型及其分布在横向地域和垂向地层上呈现显著差异，不同风险管控或修复技术，甚至同种技术采用不同的设计方案都会使修复效果产生大的差异，因此应针对不同地域的典型污染物特征及水文地质条件，应采取相应的风险管控手段、修复技术及其组合。目前我国已依据城市发展需求及布局调整，提出了优先治理修复拟开发建设居住、商业、学校、医疗和养老机构等项目的污染地块和部分省份的污染耕地集中区域，做到抓住重点、有序开展治理与修复。但是对于不同水文地质条件下特定种类污染物应采取的最佳修复手段，目前尚未形成规范性文件。

土壤污染的绿色可持续修复综合考虑了全生命周期社会、经济及环境影响，可以有效地减少治理能耗及二次污染。在我国修复产业的发展初期，土壤的异位修复具有修复周期短的特点，受到业主、修复公司等的青睐，因而广泛应用于我国实际修复项目中。然而异位修复同时也存在工程量大、成本高、能耗高和碳排放高的问题，不符合绿色可持续修复的理念。自"土十条"提倡修复与治理原则上在原址进行，并采取措施防止开挖堆砌等造成二次污染，土壤的原位修复研发和应用得到大力发展。在我国"双碳"目标背景下，修复过程的能耗及碳排放也成为技术选择的关键因素，绿色低碳修复是修复科技及产业的发展方向。

（四）明确责任主体，加强公众参与

污染土壤修复的责任主体认定最早可追溯到 20 世纪 70 年代，在美国拉夫运河事件

的刺激下，美国国会通过超级基金法，可针对历史遗留的环境污染损害和修复工程向造成污染的责任方进行无限期追责。我国自"十三五"以来多次强调工矿企业等责任主体在土壤地下水污染监测及修复中的重要作用。《污染地块土壤环境管理办法（试行）》中明确了土壤污染修复治理过程中的各方责任，《土壤污染防治法》进一步规定，谁污染，谁治理：造成土壤污染的单位或个人承担治理与修复的主体责任；责任主体发生变更的，由变更后继承其债权、债务的单位或个人承担相关责任；土地使用权依法转让的，由土地使用权受让人或双方约定的责任人承担相关责任；责任主体灭失或责任主体不明确的，由所在地县级人民政府依法承担相关责任。同时，政府也在积极探索和社会资本合作的模式，带动更多资本参与土壤污染防治。

二、我国土壤污染的综合防治措施

2016 年国务院印发"土十条"，提出我国土壤污染防治阶段性目标：到 2020 年污染加重趋势得到初步遏制；到 2030 年土壤环境风险得到全面管控；21 世纪中叶土壤环境质量将全面改善。2021 年底，《中共中央、国务院关于深入打好污染防治攻坚战的意见》实施，要求健全环境治理体系，深入实施农用地分类管理，严格重点建设用地准入管理，有效管控土壤污染风险。由于土壤污染主要来源于工业生产、农药和化肥施用、农牧业排泄和固体废弃物堆放等，污染类型复杂，修复周期长，我国的土壤污染防治应着重清洁生产、农业面源污染防治、建设用地准入管理、土壤污染风险管控与修复和长期监管。

（一）工矿企业清洁生产，严防新增污染

工矿企业经营过程中产生的废水、废气、废渣的不合理排放是造成土壤污染的主要原因之一。2014 年《全国土壤污染状况调查公报》显示，在调查的 690 家重污染企业用地及周边的 5 846 个土壤点位中，超标点位占 36.3%；在调查的 81 块工业废弃地的 775 个土壤点位中，超标点位占 34.9%。为应对工矿企业的不合理排放，国家发展和改革委员会和生态环境部等印发《"十四五"全国清洁生产推行方案》，以资源节约、节能低耗、减污降碳、提质增效为目标，以清洁生产审核为抓手，推进工农业、建筑业、服务业等领域清洁生产。

（二）发展绿色农业，源头控制农用地土壤及地下水污染

绿色农业是指将农业生产和环境保护协调起来，在促进农业发展、增加农户收入的同时保护环境、保证农产品的绿色无污染的农业发展类型。传统农业模式中，存在农药化肥过度施用、有效利用率不高等问题。过度施用化肥使大量氮磷化合物残存积累在土壤中，并在风蚀、地表漫流及降水淋滤等作用下污染地表及地下水；此外，农药和化肥中含有一定量的砷、镉等有害元素，部分农田采用未经处理或未达标排放的工业废水进行灌溉，均会造成土壤重金属等污染。为有效防治农用地土壤与地下水污染，需进一步加强推广化肥农药减量增效绿色高效模式，提升化肥农药使用效率，实现农业化学品减量和替代，从源头上控制农用地土壤和地下水污染。

（三）开展建设用地准入管理及前端设计防治

随着城市的快速扩张，大量化工企业关闭搬迁，如何合理确定污染地块用途，规划

新增建设用地与居住区之间关系，成了保障人居环境的首要问题。《土壤污染防治法》提出，县级以上地方人民政府及其有关部门应当按照土地利用总体规划和城乡规划，严格执行相关行业企业布局选址要求，禁止在居民区和学校、医院、疗养院、养老院等单位周边新建、改建、扩建可能造成土壤污染的建设项目。生态环境部组织建立了全国污染地块土壤环境管理系统，对从事过化工等行业生产经营活动的用地，依据相关规定纳入疑似污染地块和污染地块清单。对纳入建设用地土壤污染风险管控和修复名录的地块，不得作为住宅、公共管理与公共服务用地。新建、改建、扩建项目应在决策和开发建设活动开始前开展环境影响评价，对拟建项目的选址、建设方案选址、设备选择等方面可能造成的环境影响进行分析论证，选择环境影响最小的方案，从源头减少环境影响。

（四）推动风险管控与修复科技及产业发展

20世纪90年代实行"退二进三"产业结构转型后，大量污染场地被投入房地产等第三产业建设。以2004年北京宋家庄地铁站施工工人中毒事件为起始，政府和相关行业部门意识到土壤污染的危害性和严峻性，土壤修复行业得到初步发展。土壤污染的隐蔽性和复杂性导致防控与治理难度大。为深入贯彻落实"土十条"，亟须围绕土壤污染形成机制、监测预警、风险防范、治理修复等重大理论、技术与装备开展研究，建立一批技术示范与成果转化基地，推动科技创新平台建设，提升我国土壤污染防治科技的核心竞争力，促进土壤污染防治产业发展，为改善土壤环境质量、保障人体健康安全提供强有力的科技支撑。

2020年全国正式启动土壤修复项目668个，总金额约102.97亿元，覆盖全国除西藏、港澳台以外的30个省（直辖市、自治区）。土壤修复项目全过程要考虑污染地块的环境影响评价和风险评估、污染精细调查、修复方案比选与确定、相关药剂与设备的研发设计、工程实施、竣工验收，以及后期的评估与监测工作。由此孵化了一大批新兴企业，市场的需求促进了技术的创新与发展。

三、土壤污染风险管控与修复技术

风险管控和修复是实现土壤和地下水安全利用的两种主要技术手段。风险管控主要针对土壤与地下水污染风险的暴露途径采取截断措施，或针对风险的受体采取保护措施。该手段特色在于以管控污染源或保护受体为主要目标，在全球范围内得以广泛应用。与风险管控不同，修复是以削减污染源中有害物质的总量或释放强度为主要目标，针对污染土壤或地下水主动采取物理、化学、生物等工程技术手段，削减有害物质总量或释放强度，消除或显著降低土壤污染风险的治理活动。

风险管控技术可根据管控对象不同进一步划分为农用地土壤污染、建设用地土壤污染和地下水污染风险管控技术。农用地土壤污染风险管控技术包括农艺调控、替代种植、调整种植结构及划定特定农产品禁止生产区域等。建设用地土壤污染风险管控可分为以管控污染源为主和以保护受体为主的技术，主要包括阻隔技术和制度控制。地下水污染和土壤污染往往密不可分，因此部分风险管控技术既适用于土壤污染防治，也适用于地下水污染防治，土壤与地下水污染风险管控技术包括水力控制、可渗透反应格栅、监控自然衰减等（表11-2）。

表 11-2　土壤与地下水污染风险管控技术与修复技术

项目	技术类型	成本	适用性	修复周期
土壤与地下水污染风险管控技术	生理阻隔	60～100 元/亩	中轻度污染农用地	数年
	制度控制	1 000 美元/年	场地修复后的残余污染	短期和长期修复
	水力控制	国外：15～150 美元/m³ 国内：100～1 000 元/m³	污染物浓度高、范围大	数月至数年，甚至数十年
	可渗透反应格栅	国外：20～150 美元/m³ 国内：150～1 000 元/m³	氯代溶剂类、石油烃类、重金属、硝酸盐、高氯酸盐等有机、无机污染物的处理	数月至数年
	监控自然衰减	14 万～44 万美元/t	碳氢化合物、氯代烃、硝基芳香烃、重金属、放射性核素等	数年或更长时间
土壤与地下水修复技术	客土法	250 美元/t	污染严重、规模小	小于 3 个月
	钝化	110～2 600 元/t	重金属	一个月左右
	植物吸取	100～400 元/t	大区域农田	3～8 年
	固化/稳定化	500～1 500 元/m³	重金属	3～6 个月
	抽出处理	15～215 美元/m³	污染范围大、渗透性好、污染羽埋藏深	数年到数十年
	原位微生物修复	300～400 元/m³	大区域农田	数十天到两三年
	原位曝气修复		挥发性、半挥发性、可生物降解	4 个月到 4 年（美国 6 个加油站、6 个氯化溶剂场地实例）
	原位化学氧化/还原	150～450 美元/t	重污染、可氧化还原	一年以内
	热脱附	高温 1 000～3 000 元/t 低温小于 1 000 元/t	挥发性的污染物	数月到数年

　　为了实现管控土壤与地下水污染风险的目的，需要协同采取多种风险管控和修复技术。修复技术也可根据修复对象不同进一步划分为农用地土壤污染、建设用地土壤污染和地下水污染修复技术。农用地土壤污染防治主要考虑保障农产品质量安全，以风险管控为主，若对于确实有必要实施修复的地块，可采用客土法、深翻法、重金属原位钝化、植物吸取和微生物修复等技术。建设用地土壤污染的修复包括化学氧化还原、热脱附、固化/稳定化等技术。对于存在地下水污染的地块，需协同考虑土壤和地下水的修复，大部分土壤原位修复技术（如原位化学氧化还原等）可同时去除固液两相中的污染物，因此

也适用于地下水的修复，以达到水土同步修复的效果。

在风险管控、修复完成后，土壤污染责任人应当另行委托有关单位对风险管控或修复效果进行评估，效果评估需根据工程运行状况分析，判断土壤与地下水风险管控和修复的目标是否稳定达到。效果评估修复达标后仍需进行后期监管，主要包括长期监测和制度控制两种方式。

 **思考题**

1. 简述对各类水污染源的控制对策，思考我国水污染防治历程与未来。
2. 简述我国重点流域水污染的防治措施，思考我国城市水环境改善综合途径。
3. 简述大气污染防治的综合措施，思考能源利用与大气污染防治的关系。
4. 思考如何控制我国机动车导致的环境污染。
5. 简述固体废弃物处理与利用的原则，思考如何提高固体废弃物资源化与综合利用效率。

 **参考文献**

［1］李圭白，张杰.水质工程学（上、下）［M］.3 版.北京：中国建筑工业出版社，2021.

［2］郝吉明，马广大，王书肖.大气污染控制工程［M］.4 版.北京：高等教育出版社，2021.

［3］李国学.固体废物处理与资源化［M］.北京：中国环境科学出版社，2005.

［4］洪坚平.土壤污染与防治［M］.北京：中国农业出版社，2019.

［5］孙宁，徐怒潮，李静文，等.2020 年我国土壤修复行业发展概况及"十四五"时期行业发展态势展望［J］.环境工程学报，2021，15（9）：2858-2867.

［6］杨勇，何艳明，栾景丽，等.国际污染场地土壤修复技术综合分析［J］.环境科学与技术，2012，35（10）：92-98.

［7］翟美静，叶雅丽.化工污染场地土壤污染特征及修复方案分析［J］.化工管理，2021，（32）：48-49.

第十二章 清洁生产

【导读】清洁生产是可持续发展的重要支撑，历久弥新，常做常新。本章主要介绍清洁生产的概念内涵、发展历程、实施途径。概念内涵强调了清洁生产的环境战略定位、三个重要性质、三个作用对象、两类目标诉求，并突出在提高总体效率的同时减少对人和环境的风险，体现了人与自然和谐共生的内涵。清洁生产与污染末端治理有本质性区别，清洁生产突出基于全生命周期思想开展产品生态设计，并强调设计是最好的解决之道。但仅靠单一产品的清洁生产并不能解决产业系统的资源环境问题，为此需要运用系统思维，通过多产品多过程集成耦合，构建产业生态系统，实现系统整体的资源能源效率最大化。

第一节 清洁生产的概念及发展历程

一、清洁生产的定义

1996 年，联合国环境规划署将清洁生产定义为：清洁生产是指为提高生态效率和降低人类及环境风险而对生产过程、产品和服务持续实施的一种综合性、预防性的战略措施。

对于生产过程，它意味着要节约原材料和能源，减少使用有毒物料，并在各种废物排出生产过程前，降低其毒性和数量；对于产品，它意味着要从其原料开采到产品废弃后最终处理处置的全部生命周期中，减小对人体健康和环境造成的影响；对于服务，它意味着要在其设计及所提供的服务活动中，融入对环境影响的考虑。

2002 年国家颁布《清洁生产促进法》，借鉴了上述定义，将清洁生产界定为：清洁生产是指不断采取改进设计、使用清洁的能源和原料、采用先进的工艺技术与设备、改善管理、综合利用等措施，从源头削减污染，提高资源利用效率，减少或者避免生产、服务和产品使用过程中污染物的产生和排放，以减轻或者消除对人类健康和环境的危害。该法于2012 年进行了修订，但定义得以完整地保留。

上述定义清晰地表达了清洁生产的环境战略定位，以及三个重要性质、三个作用对象和两类目标诉求（图 12-1），其中在目标中特别强调同时降低对人和环境的风险，这与当前我国绿色发展强调解决好人与自然和谐共生问题的思想一致，暗含将人和自然放在同等重要的位置之意。与以往环境战略不同，清洁生产强调战略措施的预防性、综合性和持续性。

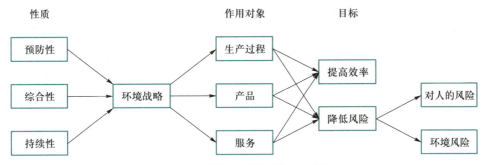

图 12-1　清洁生产概念的基本要素

　　所谓预防性，即污染预防，防胜于治，防先于治。清洁生产强调事前预防，要求以更为积极主动的态度和富有创造性的行动避免或减少废物的产生，而不是等到废物产生以后再采取末端治理措施。后者往往只是污染物的跨介质转移，且带来生产的不经济性。

　　所谓综合性，是指清洁生产以生产活动全部环节为对象，围绕资源投入与产品产出的转换问题，从资源采掘、加工、消费、废弃的全生命周期来寻求改变资源能源利用方式、降低废物或污染产生的机会。清洁生产的实现需要产业体系进行绿色低碳循环的系统性变革，只有采用综合方式，才能有效发挥污染预防的积极作用。

　　所谓持续性，是指清洁生产的实施是一个持续深化的动态过程。企业是实施清洁生产的主体，它总是处在一个优胜劣汰的动态发展环境中，任何污染预防措施即使在当时取得了所期望的效果，也会由于这种动态发展而变得相对落伍。因此，清洁生产是一个持续改进的过程。

　　在作用对象上，清洁生产包含了生产过程、产品和服务三类不同的对象。也就是说，清洁生产既可以作用于农业和工业这样带有明确生产过程的行业，也可以作用于建筑业和服务业这样提供产品或服务的行业，实质上就是所有的生产活动都可以成为清洁生产的实施对象。这表明，清洁生产并不仅仅局限于单纯的生产环节，而是从整体层面将生产过程与产品和服务联系起来，从人类社会生产方式变革的高度来解决发展与环境的冲突问题。

　　在目标诉求上，清洁生产追求环境与经济的"双赢"，既要改善环境表现和降低环境风险，又要提高资源、能源的利用效率，甚至是整个生产系统的生态效率。事实上，我国《清洁生产促进法》第一条就指出，制定此法的目的是促进清洁生产，提高资源利用效率，减少和避免污染物的产生，保护和改善环境，保障人体健康，促进经济与社会可持续发展。

二、清洁生产的内涵

（一）战略层面

　　在战略层面上，清洁生产是与末端治理相对立的环境管理战略。20 世纪 60 年代以来，工业化国家为了缓解生产活动所带来的环境污染问题，先后通过各种方式和手段对生产过程末端的废物进行处理，这就是所谓的末端治理。末端治理很少影响上游核心工艺的变更，已有的治理技术和设备较为成熟，可以减少工业废弃物向环境的排放量，因此在环境保护初期取得了广泛的应用和良好的效果。

　　然而，实践逐步表明末端治理并不是一个真正的解决方案：很多情况下，末端治理需要投入昂贵的设备费用、惊人的维护开支和最终处理费用，末端处理过程本身要消耗资源和能源，并且也会产生二次污染。换句话说，这种措施难以从根本上解决环境污染问题，也不符合可持续发展战略。

　　比较而言，清洁生产同时关注两方面：一方面是资源环境因素，致力于污染减少、改善环境绩效和资源持续利用，以预防性的渗透贯穿到生产活动全过程中的措施，来代替过去那种附加在生产活动之外仅在污染产生后施以治理的末端控制方式；另一方面是经济竞争因素，致力于有效降低生产成本、改善产品或服务质量和提高企业的市场竞争力，从产品和服务生命周期过程来有效降低生产活动对资源环境的压力，改进生产的生态效率，推动产业系统的生态化转型。

专栏 12-1　清洁生产与末端治理的比较

末端治理
- 可以减少工业废物向环境的排放量；
- 很少影响核心工艺变更；
- 得到了广泛应用，渗透到环境管理和政府的政策法规中；
- 需要昂贵的建设投资和惊人的运行费用；
- 末端处理过程中本身需要消耗资源能源；
- 污染在空间和时间上发生转移，会产生二次污染；
- 不能从根本上解决环境污染问题。

清洁生产
- 着眼于污染预防；
- 全面地考虑整个产品生命周期过程对环境的影响；
- 最大限度减少原料和能源消耗，可降低生产和服务的成本；
- 提高资源能源利用效率，使其对环境的污染和危害降到最低
- 促进企业整体素质的提高，增加经济效益、提高竞争力，增加国际市场准入可能性；
- 资源持续利用、减少工业污染以及保护环境的根本措施之一。

来源：钱易.清洁生产与可持续发展［J］.节能与环保，2002，7：10-13.

　　因此，清洁生产能够达到环境效益和经济效益的双赢。更为重要的是，清洁生产有利于构建生态产业体系，促进环境保护与经济发展两者的一体化，从而避免环境保护与经济社会发展的割裂。

（二）实施层面

　　在实施层面，清洁生产作为一种预防性的环境战略，在生产过程的每个阶段都减少污染产生。图 12-2 为废物管理的 4 个层级，包含源头削减、废物循环、废物处理与废物处置，其中源头削减优先级最高，废物循环利用次之，废物处理再次之，废物处置为最后的选择。在上述四个等级中，只有源头削减和废物循环属于清洁生产的范畴。

源头削减可以划分为产品生态设计和生产过程改进两大类。产品生态设计是清洁生产的最佳策略，因为产品的设计一旦定型，其工艺过程、原料、能源消耗、副产品等基本就已确定，因此生态设计的核心是从系统工程和全生命周期视角，全面研究产品不同工艺技术路线，设计相应的资源能源消耗和污染物排放策略，在技术经济性和全生命周期环境影响之间找到平衡点。生产过程改进还可以进一步细分为物料清单优化、工艺技术革新和生产管理改善等，如图 12-3 所示。

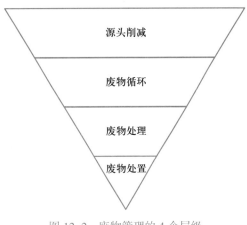

图 12-2　废物管理的 4 个层级

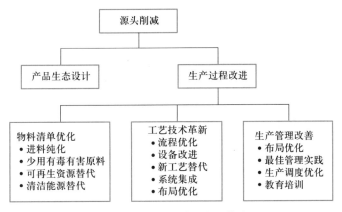

图 12-3　源头削减的主要措施

废物循环划分为企业内循环和企业间循环两大类，每一类可以进一步区分为废物的直接回用或再生回用，如图 12-4 所示。区分企业内与企业间废物循环的主要原因是企业作为一种从事生产和服务活动的经济组织，其废物处理的举措受到法律的约束。美国的污染预防概念中，只强调了企业内的废物循环，而不涵盖企业间的废物循环；而我国为了更为有效地鼓励和推动清洁生产的实施，将企业间的废物循环也纳入清洁生产的概念中。

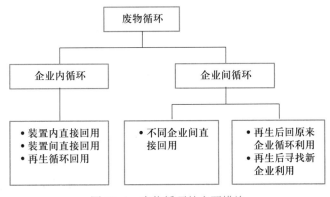

图 12-4　废物循环的主要措施

必须指出，尽管在整体上废物管理模式经历了由末端治理向清洁生产的变迁，但最后两个层级即废物处理和废物处置在很多情况下还是必要的。例如，对于核废料，在现有的技术和经济条件下，最合适的处置方式还是在合适的地方进行封存填埋。当然，也不能因为清洁生产不涵盖废物处理和废物处置两个层级，就以偏概全否定清洁生产存在的意义。

三、世界范围内清洁生产的发展

20 世纪 70 年代，"污染预防""废物最小化""减废技术""源头削减""零排放技术""零废物生产"和"环境友好技术"等一系列强调污染预防的概念相继问世。联合国环境规划署为了在全球范围内推动环境新战略的实施，在上述术语基础上推出了清洁生产的概念。

（一）美国

1974 年，3M 公司发起实施了污染预防计划。该计划成功地显示了污染预防替代末端治理的作用和机会，即通过技术及管理的改进可同时实现两个目标：一是减少污染物向环境的排放，二是降低生产成本。因此，3M 公司的污染预防计划为企业展示了清洁生产的良好前景，在企业环境管理的发展历程中具有里程碑的意义。

在立法方面，美国也逐渐认识到单纯的末端治理方式代价过高。《清洁水法》和《清洁空气法》虽然都取得了成效，但也付出了沉重的经济代价。更为重要的是，末端治理在固体废物特别是工业有毒有害废物的控制方面遇到了很大的困难，这迫使美国寻求新的解决方案。1984 年，美国国会通过《资源保护与回收法——固体及有害废物修正案》。该修正案系统地提出了建立废物最小化的污染预防与控制体系，推动"在各可行的环节将有害废物尽可能地削减和消除"的基本对策及实践。其中，基于污染预防概念的源头削减和废物循环，被认为是废物管理中受到鼓励的两个优先策略。

1990 年 10 月，美国国会通过了《污染预防法》，将污染预防的对象从先前的有毒有害废物拓展到各种废物的产生和排放活动，并用污染预防代替了废物最小化的用语。该法确立了污染预防作为美国的一项国策。美国当时的总统布什针对这一法案专门发表讲话强调："着力于管道末端和烟囱尾部，着力于清除已经造成的污染损害，这样的环境计划已不再适用。我们需要新的政策、新的工艺、新的过程，以便能预防污染或使污染减至最小，亦即在污染发生之前即加以制止。"

（二）欧洲

欧洲是工业革命的发祥地，最先得益于工业革命的成功，但也最先品尝到工业革命的副作用，即环境污染的苦果。

1976 年底，欧洲共同体在巴黎举行了"无废工艺和无废生产国际研讨会"，对协调生产和环境的相互关系问题提出应着眼于消除造成污染的根源，而不仅仅是消除污染引起的后果。1979 年 4 月，欧洲共同体理事会宣布推行无废工艺和无废生产的政策，并于同年 11 月在日内瓦举行的"在环境领域内进行国际合作的全欧高级会议"上通过了《关于少废无废工艺和废料利用的宣言》，指出无废工艺是使社会和自然取得和谐关系的战略方向和主要手段。此后，欧洲共同体陆续召开了一些国家、地区性或国际性的研讨会，并分别于 1984 年、1985 年、1987 年三次由欧共体环境事务委员会拨款推动建立清洁生产示范工程。

20 世纪 90 年代初，欧盟环境政策由"整治型"开始向"预防型"转变。1992 年签署的《马斯特里赫特条约》提出了欧盟"可持续发展"的目标。1997 年修订的《阿姆斯特丹条约》正式将可持续发展作为欧盟的优先目标，并把环境与发展综合决策纳入欧盟的基本立法中，为欧盟环境与发展综合决策的执行奠定了法律基础。

进入 21 世纪后，欧盟颁布了"电子电气设备限制使用某些有害物质指令（RoHS 指令）""报废电子电气设备指令（WEEE 指令）""欧盟用能产品生态设计框架指令（EuP 指令）"和"化学品注册、评估、授权和限制指令（REACH 指令）"等，以政策文件持续推动清洁生产的实施。

在国家层面，荷兰、英国、德国和丹麦等广泛开展了项目示范。例如，在与美国经验交流基础上，1990 年荷兰实施了 PRISMA 计划，开展污染预防项目示范，行业涉及食品加工、金属包装、公众运输、金属构件和化学工业等，并以美国《废物最小化机会评价手册》为蓝本修改编成《PREPARE 防止废物和排放物手册》，广泛传播于欧洲工业界。

同时，这些国家以不同方式将清洁生产纳入国家政策框架中。首先，采取一种综合方式将清洁生产概念分散渗透到相关的政策法规体系中，广泛推进生产生态化转型。其次，以产品生态化调整为政策导向的重点，广泛出台一系列产品导向政策。例如，荷兰发布了"产品与环境"政策，丹麦开展了"工业产品的环境设计"项目等。

（三）联合国环境规划署

在总结发达国家污染预防理论和实践的基础上，1989 年联合国环境规划署提出了清洁生产战略和推广计划。在与联合国工业发展组织（UNIDO）和联合国开发计划署（UNDP）的共同努力下，清洁生产正式登上了国际化的推行道路。

1990 年 9 月，在英国坎特伯雷举办了"首届清洁生产高层研讨会"，推出了清洁生产的早期定义，提出了一系列建议，如支持世界不同地区发起和制定国家层次的清洁生产计划、在发展中国家建立国家的清洁生产中心、与有关国际组织等结成推行网络等。会议确定每两年召开一次国际高层研讨会，定期评估清洁生产的进展、交流经验、发现问题、提出新的任务目标等。

1992 年 6 月，联合国环境与发展大会在巴西召开。作为实施可持续发展战略的先决条件和关键对策措施，清洁生产被正式写入大会的实施可持续发展战略行动纲领《21 世纪议程》中。在联合国的大力推动下，清洁生产迅速为各国企业和政府所认可，进入了一个快速的发展时期。为响应可持续发展战略与实施清洁生产的号召，各种国际组织纷纷投入推行清洁生产的热潮中。联合国工业发展组织和联合国环境规划署率先资助 9 个国家（包括中国）建立了国家清洁生产中心。世界银行等国际金融组织积极资助在发展中国家展开清洁生产的培训和示范工程。

1998 年 9 月，联合国环境规划署在韩国汉城举行了第五届清洁生产高层研讨会，旨在提供关于如何改善其进展监测指标的建议，以及建立更好的清洁生产地区性举措。该次会议最大的贡献是，实施清洁生产承诺与行动的《国际清洁生产宣言》出台。包括中国在内的 13 个国家的部长与其他高级代表、9 位公司领导人共 64 位与会者，首批签署了《国际清洁生产宣言》。为提高公共部门和私有部门中关键决策者对清洁生产战略的理解、树立该战略在全球的形象，并激励对清洁生产更广泛的需求，《国际清洁生产宣言》确定了六大行动，包括：

① 通过各种对利益相关者的影响，促进对清洁生产的决心；

② 大力开展清洁生产的宣传、教育和培训等能力建设；

③ 将预防性战略综合到一个组织的各个活动层面及其管理体系中；

④ 推动以预防为核心的研究与开发的创新；

⑤ 开展清洁生产实践的沟通交流与经验传播；

⑥ 建立清洁生产的技术、资金支持，促进清洁生产的实施及其持续改进。

《国际清洁生产宣言》的产生，标志着清洁生产正在不断获得各国政府和国际工商界的普遍响应。

2000 年 10 月，联合国环境规划署在加拿大蒙特利尔市召开了第六届清洁生产高层研讨会。会议对清洁生产在第一个十年期间取得的重大成就进行了全面、系统的总结，并将清洁生产形象地概括为技术革新的推动者、改善企业管理的催化剂、工业运行模式的革新者、连接工业化和可持续发展的桥梁。会议特别指出：政府应将清洁生产纳入所有公共政策的主体之中，企业应将清洁生产纳入日常经营战略之中，并指明清洁生产是可持续发展战略引导下的一场新的工业革命，是 21 世纪工业生产发展的主要方向。同时，清洁生产不仅要致力于努力转变人类的社会生产方式，同时也要努力转变人类自身的消费模式。不难看到，在全球范围内，清洁生产正在经历一个从萌芽到发起，经传播而推动的渐进过程。但是，正如联合国环境规划署执行主席托普尔先生所指出："对于清洁生产，我们已经在很大程度上达成全球范围内的共识，但距离最终目标仍有很长的路，因此必须做出更多的承诺和努力"。

进入 21 世纪后，随着循环经济、低碳经济和绿色经济的兴起，联合国环境规划署在清洁生产的推行方面表现出若干重要的转向。其一是将清洁生产从生产环节拓展到产品的整个生命周期，即原材料准备、产品生产、产品消费和废物管理；其二是从关注大型企业转变到更加重视中小企业的清洁生产，手段包括提供财政补贴、项目支持、技术服务和信息等措施。为此，联合国环境规划署逐渐淡化清洁生产的提法，代之以可持续生产与消费。

四、我国清洁生产的发展

我国是世界上最早积极响应联合国环境与发展大会可持续发展和清洁生产战略的国家之一。1993 年，国家环保总局与国家经贸委联合召开的第二次全国工业污染防治工作会议，明确提出了工业污染防治必须从单纯的末端治理向生产全过程控制转变，实行清洁生产的要求。这次会议正式确立了清洁生产在我国环境保护事业中的战略地位，推行清洁生产开始成为政府的一项施政任务。

1994 年，我国在世界银行的资助下，开始开展有组织地推行清洁生产工作，我国也正式加入世界范围内的清洁生产行动中。1995 年，国家清洁生产中心成立。1997 年，国家环保总局发布了《关于推行清洁生产的若干意见》，同年中国环境与发展国际合作委员会成立了清洁生产工作组，开辟了清洁生产高层决策的渠道。1999 年 5 月，国家经贸委下达了《关于实施清洁生产示范试点计划的通知》。清洁生产由企业层次的试点转向区域和行业层次的试点，政府的工作重点由政策研究转向政策制定。

2002 年 6 月，我国《清洁生产促进法》正式颁布，它以法律形式系统地体现了我国推行清洁生产的基本政策、核心内容及其促进实践。以《清洁生产促进法》为起点，我国清洁生产步入规范化、法治化的道路。

2006 年，我国发布了《工业清洁生产评价指标体系编制通则》，编制了 30 多项重点行业清洁生产指标体系。2008 年，发布了《清洁生产标准制订技术导则》，编制了 58 项行业清洁生产技术标准，用于清洁生产审核、清洁生产潜力和绩效评估。其后，为统一规范、强化指导清洁生产指标体系编制工作，我国又发布了《清洁生产评价指标体系编制通则》，并先后发布了近百项行业清洁生产评价指标体系。我国也成为第一个初步建立起清洁生产标准体系的国家。

2012 年，我国修订了《清洁生产促进法》，细化了清洁生产审核的要求和各管理部门的职责，将超耗能企业也纳入强制性清洁生产审核范围，为后来的能源双控（控制能源消费总量和消费强度）和碳达峰碳中和奠定了基础。其后，我国又陆续发布了清洁生产规划和清洁生产推行方案等，并将其纳入《关于加快建立健全绿色低碳循环发展经济体系的指导意见》《关于完整准确全面贯彻新发展理念做好碳达峰碳中和工作的意见》等重要文件。可以看出，清洁生产正以多样性和内涵拓展的方式深化发展。主要表现在以下几个方面。

（1）将清洁生产结合到产业和环境保护的主流活动过程中：如结合产业结构调整，淘汰落后的生产能力、工艺、产品，关停能耗物耗高、污染严重的"十五小"企业活动；支持国家在重点区域实施的环境保护行动，如在淮河流域开展的污染排放总量控制行动计划；支撑国家绿色低碳循环发展，以及碳达峰碳中和战略等。这种渗透、融合突出反映了清洁生产实施的深化发展。

（2）推动各种清洁生产的管理政策和工具的建立实施：包括制定清洁生产审核管理办法与清洁生产技术标准，结合 ISO14000 标准实施环境管理体系（EMS）或健康安全环境体系（HSE）、建立推行环境标志制度等。一系列环境管理政策的实施，正从企业组织管理和产品系统等方面有力地促进着清洁生产的展开。

（3）清洁生产向着绿色低碳循环发展拓展延伸：伴随着循环经济、低碳经济和绿色经济的发展，清洁生产逐渐拓展到生态工业园区、循环化园区、绿色园区、循环经济试点城市、生态文明示范区、碳达峰试点园区和城市建设中。清洁生产实践已经超越单一生产过程，向着多过程、多产业、多区域发展，成为绿色低碳循环发展的基础和有机组成。

第二节　生产过程的清洁生产

一、生产过程的环境影响

一般情况下，生产过程在产出产品或提供服务的同时，都会或多或少造成环境影响。这些环境影响主要包括以下三大类，如图 12-5 所示。

第一类是原材料和能量使用所造成的环境影响，主要是可再生资源和不可再生资源的消耗。

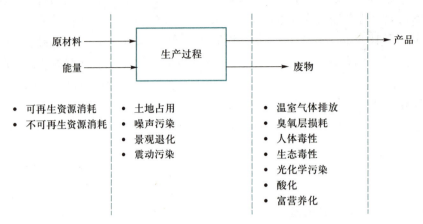

图 12-5   生产过程的环境影响示意图

第二类是生产过程本身所造成的环境影响，主要有噪声污染、震动污染、土地占用和景观退化等。

第三类是由产生废物所引起的直接或间接的环境影响，主要有温室气体排放、臭氧层损耗、光化学污染、酸化、富营养化、人体毒性和生态毒性等。

这些影响的作用尺度有所不同，有些是全球性的，如温室气体排放、臭氧层损耗和资源消耗等；有些是区域性的，如光化学氧化物形成、酸化和富营养化等；有些是局地性的，如噪声、震动、土地占用等。

二、清洁生产实施途径

对生产过程来说，清洁生产意味着节约能源和原材料，淘汰有害的原材料，减少和降低所有废物的数量和毒性。一般而言，生产过程清洁生产的实施途径包括：产品生态设计、原材料替代、工艺改进、管理改善和废物循环利用等方面（图 12-6）。如前所述，产品生态设计对整个生产系统具有根本性的影响，将在后续章节重点讨论，下面对其他几个方面进行阐述。

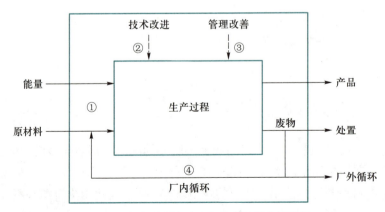

图 12-6   生产过程清洁生产的内涵及实施途径

1. 原材料（包括能源）有效利用和替代

原材料是工艺方案的出发点，它的合理选择是有效利用资源、减少废物产生的关键因素。从原材料使用环节实施清洁生产的内容可包括：以无毒、无害或少害原料替代有毒有害原料，改变原料配比或降低其使用量，保证或提高原料的质量、进行原料的加工以减少对产品的无用成分；采用二次资源或废物作原料，替代稀有短缺资源的使用等。

2. 改革工艺和设备

工艺是从原材料到产品实现物质转化的流程载体，设备是工艺流程的硬件单元。通过改革工艺与设备实施清洁生产的主要途径包括：利用最新科技成果，开发新工艺、新设备，如采用无氰电镀或金属热处理工艺、逆流漂洗技术等；简化流程、减少工序和所用设备；使工艺过程易于连续操作，减少开车、停车次数，保持生产过程的稳定性；提高单套设备的生产能力，装置大型化，强化生产过程；优化工艺条件，如温度、流量、压力、停留时间、搅拌强度、必要的预处理、工序的顺序等。

3. 改进运行操作管理

除了技术、设备等物化因素外，生产活动离不开人的因素，这主要体现在运行操作和管理上。很多工业生产产生的废物污染，相当程度上是由于生产过程中管理不善造成的。实践证明，规范操作强化管理，往往可以通过较小的费用而提高资源／能源利用效率，削减相当比例的污染。因此，优化改进操作、加强管理经常是清洁生产审核中最优先考虑，也是最容易实施的清洁生产手段，具体措施包括：合理安排生产计划，改进物料储存方法，加强物料管理，消除物料的跑冒滴漏，保证设备完好等。

4. 生产系统内部循环利用

生产系统内部循环利用是指一个企业生产过程中的废物循环回用。一般物料再循环是生产过程流程中常见的原则。物料的循环再利用的基本特征是不改变主体流程，仅将主体流程中的废物加以收集处理并再利用。这方面的内容通常包括将废物、废热回收作为能量利用；将流失的原料、产品回收，返回主体流程之中使用；将回收的废物分解处理成原料或原料组分，复用于生产流程中；组织闭路用水循环或一水多用等。

三、清洁生产审核

清洁生产审核，又称清洁生产审计或评价，是指对特定生产过程进行分析评价、识别清洁生产机会、形成清洁生产方案并组织实施的系统化活动程序或方法，是企业实施清洁生产的基础。

清洁生产审核是在清洁生产实践过程中逐渐发展起来的一个行之有效的组织清洁生产的方法工具。一般情况下，清洁生产审核首先对所要审核的生产过程进行系统的调查和分析，掌握该过程所产生的废物种类、数量及其来源；然后，提出如何减少能源、水和原材料的使用，消除或减少有毒有害物质的使用，以及各种废物排放的方案；最后，在对备选方案进行技术、经济和环境的可行性分析后，选定并实施一些可行的清洁生产方案，进而取得环境效益与经济效益双赢的效果。概而言之，清洁生产审核遵循了发现问题、分析原因和提出方案的一般性解决问题思路，并围绕这一思路形成一套系统化和综合性的规程方法，对生产或服务过程进行废物产生位置的判定、废物产生原因的剖析及削减废物方案的确定。

借鉴国外清洁生产审核方法的经验，结合我国清洁生产审核的实践，我国建立了一套包含筹划与组织、预评估、评估、备选方案产生与筛选、方案可行性分析、方案实施，以及持续清洁生产共 7 个环节的清洁生产审核方法，其基本框架如图 12-7 所示。

图 12-7 企业清洁生产审核基本框架

（引自：国家发展和改革委员会环境和资源综合利用司，编译.清洁生产培训教程［M］.北京：学苑出版社，2005.）

1. 审核准备

该环节要点是实施清洁生产审核的宣传培训、建立审核工作小组和制订审核工作计划等工作。取得企业高层领导的支持和积极参与是清洁生产审核准备阶段的关键。审核过程需要领导的认可承诺与发动，需要组织各个职能部门和全体员工积极投入，需要各部门之间的协调配合，需要投入相应的物力和财力等。因而，高层领导对审核工作的大力支持，既是顺利实施审核工作的保证，也是使审核提出的清洁生产方案切实实施、取得成效的关键。从实际来看，越是领导支持的企业，审核工作的进展越是顺利，审核成果也越是明显。

2. 预审核

清洁生产是一个持续滚动的工作，需要长期与近期结合，突出重点。怎样从企业整个生产过程中确定审核的重点，是预审核阶段的主要工作内容。通常，这需要在全厂范围内进行调研和考察，完成企业生产过程的总体评价，初步识别生产系统内各个过程单元中资源、能源消耗高，废物产生排放大等特征的产生部位和产生数量，找出进一步深入进行审核的重点。对于那些明显改进生产过程的无费、低费清洁生产方案，一旦可行和有效就应立即实施；属于管理问题的，应建立相应的管理制度和监管系统。

3. 审核

该阶段的要点是对审核重点，通过物料平衡分析工作，识别清洁生产的机会。针对审核重点进行物料平衡分析，主要包括物料输入输出的实测、建立物料平衡。物料输入输出实测和平衡的目的是准确判明物料流失和污染物产生的部位和数量（预审核阶段更多的是经验和观察的结果）。根据物料平衡，分析存在的能源物料消耗、资源转化、废物产生排放的问题和产生的原因，包括原材料的存储、运行与管理等多方面的问题。集思广益，识别清洁生产的机会。

4. 清洁生产方案的产生与筛选

对审核等有关阶段获得的结果，主要是各种可能的清洁生产机会，进行提炼、综合，形成清洁生产方案，并进行初步筛选，包括无费、低费和中高费方案。方案的产生是审核过程的一个关键环节。在审核重点基础上产生的清洁生产方案，特别要注意在整个生产过程系统层面上的分析综合。

5. 清洁生产方案的确定

对筛选出的预选方案，特别是中高费用清洁生产方案进行可行性评估。在结合市场调查和收集与方案相关的资料基础上，对方案进行技术、环境、经济等可行性分析和比较，通过各投资方案的技术工艺、设备、运行、资源利用率、环境健康、投资回收期、内部收益率等分析指标，确定最佳可行的推荐方案。

6. 清洁生产方案计划与清洁生产审核报告编写

编制清洁生产方案实施计划（包括管理方案），组织实施。编写清洁生产审核报告，一般包括企业基本情况、清洁生产审核过程和结果、清洁生产方案综合效益预测分析、清洁生产方案实施计划等。

7. 持续清洁生产

在清洁生产方案实施计划取得成效的基础上，开展下一轮的审核，持续地推行清洁生产。

第三节 产品生命周期分析与生态设计

一、产品的环境影响

产品由一定生产过程加工而得，并可进入社会经济系统供消费使用。它既可以是有形的实物形态，如汽车、计算机、药品和服装等；也可以是无形的东西，如通信、旅游、金融、教育、娱乐等，后者也就是常说的"服务"。

　　产品从工厂的"大门"走出后就进入社会经济系统，成为各种消费服务的物质载体。产品的使用及用后废弃过程都会对环境带来影响。例如，电冰箱在使用过程中用电制冷，而电力的消耗会间接带来温室气体排放和二氧化硫排放。电冰箱在用后废弃的过程中，塑料、电子元器件、制冷剂等回收处理不当都可能带来环境问题。也就是说，产品对于生态环境的影响，不仅会产生于制造加工环节，也存在于产品的消费使用和用后废弃处理环节，如图 12-8 所示。因此，仅仅注意生产过程的环境影响是不够的，还需要关注产品在流通、消费及其用后废物的处理处置等环节。

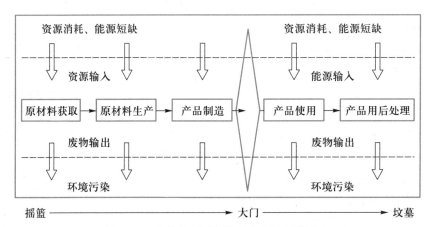

图 12-8　产品在不同阶段所产生的环境影响

（引自：张天柱，石磊，贾小平.清洁生产导论［M］.北京：高等教育出版社，2006.）

　　在实际生产过程中，除产出产品外，还有一部分资源由于各种原因而未加利用或未尽利用，这部分资源就变成副产物或废物。从社会属性看，由于经济主体的竞争行为和市场变化的动态性，废物的产生和存在是难以避免的；从自然属性看，"天生万物必有用"，物质并不存在贵贱高低之分。俄国化学家门捷列夫曾经指出：对化学来说，无废物可言，有的只是未经利用的原料。从自然界生态系统物质循环过程来看，废物、原料及产品只不过在生产、消费过程中所处的地位不同而已，有的只是前一轮和后一轮的区别。只要技术条件、市场需求甚至相对规模发生了变化，废物可以转化为可利用的工业原料或者有价值的产品。例如，电厂的粉煤灰已大量用于水泥添加料，甚至可以用于生产更高附加值的漂珠；再如碱厂碱渣可以作为土壤改良剂等。因此，产品和废物的概念是相对的，在某些情况下可以相互转化，一个过程的副产物或废弃物经过必要的处理后可能成为另一个过程的原料；二者都具有社会和自然的双重属性。

　　综上所述，产品是联结生产过程和消费过程的中间桥梁，既是生产过程的产物，也是提供各种消费服务的载体。同时，产品也是社会经济系统与自然环境系统进行交互的中间桥梁。产品在原料提取、制造、包装、运输、销售、使用到报废处理的整个产品生命周期过程中，都是与资源、环境紧密联系的。因此，产品清洁生产是整个清洁生产概念不可或缺的组成部分，正如产品清洁生产的定义所述，"对于产品，它意味着要从其原料开采到产品废弃后最终处理处置的全部生命周期中，减小对人体健康和环境造成的影响"。

二、生命周期评价

产品在整个生命周期，即从原料开采和加工、产品制造、运输、销售、使用，以及用后废弃、处理、处置全过程，都会对环境产生影响，如何评价这些环境影响就需要系统化的方法和工具。生命周期评价（life cycle assessment，LCA）就是这样的一种方法和工具，它运用系统的观点，针对产品系统，就其整个生命周期中各个阶段的环境影响进行跟踪、识别、定量分析与定性评价，从而获得产品相关信息的总体情况，为产品环境性能的改进提供完整、准确的信息。国际标准化组织给 LCA 做了一个简洁的定义：生命周期评价是对一个产品系统的生命周期中的输入、输出及潜在环境影响进行的综合评价。

生命周期评价最早起源于 20 世纪 60 年代末美国对可口可乐包装品等开展的一系列分析评价。1990 年，国际环境毒理学与化学学会（SETAC）开始定义生命周期评价的概念和方法。1993 年，SETAC 出版了《LCA 纲要：实用指南》，为生命周期评价方法提供了一个基本技术框架。

1997 年，国际标准化组织发布了第一个生命周期评价的国际标准 ISO14040《生命周期评价——原则与框架》，旨在将产品的环境影响也纳入环境管理之中，强调以预防为主，可在产品最初的设计阶段中比较、评价其产品或活动的环境特性，为决策提供支持。此后，先后发布了 ISO14041、ISO14042、ISO14043 等系列标准。

（一）生命周期评价的基本框架

ISO14040 将生命周期评价分为互相联系的、不断重复进行的四个步骤：目的定义与确定范围、清单分析、影响评价和影响解释，如图 12-9 所示。

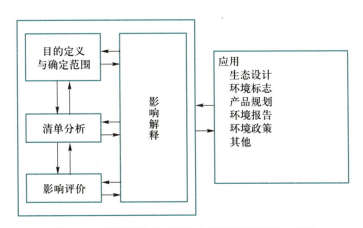

图 12-9　国际标准化组织的生命周期评价基本框架

1. 目标定义和范围界定

对产品分析和评价研究的目标定义与范围界定是生命周期评价的第一步，它对确定产品生命周期的各个阶段分析评价工作具有直接作用。其重要性在于它决定了为何要进行某项生命周期评价，并表述所要研究的系统和数据类型、研究目的、范围和应用意图，以及涉及研究的地域广度、时间跨度和所需数据的质量等因素。

目标定义是指要确定开展此项研究的原因、预期的应用，以及服务对象。一般来讲，生命周期评价目的是多方面的，如确定单一产品的环境影响、向消费者描述环境标志产品应有的性能、用于产品的设计开发、进行产品体系的全面评价和环境标志认证、用于有关产品的法规制定等。

2. 清单分析

清单分析就是依据确定的研究目的，建立产品系统的输入输出清单的过程，是进行产品生命周期评价工作的基础。在所确定的产品系统内，对产品、工艺或活动在其整个生命周期阶段消耗的原材料（自然资源）、能源及向环境的排放（包括废气、废水、固体废物及其他环境释放物），根据物质平衡和能量流动进行调查、获取数据，并对数据进行量化分析，这个过程就是清单分析。

在清单分析中，所有产品都需要作为一个系统来描述，这个系统就是产品生产周期系统。产品生命周期所有过程都落入系统的边界内，边界外称为系统环境。如图 12-10 所示，系统边界一旦确定，也就决定了生命周期评价中要考虑的单元过程、工艺过程、系统的输入和输出等。

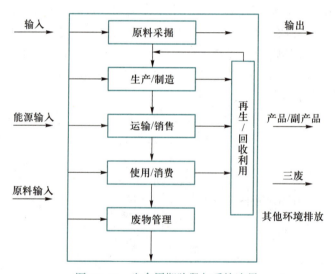

图 12-10　生命周期阶段与系统边界

清单分析的核心是建立以产品功能单位表达的产品系统的输入和输出。一个完整的清单分析能为所有与系统相关的投入和产出提供一个总的概括。通过对产品生命周期每一过程负荷的种类和大小进行汇总，从而可对产品或服务的整个周期系统内资源、能源的投入和废物的排放进行定量的描述。

3. 影响评价

影响评价是对清单分析阶段所识别的环境影响进行定量或定性的表征评价，即确定产品系统的物质、能量交换对其外部环境的影响，这些影响包括对生态系统的危害、对人体健康的损伤，以及其他方面的不利作用。

产品生命周期过程产生的环境影响可能种类繁多，而且也不可能样样重要。因此，在进行环境影响评价之前，首先必须确认要纳入评价的环境影响类别。影响类别是指用来描述上述输出可能导致的环境影响的种类，如气候变化、酸雨、臭氧层破坏等。影响类别的确定和划分与环境保护目标有密切关系。从保护目标出发可以分为资源消耗、人体健康损伤及生态系统危害等。而从发生作用的空间尺度看，有全球性影响、区域性影响和局地性影响。

4. 解释阶段

解释阶段就是对清单分析和影响评价的结果进行综合，以系统的方式分析结果、解释局限性、形成结论，以得到与定义目的和范围相符的认识结果，提出建议并报告生命周期解释的结果，尽可能提供对生命周期评价或影响评价研究结果的易于理解的、完整的和一致的说明。

这个阶段一般主要是根据清单分析过程中获得的有关产品的各类数据及影响评价中所获得的信息，系统地评价产品、工艺和活动整个生命周期内的削减能源消耗、原材料使用，以及环境排放的需求与机会，识别产品的薄弱环节，有目的、有重点地改进创新，为设计和生产更好的清洁产品提供依据和改进措施。同时，也可根据这些信息制定关于该类产品的评价标准，为以后的评价工作提供一个可靠的基准。

生命周期解释具有系统性、重复性的特点。根据 ISO14043 的要求，生命周期解释阶段包括三个要素，即识别、评估和报告。识别主要是基于清单分析和影响评价阶段的结果识别重大问题；评估主要是对整个生命周期评价过程中的完整性、敏感性和一致性进行检查；报告主要是形成结论，提出建议，以满足研究目的和范围中所规定的应用要求。

（二）生命周期评价在清洁生产中的应用

作为一种有效的环境管理和清洁生产工具，生命周期评价在清洁生产审核、产品生态设计、废物管理、生态工业等方面发挥着重要的作用，主要表现以下五个方面。

1. 清洁生产审核

清洁生产审核是对生产过程和服务实行预防污染的分析和评估，其审核的具体对象是生产的产品和生产过程。生命周期评价作为一种环境评价工具用于清洁生产审核，可以更全面地分析企业生产过程及其上游（原料供给方）和下游（产品及废物的接受方）产品全过程的资源消耗和环境状况，识别产品生命周期各个阶段的环境问题，提出解决方案。

2. 产品和工艺的清洁生产技术规范制定

借助生命周期评价可以阐明在产品的整个生命周期中各个阶段对环境造成影响的性质和程度，从而发现和确定预防污染的机会。通过它可支持产业、政府或者科研机构制定有关如何改变产品或设计替代产品方面的环境决策，即由更清洁的工艺制造更清洁的产品。作为对产品和工艺过程进行清洁生产的系统分析工作，生命周期评价可以作为最有效的支持技术之一。

3. 清洁产品设计和再设计

清洁产品设计，即生态设计，是生命周期评价最重要的应用之一。它在产品开发和革新中，充分考虑产品整个生命周期的环境因素，从真正的源头预防污染物的产生。它还可以为环境报告、环境标志等提供支持。

4. 废物回收和再循环管理

在生命周期评价基础上，给出废物处置的最佳方案，制定废物管理的政策措施。如在包装政策制定方面，许多国家采用生命周期评价，研究牛奶包装、啤酒瓶和啤酒罐等酒类包装、塑料包装等包装材料的环境影响，帮助制定相关政策。

5. 区域清洁生产的实现——生态工业园的系统分析和入园项目的筛选

生态工业园的一个主要特征是：园区中各组成单元间相互利用废物作为生产原料，最终实现园区内资源利用最大化和环境污染的最小化。生命周期评价考虑的是产品生命周期全过程，即不仅考虑产品的生产过程，而且考虑原材料获取和产品（以及副产品、废物）的处置，将两者结合起来考察其资源利用和污染物排放及其环境影响，因此可以帮助进行生态工业园区的现状分析、园区设计和入园项目的筛选。

三、产品生态设计

基于对产品生命周期评价的认识，促使人们在产品的设计、开发和制造阶段就考虑环境性能的改善，以期制造出环境友好的清洁产品。所谓生态设计，是指在产品开发和设计阶段就综合考虑与产品相关的生态环境问题和预防污染的措施，将保护环境、人类健康和安全等性能作为产品设计的目标和出发点，力求使产品对环境的影响最小。

（一）产品生态设计准则及分类

传统的产品设计主要是通过采用合理的技术，使企业在最低成本的基础上获得高质量的产品。这里的"成本"通常只包括生产产品的经济成本。不同于传统设计，产品生态设计在产品整个生命周期内，着重考虑产品的环境属性（自然资源的利用、环境影响及可拆卸性、可回收性、可重复利用性等），并将其作为设计目标，在满足环境目标要求的同时，并行地考虑并保证产品应有的基本功能、使用寿命、经济性和质量等。

生态设计将环境保护和循环利用的考虑融入产品设计之中，所采取的途径包括：① 将减少生产过程中的废物产生和排放作为目标来设计产品的生产程序；② 使用危害性较小的替代原料；③ 合理设计产品使其易于循环利用或者更容易分解，以便于产品的重新利用或循环使用；④ 合理进行产品设计或生产工序设计，以减少产品的生产或使用所消耗的能源；⑤ 合理设计产品以延长产品的使用寿命；⑥ 合理设计产品，使产品处置过程中产生的污染最少，处置成本最低。

针对不同的设计准则，生态设计可以细分为不同的设计方法。例如，为环境而设计（DfE），为拆卸而设计（DfD），为循环而设计（DfR）等，见表12-1。所有这些统称为"为 X 而设计（DfX）"，其中的 X 是指所选择的设计准则或目标。

以 "为循环而设计（DfR）"为例说明生态设计所要考虑的具体准则。DfR 的目标就是使产品的重复使用和再生利用变得可行。在 DfR 中，产品被设计成为便于拆卸的形式，同时还预先考虑到其组成部件的循环利用和重复使用可能性。为了实现重复使用或循环利用，必须考虑许多因素，如设计成易于拆卸的形式、接口的简化和标准化、零部件标准化、选择使用易于循环利用的材料、尽量减少使用的材料量、使用兼容材料、对材料和组件进行标记以便于分离、使用无毒无害原材料等。

表 12-1　为 X 而设计

设计目标	缩写	描　述
环境	DfE	通过合理设计减少对人类健康和环境的不良影响
拆卸	DfD	设计的产品要在产品的使用寿命终结后方便拆卸和利于部件或材料的重复使用和循环利用
循环	DfR	产品的设计要利于产品的循环利用
服务	DfS	设计的产品要易于安装、服务或维修
遵守法规	DfC	设计的产品应满足各种法规的要求

此外，在产品设计时选择合理的材料可以大大地方便材料的重新使用和循环利用。选择材料的原则应当是：① 在保持产品品质的同时使材料对环境的影响最小、材料的使用量最小；② 选择容易进行循环利用的材料，在很多情况下，对设计进行改进可以减少产品使用的材料量，并促进循环利用。材料的环境影响、毒性及产品使用后进行处置等问题都需要仔细考虑，设计者应尽可能选择储量丰富、无毒的天然材料。如果有适合的再生材料可以利用，则应选择再生材料。根据各种不同的材料对于人类健康影响和环境影响的情况，可以选择利用对环境更为有益的原材料和生产过程。

（二）产品生态设计策略

联合国环境规划署出版的《生态设计：可持续生产和消费的希望之路》为产品生态设计提供了较为详细的实施步骤和方法。图 12-11 列举了与产品生命周期各个阶段相关的不同类型的设计策略，并列举了预防各阶段出现环境问题的设计目标。

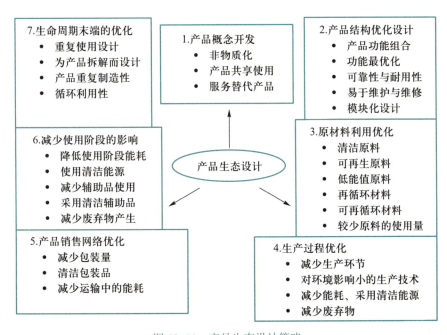

图 12-11　产品生态设计策略

从环境的角度考虑，产品生态设计的目标是要寻找到更为合理的、更具建设性的方案来长期地、持续地减少环境影响。其中，产品的概念开发与优化设计是生态设计的最初环节，也是污染预防机会最多的环节。在此环节中，所需要的生态设计策略主要包括以下内容：

1. 非物质化

地球资源的有限性，要求减少原材料的使用，这就需要在产品生产过程中尽量采用非物质化（或减物质化，亦称低物质化）的策略。即通过非物质产品（如信息）或服务替代有形的产品，从而减少生产商对有形产品的生产和使用，同时也减少消费者对有形产品的依赖。主要包括：产品体积小型化、产品重量最轻化、非物质产品替代物质产品，比如用电子邮件替代普通邮件，减少对物质使用，减少基础设施的利用，如采用通信流替代物质流、交通流等。

2. 产品共享使用

人们的需求是通过产品的使用来实现的，但对于部分产品来讲，人们往往是在特定的时间段内使用，在其他时间段内这种产品往往处于闲置状态，造成资源的浪费。产品生态设计鼓励生产出可以被多个客户共享的产品，从而提高产品的利用率，减少对资源的使用，提高整个社会的生态效率。

当多人共享使用某一产品时，可以使产品的使用效率大大提高。现实生活中可以共享使用的产品很多，如自行车、复印机、洗衣机、建筑机械及很多电子电气产品等。因此，一方面可考虑开发新的适用于共享的产品；另一方面可提高现有共享产品的共享率。产品共享的效益在于可以提高产品的使用效率，降低原材料和能源的消耗，降低产品的运输成本。产品共享也迫使产品制造商跟踪和服务其产品的使用和用后处理，制造商也可从产品的后期服务中获取利润。

3. 服务替代产品

人类其实并不真正需要物理的产品，而是需要产品所提供的功能（服务）。当一个企业更多地考虑为消费者提供与产品相关的服务时，同样可以从出售这种服务中获取商业利益，有时可能获利更高。企业提供服务，意味着企业承担了该产品整个生命周期内的维护、维修、处置及再循环等责任。消费者依据所接受的单位服务进行支付。企业提供服务就需要深入研究消费者的需求，而且企业需要对产品的开发与生产进行重大改变，从传统的销售产品型向服务型转变，这实际上也大大加强了企业与消费者的沟通与交流。

4. 产品功能集成与模块化设计

如果能够把需要由多个不同产品实现的功能由一个产品来实现，无疑可以节约大量的原材料和空间，减少资源和能源的浪费，提高整个社会的生态效率，如智能手机就是产品功能的高度集成。

同时，当从总体上考虑一个产品的主要功能和辅助功能时，产品的某些组件可能是多余的。生态设计应当实现产品功能的最优化，识别出更能减少资源使用和减少污染的机会。例如，许多消费品往往过度包装以示其价值，但更为聪明的设计也能达到这个目标。

模块化的产品设计方法可以最大限度地提高产品的可更新性，以满足不断变化的用户需求。同时，模块化设计也使得新技术能与已有落后产品迅速结合，使得在产品生命周期内对部件进行升级，以满足用户对新产品的需求。具体的策略有：可以为产品预留升级空间，如计算机内存模块的升级；更新已过时或破损的部件，如家具采用可替换的表层，使得家具常换常新；将易损件整合为一个完整的模块，进行一次替换等。

5. 提高产品的可靠性和耐用性

可靠性是产品质量的一个主要方面。不可靠的产品，即使耐用，通常也很快就会被淘汰。可靠性应该在产品设计中就加以考虑，而不是在以后的检查中发现。在产品制造出来之后再筛选不可靠产品或者部件是一种浪费，因为这种产品或者部件必须要修理或废弃。

有些设计方案可以使产品不使用附加资源且更加耐用。然而，在某些情况下，增强耐用性需要增加资源的使用。这种情况下，需要在延长产品寿命的效益和增加资源的利用之间做出选择。

6. 使产品易于维护和维修

产品生态设计应保证产品易于清洁、维护和维修，以延长产品的使用寿命。维护和维修包括用户和制造商两个方面。对用户来讲，厂家应为用户提供通常简单维护和维修的文字指导，使用户能及时进行维护或维修，以避免或减少维护或维修的运输成本和其他成本。针对厂商的维修系统，在产品设计中需要考虑的是产品的易运输性、维护和维修的技能及有关工具的开发、产品拆解的难易程度、可否进行模块化维修。

第四节　从清洁生产到产业生态系统

实施清洁生产能显著提升产品的资源能源效率，但在实践中某些产品的生产效率往往面临着一定的瓶颈。以有机类化工产品生产为例，通过开发应用绿色化学化工技术为核心的清洁生产技术，主要反应原料的效率可以接近理论量，但这个过程中使用的酸、碱无机类辅料、溶剂等有机辅料并不进入产品，其处理面临越来越高昂的成本，往往难以通过单一产品系统的优化实现全量原料的利用。为解决这个问题，需要运用系统思维，扩展系统边界，通过多产品多过程集成耦合，构建一个产业生态系统，实现系统整体的资源能源效率最大化。

从清洁生产到产业生态系统，体现了系统工程的思想，以产业系统整体为目标进行不断演进发展，它不仅取决于每一单个生产系统本身的转变，即单个组织层面上的清洁生产实施及其持续改进，而且还需要在此基础上，推动多产品多过程多企业进行系统化的再组织，特别是对其功能、结构进行的系统性转变。当前推动的生命周期管理、绿色供应链管理及工业生态学等，对从产品和生产系统上促进产业系统的整体效率提升，即生态化发展，具有重要的支持作用。

一、产业生态系统概念的提出

人类的生产都是社会的生产。在现代化大生产的条件下，不仅是一个企业需要与另一个企业相互联系结合，也不仅是一个生产行业或部门需要与另一个生产行业或部门相互联系结合，而是在全社会的范围内，参与生产的企业、部门都要相互联系、结合起来。这种联系结合的范围和程度比历史上任何发展阶段都更为广泛与深刻。

在国民经济体系中，这种相互关联结合起来的所有生产系统，就构成了社会总的生产系统，又可称为产业系统或产业体系。在这里，一个组织的生产系统只是社会大生产条件下产业系统中不可分割的基本单位。从人类社会与自然及其关系的根本含义来讲，产业系统代表着人类社会为满足其自身需要而进行的利用自然、改造自然的全部经济活动。它既是支持人类社会经济系统发展的基础与核心，也是人类对生态环境大系统施加种种压力的最重要的来源。

1989 年 Robert Frosh 和 Nicholas Gallopoulos 在《科学美国人》发表的《制造业的战略》一文中提出工业生态系统的理念，即"在传统的工业体系中，每一道制造工序都独立于其他工序，消耗原料，产出将销售的产品和将堆积起来的废料；完全可以运用一种更为一体化的生产方式来代替这种过于简单化的传统生产方式，那就是工业生态系统（industrial ecosystem）。""industry"在中文语境中有两种翻译，工业和产业，对其内涵与区别可参考《国民经济行业分类》（GB/T 4754–2017）（表 12–2）。

表 12–2　从《国民经济行业分类》（GB/T 4754–2017）认识工业和产业

代码				类别名称	说明
门类 20	大类 97	中类 473	小类 1 380		
A	01 ~ 05	011 ~ 019	0111…	农、林、牧、渔业　→　基本全为第一产业	
B	06 ~ 12			采矿业	基本全为工业
C	13 ~ 43			制造业	基本全为第二产业
D	44 ~ 46			电力、热力、燃气及水生产和供应业	
E	47 ~ 50			建筑业	
F	51, 52			批发和零售业	第三产业（即服务业）
G	53 ~ 60			交通运输、仓储和邮政业	
H	61, 62			住宿和餐饮业	
I	63 ~ 65			信息传输、软件和信息技术服务业	
J	66 ~ 69			金融业	
K	70			房地产业	
L	71, 72			租赁和商务服务业	
M	73 ~ 75			科学研究和技术服务业	
N	76 ~ 79			水利、环境和公共设施管理业	
O	80 ~ 82			居民服务、修理和其他服务业	
P	83			教育业	
Q	84, 85			卫生和社会工作	
R	86 ~ 90			文化、体育和娱乐业	
S	91 ~ 96			公共管理、社会保障和社会组织	
T	97			国际组织	

根据产业生态系统的概念，产业系统可以像一个生态系统那样进行物质的循环运行（"道法自然"，又称产业生态化）：植物吸取养分，合成枝叶，供食草动物享用，食草动物本身又为食肉动物所捕食，而它们的排泄物和尸体又成为其他生物的食物。

从模拟生态系统运行方式的角度来看，产业生态系统是指产业依据自然生态的有机循环原理建立发展模式，将不同的工业企业、不同类别的产业之间形成类似自然生态链的关系，从而达到充分利用资源、减少废物产生、物质循环利用、消除环境破坏、提高经济发展规模和质量的目的。产业生态系统强调了产业生态化的目标，即资源的循环利用、减少对环境的破坏、提高经济发展的规模和质量。

（一）生态农业系统

事实上，在产业生态系统的思想提出前，实践中已形成大量的例子。我国许多地方传统农业发展中形成了丰富的实践创新，如禾本科与豆科作物间的套作和轮作方式；珠江三角洲地区桑基鱼塘种养结合与有机肥制作形成的循环体系；浙江青田稻田养鱼、贵州稻鱼鸭模式；云南梯田既从景观上平衡森林蓄水供水与梯田需水关系，又从营养物质平衡角度建立了种养结合养分循环利用体系，还通过农田养鱼养虾及多样化种植保持了物种多样性；北方的"大棚—沼气—养猪—蔬菜"生态农业模式，南方的"猪—沼—果"生态农业模式等。我国南方农村地区多见的桑基鱼塘就是典型的水陆交换共生系统。桑树通过光合作用生成有机物质桑叶，桑叶喂蚕，生产蚕茧和蚕丝。桑树的凋落物、桑葚和蚕沙撒入鱼塘中，经过池塘内另一食物链过程，转化为鱼类等水生生物，鱼类等的排泄物及其他未被利用的有机物和底泥，其中一部分经过底栖生物的消化、分解，取出后可作混合肥料，返回桑基，培育桑树。人们可以从该体系中获得蚕丝及其制成品、食品、鱼类等水生生物，以及沼气等综合效益，在经济上和保护农业生态环境上都大有好处。在桑蚕鱼塘共生体系上，还可以再加入种植业和加工业等产业，构成农、林、牧、副、渔全面发展的产业共生体系。

联合国粮食及农业组织指出："粮食和农业系统已成功地为全球市场提供了大量食物。然而，资源密集型农业系统已导致大规模毁林、缺水、生物多样性丧失、土壤流失和大量温室气体排放。"联合国粮农组织把生态农业作为"可持续粮食和农业共同愿景"，并将生态农业定义为在设计与管理粮食和农业系统的同时、应用生态与社会概念及原则的一项综合性举措。生态农业努力优化植物、动物、人与环境之间的互动，同时兼顾可持续和公平的粮食系统所需应对的社会因素。生态农业并非对农业系统作业方法进行微调，而是致力于实现粮食和农业系统转型，通过综合施策以解决导致农业系统不可持续问题的根本原因，并形成全面、长期的解决方案，这既要关注粮食系统的社会和经济层面，也要高度重视多利益相关方的权利。联合国粮食及农业组织提出了生态农业十大要素：多样性、协同作用、效率、抵御力、循环利用、知识共创和分享、人和社会的价值、文化和饮食传统、循环和互助经济、负责任治理。这十个要素提供了一种政策分析工具，帮助政策制定者、实施者和利益相关方规划、管理和评估生态农业转型（图12-12）。

（二）生态工业系统

工业领域，国际上代表性的案例为丹麦的卡伦堡产业共生体系。我国贵港甘蔗制糖产业共生体系也很典型：以广西贵糖（集团）股份有限公司为核心，结合甘蔗原料种植、副产糖蜜利用和酒精废液循环等，通过盘活、优化、提升、扩张等步骤，建设蔗田系统、制糖系统、酒精系统、造纸系统、热电联产系统、环境综合处理系统，形成"甘蔗—制糖—酒精—造纸—热电—水泥—复合肥"多行业综合性的链网结构（图12-13）。

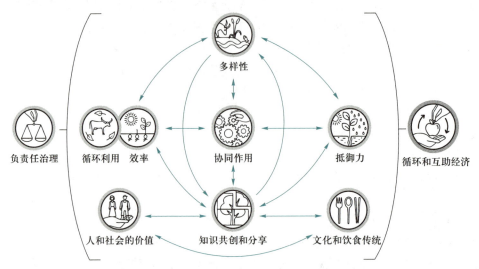

图 12-12　生态农业十大要素组成及关系示意图

（资料来源：联合国粮食及农业组织，生态农业的十大要素引领面向可持续粮食和农业系统的转型）

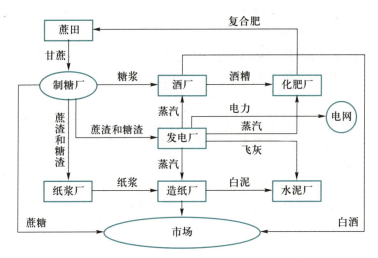

图 12-13　贵港制糖产业生态系统示意图

二、以生态工业园区为载体推动产业生态化发展

工业革命以来，寻求高效、可持续的发展模式一直是工业发展的主旨之一。19世纪中叶以来，工业活动逐步在特定区域集中，与居住区和农业区隔离开。工业活动集中区域逐渐被称为工业区、工业园等。产业在园区集聚，提高了产业的整体竞争能力，加强了集群内企业间的有效合作，增加了企业的创新能力和促进企业增长，发挥了资源共享效应。

建设工业园区是全球经济发展的一个普遍现象。

1989 年，产业生态系统概念的提出，标志着人类社会在经济、文化和技术不断发展的前提下，有意识并理性地去探索和维护可持续发展的方法。全球许多国家将工业园区作为产业生态系统建设的重要载体。工业园区内部，不同的企业间也存在着原料、产品和排放废弃物的交换，使工业园区在不影响其正常运转的前提下，最大限度地创造价值、降低消耗、减少污染，促进工业园区给社会和经济做出持续性贡献。中国工业园区建设始于1979 年的蛇口工业区，它是中国改革开放经济特区建设的破冰者。

园区在相对较小的地理空间内聚集了大量工业企业，资源能源消耗量大，污染物排放集中且排放量大，园区资源环境压力突出。但园区既是区域资源环境问题的制造者，同时也是解决这些问题的重要突破口。中国经济发展的重点仍在工业，如何处理好经济发展与节约资源、保护环境的关系，推进绿色、低碳、循环发展，实现产业生态化，提高发展的质量和效益，是中国工业园区发展历久弥新的问题。

中国自 1999 年开始试点生态工业园区建设并受到国际上广泛关注。中国工业园区生态化发展通过长期大量实践，形成了明确的指导思想，即运用产业生态学系统思考的原理，遵循减量化、再利用、再循环的原则，实现工业园区经济、资源能源、环境全系统的优化提升。中国工业园区绿色发展中形成了四个方面可推广可复制的经验。

（一）构建绿色产业链

工业园区生态化发展的重要举措之一是打造绿色产业链。打造绿色产业链是园区为了谋求整体系统的竞争优势，遵循产业发展规律，以企业为对象，通过空间、地域、行业等要素优化配置生产要素，构筑产业生态化组织形态，形成优势主导产业和产业结构的过程。绿色产业链的构建包括园区内的产业共生体系构建和绿色供应链建设。构建产业共生体系，是努力将园区内一个生产过程中的废物或副产品变为另一生产过程中的原料，使整个工业体系"进化"为各种资源循环流动的闭环系统，实现经济效益、环境效益和社会效益的有机统一。绿色供应链建设则是企业以资源节约、环境友好为导向，建立采购、生产、营销、回收及物流一体化供应链体系，推动上下游企业共同提升资源利用效率，改善环境绩效，达到供应链整体资源利用高效化、环境影响最小化目标。

（二）清洁生产和绿色制造

清洁生产是生态工业园区建设的关键共性举措，2018 年中国更是将发展清洁生产产业作为推进绿色发展的三大支柱产业之一，以支撑国家层面"解决好人与自然和谐共生问题"的绿色发展战略目标。2015 年 5 月国家发布《中国制造 2025》，强调全面推行绿色发展，强化产品生态设计和全生命周期绿色管理，努力构建高效、清洁、低碳、循环的绿色制造体系。清洁生产与绿色制造都强调从全生命周期的角度提高资源能源效率，减少对人和环境的影响与风险，无疑是园区绿色发展的关键支撑。

（三）基础设施绿色转型升级

基础设施共享是国内外工业园区的一个共性特点，也是实践中普遍推行的提高资源能源效率的关键措施。园区基础设施包括园区集中式污水处理厂、中水回用处理设施、集中供热设施、固废包括危险废物收集及处理处置设施等。目前基础设施的绿色转型升级主要通过基础设施的高效、低碳化升级改造及构建基础设施间产业共生协作等实施。

　　园区的能源环境基础设施对降低污染物排放和提高资源能源利用效率发挥重要作用。中国工业园区能源基础设施存量中，燃煤机组占总容量的 87%，单机 30 MW 及以下小机组占总数量的 59%，能源基础设施温室气体排放占园区排放量的 75% 左右。能源基础设施提高能效、减少温室气体排放对于园区低碳发展意义重大。最新的研究显示，通过综合设施燃煤锅炉改造为燃气锅炉、垃圾焚烧炉替代燃煤锅炉、抽凝/纯凝汽轮机升级为背压汽轮机、大容量燃煤机组替代小容量燃煤机组、天然气联合循环机组替代小容量燃煤机组，中国工业园区的能源基础设施可实现温室气体减排 8%～16%，并可协同节水、减排二氧化硫和氮氧化物分别达到 34%～39%、24%～31% 和 10%～14%，且具有较好的经济效益。园区基础设施间的共生协作可进一步提高园区基础设施的能源环境绩效。

（四）园区环境管理精细化智慧化

　　基于数据驱动的园区环境管理精细化和智慧化是近年来中国工业园区绿色发展的新趋势。借助物联网、大数据和云计算技术将园区的环保、安全、能源、应急、物流、公共服务等日常运行的各领域整合起来，以更加精细、动态、可视化的方式提升园区管理和决策的能力。目前，中国大量的工业园区正在开展智慧环保的建设。园区的精细化和智慧化管理多采用环保管家第三方服务的模式，以"市场化、专业化、产业化"为导向，引导社会资本积极参与，提升园区的治污效率和专业化水平。

　　从国家层面的政策分析来看，针对园区生态化发展的要求呈现以下特征：一是，强调系统优化，从全生命周期角度推进污染防治、生态环境保护和资源能源管理，达到系统治理的最佳效果；二是，实施能源消耗、碳排放、水资源消耗、土地资源开发的总量和资源消耗强度双控，节约、提效、开源成为应对"双控"的重要途径；三是，实施更严格更透明更精细的治污及环境监管，持续改善环境质量，推动高质量发展；四是，达到更高标准和风险控制，特别是加强特征污染物和新污染物引起的环境和健康风险的防控。

　　在当前及今后一个时期内，中国工业园区将在建设产业生态系统中持续发挥重要作用。2035 年是园区生态文明建设服务国家"生态环境根本好转，美丽中国目标基本实现"宏伟目标的关键发展阶段。为实现这一目标，园区应加快产业结构调整以推动经济增长，提高单位土地投入产出效率；完善并强化资源再生、产品再造、废弃物处理等循环功能；科学地顶层设计园区物流/能流传递方式，形成共享资源和互换副产品的产业共生组合；持续深入地推进清洁生产，从系统工程和全生命周期视角全流程实施绿色改造，优化配置绿色产业链，强化园区能源、环境基础设施的提效升级及基础设施间的共生链接；深化现代信息管理系统，持续提升园区管理运行的精细化和智慧化。

　　1. 选择一个行业，如钢铁、石化、造纸和电子等，进行清洁生产审核的文献综述和案例分析，并选择一个典型案例对所列举的替代方案进行分析，指出哪些措施属于清洁生产范畴，哪些属于末端治理范畴，二者具有哪些优缺点。

　　2. 选择计算机、电冰箱、家具或者食品中的一种，指出该产品在整个生命周期过程中存在哪些环境影响。并选择一个准则，如可循环性、可拆卸性或可降解性等，进行生态设计。

3. 请列举我国出现的一个生态产业系统，勾画其中的产业共生体系，并与自然生态系统中的食物链体系进行类比。

 参考文献

［1］钱易.清洁生产与可持续发展［J］.节能与环保，2002（7）：10-12.

［2］石磊，钱易.清洁生产的回顾与展望——世界及中国推行清洁生产的进程［J］.中国人口资源与环境，2002，12（2）：121-124.

［3］曲格平.中国环境保护四十年回顾及思考（回顾篇）［J］.环境保护，2013，41（10）：10-17.

［4］曲格平.中国环境保护四十年回顾及思考（思考篇）［J］.环境保护，2013，41（11）：10-12.

［5］钱易.努力实现生态优先、绿色发展［J］.环境科学研究，2020，33（5）：1069-1074.

第十三章 生态保护

【导读】18 世纪工业革命以来的发展方式，使人类的生产效率和生活水平得到极大的提高。为满足生产和生活的需求，人类持续地对地球表面覆盖进行改造，导致土地利用方式和自然生态系统发生了巨大改变，给人类赖以生存的生态系统造成了极大的破坏。本章以生态系统的演替状态为基础，将生态系统分成原生生态系统、次生生态系统和退化生态系统。在阐述不同生态系统类型的保护理论和方法的基础上，重点介绍国内外不同生态系统类型的保护案例，阐述生态保护措施对当地可持续发展的贡献。

第一节　原生生态系统的保护

一、原生生态系统的概念和分布

原生生态系统是地球自然地理发育过程中，与自然环境长期适应形成而没有过多人类干扰，基本处于原始状态的相对稳定生态系统。在原生生态系统内，物质循环、能量和信息传递按照自然界的规律进行，人类的影响范围和控制作用非常小。

自从人类进化为地球上的主要生物种群以来，人类对原始生态系统的干扰持续了300 万年。尤其是近 200 多年来，人类拓宽了对地球干扰的深度和广度，足迹几乎到达了地球的每一个角落。因此，地球上已经不存在严格意义上的原生生态系统，只有受人类干扰较少的生态系统。

原生生态系统主要有天然林组成的原生森林生态系统、未开发的原生湿地生态系统、少有人迹的高原草地生态系统，以及深海海洋生态系统。因为人类发展的脚步，原生生态系统在地球上已经存量很少，主要分布在赤道和亚马孙流域热带雨林、青藏高原和极地海洋。在北半球的温带森林区有少量原始森林生态系统存在。

我国的原生生态系统，主要是分布在西南地区、东北地区和西藏部分地区的森林生态系统和草地生态系统。原始森林主要分布在云南、贵州和四川三省，如西双版纳的热带雨林；东北地区主要是以针叶林为主的寒带原始森林，分布在大兴安岭、小兴安岭和长白山。原生草地主要分布在青藏高原，内蒙古和新疆亦有少量原生草地分布。

二、原生生态系统的保护方法和实践

受人口增长和人类活动不断增强的影响，原生生态系统处于面积持续减少、系统不断破碎的状态。为了保护原生生态系统及与此相关的生物多样性，全球范围内建立了大量自然保护区，以保护仅有的未受损原生生态系统和相关生物。从 19 世纪 70 年代至 21 世纪，全球自然保护区和保留地中，陆地和内陆水域生态系统的占地面积达到了 2 250 万平方千米，沿海水域和海洋达到了 2 810 万平方千米，覆盖率已达到地球面积的 17%。绝大多数原生生态系统，都被保护在这些自然保护区的核心区域内。例如，亚马孙流域的 750 万平方千米热带雨林，多数分布在巴西境内。到 2007 年，巴西已有 289 个自然保护区和国家公园，保护着 450 万平方千米的热带雨林原生生态系统。

原生生态系统作为自然保护区内的核心区域，主要以就地保存的方式保护其生态系统的完整性不受人类活动的干扰。根据联合国教科文组织（United Nations Educational, Scientific and Cultural Organization，UNESCO）在 1972 年提出保护区内不同区域的功能，核心区内集中了保护区特殊的、稀有的野生生物种，或特有被保护的生态系统。核心区内生态系统内部结构稳定，演替过程自然进行。核心区采取绝对保护的方式，即受保护的原生生态系统以荒野区的形式存在，不允许大量永久居民在该区活动，只有少量科学研究和环境监测活动，进入该区域的人数会受到严格控制。

中国目前有各类自然保护区 900 多个，其功能区域分为实验区、缓冲区和核心区。核心区是保护区的核心地带，是各种原生生态系统保存最好的地方，是稀有濒危野生动植物最后的庇护所。按照自然保护区管理条例，核心区严禁任何采伐、狩猎和游览活动，以保持其生物的多样性尽量不受人为干扰。

人类对亚马孙原始森林的保护，是原生生态系统的典型保护实例。由于原生生态系统的保护是以维持生态系统的自然过程和完整性为主要目的，不需要运用特殊保护技术，当地政府或管理部门的立法、有效执法和组织管理等，成为完成保护目标的重要措施。

专栏 13-1　巴西对亚马孙流域的保护策略

亚马孙地区作为目前全球保存最为完整的原始森林，素有"地球之肺"和"绿色心脏"之称。亚马孙地区总面积 750 万平方千米，其中约 550 万平方千米分布于巴西境内；亚马孙地区森林内有 5.5 万种不同的植物，生物数约占全球生物总数的 1/3。亚马孙流域每公顷约生长和分布着 300 株不同种类的树木，1 400 种鱼类，1 300 种鸟类和 300 种哺乳动物，且有 191 种鸟类是该地区的独有种。此外，亚马孙地区也是世界最大的化工产品和天然药物发源地。

亚马孙地区的热带森林占全球热带森林的 1/3，其森林的经济价值约在 17 万亿美元。在美国的亚热带森林中，有 13% 的树种引自亚马孙地区，亚马孙地区也因此被称为全球生物多样性最大的"黑匣子"，是全球最大的基因宝库。

20 世纪以来，由于当地人口急剧增加，以及全球经济增长对资源的需求，刺激人类对亚马孙流域内资源采取最简单暴力的方式进行掠夺，滥伐森林、烧荒、放牧和违法圈地等，直接导致了流域内森林面积的缩减。根据亚马孙地理参考社会环境信息网络（Raisg）的数据，从 1985 年到 2021 年，森林砍伐面积从 49 万平方千米激增到 125 万平方千米，这给亚马孙带来了前所未有的破坏。尽管不同调查方法对亚马孙流域森林减少面积的统计数据存在差异，但是普遍研究证明，亚马孙流域内 10% ~ 12% 的森林地区已经永远消失。

由于亚马孙主流河道的 2/3 和流域绝大部分在巴西境内，巴西政府认识到了保护亚马孙热带雨林与社会经济发展的重要关系。为实现亚马孙地区的可持续发展，政府逐步加大保护力度，采取了一系列的保护措施，缓解了亚马孙地区原始热带林的退化趋势。

相关保护措施主要有以下 5 条。

1. 建立自然保护区和国有林基地

亚马孙流域幅员辽阔，自然资源分布广。为了便于管理，巴西政府划定了 8 种类型的自然保护区。到 2021 年，巴西国土已有 30.26% 的地区成为自然保护区，有 256.5 万公顷用于可持续发展和完全保护，巴西领海有 26.65% 的地区成为自然保护区，面积为 97.9 万公顷，分别达到了"爱知目标"所设立的陆上保护区 17% 和海洋保护区 11% 的目标。2006 年，巴西北部帕拉州的 15 万公顷自然保护区，比瑞士、丹麦和葡萄牙三国面积之和还要大，成为目前世界上最大的自然保护区。该保护区有 1/3 的面积为绝对保护区，严禁任何开发；另外 2/3 的面积为严格控制区，只允许少量的可持续发展项目在该区进行。根据 OECM 数据库，截至 2022 年，巴西共建立 3 202 个自然保护区，其中 351 个被纳入管理有效性评估体系。

除此之外，巴西还建立了一批国有林，旨在促进林业资源的可持续利用。根据联合国环境规划署世界自然保护监测中心（UNEP-WCMC）的报告，截至 2018 年，巴西政府管理林地面积已增加到 23 145 万公顷，占全国森林资源面积的 46.9%。国有林的建立，使国家有效地加强了对森林资源的管理，为亚马孙流域其他国家控制森林滥伐，提供了有益的借鉴。

2. 加强环境立法

20 世纪 80 年代以来，巴西政府就亚马孙流域的问题，出台了一系列的环保法律。例如，1979 年颁布废除对森林开发和林木加工补贴的法律；1989 年制定了《我们的大自然计划》，旨在重点保护亚马孙地区的热带雨林。1988 年巴西在新宪法中特别增加了《环境》一章，规定禁止在亚马孙地区进行任何破坏性的开采活动。政府立法活动的加强，明确了地方和中央政府的职责与权限，使亚马孙流域原始森林的管理有法可依。

3. 建立环境研究机构

20 世纪 80 年代以来，巴西政府建立了多个环境研究所和监测体系，为政府的环境保护工作提供了科学的信息，如"亚马孙空中监视系统"（SIVAM）的开发和实施。该系统共投资约 5 亿美元，旨在利用卫星及雷达等现代化技术，对亚马孙地区 520 万公顷（约占巴西国土面积的 60%）森林进行保护和全面监视。亚马孙空中监视系统由亚马孙流域雷达监视中心负责具体实施，已设立 10 个气象雷达站、74 个气象站和 14 个电子探测器。亚马孙空中监视系统的建立，也为《亚马孙合作条约》的其他 7 个成员国（玻利维亚、哥伦比亚、圭亚那、厄瓜多尔、秘鲁、苏里南和委内瑞拉）实现合作一体化做出了突出的贡献。巴西政府明确规定，亚马孙地区的野生动植物资源由亚马孙地区各州市环境局、巴西海军部队、联邦警察分局及环境部环境与再生自然资源局分设机构共同实施保护。

巴西政府还于 2002 年在亚马孙建立了亚马孙生物技术中心。该中心先期投资约 1 200 万美元，用于购置中心的 26 家实验室和制药厂的研究和生产设备。研究中心旨在加强对亚马孙流域生物多样性的研究，利用当地天然资源开发生物医药产品，改变当地居民直接依赖原始森林提供生活资源的生存方式，形成因地制宜的可持续发展经济。

4. 加强环保宣传

社会和政府设立环保基金，创办环保内容的报纸以加大宣传力度，加强公民环保意识。政府除严格执行森林可持续发展政策外，还加强对农业生产者的环保宣传教育，使农业生产者懂得不能用毁林的方式换取农业用地，自觉参与遏制亚马孙流域原始森林滥伐的工作。

5. 加强区域合作和寻求国际援助

亚马孙热带雨林覆盖南美 8 国，其中总面积的 70% 在巴西境内，而巴西几乎同所有南美国家接壤，因此巴西政府积极加强了同亚马孙地区国家的环保合作。1978 年 7 月，亚马孙地区 8 国外长在巴西首都巴西利亚签署了《亚马孙合作条约》，成立了"亚马孙合作条约组织"。条约的总原则是使亚马孙地区获得和谐发展，保持经济发展与环境保护之间的平衡。20 世纪 80 年代末以来，亚马孙合作条约组织活动逐渐频繁，在环保问题上的合作不断加强。进入 20 世纪 90 年代，这些国家又制定了几百个环保和科技开发的规则、方案。巴西政府为解决环保资金和技术问题还积极寻求国际援助，从 1990 年起，巴西政府即向西方 7 国首脑会议提出资助巴西保护热带森林资源的申请，并于 1992 年担任了联合国环境与发展大会的东道国。

引自彼斯瓦斯．拉丁美洲流域管理［M］．刘正兵，章国渊，黄炜，等，译．郑州：黄河水利出版社，2006．对部分数据进行了更新。

第二节　次生生态系统的保护

一、次生生态系统的概念和分布

次生生态系统是在被破坏的原生生态系统基础上，经过次生演替与新的环境条件协调平衡形成的生态系统。

从人类和自然的共同进化史看，地球上绝大部分的生态系统都是次生生态系统。从适应游牧生产方式的次生草地生态系统，到大面积砍伐后的次生森林生态系统；从支持着个体农业生产灌溉系统的内陆湖泊生态系统，到为人类提供重要食物蛋白质的近海生态系统；地球上与农业文明和工业文明的生产和生活方式协同演化形成的次生生态系统，对人类的生存和发展起着重要的作用。

由山水林田湖草沙构成的不同类型次生生态系统中，次生林生态系统因其强大的生态服务功能，在保护理论和技术方面受到重点关注。所谓次生林，是指原始林经过采伐、开垦、火灾及其他自然灾害破坏后，经过天然更新、自然恢复形成的次生群落。由于多数次生林是天然更新形成的，又称天然次生林，简称天然林。不同次生林群落的有机组合，形成了次生林生态系统。

目前中国除自然保护区、森林公园、未开发的西藏林区、已实施保护的热带雨林和零散分布的原始林外，其余全为次生林。以天然次生林为主体的次生林生态系统，面积和蓄积量分别约占总量的 69% 和 90%。次生林生态系统既是我国森林资源的重要基地，亦是维护可持续发展的环境保障。

二、次生生态系统的保护方法和实践

在人类活动和自然灾害长期干扰下形成的次生生态系统，直接为人类的发展提供物质基础和环境支持服务。为了维持次生生态系统的动态平衡和对人类发展的服务功能，在次生生态系统的保护方法上，需要形成山水林田湖草沙生命共同体理念，兼顾资源利用和生态系统保护的矛盾。为了缓解次生生态系统的保护和利用的矛盾，其保护方法主要有以下几个方面。

（1）对次生生态系统的不同生态功能进行研究：按生态系统服务功能，划分生态系统的功能区，有效管理和保护次生生态系统。

在目前生态补偿机制不完善的情况下，根据社会对特定次生生态系统的生态保护和经济利益的需求，划分生态功能区，对不同的功能区采取不同的保护措施。例如，天然林的保护中，需要按照森林的用途和生产经营目的进行森林分类区划界，划定以保护为主的公益林，制订限伐或停伐计划，保障森林涵养水分及防止水土流失的生态支持功能。同时划分出一定的商品林，按林种和立地生产潜力组织科学经营，建立新的林业经营管理体制和发展模式。

（2）建立健全生态补偿机制：利用资金和有限自然资源寻求替代生计，最大限度减少人类生产和生活对次生生态系统的直接压力，保护其对环境的支持功能。

次生生态系统已不是纯"天然的自然"，而是"人化的自然"。在大多数情况下，生态系统已被资本化而成为生态环境资本，由此决定了次生生态系统所包含固有的自然资源价值、固有的生态环境价值和基于开发利用自然资源的人类劳动投入所形成的价值。因此，在生态系统保护和利用中，应按照经济学中的等价交换原则，建立生态环境补偿机制，由生态系统受益者，对其使用生态系统资源的行为进行补偿，使生态系统保护者（环境投资者）得到相应的回报。而生活在具有重要生态战略地位区域的居民，作为生态系统保护者，需要在生态补偿机制下，寻求替代直接依靠生态系统资源的生存方式，缓解其系统的压力。例如，在我国大江大河源头地区的次生天然林保护中，在坚决制止毁林开垦和乱占林地的前提下，通过退耕还林补偿机制，鼓励当地居民寻求其他生产方式，达到保护次生林生态系统的目的。我国从1999年开始实施的天然林保护工程，成为次生生态系统保护中的成功案例之一。

（3）统筹山水林田湖草沙系统治理：以生态文明建设为基础，统筹推进山水林田湖草沙系统治理，建设多样、稳定、可持续的生态系统，使生态系统保持稳定的组织结构、丰富的生物多样性、旺盛的活力、强大的恢复力和完善的服务功能。

专栏 13-2　中国天然林保护工程

1998年夏季特大洪涝灾害后，从民族生存与发展的高度和着眼于社会可持续发展全局出发，中国政府做出了《关于灾后重建、整治江湖、兴修水利的若干意见》（中发〔1998〕15号），明确规定"全面停止长江、黄河流域上中游的天然林采伐，森工企业转向营林"。为此，国家林业局先后组织在云南、四川、贵州、陕西、甘肃、黑龙江、海南等省（区、市）的国有林区实施天然林资源保护工程试点工作，简称天保工程。

在总结试点工作的基础上，1999年国家林业局会同国家有关部门组织编制了《长江上游、黄河上中游地区天然林资源保护工程实施方案》和《东北、内蒙古等重点国有林区天然林资源保护工程实施方案》。方案修改后，2000年7月7日国务院第71次总理办公会议审议并原则同意了该方案。2000年12月1日国家林业局、国家计委、财政部、劳动和社会保障部联合下发了《关于组织实施长江上游、黄河上中游地区和东北内蒙古等重点国有林区天然林资源保护工程的通知》。从此，天保工程在17个省（区、市）正式全面启动。

1. 工程实施日期及实施范围

天保工程实施日期为2000—2010年，实施范围在天然林重点分布区。长江上游地区以三峡库区为界，包括云南、四川、贵州、重庆、湖北、西藏6省（区、市）；黄河上中游地区以小浪底库区为界，包括陕西、甘肃、青海、宁夏、内蒙古、山西、河南7省（区）；另包括黑龙江、内蒙古、海南、新疆等重点国有林场。涉及17个省（区、市），734个县、167个森工局（场）。

2. 工程的主要任务

全面停止长江上游、黄河上中游地区天然林的商品性采伐，停伐木材产量1 239万立方米；东北、内蒙古等重点国有林区木材产量由1 853.6万立方米减到1 102.1万立方米；管护好工程区内9 538万公顷的森林资源；在长江上游、黄河上中游工程区营造新的公益林1 274万公顷；分流安置由于木材停伐减产形成的富余职工74万人。

3. 工程投资

1998—1999年试点，国家投入101.7亿元。2000—2010年，国家投入962亿元，加上地方配套，工程总投入达1 069.8亿元。

4. 工程建设目标

前期目标（2000—2003年）：保护为主，实现天然林的停产减伐。以调减天然林木材产量、加强生态公益林建设与保护、妥善安置和分流富余人员等为主要实施内容。全面停止长江上游、黄河中上游地区划定的生态公益林的森林采伐；调减东北、内蒙古国有林区天然林资源的采伐量，严格控制木材消耗，杜绝超限额采伐。通过森林管护、造林和转产项目建设，安置因木材减产形成的富余人员，将离退休人员全部纳入省级养老保险社会统筹，使现有天然林资源初步得到保护和恢复，缓解生态环境恶化趋势。

中期目标（2003—2010年）：培养为主，增加天然林覆盖面积。以生态公益林建设与保护、建设转产项目、培育后备资源、提高木材供给能力、恢复和发展经济为主要实施内容。基本实现木材生产以采伐利用天然林为主向经营利用人工林方向的转变，人口、环境、资源之间的矛盾基本得到缓解。

2003—2010年为天保工程的第二阶段，该阶段在第一阶段实现停产减伐的基础上，以培养为主，增加天然林实际覆盖面积，在工程区内实现新增森林面积867万公顷，森林覆盖率增加3.72%，木材蓄积量达到103.4亿立方米，新增11.7%。同时，林业总产值年递增5%以上，控制职工失业率在5%以下。

远期目标（2010—2050年）：实现天然林资源的可持续经营。通过对全国天然林保护工程区实行的保育措施，争取到2050年，实现天然林资源根本恢复，使森林生物多样性日益丰富，森林生态系统实现良性循环。一方面是使天然林生态系统恢复到顶极群落状态，另一方面是为了更好地发挥天然林资源的综合效用，并且基本实现木材生产以人工林为主，林区建立起比较完备的林业生态体系和合理的林业产业体系，充分发挥林业在国民经济和社会可持续发展中的重要作用。

5. 工程保护成就

天保工程从1998年试点开始到2008年的十年间，有力地促进了森林资源的保护和发展，工程区长期过量消耗森林资源的趋势得到有效遏制，森林资源呈现持续增长的良好态势。第六次全国森林资源清查统计，天保工程实施以来累计减少森林资源蓄积消耗4.26亿立方米。工程区森林面积净增815.7万公顷，森林蓄积量净增4.6亿立方米，对全国森林资源增长的贡献率达43%以上。

随着森林生态环境的改善，江河流域水土流失明显减少。湖北省长江宜昌段泥沙含量比10年前下降30%，并以每年10%的速率递减。山西省水利部门监测，每年进入黄河的泥沙量减少2000万吨。野生动植物栖息地不断扩大，种群逐年增多。过去多年不见的东北虎在吉林珲春多次出现。天保工程对森林资源和生态环境变化凸显了巨大影响力。

以砍伐为主业的森工企业，通过优化产业结构，在工程实施的10年里，逐渐发展林副产品采集、加工、林下种植等非木质产业及其他服务业，形成了可持续经济发展模式。对天保工程35个森工企业的跟踪监测表明，在木材产量进一步调减的情况下，第一产业发展较快，第三产业稳中有升，第一、二、三产业产值比重从

2003 年的 42.04∶38.38∶19.58，逐步调整到 2006 年的 53.34∶24.87∶21.79，林区经济独木支撑的局面基本改变。对长江、黄河工程区 39 个县的监测表明，森林旅游业增长势头强劲，推动林业产业快速发展，花卉、茶、桑、果及中药材等新兴产业已成为工程区林业新的支柱产业。云南省天保工程区林下野生食用菌采集每年收入 20 亿元左右，出口创汇 8 000 多万美元。

引自：李育才. 中国的天然林资源保护工程［M］. 北京：中国林业出版社，2004.

第三节　退化生态系统的恢复

一、退化生态系统的概念和特征

退化生态系统是一类不健康的生态系统，它是指在一定的时空背景下，由于自然和人为因素的干扰，生态系统出现偏途演替（deflected succession），导致生态要素和生态系统整体发生不利于生物和人类生存的量变和质变，生态系统的结构和功能发生与其原来的平衡状态或演替方向相悖的位移。

退化生态系统主要特征为生态系统基本结构和固有功能的破坏或丧失，生物多样性下降，稳定性和抗逆能力减弱，系统生产力下降。植被结构和种类的变化是退化生态系统最初的表现，也是最显著和最重要的变化。

作为第一生产力的植被，其改变是引起生态系统退化的基本原因。退化生态系统的植被特征可归纳如下。

1. 种类组成变化

与原生植被相比，退化生态系统中的植物物种组成有巨大变化。这种变化随着不同地区的环境条件、不同的植被类型、不同物种的种源、不同种类的繁殖更新方式、不同的破坏或干扰类型、强度而出现不同的变化。这种变化贯穿演替全过程。有的退化生态系统的植被类型，在轻度破坏中，多数情况下会物种减少，有时也会出现适应新环境的物种，导致物种增加；重度破坏的植被类型，往往开始几年物种减少，而后有可能高速增长，其中一些种类又随着时间推移而消失。相对稳定的顶级群落物种的数量一般不是最多的。有的退化类型恢复迅速，有的却十分缓慢。有的退化类型中发生建群种的巨大改变，形成不同植被类型。总之，退化系统物种组成的变化原因很多，动态变化过程各不相同。

2. 结构变化

由于干扰和破坏方式、强度不同，原有的植物群落结构将发生不同变化。在森林群落中，皆伐、火烧、全垦与一般择伐不同，砍伐后形成灌丛或灌草的退化类型，与自然结构相比发生巨大变化。这种结构变化最终导致物流与能流的变化。

3. 生物生产力发生变化

退化生态系统的植被类型、功能发生变化。就生物生产力而言，退化生态系统的生产力会大幅度下降，但是也有的类型，其生物生产力变化不大，甚至还有可能增加。需要具体问题具体分析。

4. 土壤和小环境一般趋于恶化

退化生态系统的大面积出现，可能影响小气候，甚至区域性气候。沼泽的排水开垦，必然导致小区域空气湿度下降，热带雨林大面积种植结构单纯的橡胶林，已使某些地区原来浓雾弥漫的冬季不再见雾，也听不见清晨雨林内犹如降雨的滴露声。东北某地开垦后，原来的黑土层被冲刷，几乎重复黄土高原的形成过程。退化系统的植被类型导致的环境变化十分明显。这种变化反过来又影响群落的演替过程。

5. 生物之间的相互关系发生改变

退化生态系统类型的形成，无疑将影响动物、植物和微生物之内和之间的关系。例如，退化草地中大量蒿类的出现，影响着优良牧草的生长。有毒草类相对丰度增加，进而影响动物区系乃至牧业的发展，如普氏野马的灭绝就是人类干扰导致土地荒漠化的结果。退化生态系统完全改变了土壤的水、肥、光照条件，必然影响土壤微生物区系。生态系统功能结构的变化导致生态系统能量流动和物质交换改变。

二、退化生态系统的恢复技术和实践

对退化生态系统进行恢复，简称生态恢复，指通过人工方法，按照自然规律，恢复天然的生态系统，即通过生态恢复技术，建立生态系统中合理的物种组成（种类丰富度和多度）、结构（植被和土壤的垂直结构）、格局（生态系统的水平结构）、异质性（构成系统组成、结构和格局变量的复杂性）、功能（水、能量流动和物质循环等基本生态过程的实现）。

生态恢复的目标包括恢复极度退化的生境，让土壤理化性质得到改善，确保植被的重新定植；提高退化土地的生产力，让土地生产力恢复到可持续的生产水平，例如，减轻农业或者草原的土壤侵蚀和盐碱化问题等；在被保护的景观内去除干扰以加强保护；对现有生态系统进行合理利用和保护，维护其服务功能。生态恢复技术是恢复生态学的重点研究领域。不同退化生态系统存在着地域差异，加上外部干扰类型和强度的不同，导致生态系统所表现出的退化类型、阶段、过程及其相应机制也各不相同。因此，在不同类型的退化生态系统的恢复过程中，其恢复目标、侧重点及其关键技术也有所不同。一般而言，有以下几类基本的生态恢复技术：① 环境要素（包括土壤、水体、大气）的恢复技术；② 生物因素（包括物种、种群和群落）的恢复技术；③ 景观的规划与设计技术（表 13-1）。

过去 20 年，在各种退化生态系统中都有过不同的生态修复工程。例如，英国利物浦的矿区修复工程，通过重建废弃矿区的植被，修复了因为采矿而退化的自然山地生态系统。2005 年，武汉市对汉阳区几个受污染而退化的湖泊进行了生态修复，取得了良好的效果。

表 13-1 退化生态系统的恢复与重建技术体系

恢复对象	技术体系	技术类型
土壤	土壤肥力恢复技术	少耕、免耕、绿肥与有机肥使用、生物培肥、化学改良、土壤结构熟化等
	水土流失控制与保护技术	剖面水土保持技术、生物篱笆、土石工程技术（谷坊、鱼鳞坑等）、等高耕作、复合农林技术等
	污染控制技术	土壤生物自净、增施有机肥、深翻埋藏、资源化利用等
大气	污染控制与恢复技术	新能源替代、生物吸附、烟尘控制等
	全球变化控制技术	再生能源、温室气体的固定转换（如细菌、藻类）、无公害产品、土地优化利用与覆盖
水体	污染控制技术	物理、化学、生物处理，氧化塘、富营养化控制等
	物种选育与繁殖技术	物种选育、种子库、野生物种驯化
物种	物种引入与恢复技术	先锋物种引入、种子库引入、天敌引入、林草植被再生
	物种保护技术	就地保护、迁地保护
种群	种群动态控制技术	种群规模、年龄结构、密度、性比例等调控
	种群行为控制技术	种群竞争、他感、捕食、寄生、共生等行为控制等
群落	结构优化与组建技术	群落构建、生态位优化、林分改造、择伐、透光抚育等
	演替控制与恢复技术	原生与次生快速演替、水生与旱生演替、内生与外生演替
景观	结构与功能调整技术	生态评价与规划、土地资源评价与规划、环境评价与规划、景观生态评价与规划技术等

注：本表引自章家恩.恢复生态学研究的一些基本问题探讨［J］.应用生态学报，1999，10（1）：109-113.

专栏 13-3　武汉汉阳地区湖泊生态修复工程

　　湖北素有"千湖之省"的美称，其省会武汉也有"百湖之市"的美誉。汉阳雄踞武汉三镇一方，北依汉水，东临长江，清《汉阳县志》记载，汉阳境内大小湖泊曾有30多个。江河阻隔和城市中心转移使近代汉阳发展缓慢，湖泊受人类威胁相对较小，现在尚有月湖、莲花湖、墨水湖、南太子湖、北太子湖、三角湖、龙阳湖、后官湖、万家湖等12个湖泊。

　　近代发展中，汉阳地区湖泊由于资源过度开发、产业结构不合理，生态和环境质量逐步恶化。汉阳滨水地区分散着二三类工业用地，厂房陈旧，规模较小，对水、环境和景观均有破坏作用。建成区湖泊的自然景观和有机系统被大量的开发建设破坏，城市开发建设的无序导致湖泊周边环境恶化，水体面积逐步被蚕食。新建区由于开发商的零星建设影响了湖泊环湖公共绿地和环湖路的形成；沿湖岸线缺乏绿地缓冲地带，岸线基本人工化，影响了岸线植物的多样性。对汉阳地区水质监测数据表明，龙阳湖、墨水湖、月湖、南太子湖和三角湖等湖泊湖底质氮磷营养盐等含量严重超标，污染十分严重，影响汉阳区生态环境。

为了恢复武汉汉阳区湖泊的本来面貌，在城市规划中发挥水域的良好生态效应，武汉于2005年在水利部牵头下，与桂林、无锡成为全国三个生态保护与修复试点城市，为期三年着手开展武汉水生态系统恢复，开展了探索有效生态恢复的途径。

汉阳生态恢复主要实施"清水入湖"、水系网络的生态构建与修复、主城区滨江滨渠综合整治、水土保持生态环境建设、自然湿地及水利风景区保护6大工程。图13-1为该工程示意图。

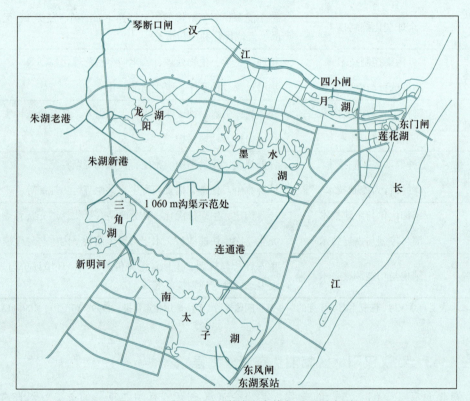

图13-1 武汉汉阳区湖泊生态修复工程示意图

在武汉水生态保护与修复工程中，修复技术的关键点是水生态的水网建设，即将各湖连通，引长江水和汉江水，流经各湖区，将湖水盘活，为建立健康的湖泊生态系统提供基础。如在月湖试验中，将汉江引入月湖（图13-1），一周时间月湖70%的湖水被置换，水质由劣Ⅴ类升至Ⅳ类，4个月后，水质依然保持稳定。修复工程中的汉阳六湖连通和武昌的大东湖水网建成后，从以下几个方面，改善了该区的社会经济环境，增加了人类福祉。

1."望湖权"得到保障

对城区湖泊的全面截污，改变了湖区景观。同时，市规划、水务、园林三部门，联合对各湖泊划定"三线"（蓝线、绿线、灰线），以法定的形式保护湖泊。即依据《武汉市城市总体规划（1996—2020 年）》，参照《武汉市主城湖泊保护规划》，界定湖泊水体保护蓝线、绿化用地绿线和外围建设控制界线灰线。针对湖泊水体功能、环境特征、用地协调水体与滨水区和城市的关系，建设滨水区，以保证湖泊周围良好的环境和水域开敞空间。对新建建筑都将进行严格的联合审批，市民的"望湖权"得到保障。

2. 城中湖休闲公园

在水生态修复工程中，"人水和谐"为治湖的主要目标之一。湖泊除了建设湿地、护坡外，环境工程也随之展开，使湖泊成为市民休闲的好去处。

3. 沿湖地区土地升值

水质改变优化了湖泊区域景观，使周边土地增值 20%。

第四节 适应性生态系统管理

一、生态系统管理

20 世纪 50 年代以来，随着人口快速膨胀，经济高速发展，工业化、城市化的进程不断加剧，特别是采矿、冶金、化工、电子、制革等行业的迅猛兴起，过度依赖煤、石油等燃料，大量施用化肥、农药，以及随意填埋和处置城市生活固体废物，已经导致了各种化学形态的无机和有机污染物被源源不断地排放到环境中，造成全球变暖、空气污染、臭氧层空洞、可利用淡水资源匮乏、水污染、土地退化（盐碱化和沙漠化）、生态系统过度开发、生物多样性锐减等。这些日益严重的全球环境问题正极大地威胁着人类社会的生态环境保护和可持续发展。因此，广大专家、学者和科研人员积极响应，倡导把生态学理论和方法应用于自然资源的管理之中，并在此基础上创立和发展了生态系统管理（ecosystem management）这一生态学研究领域的全新分支。

生态系统管理是基于对生态系统组成、结构和功能过程的最佳理解，在一定的时空尺度范围内，将人类价值和社会经济条件整合到生态系统经营中，以恢复或维持生态系统整体性和可持续性。生态系统管理关注生物资源与非生物资源之间的所有联系，全面考虑物种多样性、基因多样性和生态系统多样性，利用生态系统中物种和种群间的共生相克关系、物质的循环再生原理、结构功能与生态学过程的协调原则，以及系统工程的动态最优化思想和方法，以获得生态系统物质产品产出与环境服务功能产出的最佳组合和长期可持续性。生态系统管理强调生态系统边界的划分，应具有足够的灵活性，能够及时对较大（小）尺度的区域实施管理；同时，应在区域内避免重复劳动，使有限的资源得到最大限度的利用，实行协调机制，解决冲突。

二、适应性生态系统管理的发展

在过去30年来对全球环境变化的研究中，发现适应是人类对全球变化响应的一个新机制。国际社会对环境变化关注的重点，经历了从20世纪70年代的预防和阻止（prevention）到80年代的减缓（mitigation），到目前所普遍认同的适应（adaptation）过程。对于变化着的生态系统的管理，从20世纪70年代开始，以森林生态系统为对象开始了适应性生态系统管理（adaptive ecosystem management，简称适应性管理）的研究。近年来随着生态系统遭破坏所带来的威胁逐渐增大，适应性管理已经成为包括生物学、生态学、环境学、经济学、法学、教育学和心理学等在内的众多领域的关注焦点和研究热点。

适应性管理是指在生态系统功能和社会需要两方面建立可测定的目标，通过一系列控制性的科学设计、规划、监测和管理，提高数据的收集水平，确保系统整体性和协调性的动态调整，从而实现生态系统健康和自然资源管理的可持续发展。与传统管理采用行政指令、对不确定问题的对策较少、管理滞后等情况不同，在适应性管理中，管理者需随环境变化不断调整战略，以适用管理不同变化阶段的不确定因素。

在适应性管理方面，国外的研究和应用都较我国起步早。例如，美国俄勒冈州的海岸带管理、美国南佛罗里达州的湿地恢复、澳大利亚城市边缘带的水循环管理，都是比较成功的案例。虽然适应性生态系统管理还没有形成成熟的理论和管理技术体系，但基于上述多个研究案例和管理实践，适应性生态系统管理的过程可以总结如图13-2所示的流程。

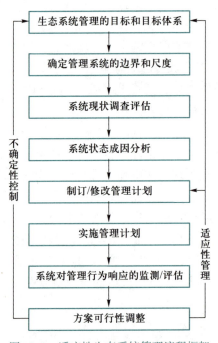

图 13-2   适应性生态系统管理流程框架

在适应性生态系统管理中，管理目标界定是基础。但由于生态系统演替方向变化或者系统功能调整的影响，需要根据区域生态系统的目标实时调整管理目标。因此，区域生态系统管理目标是一个随生态系统适应循环不断调整的过程。在具体管理实施中，可通过各阶段的分步实施、调整，从而达到保持区域生态系统在新的演替条件下的社会、经济、生态效用最大化的目标。

在适应性生态系统管理中，生态系统特征的分析、适应阶段的确定、系统恢复力的辨识，以及生态系统内在过程与规律的认识，是制定合理管理方案的关键。而政策制定、配套条件的落实、公众参与是保障生态系统适应性管理计划实施的关键。

专栏 13-4　美国俄勒冈州海岸带的适应性生态系统管理

一、管理区背景

为了对华盛顿州西部、俄勒冈州和加利福尼亚州北部的林地实行国家管理，1994年美国联邦土地管理和监管机构，实施了名为"西北森林计划"（northwest forest plan，NWFP）的区域生态系统管理战略。该管理战略的主要目的是：

① 保护北部斑点鸮（Strix occidentalis caurina）和其他依赖古老森林生存的物种，降低古老森林的木材收获，以缓解古老森林的保护和演替后期恢复之间的矛盾；

② 建立 10 个"适应性管理区域"（adaptive management areas，AMAs），研究林地生态、经济和社会和谐发展的管理技术；

③ 研究公众参与适应性管理区域的协同管理，以避免公众对于计划的反对和未来的相关法律诉讼；

④ 为景观水平的适应性生态系统管理提供合理技术方法。

北部海岸带适应性管理区域（northern coast range adaptive management area，NCAMA）设置在位于太平洋和 Willamette 山谷之间的俄勒冈州海岸带，区域内包括 113 000 hm^2 的联邦林地。该区域缺少古老森林，森林的景观格局由树龄相对较小的树木主导，大部分逆河产卵的鱼类为濒危物种。区域内的空间大小和不同生境，适合研究北部斑点鸮种群恢复的不同保护方法。

该地区内大约有 6 万人居住在附近的农村和海岸带。退休人员和二手置业人群的大量涌入，使得该区域人口不断增长，老龄化日趋严重。在过去 35 年中，零售业和服务业持续增加，制造业和森林加工业持续减少，当地居民实际收入下降，房屋租金飙升。

该项目主要对后演替期古老森林和水生生态系统进行了的适应性管理。下面主要介绍对水生生态系统的适应性管理过程和管理效果。

二、水生生态系统、鲑鱼和河岸区的适应性管理

1. 水生生态系统概况

水生生态系统包括间歇性和常年性溪涧、河流和湖泊，以及生活在其中的有机生物体。河滨区（riparian zone）是陆地生态系统和水生生态系统之间的分界区域，同时受到陆地生态系统和水生生态系统的影响（如被森林树荫遮挡的河流、湿地等）。水生

生态系统和河滨区是森林景观中最具活力的区域，其溪涧生境结构主要取决于洪水与沉积物的相互作用，以及从支流、河滨带和洪泛区带来的活体植被与大型木质碎屑。其中，大型木质碎屑非常重要，它有助于留住鹅卵石和砾石等沉积物，通过洪水和沉积物的分流，创造出池塘、溪涧、洪泛区渠道等的复杂生境，为生物体提供栖息场所。

该区域内山崩和大规模灾害性野火，造成了特定溪涧中的大量沉积物和大型木材，形成了该区域的复杂生境。河岸森林和河滨植被通过树荫影响溪涧光照，通过控制有机物和养分的数量，以及细颗粒沉积物运动来影响水生食物网。年幼鲑鱼（*Oncorhynchus* spp.）在入海前以山区溪涧食物网中的生物体为食，洄游的成年鲑鱼成为河岸区森林生态系统重要的营养来源。当生态系统处于健康状态时，无论是鲜活的鲑鱼还是死亡的鲑鱼，都是哺乳动物类的管理内容。

2. 管理目标和技术方法

根据西北森林计划，需要恢复鱼类种群，特别是逆河洄游鲑鱼种群的生境。在20世纪后半个世纪，由于农业、畜牧业、水资源利用、水坝、采伐木材、道路建设和山崩等灾害，淡水和河口生境的水资源缺乏和水质退化，北部海岸带适应性管理区域内的水生生态系统已变得结构简化、生产力羸弱，大部分野生鲑鱼种类成为濒危物种。因此，主要对下列不确定性高的河岸区进行管理，以恢复河流生境：

① 针对沿溪涧两岸茂密的天然针叶树与阔叶树进行管理；

② 关注育林活动对溪涧光照和温度的短期影响；

③ 缓解森林管理实践把大量细颗粒沉积物引入溪涧对水质和水生生物的影响。

3. 适应性管理的实施和效果

西北森林计划水体适应性管理项目中，首先对流域环境的历史和现状进行了评估，以确定管理的优先权，并在项目执行中识别评估中的不确定性和假设。评估项目包括植被、道路、地貌、潜在山崩，以及受威胁和濒危物种所处的生境等。

北部海岸带适应性管理区域的管理者们通过实施道路封锁、河滨细化和栽种树木等一系列项目，并针对不同状态的森林采取不同程度的干扰，实行森林演替管理。通过实施适应性管理计划，逆河洄游鲑鱼种群的生境在逐步恢复中。洄游鲑鱼种群的类型和数量逐年增加。当地居民积极参与项目的实施，在保护活动中获得收益。

三、美国俄勒冈州海岸带的适应性生态系统管理研究结果讨论

1. 适应性管理的经验

由管理者、科研人员和监管者组成的管理团队，通过对生态系统进行适应性管理，发现了生态系统健康发展的制约因素，以及北部海岸带适应性管理区域内的一些重要问题。

通过实施该管理项目，自主研发了景观模型，能够为任意假设管理办法（如集约化林业等）提供模拟。但该模型对不同管理间的差异评价效果并不理想。

2. 适应性管理的障碍

实施适应性管理的北部海岸带，管理上缺乏灵活性，使得适应性管理的效果被限制。地区生态系统办公室（regional ecosystem office）所施行的标准和方针，使管理者需要大量的数据、精力和政策支持，才能对管理方法进行修正。制定的协议，并没有激发当地管理者的执行力。

地方管理机构之间缺乏信任，阻挠了适应性管理计划的执行，同时，管理者在适应性管理中没有土地所有权，无法直接实施管理者计划。

对北部海岸带进行的适应性管理实践显示，生态系统适应性管理是融合了科学和管理学两者优势和特点的新兴学科。因此，它并不适合现有的管理体系、现行政策和监管机制。为了对生态系统实施适应性管理，还需要相应的政策和监管体制的变革。

3. 适应性生态系统管理的展望

适应性生态系统管理过程涉及管理者、土地拥有者、公众和地方政府，加强不同团体间的协作是实现管理目标的关键因素。由土地管理者和公众共同参与，对于实施和完善该区域的适应性管理计划起到了至关重要的作用。

将适应性管理区的管理目标细分，使当地相关组织参与者明确管理目标，并激发公众的兴趣，是适应性管理成功的关键因素。这种合作保证在北部海岸带适应性管理区域内生境修复计划的执行中，得到了证明。

引自：Gray A N. Adaptive ecosystem management in the Pacific Northwest: a case study from coastal Oregon [J]. Ecology and Society, 2000; 4（2）: 6.

思考题

1. 简述原生生态系统、次生生态系统的分布特点与区别。
2. 简述退化生态系统的恢复与重建技术体系。
3. 简述适应性生态系统管理的概念与过程。
4. 简述适应性生态系统管理的优势和挑战。

参考文献

［1］van der Maarel E，Franklin J. 植被生态学 [M]. 2版. 杨明玉，欧晓昆，译. 北京：科学出版社，2017.

［2］纪平，邵全琴，王敏，等. 中国三北防护林工程第二阶段生态效益综合评价 [J]. 林业科学，2022，58（11）：31-48.

［3］王晓峰，马雪，冯晓明，等. 重点脆弱生态区生态系统服务权衡与协同关系时空特征 [J]. 生

态学报，2019，39（20）：7344-7355.

[4] Richardson M, Passmore H A, Barbett L, et al. The green care code: How nature connectedness and simple activities help explain pro-nature conservation behaviours [J]. People and Nature, 2020, 2（3）：821-839.

[5] Gray A N. Adaptive ecosystem management in the Pacific Northwest: A case study from coastal Oregon [J]. Ecology and Society, 2000, 4（2）：6.

第十四章 循环经济与循环型社会

【导读】发展循环经济、建设循环型社会是实施环境保护与可持续发展的重要途径，人类对循环经济发展模式的认识经历了比较漫长的过程。通过发展循环经济，可以提高资源利用效率和废物循环利用率，减少一次资源的消耗、促进废弃物的循环利用，为资源安全、环境安全，以及产业链、供应链安全均提供了保障。循环型社会或"无废社会"的形成更是绿色生产方式、消费方式的转变，是全方位的社会变革。本章首先对循环经济的概念进行介绍，然后配合一些具体的案例及里程碑性的活动，系统分析循环经济的国际实践和我国循环经济实践，最后对循环型社会和我国的"无废城市"建设进行简要介绍。

第一节 循环经济的概念

我国《循环经济促进法》规定：循环经济是指将资源节约和环境保护结合到生产、消费和废物管理等过程中所进行的减量化、再利用和资源化活动的总称。

减量化是指减少资源、能源使用和废物产生、排放、处理处置的数量及毒性、种类等活动，还包括不可再生资源、能源和有毒有害物质的替代使用等活动。

再利用是在符合标准要求的前提下延长废旧物质或者物品生命周期的活动，通常不需要深度处理，不改变物品的使用目的。

资源化是指通过收集处理、加工制造、回收和综合利用等方式，一般经过物理、化学或生物的处理，将废弃物质或者物品作为再生资源使用的活动。

在一般情况下，应当在综合考虑技术可行、经济合理和环境友好的条件下，按照减量化、再利用、资源化的先后次序发展循环经济。另外，近年来再制造也逐渐作为循环经济一部分，是循环经济再利用的高级形式和装备制造业升级转型的新模式（图14-1）。

可以看出，循环经济在经济运行形态上强调了"资源—产品—再生资源"的物质流动格局；在过程手段上，强调了减量化、再利用和资源化的活动。同时，上述定义强调了循环经济在经济学意义上的范畴，即循环经济依然是指社会物质资料的生产和再生产过程，只不过这些物质生产过程及由它决定的交换、分配和消费过程要更多地、自觉地统筹考虑资源节约和环境保护的因素。事实上，只有从经济角度而非单纯的环境管理角度，循环经济才能担负得起调整产业结构、增长方式和消费模式的重任。

与前期"大规模生产、大规模消费、大规模废弃"的经济发展模式比较，当前世界已经诞生或发展了新的生产技术模式，那就是节约资源、尽量循环、再生利用资源而减

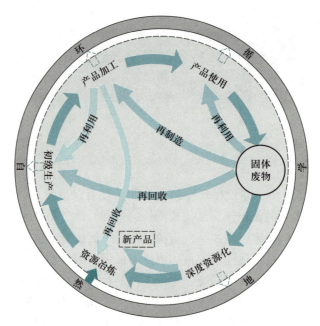

图 14-1　循环经济基本框架

少废弃物的模式，同时，以出售服务来替代传统出售产品的新型模式也开始出现。可以认为，循环经济是"大规模生产、大规模消费、大规模废弃"经济发展的替代模式，是实施可持续发展战略的发展模式。

　　人类很早就关注自然资源消耗的问题，对于自然资源耗竭的担心出现于很多经典著述中。1966 年，美国经济学家鲍尔丁强调人类社会需要由"牧童经济"向"飞船经济"转变，否则地球这一封闭系统的资源将被耗尽。1972 年，美国麻省理工学院教授丹尼斯·米都斯等人发表的《增长的极限》，警告人口、粮食生产、工业产出、资源消耗及环境污染的增长都存在极限，若超过极限，人类社会将面临崩溃的危险。实际上，循环经济就是对资源耗竭的担忧在现实意义上的表达。

　　如前所述，在 20 世纪中叶，环境污染问题在先期工业化国家的凸显引起了人们的深切关注，人们开始反思工业发展的负面影响，逐渐采取带有强烈"末端治理"特征的污染治理与控制的措施和手段，在 20 世纪 70 年代又进一步转向污染预防和清洁生产。20 世纪 90 年代以来，气候变化等全球环境问题的影响日益突出，能源资源的消耗及二氧化碳等温室气体的排放不降反升，资源短缺的形势日益加剧。人们更进一步认识到必须在整个经济生产领域乃至全社会层面做出变革，尤其是循环经济和生态经济，以及循环型社会和"无废"社会，除了改变生产模式以外，还必须改变消费模式。

　　对国民经济体系的物质流分析表明，经济系统内部的物质循环量很低。以循环经济实践较为突出的日本为例，2000 年全国经济总物质投入量约为 21.3 亿吨，约 1/3 以废弃物和二氧化碳的形式排放到环境中，循环利用的只有大约 2.2 亿吨，即物质循环率仅为 10% 左右；2018 年总物质投入量约为 15.9 亿吨，仍有 1/3 以废弃物和二氧化碳的形式排放环境中，循环利用的只有大约 2.38 亿吨，即物质循环率为 15%，固体废物循环利用处理率 44%（图 14-2）。因此，应对生态失衡风险的最终诉求就是，在对生产环节进行持续改善的同

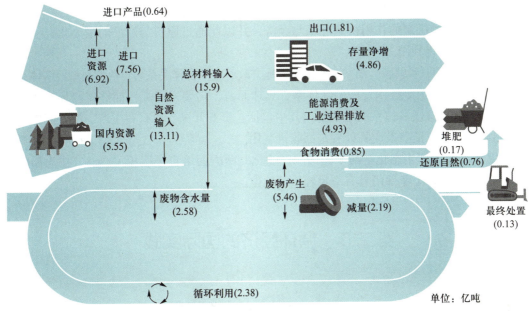

图 14-2　2018 年日本物质流量模式图

（引自：日本环境局 2021 年度报告）

时，还要加强消费环节的控制和废弃环节的循环，以此提高经济系统内部的物质循环率，并降低人类社会对于自然生态系统的物质需求。

事实上，德国和日本采取循环经济和循环型社会举措的直接动因正是来自社会消费产生废物的压力。发达国家通过技术进步和产业转移等手段逐步解决了产业污染和部分生活污染，由后工业化或消费型社会结构引起的高物质通量及其所伴生的大量废弃物，逐渐成为这些国家环境保护和可持续发展的关注重点。

从清洁生产到循环经济，深刻地反映了在变革自身行为模式、处理与生态环境相互关系的过程中，人类社会正从生产领域延伸到消费领域，以此上升到整个经济系统的层次。循环经济是对清洁生产在更高层面、更大范围上的拓展。清洁生产的有效实施，不可能完全脱离消费模式的转变。当前，将清洁生产与推行可持续消费结合起来，已成为国际潮流。只有在人类社会对其传统的经济增长方式或发展模式的整体变革中，循环经济才能够获得更为彻底的发展。

2000 年，日本制定出台了《循环型社会形成推进基本法》，其宗旨是改变传统社会经济发展模式，建立循环型社会。所谓"循环型社会"，是指"通过抑制废弃物等的产生、资源的循环利用及确保合理的处置，控制天然资源的消费，建立最大限度减少环境负荷的社会"。

在《循环型社会形成推进基本法》第二章"循环型社会的形态"中，为使国民能够对"循环型社会"有一个通俗的了解，具体做了以下说明：① 在生活中，提倡本地区生产的东西在该地区循环利用及珍惜使用优质产品的"慢节奏"的生活方式；② 在生产和服务行业，设计容易再生利用的产品，普及可重复使用容器（用完后再装入简易包装的产品），以及发展修理修缮、租赁等有利环保的服务；③ 加强作为循环型社会的基础的废弃物处理、再生利用设施的建设和信息、人才的建设。

概言之，循环型社会包括以下四个方面：

① 通过市场机制的作用协调环境与经济，并以此通过原料与产品的最小化，实现资源与能源的最大化利用。

② 建立一种以经营者、消费者、国家及地方政府之间合作关系为特色的新型经济体系。

③ 建立一种工业技术发展的新体系，具体而言，需要发展那些能够减轻环境压力的技术，并用以贯穿经济体系的上下游，其中包括：资源开采、原材料生产、配件制造、加工、组装、流通、消费及废物处置与回收再利用。

④ 从产业的"生态化"与生态的"产业化"两方面培育环境相关产业，作为循环型经济的重要一环，工业部门具有举足轻重的地位。

第二节　循环经济的国际实践

一、德国的循环经济实践

德国是发展循环经济起步较早的国家之一，其循环经济起源于固体废弃物处理，然后逐渐向生产和消费领域扩展和转变。

1972 年，德国第一部《废弃物处理法》出台。该法律确定了废弃物处理的几个关键原则：无害化、处理责任的划分、污染者付费等。随着生活垃圾越来越多，德国在 1986 年修订颁布了《废弃物限制处理法》，规定了预防优先和垃圾处理后重复使用的原则，并首次对产品生产者的责任做了规定。发展方向从"怎样处理废弃物"的观点提高到了"怎样避免废弃物的产生和如何循环利用废弃物"。

1991 年，德国又通过了《包装条例》，要求将各类包装物的回收规定为义务，设定了包装物再生循环利用的目标。

1996 年，德国出台了《循环经济与废弃物管理法》。该法主要内容包括以下几项：一是明确规定立法目的是发展循环经济、保护自然资源、确保废弃物按照有利于环境保护的方式进行处置。二是规定废弃物产生者、拥有者和处置者的原则和义务。关于废弃物利用，法律规定废弃物应当进行无害化利用，表现为物质自身的利用和从中提取能源。对于不利用、长期不在循环系统之内的废弃物，应当采取不影响公众健康的技术方式和规范的要求进行处置。三是法律规定谁开发、生产加工和经营的产品，谁就要承担满足循环经济目的的产品责任。四是法律规定每年产生 2 t 以上需要特别监测的废弃物，或者每年产生 2 000 t 以上需要监测的废弃物的制造者，必须制订避免、利用、处置所产生废弃物的经济计划。五是法律规定对废弃物的利用和处置要处于主管部门的监测之下。此外，该法还对公众义务、废弃物处置人员和主管部门的咨询义务、产生废弃物的企业组织的通知义务等做出了明确而严格的规定。

该法的核心思想是"避免与循环"，它不仅要求在生产过程中避免废弃物的产生，同样还要求生产者、销售者与使用者都承担起避免废弃物产生、再回收、再利用与环境友好处置的责任。按照《循环经济与废弃物管理法》，废弃物减量化是德国实施物质闭路循环战略的首要因素。基于减量化的循环战略的优先层次如下：

① 首先是预防、避免废弃物的产生；

② 再利用与再循环具有相同的优先级；

③ 较之异地循环，当地再循环具有更高的优先级；

④ 降低废弃物的毒性与减少废弃物的数量同样重要；

⑤ 物质的回收与能量的回收同样重要；

⑥ 较之填埋，回收利用更为优先。

在这一法律框架下，德国根据各个行业的不同情况，制定促进该行业发展循环经济的法规，如《饮料包装押金规定》《关于电子电气设备使用、回收、有利环保处理联邦法》《废旧汽车处理规定》《废旧电池处理规定》《废木料处理办法》等。

德国自颁布《循环经济与废弃物管理法》以来，家庭废弃物循环利用率从 1996 年的约 35%，到 2000 年上升至 49%，2020 年以来增加到 70% 以上。同时，从德国数十年来政策演化及各方努力形成的经验，可以得出以下结论。

（1）依靠全民的力量极为有效：大多数德国人对于任何减少或回收废弃物的措施都反应热烈并且积极合作，全社会公民个人与非政府组织成为推动政策成功的中坚力量。

（2）引入利益相关方并要求他们承担责任是至关重要的方法：对于废弃物政策来说，获得类似自愿承诺那样的积极参与是必需的，提前沟通可换得产业及相关协会强有力的支持。例如，1997 年德国纸业协会发布了一份自愿承诺书，提出增加废纸再生份额。在多年大量投资之后，2001 年纸业再生纸的利用率达到了 65%，目前超过了 70%。

（3）利用市场机制与市场手段可以事半功倍：在任何废弃物循环中，利用"污染者付费"的原则都可以从源头上削减废弃物。例如 2003 年初，针对一次性饮料容器引入押金制度，使随地丢弃的饮料容器大为减少，并使其大量被回用式容器所取代；在《政府采购法》中明文规定应购买循环利用产品；规定新建的公益性建筑应优先使用循环材料；规定电网系统应优先采购垃圾发电。

（4）及时调整带来副作用的条款能够降低危害和长期费用：以《循环经济与废弃物管理法》为例，修复操作优于最终处置，可将危险废弃物置于废弃物的煤矿中处置，这也属于潜在的修复方法。为了避免这种情况，德国政府在 2002 年发布了《地下废弃物堆积法》，按各类废弃物、岩石组成详细规定了地下废弃物堆积的条文。

（5）运用循环经济的原理能够带来长期效益：着眼于资源效率提升，企业与整个经济具有降低成本的潜力。另外，在生产中寻求生态有效的策略不仅激发了创造力，也创造了商业机会，并在国内外都提升了竞争力。

二、欧盟的循环经济实践

早期，欧盟及其前身欧共体先后通过了《废油指令》《废弃物处置框架指令》《有毒废弃物指令》《共同体废弃物管理战略》《废弃物运输规则》《包装及包装废弃物指令》《报废车辆指令》和《报废电器和电子设备指令》等。这些具体立法的基本内容着眼于废弃物的管理和利用，首先进行废弃物预防，抑制废弃物形成；其次是回收使用；最后才是进行焚烧产能和填埋处理。

在欧盟及其成员国的立法实践中，建立了各种相互衔接得很好的基本法律制度。这些法律文件对欧盟及其成员国的循环经济发展有着直接或间接的约束力，起指令性或指导性作用，促进了循环经济的形成和蓬勃发展。在欧盟机构不断加强和完善循环经济法治建设的影响下，欧盟成员国根据本国国情，丰富和发展了欧盟的循环经济立法，并在本国立法中加以确认和促进，如在环境法律中补充了废弃物回收利用和处置制度，把欧盟的一些指令转化为国内立法，并把循环经济的发展要求渗透到了政府采购法等其他法律之中。

对于一些典型领域的有关立法，如欧盟包装指令、电器电子设备管理的法律（WEEE 和 RoHS）、报废汽车回收指令，以及综合性产品政策（IPP）及相关立法等，有专门的研究报告对其建立背景、立法目的、法律主要内容，以及有关重要的法律制度措施做了分析总结。其中，欧盟启动的产品中的环境政策要求，以"前端（front of pipe）"思维取代"末端（end of pipe）"处理，实行绿色产品开发与设计，将利益相关者的观点整合至现有的产品策略中，进而发展出一套新的整体性产品架构。即由生命周期观点、市场机能导向，以及利害相关者参与的三项基本原则，在持续改善产品与服务的环境绩效、支持循环经济上起根本性的作用。

2015 年欧盟通过了循环经济一揽子政策，包含一系列立法和非立法的举措倡议，合称为欧盟《循环经济行动计划》，2020 年 3 月欧盟更新发布了这一计划，旨在打造一致且强有力的产品政策框架，使可持续产品、服务和商业模式成为规范，转变消费模式，避免产生任何废弃物，推进全球最大的单一市场向循环经济转型。

三、联合国的可持续消费全球行动

1992 年，在巴西召开的联合国环境与发展大会提出："全球环境退化的主要原因是不可持续的生产和消费方式"，并号召所有国家"促进减少环境压力和符合人类基本需要的生产和消费方式，加强了解消费的作用和如何形成更可持续的消费方式"。伴随着全球推行清洁生产和绿色制造，面对经济高速增长对文化、意识、生活方式等的影响，以及以大规模、高消费为特征的消费主义影响蔓延日益严重的局面，联合国组织了一系列可持续消费全球行动，抵消来自消费环节过程中出现的反弹效应，并以消费方式的转变支持清洁生产和循环经济的实施，从而全面推进各国经济增长模式的变革。

1994 年，联合国环境规划署在肯尼亚内罗毕发表报告《可持续消费的政策因素》，正式提出了可持续消费的定义："提供服务及相关的产品以满足人类的基本需求，提高生活质量，同时使自然资源和有毒材料的使用量最少，使服务或产品的生命周期中所产生的废弃物和污染物最少，从而不危及后代的需求"。同年，联合国在挪威奥斯陆召开了"可持续消费专题研讨会"，进一步强调指出："对于可持续消费，不能孤立地理解和对待，它连接着从原料提取、预处理、制造、产品生命周期、产品购买、使用、最终处置等整个连续环节中的所有组成部分，而其中每一个环节的环境影响又是多方面的。"1995 年，可持续家居设施专家会议在荷兰召开，会议提出的促进家庭可持续消费的主要领域是：能源利用、水的利用、产品选择、废物产生，以及建筑、土地使用和开发建设等。1999 年，联合国经济及社会理事会（United Nations Department of Economic and Social Affairs，UNDESA）在拓展已有的《联合国消费者保护指南》基础上，发布了《可持续消费指南》。所有这些，为里约行动后十年的广泛推动可持续消费奠定了重要的基础。

2002年9月，联合国在南非约翰内斯堡召开了世界可持续发展峰会。会议的重要议程之一就是筹划制定支持地区和国家举措的《可持续消费与生产项目十年框架》。联合国环境规划署和联合国经济及社会理事会专门为此进行地区磋商，确定优先事项。随后，在非洲、亚太地区、欧洲、拉丁美洲和加勒比等地区会议基础上，2003年6月在摩洛哥马拉喀什召开了关于十年框架的第一次审查会议，确定了深入促进清洁生产与可持续消费国际行动的马拉喀什进程。2005年9月5日到8日在哥斯达黎加再次举行了第二次马拉喀什进程会议。作为一个强化清洁生产和可持续消费的行动机制，马拉喀什进程是自2002年可持续发展峰会后，由联合国在全球推进可持续发展战略的重要行动，它将生产与消费结合在一起，为深化人类社会经济模式的变革进行着艰难的实践探索。

2015年，联合国可持续发展峰会在纽约总部召开，联合国193个成员国在峰会上正式通过17个可持续发展目标（SDGs），旨在从2015年到2030年间以综合方式彻底解决社会、经济和环境三个维度的发展问题，转向可持续发展道路。其中第12个目标是采用可持续的消费和生产模式，如果世界人口到2050年达到98亿，要维持现有生活方式所需的自然资源相当于三个地球资源的总和；2015年人均开采了近12 t资源，意味着必须以更好且不同的方式管理生产、消费和自然资源；应通过改变商品和资源的生产和消费方式减少全球生态足迹；应对共有自然资源进行有效的管理，小心处理有毒废弃物和污染物；应支持发展中国家在2030年前转向更可持续的消费模式。

四、国际 3R 行动

2004年召开的G8峰会，正式通过了在国际实施3R行动的倡议，即通过采纳以减量化（reduce）、再使用（reuse）和循环利用（recycle）为核心的3R原则，在全球范围内创建合理的循环型社会。为了推动国际3R行动，八国集团G8东京会议制定了3R行动计划。G8推行的3R原则与行动计划反映了当前国际社会对传统生产和消费过程中线性物质代谢模式的变革实践，包括以下5个方面：

① 以经济可行的方式削减废弃物，开展资源和产品的再利用和再循环活动；

② 在现有的环境和贸易责任框架下尽可能减少壁垒，促进体现3R的材料、货物、产品和技术在各国间的流动；

③ 鼓励国家、地区、企业或社团等多方多种形式的合作，包括自愿行动和市场行为；

④ 促进3R的科技研发；

⑤ 鼓励成员国与发展中国家在能力建设、意识培养、人力资源开发和3R行动项目等方面的合作。

自2009年开始，日本环境省与联合国区域发展中心（UNCRD）开始组织亚太3R论坛，到2021年已经组织了第12次论坛，推动亚太区域循环经济的发展。

第三节　我国循环经济的实践

我国自 1978 年改革开放至今 40 多年，每年保持经济高速增长，在世界经济发展史上创造了"中国的奇迹"。然而，这种奇迹在很大程度上是建立在对资源和能源的高消耗上的。如果继续沿袭传统粗放的方式去实现经济总量翻两番的目标，资源和环境的支撑将难以为继，国家资源与环境安全将陷入危局，并直接制约全面小康社会的实现。为此，中国政府明确提出了"大力发展循环经济，建设节约型和环境友好型社会"的目标。

我国国情决定了发展循环经济的性质和手段与发达国家有很大的不同。我国不仅要面对伴随人口增长和生活水平提高而来自消费环节的大量废弃物问题，更要面对经济高速增长中由于生产经营粗放、资源能源利用效率较低、污染产生排放严重引发的生产性资源环境问题。概言之，我国发展循环经济的目的在于实现国家和区域经济发展的战略转型，建立一个资源环境与经济发展协调一体化的循环型社会。

一、我国循环经济的发展历程

（一）前期准备阶段

20 世纪 90 年代，我国政府积极响应联合国环境与发展大会提出的可持续发展战略，提出了促进中国环境与发展的"十大对策"。与全球《21 世纪议程》相呼应，我国于 1993 年出台了《中国 21 世纪议程》，内容覆盖了经济、社会、资源、环境的可持续发展战略、政策和行动框架共 78 个方案领域，其中包括开展清洁生产和生产绿色产品、引导建立可持续的消费模式、可持续的能源生产和消费、固体废弃物的资源化和无害化管理等。随后，我国在产业领域全面推行和实施了清洁生产，并于 2002 年制定出台了《中华人民共和国清洁生产促进法》。

进入 21 世纪后，除继续在产业领域开展清洁生产和生态工业实践外，在废弃物循环和消费领域，我国也开始自觉地向循环经济方向转变。上海市在面临日益增加的生活垃圾压力的情况下，借鉴德国经验，将循环经济原则纳入《中国 21 世纪议程》《上海行动计划》和第十个五年计划中，成为我国最早关注和实施循环经济的城市。

2002 年，党的十六大对全面建成小康社会的战略目标和走新型工业化道路做了战略部署。全面小康社会目标的提出，尤其是 GDP 到 2020 年翻两番的目标，对我国的经济增长方式和发展模式提出了严峻的挑战。显然，长期沿袭的发展模式需要转变，如何走出一条新型工业化道路是这段时间的焦点。

> **专栏 14-1　第三届中国环境与发展国际合作委员会（国合会）"循环经济和清洁生产"课题组的主要结论**
>
> 要实现未来 20 年我国经济的持续高速发展，达到全面建成小康社会的目标，现有的不可持续的经济发展模式亟待转变；

推行循环经济是改变经济发展模式、走新型工业化道路、全面实现小康社会目标的重要途径；

贯彻清洁生产促进法，大力推进清洁生产，是我国发展循环经济的重要措施；

推行循环经济是一件综合性十分强的工作，需要各部门、各行业的合作与协调。循环经济作为一种新型的经济体系，其构建和推进依赖对现行生产—流通—消费—废弃全过程的改进和整合，绝非零敲碎打的废弃物回收利用和物质减量化做法的机械组合。

资料来源：第三届中国环境与发展国际合作委员会循环经济与清洁生产课题组（2002—2003）工作报告．

2004 年，我国提出了"科学发展观"。循环经济成为落实和贯彻科学发展观的重要手段。一方面，我国深化扩大了区域层面上的循环经济实践，批准建设了一批生态工业示范园区和循环经济试点省市；另一方面，我国行政部门各自或者联合开展了与循环经济相关的行动计划，一些省市开始制定循环经济发展规划并列入各级"十一五"规划中。随着循环经济试点的开展，一些实践模式开始显现。

2004 年，我国科学技术中长期发展规划战略研究设立了第十专题《生态建设、环境保护与循环经济》，明确阐述了建立资源节约型和环境友好型社会，发展循环经济、提高资源生产率、减少环境污染，将经济发展与环境保护统筹起来的战略方向，并将有关循环经济理论、关键技术和示范工程的研究作为国家中长期科技发展的优先课题之一。

（二）国务院关于加快发展循环经济的若干意见与国家试点

2005 年 7 月，《国务院关于加快发展循环经济的若干意见》颁布。这标志着我国循环经济由前期准备和理念倡导阶段正式进入国家行动阶段。循环经济作为转变经济增长方式、进行资源节约型和环境友好型社会建设的重要途径，在我国第十一个国民经济和社会发展五年规划和党的十七大会议中都得到了体现。这一阶段的特征是伴随着示范试点的深入开展，正式启动了战略、立法、政策的全方位研究、探索和制定工作。

《国务院关于加快发展循环经济的若干意见》明确提出了 2010 年的循环经济发展目标，要建立比较完善的发展循环经济法律法规体系、政策支持体系、体制与技术创新体系和激励约束机制。资源利用效率大幅度提高，废弃物最终处置量明显减少，建成大批符合循环经济发展要求的典型企业。推进绿色消费，完善再生资源回收利用体系。建设一批符合循环经济发展要求的工业（农业）园区和资源节约型、环境友好型城市。针对上述目标，制定了相应的指标并量化，同时提出了发展循环经济的重点环节和重点工作。

（1）发展循环经济的重点环节：一是资源开采环节要推广先进适用的开采技术、工艺和设备，提高采矿回采率、选矿和冶炼回收率，大力推进尾矿、废石综合利用，大力提高资源综合回收利用率。二是资源消耗环节要加强对冶金、有色金属、电力、煤炭、石化、化工、建材（筑）、轻工、纺织、农业等重点行业能源、原材料、水等资源消耗管理，努力降低消耗，提高资源利用率。三是废物产生环节要强化污染预防和全过程控制，推动不同行业合理延长产业链，加强对各类废物的循环利用，推进企业废物"零排放"；加快再生水利用设施建设，以及城市垃圾、污泥减量化和资源化利用，降低废弃物最终处置量。

四是再生资源产生环节要大力回收和循环利用各种废旧资源，支持废旧机电产品再制造；建立垃圾分类收集和分选系统，不断完善再生资源回收利用体系。五是消费环节要大力倡导有利于节约资源和保护环境的消费方式，鼓励使用能效标志产品、节能节水认证产品和环境标志产品、绿色标志食品和有机标志食品，减少过度包装和一次性用品的使用。政府机构要实行绿色采购。

（2）发展循环经济的重点工作：一是大力推进节约降耗，在生产、建设、流通和消费各领域节约资源，减少自然资源的消耗。二是全面推行清洁生产，从源头减少废物的产生，实现由末端治理向污染预防和生产全过程控制转变。三是大力开展资源综合利用，最大限度实现废弃物资源化和再生资源回收利用。四是大力发展环保产业，注重开发减量化、再利用和资源化技术与装备，为资源高效利用、循环利用和减少废弃物排放提供技术保障。

为贯彻落实文件精神，国家循环经济试点方案出台。第一批试点单位于 2005 年 10 月公布，包括钢铁、有色金属、化工等 7 个重点行业的 42 家企业，再生资源回收利用等 4 个重点领域的 17 家单位，国家和省级开发区、重化工业集中地区和农业示范区等 13 个产业园区，资源型和资源匮乏型城市涉及东、中、西部和东北老工业基地的 10 个省市。第二批试点单位于 2007 年 11 月公布，确定 96 家试点单位，包括 4 个省、12 个城市、20 个工业园区和 60 家企业，并提出了 7 点要求：切实加强组织领导；编制实施规划和方案；抓好方案的组织实施；加强重点项目的组织申报，做好项目前期工作；强化能源统计、计量等基础管理；加强督促验收；做好经验的总结和推广。

循环发展是我国经济社会发展的一项重大战略，是建设生态文明、推动绿色发展的重要途径。国家发改委等 14 个部委 2017 年联合印发了《关于印发〈循环发展引领行动〉的通知》，对"十三五"期间我国循环经济发展工作做出统一安排和整体部署，循环发展的综合指标包括主要资源产出率和主要废弃物循环利用率。《"十四五"循环经济发展规划》继续强调，大力发展循环经济，推进资源节约集约循环利用，对保障国家资源安全，推动实现碳达峰、碳中和，促进生态文明建设具有十分重要的意义。

专栏 14-2   国内首个循环经济领域国家奖——"城市循环经济发展共性技术开发与应用研究"

我国城市具有人口聚集、资源消耗大、物质线性流动、资源利用效率低、废弃物来源复杂、循环利用能耗高和污染物排放量大的特征，针对这些问题，项目立足于当前发展循环经济的重大战略，以城市物质代谢为理论，物质流调控为手段、以量大面广的典型物质循环的共性和关键技术为突破，在系统集成规划、智能分类回收、废物清洁再生、管理政策支撑等方面创新性地提出分析方法，开发关键技术，形成了城市循环经济共性技术发展模式。核心成果应用于国际、国家和城市循环经济推动工作，是 41 项国家重大政策和标准的核心科技支撑，引领了我国城市循环经济模式的推广和实施，环境、社会效益显著，受到国内外高度关注和广泛认可。

资料来源：清华大学新闻网（2016）.

（三）循环经济促进法

2005 年 11 月，全国人大等共同组织召开了厦门循环经济高层论坛，会议宣布循环经济立法正式列入当届人大的立法计划。2006 年 4 月，在苏州循环经济博展会上，全国人大就我国循环经济立法工作做了全面部署。2006 年 11 月，武汉循环经济高层论坛讨论了循环经济法草案征求意见稿。2007 年，全国人大环资委立法起草工作小组根据循环经济法征求意见稿的反馈意见，以及各类调研和讨论活动，组织修改循环经济法草案，并在审议通过基础上正式提交全国人大常委会。2008 年，全国人大常委会审议通过了《循环经济促进法》，并于 2009 年 1 月 1 日正式生效执行。

《循环经济促进法》旨在坚持经济和环境资源一体化的思想，既要涵盖资源节约、废物减量和循环利用等领域，又要突出重点、尽量减少与现有《清洁生产促进法》《节约能源法》《固体废物污染环境防治法》等相关法律冲突重叠，充分体现《循环经济促进法》的综合性特征，使《循环经济促进法》真正成为推动我国循环经济发展的基本法。

《循环经济促进法》的出台使我国发展循环经济迈入法治化和规范化的阶段。习近平总书记多次强调，生态环境问题归根到底是资源过度开发、粗放利用、奢侈消费造成的。循环经济成为环境污染控制与资源持续利用的根本途径，是减污降碳的重要内容，也是实现我国"双碳"目标（实现 2030 年前碳达峰、2060 年前碳中和）的抓手之一。2018 年 10 月 26 日第十三届全国人民代表大会常务委员会第六次会议，对《循环经济促进法》进行了修正。

二、主要行业发展循环经济的模式

（一）农业循环经济

农业是建立在自然再生产基础之上的生产方式。《吕氏春秋·审时》曰："夫稼，为之者人也，生之者地也，养之者天也。"也就是说农业是由相互依存的天、地（农业环境）、人（农业主体）、稼（农业对象）所组成的整体。我国传统农业可持续发展的思想和实践都是以这种"三才"理论为指导的。农业发展循环经济就是把可持续发展思想和循环经济原则应用于农业生产领域，实现物质在农业产业链上的闭路循环和能量的优化利用，并尽可能减少对自然生态系统的不良扰动。在我国农业循环经济实践中出现了以下几种典型模式。

1."农—桑—鱼—畜"复合模式

据《补农书》记载，早在明末清初浙江嘉湖地区就形成了"农—桑—鱼—畜"相结合的模式，近来又有了进步和发展。圩外养鱼，圩上植桑，圩内种稻，又以桑叶饲羊，羊粪壅桑，或以大田作物的副产品或废脚料饲畜禽，畜禽粪作肥料或饲鱼，塘泥肥田种禾等。类似的还有珠江三角洲的桑基鱼塘等。这些生产方式，巧妙地利用水陆资源和各种农业生物之间的互养关系，组成合理的食物链和能量流，形成生产能力和经济效益较高的人工生态系统。

除桑基复合模式外，我国不同地区也出现并培育了蔗基鱼塘、果基鱼塘、花基鱼塘等模式。在蔗基鱼塘复合体系中，嫩蔗叶可喂鱼，塘泥可肥蔗。一些地方在蔗基养猪，以嫩蔗叶、蔗尾、蔗头等废弃部分用于喂猪，猪粪用于肥塘。在果基鱼塘复合体系中，在塘基上可以种香蕉、柑橘、木瓜、杧果、荔枝等果类，在果类植物下放养鸡、鸭、鹅等家禽，既可以吃草、虫,又可以增加经济收入,这些家禽的粪便还可以肥地,可谓一举多得。

2. "四位一体"模式

该模式是利用沼气池、畜(禽)舍、厕所和日光温室有机结合,实现产气、积肥同步,种植、养殖并举,取得能流、物流和社会诸方面的综合效益,既能使食品达到绿色标准、提高经济效益,又能减少污染,提高环境质量。主要模式有沼气池—猪舍—鱼塘,沼气池—牛舍—果园,沼气池—猪禽舍—厕所—日光温室(或果园、鱼塘、大田种植)等,是一种最典型的庭院经济与农业循环结合的发展模式。

具体操作方法是:在一个约 150 m² 的塑膜日光温室一侧,建一个 8~10 m³ 的地下沼气池,其上建一个约 20 m² 的猪舍和一个厕所,形成一个封闭状态的能源生态系统。其主要的技术特点是:① 圈舍的温度在冬天提高了 3~5 ℃,为猪等禽畜提供适宜的生活条件,使猪的生长期从 10~12 个月下降到 5~6 个月。饲养量的增加又为沼气池提供了充足的原料;② 猪舍下的沼气池由于得到了太阳热能的增温,解决了北方地区在寒冷冬季产气的难题;③ 猪呼出大量 CO_2,使日光温室内的 CO_2 浓度提高 4~5 倍,大大改善了温室内蔬菜等农作物的生长条件,可增加蔬菜产量,质量也得到明显提高,从而成为一类绿色无污染的农产品。

3. "猪—沼—果(林、草)"模式

其模式的基本内容是"一户建一口沼气池,人均年出栏两头猪,人均种好一亩果"。通过沼气的综合利用,可以创造可观的经济效益。大量的实践表明,用沼液加饲料喂猪,猪毛光皮嫩,增重快,可提前出栏,节省饲料约 20%,大大降低了饲养成本,激发了农民养猪的积极性;施用沼肥的脐橙等果树,要比未施沼肥的年生长量高 0.2 m,多长 5~10 个枝梢,而且植株抗旱、抗寒和抗病能力明显增强,生长的脐橙等水果的品质提高 1~2 个等级。另外,每个沼气池每年还可节约砍柴工 150 个。作为南方"猪—沼—果"能源生态农业模式的发源地,江西省赣州和广西壮族自治区恭城县给全国提供了发展小型能源生态农业特别是庭院式能源生态农业模式的思路。

4. 农村庭院型发展模式

该模式就是利用农村庭院这一特殊的生态环境和独特的资源条件,建立高效农户生态系统,以种植业、养殖业为主,辅之以加工业,通过立体经营的种植业、链式循环的养殖业和技术密集的加工业的综合发展,多次增值利用,独立地形成一个无废弃物的循环式结构。这种模式的特点是以庭院经济为主,把居住环境和生产环境有机结合起来,充分利用每一寸土地资源和太阳辐射能,并用现代的技术手段经营管理生产,以获得经济效益、生态效益和社会效益的协调统一。

北京留民营模式是一种较为典型的农村庭院型发展模式。留民营按照生态学的原理,通过调整生产结构,开发利用新能源和大力植树造林,已从单一的种植业发展到现在的农、林、牧、副、渔全面发展。在农业种植中,在保持粮食生产的前提下又新发展了标准化蔬菜大棚 26.67 hm²(400 亩),果园和苗圃 20 hm²(300 亩),在畜牧区中,蛋鸡饲养量达到 10 万只,年出栏商品猪达到 5 000 头,奶牛饲养量已发展到 100 头,养鱼水面达到 4 hm²(60 亩)。2000 年以来,为充分利用现有资源,生产结构开始向立体化发展,先后又办起了烤鸭厂、酸奶厂、饲料厂、面粉厂和食品加工厂,使经济效益进一步增值,既服务了首都,又富裕了农民(图 14-3)。

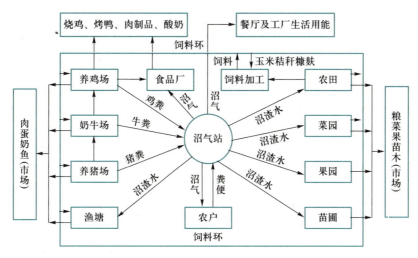

图 14-3　留民营农业生态系统综合利用循环图

（引自：周宏春，刘燕华.循环经济学［M］.北京：中国发展出版社，2005.）

（二）工业循环经济

1. 生物质资源工业共生循环模式

我国循环经济实践中出现了大量的生物质资源工业共生循环体系，如甘蔗制糖、林浆造纸和农产品加工等。2001年，国家环保总局批准建设了贵港国家生态工业（甘蔗制糖）示范园区。以贵糖（集团）股份有限公司为核心，结合甘蔗原料种植、副产糖蜜利用和酒精废液循环等，通过盘活、优化、提升、扩张等步骤，建设蔗田系统、制糖系统、酒精系统、造纸系统、热电联产系统、环境综合处理系统，形成"甘蔗—制糖—酒精—造纸—热电—水泥—复合肥"多行业综合性的链网结构。

如图14-4所示，该共生循环体系由六个子系统组成，其间通过中间产品和废弃物的相互交换衔接起来，形成一个比较完善和闭合的生态工业网络，园区内资源得到了较好的

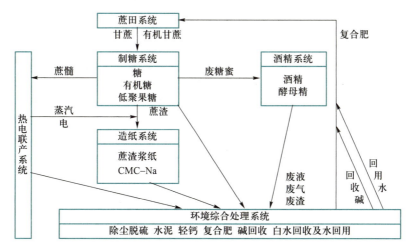

图 14-4　贵港国家生态工业（甘蔗制糖）示范园区共生循环体系图

（引自：段宁，孙启宏，傅泽强，等.我国制糖（甘蔗）生态工业模式及
典型案例分析［J］.环境科学研究，2004，17（4）：29-33.）

配置，废弃物得到有效利用，环境污染减少到最低水平，这六个系统简述如下。

（1）蔗田系统：建成现代化甘蔗园，通过良种、良法和农田水利建设，向园区生产提供高产、高糖、安全、稳定的甘蔗（包括有机甘蔗）原料，保障园区制造系统有充足的原料供应。

（2）制糖系统：通过制糖新工艺改造，生产出高品质的精炼糖及高附加值的有机糖、低聚果糖等产品。

（3）酒精系统：通过能源酒精生物工程和酵母精工程，有效地利用甘蔗制糖副产品——废糖蜜，生产出能源酒精和高附加值的酵母精等产品。

（4）造纸系统：通过绿色制浆工程改造、扩建制浆造纸规模（含高效碱回收）及CMC—Na（羧甲基纤维素钠）工程，充分利用甘蔗制糖副产品——蔗渣，生产出高质量的生活用纸及文化用纸和高附加值的 CMC—Na 等产品。

（5）热电联产系统：通过使用甘蔗制糖的副产品——蔗髓替代部分原料煤，进行热电联产，向制糖系统、酒精系统、造纸系统及其他辅助系统提供生产所必需的电力和蒸汽，保障园区生产系统的动力供应。

（6）环境综合处理系统：通过除尘脱硫、节水工程及其他综合利用，为园区制造系统提供环境服务，包括废气、废水、废渣综合利用的资源化处理，生产水泥、轻质碳酸钙等副产品，进一步利用酒精系统的副产品——酒精废液制造甘蔗专用有机复合肥，并向园区各系统提供中水回用，节约水资源。

2. 矿物质资源工业共生循环模式

鲁北化工股份有限公司依托磷石膏制硫酸同时联产水泥，形成磷铵配套硫酸、水泥生产共生模式。利用生产磷铵排放的磷石膏废渣制造硫酸并联产水泥，硫酸又返回用于生产磷铵，使资源在生产过程中被高效利用。用生产磷铵排放的废渣磷石膏分解水泥熟料和二氧化硫窑气，水泥熟料与锅炉排出的煤渣和盐场来的盐石膏等配制水泥，二氧化硫窑气制硫酸，硫酸返回用于生产磷铵。既有效地解决了废渣磷石膏堆存占地、污染环境、制约磷复肥工业发展的难题，又开辟了硫酸和水泥新的原料路线、减少了温室气体二氧化碳的排放（图 14-5）。

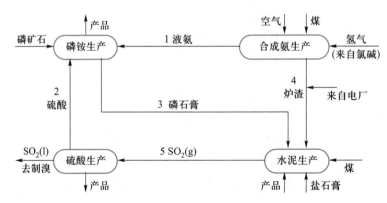

图 14-5 磷铵副产磷石膏制硫酸联产水泥产业链示意图

注：l 为液体，g 为气体

（引自：周宏春，刘燕华.循环经济学.北京：中国发展出版社，2005.）

（三）资源再生产业

废橡胶的回收和综合利用体系如图 14-6 所示。江苏省春兴合金集团是一个生产再生铅的大型冶金企业，生产原料不是金属矿石，而是汽车报废的铅酸蓄电池。仅 2000 年，该厂就回收了 600 多万个废电池，从中提取了 9 万多吨铅。江苏霞客环保色纺股份有限公司是一个年产 8 万吨涤纶纱和涤纶短纤维的化纤企业，生产原料全部是废旧塑料瓶。被人们丢弃的矿泉水瓶、可乐瓶、食用油瓶等，经过一道道工序处理后，变成了五颜六色的纺织原料。这家工厂一年就要"吃"掉 20 多亿只废旧塑料瓶子。类似的企业众多，浙江的一个废纸再生企业的年产值达到 15 亿元；北京南郊的一个企业，利用下脚棉生产牛仔服的线，并出口创汇，不仅利用了废弃物，也创造了就业机会。

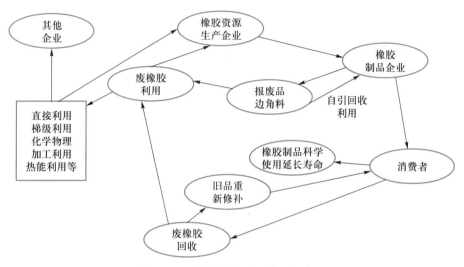

图 14-6　废橡胶综合利用体系示意图

（引自：周宏春，刘燕华.循环经济学.北京：中国发展出版社，2005.）

城市垃圾焚烧发电成为一个新的热点。在我国，一些垃圾处理企业已具备焚烧发电的设计、设备成套、施工安装和运行管理的总承包能力，除关键设备外，基本实现了国产化；垃圾焚烧发电成为一个迅速发展的产业。近年来，投产的垃圾焚烧发电项目，因享受发电入网、不参加调峰及减免税收等优惠政策，经济效益和环境效益显著提高。

相关数据显示，我国城市生活垃圾产出量在以每年 8%～9% 的速率增长，城市垃圾处理已经成为日益严峻的挑战。2020 年全国城市生活垃圾清运量达 2.35 亿吨，无害化处理能力达 96.3 万吨/天。2021 年，全国 297 个地级以上城市已开展生活垃圾分类工作，居民小区垃圾分类平均覆盖率达 77%，配置分类运输车辆 6.6 万辆，分类运输能力得到进一步提升。同时，相关部门持续提升生活垃圾无害化处理与回收利用水平，焚烧处理能力占总处理能力的 75.2%，生活垃圾回收利用率、资源化利用率进一步提升，农村生活垃圾进行收运处理的自然村比例达到 90% 以上。

另一方面，一些国家如日本，出台了专门的法律，要求对可循环利用的厨余有机物进行循环利用。从总体上看，国内外对厨余垃圾的处理方法不多，一般与其他生活垃圾混合收集后填埋处理，也有采用堆置、常温堆肥、厌氧发酵和焚烧的。厨余垃圾填埋存在着浪费土地、产生恶臭气体与渗滤液污染地下水等问题；如果用厨余垃圾喂猪，其中的有毒有害成分会进入食物链，影响人体健康。2001 年，厦门闽星环境工程服务公司与中国农业大学合作，在堆肥处理有机废弃物的基础上，探索利用生态技术，构建高效的有机废弃物生物转化技术体系（蚯蚓与微生物互作），规模化处理厨余垃圾、水浮莲、农业废弃物等有机废弃物，并生产转化为具有高附加值的有机、无机、微生物三维复合肥，促进了有机废弃物生态循环再利用和土壤改良，具体的处理流程及其产物如图 14-7 所示。

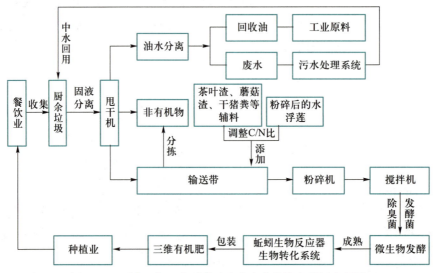

图 14-7   厨余垃圾、水浮莲及农业废弃物综合利用流程图

（引自：周宏春，刘燕华. 循环经济学. 北京：中国发展出版社，2005.）

三、我国区域发展循环经济的模式

发展循环经济要因地制宜，结合不同地区或不同发展阶段及不同行业特点，是一种多样化的实践探索过程。发展阶段、技术经济条件、资源环境基础和外部发展环境决定着区域循环经济的发展模式。与此同时，"无废城市"是以创新、协调、绿色、开放、共享的新发展理念为引领，通过推动形成绿色发展方式和生活方式，持续推进固体废弃物源头减量和资源化利用，最大限度减少填埋量，将固体废弃物环境影响降至最低的城市发展模式，也是一种先进的城市管理理念。2018 年，国务院办公厅印发《"无废城市"建设试点工作方案》，2019 年生态环境部公布 11 个"无废城市"建设试点，2022 年生态环境部公布"十四五"时期"无废城市"建设名单。

（一）贵阳模式

贵阳市当初是由国家环保总局确立的第一个循环经济试点城市。自改革开放以来，贵阳市经历了一个高速发展阶段，从 1978 年到 2002 年，贵阳市的 GDP 增长了 9.6 倍，年均增长 10.4%。但同期主要资源投入量（包括生物量、化石燃料、金属矿石、非金属矿石、建材）增长了 3.3 倍，年均增长 6.3%，远高于全国平均水平。粗放式资源依赖型的经济发展模式已经产生了大范围的、不可逆转的区域环境和生态灾害。如何积极地寻求新的发展模式，防止经济增长、资源投入和污染排放的同步翻番，提高经济效益和提升城市发展势位，以期在我国西部内陆生态脆弱欠发达的城市实现全面小康，是摆在贵阳市面前的急需解决的重大现实问题，更是一个长期的发展战略问题。

贵阳市敏锐地抓住循环经济建设的机遇，做出了以循环经济模式建设生态城市的重大决策。为此，贵阳市提出了"一个目标、两个环节、三个核心系统和八大循环体系"的战略框架（见专栏 14-3）。从 5 个方面开展工作：① 组建工作机构，建立以政府为中心、市循环经济办公室牵头、各部门分工负责的组织体系；② 按照"边规划，边建设"原则，大力推进循环经济项目建设工作；③ 制定法规制度，构建循环经济生态城市建设制度保障体系；④ 开展宣传教育系列活动，普及循环经济知识，增强干部群众的循环经济意识；⑤ 加大对外联络力度，寻求国内外广泛支持。2022 年 8 月，国家发展改革委等七部门联合印发通知，贵阳市成为公布的废旧物资循环利用体系建设的 60 个重点城市名单之一。

专栏 14-3　贵阳市发展循环经济的战略框架

实现一个目标，即全面建成小康社会，在保持经济持续快速增长的同时，不断改善人民的生活水平，并保持生态环境美好。

抓住两个关键环节：一是生产环节模式的转变，另一个是消费环节模式的转变。

构建三个核心系统：第一个是循环经济产业系统的构架；第二个是城市基础设施系统的建设，重点为水、能源和固体废弃物循环利用系统；第三个是生态保障系统的建设，包括绿色建筑、人居环境和生态保护系统。

推进八大循环体系建设：第一项是磷产业循环体系；第二项是铝产业循环体系；第三项是中草药产业循环体系；第四项是煤产业循环体系；第五项是生态农业循环体系；第六项是建筑与城市基础设施产业循环体系；第七项是旅游和循环经济服务产业体系；第八项是循环型消费体系。

引自：贵阳市循环经济研究报告，2007.

（二）辽宁模式

辽宁省是当年国家环保总局确立的第一个循环经济示范省。2002年《辽宁省发展循环经济试点方案》发布。循环经济试点的目标是结合辽宁省的实际，将循环经济的理念注入全省经济结构调整和产业转型之中，实现经济、社会与环境的协调发展。计划在 5 年内，在全省创建一批循环经济型企业、生态工业园区和几个资源转型城市；建设区域性的资源再生产业基地，培育新的经济增长点，大幅度提高资源利用效率；初步建立发展循环经济的机制和体制框架。大约用 10 年的时间，可形成新型的经济发展模式，建立完善的循环经济发展机制和框架，使辽宁省走上生产发展、生活富裕、生态良好的可持续发展道路。

试点的主要任务是建设一批循环经济型企业、生态工业园区和城市资源循环型社会。所采取的主要措施包括：① 建立保障循环经济发展的政策法律体系；② 开发先进适用技术，建立发展循环经济的科技支持体系；③ 健全社会中介组织，建立信息交换平台；④ 加强宣传教育，积极倡导绿色消费；⑤ 加强与国际组织、外国政府、金融和科研机构等在循环经济领域的交流与合作，学习借鉴发达国家发展循环经济的成功经验，引进资金和先进技术；⑥ 强化组织领导，明确部门分工，共同促进循环经济发展。

在多年试点的基础上，辽宁省提出了影响广泛的"3+1"模式。具体来说，"小循环"是在企业层面推行清洁生产，减少产品和服务中物料和能源的消耗量，实现污染物产生量的最小化。"中循环"是在工业区及区域层面发展生态工业，建设生态工业园区，把上游生产过程的副产品或废弃物用作下游生产过程的原料，形成企业间的工业代谢和共生关系。"大循环"是在社会层面推进绿色消费，建立废弃物分类回收体系，注重第一、二、三产业间物质的循环和能量的梯级利用，最终建立循环型社会。同时建立废弃物和废旧资源的回收、处理、处置和再生产业（静脉产业），从根本上解决废弃物和废旧资源在全社会的循环利用问题。

辽宁省循环经济实践是在振兴东北老工业基地的背景下开展的，振兴东北老工业基地战略为辽宁省发展循环经济带来了重大的发展机遇，循环经济发展也成为辽宁省振兴老工业基地的重要战略举措。辽宁省这种与老工业基地振兴相互配合的循环经济发展模式具有一定的代表性。

（三）东部发达地区模式

上海市、江苏省和山东省都位于东部发达地区，都较早地制定了整体层面的循环经济规划。上海市是我国最早开展循环经济研究和实践的省市之一，2000 年前，上海就到德国调研循环经济的开展情况。2002 年，上海市发展计划委员会正式立项，将"建立发展上海循环经济"作为 2002 年上海市政府的一项重要研究课题。2005 年，上海组织编写了《上海市循环经济白皮书》，旨在研究确定 2010 年和 2020 年发展循环经济的战略思路和主要目标。目前，上海在清洁生产、节能、节水、废弃物资源化等方面已经开展了大量工作并处于全国领先水平。为进一步推动上海市资源节约和循环经济发展，2022 年，上海市政府办公厅印发了《上海市资源节约和循环经济发展"十四五"规划》，对"十四五"期间上海资源节约和循环经济发展做出了系统安排。

江苏省在 2003 年结合生态省建设，制定了发展循环型工业、循环型农业、循环型服务业和循环型社会的专项规划，在此基础上形成了江苏省循环经济发展总体规划，开展了全省范围内的循环经济试点，且进展良好。进入"十四五"时期，江苏省开始深入践行"争当表率、争做示范、走在前列"新使命新要求，奋力谱写"强富美高"新篇章。

山东省则提出了发展循环经济的"点、线、面"和"八创建活动"模式，使循环经济的试验示范无论在数量、规模和质量上都取得了显著的进展。2018 年发布《新旧动能转换重大工程实施规划》，循环经济成为改造旧动能重要途径之一。2021 年山东省发布了工业和信息化领域循环经济"十四五"发展规划，提出到 2025 年，实现工业和信息化领域资源利用效率居于全国前列、工业固体废弃物资源循环利用体系持续完善、循环型产业体系基本形成、循环经济制度建设取得重大进展、绿色制造体系加快建立的工业和信息化循环发展模式，初步建成符合山东省工业经济结构的资源循环利用体系。

概括而言，在我国东部发达地区，区域经济系统更为开放和活跃，循环经济模式的设计要充分注意资源、产业和技术转移的多重性，在区际资源产业转移过程中要注意发挥均衡机制，服务节约高效型国民经济体系的形成与壮大；我国中西部地区，以提高资源生产效率与效益为核心，从生产供给侧面推动清洁生产，更能突出转变传统经济增长方式与发展模式的作用，并对支持可持续消费具有明显的促进作用。同时也要加大对可持续消费的宣传教育，从需求侧面引导循环经济发展。

第四节　循环型社会

日本是循环型社会的提出者，已经积累了 20 多年的经验。我国自从 2019 年开始实施"无废城市"建设，是走向"无废社会"或"循环型社会"的关键一步。

一、日本的循环型社会实践

1991 年，日本国会再次修订了 1970 年的《废弃物处理法》，并通过了《资源有效利用促进法》。1993 年，日本又以减少人类对环境的负荷为理念制定了《环境基本法》，实现了环境立法从完备单项法律体系为目标走向法典化的重要一步。此后，《容器和包装物的分类收集与循环法》与《家电回收利用法》分别在 1995 年与 1998 年被通过。这三项法令的目的是改变现有的社会经济体系，发展一种能使日本在 21 世纪克服其环境与资源限制的新型社会经济体系。1999 年 7 月，日本国际贸易工业部工业结构委员会发布了《循环经济规划》，认为必须建立起"一种循环型经济体系"，实现环境保护与节约资源在经济活动各个层面的融合。

2000 年，日本国会通过了六项法案：《建立循环型社会基本法》《废弃物处理法》（修订）、《资源有效利用促进法》（修订）、《建筑材料循环法》《可循环食品资源循环法》《绿色采购法》。因此，2000 年被日本命名为"资源循环型社会元年"。《建立循环型社会基本法》是日本循环型社会立法建设中具有龙头作用的法律，该法于 2000 年 6 月公布，其目的是综合、有计划地保证有关循环型社会推进措施的执行。

日本《建立循环型社会基本法》第十五条规定，政府应制定推进循环型社会，形成推进基本计划（循环基本计划）。为了推动这些目标实现，日本自 2003 年起，每 5 年发布一次《循环型社会推进计划》，至今已累计发布四次，相关目标已设定到 2025 年。

1. 入口指标——资源生产率

"资源生产率"是用来综合表示产业和人们生活中如何有效利用资源的指标。因为天然资源是有限的资源并且在采集中会产生环境负荷，另外最终会成为废弃物，所以应该用较少的投入量，高效率地创造 GDP，加大资源生产率。2025 年度资源生产率的目标为大约 49 万日元 /t（与 2000 年度的大约 25 万日元 /t 相比约增加一倍，与 2010 年度的大约 39 万日元 /t 相比约增加 25%）。

2. 中间指标——资源循环利用率

"资源循环利用率"是用来表示投入经济社会的物质总量中循环利用量所占比率的指

标。为了减少最终废弃物填埋量，原则上应增加循环利用率。2025 年度的循环利用率目标大约为 18%（与 2000 年度的 10% 相比约增加 80%，与 2010 年度的 14% 相比约增加 30%）。

3. 中间指标——废弃物循环利用率

"废弃物循环利用率"表示产生所有固体废弃物中各种循环利用量（包括再利用、再制造及资源化回收等）所占的比率。为了减少最终废弃物填埋量，应增加循环利用率。2025 年度的循环利用率目标大约为 47%（与 2000 年度的 36% 相比约增加 30%）。

4. 出口指标——最终处理量

"最终处理量"一般表示为固体废弃物最终填埋的数量。2025 年度的最终处理量目标为大约 1 300 万吨（与 2000 年度的 5 600 万吨相比大约减少 77%，与 2010 年度的 2 800 万吨相比大约减少一半）。

为达到目标，需要政府部门、企业、非政府组织和公众协同发挥作用。政府是建设循环型社会的主导力量，不仅负责制定和执行符合促进循环经济发展的政策法规，协调其他主体的作用，还应率先采取推进循环型社会形成的行动，如绿色购买及导入环境管理系统等。企业作为生产的主体，需要在排放者负责和生产者责任延伸的基础上，注重生产活动的生态化，推动废弃物的合理循环及处理，构筑与消费者之间的信息网络和推动信息公开。非政府组织需要通过为循环型社会开展工作，提高社会的信任，发挥在各主体间的桥梁作用。公众作为消费者和当地居民，自身也是废弃物的排放者，应该意识到自己行为也会给环境增加压力，需要在行动上注意，为推动循环型社会的形成审视自己的生活方式。

在日本的实践中，有三方面的经验值得注意。第一，由于循环型社会与生活于其中的人们密不可分，因此提升公众意识对于建立一个循环型社会非常重要。信息交流与教育在其中扮演了关键的角色。第二，需要实施预防性措施。在经济发展的各个阶段，日本都试图采取最好的措施。在某些情况下，采取预防性措施能够降低补救的费用。在某些极端的例子中，污染伤害赔偿与修复费用可能比采取预防性措施时高上 100 倍。必须意识到，忽视潜藏的危险会增加未来的费用。第三，应尽可能地利用市场的力量。换言之，要将环境融入市场经济中。无论是在公共部门还是私营部门，都必须在废弃物处理和回收利用过程中实行适当的费用分配。在日本"延伸生产者责任"制度的引入，已将公共部门的废弃物管理变为私营企业的经济行为。

二、我国的"无废城市"建设

"无废城市"是以创新、协调、绿色、开放、共享的新发展理念为引领，通过推动形成绿色发展方式和生活方式，持续推进固体废弃物源头减量和资源化利用，最大限度减少填埋量，将固体废弃物环境影响降至最低的城市发展模式，也是一种先进的城市管理理念。

2018 年 12 月 29 日，国务院办公厅印发《"无废城市"建设试点工作方案》。该方案明确了六项重点任务：一是强化顶层设计引领，发挥政府宏观指导作用；二是实施工业绿色生产，推动大宗工业固体废弃物贮存处置总量趋零增长；三是推行农业绿色生产，促进主要农业废弃物全量利用；四是践行绿色生活方式，推动生活垃圾源头减量和资源化利用；五是提升风险防控能力，强化危险废弃物全面安全管控；六是激发市场主体活力，培育产业发展新模式。

2019 年 4 月 30 日，生态环境部公布 11 个"无废城市"建设试点，坚持绿色低碳循环发展，以大宗工业固体废弃物、主要农业废弃物、生活垃圾和建筑垃圾、危险废弃物为重点，实现源头大幅减量、充分资源化利用和安全处置。

根据前期试点的工作经验，2022 年 4 月 24 日，生态环境部公布"十四五"时期"无废城市"建设名单。《"十四五"时期"无废城市"建设工作方案》明确提出，"十四五"时期将推动 100 个左右地级及以上城市开展"无废城市"建设。到 2025 年，"无废城市"固体废弃物产生强度较快下降，综合利用水平显著提升，无害化处置能力有效保障，减污降碳协同增效作用充分发挥，基本实现固体废弃物管理信息"一张网"，"无废"理念得到广泛认同，固体废弃物治理体系和治理能力得到明显提升。

"无废城市"建设，对于深入打好污染防治攻坚战和实现碳达峰碳中和等重大战略，具有不可忽视的作用。"无废城市"建设是一项系统工程，需要凝聚各方共识，形成工作合力；它也是一种先进的城市管理理念，不仅更注重环境保护，还在于让经济发展过程资源利用率更高、社会效益更好。未来，"无废城市"建设将为"无废社会"或循环型社会的形成奠定条件。

1. 与清洁生产比较，循环经济在废弃物管理模式上有什么不同？

2. 与工业化发达国家比较，我国在废弃物产生特征上有什么不同？这些不同是否决定了我国发展循环经济在内涵和侧重点上有所不同？

3. 请选择一个行业，勾画出循环经济体系及其中的主要链条。

4. 讨论"无废城市"建设对循环型社会的作用及影响。

［1］黄贤金 . 循环经济学［M］. 2 版 . 南京：东南大学出版社，2015.

［2］曲向荣 . 清洁生产与循环经济［M］. 2 版 . 北京：清华大学出版社，2014.

［3］魏文栋，陈竹君，耿涌，等 . 循环经济助推碳中和的路径和对策建议［J］. 中国科学院院刊，2021，36（9）：1030-1038.

［4］曾现来，李金惠 . 城市矿山开发及其资源调控：特征、可持续性和开发机理［J］. 中国科学：地球科学，2018，48（3）：288-298.

［5］张希良，黄晓丹，张达，等 . 碳中和目标下的能源经济转型路径与政策研究［J］. 管理世界，2022，38（1）：35-66.

［6］张占仓，盛广耀，李金惠，等．无废城市建设：新理念 新模式 新方向［J］．区域经济评论，2019，（3）：84-95.

［7］诸大建．生态经济学：可持续发展的经济学和管理学［J］．中国科学院院刊，2008，23（6）：520-530.

［8］Geng Y，Sarkis J，Bleischwitz R. How to globalize the circular economy［J］. Nature，2019，565（7738）：153-155.

［9］Mathews J A，Tan H. Circular economy：Lessons from China［J］. Nature，2016，531（7595）：440-442.

［10］Olivetti E A，Cullen J M. Toward a sustainable materials system［J］. Science，2018，360（6396）：1396-1398.

［11］Reuter M A，van Schaik A，Gutzmer J，et al. Challenges of the circular economy：A material，metallurgical，and product design perspective［J］. Annual Review of Materials Research，2019，49（1）：253-274.

［12］Zeng X，Ali S H，Tian J，et al. Mapping anthropogenic mineral generation in China and its implications for a circular economy［J］. Nature Communications，2020，11（1）：1544.

第十五章 碳达峰与碳中和

【导读】碳达峰与碳中和是二氧化碳排放曲线上两个标志性的状态，尤其碳中和可以看作工业文明与生态文明的分水岭。由于其对环境和经济发展影响的全局性、长期性和复杂性，碳达峰与碳中和的实现依赖于经济社会的系统性变革，需要纳入环境保护与可持续发展的整体布局。本章主要介绍碳达峰与碳中和的内涵与科学基础、提出的国内外背景与必然性、实施路径，以及我国的行动。首先，从工业革命以来气温、二氧化碳浓度变化、排放轨迹与趋势的相关性阐述了碳达峰与碳中和的科学基础，在梳理国内外背景与过程的基础上指出了我国实现碳达峰与碳中和的挑战与必然性；然后，基于对自然生态系统与经济社会系统的解构辨析了 12 条碳达峰与碳中和的实施路径；最后，综述了我国碳达峰与碳中和领域的"1+N"政策体系、行业行动、科技行动和标准行动。

第一节 碳达峰与碳中和的内涵与科学基础

一、工业革命以来的气温与二氧化碳浓度变化

观测记录显示，1880 年以来地球的平均表面温度每十年上升 0.07 ℃，且随着时间推移，温度变化的速率显著增加，如图 15-1 所示。同时，图 15-1 显示大气中二氧化碳浓度也在同步增加，并且与气温变化表现出很强的正相关性。2021 年大气中二氧化碳浓度（体积分数）超过 410×10^{-6}，比工业革命前的 280×10^{-6} 升高近 50%，为 200 多年的最高值。1970 年以来的 50 年是工业革命以来最暖的 50 年。

大气中的二氧化碳浓度取决于二氧化碳排放与吸收的数量。因此，气温升高可能与二氧化碳排放存在密切的关系。图 15-2 显示了全球平均气温变化与二氧化碳排放量关系。图 15-2 中黑线描绘了 1850 年以来全球气温变化与累计碳排放量的正相关关系，阴影区域则展示了政府间气候变化专门委员会（IPCC）模拟不同碳排放情况下，到 2050 年的可能温度变化。可以看出，到 2050 年全球气温有很大可能升高 1.5 ~ 2.5 ℃。

上述气温变化与二氧化碳排放的高度相关性引起了世界范围内的广泛关注。1988 年，世界气象组织（WMO）和联合国环境规划署（UNEP）联合成立了政府间气候变化专门委员会（IPCC），组织全球数千名科学家对气候变化问题进行"会诊"，旨在科学评估气候变化并夯实科学基础。

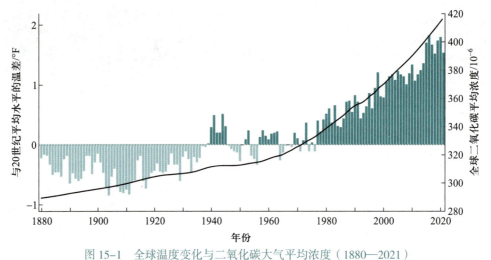

图 15-1　全球温度变化与二氧化碳大气平均浓度（1880—2021）

注：1880—1958 数据来自 IAC，1959—2019 数据来自 NOAA ESRL. 原图由 Howard Diamond 绘制

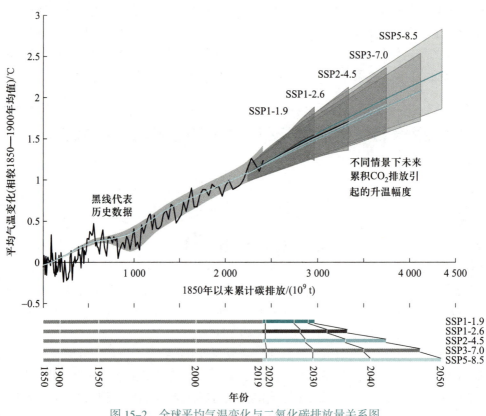

图 15-2　全球平均气温变化与二氧化碳排放量关系图

（资料来源：IPCC）

2022 年 2 月，IPCC 第六次评估报告第二工作组发布《气候变化 2022：影响、适应和脆弱性》，指出人类温室气体排放引起的气候变化正在广泛影响自然和人类社会，带来严峻、不可逆转的风险，包括威胁生命安全、造成粮食减产、破坏自然生态环境和抑制经济增长；同时指出如不能削减温室气体排放，地球的热度和湿度将挑战人类忍受极限，中国

将是最受影响的区域之一。

二、工业革命以来的二氧化碳排放轨迹与趋势

工业革命在很大程度上得益于煤炭的发现及其利用，其后的历次技术变革基本都是建立在新的能源，尤其是石油和天然气等化石能源的开发利用之上。煤炭、石油和天然气的大规模利用导致越来越多的二氧化碳排到大气中，引发了气候变化等全球性问题，也进一步促成了当前碳中和的大讨论。

从历史视角，工业革命继开启了东西方大分流后，又进一步开启了碳排放的大加速进程。随着世界各国在《巴黎协定》后纷纷提出碳中和的战略目标，可以预期全球将会在21世纪中叶达到碳中和状态。显然，全球碳排放在接下来的三四十年里必然经历一个大减速过程，从当前的峰值状态快速下降到增值为零的碳中和状态，如图 15-3 所示。

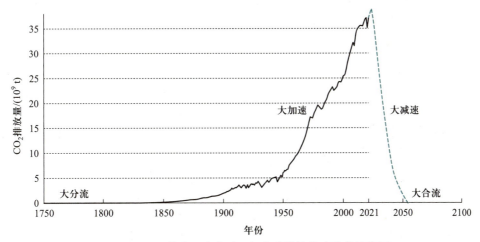

图 15-3 工业革命以来全球二氧化碳排放轨迹及趋势特征
（实线是测算数据；虚线是自行添加的趋势数据）

纵观人类发展历程，能源利用种类及其捕获量是衡量文明的关键指标，煤炭利用促成了工业革命，成为农业文明与工业文明的分水岭。同理，当新的能源替代煤炭石油化石能源而达到碳中和时，则会成为工业文明与生态文明的分水岭。如此判断的重要原因在于碳中和已经成为全球治理的新抓手，存在尺度匹配性、影响全局性和行动可操作性三大优点。在尺度匹配性上，全球性问题需要全球尺度的治理机制，无疑作为典型的全球性问题的气候变化就需要对应全球尺度的治理抓手；在影响的系统性上，实现碳达峰、碳中和是一场广泛而深刻的经济社会系统性变革；在手段的可操作性上，碳减排有着 MRV 原则，即可测量、可报告与可核查，由此界定了全球治理的定量化维度。

三、全球碳排放与碳固定的规模与结构

大气中二氧化碳的浓度变化取决于碳排放和碳固定两个过程。碳排放可以由人为过程产生，也可以由自然过程产生。人为过程主要包括四个方面：化石燃料燃烧、工业过程、

废物处理处置、农林土地利用变化。自然过程包括火山喷发、煤炭自燃等。碳固定也可区分为自然固定和人为固定两大类。自然固碳过程有陆地固碳和海洋固碳。陆地诸多生态系统类型都有着固碳作用，典型的有森林和草地等。人为固定是将二氧化碳加以人工捕集、利用或封存。捕集是利用物理、化学、生物过程或方法将二氧化碳浓缩捕获；利用是通过生物或化学过程将二氧化碳转化成可以利用的化学品；封存是将二氧化碳封存到地下深处和海洋深处。

2010—2019 年间，全球碳收支情况如图 15-4 所示。人为排放的二氧化碳，大致有54% 被自然过程所吸收固定，剩下的 46% 则留存于大气中。在自然吸收的 54% 中，23%由海洋完成，31% 由陆地生态系统完成。

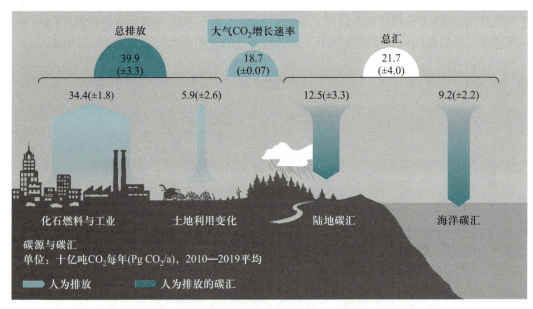

图 15-4　全球碳收支情况（2010—2019 年）

2016 年，全球碳排放量大约为 400 亿吨二氧化碳，其中的 73.2% 来自化石燃料燃烧，18.4% 由土地利用变化造成，来自工业过程的碳排放占 5.2%，废物处理处置占 3.2%。化石燃料燃烧排放中，24.2% 来自工业用能排放，16.2% 来自交通用能排放，17.5% 来自建筑用能排放，如图 15-5 所示。

四、碳达峰与碳中和的概念与内涵

IPCC 报告指明了气候变化与二氧化碳排放的对应关系，也明确提出世界各国为避免气候进一步恶化，需要进行二氧化碳减排。世界主要经济体如欧盟、美国、日本和中国等都纷纷响应碳减排要求。欧盟宣布 2050 年实现气候中和，气候中和是指除温室气体以外，还将辐射等地球物理效应纳入中和范畴，避免对气候系统产生影响。美国宣布 2050 年实现净零排放，净零排放是指包含二氧化碳在内的所有温室气体的中和。我国于 2019 年提出力争 2030 年前实现碳达峰、2060 年前实现碳中和的战略目标。

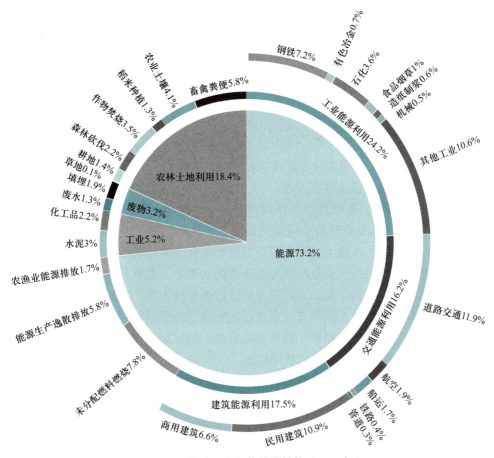

图 15-5 全球温室气体排放结构（2016 年）

碳达峰与碳中和实质上是指二氧化碳排放总量曲线上的两个特殊状态。碳达峰是指二氧化碳排放量在排放总量曲线上达到了峰值，是二氧化碳排放量由增转降的历史拐点，标志着经济社会发展与碳排放开始实现绝对脱钩。目前，全球已有 50 多个国家实现了碳达峰。

碳中和是指大气中二氧化碳排放与吸收的平衡状态，在图 15-6 中表现为二氧化碳排放总量曲线与水平坐标的交会。

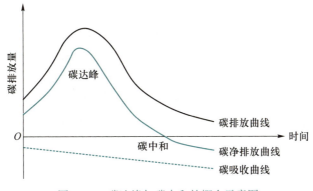

图 15-6 碳达峰与碳中和的概念示意图

第二节　碳达峰与碳中和提出的国内外背景与必然性

一、国际背景与过程

1990 年，第 45 届联合国大会决定设立政府间谈判委员会，就制定气候变化国际公约进行谈判，开启应对气候变化多边进程。

1992 年，联合国大会在巴西里约热内卢召开世界环境与发展大会，通过了《联合国气候变化框架公约》。这是全球首个应对气候变化的国际公约，也是国际社会开展应对气候变化合作的基本框架。本次大会确立了应对气候变化的最终目标，即将大气中温室气体的浓度稳定在防止气候系统受到危险的人为干扰的水平上，也就是通过人为干扰控制温室气体浓度以确保气候系统的安全，为此甚至可以放慢发展速率。同时，本次大会也确定了应对气候变化的基本原则：共同但有区别责任的原则、公平原则、各自能力原则和可持续发展原则，明确发达国家应承担率先减排和向发展中国家提供资金技术支持的义务，承认发展中国家有消除贫困、发展经济的优先需求。

1997 年，在日本京都《联合国气候变化框架公约》参加国制定了《联合国气候变化框架公约的京都议定书》（简称《京都议定书》），该议定书是《联合国气候变化框架公约》的补充条款，其目标是"将大气中的温室气体含量稳定在一个适当的水平，进而防止剧烈的气候改变对人类造成伤害"。2005 年 2 月 16 日，《京都议定书》正式生效。这是人类历史上首次以法规的形式限制温室气体排放。

2007 年，在印尼巴厘岛召开的联合国气候变化大会通过了"巴厘路线图"，确定发展中国家和未签订《京都议定书》的发达国家要进一步应对气候变化。

2009 年，联合国气候变化大会在丹麦哥本哈根召开，并发表了《哥本哈根协议》。该协议是国际社会共同应对气候变化迈出的具有重大意义的一步，它维护了《公约》和《议定书》确立的"共同但有区别的责任"原则，坚持了"巴厘路线图"的授权，反映了各方自"巴厘路线图"谈判进程启动以来取得的共识，包含了包括中国在内的各方的积极努力。

2015 年，第 21 届联合国气候变化大会通过了《巴黎协定》。该协定由全世界 178 个缔约方共同签署，是对 2020 年后全球应对气候变化的行动作出的统一安排。其长期目标是将全球平均气温较前工业化时期上升幅度控制在 2 ℃以内，并努力将温度上升幅度限制在 1.5 ℃以内，到 21 世纪下半叶实现碳中和。《巴黎协定》将在 2020 年后全面取代《京都议定书》，并建立了所有国家共同参与的全球减排机制，是人类应对气候变化史上一座新的里程碑（图 15-7）。

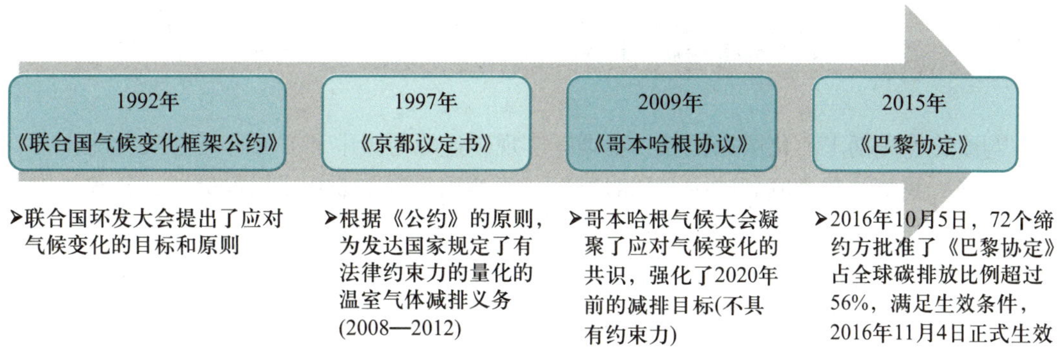

1992年	1997年	2009年	2015年
《联合国气候变化框架公约》	《京都议定书》	《哥本哈根协议》	《巴黎协定》
➤联合国环发大会提出了应对气候变化的目标和原则	➤根据《公约》的原则，为发达国家规定了有法律约束力的量化的温室气体减排义务 (2008—2012)	➤哥本哈根气候大会凝聚了应对气候变化的共识，强化了2020年前的减排目标(不具有约束力)	➤2016年10月5日，72个缔约方批准了《巴黎协定》占全球碳排放比例超过56%，满足生效条件，2016年11月4日正式生效

图 15-7 碳达峰与碳中和的重要里程碑国际事件

二、国内背景与过程

我国自 1992 年世界环境与发展大会以来，就积极参与气候变化国际谈判工作，在全球气候治理中的角色也逐渐发生转变，当前正在从参与者、贡献者向引领者角色转变。我国有关气候变化与双碳的部分重要政策或行动见表 15-1。

表 15-1 我国关于气候变化的重要政策或行动

年份	政策或行动	关键内容或指标
2007	《中国应对气候变化国家方案》	明确了到 2010 年的具体目标、基本原则、重点领域及政策措施
2011	《"十二五"控制温室气体排放工作方案》	首次将碳强度下降作为约束性目标列入规划；到 2015 年，中国"碳强度"比 2010 年下降 17%；对"十二五"各地区碳强度下降指标进行分解
2013	《国家适应气候变化战略》	—
2014	《国家应对气候变化规划（2014—2020 年）》	到 2020 年，碳强度比 2005 年下降 40%～45%
2015	《强化应对气候变化行动——中国国家自主贡献》	2030 年左右达到峰值并争取尽早达峰；碳强度比 2005 年下降 60%～65%
2016	《"十三五"控制温室气体排放工作方案》	到 2020 年，碳强度比 2015 年下降 18%；碳排放得到有效控制
2017	十九大将气候变化列为人类面临非传统安全威胁	到 2017 年，提前 3 年完成 2020 年碳强度比 2005 年下降 40%～45% 的目标
2020	习近平主席 9 月 22 日在联合国大会一般性辩论	二氧化碳排放力争于 2030 年前达到峰值，努力争取 2060 年前实现碳中和。
2021	中共中央、国务院印发《关于完整准确全面贯彻新发展理念做好碳达峰碳中和工作的意见》和《2030 年前碳达峰行动方案》	对碳达峰碳中和工作作出系统谋划和总体部署，明确碳达峰阶段工作重点，提出实施"碳达峰十大行动"
2022	党的二十大报告	积极稳妥推进碳达峰碳中和

三、我国实现碳达峰与碳中和的挑战与必然

与欧美等先期工业化国家比较，我国在实现碳达峰与碳中和方面存在着三大挑战。

首先，我国从碳达峰到碳中和的时间短。发达国家的工业化早已经完成，其碳排放在过去 30 年间陆续按相对自然的方式达到峰值并步入碳减排阶段。从碳达峰到各自宣称的碳中和时间，欧盟大约 70 年，美国和日本大约 40 年，而我国只有 30 年（图 15-8）。同时，欧美已实现经济发展与碳排放脱钩，我国尚处于碳排放上升期，还没有实现碳达峰。

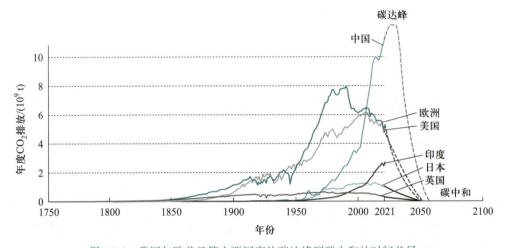

图 15-8　我国与欧美日等主要国家从碳达峰到碳中和的时间差异

其次，我国具有高碳的能源结构。欧美等主要国家的能源结构中化石能源占比 50% ~ 85%，我国约为 85%。欧美化石能源中煤炭占比仅为 3% ~ 17%，我国高达 57%。因能源资源禀赋条件所限，我国多煤、少油、缺气，能源消费在较长一段时间内会以煤为主。近年来我国采取多种措施降低煤炭消费占比，但煤炭是我国能源安全的压舱石，煤电无论是装机容量还是发电量都依然占据半壁江山。

再次，我国具有高碳的产业结构。我国第二产业能源利用效率总体偏低，能耗约占全国能源消费总量 70%，碳排放约占全国碳排放总量 80%，其中煤电、钢铁、建材、石化等高耗能行业消耗了全国 49% 的能源。为实现煤炭、钢铁、石化、水泥等行业的碳中和，煤电 CO_2 排放要基本清零，非化石能源发电占比要达到 80% 以上，产业低碳转型非常艰难。

尽管存在诸多挑战，我国实现碳达峰与碳中和仍存在如下 4 个方面的必然性。

（1）碳达峰与碳中和是破解资源环境约束、实现可持续发展的必然选择。党的十八大以来，我国生态文明建设发生了历史性、转折性、全局性变化，但生产和生活方式向绿色低碳转型的压力依然较大，资源约束趋紧、环境容量不足等问题依然突出。推进碳达峰与碳中和工作，有助于加快建设绿色低碳循环发展体系，提高能源资源利用效率，推动形成绿色生产和生活方式，从源头破解资源环境约束的突出问题。

（2）碳达峰与碳中和是推动经济结构转型升级的必然选择。实现碳达峰与碳中和将带来巨大的绿色低碳投资和消费需求，为我国经济发展带来新的机遇和广阔市场，为高质量

发展注入强大动能。推进碳达峰与碳中和工作有助于推动我国产业链、供应链、价值链向中高端迈进，为经济社会发展全面绿色转型提供坚实产业和技术支撑。

（3）碳达峰与碳中和是促进人与自然和谐共生的必然选择。近年来，我国生态环境质量持续改善，但稳中向好的基础还不稳固，距离人民群众的期望还存在一定的差距。为满足群众需求，需要推进碳达峰与碳中和工作，加快实现生态环境质量改善由量到质的关键转变，为人民群众提供更加优美的生态环境、更加良好的生活品质。

（4）碳达峰与碳中和是主动担当大国责任、推动构建人类命运共同体的必然选择。地球是人类赖以生存的家园，良好的生态环境是各国永续发展、增进全人类福祉的根基。顺应时代潮流，必须以扎实推进碳达峰与碳中和工作为重要契机，在全球绿色低碳发展大势中始终保持战略主动，积极参与和引领全球气候治理，展现负责任大国的担当，构筑国际竞争新优势，推动构建人与自然生命共同体。

第三节　碳达峰与碳中和的实施路径

碳达峰与碳中和尽管指的是自然大气中二氧化碳的状态变化，但实现碳达峰与碳中和不仅需要自然生态系统的变化，更需要经济社会的系统性变革。为此，需要在自然生态与经济社会两大系统的碳代谢过程中发掘碳达峰与碳中和的实施路径。

按照联合国环境规划署《全球环境展望》报告，自然生态系统可以划分为大气圈、水圈、岩土圈、海洋圈和生物圈五大系统。按照能源供需与产品生命周期概念，经济社会系统也可以划分出五大系统：能源供给系统、原材料加工系统、生产制造系统、产品消费系统和废物管理系统。碳在上述 5+5 共 10 个系统之间循环流转，由此可以辨析出 12 条碳达峰与碳中和的实施路径，包括能源脱碳化、生物基原材料替代、清洁生产降碳、产品零碳设计降碳、可持续消费降碳、循环经济降碳、碳捕集与利用、矿化碳汇、生物碳汇、海洋碳汇、土地利用变化优化降碳、管理降碳，如图 15-9 所示。

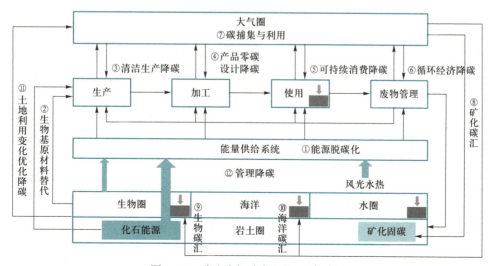

图 15-9　碳达峰与碳中和的 12 条路径

一、能源脱碳化

工业革命以来尤其近百年来，能源供给结构发生了重大变迁。煤炭占比逐年下降，由 1900 年的 95% 逐渐下降至当前的 25% 左右。石油经历了先升后降的过程，在 20 世纪 70 年代中期达到峰值，大约占 50%。天然气近百年来持续增长，当前大约占 25%。可再生能源尽管占比仍然最低，但近年来增长迅速（图 15-10）。英国石油公司（BP）发布的《世界能源统计年鉴（2022）》显示，2021 年全球煤炭消费 160.1 EJ（艾焦），占一次能源消费结构的 26.9%，石油占比 31.0%，天然气占比 24.4%，核能、水电和可再生能源合计占 17.7%。

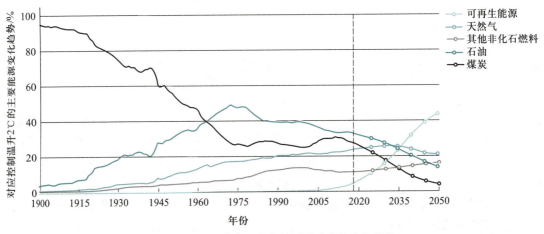

图 15-10　工业革命以来的能源脱碳化轨迹与趋势

（来源：BP. Energy Outlook 2020 edition）

在化学计量上，按煤炭、石油、天然气到可再生能源的顺序，其碳含量是依次降低的。结合能源比重变化，可以看出能源供给侧存在显著的脱碳化趋势。在碳中和要求下，能源供给侧结构将继续从煤炭、石油和天然气等化石基能源向风电、光伏、生物质能源等零碳能源转变，要求二次能源尤其电力的零碳化。可以预计，在区域乃至全球尺度上，未来的能源结构将是以新能源为主体、化石能源 + 碳捕集利用与封存（CCUS）和核能为保障的清洁零碳、安全高效能源体系。

二、生物基原材料替代

化石能源中的碳除了通过燃烧反应或做成能源产品最终以二氧化碳的形式释放到大气中外，还有相当一部分作为材料骨架固定在塑料、树脂和橡胶等聚合物中。碳中和不仅要求削减燃料碳，同样也要求削减用于材料的化石碳，因此化石基原材料向生物基原材料的转型就成为工业碳中和的必然。从传统化石基经济向可持续生物基经济模式过渡，将在缓解化石燃料日益枯竭问题的同时，在很大程度上促进区域和国家在应对气候变化背景下长期脱碳目标的实现，为碳中和目标的推进带来重要机遇。

在转型路径上，美国能源部于 2004 年首次提出了 12 种来源于糖类的平台化合物，包括丁二酸、甘油、乙酰丙酸、天冬氨酸等。近年来，世界各国都高度重视新的平台化合物的发现及生产路线（图 15-11）。

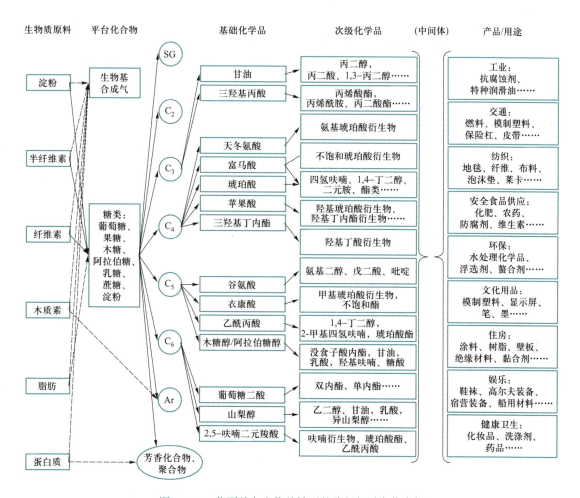

图 15-11　化石基向生物基转型的路径与平台化合物

三、清洁生产降碳

清洁生产是指为提高生态效率和降低人类及环境风险，而对生产过程、产品和服务持续实施的一种综合性、预防性的战略措施。对于生产过程，它意味着要节约原材料和能源，减少使用有毒物料，并在各种废物排出生产过程前，降低其毒性和数量。

在碳达峰与碳中和要求下，钢铁、有色、化工和建材等原材料生产过程中的用能需要以绿电、绿氢等替代煤、油、气，同时需要进行生产过程系统优化来达到节能降碳效果。在企业尺度上，清洁生产措施包括原材料替代、工艺改进、操作管理优化和废物循环利用等。在超越企业的园区或更大产业生态系统的尺度，还会存在废物交换、物料/能量/水梯级利用和基础设施共享等产业共生机会。

以钢铁工业为例，钢铁是我国制造业煤炭能源消费的最大产业，占全国工业部门一次能源消费总量的15%左右，二氧化碳排放量约占工业的16%。钢铁生产由炼铁、炼钢、轧钢等多道工序组成，是典型的流程工业。钢铁清洁生产降碳的主要手段包括以下几种：① 流程结构优化，短流程工艺替代长流程工艺；② 长流程关键技术优化升级（氢冶炼）；③ 长流程工序组合优化（将高碳环节空间转移）；④ 能源供给侧结构调整；⑤ 能源需求侧管理与智能化；⑥ 产业共生协同降碳，构建钢铁低碳产业共生体系等。

四、产品生命周期降碳

产品是生产与消费环节的连接载体，也是经济社会系统与自然生态系统交互的重要介质。产品原材料加工、产品制造、产品消费、废弃管理和包装运输整个生命周期过程中都有可能产生二氧化碳排放。在生命周期尺度上，某一产品在其生命周期过程中所导致的直接和间接的二氧化碳及其他温室气体的排放总量，称为产品碳足迹。碳中和产品一般是指碳足迹为零的产品。

产品生命周期降碳是指从生命周期视角，通过原材料替代、过程减排、生态设计、循环经济和碳捕集利用封存等手段，实现产品全生命周期尺度上碳的减排，是碳中和产品的实现基础。以纺织服装为例，纺织服装是产业链最长的行业之一。首先，在原材料环节，纺织服装行业要关注棉麻丝毛等天然纤维和化学纤维生产过程的碳排放，尽量减少棉麻等天然纤维生产中化肥的使用，以及化纤生产中化石能源等使用；在产品设计环节，要考虑产品使用寿命、面料选择及后续回收等；在生产制造环节，要注意节能降耗、优化印染纺织工艺等；在运输环节，也要注意运输中的碳排放。

五、可持续消费降碳

生产和消费是经济活动相辅相成的两个侧面。过去几十年，生产环节所取得的环境成就有目共睹，但是资源环境问题并没有得到根本的解决，其原因在于消费数量的增加抵消了产业进步所带来的成果，即反弹效应。反弹效应在碳排放方面同样存在，以汽车为例，单位汽车碳排放量的减少并没有带来整个汽车消费利用排放总量的削减。为此，可持续消费就成为降碳的重要手段。

欧盟制定并颁布了《可持续消费、生产和产业行动计划》，该行动计划包括8个方面：① 对更多产品提出生态化设计要求；② 强化能源和环境标签体系；③ 对高能效产品进行奖励和政府采购；④ 实施绿色公共采购；⑤ 产品数据和方法的一致性；⑥ 与零售商和消费者合作；⑦ 提高能源效率、促进生态创新和提高产业环境能力；⑧ 在国际范围内促进可持续消费和生产。除欧盟外，美日韩和我国也都采取了国家层面的措施和行动，包括生态标签、政府绿色采购、向消费者进行资源退化、污染和废物等知识的普及和培训等。

在碳达峰与碳中和的要求下，交通和建筑等能源消费端需要以绿电、绿氢、地热等来替代煤、油、气等化石能源，同时要进行系统性变革。以交通为例，在道路交通领域的各项减排措施中，新能源汽车推广与应用的温室气体减排潜力最大，其后依次为运输结构优化、车辆能效提升，以及上游发电与制氢环节减排。短期来看，运输结构优化措施的减排潜力最大且成效显著；长期来看，新能源汽车推广与应用对道路交通领域实现碳中和将起到决定性作用。

六、循环经济降碳

循环经济是一种以资源的高效和循环利用为核心，以"减量化、再利用、资源化"为原则的生产与消费活动。减量化是指减少资源、能源使用和废物产生、排放、处理处置的数量及毒性、种类等活动；再利用是在符合标准要求的前提下，延长废旧物质或者物品生命周期的活动；资源化是指对产生的废弃物质或者物品，通过收集处理、加工制造、回收和综合利用等方式使其作为再生资源使用的活动。

艾伦·麦克阿瑟基金会形象地将循环经济概念描绘成蝴蝶形状，其中一个翅膀是可再生资源的循环层级，另外一个翅膀是制造业循环层级。无论是资源循环还是制造业循环，循环经济都包含了源头消减、延长产品和资源使用周期、促进自然系统再生三个基本原则，并描绘了材料、资本、元素和产品等经济要素如何实现多级循环。

循环经济在不同领域、不同行业和不同尺度上都存在着大量的降碳措施。就尺度而言，包括以废物综合利用或循环利用为特征的企业小循环，以废物交换、梯级利用和基础设施共享为特征的园区中循环，以资源回收和静脉产业为特征的社会大循环。农业领域存在桑基鱼塘循环型农业模式；工业领域存在广西甘蔗制糖和鲁北化工等模式；社会领域存在日本川崎和北九州等模式。

我国在"十四五"期间布局了再制造产业高质量发展行动、废弃电器电子产品回收利用提质行动、汽车全生命周期管理推进行动、塑料污染全链条治理专项行动、快递包装物绿色转型推进行动、废旧动力电池循环利用行动六大行动。

七、碳捕集、利用与封存

碳捕集、利用与封存是指将 CO_2 从工业、能源利用或大气中分离出来，直接加以利用或注入地层以实现 CO_2 减排的工业过程。碳捕集、利用与封存包含捕集、利用和封存三个不同的环节。其中碳捕集包含三类途径，第一类是从燃煤电厂或水泥、合成氨、煤化工等工业过程集中排放的富含 CO_2 尾气中加以捕集；第二类是生物质利用过程捕集；第三类是直接从空气中捕集 CO_2（图 15-12）。

CO_2 利用包括地质利用、化工利用和生物利用三种途径，其中化工利用是将 CO_2 作为原材料合成生产一些有机或无机的化学品，如尿素、聚碳酸酯和碳酸钙等。CO_2 利用的理想目标是从空气中的 CO_2 直接合成出生物活性大分子，如最新报道的人工合成淀粉就是这方面的杰出例子。

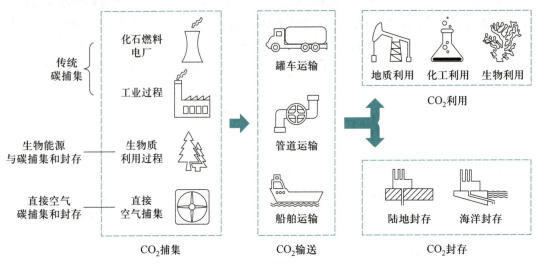

图 15-12　二氧化碳捕集、利用与封存

封存包括陆地封存和海洋封存两大类。目前，陆地封存的一个研究热点是利用化学循环来人工强化自然界中业已存在的矿化反应。例如，氯化铵就可以作为一种关键中间物质，来加速完成钙从硅酸盐到碳酸盐的矿化过程。

八、优化土地利用降碳

IPCC 评估报告指出，土地利用变化是除工业部门之外最大的排放源，不同的土地利用方式，其碳排放强度存在较大差异。因此，优化土地利用对实现碳达峰碳中和非常关键。土地利用需要以低碳发展为目标，以国土空间规划和用途管制为手段，进行土地利用结构、规模和布局的优化，在降低碳排放的同时提高碳汇水平和固碳效率。

在降低碳排放方面，一是提高建设用地节约集约利用水平，二是优化建设用地内部结构，三是调整优化城镇发展空间布局，发展紧凑型城市，合理组织城市功能区布局。在增加碳汇方面，一是实施生态保护，统筹森林、草原、湿地监督管理，降低人类活动对表层土壤的干扰；二是实施生态修复，减少水土流失、土地退化面积，推行退耕还林、还草、还湖等，增加林地和草地、适当调整耕地比例，综合提升植被和土壤碳汇功能；三是完善绿地系统，着力构建绿色生态廊道、丰富城市绿地系统、加强植物配置规划等，增强其碳汇功能。

九、数智赋能降碳

"净零计算"可以在全球、区域和国家净零战略中发挥重要作用。数字技术部门的用电量和碳足迹，包括隐含排放量，应与其收益成正比。在数据标准、质量和监管方面加强全球协调将能够实现可靠地收集、共享和使用相关数据，从而更好地量化温室气体排放，并支持减少排放的应用。

同时，可以在城市、区域、国家乃至全球层面创建自然和经济系统的"数字孪生"，以最大限度地减少排放，提供决策信息并促进可持续发展，还可有助于政府探索"假设"情景和干预措施的影响。全球协作对于为净零系统的计算和数据基础设施建立可信赖的治理框架至关重要。科技行业应以身作则，科技公司应公开报告其能源使用情况，以及直接和间接排放量，并优化可再生能源的使用。需改进全球研究和创新生态系统以支持相关技术进步，并利用由政府推动的免费或低成本"数字共享"平台。

第四节　我国实现碳达峰与碳中和的行动

一、"1+N"政策体系

2020年9月22日，在第75届联合国大会一般性辩论上，习近平主席向国际社会做出庄严承诺，中国力争二氧化碳排放2030年前达到峰值、2060年前实现碳中和。

实现碳达峰与碳中和是一项广泛而又深刻的经济社会系统性变革，需要有顶层设计政策的统领。2021年10月24日，国家发布了《中共中央、国务院关于完整准确全面贯彻新发展理念做好碳达峰碳中和工作的意见》，提出了10个方面31项重点任务，明确了碳达峰碳中和工作的路线图和施工图。10月26日，国家发布了《2030年前碳达峰行动方案》，确定了碳达峰10大行动。这是对碳达峰阶段的总体部署，在目标、原则、方向等方面与意见保持有机衔接的同时，更加聚焦2030年前碳达峰目标，相关指标和任务更加细化、实化、具体化。这两个文件是碳达峰碳中和"1+N"政策体系中的顶层设计文件，发挥统领作用。

双碳顶层设计文件设定了到2025年、2030年、2060年的主要目标。首先，2025年为实现碳达峰、碳中和奠定坚实基础。随后，2030年碳排放达峰后稳中有降。最后，2060年碳中和目标顺利实现。在具体目标方面，一方面为新能源利用做加法，如非化石能源消费比重从2025年的20%提升至2030年的25%，并最终在2060年大幅提高到80%以上；另一方面，为传统能源消耗做减法，如相比2020年，单位GDP能耗和单位GDP二氧化碳排放到2025年要分别下降13.5%、18%，到2030年后者要相比2005年下降65%以上。

碳达峰与碳中和的实现是一项涉及经济社会发展方方面面的系统工程，既需要能源、工业、交通运输、城乡建设等各行各业的行动，也需要科技支撑、能源保障、碳汇能力、财政金融价格政策、标准计量体系、督察考核等政策保障，还需要省市地方的共同努力，由此构成目标明确、分工合理、措施有力、衔接有序的碳达峰碳中和"1+N"政策体系，见表15-2。

表 15-2　碳达峰碳中和"1+N"政策体系

类别			政策文件
1：顶层设计			《中共中央、国务院关于完整准确全面贯彻新发展理念做好碳达峰碳中和工作的意见》
			《2030 年前碳达峰行动方案》
N 系列	行业行动	能源绿色低碳转型行动	《能源碳达峰碳中和标准化提升行动计划》 《关于完善能源绿色低碳转型体制机制和政策措施的意见》
		工业领域碳达峰行动	《关于印发工业领域碳达峰实施方案的通知》 《有色金属行业碳达峰实施方案》 《建材行业碳达峰方案》 《关于"十四五"推动石化化工行业高质量发展的指导意见》 《关于促进钢铁工业高质量发展的指导意见》 《信息通信行业绿色低碳发展行动计划（2022—2025 年）》
		城乡建设碳达峰行动	《城乡建设领域碳达峰实施方案》 《农业农村减排固碳实施方案》
		交通运输绿色低碳行动	《绿色交通"十四五"发展规划》
	领域行动	节能降碳增效行动	《关于严格能效约束推动重点领域节能降碳的若干意见》
		循环经济助力降碳行动	《"十四五"循环经济发展规划》
		绿色低碳科技创新行动	《科技支撑碳达峰碳中和实施方案（2022—2030 年）》
		碳汇能力巩固提升行动	《海洋碳汇经济价值核算方法》
		绿色低碳全民行动	《加强碳达峰碳中和高等教育人才培养体系建设工作方案》
	各地区梯次有序碳达峰行动		江苏、山东、浙江、江西等省市实施意见或碳达峰实施方案
	保障政策		《减污降碳协同增效实施方案》 《关于印发建立健全碳达峰碳中和标准计量体系实施方案的通知》 《财政支持做好碳达峰碳中和工作的意见》 《关于推进中央企业高质量发展做好碳达峰碳中和工作的指导意见》

二、行业行动

碳达峰碳中和需要能源供给端、能源消费端和固碳端三端共同发力的行业行动体系。

在能源行业领域，碳达峰碳中和需要将现行以煤为主的能源结构改造发展为以风、光、水、核、地热等可再生能源和非碳能源为主的能源结构。主要行动包括两个方面：一方面，推动重点用煤行业减煤限煤。碳达峰行动明确提出，加快煤炭减量步伐，"十四五"时期严格合理控制煤炭消费增长，"十五五"时期逐步减少。就具体措施而言，严格控制新增煤电项目，有序淘汰煤电落后产能，严控跨区外送可再生能源电力配套煤电规模。推动重点用煤行业减煤限煤。另一方面，鼓励清洁能源发展。发展风电、太阳能等新能源，加快建设风电和光伏发电基地。对于核电，积极推动高温气冷堆、快堆、模块化小型堆、海上浮动堆等先进堆型示范工程。加快建设新型电力系统。

在能源消费端的主要行业领域，如建材、钢铁、化工、有色等原材料生产过程中的用能以绿电、绿氢等替代煤、油、气。具体而言，在工业领域，一方面要针对"两高"行业限产是重要举措。例如在钢铁行业，以京津冀及周边地区为重点，继续压减钢铁产能；在有色金属行业，严格执行产能置换，严控新增产能；在建材行业，严禁新增水泥熟料、平板玻璃产能，推动水泥错峰生产常态化；在石化化工行业，严控新增炼油和传统煤化工生产能力。此外，对"两高"项目，全面排查在建项目，对能效水平低于本行业能耗限额准入值的，按有关规定停工整改。另一方面，需要加快节能降碳改造。例如在钢铁行业，推广先进适用技术，深挖节能降碳潜力，探索开展氢冶金、二氧化碳捕集利用一体化等试点示范。在有色金属行业，加快推广应用先进适用绿色低碳技术，提升有色金属生产过程余热回收水平，推动单位产品能耗持续下降；在石化化工行业，鼓励企业节能升级改造，推动能量梯级利用、物料循环利用。

在交通运输领域，需要将交通用能以绿电、绿氢、地热等替代煤、油、气。主要行动包括推动运输工具装备低碳转型、绿色高效交通运输体系和绿色交通基础设施建设等。其中，主要的举措在于大力推广新能源汽车，逐步降低传统燃油汽车在新车产销和汽车保有量中的占比。碳达峰行动提出，到 2030 年，当年新增新能源、清洁能源动力的交通工具比例达到 40% 左右。陆路交通运输石油消费力争 2030 年前达到峰值。除此之外，加快绿色高效交通运输体系和绿色交通基础设施建设。

在城乡建设领域，建筑用能以绿电、绿氢、地热等替代煤、油、气。主要行动包括：一要加快提升建筑能效水平，推动超低能耗建筑、低碳建筑规模化发展；二要加快优化建筑用能结构。推广绿色低碳建材和绿色建造方式，加快推进新型建筑工业化。到 2025 年，城镇建筑可再生能源替代率达到 8%，新建公共机构建筑、新建厂房屋顶光伏覆盖率力争达到 50%。在农村地区，推进绿色农房建设，持续推进农村地区清洁取暖，发展节能低碳农业大棚等。

在固碳端的行业领域，需要把"不得不排放的二氧化碳"用各种人为措施将其固定下来，其中最为重要的行动措施是生态建设，此外还有碳捕集之后的工业化利用，以及封存到地层和深海中。

三、科技行动

技术作为人类发展史上最具变革力量的因素，极大地提高了生产力，但技术进步并不意味着碳中和的自动实现。巴里·康芒纳在《封闭的循环——自然、人和技术》中利用大量翔实的案例和数据向世人表明：大多数急剧增长的污染来自人口的贡献不如来自技术的贡献多。这一结论对于碳排放同样适用。

迄今为止，工业文明已经经历了 5 次技术群的更替。第一次技术群诞生在工业革命的初期（1750—1820），主要是纺织品领域的技术创新，其代表性的行业是纺织业；第二次技术群诞生于 1800—1870 年，是蒸汽机引领的技术创新，其代表性的行业是钢铁工业及以铁路为代表的交通制造业；第三次技术群诞生于 1850—1940 年，是电力及重型机械领域的技术创新，其代表性的行业是电力工业和机械制造业；第四次技术群诞生于 1920—2000 年，是大规模生产和大规模消费领域的技术创新，其代表性的行业是汽车工业和石化行业；第五次技术群诞生于 1980 年至今，是电子信息领域的技术创新，其代表性的行业是电子信息和通信制造业。目前，我们正处在第五次技术群与第六次技术群的交叠时代，其技术特征是信息、材料与能源领域的全面转型，如图 15-13 所示。

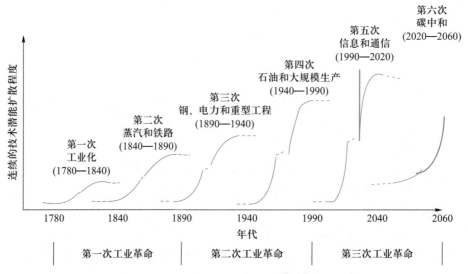

图 15-13   工业革命以来的技术轨迹与碳中和技术群的涌现

丁仲礼院士等主编的《碳中和：逻辑体系与技术需求》一书从技术内涵、现状及发展趋势等方面，指出实现碳中和的关键技术包括发电端的新型电力系统构建技术、能源消费端的低碳技术、固碳端的生态系统固碳增汇技术，以及碳排放与碳固定核查评估技术等。针对科技对于碳达峰与碳中和的重要性，我国发布了《科技支撑碳达峰碳中和实施方案（2022—2030 年）》，明确提出了能源绿色低碳转型科技支撑等十大行动：① 能源绿色低碳转型科技支撑行动；② 低碳与零碳工业流程再造技术突破行动；③ 城乡建设与交通低碳零碳技术攻关行动；④ 负碳及非二氧化碳温室气体减排技术能力提升行动；⑤ 前沿颠覆性低碳技术创新行动；⑥ 低碳零碳技术示范行动；⑦ 碳达峰碳中和管理决策支撑行动；⑧ 碳达峰碳中和创新项目、基地、人才协同增效行动；⑨ 绿色低碳科技企业培育与服务行动；⑩ 碳达峰碳中和科技创新国际合作行动。

通过该实施方案，到 2025 年将实现重点行业和领域低碳关键核心技术的重大突破，支撑单位国内生产总值（GDP）二氧化碳排放比 2020 年下降 18%，单位 GDP 能源消耗比 2020 年下降 13.5%；到 2030 年，进一步研究突破一批碳中和前沿和颠覆性技术，形成一批具有显著影响力的低碳技术解决方案和综合示范工程，建立更加完善的绿色低碳科技创新体系，有力支撑单位 GDP 二氧化碳排放比 2005 年下降 65% 以上，单位 GDP 能源消耗持续大幅下降。

四、标准行动

标准是国家质量基础设施的重要内容，是资源高效利用、能源绿色低碳发展、产业结构深度调整、生产生活方式绿色变革、经济社会发展全面绿色转型的重要支撑，对如期实现碳达峰碳中和目标具有重要意义。为加速推进碳达峰碳中和标准体系建设，我国发布了《建立健全碳达峰碳中和标准计量体系实施方案》。

方案明确提出要发挥计量、标准的基础性、引领性作用，支撑如期实现碳达峰碳中和目标。方案构建了碳达峰碳中和标准计量体系总体框架（图15-14），建立了多维度、多领域、多层级的"双碳"标准体系，包括碳排放基础通用标准、碳减排标准、碳清除标准、碳市场标准四个方面，实现了标准对碳达峰碳中和工作重点领域的全面覆盖，可广泛应用于能源、工业、城乡建设、交通运输、农业农村、林业草原、金融、公共机构、居民生活等领域中，支撑地区、行业、园区、组织等各个层级实现"双碳"目标。

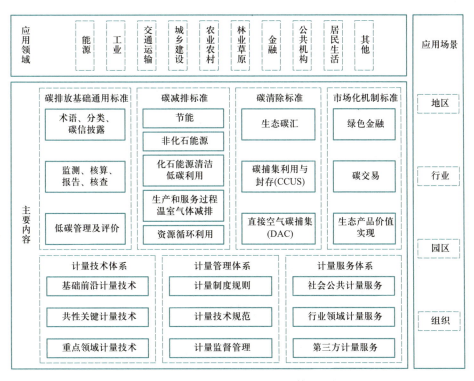

图 15-14　碳达峰碳中和标准计量体系框架图

 思考题

1. 能源是驱动人类社会形态变迁的主导力量，如对煤炭的大规模利用导致了工业革命，对石油的大规模利用将人类带入汽车和塑料时代。请问什么类型的能源有可能将人类从工业文明带入生态文明

阶段?

　　2. 与碳达峰可以自然而然达峰不同，碳中和如果不采用变革性的技术是难以实现的。请问，碳中和的实现需要哪些性质的技术?

　　3. 为了促进产业低碳化转型，我国当前阶段主要使用了能源双控政策，也就是采用控制能源消耗总量和消耗强度来控制行业或区域的发展。然而，党的二十大报告明确提到，"完善能源消耗总量和强度调控，重点控制化石能源消费，逐步转向碳排放总量和强度双控制度"。请问，与能源双控比较，碳双控制度有什么优点? 当前为什么没有直接采用碳双控制度?

　　4. 在碳中和要求下，很多传统的行业都要发生剧烈甚至颠覆性的变化，如钢铁冶炼会从传统的碳冶炼转为氢冶炼。请选择一个行业，描述这个行业可能发生的变化。

　　5. 除技术外，碳达峰碳中和的实现还需要政策的推动。我国已经初步建立起"1+N"双碳政策框架，请列举给出"N"中国家已经出台了哪些政策。

参考文献

[1] BP. Energy Outlook 2020 edition [R/OL] . 2020.

[2] NOAA. Climate at a glance：Time series-global [OL] . [2023-05-24] .

[3] IPCC. Climate change 2022：Impacts，adaptation and vulnerability [R/OL] . UK and USA：Cambridge University Press，2022.

[4] World Resources Institute. Climate watch [OL] . [2023-05-27] .

[5] Pongratz S S，Le Quéré C. Global carbon budget 2019 [J] . Earth System Science Data，2019：1783-1838.

[6] UNO Environment. Global environment outlook-GEO-6：Healthy planet，healthy people [R/OL] . Nairobi：2019.

[7] Hannah Ritchie. Our world in data based on the global carbon project [OL] . [2022-02-09] .

[8] IPCC. Synthesis report of the IPCC sixth assessment report（AR6）[R/OL] . Interlaken，Switzerland：IPCC，2023.

[9] 丁仲礼，张涛. 碳中和：逻辑体系与技术需求 [M] . 北京：科学出版社，2022.

第十六章　生态文明建设途径与实践创新

导读： 本章主要包括两个方面内容。一是生态文明建设的主要途径，重点从绿色生产体系、绿色可持续消费、新型城镇化、生态文化、保护自然生态系统和法治建设六个重点领域阐述。我国作为人口大国，坚实的物质技术基础是全面建成社会主义现代化强国的基座。在当前和今后一个时期，加快建设以实体经济为支撑的现代化产业体系仍将是生态文明建设的关键支撑，在人口规模巨大的现代化建设中发挥砥柱作用。因此生态文明建设途径首要强调构建绿色生产体系，实现高质量供给。二是生态文明的实践创新，特别是面向我国实际需求，生态文明建设重大战略问题的研究进展。重点以中国工程院"中国生态文明建设发展研究"十年五期研究项目为依托，阐述我国生态文明建设主要的研究进展和实践创新，以期引导读者思考不同时期、不同发展阶段、不同区域，中国生态文明建设研究与实践的重大战略问题是什么。

第一节　生态文明建设主要途径

党的十八大报告指出，"必须树立尊重自然、顺应自然、保护自然的生态文明理念，把生态文明建设放在突出地位，融入经济建设、政治建设、文化建设、社会建设各方面和全过程。"这充分体现了生态文明建设的重要作用。

建设生态文明，当前及今后一个时期需重点在生产领域、消费领域、城市化建设、文化教育、自然生态系统保护及法治管理六个领域全面深入展开，以下对六个领域的建设途径分别进行阐述。

一、构建绿色生产体系，实现高质量供给

发展是中华民族实现伟大复兴的第一要务，构建绿色生产体系则是推动持续发展的关键支撑，是破解我国社会发展主要矛盾的根本所在。2017年党的十九大首次提出"我国经济已由高速增长阶段转向高质量发展阶段"，我国社会主要矛盾已经转化为人民日益增长的美好生活需要和不平衡不充分的发展之间的矛盾。党的二十大上，习近平总书记指出中国式现代化的本质要求是实现高质量发展。新时代新征程发展中的矛盾和问题集中体现在发展质量上，因此要把发展质量问题摆在更为突出的位置，贯彻创新、协调、绿色、开放、共享的新发展理念，追求有效益、有质量、可持续的发展。

生产领域是社会发展的重要供给侧，其覆盖范围广、资源消耗量大、污染排放量大，提高发展质量意义重大。因此，创造与新发展阶段相适应的有效供给，提升供给体系质量就要持续在生产领域推动生态文明建设，解决好人与自然和谐共生的问题，支撑人与自然和谐共生的现代化。

推动生产领域生态文明建设的主要目标为：发展节约资源、减少污染的绿色工业、绿色农业和各种绿色产业，大力推进生态经济。

1. 全面深入推进工业生态化发展

工业尤其面临着绿色化发展的迫切需求。从产业形态上，工业包括采矿业，制造业，电力、燃气及水的生产和供应业等门类，其中制造业又包含农副产品加工业、纺织业、黑色金属冶炼及压延加工业、交通运输设备制造业、废弃资源和废旧材料回收加工业等30个行业大类。中国拥有世界上最为齐全的行业种类，500种主要工业产品中有220种的产量位居世界第一。工业通过一系列自我强化且不断累积的技术进步带来持续递增，并进一步引发了技术、金融、体制、社会和文化等因素的变化，其本质上是工业文明的物质载体。但是工业文明不可持续的弊端不断凸显，工业化对自然生态的破坏和产生的严重环境问题，促使人们对"大规模生产—大规模消费—大规模废弃"发展模式开展反思。

在工业生态化行动中，能源的生产和使用是关键之一。立足我国能源资源禀赋，完善能源消耗总量和强度调控，重点控制化石能源消费，逐步转向碳排放总量和强度"双控"制度。深入推进能源革命，加强煤炭清洁高效利用，加大油气资源勘探开发和增储上产力度，加快规划建设新型能源体系，统筹水电开发和生态保护，积极安全有序发展核电。同时，在设计可再生能源开发应用场景时要运用系统思维，注意开展生命周期分析，全面客观评价风力发电机、太阳能光电板生产、运输、使用，以及废弃过程中的能源消耗和环境污染排放量，从系统优化的角度努力开发和使用清洁生产工艺，减少全生命周期的环境影响。

2. 工业生态化发展的重要阶段和重点方向

（1）全生命周期实施清洁生产：清洁生产是自20世纪70年代中期起以美国、日本为代表的工业发达国家推动实施的工业发展战略。清洁生产既是预防污染产生的环境战略，也是操作性强的有效途径，其具体做法包括：着重产品绿色生态设计，合理选择原料，防止对环境产生污染；改造生产工艺，升级生产设备，最大限度地提高生产效率、减少污染产生和排放；尽量采用物料循环或重复使用措施和系统；加强生产精细化管理，减少和杜绝跑、冒、滴、漏。同时，污染预防原则要贯穿于全部生产环节并不断向上下游延伸。

清洁生产将综合性预防性的环境战略持续地应用于生产过程、产品和服务中，以提高效率和降低对人类安全和环境的风险。对生产过程来说，清洁生产是指节约能源和原材料，淘汰有害的原材料，减少和降低所有废物的数量和毒性。对产品来说，清洁生产是指降低产品全生命周期（包括从原材料开采到寿命终结的处置）对环境的有害影响。对服务来说，清洁生产是指将预防战略结合到环境设计和所提供的服务中。中国于2002年颁布《清洁生产促进法》并在实践中持续修订完善，推动中国清洁生产走向法治化和规范化。

（2）大力推进循环经济发展：循环经济将工业污染预防的实施层面从产品层面拓展至整个经济系统，推动增长方式或发展模式战略转型。传统的经济模式是开采资源，生产产品，使用完产品后就废弃，这种直线型的经济模式浪费资源、破坏环境。循环经济模式是开采资源，生产产品，在生产过程中尽量节约资源和实现资源的重复利用和循环利用，在产品使用以后将废品变成再生资源，形成一个循环的流程。循环经济提倡的三大原则是：减量化、循环化和资源化，与传统经济相比，它可以将高开采、高利用、高排放改变为低开采、高利用、低排放，在促进经济发展同时节约了资源、减少了环境污染，还可以增加就业机会，是"三赢"的经济模式。中国于2008年出台了《循环经济促进法》，实施自上而下的推进模式，目前已经在钢铁工业、化工等行业，以及工业园区、城市、消费活动等多领域取得了较好成果。党的二十大报告中强调，实施全面节约战略，推进各类资源节约集约利用，加快构建废弃物循环利用体系。循环经济已成为助力碳达峰碳中和的关键举措。

（3）以工业园区为载体建设工业生态系统：人类环境意识觉醒后短短半个世纪的时间，从末端治理、清洁生产战略进一步发展到生态设计、生态工业。1989年，丹麦卡伦堡产业共生体系的发现及产业生态系统概念的提出，推动了人类社会在经济、文化和技术不断发展的前提下，有意识并理性地去探索工业生态化的方法。工业可持续发展成为可持续发展领域研究的焦点之一，并由此诞生了一门新兴学科——产业生态学（industrial ecology，也有学者译为"工业生态学"）。产业（工业）生态学要求不是孤立而是协调地看待产业系统与其周围环境的关系。这是一种试图对整个物质循环过程——从天然材料、加工材料、零部件、产品、废旧物品到产品最终处置——加以优化的方法，需要优化的要素包括物质、能量和资本。

工业生态化发展需要实现从微观的企业或产品层面拓展到更大的工业生态系统层面。建设和发展工业园区是全球工业发展的普遍现象，生态工业园区是国际公认的园区绿色低碳发展名片和标杆。生态工业园区是工业生态系统建设的关键载体，也是区域经济活动的重要载体，其物质输入包括土地、水资源、能源、生产原料等，非物质输入包括人力、资本、管理等，其经济活动除了经济产出外，还有一系列直接和间接的环境影响。20世纪90年代，丹麦、荷兰和美国等率先开展了生态工业园区的建设试点工作，通过园区内不同企业间原料、产品、副产物和废弃物的交换，以期形成"生产者—消费者—分解者"的物质闭环循环，从而实现环境与经济的双赢。进入2000年后，英国、日本和韩国也纷纷加入园区生态化实践中来。

中国也于2000年后迅速启动了生态工业园区的试点示范工作，并带动了园区循环化、绿色园区等多样化的园区绿色低碳发展实践，在国际上不论从学术研究还是发展实践方面都形成了一批有较大影响的生态工业园区。

生态工业园区应具有以下特点：一是园区中所有工业企业都应积极推行清洁生产；二是园区中不同工业企业之间实现废物交换与利用，即建立共生代谢关系；三是不同工业企业之间应实现物质和能量的梯级利用；四是园区实现基础设施（尤其是环境基础设施）共享。世界各国生态工业园区的成功案例充分证明建立产业共生代谢关系可大大削减资源消耗量和污染物排放量，是绿色经济的好模式。

专栏 16-1 中国生态工业园区建设实践

1999 年，国家环保总局首先在广西贵港，此后陆续在内蒙古包头、山东鲁北等地进行了生态工业园区建设试点。2003 年，进一步在各类经济技术开发区、高新技术产业开发区中推行生态工业的理念，在天津、苏州、大连等 5 个国内较大的经济技术开发区进行国家生态工业示范园区建设试点。2007 年 4 月，国家环保总局、商务部和科技部联合发布了《关于开展国家生态工业示范园区建设工作的通知》，三部门联合以国家经济技术开发区、国家高新技术产业开发区、国家出口保税区、国家出口加工区及省级开发区等为载体，进行改造建设。2015 年 12 月，环保部、商务部、科技部公布了新的国家生态工业示范园区标准和管理办法——《国家生态工业示范园区标准》，逐步规范国家生态工业示范园区管理，并严格按照管理办法实施准入和退出机制。2020 年经报全国评比达标表彰工作协调小组领导批准，保留并更名为生态文明建设示范区（生态工业园区）。

中国工业化和城市化并举的发展特征决定中国生态工业园区发展主体由政府、市场、企业构成，实践层面可分为企业、产业集群、园区和社会 4 个层面。企业层面，即以企业为主体，通过技术进步、推进清洁生产和加强环境管理，提高生产效率和资源能源利用效率，减少废弃物产生量。产业集群层面，主要特征是以龙头企业带动上下游配套企业入驻开发区，构建产业集群，提高生产效率和产业链竞争优势。园区层面的重点在于完善基础设施，实现集中供热和热电冷多联供，推进清洁能源和可再生能源替代煤炭多联产方案，布局新型数字化基础设施建设服务；建立集中治污和再生水回用等基础设施；完善生产性服务业及相关公共服务平台；制定产业准入机制，提高企业入区门槛；开展开发区整体的环境管理认证，构建产业共生，实现宜业宜居和产业生态化发展。社会层面，强化园区与城市的融合发展，园区内部与外部基础设施相互交流、彼此延伸，强化交通、教育、就业培训、人力资源等服务与城市资源相互融通。此外，针对危险废物与固体废物，建设区域生态绿岛等处置中心，强化环境基础设施保障，有效补齐特殊类别危险废物利用处置能力短板。公众参与也是必不可少的部分，可以扩大生态工业园区的社会影响力，加强社会媒体对生态工业园区的监督，提高公众的生态环保意识。

生态经济、循环经济、低碳经济、绿色经济等新经济模式的提法在本质上是相近的，都是探索一条少伤害自然条件下实现可持续发展战略的路径，是在源头上减少对自然伤害、减少污染排放的重大举措，也是实现供给侧结构性改革、构建高质量现代化经济体系的根本之策。党的二十大上习近平总书记强调，要坚持以推动高质量发展为主题，把实施扩大内需战略同深化供给侧结构性改革有机结合起来，增强国内大循环内生动力和可靠性，提升国际循环质量和水平，加快建设现代化经济体系，着力提高全要素生产率，推动经济实现质的有效提升和量的合理增长。

3. 建设多学科交叉共同推进的生态农业

农业是基础性产业，以实体经济为支撑的中国现代化产业体系建设离不开农业现代化，高效高产、产品安全、资源节约、环境友好的农业现代化道路是改变农业发展方式的必由之路。绿色农业将从土地、水、化肥、农药驱动的传统农业走向资源节约、环境友好、产品安全的生态农业之路。未来需要继续加强耕地资源保护，集约高效利用水资源，实现化肥、农药高效利用驱动的减量化方案，加强畜禽粪便还田和制作有机肥，控制水产养殖饲料过度投放带来的环境污染，积极推进生态种植和生态养殖，以及种养有机结合，生产更多绿色产品、无公害产品，实现传统农业生产的数量增长型向质量提升型转变。

此外，从产业分类上讲，生态农业是第一产业（农业）、第二产业（工业）和第三产业（服务业）三者共同支撑的产业，日本农学专家今村奈良臣提出生态农业是"第一产业（农业）+第二产业（工业）+第三产业（信息服务业）的总和""或第一产业（农业）×第二产业（工业）×第三产业（信息服务业）"。一、二、三产业之和或者之积为"六"，因此，取义为"第六产业"，强调一、二、三产业的融合发展，强调发挥农业生态系统的整体功能，以大农业为出发点，按"整体、协调、循环、再生"的原则，全面规划、调整和优化农业结构，使农、林、牧、副、渔各业和农村一、二、三产业综合发展，并使各业之间互相支持，相得益彰，提高综合生产能力，即通过高度的产业融合使农业获得工业和服务业的附加值，从而产生乘数效应。

生态农业是需要生物学、生态学、系统工程学、化学工程学、环境工程学、物理学、电子信息学、机械学、工程管理经济学等多学科交叉，共同推进的新兴大领域，主要包括以下特征。

（1）农业、工业、服务业的高度融合集成，遵循生态学、生态经济学规律、运用系统工程方法、现代科学技术成果和现代管理手段，能获得较高的经济效益、生态效益和社会效益的现代化高效农业。

（2）以全球导航卫星系统（GNSS）定位大田耕耘、信息收集、管理、收获的自动化智能农业系统为技术代表的精准农业。

（3）全生命周期管理的智能高效水肥药一体化管理。

（4）分子生物学育种，对农作物品种、品质和产量的提升。

（5）抗逆元器件的研究与植入，推进无害或完全无合成化学品使用的生态产品培育。

（6）基于"互联网+"和物联网的安全高品质农产品生产和服务。

（7）食物链网络化、农业废弃物资源化、资源潜力多样化的高效农业循环经济发展模式。

二、促进绿色可持续消费，实现生活水平提升与资源环境压力脱钩

消费与生产一样，都是经济系统的重要组成部分，虽然直接观察到的环境污染和生态破坏大部分与生产直接相关，但消费模式也是人类活动的生态环境影响的重要决定因素，因而对生态文明建设具有重要意义。

1. 科学认识消费领域下游效应和回弹效应

下游效应和回弹效应两个特征，使得消费在生态文明建设中占据了重要地位。下游效应是指消费处于物质代谢过程的最下游，驱动和指挥着上游的生产活动，如果增加一个

单位的产品消耗，就会在系统上游增加数十倍甚至数百倍、数千倍的资源投入。在这个问题上，德国学者魏茨察克提出了生态包袱的概念，即每单位产品质量所需要的物质投入总量。例如，一个 10 g 重的金戒指，生态包袱是 3 500 kg；一件 170 g 重的汗衫，生态包袱是 226 kg。从产品和服务的全生命周期角度理解，每一单位的产品或服务，都隐含着这一产品或服务对应的资源开采、生产加工、运输配送、消费、废弃物处理等环节的资源投入和生态环境影响，当这一产品或服务的消费需求降低时，对应的资源投入就得以节约，生态环境影响就得以减少。当某类消费需求从资源投入和生态环境影响较高的产品或服务转向较低的产品或服务，对应的资源消耗和生态环境影响也可以降低。下游效应意味着，在消费领域采取措施，能够产生成倍的生态环境效益。

回弹效应（rebound effect）则是指提高生产效率的效果可能会被消费数量的增加所抵消。各种工业产品都可以通过实施清洁生产、循环经济提高资源利用率，减少资源消耗量和污染排放量。在消费需求不变的前提下，这一效率提升能够降低总体的生态环境影响。但事实上，消费模式可能会发生变化，且很有可能朝着抵消效率提高带来的生态环境效益的方向变化，甚至有可能最终导致生态环境影响的增加。例如，汽车的能源利用率提高，原本可以减少行驶单位距离的能源消耗，并降低对应的污染物排放，但如使用私人汽车的人不断增加，最终必将导致汽车能源利用率提高的生态环境效益被抵消，并且会大大增加污染物排放。住房设计及建筑材料的改进可以减少建筑材料消耗、节约能源资源，但人均住房面积的扩大会抵消这种效果。回弹效应意味着，如果不在消费领域采取措施，那么生产领域的许多措施可能无法发挥作用。

2. 培养绿色消费理念

在消费领域推动生态文明建设，一是需要培养绿色消费理念，二是需要关注衣、食、住、行等消费活动中的具体问题，采取对应措施，推广绿色消费实践。

培养绿色消费理念对生态文明建设十分重要。人们的消费数量和消费结构会随着经济社会的发展而改变，这一改变就是消费的回弹效应出现的原因，培养符合生态文明理念的绿色消费理念，能够促使人们的消费数量和结构朝着降低生态环境影响的方向变动，防止回弹效应的出现。当人们的消费观念主要受到物质主义、消费主义的影响，那么经济的发展和收入的提高就会带来更多的消费和更大的浪费；而当人们树立符合生态文明理念的绿色消费观念，经济社会的发展则会促使人们更多地选择绿色的产品和服务，并减少浪费。实践中需要综合施策，在提升产品生产率的同时通过加强宣传、教育等手段，推行符合生态文明理念的消费模式，提倡要消费不要浪费，要舒适不要奢侈，形成人人、事事、时时崇尚生态文明的社会氛围。

3. 食品消费绿色化

深化食品消费的绿色化，需要从以下方面入手：① 加强生产、储存、运输、加工过程中的节约减损，提升加工转化率。粮食、蔬菜、水果等产品在生产、储存、运输、加工过程中往往有较高的耗损，通过管理和技术措施提高加工转化率，可以降低单位食品消费的生态环境影响。② 通过多种手段减少消费过程中的浪费。当前在食品消费中，存在较为严重的购买或点餐与实际消费不匹配的问题，减少消费过程中的食物浪费，可以极大降低食品消费的总体生态环境影响。对于政府部门、企业、学校等机构，可以通过建立健全食堂用餐管理制度，加强会议、培训等活动的用餐管理，坚持分餐制和光盘行动，减少用餐浪费；并应该杜绝请客、送礼、大吃大喝的恶习。对于公民，可以通过宣传、教育、经济激励等手段，促进合理、适度采购，科学储存和制作食物，适度点餐用餐等。同时，对餐饮行业，应当建立健全各类标准和制度，鼓励有利于减少浪费的商业模式发展，加强对食品浪费的监管。③ 推动废弃物处理阶段的绿色化和循环化。降低食品消费产生的废弃物的生态环境影响，也能够帮助提高食品消费的绿色化水平。应当推进餐厨垃圾的回收处置和资源化利用，并推动外卖等食品包装的资源化和循环利用。

4. 衣物消费绿色化

推进衣物消费的绿色化，需要从以下方面入手：① 提高绿色衣物的供给。应当推广绿色纤维制备、高效节能印染、废旧纤维循环利用等装备和技术，提高循环再利用化学纤维等绿色纤维使用比例，提供更多符合绿色低碳要求的服装。② 推动绿色衣物的选择。可以推动各类机关、企事业单位、学校等更多采购具有绿色低碳相关认证标识的制服、校服，并通过宣传教育等手段倡导公众更多选择购买具有绿色低碳认证的衣物。③ 倡导理性消费。应当通过宣传教育等手段，倡导公众按照实际需要合理、适度购买衣物，减少浪费，更要反对少数人为满足贪心和自乐购买上百套外衣和成百双鞋子的坏习惯。④ 促进绿色洗涤。通过宣传、科普等方式，促进公众以更加合理的频率，使用更加绿色的洗衣机和洗涤剂，选择适配的洗涤模式，从而降低衣物洗涤过程中的资源消耗和环境影响，并延长衣物寿命。⑤ 促进废旧衣物的循环回收利用。应当鼓励企业和居民向有需要的困难群众捐赠衣物，鼓励单位、小区、服装店设置旧衣回收点，提高废旧衣物的回收率。

5. 居住消费绿色化

推动居住消费的绿色化，需要从以下方面入手：① 提高建筑的绿色化水平。推动绿色建筑、低碳建筑规模化发展，推动可再生能源在建筑中的应用，对已有建筑进行节能环保改造，如保温设施改造、取暖设施改造等。推广绿色低碳建材，推动建筑材料循环利用。② 发展绿色家装。鼓励使用节能灯具、节能环保灶具、节水马桶等节能节水产品。③ 提倡绿色居住行为，我国人口众多，人均土地面积远低于世界人均土地面积，主管部门应适当控制单户居住建筑的面积，在这方面我国应向新加坡、日本和我国香港地区看齐，这些很富裕的国家和地区，中产阶级住宅面积都在 70～90 m²，100 m² 以上的住宅则被称为豪宅，要征收一定的税费；同时，应提倡合理控制室内温度、亮度，合理使用电器设备等。

6. 交通消费绿色化

加快交通消费的绿色化，需要从以下方面入手：① 推广新能源汽车。应当鼓励汽车企业研发生产质优价廉的新能源汽车，促进公交车，出租车，环卫、物流等用车的新能源化，加强充电桩、加氢站等基础设施建设，引导和鼓励消费者购买轻量化、小型化、低排放的乘用车。② 建设绿色易用的公共交通系统。应当建设绿色、高效、方便、快捷、舒适的公共交通系统，提高公共交通出行占比。③ 鼓励和促进步行、自行车出行等绿色交通方式的采纳。应当建设行人友好、自行车友好城市，鼓励共享单车发展，提高步行、自行车出行占比。

三、在城市建设领域推动生态文明建设的战略和措施

早在 20 世纪 80 年代，西方国家就提出了生态城市的理念，认为这是一种理想的城市模式，是环境和谐、经济高效、发展持续的人类居住区。改革开放以来，我国的城市建设进展很快，人民生活得到很大提升。要让生活更美好，必须建设生态城市，这就要在城市规划和设计时以生态文明理念为指导。我国城镇化进程中生产和消费的快速发展，目前已面临资源枯竭和环境恶化的危机，出现了不少资源枯竭型城市，面临生态恢复与发展转型的诸多挑战。党的二十大报告指出，提高城市规划、建设、治理水平，加快转变超大特大城市发展方式，实施城市更新行动，加强城市基础设施建设，打造宜居、韧性、智慧城市。新型城镇化和生态文明建设在核心和目标上、本质上具有一致性。面对城镇化发展的失序及解决"大城市病"等所面临的生存与健康危机，需要清晰认识到"新型城镇化道路"不应继续过度关注数量和速度的快速增长，而应更加注重质的全面提升；综合考虑资源、环境、经济、人口四大子系统对城镇发展的反馈机制，将生态文明理念贯穿于城镇化发展的全过程和城镇建设中的经济、政治、文化、社会等各个方面，对城镇生产方式、消费方式、基础设施建设等方面进行生态规划和智能设计，实现环境友好和资源节约的新型城镇化发展模式。

1. 将生态文明建设贯穿城镇化发展各方面全过程

将生态文明理念贯穿于城镇化发展全过程和城镇建设中的经济、政治、文化、社会等各个方面，在规划、建设和运行管理的全过程对建设行为进行全局统筹与精细管理，实现全生命周期管理。改变现行总体、详细、专项规划间相互割裂的现象，使得上下层次的规划之间形成良好的衔接关系；设计之初要充分考虑到建筑及环境在规划设计、建造施工、维护管理以及拆除改建的各个阶段的各种可能性，并制定统一的运行策略。

2. 重视城镇规划、设计和建设，优化城镇建设规模

重视城镇规划、设计和建设，将生态文明的理念落实到城镇规划、建筑设计和基础设施建设领域的各个方面和全过程中。以区域生态承载力为基准，科学合理划定城镇增长边界和功能布局；克服追求城市公共建筑大、洋、阔的倾向。按照区域城镇化的客观发展规律、趋势及与经济社会生态发展水平的匹配关系，设定城镇发展目标，合理控制城镇用地规模、建筑规模、能源消费水平，设计合理的居住建筑、公用建筑和商业建筑；建设便民、通畅的城镇交通设施并重视自行车骑行者的需要，在合适的地方建设骑行道和步道；建设服务于城镇居民和政府机关、工业部门及其他公共部门的给水排水设施等基础城镇设施。减少过度建设带来的资源能源浪费。

3. 精细化能源管理，推动城镇能源基础设施建设转型

我国城镇能源基础设施建设在新形势下面临新的挑战。我国城市未来在能源使用方面具有"多源、集成、智能、互联"的特点，城市能源基础设施在新技术时代必须完成以需求决定建设设施规模的新一代能源设施转型。新一代分布式能源设施，要推行化石能源的清洁利用工艺、技术，推广利用可再生能源和太阳能、风能等清洁能源，实现能源互联共享、现场发电蓄电蓄能、精细化负荷预测、精细化能源管理。

4. 大力开发"城市矿山"资源，实现废弃物有效利用

垃圾是放错了地方的资源，要大力开发"城市矿山"资源，实现城镇废弃物的有效利用。我国每年产生的生活垃圾、市政污泥、畜禽粪便、工业废渣、农林剩余物、建筑垃圾、电子垃圾等城镇固体废物超过 100 亿吨，如能有效利用，不仅可回收大量纸、塑料、稀有金属和钢铁等资源，还可用作能源，生产有机肥、生态建材等资源化产品。以金属金为例，报废手机中的含金量约是自然界金矿中含金量的 2.5~64 倍，城市中报废的大量电子电气产品将越来越多地成为重要的资源。

5. 加强城镇环境污染防治，推动废水、废气的资源化与能源化

加强城镇水、大气、土壤的污染防治，推动废水、废气的资源化、能源化进程。解决城镇水问题，应遵循节水优先、控制消耗、治污为本、源头消减的基本原则，同时要开发利用非传统水源，提升污水废水的资源化、能源化利用水平；城镇大气污染防治应加强源头减排治理，注重全过程的控制，积极推进大气多污染联防联控，清洁空气与碳中和协同，在改善区域空气质量的同时实现降碳；土壤保护应以预防为主，预防的重点应放在对各种污染源排放进行浓度和总量控制之上，对危害农作物质量的受污染土壤应进行有效修复。

专栏 16-2　浙江省安吉县：紧抓"两山"发源地机遇，探索"两山"转化安吉路径

2005 年 8 月 15 日，时任浙江省委书记的习近平同志在安吉天荒坪镇余村调研时，首次发表了"绿水青山就是金山银山"重要讲话。全县上下在"两山"理论指引下，坚持一张蓝图绘到底，坚定不移抓好党中央和省委改革部署落实，着力构建绿色发展的管护、转化、共享"三大机制"，全面推进美丽环境、美丽经济、美好生活"三美融合"，持续护美绿水青山，不断做大金山银山，实现了人居环境明显改善、经济社会同步协调、城市乡村和谐相融，探索走出了一条具有安吉特色的经济生态化、生态经济化发展之路。

安吉依托良好的生态环境和区位优势，深入践行绿色发展的理念，大力发展生态循环经济，初步构建起特色鲜明、优势互补、融合发展的三次产业体系。大力引进开发生态休闲、养生养老、运动健康、文化创意等新业态，延伸产业链条，提升产品价值。安吉白茶产业以 34.87 亿元的品牌价值，连续九年跻身全国茶叶品牌价值十强。竹产业产值达 180 亿元，以全国 1.8% 的立竹量创造了全国 20% 的竹业产值。休闲旅游产业发展迅猛，自 2013 年实现月接待游客超百万、月旅游收入超亿元之后，2019 年实现旅游人次 2 807.4 万，旅游收入 388.2 亿元。

安吉县实施以"中国美丽乡村"为载体的生态文明建设，围绕"村村优美、家家创业、处处和谐、人人幸福"的目标，实施了环境提升、产业提升、服务提升、素质提升"四大工程"，从规划、建设、管理、经营四方面持续推进美丽乡村建设，走出了一条生态与经济、农村与城市、农民与市民、农业与非农产业互促共进的发展道路，实现了生态保护和经济发展的双赢，获得"联合国人居奖"，成为中国美丽乡村建设

的成功样板，成功实现了从环境污染负面典型到生态文明样板示范的转变。2015 年，以安吉县政府为第一起草单位的《美丽乡村建设指南》成为国家标准。2016 年被列为全国唯一"两山"理论实践试点县。美丽乡村建设相关经验做法引领浙江、唱响全国，成为"联合国人居奖"唯一获得县。

资料来源：钱易，2015.

四、继承并发扬生态文明文化，推进生态文明教育

要完成生态文明建设的伟大任务，必须坚持立德树人，持续加强文化教育领域的生态文明建设，提高全民生态文明意识，形成良好的生态文明风尚。文化领域的生态文明建设应综合把握我国传统生态文明思想和国际先进生态文明理念，融会贯通，各取所长，形成社会风尚，讲好中国故事。教育领域的生态文明建设必须全面贯彻党的教育方针，坚持中国特色社会主义教育发展道路，坚持社会主义生态文明办学方向，坚持立足国情，遵循教育教学规律与学习规律，建立健全新时代生态文明人才培养体系，落实立德树人根本任务，知行合一，久久为功。

1. 继承中国"天人合一论"优秀文化传统

我国古代就提出并发展了丰富的生态文化思想。早在两千多年前，不少先贤就提出了"天人合一"的理念，主张人必须同天地和谐相处。《周易》中说："夫大人者，与天地合其德。"孔子说："天地之性，人为贵"。庄子说："天地与我并生，而万物与我为一。"荀子倡导变革自然需兼得天时、地利与人和，他说："若是，则万物得宜，事变得应，上得天时，下得地利，中得人和，则财货浑浑如泉源，汸汸如河海，暴暴如丘山，不时焚烧，无所藏之，夫天下何患乎不足也……若是，则万物失宜，事变失应，上失天时，下失地利，中失人和，天下敖然，若烧若焦。"王阳明说："大人者，以天地万物为一体者也。"这些思想都是教育人们要与自然和谐相处，要尊重自然，爱护自然，顺应自然的规律，应该在现代社会加以传承和发扬。

2. 积极学习国外工业生态学先进理论和方法

我们也应该学习西方现代的先进理论和方法，如西方早在 20 世纪 70 年代就开始了工业生态学的研究，提出了很多新理念、新方法，如工业共生代谢、工业产品的生命周期分析、物质流分析等，使工业实践发生了很大的，甚至是根本的转变，走上了进行工业品生态设计，推广清洁生产，发展循环经济，达到节约资源、环境友好新目标的新型工业化道路。工业生态学对我国推进工业绿色可持续发展、建设生态文明具有极大的理论和实践价值，应吸纳现代理论方法应用于我国的生态文明建设，在高校中加强工业生态学教学、科研和应用实践。

3. 全方位推进生态文明教育

宣传好、发扬好生态文明文化，离不开全方位推进生态文明教育。生态文明教育是以生态文明发展理念为导向的，遵循生态文明发展规律和教育规律，有目的、有计划、有组

织、系统地引导受教育者获得知识、培育能力和塑造人格的活动。其目的是培养具有生态文明素质的新一代公民，对自然怀有敬畏之心和可持续发展的历史责任感，并做到知行合一，与自然和谐共处。生态文明教育是一项重大而紧迫的战略任务，肩负着培养具有生态文明素质的社会主义事业建设者和接班人历史重任，只有将生态文明建设融入德智体美劳全过程培养，才能塑造担当民族复兴大任的时代新人。

《第比利斯宣言》（政府间就环境教育发表的会议宣言，第比利斯，1977 年）对于环境教育提出的建议是，生态文明教育应坚持五个原则：① 面向所有不同年龄层次的人，并应包括正规教育和非正规教育；② 是一种全面的终身教育，一种能对瞬息万变的世界中的各种变化做出反应的教育；③ 能够使人们认识到人类社会发展的基本规律，以及当代世界发展的主要问题，并提供在改进生产、改善生活和保护生态环境等方面发挥积极作用所必需的价值观、技能和知识；④ 采用一种以跨学科为基础的整体性方法，培养人们以一种全面的整体的观点来认识社会经济系统与自然生态系统之间的相互依赖性和复杂联系；⑤ 着重培养那些行动和决策对自然生态带来显著影响的人，让他们在接受培训的过程中充分认识他们所担负的使命和职责。

4. 建设生态文明教育支撑体系

在中国，推进生态文明教育的具体做法可分为加快生态文明教育支撑体系建设和全面持续强化公民生态文明绿色教育和行动两点。

加快生态文明教育支撑体系建设应包括：完善推进生态文明立法，将生态文明教育通过法律的形式确立下来，并确保法的施行，为生态文明教育提供法律保障；建立生态文明专职教育机构，如建立国家生态文明研究院，建设生态文明示范学校等，为生态文明教育提供场所支持，培养生态文明人才梯队；设立国家生态文明日，为全国深入开展生态文明教育提供制度遵循和保障，有利于进一步完善和提升生态文明建设领域治理体系和治理能力，让生态文明成为全民的一种信仰和各行各业的行动自觉，共建美丽中国。

全面持续强化公民生态文明绿色教育和行动应覆盖政府、企业和公众这三类社会群体，他们都应是接受并从事生态文明教育的主力，文、理、工、法、管理、金融、社会等不同专业人士对生态文明建设都有责任，都应该接受生态文明教育。现今生态文明建设已经融入国民教育和领导干部培训体系，因此可考虑将生态文明融入通识教育、思政教育、伦理教育、素质教育、终身教育等体系中。为实现全方位持续开展生态文明教育的总要求，可大力推进学校教育、媒体宣传和自我教育这三类不同的宣传、教育措施。学校教育包括小学、中学、大学和社会培训机构等，以期形成前后贯通、各有侧重、逐级加深的教学课程体系。媒体应大力宣传生态文明思想和理念，以及不同地方、不同领域推行生态文明建设的模范示例，在全社会形成崇尚文明、崇尚科学的氛围，激发全社会创新活力。自我教育旨在提高生态文明自觉，加强道德素养、社会公德、职业道德、家庭美德、个人品德教育，将生态文明理念内化于心。

5. 全面深化生态文明高等教育

大学作为高等教育的主体，开展生态文明教育意义重大。当今，许多国家、地区的大学都在积极创建绿色大学，这些高校关注社会热点问题，通过理念创新和校园环境文化建设，有效引导了社会舆论，促进了全社会对环境问题的关注和参与。我国大学阶段的生态文明教育从课程、讲座、学生活动等方面综合开展，也取得了一定的成效。一些国内大学，如清华大学、北京大学、北京师范大学、南开大学等，都开设了生态文明课程，除了讲授人类文明发展的基本历程及生态文明的基本特征外，还结合各自背景融入了学校特色和专业的特点。此外，南开大学率先开设了生态文明慕课，以线上形式面向学生和社会大众开展生态文明教育。但整体而言，我国的生态文明教育才刚刚起步，未来应将生态文明作为中国未来通识教育的一大关键，继续推进。

专栏 16-3　清华大学的生态文明教育

清华大学作为国内高校环境工程的领头羊，1998 年以来大力推行绿色大学建设，通过课程、讲座、学生活动等宣传生态文明。

清华大学开设有面向全校同学的生态文明课程，如持续 24 年的"环境保护与可持续发展"，2018 年新开设的"生态文明十五讲"等公共选修课。2022 年春季学期"生态文明十五讲"课程开展线上线下混合式教学，面向社会公开线上听课链接，吸引大批社会学者参与到"生态文明十五讲"课堂教学当中。线上腾讯会议听课人次共计 2 722 人次，其中碳中和主题线上听课人数超过 600 人。通过网络课堂的教学，课程进一步扩大课堂之外的社会影响力，课内课外多方位普及生态文明教育。

此外，很多院系都开设了绿色课程，如绿色化学、绿色能源、工业生态学、环境伦理学、生态伦理学、生命周期评价、清洁生产导论、碳核算方法等。很多教师已经将生态文明理念和先进的科技成就融入不同专业的重点课程。例如，在机械制造课程中讲解再制造的理论与实践，在建筑设计的课程中强调绿色建筑的定义及具体要求。根据学校教务处统计，清华大学绿色课程已经超过了 200 门。学校还举办了一系列课外的活动，包括绿色讲座，邀请美国前副总统阿尔·戈尔（Al Gore）讲全球气候变化，美国国际问题研究所所长布朗讲拯救地球、延续文明等。另外，清华学生自己组织的绿色协会开展了很多的宣传活动，包括创新比赛、摄影比赛等，为推进绿色校园建设、宣传生态文明理念做了很多努力。

高等学校工程教育应按照生态文明建设导向进行改革，以培养为生态文明建设做贡献、为广大人民谋福利的未来的工程师。工程教育中应包含的生态文明教育内容有：第一，阐述可持续发展战略的由来和实质，纠正 GDP 增长就是经济发展的片面认识，而应该认识到可持续发展的最终目标包括经济增长、社会进步、环境清洁、摆脱贫困、生态良好等多方面。第二，树立清洁生产和循环经济理念。通过教育使受众能有意识地将综合性预防的战略持续地应用于生产过程、产品和服务中，以提高效率和降低对人类安全和环境的风险；有意识地推进循环经济，在促进经济发展的同时，节约资源、减少环境污染，并增加就业机会。第三，工程类学科的教育应积极加强"工业生态学"学习，运用自然生态的法则和原理于工业设计、制造、运行和创新，使工业活动与自然和谐相处，节约自然资源的消耗，减少环境污染的排放。第四，各类不同的工科专业都应该为学生教授本专业在近四十年来国内外开发应用的绿色工艺技术。

五、保护天然生态系统，筑牢生态安全屏障

1. 生态兴则文明兴，生态衰则文明衰

生态文明建设的一项重要内容是天然生态系统保护。天然生态系统是指土地、河流、湖泊、海洋、森林、草原、湿地等人和其他生物生存的地方。大自然是人类赖以生存发展的基本条件。人与自然是生命共同体，无止境地向自然索取甚至破坏自然必然会遭到大自然的报复。地球人口的膨胀和快速的工业化、城市化对天然生态系统造成了很大破坏，具体表现为耕地面积减少、质量下降，土壤退化，森林面积锐减、结构简单化，草地、湿地面积减小、功能减退等方面，并且已经造成数百万种生物灭亡，还有很多物种正濒临灭绝，地球的生物多样性在不断减少。在我国，生态系统被破坏的形势仍十分严峻，遍布不同地区，涉及各种生态系统，需要高度关注，着力保护修复，守护好重要生态安全屏障。

国内外的很多教训表明，一味追求经济发展会造成灾难。例如，过度砍伐会造成森林破坏、过度放牧会造成草地消失、过度开采会使矿产资源枯竭。又如，由于人口的增加、经济的高速发展和城市化进程的推进，以及粗放的经济增长方式、局部地区无序的掠夺式开发等，长江流域已经出现了诸多生态问题，包括：源头区水源涵养功能下降、上中游地区水土流失严重、少数支流河段季节性断流干涸、部分水域水体严重污染、渔业资源衰退、流域内湖泊萎缩、湿地减少、局部地区地下水超采、森林植被破坏、珍稀水生野生动物濒危程度加剧等，长江流域生态健康已经遭受不同程度的损伤。尊重自然、顺应自然、保护自然，是全面建设社会主义现代化国家的内在要求。中国式现代化是人与自然和谐共生的现代化。必须牢固树立和践行绿水青山就是金山银山的理念，站在人与自然和谐共生的高度谋划发展。天然生态系统需要注意保护的焦点有三方面：一是资源，二是环境，三是生态。协同推进降碳、减污、扩绿、增长，因地制宜采取不同的保护措施，千万不能根据人的主观愿望进行自然生态系统的改造。

2. 坚持集约提质增效，完善资源保护及循环体系

对于资源，必须认识到资源是发展的本钱，而自然资源是有限的，因此必须珍惜资源、保护资源，还要十分节约资源。长期以来，人们认为资源取之不尽、用之不竭，对资源挥霍浪费，但很快就发现资源枯竭了，不能支持进一步的发展了。2008 年、2009 年、2011 年我国公布了三批共 69 个典型资源枯竭型城市（区、县），其中，煤炭城市 37 座、有色金属城市 14 座、黑色冶金城市 6 座、石油城市 3 座、其他城市 9 座，涉及总人口1.54 亿。这说明，发展模式的错误已经导致了资源的枯竭，影响了经济的发展和人民的福祉，更会使子孙后代面临无米之炊的绝境。绿色发展就是要人们做到尽量节约资源，减少资源的消耗。

构建资源高效循环利用体系是生态文明建设的重要途径。树立节约集约循环利用的资源观，推进资源总量管理、科学配置、全面节约、循环利用，从根本上转变资源利用方式、提高资源利用效率。

实施矿产资源利用效率倍增行动。建立国家资源预算和平衡体系，制定基于闭环供应

链的资源承载力评估标准。对各种地下矿产资源进行分级分类、有序有度开发利用。开展资源全生命周期利用率、生产率、循环率倍增行动，依托技术进步及法律制度政策体系，减少社会经济系统物质消耗。

推动固体废物分级分类收集、处理及循环利用。健全工业废物、农业废物规范回收和利用路径，完善资源化产品的技术标准，建立废旧物资和生活垃圾规范有序、科学分类的收运体系。以可循环性为指标创建分级分类体系，实现资源化回收、产品再制造或二手直接利用。大力提高再生资源使用比例，将"城市矿产"纳入国家资源安全保障体系，探索建立战略性循环资源的国家储备制度。

完善资源循环利用制度。建立主要工业部门的资源产出率、资源循环率的统计方法及评价标准。扩大生产者责任延伸制度的实施范围，丰富实施方式，完善废弃电器电子产品回收处理制度。建立垃圾分类制度、资源再生产品和原料推广使用制度等。

3. 坚持科学精准防治，持续改善环境质量

环境是人类赖以生存的家，空气、水、土壤都是人类一刻也不能分割的生命保障体。工业革命以来，世界上出现了严重的环境污染，大气质量降低、水环境污染、土壤质量下降等，20世纪很多发达国家出现的公害事件已经造成了大批人和其他生物的死亡。生态文明建设就是要在发展过程中消灭污染、保护环境，使人类不仅得富裕，更要健康，这才是真正的幸福生活。

营造健康优美环境、保障最普惠民生福祉是生态文明建设的重要标志。坚持精准治污、科学治污、依法治污，持续深入打好蓝天、碧水、净土保卫战，持续提升生态环境质量，科学配置可利用环境容量，坚持"治山、治水、治气、治城"一体推进，加强污染物协同控制和区域协同治理，接续攻坚、久久为功。

推动重要江河湖库生态保护治理，推进健康河湖生态建设。统筹水资源、水环境、水生态治理，持续开展长江大保护、黄河流域"四水四定"，加强大江大河干支流水污染全域综合治理。建立国家重点流域水生态考核体制机制，切实保护水生态健康和水生生物链完整性。深化大气环境协同治理。强化高强度非常规小点源细颗粒物（$PM_{2.5}$）和臭氧协同治理、空气质量与健康效应的协同治理、大气环境与气候变化的协同治理，完善重点区域大气污染立体监测体系。开展人口密集村镇大气环境质量监测，实施重点区域村镇大气污染治理行动计划。加强土壤生态系统修复。实施土壤生态健康战略，加大土壤生物多样性与生态功能修复，促进土壤碳库提质增容；加强农田土壤碳氮磷管理，建设绿色、安全、健康土壤生态系统。加强城市"棕地"风险管控和安全利用。

强化新污染物新风险防控。建立新污染物监测与环境风险评估技术体系，开展重点流域、重点城市持久性有机污染物、内分泌干扰物来源调查、水平监测和健康风险评估。推进"一品一策"高关注、高产量化学物质的危害诊断与筛查。构建生态安全标准体系，强化源头准入，避免贸易壁垒。提高病毒等微生物环境风险防控能力，加强高风险微生物基因数据库建设，守护好国门生物安全。

4. 坚持系统保护治理，筑牢生态安全红线

生态是众多生物的共同体，其中有森林、绿地、湿地、湖泊、河流、海洋，还有各种动物、植物，包括人类。工业革命以来，西方曾经出现了强调人的重要作用的人类中心主

义，认为"只有人才有内在价值、道德地位、权利与尊严，非人事物则没有；在人与非人事物之间没有道德关系，一切非人事物只是可资利用的资源"，这种哲学观念造成了对生态的肆意破坏，是全球生态危机的思想根源。新时代中国大力推进生态文明建设，"绿水青山就是金山银山""山水林田湖草沙一体化保护和系统治理""像保护眼睛一样保护自然和生态环境"等新理念和新思想，正是对传统思想的一次革命。

推动生态系统整体性保护修复、提供良好生态公共产品是生态文明建设的基本要求。以国家重点生态功能区、生态保护红线、自然保护地等为重点，加快实施重要生态系统保护和修复重大工程。推进以国家公园为主体的自然保护地体系建设。实施生物多样性保护重大工程。推进山水林田湖草沙系统保护与治理，加大盐碱地治理、沙漠化土地改造，加强生态系统监测。完善市场化、多元化、多领域生态保护补偿制度，推动长江、黄河等重要流域建立全流域生态保护补偿机制。完善生态产品价值实现制度，因地制宜实施生态产品监测、价值评估、经营开发、保护补偿等机制。

加强生物多样性保护。科学划定自然保护地保护范围及功能分区，加快整合、归并、优化各类保护地。加快构建以国家公园为主体的自然保护地体系，加强国家重点保护和珍稀濒危野生动植物及其栖息地的保护修复。严格生物遗传资源保护和管理，加强生物安全管理，防治外来物种侵害。开展国家生态变化和生物多样性科学调查和跟踪监测，将生物多样性保护纳入地方领导干部考核。推进海洋生态文明建设。把海洋生态文明建设纳入海洋开发总布局，坚持陆海统筹，维护海洋自然再生产能力。建立沿海、流域、海域协同一体的综合治理体系，强化流域－河口－近岸海域联动保护和治理机制，削减入海河流总氮负荷。实施海岸带、内陆滩涂、滨海湿地等重要生态系统保护修复，提高自然岸线保有率和自然恢复能力。评估蓝碳生态系统状态，建立海洋碳汇评估调查与开发体系。

专栏 16-4 盐碱地、沙漠治理新成就

四川西部若尔盖沙化地区从 20 世纪 70 年代就开始了治沙工作。红柳是当地的树种，在荒漠化地区存活率较高，能起到水土保持、防风固沙的作用，使沙漠变成绿草地；绿化的沙漠吸引了黑颈鹤、灰雁等鸟类的来临和觅食；若尔盖原有沙化面积 8.03 万公顷，经过三代人近 50 年的努力，使得若尔盖近 3 万公顷沙地又重新披上了绿装，为野生动物创造了一个良好的栖息环境。

中国已经掌握了一套可以有效改良轻度盐碱化土地的技术，可以把盐碱地转变为粮仓；目前正开始在全国推广，可治理数十万公顷轻度盐碱化的土地，使其变为良田；但对盐碱化非常严重的土壤进行改良的技术难度很高，正在继续研究；中国共有盐碱地近 2 千万公顷，如果都能得到改造，中国的农业生产能力将获得巨大提升；中国还在研究能够在盐碱地生长的植物品种，例如能在海水中生长的水稻，就可以在盐碱地中生长。

六、推进生态文明法治建设，深化生态文明体制改革

建设中国特色社会主义，总布局是经济建设、政治建设、文化建设、社会建设、生态文明建设的"五位一体"。党的十八大指出："把生态文明建设放在突出地位，融入经济建设、政治建设、文化建设、社会建设各方面和全过程。"2013 年，党的十八届三中全会提出要紧紧围绕建设美丽中国深化生态文明体制改革，首次确立了生态文明制度体系，要用制度保护生态环境。2015 年 9 月，中共中央、国务院印发了《生态文明体制改革总体方案》，确定了生态文明体制改革的总体要求。"十四五"以来，我国生态文明建设进入了以降碳为重点战略方向、推动减污降碳协同增效、促进经济社会发展全面绿色转型、实现生态环境质量改善由量变到质变的关键时期。

十八大以来，生态文明体制改革深入推进。这十余年间，党中央、国务院决策部署，各级党政机关扎实推进生态文明制度建设。起草并报请党中央、国务院印发《关于加快推进生态文明建设的意见》，落实《生态文明体制改革总体方案》有关部署，制定现代环境治理体系、国家公园体制试点、生态保护补偿机制、生活垃圾分类制度、生产者责任延伸制等一系列改革方案，建立美丽中国建设评估指标体系，探索生态产品价值实现机制试点，推进福建、江西、贵州、海南国家生态文明试验区建设，形成一批可复制可推广的改革经验，为全国生态文明体制改革提供借鉴。

当前，生态文明建设需要同"碳达峰碳中和"国家战略统筹考虑，谋划全局。"十四五"以来，我国生态文明建设进入了以降碳为重点战略方向、推动减污降碳协同增效、促进经济社会发展全面绿色转型、实现生态环境质量改善由量变到质变的关键时期。党中央、国务院出台《中共中央关于完整准确全面贯彻新发展理念做好碳达峰碳中和工作的意见》，国务院印发《2030 年前碳达峰行动方案》，各有关部门制定了分领域分行业实施方案和支撑保障政策，各省（区、市）也都制定了本地区碳达峰实施方案，碳达峰碳中和"1+N"政策体系已经建立。碳达峰碳中和"1+N"政策体系将为生态文明制度建设提供新的思路和借鉴。

1. 建设生态文明法治体系

生态文明法治建设是制度体系建设的基础和保障。法律具有规范性、普遍性、形式性、强制性和国家意志性等特征，可以将有关生态文明建设的价值理念、工具措施、体制机制等加以制度化、规范化、系统化、稳定化。而法治则是包括立法、守法、执法和司法在内的动态的"依法而治"，是一种有法可依、有法必依、执法必严、违法必究的社会调控方式和治国方略，是成熟定型的制度建设和运行模式。具有民主性、稳定性、可预期性和权威性。30 多年来，我国制定了 30 多部有关环境污染防治与自然资源保护的法律，全国人大也进行了多次有关环境污染防治与自然资源保护的执法检查，但是实际效果仍存在提升空间。对此，生态文明需从法制建设转变为法治建设，不仅需把生态文明建设纳入相关法律，修改已有法律以纳入生态文明建设的要求，还需要加强不同法律之间的联系包括与刑法的联系，并且加强执法和对违法行为的惩治，实施对浪费资源、破坏环境的终身问责制。

2. 健全生态文明制度体系

八项制度是生态文明制度体系建设的基础和保障。《生态文明体制改革总体方案》提出总体目标为：构建起由自然资源资产产权制度、国土空间开发保护制度、空间规划体系、资源总量管理和全面节约制度、资源有偿使用和生态补偿制度、环境治理体系、环境治理和生态保护市场体系、生态文明绩效评价考核和责任追究制度八项制度构成的产权清晰、多元参与、激励约束并重、系统完整的生态文明制度体系，推进生态文明领域国家治理体系和治理能力现代化，努力走向社会主义生态文明新时代。以下对主要制度进行介绍。

（1）自然资源资产产权制度：自然资源资产产权制度是加强生态保护、促进生态文明建设的重要基础性制度，体现了"确权—分权—责权"的各个环节。主要包括建立统一的确权登记系统、建立权责明确的自然资源产权体系、健全国家自然资源资产管理体制、探索建立分级行使所有权的体制、开展水流和湿地产权确权试点。自然资源产权，是指自然资源所有、占有、处分、受益权利的总和。构建归属清晰、权责明确、监管有效的自然资源资产产权制度，目的是着力解决自然资源所有者不到位、所有权边界模糊等问题。自然资源资产，如湖泊、山川、空气和水，都具有公有性质。实施自然资源资产产权制度改革，不仅可以使自然资源成为有偿使用的资源，还可以使有价值的自然资源发挥作用，实现生态财富增值。

2013年《中共中央关于全面深化改革若干重大问题的决定》提出健全自然资源资产产权制度和用途管制制度。对水流、森林、山岭、草原、荒地、滩涂等自然生态空间进行统一确权登记，形成归属清晰、权责明确、监管有效的自然资源资产产权制度。建立空间规划体系，划定生产、生活、生态空间开发管制界限，落实用途管制。健全能源、水、土地节约集约使用制度。健全国家自然资源资产管理体制，统一行使全民所有自然资源资产所有者职责。完善自然资源监管体制，统一行使所有国土空间用途管制职责。2019年，中共中央办公厅、国务院办公厅印发《关于统筹推进自然资源资产产权制度改革的指导意见》，要求以完善自然资源资产产权体系为重点，以落实产权主体为关键，以调查监测和确权登记为基础，着力促进自然资源集约开发利用和生态保护修复，加强监督管理，注重改革创新，加快构建系统完备、科学规范、运行高效的中国特色自然资源资产产权制度体系。

（2）资源总量管理和全面节约制度：资源总量管理和全面节约制度的建设将提升土地、水、能源、森林、草原、湿地、沙地、海洋、矿产等资源的利用效率放在了发展的首位，并明确指出要增加资源循环利用的鼓励政策，为经济集约、高效发展提供了制度保障。资源总量管理和全面节约制度包括最严格的耕地保护制度和土地节约集约利用制度、最严格的水资源管理制度、能源消费总量管理和节约制度、天然林保护制度、草原保护制度、湿地保护制度、沙化土地封禁保护制度、海洋资源开发保护制度、矿产资源开发利用管理制度、资源循环利用制度等方面。

生态保护红线是其中重要的组成部分，是指在自然生态服务功能、环境质量安全、自然资源利用等方面，需要实行严格保护的空间边界与管理限值，以维护国家和区域生态安全及经济社会可持续发展，保障人民群众健康。划定生态保护红线是维护国家生态安全的需要。《中共中央关于全面深化改革若干重大问题的决定》明确提出，关于划定生态保护红线的部署和要求是生态文明建设的重大制度创新。党的二十大报告再次强调，要以国家重点生态功能区、生态保护红线、自然保护地等为重点，加快实施重要生态系统保护和修复重大工程。

（3）资源有偿使用和生态补偿制度：自然资源资产有偿使用制度和生态补偿制度是生态文明制度体系的一项核心制度，是落实生态保护权责、调动各方参与生态保护积极性、推进生态文明建设的重要手段。资源有偿使用和生态补偿制度包括自然资源及其产品价格改革、土地有偿使用制度、矿产资源有偿使用制度、海域海岛有偿使用制度、资源环境税费改革、生态补偿机制、生态保护修复资金使用机制、耕地草原河湖休养生息制度等方面。

自然资源主要包括国有土地资源、水资源、矿产资源、森林资源、草原资源、海域海岛资源等。根据我国资源法规定，资源使用者在开发资源时必须支付一定费用。资源有偿使用制度有利于资源的合理开发利用和整治保护，也有利于资源产业的发展。按照成本、收益相统一的原则，充分考虑社会可承受能力，建立自然资源开发使用成本评估机制，将资源所有者权益和生态环境损害等纳入自然资源及其产品价格形成机制。2013年《中共中央关于全面深化改革若干重大问题的决定》明确指出，加快自然资源及其产品价格改革，全面反映市场供求、资源稀缺程度、生态环境损害成本和修复效益。坚持使用资源付费和谁污染环境、谁破坏生态谁付费的原则，逐步将资源税扩展到占用各种自然生态空间。根据党的十八届三中全会决定关于将资源税扩展到占用各种自然生态空间的要求，财政部和国家税务总局于2016年出台《关于全面推进资源税改革的通知》，逐步将水、森林、草场、滩涂等资源纳入征税范围。2021年，中共中央办公厅、国务院办公厅印发《关于深化生态保护补偿制度改革的意见》，要求加快健全有效市场和有为政府更好结合、分类补偿与综合补偿统筹兼顾、纵向补偿与横向补偿协调推进、强化激励与硬化约束协同发力的生态保护补偿制度，推动全社会形成尊重自然、顺应自然、保护自然的思想共识和行动自觉。

（4）国土空间开发保护制度：国土空间开发保护制度包括完善主体功能区制度、健全国土空间用途管制制度、建立国家公园体制、完善自然资源监管体制等方面。国土空间，是人流物流所依。融公平与效率于一体，精心、长远规划国土空间，实现国土均衡发展，是确保新型工业化升级、集约城市化、资源环境可持续的物质基础和战略基石。国土资源的合理利用和生态保护，不仅关系到中国当今社会的经济发展，也关系到国家的长远福祉和生存根基。但是我国国土资源面临严峻现状。由于城市规模的快速扩张，土地供需矛盾进一步激化，导致土地占用规模不断扩大，尤其是对耕地的侵占日益严重。国土资源的生态保护现状也不容乐观：以土地污染情况为例，我国土地污染尤其是耕地污染形势相当严峻：污染程度加剧、污染危害巨大、污染防治基础薄弱。

国土空间开发保护制度以空间规划为基础、以用途管制为主要手段。该制度的设立，有利于解决因无序开发、过度开发、分散开发导致的优质耕地和生态空间占用过多、生态破坏、环境污染等问题，迫切需要有效推进国土空间领域的生态文明建设。当前，我国国土空间开发保护制度已基本建立、高质量区域经济布局逐渐形成，构建国土空间开发保护新格局取得显著成绩，但也面临一些必须着力解决的突出问题，如耕地减少、资源开发强度大、空间布局和结构不合理等。2020年，《中共中央关于制定国民经济和社会发展第十四个五年规划和二〇三五年远景目标的建议》提出，要形成主体功能明显、优势互补、高质量发展的国土空间开发保护新格局。加快推动国土空间开发保护新格局的形成，需要着力提高国土开发的质量、增强国土保护内生动力、确保国土开发与保护相互支撑。

（5）空间规划体系：空间规划体系是一个国家或地区内的不同空间尺度的规划构成的组织管理体系，其构建目的在于有效地整合和协调国家空间资源的开发及利用，以实现提升竞争力、保持社会公平和维系可持续发展目标。基于不同的法律依据与政策要求，我国逐步形成了不同层级、不同类型的空间规划。我国经法律授权编制的规划至少有80种，各类规划在目标、内容、方法上的差异往往导致规划内容出现重叠甚至矛盾，造成不同空间规划对同一内容的规划结果不同。如全国城镇体系规划与主体功能区规划划定的全国城镇化格局存在差异；不同空间规划对同一空间地区规划结果不同，如某一地区可能在区域层面被划定为限制开发区，而在城市层面则作为城市建设用地；同一类空间规划因行政层级不同而不相协调，如某些区域内各城市规划的建设用地规模、人口规模总和超出了区域合理的总量规模。诸如此类的冲突矛盾影响了规划的管理与落实，也给地方发展造成了困境。

建立空间规划体系是以构建空间治理和空间结构优化为主要内容，建立全国统一、相互衔接、分级管理的空间规划体系，以解决空间性规划重叠冲突、部门职责交叉重复、地方规划朝令夕改等问题。2015年中央城市工作会议提出，以主体功能区规划为基础统筹各类空间性规划，推进"多规合一"。"多规合一"是指推动国民经济和社会发展规划、城乡规划、土地利用规划、生态环境保护规划等多个规划的相互融合，融合到一张可以明确边界线的市县域图上，实现一个区域一本规划、一张蓝图。2016年12月，中共中央办公厅、国务院办公厅再次印发了《省级空间规划试点方案》，为实现"多规合一"，建立、健全国土空间开发保护制度积累经验并提供示范。2019年，《中共中央、国务院关于建立国土空间规划体系并监督实施的若干意见》进一步强调要建立国土空间规划体系并监督实施，将主体功能区规划、土地利用规划、城乡规划等空间规划融合为统一的国土空间规划，实现"多规合一"，强化国土空间规划对各专项规划的指导约束作用。

（6）建立健全环境治理体系：建立健全环境治理体系包括污染物排放许可制、污染防治区域联动机制、农村环境治理体制机制、环境信息公开制度、生态环境损害赔偿制度等内容。

排污许可制是围绕排放污染物的企事业单位进行环境管理的最核心制度，是排污单位守法、管理部门执法、社会监督护法的基本依据。我国的排污许可证制度实践从1987年开始，自排污许可证制度推行以来的20余年时间内，排污许可证制度更多的只是作为一部分省份的一项试行政策执行，在功能上也只是充当了排污申报登记制度和总量控制制度的补充手段。事实上，排污许可证制度可以通过界定明晰的产权来降低交易成本，从源头上解决由于产权不清导致的"搭便车"和外部性问题。结合排污许可证制度的重新定位，国务院办公厅2016年11月印发的《控制污染物排放许可实施方案》对开展企事业单位排污许可证管理进行了全局性和系统化的安排。

流域污染防治的区域联动机制是鉴于流域水体的流动具有跨区性甚至跨国性的特点,平衡上下游的利益并协调上下游的行为和行动,预防重大污染事故的发生,填补受害或者付出的利益的制度,以最有效的手段和最低的成本实现流域生态环境的保护。国家层面,在《重点流域水污染防治规划(2011—2015年)》中开始了污染防治区域联动机制实践,提出了流域污染防治统筹、流域协商、跨行政区断面水质考核、区域水污染机制处理、流域产业结构调整、流域农业和养殖业规划等区域联动体制和机制,并要求流域所经各省级政府探索流域省际环境保护合作框架,建立定期会商制度和协作应急处置机制,形成治污合力;积极推进跨界河流水污染突发事件的双边协调机制与应急处理能力建设。

农村环境治理体制机制是采取财政和村集体补贴、住户付费、社会资本参与的投入运营机制,以加强农村污水和垃圾处理等环保设施建设,促进农村环境治理制度化、常态化。该项整治试点工作已经在多地持续开展,通过以奖促治、以奖代罚等措施,促使地方政府对农村区域性敏感的环境问题实施同步、集中整治,使农村环境问题得到有效治理。《"十三五"生态环境保护规划》中提出,深化"以奖促治"政策,以南水北调沿线、三峡库区、长江沿线等重要水源地周边为重点,推进新一轮农村环境连片整治,有条件的省份开展全覆盖拉网式整治。

环境信息公开制度涵盖大气和水等环境信息公开、排污单位环境信息公开、监管部门环境信息公开、建设项目环境影响评价信息公开机制等,切实保障人民群众知情权。原环保部规定,自2016年1月1日起全面开展空气质量预测预报工作,向社会发布空气质量预测预报信息,发布的内容包括:重点区域未来5天形势、省(区、市)未来3天形势、重点城市未来24小时和48小时空气质量预报、城市空气质量指数范围、空气质量级别及首要污染物、对人体健康的影响和建议措施等。环境保护部将进一步推进集中式生活饮用水水源水质监测信息公开工作,自2016年1月起,全国地级及以上城市应当通过网站、地方主流媒体等公开渠道按月公开集中式生活饮用水水源水质监测信息。同时将会同国务院有关部门公开供水厂出水、用户水龙头水质等饮水安全状况信息,切实保障人民群众知情权。

生态环境损害赔偿制度是为解决资源趋紧、环境污染和生态失衡问题而生的,基于损害担责原则追究生态环境损害赔偿责任的制度。党中央、国务院高度重视生态环境损害赔偿制度改革。2015年,印发《生态环境损害赔偿制度改革试点方案》;2017年,印发《生态环境损害赔偿制度改革方案》。改革试点和全面试行以来,生态环境部会同各有关部门积极推进,各地方组织实施,在全国范围内初步构建了责任明确、途径畅通、技术规范、保障有力、赔偿到位、修复有效的生态环境损害赔偿制度,全面完成了阶段性目标。2022年,生态环境部联合"两高"等共14家单位印发《生态环境损害赔偿管理规定》(简称《规定》),《规定》的印发是进一步巩固改革成果,优化制度建设,推动改革向纵深发展的重要举措。

(7)健全环境治理和生态保护的市场体系:党的二十大报告指出,完善支持绿色发展的财税、金融、投资、价格政策和标准体系,发展绿色低碳产业,健全资源环境要素市场化配置体系。

节能环保产业的发展一方面能壮大产业，提高经济发展水平，另一方面能够改善生态环境质量。为促进节能环保产业的发展，提升绿色竞争力，就需要充分发挥市场在资源配置中的作用，激发市场主体活力。2016 年 9 月，国家发展改革委、环保部联合印发《关于培育环境治理和生态保护市场主体的意见》，就加快培育环境治理和生态保护市场主体进行了部署，提出了市场供给能力增强、市场主体逐步壮大、市场更加开放三大目标。健全环境治理和生态保护市场体系包括培育环境治理和生态保护市场主体、用能权和碳排放权交易制度、排污权交易制度、水权交易制度、绿色金融体系、绿色产品体系等。

（8）生态文明绩效评价考核和责任追究制度：习近平总书记指出，生态文明指标应纳入发展评价体系："要完善经济社会发展考核评价体系，把资源消耗、环境损害、生态效益等体现生态文明建设状况的指标纳入经济社会发展指标体系，使之成为推进生态文明建设的重要导向和约束。"完善生态文明绩效评价考核和责任追究制度包括生态文明目标体系、资源环境承载能力监测预警机制、编制自然资源资产负债表、领导干部实行自然资源资产离任审计、生态环境损害责任终身追究制等。要改变以 GDP 论英雄的传统观念和做法，一定要把资源消耗、环境质量、生态效益纳入考核政绩的体系，生态文明建设是各级党委政府的重要责任。很有必要研究并制定衡量生态文明的指标体系，建立领导干部自然资源资产离任审计制度，作为考核领导干部执政能力和责任履行的科学依据（陈吕军，2023）。

第二节　我国生态文明研究进展与实践创新

在中国知网以"生态文明"为关键词进行中文文献标题检索，截至 2023 年 5 月检出 45 530 篇文献，单篇下载次数最高的论文主题为"生态文明建设的科学内涵与基本路径"，单篇引用量最高的论文主题为"科学发展观与生态文明"，前五位关键词分别为"生态文明""生态文明建设""生态文明教育""建设生态文明""习近平生态文明思想"。可以发现 2008 年之后每年发表文献数量均在 1 000 篇以上，其中又以 2013 年发文量最高，达到 4 200 篇；生态文明研究学科分布以"环境科学与资源利用"最高，占比达到 42.67%，其次为宏观经济管理与可持续发展，占比 7.04%，第三位为农业经济，占比 5.86%。从研究层次分析，前五位主要为工程研究、应用研究、开发研究和政策研究、开发研究、应用研究与政策研究。

接下来重点以中国工程院"中国生态文明建设发展研究"十年五期研究项目为依托，阐述我国生态文明主要的研究进展和实践创新，以期引导读者思考不同时期、不同发展阶段、不同区域，中国生态文明建设研究与实践的重大战略问题是什么。中国工程院的项目队伍几乎覆盖了全国生态文明相关领域主要的研究机构和学者，形成的研究成果能较好地体现近 10 年来中国生态文明研究的进展和实践创新的主要方面。

中国工程院是我国工程科技界最高荣誉性、咨询性学术机构，从 1990 年开始先后开展了系列水资源可持续发展战略研究、系列环境与生态重大战略咨询研究。2012 年，党的十八大报告首次把"美丽中国"作为生态文明建设的宏伟目标，把生态文明建设纳入

"五位一体"总体布局，并将生态文明建设写入党章，标志着生态文明建设拉开序幕。在此背景下，第十届全国政协副主席、中国工程院原院长徐匡迪院士推动了中国工程院"生态文明建设若干战略问题研究"重大咨询项目，在 2013—2022 年期间，工程院设立了五期项目，研究成果于 2022 年以《中国生态文明理论与实践》出版。

专栏 16-5 《中国生态文明理论与实践》作者序言部分内容

我们在长达十年五期的研究中，一直在思考一个问题。一方面生态是统一的生物与环境的自然系统，是相互依存、相互制衡、相互共生的动态平衡系统，这里的平衡是相对的、动态是绝对的，从而达到再平衡，且会周而复始；另一方面，文明是人类社会发展的一个标志，从野蛮到文明其内在动因是人的伦理观推动社会秩序的建立，这里的伦理也是一个动态发展的过程，既有稳定性，又有发展性。从这两方面考虑，人类走过原始文明（依赖自然、索取自然）、农业文明（顺应自然、促进自然）、工业文明（改造自然、掠夺自然）几个阶段，在社会物质财富急剧增加的同时，自然生态也遭到极大破坏，自然环境开始报复人类社会。人类终于认识到人与自然的关系是人类社会的最基本关系，如何实现人与自然的和谐共生是人类文明发展的基本问题，于是建设一种人与自然和谐共生的生态文明（道法自然、推动自然）的理念应运而生。那么如何实现这一理念呢？当然，我们不可能走纯粹自然中心主义之路，也不能走单纯人类中心主义之路，而只能走人与自然和谐共生、自然生态与社会文明融合之路。是否可以设想一下，把人类的伦理观形成的社会秩序提升发展为环境的伦理观形成的自然与社会秩序，利用人的主观能动性和创新性去推动生态平衡向更高层次、更好方面移动，形成新的再平衡文明，开创生态文明新时代。当然，这是一个非常理想的设想，但如何实现？其科学基础是什么？社会经济发展结果如何设计？因此，中国生态文明既是重大理论问题，更是重大实践命题。

探讨和解决中国生态文明的理论和实践问题，需要战略和行动协同，跨领域、多学科开展长期系统深入的研究、实践和奋斗。中国生态文明的创新实践，需要在国土资源全面合理布局和区域协调发展规划的框架下，统筹现代化产业体系构建，资源节约和合理利用，生态系统保护、修复和建设，环境污染防治，文化制度软实力建设等方面。

中国工程院"生态文明建设若干战略问题研究"系列项目着眼祖国大江南北、林岭海岛、山川盆地、江河湖海、东中西部等符合中国特色地形地貌的国家战略区域在生态文明建设中的经济社会及科技发展的全局和重大重点问题，面临的共性和个性挑战，开展有组织的咨询研究，突出结果"三重四大"导向①。以下重点从"生态文明建设若干战略问题研究"系列项目的研究思路、技术路线设置、服务国家决策等方面进行分析，以期从研究的视角为读者提供借鉴和启发。

---

① 三重四大：重要批示、重大决策、重大判断，大战略、大工程、大任务、大项目。

一、生态文明建设宏观战略研究

2013 年，中国工程院、国家开发银行和清华大学组织实施了"生态文明建设若干战略问题研究"重大咨询项目，也是这个系列的首期项目。

首期研究重点从战略层面探索了生态文明建设的三大支柱（即资源节约、生态安全和环境保护）与"四化同步"（即新型工业化、信息化、城镇化、农业现代化）中的经济建设相融合等重大战略问题，为国家加快推进生态文明建设的科学决策提供支撑。

首期研究的思路概括为八大挑战、九大战略、十大任务。研究中通过大量调研，深入分析提出了我国该阶段生态文明建设面临的八个重大挑战，包括资源环境承载压力，生态安全形势，气候变化导致生态保护与修复难度，人民期盼与生态环境有效改善之间的落差，贫困地区脱贫致富与生态环境保护的矛盾，生态文明相适应的制度体系建设，生态文明意识扎根，国际地位提升下的国家责任与义务等方面。在此基础上，研究提出了我国生态文明建设九大发展战略，包括国土生态安全和水土资源优化配置与空间格局，新形势下的生态保护与建设、环境保护、能源可持续发展、新型工业化、新型城镇化、农业现代化、绿色消费与文化教育、绿色交通运输等方面。基于此提出了生态文明建设"十三五"时期十大重点任务，包括：实施绿色拉动战略驱动产业转型升级，提高资源能源效率，建设资源节约型社会，以重大工程带动生态系统量质双升，着力解决危害公众健康突出的环境问题，划定并严守生态保护红线体系，推进新型城镇化战略统筹城乡发展，开展生态资产家底清查核算与监控评估平台建设，全面开展全民生态文明新文化运动，实施生态文明工程科技支撑重大专项，并提出构建生态文明发展的法律体系、完善行政体制、形成市场作用机制、完善制度体系、健全公众参与机制五方面的保障条件与政策建议。

二、重点领域生态文明建设战略研究

2015 年中国工程院启动了"生态文明建设若干战略问题研究"二期项目，围绕国家生态文明建设指标体系、环境承载力与经济社会发展战略布局、固体废物分类资源化利用、农业发展方式转变与美丽乡村建设等领域的重大战略问题开展深入研究并提出了相关战略对策。

二期项目研究中聚焦三个方面深入分析我国生态文明发展现状与主要问题。

一是，环境承载力与经济社会发展布局战略，包括大气环境污染物环境容量与最大允许排放限值，基于重点流域水环境功能达标的水环境容量确定，水资源对区域社会经济发展的支撑能力，环境容量对煤油气资源开发的约束等方面，并判断环境承载力已经成为我国社会经济可持续发展的主要瓶颈，基于环境承载力亟须从全国产业合理布局、能源资源产业布局、重点区域产业发展布局［京津冀地区、西北五省（区）及内蒙古地区］等方面优化产业发展绿色化布局。

二是，固体废物分类资源化利用战略，包括我国固体废物分类资源化利用的现状、问题与挑战，固废分类资源化利用的潜力和潜在效益，我国固体废物分类资源化发展路径、总体战略目标和分阶段目标，以及固体废物资源化利用技术及发展方向。研究认为我国固体废物分类资源化利用潜力与潜在效益巨大，需要加快推进固体废物分类资源化利用产业发展，从"城市矿山"、乡村废物、工业固废三个方面提出了"十三五"时期的重点技术方向和重大工程，尤其是提出的开展"无废城市"试点的建议，得到了相关领导和生态环境部的采纳和推广。

三是，农业发展方式转变与美丽乡村建设战略，包括我国农业发展方式转变与美丽乡村建设面临的机遇与挑战，我国种植业与畜牧业发展方式转变与美丽乡村建设的战略重点，以及适应村镇美化建设的乡村土地规划建议。研究提出了美丽乡村建设的思路与"内生式"发展路径，加快农业发展方式转变与美丽乡村建设的八大重大科技工程措施，从科学规划布局、新型产业、优化农业功能分区、构建长效机制和农业绿色技术集成示范等五方面形成了农业发展方式转变与美丽乡村建设政策建议。

这一阶段战略研究提出的生态文明建设重点任务聚焦在八个方面，包括培育生态产品生产成为新兴产业形态，坚持绿色驱动产业的生态化转型，补齐农村短板建设生态宜居之乡，提升生态效率建设零碳无废社会，培育全民生态文化自觉和绿色生活方式，健全保障生态资源资产增值的法治体系，引领全球治理共同构建人类命运共同体，实施绿色科技创新工程支撑生态文明建设。

三、区域协调发展和生态文明建设战略研究

2017 年，中国工程院在"生态文明建设若干战略问题研究"三期项目设计中，着力推动区域协调发展和推进生态文明建设，加快形成人与自然和谐发展的现代化建设新格局。研究针对国家生态文明试验区福建、区域发展战略重点地区的京津冀地区和长江中游城市群，以及国家生态安全屏障建设区青藏高原的羌塘和三江源地区等典型地区，研究内容设计紧紧围绕国家西部生态安全屏障建设、京津冀协同发展战略、中部崛起战略和国家生态文明试验区建设的战略需求，从区域、省域、市域、县域等不同尺度，针对突出问题开展重大问题和生态文明建设需求研究，总结经验、查找短板、形成模式、谋划战略，开展生态文明建设实践模式与战略研究。

三期项目重点研究了四大区域生态文明建设的特色化路径。

一是，福建省生态产品价值实现路径。立足于福建省丰富的生态资源和农林产业发展基础，构建福建省及福州市生态资源资产核算的指标体系，开展生态资源资产核算并分析其动态变化，研究建立与我国国民经济核算体系协调一致并且可操作的生态资源资产业务化核算体系；将生态资源转化为生态农产品，实现生态产品价值，提出了相应的重大工程措施，为加快现代农业绿色化发展、建设美丽乡村提供决策参考。

二是，京津冀生态环境协同治理与保护战略。总体目标是提出解决京津冀生态环境问题的系统技术方案，促进产业结构和能源结构转型升级，推动环保产业发展；推动"生态修复和环境改善示范区"建设；服务京津冀协同发展战略实施，支撑京津冀 2030 年环境质量目标。研究总体思路为紧密结合京津冀协同发展战略，遵循"问题导向、创新驱动、突破瓶颈、带动产业"的指导思想，坚持"区域协同、介质耦合、过程同步、措施综合"

技术路线，构建防、控、治、保一体化的区域环境综合治理技术体系和模式，为京津冀协同发展整体部署提供了支撑。从京津冀能源利用与大气污染、水资源与水环境、城乡生态环境保护一体化、生态功能变化与调控、环境治理体制与制度创新这五个主要方面探究京津冀在扩散与集聚过程中，以标本兼治和专项治理并重、常态治理和应急减排协调、本地治污和区域协调相互促进，多策并举，多地联动的环境治理系统工程为抓手的生态文明建设战略。

三是，中部地区生态文明建设及发展战略。深入分析了我国中部地区典型省、市、县域生态文明建设的典型做法和模式，全面梳理在顶层规划设计、政策支持等方面取得的经验，科学评估取得的生态效益、经济效益和社会效益，预测三省份未来国土空间开发的趋势，深入剖析对生态文明建设带来的挑战和机遇，结合人口增长、经济发展、新型工业化、城镇化发展及新农村建设等对国土空间的巨大需求，提出典型省市县、中部地区乃至全国同类区域生态文明建设及发展的创新体制机制的政策建议。

四是，西部典型地区生态文明建设模式与战略。紧紧围绕《生态文明体制改革总体方案》，以黄土高原生态脆弱贫困区、羌塘高原高寒牧区、三江源生态屏障区为重点区域开展研究，创新黄土高原生态脆弱贫困区绿色生态发展模式、打造黄土高原生态脆弱贫困区绿色示范样板、总结黄土高原贫困区生态文明建设模式；羌塘地区的研究进一步明确了羌塘高原生态定位，估算适宜牧业人口、生态保护和发展机会成本，确定羌塘高原无人区和自然保护区边界，提出羌塘高原野生动物与牲畜争草问题的妥善解决方案，为羌塘高原国家生态文明建设及社会经济可持续发展提供智力支撑；三江源研究开展县域生态资源资产核算的业务化应用方案制定、政府购买产品的生态补偿模式创新，以及国家公园一体化管理体制机制方面的研究，为三江源生态环境保护改善和生态文明建设提供了支持。

四、长江经济带生态文明建设战略研究

四期研究（2019—2021年）聚焦长江经济带生态文明建设，突出了长江经济带区域协同发展。聚焦"保护与发展"关系主线，坚持生态优先、绿色发展原则，坚持山水林田湖草系统观，着力解决突出生态环境问题，实现经济社会发展与人口、资源、环境相协调，使绿水青山产生巨大生态效益、经济效益、社会效益。以科学咨询支撑科学决策，以科学决策引领长江经济带打造为生态文明建设示范带、建设高质量经济发展带、东中西互动合作的协调发展带，为中华民族的母亲河永葆生机活力奠定坚实基础。本研究在考虑到长江经济带区域协同发展和"保护与发展关系"的背景下，重点聚焦研究"生态环境空间管控与产业布局和城市群建设""产业绿色化发展战略""水安全保障与生态修复战略""生态产品价值实现路径与对策研究"以及"区域协同的长效体制机制"等战略问题。

长江经济带生态环境空间管控、产业布局和城市群建设方面，开展长江经济带生态环境承载力评价，进行生态环境空间分区划定，针对不同分区提出差异化的环境管控要求；识别当前长江经济带重点城市群建设存在的主要问题，提出了相应的优化建议；从产业结构、空间布局、发展规模、发展速度等方面提出长江经济带产业布局的对策建议和发展路线图。

长江经济带产业绿色发展战略方面，一是针对长江经济带石油化工产业绿色发展开展研究，明确石油化工产业绿色发展的实现路径，构建符合长江经济带实际的石油化工产业绿色评价指标体系；长江经济带能源供需与能源产业的绿色发展战略研究，明确长江经济带能源绿色发展存在的问题、机遇和挑战，完成能源绿色发展情境分析，提出能源绿色发展战略重点。二是对长江经济带工业园区与典型行业开展绿色发展战略研究，明确长江经济带工业园区及典型重污染行业分布及现状，提出与区域协同绿色发展的路线图及政策建议。

长江经济带水安全保障与生态修复战略方面，研究长江经济带水安全保障对策、重大水生态环境问题的修复策略。长江经济带陆生生态系统恢复保护与农林产业绿色发展战略，统筹发展与保护，提出长江经济带农林业健康可持续发展和乡村振兴战略。

长江经济带生态产品价值实现路径方面，创新实践形成了多样化的典型模式。一是生态保护补偿，以云贵川跨省赤水河流域生态补偿、新安江跨省流域横向生态补偿、湖北鄂州市区域间生态补偿标准定量化为典型；二是生态权属交易，典型案例有浙江丽水"河权到户"河道经营管理权改革，重庆梁平区集体林权制度改革，太湖流域排污权交易等；三是生态资源产业化，典型实践有浙江丽水苔藓产业化经营，武汉"花博汇"生态控制线内的城乡要素资源互通；四是绿色金融扶持，贵州省绿色金融改革创新试验区建设、浙江丽水林权抵押贷款等特色鲜明；五是发展权共享，浙江金华 – 磐安异地开发产业园、四川成都 – 阿坝协作共建工业园都是积极的探索；六是生态扶贫，湖南十八洞村精准扶贫、湖北咸丰县"121+3"产业扶贫、湖南平江县"生态 – 旅游 – 扶贫"联动发展特色突出。

五、黄河流域生态保护和高质量发展战略研究

2019 年 9 月 18 日，习近平总书记在郑州主持召开黄河流域生态保护和高质量发展座谈会，明确提出要着力加强生态保护治理、保障黄河长治久安、促进全流域高质量发展、改善人民群众生活、保护传承弘扬黄河文化，让黄河成为造福人民的幸福河。黄河流域生态保护和高质量发展同京津冀协同发展、长江经济带发展、粤港澳大湾区建设、长三角一体化发展一样，成为重大国家战略。

为落实党中央部署，及时为黄河流域生态保护和高质量发展提供战略决策支持，中国工程院及时启动黄河流域生态保护和高质量发展战略研究重大咨询项目。第一年重点围绕黄河流域生态环境空间管控、生态系统保护与修复、流域环境污染系统治理、新时期水沙演变趋势与河道治理、水资源节约集约利用与优化调配、绿色高质量产业与城市发展战略、黄河文化保护与文明传承等重大战略开展研究。第二年进一步以构建黄河流域保护治理与经济发展的协调共赢关系为核心，聚焦关键问题和典型区域，抓住水资源和能源两条主线，按照"空间布局 – 生态修复 – 环境治理 – 资源调控 – 绿色发展 – 文化弘扬"总体思路，综合考虑资源、环境、生态、经济、社会、文化等多个维度，研究提出黄河流域生态空间管控、生态修复、环境治理、水沙调控、文化传承、高质量发展等战略的具体实施路径。

1. 黄河流域生态保护和高质量发展的主要挑战

研究首先充分揭示了黄河流域生态保护和高质量发展面临的问题和挑战。黄河以脆弱的生态支撑着全流域多年来的快速发展，当前生态环境保护仍存在一些突出困难和问题，其表象在水里、问题在流域、根子在岸上。流域经济社会发展与生态环境争水的矛盾仍然十分突出，局部地区生态系统退化，生态环境保护任重道远。

黄河流域生态保护和高质量发展面临的全局性问题表现为：

（1）上中下游资源禀赋迥异，上中游经济发展不充分问题长期以来一直较为突出。黄河流域内与流域外的经济关联主要集中在中下游的河南、山东等省份，上下游之间未能形成经济协同一体化发展格局，流域整体经济发展不平衡矛盾突出。黄河流域产业结构偏重、能源结构偏重，煤炭采选、煤化工、钢铁、有色金属冶炼及压延加工等高耗水、高耗能、高排放企业居多，经济发展的内生动力不足。

（2）水资源短缺形势严峻，水沙关系不协调长期存在。近20年来，黄河流域水沙情势发生巨大变化，潼关站沙量减少约90%；"地上悬河"形势严峻，下游地上悬河长达800 km，上游宁蒙河段淤积形成新悬河，299 km游荡性河段河势未完全控制，危及大堤安全。下游滩区既是黄河滞洪沉沙的场所，也是190万群众赖以生存的家园，防洪和经济发展矛盾长期存在。

（3）流域生态系统本底脆弱，局部生态退化严重。黄河生态敏感脆弱，流域四分之三以上的区域属于中度以上脆弱区，上游地区天然草地退化严重，地下水位明显下降，水源涵养和调蓄功能下降；中游地区水土流失依然严重，下游黄河三角洲自然湿地严重萎缩，恢复难度极大且过程缓慢，同时环境污染积重较深。在碳中和目标下，作为新能源主力军的风电和太阳能资源分布区域与生态敏感脆弱地区重合，大规模光伏组件、风机的铺设将改变原有土地形态，电站建设和运营等不同生命周期阶段将对生态系统的稳定性和生物多样性保护产生深刻影响，需要加大研究。针对退役光伏组件等新兴产业固废，在推动回收利用的同时需防止二次污染。

（4）部分区域环境污染严重，环境质量改善任务艰巨。尤以汾河、渭河、涑水河等支流入河污染物负荷超载严重，黄河流域空气质量与全国平均水平有明显差距，流域局部地区土壤污染严重，部分工业园区及重污染企业周边土壤污染严重。

（5）黄河文化遗产生成机制尚不清晰，协同保护机制亟待建立。黄河沿线的世界文化遗产及全国重点文物保护单位众多，文物价值极高，但众多文物未形成省际协同保护机制，尚无法系统地体现黄河对中华文明起源与发展的重要价值。

2. 黄河流域生态保护和高质量发展的战略举措

五期项目研究全面深入地提出了黄河流域生态保护和高质量发展的战略举措。针对黄河流域重点领域、重点环节、重点区域在生态保护、环境治理与经济发展之间的平衡问题，需要从源头上构建黄河流域生态优先、绿色发展的国土空间管控体系，制定生态保护修复与污染治理总体策略，提出新形势下水沙调控与水资源高效配置策略，黄河流域产业与城市绿色高质量发展策略，黄河文化遗产系统保护与文化协同策略等八个方面，分别阐述如下。

一是，提升流域内部经济效率，结合碳补偿加大外部流动，加大流域开放力度，内提效率，外引动能，推动流域一体化发展。针对环境问题，研究提出必须坚持系统观、动态观、效率观，跳出环境污染末端治理思维，全面认识黄河流域产业活动与资源能源环境关系，寻求经济发展与环境治理综合施策。黄河流域是国家重要的能源基地、煤化工基地，传统能源的高效高值利用与清洁能源协同发展，对保障国家能源安全和基础工业原料安全具有重要意义。研究建议区域流域协同增效，建设清洁低碳流域，以此积极破解省内循环难题，推进流域高质量发展。发展过程中要统筹有序发展流域可再生能源，推动能源系统减污降碳协同增效。实施碳足迹包袱补偿，解决好流域经济与环境和谐共生关系。

二是，黄河流域能耗高与污染重同根同源，需要加强流域协同治理。一方面，重点针对金属冶炼和压延加工品、化学产品、燃气生产和工业、煤炭采选产品、非金属矿物制品、电力热力的生产和供应等行业对能源消费的"锁定效应"，加快推动重点行业强链延链，提升碳生产率；加大力度开展存量产业腾笼换鸟，通过减污节能降碳协同和生态环境治理倒逼高质量发展。另一方面，深化水资源、能源和经济发展统筹，加大清洁生产技术的转移应用，提高重点行业的水、能利用效率。黄河流域大部分地区尚处于城镇化中期阶段，加快发展绿色低碳建筑产业支撑区域经济发展的同时，要尽快跨过建筑业拐点，以新能源和零碳建筑为契机尽快发掘新动能，加快传统产业绿色低碳转型。在巩固黄河流域清洁能源基地作用的同时，围绕新能源布局发展配套制造业，大力推动耗能少、产值高、就业容量高的产业在流域落地生根，推动黄河流域制造业凤凰涅槃浴火重生。

三是，中国作为制造业大国，要发展实体经济，能源的饭碗必须端在自己手里。黄河流域要上游依煤、下游依油一体谋划，统筹好发展和安全、发展和保护、全局和局部的关系，推进能源革命，稳定能源保供，形成黄河流域煤、油、气、新能源、可再生能源、硅能源、氢能源等多元供应保安全、组合协调有韧性的现代能源体系。上游地区煤炭开发要按照绿色低碳的发展方向，对标实现碳达峰、碳中和目标任务，立足国情、控制总量、兜住底线，有序减量替代，推进煤炭消费转型升级，建设好全国重要能源基地。下游地区，尤其是黄河三角洲地区，要加强石油、页岩油气勘探开发技术和装备水平创新，加快低渗原油及稠油高效开发技术、新一代复合化学驱等技术产业化应用，同时加大海上风能可持续利用，不断提升绿色开采技术水平、提高生产能力、降低成本，同时按绿色低碳转型方向，实现节能降碳目标，建设清洁能源流域，推动流域能源经济发展质量变革、效率变革、动力变革。

四是，科学推进流域上中下游生态保护。加强上游水源涵养能力建设，黄河流域上游面临的主要生态问题是由于人类活动的过度干扰造成上游水源涵养能力下降和生态功能的退化。水源涵养能力的加强和生态系统的恢复需遵循自然规律、聚焦重点区域，通过自然恢复和实施重大生态保护修复工程，加快遏制生态退化趋势，恢复重要生态系统功能。针对中游地区的生态环境挑战，突出抓好黄土高原水土保持，全面保护天然林，持续巩固退耕还林还草、退牧还草成果，加大水土流失综合治理力度，稳步提升城镇化水平，改善中游地区生态面貌。建设黄河下游绿色生态走廊，加大黄河三角洲湿地生态系统保护修复力度，促进黄河下游河道生态功能提升和入海口生态环境质量改善，开展滩区生态环境综合整治，促进生态保护与人口经济协调发展。

五是，分类管控流域重要生态环境空间。重点保护好水源涵养、水土保持、生物多样性、防风固沙等四大类重点生态功能区。统筹优化城镇空间功能分区管控和国土空间规划，强化空间功能分区管控，保护生态环境质量，构建城市群生态安全格局。农业空间重点管控农田总量和土壤环境，严格农田用地管控，控制农业资源开发强度，合理发展现代农业，加强农业污染治理，完善农业基础设施建设。上中下游生态环境空间分区管控精准施策。

六是，科学调控黄河流域水沙关系，优化流域水资源高效利用与配置。科学认识黄河水沙历史演变规律，准确把握未来水沙演变趋势，事关黄河流水资源开发利用策略和黄河治理方略。新水沙条件下，黄河下游河道治理宜采取分区治理策略，彻底解决滩区防洪运用与经济发展之间的矛盾。未来黄河下游河道改造应遵循"稳定主槽、缩窄河道、治理悬河、解放滩区"总体策略，即在保障黄河下游河道防洪安全的前提下，利用现有的生产堤和河道整治工程形成新的黄河下游防洪堤，缩窄河道，使下游大部分滩区成为永久安全区，从根本上解决滩区发展与治河的矛盾。坚持"节水优先"方针，提高农业用水效率，强化水资源刚性约束，推动水资源空间均衡开发利用，按照"大稳定、小调整"原则调整"八七"分水方案。

七是，科学制定黄河流域绿色高质量发展策略。因地制宜构建绿色低碳循环现代产业体系，上游深化传统产业改造提升，做强新能源为代表的新兴产业；中游推动传统能源产业清洁化高端化转型，培育战略性新兴产业；下游大力发展现代服务业，建设数字经济高地。强化中心城市和城市群的辐射带动作用，统筹推进区域协调发展，建设中心城市和城市群，依托城市群和主要交通干线打造黄河活力经济轴带，依托国家中心城市培育黄河创新走廊。以"双碳"目标加速能源产业结构转型，统筹推动产业结构、能源结构、交通运输结构优化调整，加快新能源全产业链发展，深化能源革命。积极共建"一带一路"，推动流域经济全球化，建设全方位交通枢纽。空中、陆上、网上、海上四条丝绸之路齐头并进，创新"四路协同"机制；加强主副中心城市协同发展。构建多层次开放平台，提升能源开放合作水平。

八是，黄河文化遗产系统保护与文化传承。深入实施中华文明探源工程，构建黄河国家文化公园总体格局，打造具有国际影响力的黄河文化旅游带。建立健全黄河文化保护传承弘扬协同机制，广泛开展跨部门跨区域合作，推动流域上下游黄河文化遗产保护、产业发展、展示传播等，加强文化资源整合利用和互联互通，建立黄河文化资源基础数据库，实现黄河文化资源公共数据开放共享。加快建设一批黄河国家文化公园、风景区、文化遗产地以及博物馆、展览馆、教育基地等工程，有效推动黄河文化与水利工程、科普教育、旅游观光、公共服务等深度融合，推出一批黄河文化旅游带精品线路。深化文旅融合，将黄河文化资源优势转化为发展优势，壮大以创意为核心的创意文化产业，创新发展与科技、金融、贸易等相融合的现代黄河文化产业体系，凝聚黄河文化精神力量，全面推动黄河文化的保护传承和发展弘扬，促进黄河流域高质量发展。

新时代新征程，我国经济发展当前正面临着需求收缩、供给冲击、预期转弱三重压力。百年变局加速演进，外部环境更趋复杂严峻和不确定。我国已进入"两个一百年"奋斗目标的新时期，也是我国深化经济发展方式转变、增长动力转换，全面推动高质量发展阶段重要时期。在这样大的国际国内形势背景下，黄河流域内各省份面临着"一带一路"

倡议、推动黄河流域生态保护和高质量发展、碳达峰碳中和战略等多重叠加的发展机遇。新发展格局的多重构建，为黄河流域推动以生态优先、绿色发展为导向的高质量发展创造了更广阔的发展空间。黄河流域经济发展对国内市场和连接国内国际双循环的支撑作用将持续提升，基础设施现代化、产业结构调整、开放通道枢纽建设等积蓄的发展后劲也将持续释放并逐渐增强；城市群的规划建设、新型城镇化及乡村振兴蕴含的内需潜力持续激发；区域空间布局整体优化，创新驱动新优势加快培育，内陆开放战略高地加速形成，现代产业体系发展壮大；基础设施建设迎来重大突破，高质量发展的牵引力、推动力、支撑力显著增强。

展望未来，黄河流域要坚持完整准确全面贯彻新发展理念，构建新发展格局，坚定不移走生态优先、绿色低碳的高质量发展道路，坚持系统观念，把水资源作为最大的刚性约束，对在全方位贯彻"四水四定"发展原则指导下，黄河流域的生态安全屏障将进一步牢固，生态环境治理的重视程度将进入前所未有的阶段，经济的高质量发展也必将深入推进，生态文明建设实现新跨越。

1. 请同学们结合各自所在专业的特点，思考生态文明建设可能为你个人或者你所在学科带来怎样的发展机遇，并举例分析。

2. 请同学们结合自己与生态文明建设途径或实践创新有关的经历，思考你将如何参与到生态文明建设中。又或，试论述生态文明建设可能为你的学习、生活、发展带来怎样的机遇。

3. 生态文明建设，事关每一个人，勿以善小而不为，勿以恶小而为之，但知易行难。请同学们结合自己的观察体悟，思考公众践行生态文明理念面临的主要挑战，以及如何通过生态文明教育持久地发挥作用。

[1] 钱易，何建坤，卢风. 生态文明理论与实践 [M]. 北京：清华大学出版社，2018.

[2] 刘旭，郝吉明，王金南. 中国生态文明理论与实践 [M]. 北京：科学出版社，2022.

[3] 刘旭，郝吉明，王金南，等. 中国生态文明建设发展研究报告 [M]. 北京：科学出版社，2022.

[4] 钱易. 以绿色消费助推生态文明建设 [N]. 人民日报，2015-6-11（7）.

[5] 钱易. 努力实现生态优先、绿色发展 [J]. 环境科学研究，2020，33（5）：1069-1074.

[6] 钱易. 坚持绿色发展 建设生态文明 [J]. 先锋，2016（1）：12-15.

[7] 陈吕军. 建好生态工业园区 增辉中国式现代化 [N]. 中国环境报，2023-03-06（4）.

第十七章 环 境 管 理

【导读】环境问题的产生源自人类的社会和经济活动，因此环境问题的解决从根源上需要管理人类的活动，使其与环境相协调，从而达到社会的可持续发展，这成为环境管理的目标。本章首先概述环境管理的内容和重要性（第一节），在介绍环境问题的公共物品属性和外部性（第二节）的基础上，从政府（第三节）、市场（第四节）和公众（第五节）这三个不同主体出发，分别详细介绍不同主体下的环境管理手段，并在第六节进一步阐释为什么这三个主体需要相互合作，形成多元共治的环境治理体系。最后，简要介绍环境管理的技术支撑（第七节）。

第一节　环境管理的重要性

为什么需要环境管理？它能够在解决环境问题的哪些环节上发挥作用？本节以太湖的污染治理为例，通过对污染原因、污染机理、产生的环境影响、治理方法和途径及其实施等环节的剖析，说明环境管理的作用及其重要性。按照环境管理的目标、对象、管理主体和管理手段，阐述环境管理的内涵，并依此简要分析环境管理发展的历程和走向。最后简要介绍中国现行的环境管理制度。

一、环境管理的重要性：以太湖的污染治理为例

2007 年 5 月太湖集中暴发了大规模蓝藻，导致无锡部分地区自来水污染，无法饮用。对于这样一个环境问题，为了制定相应措施达到恢复太湖水体生态环境的目的，需要遵循如下的分析框架来提出解决环境问题的方案并加以实施：描述及评价环境污染的状况→研究污染机理→分析污染原因→提出污染治理的方法和途径→治理方案的实施。下面按照这个框架来分析整个污染事件，并考察环境管理在其中每个环节所发挥的作用。

首先，为什么认为太湖被污染了？直接的感官是水体颜色的改变，并且散发出臭味。至于如何判断污染的程度，则必须用科学语言来描述，这就涉及水质标准的问题。据 2007 年江苏省环境公报，太湖水质总磷平均浓度达Ⅳ类标准，总氮平均浓度劣于Ⅴ类（Ⅴ类为水质标准中最劣水体），全湖富营养化程度平均为中富营养。这种对于污染程度的描述和判断需要依据环境标准，而环境标准的制定、执行和应用是环境管理的基本手段之一。

至于污染的机理研究，则主要是环境科学技术的任务，虽然不属于环境管理的范畴，但

是它将为环境管理提供依据。水体富营养化的机理，简单地说，可以认为是水体中氮、磷浓度过高，引起蓝藻等水生生物在短时间内大量繁殖（导致水体颜色变化），致使生物的种群种类数量发生改变，最终破坏了水体的生态平衡。大量死亡的水生生物沉积到湖底，被微生物分解，消耗大量的溶解氧，从而使水体缺氧而导致其他生物的死亡（产生臭味）。

接下来的问题必然是，过多的氮、磷源自何处？这就涉及污染原因的识别。与其他湖泊、流域的污染源相同，太湖的污染也不外乎来自两处：一是周边工业及城市居民生活区通过管道排放的点源污染；二是来自农业生产、农村生活的通过地表径流进入太湖的面源污染。污染源排查将涉及社会、经济等因素，属于环境管理的工作内容之一。

在上述原因识别的基础上，需要提出一系列针对污染原因的治理途径和方法。通常采用标本兼治的方法。对于太湖，治标可能采用针对减少现有水环境中（包括水体和底泥）的污染物的方法，包括物理的、化学的、生物的方法等；也可能利用水利工程的技术方法，引进干净新鲜的水源，以提高环境的自净容量。而治本的方法，则是从源头上控制污染物的排放，包括点源污染控制和面源污染的控制。对于点源污染的控制可以是技术层面的，如建立污水处理厂，也可以从改变产业结构的角度出发，从根本上减少污水排放量和排放成分，这显然不是仅靠环境技术层面能够解决的问题。至于面源污染的控制，则需要从源头上减少化肥、农药等的使用，这涉及农民收入的问题、农村发展的问题，甚至国家粮食安全的问题。显然也需要实施环境管理的各种手段，如对于少用农药者的经济补偿、开拓绿色农产品的市场等经济激励手段等。

最后，有了科学的污染治理方案，如何实施？这必须依靠环境管理的一系列手段，包括法律、行政、经济的手段。关于主要环境管理手段的分类，见表17-1。在太湖的治理过程中，运用了众多的环境管理手段，如1998年底太湖治理的"零点行动"，试图依靠行政命令的手段来控制点源的污染排放；而排污收费等制度则是经济手段。

表 17-1 环境管理手段的分类

类型	管理主体	手段
命令型和控制型	政府	法律 行政 环境标准
经济型和激励型	企业 政府	市场经济手段 非市场经济手段
自愿型和鼓励型	环境的使用者 环境的使用者和影响对象	自组织自管理 公众参与

从上面对太湖环境问题的分析过程可见，除了污染机理的研究环节以外，环境管理在环境问题的几乎所有环节，都直接发挥了不可或缺的作用，包括环境问题的评价、原因识别、污染治理方案提出及实施保障等方面。因此，环境问题的解决难点就其本质而言不仅在于技术层面，更重要的在于管理层面。

二、什么是环境管理

在认识到环境管理的作用及其重要性后，接下来的问题是：环境管理的目标是什么、管理对象有哪些、谁来管理、怎么管理。

关于环境管理的目标，可以从以下三个层面来认识：实践层面、学科层面、哲学层面。在实践层面，环境管理的目标就是利用各种手段，鼓励、引导甚至强迫利益相关方保护环境；在学科层面，环境管理的目标是利用相关的自然科学、社会科学及人文科学的知识，揭示环境问题发生的原因、评价产生的影响、提出解决问题的方案，以及方案的实施和保障措施；在哲学层面，就是对人类自身的行为进行反思并管理，以维系并提高人与环境的和谐关系。

环境管理的直接对象是人类作用于环境的行为，包括政府行为、企业行为和公众行为。通过管理人的行为，进而间接管理物质对象，即作为客体的环境，包括水环境、大气环境、土壤环境、生物环境、景观环境、人居环境等。因此，就其本质而言，环境管理就是通过规范和管理人的行为，来调整人与环境之间的关系。

谁来管理？这涉及对环境管理的主体的认识。环境管理的主体实际上也是人类社会行为的主体，包括政府、企业和公众。这里公众包括个人和各种社会群体，后者也称非政府组织或非营利组织。

最后的问题是怎么管理，这个问题涉及环境管理手段。环境管理的不同手段详见表17–1。

三、环境管理的发展历程

环境管理主要涉及三方面内容：管理对象、管理主体和管理方法。从这三方面梳理其研究发展历程，有助于把握和认识当前环境管理的最新走向。

从管理对象方面，现代环境问题已经从20世纪上半叶的以局地环境污染问题为主，扩展到20世纪后期更加关注自然资源、生态环境、能源、区域和全球性环境问题等方面，直到当前的以可持续发展为导向的、以寻求人类社会与自然环境和谐为终极目标的人类社会行为的选择和组织问题。相应的环境管理的思想也从最初的以污染防治为主，发展到关注经济及人口增长与地球资源和生态环境保护，直至今天人与自然和谐相处成为环境管理的主流思想。上述各阶段的代表著作分别有蕾切尔·卡逊的《寂静的春天》（1962），芭芭拉·沃德和勒内·杜博斯著《只有一个地球》（1972），以及布伦特兰委员会的报告《我们共同的未来》（1987）。

可以看到，环境管理的物质对象无论从空间尺度，还是时间尺度，都存在一个从局部问题到区域问题乃至全球问题、从短期问题到长期问题、从表层问题（物质、能量的流动）到深层次问题（人类文明的演变）的转变；在对人的行为的管理层面，从单一的对污染者的管理，到综合的对自然、人文、社会发展的关注的转变。

从管理主体方面，也从最初的以政府环保部门为主，发展到包括各级政府、企业在内的多方利益群体，直至包括非政府、非营利组织在内的公众参与的逐渐兴起。

同时，管理主体的变化也直接反映在管理方法和手段的日趋多样化方面。从最初的倚重政府的命令控制型的方法，到经济手段的引入，直至目前鼓励型和自愿型的政策方法。可以看到，环境管理已经从最初的行政管理走向公共治理。应该充分意识到上述转变的潜在含义，这对于环境管理研究视角的转变、研究方法的更新具有重要意义。

四、中国现行的环境管理制度

从 1973 年第一次全国环境保护会议以来，我国逐步制定和实施了一系列环境管理制度。随着我国社会经济不断发展，对于环境管理的要求也不断提高，环境管理制度的内容也在不断丰富和完善。从管理阶段出发，可以将环境管理制度划分为三种类型：事前预防型、事中管控型、事后救济型。

事前预防型环境管理制度是指在环境污染和生态破坏还没有发生时，预先对建设项目或区域规划提出要求，以便将环境污染和生态破坏控制在可接受范围内的各种制度和措施。目前，这类制度和措施主要包括：① 规划制度，既包括具体的城乡规划和主体功能区规划，也包括各种涉及生态环境保护的规划和方案，如 2015 年颁布的《生态文明体制改革总体方案》；② 环境影响评价制度，针对拟建设项目或区域开发规划，在预测其可能造成的生态环境影响的基础上，事先提出控制或消除不利生态环境影响的具体措施，经相关主管部门批准，方可按要求付诸实施的强制性制度；③ "三同时"制度，对于任何新建、改建和扩建项目要求"防止污染和其他公害的设施，必须与主体工程同时设计、同时施工、同时投产"，以使该项目建成后各项有害物质的排放符合国家规定的标准。

一旦建设项目或区域开发规划付诸实施，县级以上地方人民政府生态环境主管部门，以及其他相关职能部门应当依法实施环境监督管理，此类管理制度为事中管控型。该类型相应的环境管理制度包括：排污申报登记制度、污染物总量控制制度、排污许可证制度、环境保护税制度、限期治理制度、强制清洁生产制度等。

假如排污单位没有按照国家的规定排放污染物，或者即便依法排污也因污染源过于集中造成了环境污染和破坏，那么，按照我国生态环境保护法律法规的规定，就应当被追究相应的法律责任，即事后救济型。一般情况下，违法的排污单位会受到行政处罚，相关条款见 2014 年修订的《中华人民共和国环境保护法》；造成生态环境损害或因污染环境、破坏生态造成他人损害的，还应当承担相应的民事赔偿责任，2020 年通过的《中华人民共和国民法典》中有明确的条款；构成犯罪的，还将依法承担刑事责任，2020 年修正的《中华人民共和国刑法》中有相关条款。

环境保护管理机构方面，从 1974 年至 2022 年，我国的环保主管机构共经历了 7 次大的变革，机构从无到有，从小到大，行政级别从低到高，反映了我国政府对环境保护重要性的认识和重视程度不断提高。继 1973 年召开第一次全国环境保护会议后，1974 年成立第一个环境保护机构——国务院环境保护领导小组，统一管理全国环保工作；1982 年成立环境保护局，隶属当时的城乡建设环境保护部；1984 年成立国家环境保护局，当时仍旧归城乡建设环境保护部领导；1988 年，国家环境保护局从城乡建设环境保护部分离，作为副部级的国务院直属机构，明确为国务院综合管理环境保护的职能部门；1998年，国家环境保护局升格为国家环境保护总局（正部级）；2008年，国家环境保护总局升格为环境保护部，从国务院直属机构变为国务院组成部门，更多参与综合决策；2019年，成立生态环境部。

2019年的机构改革，其目标是在制度上解决以往生态环境领域多部门管理导致的"九龙治水"问题。新组建的生态环境部在原环境保护部的职责基础上，将之前分布在其他部门的相关工作整合进来，包括：原国家发展和改革委员会的"应对气候变化和减排的职责"、原国土资源部的"监督防止地下水污染职责"、原水利部的"编制水功能区划、排污口设置管理、流域水环境保护职责"、原农业部的"监督指导农业面源污染职责"、原国家海洋局的"海洋环境保护职责"以及国务院南水北调工程建设委员会办公室的"南水北调工程项目区环境保护职责"。这次机构改革使得涉及生态环境保护的事项由原来多部门管理，变成由生态环境部统筹和负责，避免之前政出多门、责任不明的行政问题。

第二节　环境的公共物品属性及环境问题的外部性

环境的公共物品属性和环境问题的外部性，决定了环境管理需要政府、市场和公众作为管理主体，互为补充，共同完成。

一、环境的公共物品属性

1. 什么是公共物品

美国经济学家萨缪尔森（Samuelson）曾将公共物品定义为"每个人对这种物品的消费都不会导致其他人对该物品消费的减少"。在这里，萨缪尔森强调了公共物品的非竞争性特征。但是仅有这样一个判断标准似乎存在不足，渔场、草场资源等物品，传统上被认为是公共物品，但是却具有明显的竞争性，和萨缪尔森的定义存在矛盾。在认识到这一定义的不足之后，萨缪尔森此后（1999）在其著作《经济学》中，进一步区分了私人物品和公共物品的属性，"一种私人物品意味着，我对它的消费阻止了你对它的消费，也意味着我可以排除你吃我的面包；一种公共物品意味着，其消费是非对抗的，而且是非排他的"。在这里，非排他性作为公共物品的第二个特征被强调。

当使用竞争性和排他性这两个标准来对物品进行分类时，一个很自然的做法是建立一个四分框架，见表17-2。当某一物品同时具有非竞争性和非排他性时，称其为纯粹的公共物品，典型的例子是空气。某人呼吸空气不会减少他人对空气的吸收，因此具有非竞争性；同时，某人在呼吸空气的时候也不可能阻止其他人呼吸空气，因此空气的消费具有非排他性。与之相对，当某一物品同时具有竞争性和排他性时，是典型的私人物品，如冰激凌、衣服等。除了纯粹的公共物品和纯粹的私人物品，还有一些物品仅具备竞争性和排他性二者其一，称其为准公共物品。当物品具有竞争性而不具备排他性时（或排他成本很高时），称为共有资源（common resources），如海洋、湖泊、广阔的河流、广袤的草原等；

而当物品能够排他（通过收费），而且在一定的消费者范围内不具有竞争性时，通常称为收费物品，如有线电视、自来水、收费的国家公园，也有学者将收费物品称俱乐部物品或拥挤物品，因为当消费量超过某一拥挤点后（如国家公园的游客量超过承载力），也会出现竞争性。

表 17-2　物品四分框架

属性		竞争性	
		是	否
排他性	是	私人物品 如冰激凌、衣服	准公共物品（收费物品） 如收费的国家公园、自来水、有线电视
	否	准公共物品（共有资源） 如海洋、湖泊、河流	公共物品 如空气、国防、知识

2. 环境的公共物品属性

从上述分类可以看到，除了不具有私人物品的属性，我们研究的环境涵盖了纯粹的公共物品、共有资源（准公共物品）和收费物品（准公共物品）的范畴。因此，常笼统地说环境具有公共物品属性。

3. 具有公共物品属性的环境质量的供给主体

将物品分成公共物品（包括准公共物品）和私人物品，目的在于进一步讨论公共物品的供给主体问题。具体到环境这样的公共物品，就是讨论政府、市场及其他利益相关方在高质量环境物品的提供方面的角色分工和作用。

美国学者哈丁（G. Hardin）于 1968 在《公地悲剧》一文中，列举了四类公地："对所有人开放"的草场，"对所有人开放"的国家公园，纳污的水体和空气，允许自由生育的社会福利。显然，这四类"公地"实质上具有公共物品的属性。在该文中，哈丁指出，"在这个相信公地自由使用的社会，每个人都在追求自己的最大利益，但所有人争先恐后追求的最终结果是崩溃。公地的自由使用权给所有人带来的只有毁灭"。对于"向所有人开放的"草场和国家公园，哈丁认为可以通过产权私有化，或者依靠政府管制，或者依靠公众美德来避免悲剧的发生。而对于污染问题，以及人口问题，哈丁认为依靠私有产权概念是无法解决的，只能委托政府制定强制性的法律法规来避免这类悲剧的产生。

哈丁实际上提出了具有公共物品属性的资源环境不同管理主体的问题，有的问题也许可以通过市场来解决，但是有的问题则必须以政府为主体来解决，同时公众也是不能忽视的环境管理一方主体。

二、环境问题的外部性

1. 什么是外部性

假定两家企业都位于同一条河边。位于河流上游的一家是造纸厂，而位于下游的另一家是度假酒店。两家企业都要用到这条河流，虽然使用方法不一样。造纸厂把河流当作排污的渠道，而酒店却要利用河流开展游乐项目。显然，造纸厂向河流排放废水会导致酒店收入减少。如果没有其他因素限制，造纸厂不需要考虑其排放的废水是否会对下游造成危害，且不需要考虑进行补偿或付费。这种情况被称为外部性。

外部性是指在实际经济活动中，生产者或消费者的活动对其他生产者或消费者带来的非市场性的影响。这种影响可能是有害的，如上述造纸厂对酒店造成的影响；也有可能是有益的，如有人在自己花园里种植花草树木，路人得到了视觉上的享受。有益的影响称为正外部性，有害的影响称为负外部性。环境管理的目标就是减少负外部性（如污染防治）、增加正外部性（如生态资源保护），或者通过政策手段将外部性内部化。

2. 环境问题外部性的内部化：环境管理的手段

外部性的内部化，就是使生产者或消费者产生的外部影响，进入生产或消费成本，由他们自己来承担或消化，如通常所说的"污染者付费"的原则。目前采用的外部性内部化大体分为两类：命令与控制型手段和经济型手段，其中经济型手段包括基于市场的经济型手段和非市场性的经济型手段。

（1）命令与控制型手段：以上述河流污染问题为例，命令与控制型手段的前提是政府颁布一系列污染控制法律，然后根据这些法律法规对造纸厂确定污染物的排放种类、数量、排放方式及生产工艺中的相关指标等。又如，为了避免哈丁的"向所有人开放的草场"的公地悲剧，政府也许可以通过计算该草地的载畜能力、规定每个牧人允许饲养的牲畜数量，以达到草场不被过度利用的目的。

由于环境问题的公共物品属性及其所具有的外部性，以政府为管理主体的命令与控制型手段一直是环境管理所依赖的主要方法。关于命令与控制型手段及其局限性将在本章第三节中做详细介绍。

（2）基于市场的经济型手段：如上所述，对于"向所有人开放"的草场和国家公园，除了政府管制，哈丁还提出可以将其"当作私人财产出售"的方式，让其进入市场，这样就可以通过市场的那只"看不见的手"来避免公地悲剧。

再看河流上游造纸厂对下游酒店带来污染的例子。如果将整条河流的产权明晰，或者赋予下游的酒店，或者赋予上游的造纸厂，则在交易成本为零的前提下，通过市场交易将可以消除外部性。这就是著名的科斯定理。

假设下游的酒店获得了整条河流的所有权，那么，当它发现遭受上游造纸厂的污染时，会马上通知造纸厂。如果造纸厂不采取措施消除污染，酒店就会要求政府执行所有权的规定，这样，造纸厂将被强制要求把污染水平降到零。此时，造纸厂会提出补偿酒店的建议以免受起诉。双方谈判、协商的最终结果必然是，造纸厂给酒店一定的补偿，而酒店接受补偿，污染方和受害方之间达成交易。此时，造纸厂给予酒店的补偿必定小于把污染水平降到零的处理费用，而酒店也愿意接受不小于其消除（或忍受）污染所需费用的补偿。通过这样的交易，污染问题的外部性被内部化。

同样，如果位于上游的造纸厂拥有整条河流的产权，这时，位于下游的酒店如想继续在此营业，就会付费给造纸厂使其减少污染排放。通过交易，达成均衡的该笔费用一定小于（或等于）酒店自己处理污水所需的费用，同时大于（或等于）造纸厂处理污水的费用。通过交易，造纸厂造成的污染外部性被内部化。

可以看出，无论是上游的造纸厂拥有河流产权，或是下游的酒店拥有产权，只要产权明晰，都可以通过交易，使环境问题的外部性内部化。只要这种权利是明确的，不管交易的结果怎样，交易收入归谁，都能实现社会资源的高效配置。

在美国等市场经济国家广泛使用的排污权交易也是一种基于市场的解决环境问题外部性的具体办法。

值得一提的是，排污权这个概念并不受环境保护主义者和环境管理者所推崇，因为这个概念似乎给予了污染者排污的权利。但是，必须认识到在现实社会中由于生产者和消费者不可能实现污染的零排放，所以排污权是一个实际存在的利用环境资源的权利。问题的关键在于政府如何规定和限制排污权的大小，以及如何在生产者之间分配这种权利。通过排污权的交易，可以实现资源的合理配置，达到费用效果最优，使外部不经济性内部化。

应该指出，在实际应用中，排污权交易等基于市场的经济手段存在一些局限性。第一，环境问题的复杂性导致很难明确环境资源的产权，其外部性很可能会由很多厂商和消费者共同承担；第二，交易成本可能会很高，环境资源产权的明晰和外部性的衡量都需要大量的技术信息支持，过高的交易成本将阻碍排污权的交易。

（3）非市场性的经济型手段：如上所述，完善的市场经济体制虽然从理论上可以解决外部性问题，但是在实际中将会碰到许多无法跨越的障碍，如存在高昂的交易成本的问题。所以，还要寻求其他非市场性的经济型手段。

"非市场性"就是不通过市场交易来实现目标的一种经济手段，它主要借助政府的强制力量，通过价格、税收、信贷和收费等强制手段，向使用环境资源的厂商和消费者征收费用，以维护政府对环境资源的所有权和保护环境资源的权力及义务，迫使厂商把它们生产的外部性纳入他们的决策中去。

排污收费是非市场性手段中应用最广泛、最典型的一种方法。它有利于环境保护部门直接干涉企业行为，刺激其减少污染排放，但目前还需要进一步改进这一制度。这些经济手段是政府管制与市场力量的结合，也是应用广泛的控制污染的手段。

具体的关于环境管理的经济手段及其局限性见本章第四节内容。

第三节　以政府为主体的环境管理手段

一、命令与控制型环境管理手段的类型

一直以来，世界上所有国家的环境管理（包括市场经济完善的国家，如美国）都主要采用以政府为主体的命令与控制型的直接管理手段，如许可证、排放标准等。命令与控制型管理手段的优势在于：① 传统上，政府机构熟悉这种方法；② 同经济手段相比，它具有达到某一管理目标的直接性。

以政府为环境管理主体的命令与控制型管理手段包括法律手段、行政手段和环境标准的执行，见表 17-3。

表 17-3　命令与控制型管理手段类型

法律手段	宪法 民法典 环境保护基本法 环境保护单行法 环境保护条例和部门规章 国际条约、公约
行政手段	行政审批或许可 环境监测 / 处罚 环境影响评价
环境标准	环境质量标准 污染物排放标准 环境监测方法标准 环境标准样品标准 环境基础标准

1. 法律手段

由国家制定或认可，具有国家强制力和概括性、规范性，是环境管理法律手段的基本特征。这一特征使得环境法同社团、企业等非国家机关制定的规章制度区别开来，同虽由国家机关制定，但不具有国家强制力或不具有规范性、概括性的非法律文件区别开来。

法律规范的基本内容包括以下三方面：所适用的范畴和情形，如《中华人民共和国水污染防治法》适用于在中华人民共和国领域内的江河、湖泊、运河、渠道、水库等地表水体及地下水体的污染防治；行为规则，即法律规范中所明确的禁止做什么、要求做什么；法律责任，即违反法律规定的作为和不作为，所应当承担的相应的法律后果。

中国环境资源保护法律体系包括下列几个组成部分：宪法关于保护环境资源的规定；民法典侵权责任中关于环境污染和生态破坏责任的规定；环境保护基本法；环境资源单行法；环境标准；部门法中关于保护环境资源的法律法规。此外，我国缔结或参加的有关保护环境资源的国际条约、国际公约也是我国环境法律体系的组成部分。

2. 行政手段

行政手段是行政机构以命令、指示、规定等形式作用于直接管理对象的一种手段。环境管理的行政手段，主要包括行政审批或许可、环境监测和处罚、环境影响评价等。主要是以制定行政控制措施为主要内容的法律法规和相应的环境标准，以强制实施的方式，来实现国家确定的环境保护要求，因此是一种典型的命令与控制型的环境管理手段。例如，我国 2021 年发布并实施的《排污许可管理条例》以及此前执行的污染物总量控制及目标分解，均属于行政管理手段。

3. 环境标准

环境标准是由行政机关根据立法机关的授权而制定和颁发的。作为环境法的一个有机组成部分，环境标准在环境监测管理中起着极为重要的作用，无论是确定环境目标、制定环境规划、监测和评价环境质量，还是制订和实施环境法，都必须以环境标准这一"标尺"作为其基础和依据。

环境标准一般包括环境质量标准、污染物排放标准（或控制标准）、环境监测方法标准、环境标准样品标准和环境基础标准。

二、命令与控制型管理的局限性

应该指出，中国虽然是世界上环境法律法规体系比较健全的国家之一，但是中国的环境法治建设还需要进一步完善，如某些方面还存在着立法空白，有些法律内容还需要补充和修改；尤其需要指出的是，中国的环境法律法规的执行效果并不好，有法不依、执法不严的现象仍旧比较普遍。造成这一问题的原因很多，也很复杂，但是环境执法成本高昂是其关键因素之一。这也是命令与控制型管理手段的局限性之一。

专栏 17–1 哈丁的草场公地悲剧

公地悲剧是这样产生的：对于一个对所有人开放的草场，可以预料的是，每个牧民都将努力利用这个公共福利喂养尽可能多的牛。由于战争、侵略、疾病使人和牲畜的数量远远低于土地的承载能力，这种局面得以合理地没有冲突地存在几个世纪，然而，最后，当人们长期期望的社会稳定成为现实的时候，开始清算的日子也就到了，在这一点上，公地内在的逻辑无休止地产生了悲剧。

作为一个理性的存在，每个牧民都在追求其利益的最大化。他明确或者含蓄地、有意识地问："在我的牛群中再增加一头牛对我有什么效益呢？"这种效益是正、反两方面的。

1. 正面效益是增加了一头牲畜，牧民获得了增加这头牲畜的所有利润，其正效益接近 +1。

2. 负效益是，增加一头牲畜造成额外的超载放牧。然而，超载放牧带来的影响是由所有的牧民来分担的，这个负效益对任何单独决策的牧民而言仅仅是 –1 中的一小部分。

把正负效益都加起来，有理性的牧民会得出结论：唯一明智的值得他追求的事是为他的牧群增加一头又一头的牲畜……

资料来源：戴利 H E，汤森 K N. 珍惜地球：经济学、生态学、伦理学. 马杰，译. 北京：商务印书馆，2001：152.

这里利用哈丁"公地悲剧"中草场的例子（见专栏 17–1），说明命令与控制型管理手段解决草场超载过牧的成本问题。为了更好地说明该问题，下面用简单的博弈赋值的定量

方式来说明。

对于这块草场来说，假设可以饲养的牲畜数量是有上限的。在这个限度内放养的牲畜都能达到膘肥体壮，而且草场也不会出现过度使用的情况。设这个数量为 L。假设这块草地由 2 个牧民共同使用，如果每人选择放牧 $L/2$ 的牲畜，则认为是采取了"守约"的策略；反之，"违约"策略是每个牧民放牧尽可能多的牲畜，即数量大于 $L/2$。如果两个牧民都采取"守约"的策略，即放养牲畜的数量都限定在 $L/2$，他们将各获得 10 个单位的利润；如果他们都选择"违约"策略，他们获得的利润为零；如果其中一人"守约"，另外一人"违约"，则"违约者"将获得 11 个单位的利润，而"守约者"获得的是 –1。这是一个简单的具有"囚徒困境"博弈结构的策略选择问题，可概括为表 17–4。

表 17–4 哈丁的牧民博弈

牧民		牧民 2	
		守约	违约
牧民 1	守约	10, 10	–1, 11
	违约	11, –1	0, 0

注：该表根据 Ostrom（1990）改写。表中的策略回报赋值顺序：牧民 1，牧民 2。

从表 17–4 可以看出，选择"违约"所得的利润（11）比选择"守约"的利润（10）大，因此每个牧民都有激励去选择"违约"，其均衡结局必然是（0, 0）。为了使牧民不再有"违约"的激励，假设由政府来管理草场并决定最优的放牧策略，即政府决定能放牧多少牲畜。更进一步地，假设政府能无成本地发现并惩罚任何"违约者"，对"违约"的牧民课以 2 个利润单位的处罚，则由政府强制实行的一个新构建的博弈回报见表 17–5。

表 17–5 完全信息的政府管理的博弈

牧民		牧民 2	
		守约	违约
牧民 1	守约	10, 10	–1, 9
	违约	9, –1	–2, –2

注：该表根据 Ostrom（1990）改写。表中的策略回报赋值顺序：牧民 1，牧民 2。

显然，博弈的结局是（守约，守约），因为选择"违约"的所得（9 个利润）小于"守约"的所得（10 个利润），任何一个牧人都不再有激励去"违约"。但是，这样理想的博弈结局是建立在如下假设之上的：政府能获得准确的信息、监督能力强、制裁可靠有效，以及行政费用为零。仅以第一条"获得准确信息"为例，如果没有可靠的信息，政府可能犯各种各样的错误，包括确定的资源承载能力与实际不相符、罚金太高或太低、制裁了守约人或放过了违约者等。因此，表 17–5 的内在假设是政府机构能够无成本地监督所有牧民的活动，并正确地实施制裁。

但是，在现实中政府机构几乎不可能获得关于草地承载力和牧民活动的完全信息，因此存在错误实施惩罚的概率。假定政府机构惩罚违约者（正确的回应）的概率是 y，惩罚守约者（错误的回应）的概率是 x，表 17–6 是这种情况下的回报参数。

表 17–6　不完全信息的政府管理的博弈

牧民		牧民 2	
		守约	违约
牧民 1	守约	$10-2x$，$10-2x$	$-1-2x$，$11-2y$
	违约	$11-2y$，$-1-2x$	$-2y$，$-2y$

注：该表根据 Ostrom（1990）改写。表中的策略回报赋值顺序：牧民 1，牧民 2。

一个具有完全信息的政府机构在实施惩罚的时候不会发生错误，即 $x=0$，$y=1$。这种情形就是表 17–5 所示的结果，即表 17–5 仅是表 17–6 的一个特例。但是，如果政府机构对牧民的行为缺乏完全信息，假设正确实施制裁的概率是 $y=0.7$（则错误的概率 $x=0.3$），表 17–7 给出了这个特定例子的回报参数情况。

显然，在这种回报结构下，牧民仍然有激励选择违约，因为违约的回报是 9.6，而守约仅能获得 9.4 的回报。因此即便政府能够保证正确制裁率为 70%，依然不能避免所有牧民选择违约的策略，即（–1.4，–1.4）的均衡结局。而且，如果与表 17–4 的均衡结局（0，0）比较，可以发现有政府管制的博弈在均衡时的收益（–1.4，–1.4）甚至低于没有管制的博弈在均衡时的收益（0，0）。

表 17–7　不完全信息政府管理的博弈的一个例子

牧民		牧民 2	
		守约	违约
牧民 1	守约	9.4，9.4	–1.6，9.6
	违约	9.6，–1.6	–1.4，–1.4

注：该表根据 Ostrom（1990）改写。表中的策略回报赋值顺序：牧民 1，牧民 2。

上述例子说明，政府机构必须具有足够的信息，才能正确地实施制裁，避免把牧民推向（违约，违约）的选择。而如果要获得准确的信息，则不可避免需要一定的，甚至高昂的行政费用，这就是通常所说的命令与控制型管理"执法成本高"的问题。

第四节　环境管理的经济型手段

一、经济型手段的类型

经济型手段是用来将环境问题外部性内部化的手段之一，从 20 世纪 80 年代起，经济型手段成为环境管理中的重要手段之一。从世界各国特别是经济合作与发展组织

（Organization for Economic Co-operation and Development，OECD）国家的经验来看，经济型手段不仅是行政和法律手段的必要补充，也是能与市场经济发展相适应、行之有效的环境管理手段。在市场经济体制下采用经济型手段，可以提高环境管理的效率并降低成本。目前，在 OECD 国家受到广泛重视并采用的环境管理经济型手段见表 17–8。

表 17–8　环境管理经济型手段的基本类型

经济型手段	内容
明确产权	明确所有权：土地所有权、水权、矿权 明确使用权：许可证、特许证、开发证
市场手段	可交易的排污许可证 可交易的资源配额：如可交易转让的用水配额、狩猎配额、开发配额、土地许可证、环境股票等
税收手段	污染税：按照排污的数量和污染程度收税 原料税和产品税：对生产、消费和处理中有环境危害的原料和产品收税，如一次性餐盒、电子产品、电池、包装等 租金和资源税：获得或使用公共资源缴纳的租金或税收
收费手段	排污费 使用者收费 管理费 资源、生态、环境补偿费
财政手段	财政补贴 优惠贷款 环境基金
责任制度	环境、资源损害赔偿责任 保障赔偿：对特定有环境风险的活动进行强制性保险 执行保证金：预缴的执行法律的保证金
押金制度	押金退款制度：对需要回收的产品或包装实行抵押金制度
发行债券	发行政府和企业债券

注：引自叶文虎，张勇 . 环境管理学 . 3 版 . 北京：高等教育出版社，2013.

在中国，有关环境管理的现行经济型手段主要有以下四类：

（1）排污收费／税制度：根据我国有关政策和法律的规定，排污单位或个人应根据排放的污染物种类、数量和浓度缴纳排污费。自 2018 年环境保护费改税后，排污单位不再缴纳排污费，改为缴纳环境保护税。

（2）减免税制度：国家规定，对自然资源综合利用产品实行五年免征产品税、对因污染搬迁另建的项目实行免征建筑税等。

（3）补贴政策：财政部门掌握的排污费，可以通过环境保护部门定期划拨给缴纳排污费的企事业单位，用于补助企事业单位的污染治理。

（4）贷款优惠政策：对于自然资源综合利用项目、节能项目等，可按规定向银行申请优惠贷款。

根据市场机制发挥的程度，经济型手段进一步分为非市场型和市场型。我国现行的上述四类经济型手段均属于非市场型。表 17-8 所列的经济型手段中除第三行"市场手段"外，均属于非市场型。市场型经济型手段，指充分发挥市场机制，通过交易配置资源，主要包括排污权交易、水资源等配额交易。交易市场建立及发挥作用的前提是产权明晰（见表 17-8第二行），如排污许可证制度在法律上的建立健全是进入下一阶段排污权交易的前提。

在环境经济学领域，非市场型经济型手段经常被称为庇古手段，市场型经济型手段则被称为科斯手段。庇古发表于 1920 年的《福利经济学》，倡导政府采用强制征收环境税的手段，来纠正环境问题带来的负外部性。而科斯发表于 1960 年的《社会成本问题》，将经济发展和环境问题作为一个整体来考量，在理论上论证了在交易成本可以被克服的情况下，排污方和受污染方通过市场交易，能够以社会总成本有效的方式达到解决环境问题的目的。

两个手段比较而言，庇古手段需要政府投入的管理成本大；科斯手段在前期需要政府界定产权，但是总的行政成本较低。除了环境效益，无论是通过庇古手段还是科斯手段，政府均可获得经济收益。庇古手段一般不能产生技术创新的刺激，因为对于所有排污生产者的费率和税率是固定的；而科斯手段能刺激排污方采取措施改进生产设备，减少排污。另外，庇古税可能导致新的外部性，如有些人为了获得赔偿，可能选择搬到排污工厂附近居住，或开设洗衣店等，造成排污的社会成本增加。理论上，在环境收益相同的情况下，选择庇古手段还是科斯手段，取决于边际管理成本和边际交易费用的大小。如果排污工厂的边际减排成本无差异，庇古手段与科斯手段并无差异。

科斯之后，法律经济学家卡拉布雷西（Calabresi）和梅拉米德（Melamed）在 1972 年发表的《产权规则、责任规则和不可交易性：一个大教堂的视角》一文中（学界简称其为"卡-梅"框架），从分配和经济效率两个维度，首先区分了可交易和不可交易的物品属性，指出不是所有物品都可以进行市场交易，尤其是涉及道德、公平等维度时；进一步地，当采用可交易手段时，如通过交易确定排污方是否获得排污权，或者居民是否获得不受污染的权利，"卡-梅"框架在理论上阐释了"产权规则"（即完全由市场定价）、"责任规则"（由第三方如政府定价）两种交易情形所适用的条件。

在我国，市场型经济型手段一直处于试点阶段，包括排污权交易、碳交易，以及水权交易等。随着 2021 年《排污许可管理条例》的颁布和执行，后续的排污权交易或许会得到政府重视并正式加以推广利用。

二、市场型经济型手段的局限性

基于市场进行环境管理的前提条件是建立私有的产权，但是由于资源环境的公共物品属性，大多数情况下难以达到使用者排他。例如，作为纳污体的空气、海洋中游动的渔业资源等，就不能如本章第二节中造纸厂排污的河流那样，在理论上将整条河流的产权赋予任何一个使用方（事实上要界定"整条"河流的边界也是不太现实的），从而将环境问题的外部性内部化。在资源环境的管理中，充分意识到市场经济手段的局限性尤其重要。

再看哈丁的"向所有人开放"的草地的例子。为了避免公地悲剧，另外一个选择方案是强制实行私有化，把牧场分为两半，两个牧民各分一半的牧场，则每个牧民出于保护自身利益的动机，将选择只放养 $L/2$ 的牲畜。下面分析一下是否会达到这样的理想结局。

第一，明晰产权需要很高的成本，这包括每个牧民都要投资建造围栏、围栏的日常维护费用、监督和制裁的费用。在现实中，如果牧民不能够承担上述高昂的费用，很可能只是"纸面上"产权明晰，实际上草场并不能做到严格的排他性使用。在环境污染治理方面，如排污权交易的前提是明晰排污权，排污许可证的发放，面临同样的成本问题。

第二，牧民分到草场后是以可持续的方式管理和利用草场资源，还是选择在短期内大量超载使用草场资源，与牧民的贴现率有关。如果贴现率高，私人所有者同样会过度使用资源。

第三，资源的分布具有异质性，由于降水分布的不均匀，一部分牧场也许在某一年饲草茂盛，而另一部分的产草量也许不足以供给 $L/2$ 牲畜的草料。由于这种资源分布的动态性，造成牲畜饲养数量的难以掌控，分割共有牧场也许会使两位牧民的状况都恶化，并导致饲草暂时短缺的牧场上过度放牧。当然，牧民们可以建立一个新市场，某一年中有多余饲草的牧民可以把多余的饲草卖给另一位牧民；此外，牧民们也可能确定一个保险方案，以分担由环境的不确定性所带来的风险。然而，建立一个新市场或一个新的保险方案的费用将很大。并且，只要牧民共同拥有一块更大的牧地，共享饲草，共担风险，这些费用就是不必要的。

不根据资源环境的具体特征和条件，盲目崇尚私有化，也许会造成"反公地悲剧"。

第五节　以环境资源的直接使用者为主体的环境管理手段

传统解决环境问题的思路，往往如哈丁在"公地悲剧"中所建议的，或者通过政府的命令与控制型手段来解决，或者选择私有化通过市场机制来解决。但是，无论是政府管制的倡导者，还是私有化的倡导者，都把环境管理的制度建立必须依赖外部作为中心信条，而忽视了资源环境直接使用人的自组织、自管理的能力。

除了以政府为主体的命令与控制型环境管理手段，以及经济型环境管理手段，以资源环境使用者为主体的环境管理手段越来越受到重视，它包括两个层次的内容：直接使用者的自组织与自管理；公众参与。

一、自组织与自管理

仍然以哈丁的草场为例。假如这两个牧民自己能够通过谈判达成一个有约束力的协议，承诺遵守由他们自己制定的合作策略，如双方承诺各自放牧的牲畜数量不超过该草场总承载力的一半。下面分析这种自组织、自管理手段的利弊。

首先，由于草场依然是在明确的使用者之间共享，因此不需要投资用于明晰使用者之间空间边界的围栏。

其次，这种合约的达成并不依赖于一个身居千里之外的政府官员，其所获得的有关草地资源的信息往往是不完全的。相反，由于牧民最了解本地草场的资源分布情况、产草量情况，以及不同牲畜对于不同饲草的偏好及采食量等信息，将会避免由于信息不完全所制定的使用规则与实际情况存在偏差，如政府规定的承载力或许会高于或低于实际承载力。

最后，一旦牧民之间的协议达成，其监督和执行成本将远低于政府的命令与控制型管理。在谈判中，他们将就如何分享草地的载畜能力，以及如何分担执行协议所需要的费用等各种策略进行讨论。如果任何一位牧民提出非平等分享草场的载畜能力但平等分担执行费用的建议，都必然会被另一位牧民否定。结果是，唯一可行的协议是两位牧民平等分享草场的实际产草量，并平等分担执行协议的费用。因为协议是他们自己达成的，将要执行的是他们双方已经同意了的约定，其违约的动机和激励会降至最低，因此将降低监督和执行成本。

但是，同上述命令与控制型管理和经济型管理一样，自组织与自管理也不是万应灵药。这样的制度安排在许多场景中都具有不少弱点，如牧民也可能高估或低估草场的载畜能力、他们自己的监督制度可能出现故障等。

2009 年诺贝尔经济学奖获得者奥斯特罗姆（Ostrom）通过对大量实际案例的分析和归纳，提出了自组织与自管理成功实施的前提条件，见表 17-9。

表 17-9　自组织与自管理成功实施的前提条件

1. 清晰界定边界条件 这里的"边界"既是指拟进行管理的资源环境的边界，也指所有有权共享该资源环境的使用者群体边界。一般认为，小规模的资源环境及使用者群体比较容易成功实施自组织与自管理
2. 基于当地资源环境及社会经济的实际特点制定使用规则 资源环境使用的时间、地点、技术和（或）每次获取的数量，要与当地资源环境的实际条件及所需的劳动、物资和（或）资金的供应能力一致
3. 集体选择的安排 绝大多数受使用规则影响的资源环境使用者能够参与使用规则的制定与修改
4. 监督 对资源环境状况和使用行为进行监督，监督者可以是使用者群体内部的人，也可以从外部聘请
5. 分级制裁 制裁水平分级：违反规则的使用者可能受到其他使用者、专门监督者或他们两者的分级制裁 制裁程度分级：取决于违规的内容和严重性
6. 冲突解决机制 资源环境使用者和地方官员能够迅速通过成本低廉的冲突解决平台和机制来解决使用者之间，或使用者和官员之间的冲突

7. 对自组织与自管理的最低限度的认可

资源环境使用者自己设计规则的权利不受外部政府的挑战，外部政府对这些规则的合法性给予最低限度的认可

---

8. 多层次利益相关方的嵌套机制

当存在多层次的资源环境利益相关方时，需要建立嵌套的机制对资源使用、供应、监督、执行、冲突解决和治理活动加以组织。这里的"多层次利益相关方"指社区以外的其他利益相关方，而"嵌套机制"指社区需要与外部的利益相关方合作，共同制定资源使用规则。例如，如果社区边界内所属的是一条支流，仅在一条支流河道建立水资源使用的分配规则，而没有同上一级干流所涉及的社区及地区政府协商建立相应的规则，则不可能产生完整的、可长期存续的制度

注：根据 Ostrom（1990）稍有改编，并附加了一些注解。

在 Ostrom（1990）的基础上，一些学者对于实施自组织与自管理时需要考虑的因素做了进一步补充和完善，主要包括资源环境对象的特点、外部市场的冲击、新技术的使用、资源环境使用者的贫困程度等对自组织与自管理效果的影响。

二、公众参与

相比于上述自组织与自管理的主体是资源环境的直接使用人，公众参与的主体范围更大，这里的公众包括与资源环境对象相关的（直接或间接）个人和各种社会群体，后者也称非政府组织或非营利组织。在制度建设层面上，与自组织与自管理中使用者自己设计、建立自己的制度不同，公众参与强调的是不同利益相关方之间伙伴式的关系。通过两个或多个公共、私人或非政府组织之间相互达成共识的一种约定，以实现共同决定的目标，或完成共同决定的活动，从而有利于环境和社会的可持续发展。

1. 基本原理

由于环境问题的动态性、复杂性、不确定性及其导致的冲突性，人们越来越意识到，利用公众和社会群体将有助于获得更多相关的科学领域之外的信息、知识和观点，从而更有效地明确问题。而且，随着环境保护意识的提高，公众对主动参与环境保护的期望与要求在增加，而不愿意仅仅接受由政府和专家提供的观点。更重要的是，通过公众参与，所制定的环境问题解决方案能为社会所接受，从而保证其后顺利地、低成本地实施。虽然公众参与在问题分析、规划的早期阶段可能使所需时间延长，但是这种前期的"投资"通常会在后期通过避免或减少冲突而得到"回报"。

2. 利益相关方和伙伴关系的种类

伙伴关系可以有很多不同的种类，既有私人的、非正式的、自愿的，也有法律机构约束的；既可以是短期的、为特定项目而成立的，也可能是长期的、范围广泛的；既可能涉及分担具体的工作或财务成本，也可能仅仅是共享信息。

当确定伙伴关系时，不可避免地要确定谁是真正的利益相关方。利益相关方通常被认为包括以下几类个人或团体：直接受决策影响；对决策感兴趣；对决策负法律责任；具有

权威并可能产生影响力。

对于那些直接受决策影响的利益相关方或公众，应该在积极群体和不积极群体两者之间做出识别。积极群体往往有自己的利益集团，有自己发言的渠道（如某些环保非政府组织的成员），他们有经济资源及从事监管活动、影响政府的能力。相比之下，不积极群体或沉默的大多数通常是不热衷于社会或环境问题，而更乐于把精力放在处理日常工作和家庭事务的那些人。作为积极群体核心的很多组织由于自己的事业直接与环境资源问题相关，他们认为自己的任务之一就是参与规划和决策，因此他们的声音一般很容易被听到。然而，实际情况往往是，积极群体的声音并不能完全代表所有受决策影响的利益相关方的观点，因此环境管理者面临的主要挑战是如何努力与非积极群体形成互动。

3. 公众成功参与的要素

第一，参与者之间应该有相互包容性。这种包容性需要建立在相互尊重与信任的基础上，尤其是当参与方的期望和需求存在差异的时候。

第二，参与的结果应该对所有的伙伴都有利。如果参与者通过参与没有得到所期望的利益，或他们认为利益分配不公平，则将难以实现持续的伙伴关系。

第三，所有参与者应该具有平等的权利，不论他们拥有多少资源或能力。

第四，交流机制。包括促进伙伴之间的交流机制，也包括建立与伙伴关系之外的团体的交流机制。

第五，适应性。由于资源环境问题的不确定性和变化性，参与的伙伴具有灵活的、在实践中学习的能力尤其重要。

第六，伙伴的团结性、耐心和毅力。当遇到障碍和挫折时，团结性、耐心和毅力可使伙伴们度过不可避免发生的艰难时期。

4. 公众参与的程度

公众参与程度可以分为以下四类。

第一，贡献性参与。政府保持控制权力，但参与者可以单方面提出相关环境管理的意见。

第二，共享性参与。政府保持控制权力，允许参与者分享信息和分担工作，参与者可以通过他们的实际参与影响决策。

第三，协商性参与。政府保持控制权力，但是制定政策和战略的所有过程对参与者开放，与参与者协商。通过协商式参与，参与者可以在使政府决策合法化的过程中发挥作用。

第四，决策性参与。在制定政策、战略规划等方面，政府与参与者共享权力，共担风险。

5. 参与的及时性

以一项环境管理政策的制定和执行为例，公众参与可以在以下三个阶段发生：在政策制定前的调研、确定政策目标阶段；在政策制定过程中；在政策执行阶段。公众越早参与，越能起到应有的作用；反之，如果在政策执行阶段再参与，则可能仅是表面上的，或象征性的，因为重要决策在此之前就已经制定了。

6. 来自政府的保障

第一，政府必须向公众提供信息。政府的资源和环境管理机构必须切实满足公众的信息要求，主动考虑公众需要什么信息，建立一个提供信息的有效系统并及时发布信息。政府机构不仅要注意信息的内容，也要注意提供信息的形式。

第二，为公众提供表达他们观点的机会，不管这些观点是否与问题的本质有关、是否有助于解决问题、是否能够在政策实施和结果监测中发挥作用。

第三，在问题界定、制定可选的解决方案、制定实施战略等不同阶段，政府的相关资源环境管理机构应该能够有效地管理不同利益相关方的对话过程。

第四，政府机构具有推进共识、解决和化解争端的能力。

7. 参与机制

公众参与可以有很多机制，如听证会、顾问、社会调查、起诉、仲裁、环境调解等。其中起诉、仲裁和环境调解是明确不同利益和寻找相互满意的解决方案的方式。

8. 公平与效率的问题

毫无疑问，短期内，与政府机构自己关起门来制定管理政策相比，公众参与的方法会使得问题界定和分析、方案确定等的时间延长。然而，从长期来看，公众参与的方法是更为有效的，因为它使制定的政策在后续实施过程中受到更少的挑战。即政策制定前期所花费的时间通常能在后期的实施阶段得到弥补。因此，从政策制定到实施的整个周期来看，公众参与比没有参与更有效、更公平。

三、中国环境管理中的公众参与

在中国，公众参与尚处于萌芽阶段，但是越来越被认为是环境政策启动和完善的一个重要组成部分。

1. 公众参与的法律基础

我国宪法明确规定：人民依照法律规定，通过各种途径和形式管理国家事务，管理经济和文化事务，管理社会事务。这是我国实行公众参与环境管理的宪法根据。《环境保护法（试行）》规定的环境保护三十二字方针中的"依靠群众，大家动手"已包含环境民主原则的内容。《国务院关于环境保护若干问题的决定》（1996 年 8 月 30 日）中也有关于公众参与的规定："建立公众参与机制，发挥社会团体的作用，鼓励公众参与环境保护工作，检举和揭发各种违反环境保护法律法规的行为"。

特别地，2006 年发布的《环境影响评价公众参与暂行办法》为中国公众参与环境管理开辟了规范性通道。其中第五条明确，"国家鼓励有关单位、专家和公众以适当方式参与环境影响评价"；第十一条针对规划的环境影响评价要求，"专项规划的编制机关对可能造成不良环境影响并直接涉及公众环境权益的规划，应当在该规划草案报送审批前，举行论证会、听证会，或者采取其他形式，征求有关单位、专家和公众对环境影响报告书草案的意见"；第二十一条针对建设项目的环境影响评价也有类似规定，"除国家规定需要保密的情形外，对环境可能造成重大影响、应当编制环境影响报告书的建设项目，建设单位应当在报批建设项目环境影响报告书前，举行论证会、听证会，或者采取其他形式，征求有关单位、专家和公众的意见""编制机关应当认真考虑有关单位、专家和公众对环境影响报告书草案的意见，并应当在报送审查的环境影响报告书中附具对意见采纳或者不采纳的说明"。

此后，我国逐渐建立起一套公众参与的体系，用更加具体的制度和更加可行的程序来保证公众对环境管理事务的有效参与。2014年新修订的《环境保护法》纳入"信息公开和公众参与"章节，明确规定"公民、法人和其他组织依法享有获取环境信息、参与和监督环境保护的权利"；2015年发布的《环境保护公众参与办法》详细规定了多种公众参与方式，如"问卷调查，组织召开座谈会、专家论证会、电话、信函、传真"等，鼓励公众对环境保护公共事务进行舆论监督和社会监督。2016年《"十三五"生态环境保护规划》提出应当"形成政府、企业、公众共治的环境治理体系"和"畅通的公众参与渠道"。

2. 环境信息公开

环境信息可以是反映环境状况的最新情报、数据、指令和信号，也可以是表征环境问题及其管理过程固有要素的数量、质量、分布、联系和规律。环境信息公开是公众参与的前提和基础。环境信息公开主要指政府、同时也包括企业主动公开自身掌握的环境信息，如区域环境质量信息、污染物排放信息、突发环境事故信息、企业产品环境信息、企业环境行为信息等。

政府环境信息是行政机关在履行职责过程中制作或者获取的，以一定形式记录、保存的与环境有关的信息，包括但不限于环境质量信息、污染源及其排污信息和环境执法等信息。政府在环境信息的获取、占有和发布方面具有天然的优势地位。一般而言，政府拥有遍及全国和各环境领域的环保机构，其重要职能之一就是环境信息的收集和处理；政府还拥有较为完善的环境信息收集手段，如环境监测、环境评价、排污许可证制度及各种具体环境领域的报告制度等。众多的机构保障和广泛的信息来源保证了政府环境信息收集的准确性、完备性和权威性。

2008年5月1日起施行的《政府信息公开条例》（以下简称《条例》）正式在法律上确立了我国政府信息公开制度，具有里程碑意义。《条例》明确政府信息公开是原则，不公开是例外，确定政府公开信息的责任，通过规定政府信息公开的范围、程序、方式和考核制度来保障公民知情权的实现。与《条例》同时实施的还有《环境信息公开办法（试行）》（以下简称《办法》），该《办法》是依据《条例》和《清洁生产促进法》的规定，专门针对政府环境信息和企业环境信息公开制定的。《条例》和《办法》通过列举方式规定了政府主动公开的环境信息范围，并规定公民、法人和其他组织可以向政府机关申请获取政府环境信息。

2014年4月24日通过的《环境保护法》修正案（以下简称新环保法）专设了信息公开与公众参与一章，为健全和完善我国政府环境信息公开制度提供了基本依据。与原有的立法规定相比，新环保法扩大了环保部门主动公开政府环境信息的范围和系统性。新环保法第54条规定：国务院环境保护主管部门统一发布国家环境质量、重点污染源监测信息及其他重大环境信息，省级以上人民政府环境保护主管部门定期发布环境状况公报；县级以上人民政府环境保护主管部门和其他负有环境保护监督管理职责的部门，应当依法公开环境质量、环境监测、突发环境事件，以及环境行政许可、行政处罚、排污费的征收和使用情况等信息。第56条第2款规定：负责审批建设项目环境影响评价文件的部门在收到建设项目环境影响报告书后，除涉及国家秘密和商业秘密的事项外，应当全文公开，把环保部原有的指导性要求上升为法律规定。最为重要的是新环保法明确了公民、法人和其他组织依法享有获取环境信息、参与和监督环境保护的权利（第53条），把环境信息的公开与公众参与和监督紧密联系起来。

我国的政府环境信息公开的研究和实践尚处于起步阶段，存在着环境信息公开范围有限、公开不及时、公开手段落后、信息不完整等诸多问题，与公众的需求还有很大差距。为此，国务院在2005年末发布的《关于落实科学发展观加强环境保护的决定》中指出："实行环境质量公告制度，定期公布各省（区、市）有关环境保护指标，发布城市空气质量、城市噪声、饮用水水源水质、流域水质、近岸海域水质和生态状况评价等环境信息，及时发布环境事故信息，为公众参与制度创造条件。"这是我国的政府环境信息公开的一个起点。我国目前的环境信息公开主要体现在：每年度发布环境质量状况公报、重点城市环境质量日报和预报、主要水系重点断面水环境质量周报和月报等。

企业是市场经济的主体，掌握着市场经济活动中有关环境的大量信息。企业环境信息一般包括企业的环境方针、企业资源能源利用情况、企业清洁生产工艺情况、企业各种污染物排放及治理情况、企业内部及周边环境质量情况等。除此之外，一些非常重视环境保护的企业会主动公开企业的环境战略、环境管理体系、产品环境情况、企业环境绩效等。企业既是微观经济活动的主体，也是环境保护的主体，因此，企业环境信息一般是第一手的环境信息资料，具有原始性、丰富性、准确性等特点。

企业环境信息公开的动力主要有两方面。一是来自政府的法律和行政手段的外部压力；二是企业自身追求利益与承担企业社会责任的内在需求。2013年年底，我国发布了《国家重点监控企业自行监测及信息公开办法（试行）》和《国家重点监控企业污染源监督性监测及信息公开办法（试行）》，针对污染企业的排污监测和信息公开做出规定。对于企业而言，披露环境信息是企业必须履行的一份社会责任。公开的环境信息的内容要反映企业生产经营对环境产生的影响，企业对环境污染治理的管理措施及实施效果。

第六节　从环境管理到环境治理：多元共治

以上第三、四、五节，分别介绍了以政府、市场和公众不同主体为中心的环境管理手段。在时间轴上，这三类环境管理手段是在不同时期依次逐步得到重视和利用的。

20世纪50年代开始，随着工业化国家生态环境危机的显现，公众环境意识开始觉醒，环境诉求高涨，强烈要求政府履行环境管理职能，因此以政府为主体的命令与控制型环境管理得以发展。其背后的理论依据是，环境物品的公共属性和外部性，决定了市场经济不可能完全有效地运行，因此需要政府进行干预。

20世纪70年代，在市场自由主义的影响下，市场机制的重要性得到重视并被引入环境管理中。法律经济学家科斯发表于1960年的《社会成本理论》对于市场机制进入环境管理，起到了理论上的支撑作用。科斯认为，环境污染的问题是一个双向的问题，传统上认为污染方应该承担全部责任的政府干预，如庇古《福利经济学》提倡的对排污方强行征收环境税，从社会总收益的角度不一定是成本有效的。只要初始产权分配清晰，而且交易成本可以被克服，排污方和受污染方可以自行通过市场交易，达成成本有效的污染解决方案。政府的职责是明晰初始产权的分配，通过制度降低交易成本。除此之外，应该尽量不干预，将环境问题的解决交由市场，由此达到资源的最优配置。

20世纪80年代以来，随着公民社会的发展，公共参与及资源使用者的自组织与自管理，开始被环境领域所强调并采用。作为理论支撑之一，制度经济学家埃莉诺·奥斯特罗姆发表于1990年的《公共事物治理之道》，得到了学界和政策制定者的广泛认同。在奥斯特罗姆之前，人们经常用以分析公共事物解决之道的理论模型是哈丁的"公地悲剧"、普遍使用的"囚徒困境"，以及奥尔森的"集体行动的逻辑"。这些理论模型都指向了一个共同的结论：公共事物通常会因为得不到足够关注而导致悲剧性的结果。对此，人们提出了若干所谓"唯一"的解决方案，即以强有力的中央集权或者彻底的私有化来避免公共事物的悲剧，除此之外，别无选择。然而，奥斯特罗姆的研究挑战了上述传统的认知，提出在政府和市场之外，存在第三条路，即资源使用者通过自组织与自管理，同样可以避免"公地悲剧"的发生。

进入21世纪以来，随着公民社会的发展，通过社会参与、民主协商从而达到合作治理得到重视，"治理"一词开始在公共管理和政策领域得到越来越广泛的使用。相应地，作为公共管理的一个重要领域，环境领域也开始普遍采用"环境治理"一词，并有逐渐取代"环境管理"的趋势。

"治理"一词来源于英文的"governance"，与"管理（management）"所定义的以政府或某个权威利益主体为中心、自上而下的决策体制不同，"治理"更强调利益相关方共同参与的多中心的、协商式的体制，形成多元共治的治理模式。这里的利益相关方包括企业、社会组织、公众、公民个体等。"governance"一词最初在中国有多种翻译，包括"治道""善治""良治"等，目前"治理"一词逐渐被学界和政府所广泛采用。

一、环境治理：理论和实践

传统上政府作为单一主体进行环境管理时，政府在环境公共事务的决策上具有绝对的主导权，企业、社会组织、公众等处于被动地位，政府与其他社会主体之间难以形成有效的沟通与交流机制。在公众层面，此种管理模式下，公众处于被管理的地位，其环境利益与诉求难以得到政府的积极应对与重视，权益被漠视后就会导致公众对政府的不信任及抵触情绪，进而可能导致大规模群体事件，增加政府环境行政的难度。在企业层面，由于监管能力和行政职权范围的有限性，政府难以全方位监督管控企业的环境污染行为，企业的很多环境违法行为难以受到追究和惩治。同样的问题出现在自然资源的保护和利用中，如政府对于草原过度放牧的监管，因为对于一家一户牲畜数量的监督成本太高，使得"草畜平衡"政策在牧区几乎成为纸上的政策。而多中心环境治理，理论上能够弥补政府单一中心管理的缺陷，缓解政府行政压力。在多元共治的体系下，社会各主体均可以参与环境治理，通过协商、合作等方式，各主体的环境利益能够得到充分保障。同时，对于政府难以监管的环境事务，也可以通过各主体参与治理加以覆盖。

在单一中心的决策体制下，因为信息难以全面掌握，很容易忽视客观条件的差异而将一套统一的法律规范或政策强行加以实施。而在多元共治体系下，不同的客观现实将能够通过各利益相关方的参与，在其所设计的规则中得以体现。当然不同利益相关方的世界观和价值观不同，在协商过程中不可避免地会引发冲突，然而这种冲突不一定是破坏性的，也可以是建设性的。事实上，竞争是多中心治理的核心。

多元共治倡导政府与其他利益相关方为了共同的发展目标而携手合作。在多元共治体系下，政府不再是唯一的权力中心。决策的形成过程是多元各方主体的力量博弈的过程，是权力之间相互制衡、相互妥协以寻求最优资源配置的过程。多元主体在参与治理过程中，既有竞争也有合作，在分享权力的同时也要共担责任，从而实现环境善治。

当然，多元共治理论在强调企业、社会组织、公民等主体参与治理的同时，并非对政府的治理主体予以否认。政府在多元共治中发挥着特有的无可替代的作用。一方面，政府要实现分权，告别传统的全方位、万能的角色定位；另一方面，政府在多元主体间充当组织员、协调员的角色，当其他利益相关方之间产生冲突时，政府最重要的作用，是以一种符合社会公正标准的方式去协助解决他们之间的利益冲突，灵活运用多种治理工具协调其他社会治理主体。

二、环境治理面临的问题和挑战

任何一种制度在解决旧问题的同时，不可避免地都会带来新的问题。从以政府为主体的环境管理到多元共治的环境治理，同样面临新的问题和挑战。

首先，相比于传统的环境管理，倡导多元共治的环境治理，在环境问题解决方案和相关政策的制定阶段，其制度成本甚为高昂；虽然在后期的政策执行和事后监督阶段，其成本可能会极大降低。亦即，两者的制度成本在不同阶段的分布不同。通常环境问题的解决过程包括治理方案及相关政策的制定、执行及事后监督。以政府为主体的环境管理，因为无须多方协商，因此能够在短时间内以较低成本快速确定治理方案并出台相关的政策，以满足政府自身的行政目标，然而其后期的执行和监督成本通常高于多元共治的环境治理成本。而倡导多元共治的环境治理，在前期制定方案、政策时，各利益主体需要组织、协商、讨价还价，因此这一阶段的成本相对较高；但是一旦前期的解决方案被确定，后期的执行及监督成本则会极大地降低，因为该方案是各利益相关方通过充分协商、讨价还价后而最终达成的，因此不存在诸如对于政策不理解而发生的抵触甚至对抗的行为。

其次，任何一项新制度的建立及其执行，都需要考虑其所处的政治、经济和社会文化系统。就多元共治的各方利益主体而言，政府毫无疑问扮演着主导角色，即使采用市场机制如排污权交易，依然首先需要由政府确定排污总量及初始排污权的分配；而在全球化、市场化的大背景下，受资本和利润驱动，市场日益活跃；相比之下，公众依然是"多元"中最薄弱的一元。当下，如何激活公众的主体责任，是最核心且复杂的环节。

环境治理不能脱离公众这一重要利益和责任主体。尤其是与个体行为相关的环境治理领域，如可持续消费行为、垃圾分类等，公众的环境价值观和环境行为非常重要。我国法律条款和政策文件都强调推动公众参与，但实际效果并不理想。我国公众在参与环境治理等公共事务的制度环境与文化语境等方面都存在很大的提升空间。同时，要看到公众参与这一概念强调的是"参与"，对主体责任强调不足。环境治理必须发挥公众主体功能，而不仅是让公众参与某项事务。公众主体责任意识的激活，需要开展扎实的基础性研究和地方试验，需要基于中国实践提炼更适合本土语境的话语和概念。

三、中国环境治理的形成与发展

当前，中国正在经历由环境管理向环境治理的转变。党的十八届三中全会提出了改革的总目标，推进国家治理体系和治理能力现代化，环境治理成为国家治理体系的重要组成部分。从环境管理到环境治理，不仅是理念的转变，更在于通过制度建设，重构环境治理体系和提升治理能力。随着环境保护体制和社会治理体制的变革，传统的环境治理模式需要改变，需要从政府主导的环境治理，走向动员社会和公众参与，重构环境治理新体制。

近年来，在政府层面，已经提出了污染防治的治理目标和重点治理措施，尤其是出台了针对大气、水和土壤污染的防治行动计划及相关的法规，不仅通过加强立法和严格执法来依法治理，履行政府职能实现政府治理，也逐步动员公众、企业和社会组织共同参与环境治理，探索市场、协商、赋权等不同机制，协调不同治理主体间的利益格局和关系，实现环境保护的多元共治。

2023年，中共中央办公厅、国务院办公厅印发《关于构建现代环境治理体系的指导意见》，提出构建党委领导、政府主导、企业主体、社会组织和公众共同参与的现代环境治理体系。要求牢固树立绿色发展理念，以坚持党的集中统一领导为统领，以强化政府主导作用为关键，以深化企业主体作用为根本，以更好动员社会组织和公众共同参与为支撑，实现政府治理和社会调节、企业自治良性互动，完善体制机制，强化源头治理，形成工作合力，为推动生态环境根本好转、建设生态文明和美丽中国提供有力制度保障。

中国环境治理体系构建的基本原则包括四个坚持：① 坚持党的领导。贯彻党中央关于生态环境保护的总体要求，实行生态环境保护党政同责、一岗双责。② 坚持多方共治。明晰政府、企业、公众等各类主体权责，畅通参与渠道，形成全社会共同推进环境治理的良好格局。③ 坚持市场导向。完善经济政策，健全市场机制，规范环境治理市场行为，强化环境治理诚信建设，促进行业自律。④ 坚持依法治理。健全法律法规标准，严格执法、加强监管，加快补齐环境治理体制机制短板。

中国环境治理体系构建的主要目标体现在七个体系的建立健全：环境治理的领导责任体系、企业责任体系、全民行动体系、监管体系、市场体系、信用体系和法律法规政策体系。通过落实各类主体责任，提高市场主体和公众参与的积极性，形成导向清晰、决策科学、执行有力、激励有效、多元参与、良性互动的环境治理体系。

第七节　环境管理的技术支撑

一、环境规划

理论上，环境规划是指为使环境社会系统协调发展，对人类社会活动和行为做出的时间和空间上的合理安排，其实质是一种克服人类社会活动和行为的盲目性和主观随意性而进行的科学决策活动。实际中，编制环境规划主要是为了解决一定空间范围内的环境问题和保护该区域内的环境质量。

环境规划是环境管理工作的一个重要组成部分，可分为多种不同类型。按照环境组成要素划分，可分为大气环境规划、水环境规划、固体废物环境规划、噪声污染防治规划等；按照区域特征分，可分为城市环境规划、区域环境规划和流域环境规划；从规划性质上可分为生态建设规划、污染综合防治规划、自然保护规划、环境科学技术与产业发展规划等；按照规划时间分，可分为长期环境规划、中期环境规划、短期环境规划和年度环境保护计划。

环境规划的基本内容包括：环境调查与评价、环境预测、环境功能区划、环境规划目标、环境规划方案的设计、环境规划方案的选择和实施、环境规划方案的支持与保证等。

二、环境评价

环境评价即按照一定的环境标准和评价方法，对一定区域范围内的环境质量进行描述和分析，以便查明规划区环境质量的历史和现状，确定影响环境质量的主要因素，掌握规划区环境质量的变化规律，预测未来的发展趋势及评价人类活动对环境的影响。

根据环境管理的需求，环境评价可以分为多种不同类型。按照环境要素分，可分为大气环境评价、水环境评价、土壤环境评价、噪声环境评价等；从评价内容，可分为经济影响评价、社会影响评价、区域环境评价、生态影响评价、环境风险评价等；从评价的层次上，可分为项目环境评价、规划环境评价、战略环境评价；从时间上，可分为环境回顾评价、环境现状评价和环境影响评价。

三、环境监测

环境监测是环境管理的一个重要组成部分。环境监测是通过技术手段测定环境质量因素的代表值，如污染物浓度、噪声强度、植被盖度等，及时、准确、全面地反映环境质量现状及发展趋势，为选择防治措施、实施目标管理提供可靠的环境数据，为制定环保法规、标准提供科学依据。

针对不同的环境要素，环境监测既包括对大气、水、固体废物、噪声等污染物的监测，也包括对生物、生态系统的监测。

作为环境管理的一项经常性、制度化的工作，环境监测通常分为常规监测和特殊目的监测两大类。

1. 常规监测

常规监测是指对已知污染因素的现状进行的定期监测，包括环境要素监测和污染源监测。

环境要素监测针对大气、水体、土壤等各种环境要素，分别从物理、化学、生物角度对其污染现状进行定时、定点的监测。

污染源监测对各种污染源的排污情况从物理、化学、生物学角度进行定时监测。

2. 特殊目的的监测

特殊目的监测主要包括研究性监测、污染事故监测和仲裁监测。

（1）研究性监测：研究性监测首先根据研究的需要确立监测的污染物与监测方法，然后再确定监测点位与监测时间，监测的目的是探求污染物的迁移、转化规律以及所产生的各种环境影响，为开展环境科学研究提供依据。

（2）污染事故监测：这类监测是在发生污染事故后在现场进行的监测，目的是确定污染的因子、程度和范围，从而确定产生污染事故的原因及其所造成的损失。

（3）仲裁监测：这类监测是为解决在执行环境保护法规过程中出现的关于污染物排放、环境质量及监测技术等方面发生矛盾和争端时进行的，通过监测数据为公正的仲裁提供基本依据。

四、环境统计

环境统计是社会经济统计中的一个重要组成部分，也是环境管理中的一项十分重要的基础工作。环境统计向各级政府及环境保护部门提供环境污染与防治、生态退化与保护及环境管理工作的统计资料，客观反映环境状况和环境保护事业发展的现状和变化趋势，为环境决策、计划和环境管理提供科学依据。

环境统计是用数字表现人类活动引起的环境变化及其对人类的影响的反映。环境统计按照环境管理的要求确定其指标体系，通过大量的观察、调查、收集有关资料和数据，经过科学、系统的整理、核算和分析，以环境统计资料的形式表现出环境现象的数量关系，运用定量化的数字语言表示和评价污染的状况、污染治理成果和生态环境建设等情况，为科学地进行环境管理提供重要数据基础和保证。

环境统计的范围涉及人类赖以生存和发展的全部环境条件，以及对自然环境产生影响的一切人类活动和后果。针对环境统计的范围，联合国统计司 1977 年提出了包括土地、自然资源、能源、人类居住区和环境污染五个方面的内容。

在中国，环境统计范围大致包括以下内容。

（1）土地环境统计，反映土地及其构成的实际数量、利用程度和保护情况。

（2）自然资源统计，反映生物、森林、水、矿产资源、文物古迹、自然保护区、风景名胜区、草原、水生生物的现有量、利用程度和保护情况。

（3）能源环境统计，反映能源的开发利用情况。

（4）人类居住环境统计，反映人类健康状况、营养状况、劳动条件、居住条件、娱乐文化条件及公共设施等情况。

（5）环境污染统计，反映大气、水域、土壤等环境污染状况，以及污染源排放和治理等情况。

（6）环境保护机构自身建设统计，反映环保队伍中人员变化和专业人员构成情况，及装备、监测事业建设情况等。

思考题

1. 科斯（Coase，1960）在其发表的《社会成本问题》一文中，提出"合法侵害"的观点，这是否意味着"有钱就能排污"？你是否认同？为什么？请阅读该文，并思考上述问题。

2. 科斯（Coase，1960）在《社会成本问题》一文中，批驳了庇古主张的通过征税手段将外部性内在化的理论。具体到环境治理领域，以环境税为例，根据环境税的优势以及实施过程中存在现实问题，分析科斯一文的解释力。

3. 奥斯特罗姆（Ostrom，1990）在其发表的《公共事物治理之道》一书中，提出了通过以资源使用者为主体的自组织自管理来治理公共事务的理论，该理论是否适用于全球环境问题的治理，比如全球碳排放减缓？为什么？请阅读该书，并思考上述问题。

参考文献

［1］Calabresia G，Melamed AD. Property rules，liability rules，and inalienability：one view of the cathedral［J］. Harvard Law Review，1972，85（6）：1089–1128.

［2］Coase R H. The problem of social cost［J］. Journal of Law and Economics，1960（3）：1–44.

［3］Hardin G. The tragedy of commons［J］. Science，1968，162（12）：1243–1248.

［4］Ostrom E. Governing the commons：The evolution of institutions for collective actions［M］. Cambridge：Cambridge University Press，1990.

［5］郭怀成，刘永. 环境科学基础教程［M］. 3 版. 北京：中国环境出版社，2015.

［6］叶文虎，张勇. 环境管理学［M］. 3 版. 北京：高等教育出版社，2013.

第十八章 环 境 法 治

【导读】环境法治是指根据法律进行环境保护和环境治理，通过法律的手段解决环境污染、生态退化等问题，保护公众健康，实现经济社会的可持续发展。健全的环境法律体系是环境法治有效实施的前提和关键，其包括宪法中的环境条款、环境保护基本法、环境资源单行法、环境标准，以及其他部门法中关于环境资源保护的法律规范。本章首先对环境法的概念、目的、功能、地位和环境法律关系进行介绍；然后对环境法体系的基本内容和环境法的公力、私力实施进行概述；接着从行政、民事、刑事三方面阐述、列举违反环境法律义务的环境法律责任；最后结合中国现行的环境单行法介绍综合类、污染防治类、自然资源类和生态保护类四类环境法律制度。

第一节 环境法的作用与地位

一、基本概念

现代意义上的环境法（environmental law），或称环境立法（environmental legislation），是 20 世纪六七十年代以来才逐步产生和发展起来的新兴法律，其名称往往因"国"而异，如我国一般称为"环境保护法"或"环境法"，日本称为"公害法"，欧洲各国多称为"污染控制法"，东欧国家称为"自然保护法"，美国称为"环境法"，等等。至于其定义，也并不统一，但综合各家之说，可以将其概括如下：所谓环境法，是指为了协调人类与自然环境之间的关系、保护和改善环境资源并进而保护人体健康和保障经济社会的持续发展，而由国家制定或认可并由国家强制力保证实施的，调整人们在开发、利用、保护和改善环境资源的活动中所产生的各种社会关系的法律规范的总称。该定义主要包括以下几个方面的含义。

（1）环境法的目的是通过防治环境污染和生态破坏，协调人类与自然环境之间的关系，保证人类按照自然客观规律，特别是生态学规律开发、利用、保护和改善人类赖以生存和发展的环境资源，维护生态平衡，保护人体健康和保障经济社会的可持续发展。

（2）环境法产生的根源是人与自然环境之间的矛盾，而不是人与人之间的矛盾，其调整对象是人们在开发、利用、保护和改善环境资源、防治环境污染和生态破坏的生产、生活或其他活动中所产生的环境社会关系。环境法通过直接调整人与人之间的环境社会关系，促使人类活动符合生态学规律及其他自然客观规律，从而间接调整人与自然界之间的关系。

（3）环境法是由国家制定或认可并由国家强制力保证实施的法律规范，是建立和维护环境法律秩序的主要依据。由国家制定或认可，具有国家强制力和概括性、规范性，是法律属性的基本特征。这一特征使得环境法同社团、企业等非国家机关制定的规章制度区别开来，也同虽由国家机关制定，但不具有国家强制力或不具有规范性、概括性的非法律文件区别开来。同时，环境法以明确、普遍的形式规定了国家机关、企事业单位、个人等法律主体在环境保护方面的权利、义务和法律责任，建立和保护人们之间环境法律关系的有条不紊状态，只有人们遵守和切实执行环境法，良好的环境法律秩序才能得到维护。

二、环境法的目的、功能与地位

现代环境法产生与发展的根本原因在于环境问题的严重化及强化国家环境管理职能的需要，并因各个国家国情的不同而各具特色，但综合各国环境法的目的、任务和功能，其法律规定又往往具有相似性，大都兼顾环境效益、经济效益和社会效益等多个目标，强调在保护和改善环境资源的基础上，保护人体健康和保障经济社会的持续发展。如我国《环境保护法》（2014 年）第 1 条规定："为保护和改善环境，防治污染和其他公害，保障公众健康，推进生态文明建设，促进经济社会可持续发展，制定本法"；美国《国家环境政策法》（1969 年）规定其目的在于防止环境恶化，保护人体健康，使人口和资源使用平衡，提高人民生活水平和舒适度，提高再生资源的质量，使易枯竭资源达到最高限度的再利用，等等。此外，也有个别国家，如日本和匈牙利等，法律规定其环境法的唯一目的和任务是保护环境资源、保障人体健康，即放弃经济优先的思想，强调对人体健康和环境利益的绝对保护。

环境法的保护对象系整个人类环境和各种环境要素、自然资源，再加上环境法本身不仅要符合技术、经济、社会等方面的状况、要求，而且还必须遵循自然客观规律，特别是生态学规律，因此，环境法的实施过程，实质上就是以国家强制力为后盾，通过行政执法、司法、守法等多个环节来调整人与人之间的社会关系，使人们的活动特别是经济活动符合生态学等自然客观规律，从而协调人类与自然环境之间关系的过程，是使人类活动对环境资源的影响不超出生态系统可以承受的范围，使经济社会的发展建立在适当的环境资源基础之上、实现可持续发展的过程。也可以说，在现代国家行使其管理职能必须坚持"依法治国""依法行政"的基本原则之下，环境管理就是依据环境法的规定，对与环境资源的开发、利用、保护和改善等有关的事项进行监管和调控的活动。由此可见环境法对于保护环境资源、实施可持续发展战略的极端重要性。而联合国《21 世纪议程》对包括环境法在内的法律法规在实现可持续发展过程中的重要性和必要性也做出了精辟的论述："在使环境与发展的政策转化为行动的过程中，国家的法律和规章是最重要的工具，它不仅通过'命令和控制'手段予以执行，而且还是经济计划和市场工具的一个框架"。[①]

① 中国环境报社，编译. 迈向 21 世纪——联合国环境与发展大会文献汇编. 北京：中国环境科学出版社，1992：87；并参照了联合国《21 世纪议程》.

因此，各国"必须发展和执行综合的、可实施的和有效的法律法规，这些法律法规是以周全的社会、生态、经济和科学原则为基础的"。①《中国 21 世纪议程——中国 21 世纪人口、环境与发展白皮书》也进一步强调："与可持续发展有关的立法是可持续发展战略和政策定型化、法治化的途径，与可持续发展有关的立法的实施是把可持续发展战略付诸实现的重要保障。在今后的可持续发展战略和重大行动中，有关法律和法规的实施占重要地位"。②

第二节   环境法律关系

环境法对现实生活发生作用，是通过其法律规范对有关的社会关系加以确认和调整，为有关法律主体设定某种权利、义务和法律责任，并凭借国家的强制力，追究违法者的法律责任，从而保障权利的行使和义务的履行，进而达到保护环境资源、保障和促进可持续发展的目的。而这种由环境法确认和调整的人与人之间的权利、义务关系，就是环境法律关系。

环境法律关系由主体、内容和客体三个要素组成，以环境法中某一具体法律规范的存在为其发生、变更或终止的前提，并以某种环境法律事实（包括环境法律事件和环境法律行为）的存在为其发生、变更或终止的必要条件，主要包括环境行政法律关系、环境民事法律关系和环境刑事法律关系三种类型。但从总体上看，无论何种环境法律关系，其设定和形成都是为了保护环境资源、维护环境利益：从国家角度来看，主要表现为保障自然资源的合理开发、利用、保护与改善，防治环境污染与其他公害，维护生态平衡，保持和改善环境质量，保障人体健康，促进经济社会的可持续发展；从具体的单位和个人角度来看，则表现为保护其人身权（如生命权、身体权、健康权等）、财产权，以及在良好、适宜的环境中生活和工作的环境权益。

环境法律关系的主体是指依照环境法的规定，在环境法律关系中享有权利、承担义务的当事人。国家、国家机关、企事业单位、社会团体、个人等均可以成为环境法律关系的主体，因此其范围非常广泛。环境法律关系的内容是指环境法律关系的主体依照环境法的规定所享有的权利、承担的义务，以及在不履行其法律义务时所应承担的强制性的环境法律责任。而环境法律关系的客体则是环境法律关系中权利、义务所共同指向的对象。一般而言，空气、水体、土壤、矿产、森林、草原、野生动植物等环境要素，工程设施、机械设备等污染源，各种污染物质，各种环境保护装置、设施，以及与环境资源的开发、利用、保护与改善有关的行为等，均可以成为环境法律关系的客体。

---

① 联合国 . 21 世纪议程 . 北京：中国环境科学出版社，1993：61.

② 国家计委等 . 中国 21 世纪议程——中国 21 世纪人口、环境与发展白皮书 . 北京：中国环境科学出版社，1994：12.

第三节　环境法的体系与实施

一、环境法的体系

（一）环境法体系的含义与分类

各种具体的环境法律法规，其立法机关、法律效力、形式、内容、目的和任务等往往各不相同，但从整体上看，又必然具有内在的协调性、统一性，组成一个完整的有机体系。而这种由有关开发、利用、保护和改善环境资源的各种法律规范所共同组成的相互联系、相互补充、内部协调一致的统一体，就是所谓的环境法体系。

关于环境法体系的类型，可以从不同角度加以划分。例如，按照国别来分，可分为中国环境法和外国环境法；按照法律规范的主要功能来分，可分为环境预防法、环境行政管制法和环境纠纷处理法；按照传统法律部门来分，可分为环境行政法、环境刑法（或称公害罪法）、环境民法（主要是环境侵权法和环境相邻关系法）等；按照中央和地方的关系来分，可分为国家级环境法和地方性环境法，等等。

（二）我国国家级环境法体系的基本内容

从法律的效力层级来看，我国的国家级环境法体系主要包括下列几个组成部分：宪法关于环境资源保护的规定；环境保护基本法；环境资源单行法；环境标准；其他部门法中关于环境资源保护的法律规范。此外，我国缔结或参加的有关环境资源保护的国际条约也是我国环境法体系的有机组成部分。

1. 宪法关于环境资源保护的规定

宪法关于环境资源保护的规定在整个环境法体系中具有最高法律地位和法律权威，是环境立法的基础和根本依据。例如，《中华人民共和国宪法》第 26 条规定："国家保护和改善生活环境与生态环境，防治污染和其他公害"；第 9 条规定："矿藏、水流、森林、山岭、草原、荒地、滩涂等自然资源，都属于国家所有，即全民所有；由法律规定属于集体所有的森林和山岭、草原、荒地、滩涂除外。国家保障自然资源的合理利用，保护珍贵的动物和植物。禁止任何组织或个人用任何手段侵占或者破坏自然资源。"2018 年宪法修正案将"推动物质文明、政治文明、精神文明、社会文明、生态文明协调发展，把我国建设成为富强民主文明和谐美丽的社会主义现代化强国"写入宪法序言，并在第 89 条第 6 项明确了国务院"领导和管理经济工作和城乡建设、生态文明建设"的职权。

2. 环境保护基本法

环境保护基本法是对环境保护方面的重大问题做出规定和调整的综合性立法，在环境法体系中，具有仅次于宪法性规定的最高法律地位和效力。

我国现行的环境保护基本法是 2014 年 4 月 24 日修订通过的《中华人民共和国环境保护法》。该法确立了我国环境保护的目的、任务、对象、基本原则和制度等。该法在强化政府责任、完善监管制度、加大惩治力度、推动信息公开、引入公益诉讼等方面做出了创设性规定，确立了按日计罚等处罚规则，被誉为"史上最严"的环境保护法。

3. 环境资源单行法

环境资源单行法是针对某一特定的环境要素或特定的环境社会关系进行调整的专门性法律法规，具有量多面广的特点，是环境法的主体部分，主要由以下几个方面的立法构成。

（1）土地利用规划法：包括国土整治、城市规划、村镇规划等法律法规。目前，我国已经颁布的有关法律法规主要有《城乡规划法》《村庄和集镇规划建设管理条例》等。

（2）环境污染和其他公害防治法：包括大气污染防治法、水污染防治法、噪声污染防治法、固体废物污染防治法、有毒化学品管理法、放射性污染防治法、恶臭污染防治法、振动控制法等。目前，我国已经颁布的此类单行法律法规主要有《大气污染防治法》《水污染防治法》及其实施细则、《海洋环境保护法》及其实施条例、《环境噪声污染防治法》《固体废物污染环境防治法》《放射性污染防治法》《土壤污染防治法》《淮河流域水污染防治暂行条例》等。

（3）自然资源保护法：包括土地资源保护法、矿产资源保护法、水资源保护法、森林资源保护法、草原资源保护法、渔业资源保护法等。目前，我国已经颁布的有关法律法规主要有《土地管理法》及其实施条例、《农村土地承包法》《矿产资源法》及其实施细则、《水法》《森林法》及其实施条例、《草原法》《渔业法》及其实施细则、《黑土地保护法》《水产资源繁殖保护条例》《基本农田保护条例》《土地复垦条例》《取水许可和水资源费征收管理条例》《森林防火条例》《草原防火条例》等。

（4）生态保护法：包括野生动植物保护法、水土保持法、湿地保护法、荒漠化防治法、海岸带保护法、绿化法，以及风景名胜、自然遗迹、人文遗迹等特殊景观保护法等。目前，我国已经颁布的有关法律法规主要有《野生动物保护法》及其实施条例、《生物安全法》《水土保持法》及其实施条例、《湿地保护法》《长江保护法》《黄河保护法》《自然保护区条例》《风景名胜区条例》《野生植物保护条例》《城市绿化条例》《国家公园管理暂行办法》等。

4. 环境标准

环境标准是由行政机关根据立法机关的授权而制定和颁发的、旨在控制环境污染、维护生态平衡和环境质量、保护人体健康和财产安全的各种法律性技术指标和规范的总称。环境标准一经批准发布，各有关单位必须严格贯彻执行，不得擅自变更或降低。作为环境法的一个有机组成部分，环境标准在环境监督管理中起着极为重要的作用，无论是确定环境目标、制定环境规划、监测和评价环境质量，还是制定和实施环境法，都必须以环境标准这一"标尺"作为其基础和依据。根据《环境保护法》和《环境标准管理办法》的规定，我国的环境标准由五类两级组成，即在类别上包括环境质量标准、污染物排放标准、环境基础标准、环境标准样品标准和环境监测方法标准五类，在级别上包括国家级和地方级（实际上为省级）两级。其中，国家环境质量标准、国家污染物排放标准由国务院环境保护行政主管部门制定、审批、颁布和废止；省、自治区、直辖市人民政府对国家环境质量标准中未做规定的项目，可以制定地方环境质量标准，并报国务院环境保护行政主管部门备案；省、自治区、直辖市人民政府对国家污染物排放标准中未做规定的项目，可以制定地方污染物排放标准；对国家污染物排放标准中已做了规定的项目，可以制定严于国家污染物排放标准的地方污染物排放标准。地方污染物排放标准须报国务院环境保护行政主管部门备案。而且凡向已有地方污染物排放标准的区域排放污染物的，应当执行地方污染物排放标准。

环境质量标准是指国家为保护公民身体健康、财产安全、生存环境而制定的空气、水等环境要素中所含污染物或其他有害因素的最高容许值。如果环境中某种污染物或有害因素的含量高于该容许限额，人体健康、财产、生态环境就会受到损害；反之，则不会产生危害。因此，环境质量标准是环境保护的目标值，也是制定污染物排放标准的重要依据。从法律角度看，它是判断环境是否已经受到污染、排污者是否应当承担排除侵害、赔偿损失等民事责任的根据。

污染物排放标准是指为了实现环境质量标准和环境目标，结合环境特点或经济技术条件而制定的污染源所排放污染物的最高容许限额。它作为达到环境质量标准和环境目标的最重要手段，是环境标准中最为复杂的一类标准。

环境基础标准是为了在确定环境质量标准、污染物排放标准和进行其他环境保护工作中增强资料的可比性和规范化而制定的符号、准则、计算公式等。环境标准样品标准是为保证环境监测数据的准确、可靠，对用于量值传递或质量控制的材料、实物样品进行规范的标准。环境监测方法标准则是关于污染物取样、分析、测试等的标准。就其法律意义而言，环境基础标准和方法标准是确认环境纠纷中争议各方所出示的证据是否合法的根据。只有当有争议各方所出示的证据是按照环境监测方法标准所规定的采样、分析、实验办法得出，并以环境基础标准所规定的符号、原则、公式计算出来的数据时，才具有可靠性和与环境质量标准、污染物排放标准的可比性，属于合法证据；反之，即为没有法律效力的证据。

5. 其他部门法中有关环境资源保护的法律规范

在行政法、民法、刑法、经济法、劳动法等部门法中也有一些有关环境资源保护的法律规范，其内容较为庞杂。例如，《中华人民共和国治安管理处罚法》第58条规定：违反社会生活噪声污染防治的法律规定，制造噪声干扰他人正常生活的，处警告；警告后不改正的，处二百元以上五百元以下罚款。第63条规定：刻画、涂污或者以其他方式故意损坏国家保护的文物、名胜古迹的，处200元以下罚款或者警告；情节较重的，处五日以上十日以下拘留，并处二百元以上五百元以下罚款。又如《中华人民共和国民法典》总则第9条规定"民事主体从事民事活动，应当有利于节约资源、保护生态环境"，物权编第346条规定"设立建设用地使用权，应当符合节约资源、保护生态环境的要求"，合同编第509条规定"当事人在履行合同过程中，应当避免浪费资源、污染环境和破坏生态"，侵权编第七章（第1229–1235条）专章规定了环境污染和生态破坏责任，包括惩罚性赔偿、生态修复等内容；《对外合作开采海洋石油资源条例》第22条规定"作业者和承包者在实施石油作业中，应当……保护渔业资源和其他自然资源，防止对大气、海洋、河流、湖泊和陆地等环境的污染和损害"；《中华人民共和国刑法》第六章第六节"破坏环境资源保护罪"规定了污染环境罪、非法捕捞水产品罪、非法采矿罪等罪名，2020年通过的《刑法修正案（十一）》新增了环评机构和环境监测机构弄虚作假、自然保护区内非法开发建设，以及非法引入外来物种的刑事责任，提高了"污染环境罪"的刑罚档次。上述规范均属于环境法体系的重要组成部分。此外，环境行政处罚、环境行政诉讼、环境民事诉讼、环境刑事诉讼等也必须适用《行政处罚法》《行政复议法》《行政诉讼法》《民事诉讼法》《刑事诉讼法》等，与这些法律存在着不可分割的密切联系。

6. 我国缔结或参加的有关环境资源保护的国际条约

为了协调世界各国的环境保护活动，保护自然资源和应对日趋严重的气候变暖、酸雨、臭氧层破坏、生物多样性锐减等全球性环境问题，产生了国际环境法。它是调整国家之间在开发、利用、保护和改善环境资源的活动中所产生的各种关系的有约束力的原则、规则、规章、制度的总称。国际环境法是我国环境法体系的特殊组成部分，行为人也必须遵守有关规定。而我国迄今所缔结或参加的有关保护环境资源的国际公约共计有 60 多项，具体内容见本书第十六章。

二、环境法的实施

环境法的实施，就是在现实社会生活中具体运用、贯彻和落实环境法，使环境法主体之间抽象的权利、义务关系具体化的过程。通过环境法的实施，使义务人自觉地或者被迫地履行其法律义务，将人们开发、利用、保护和改善环境资源的活动调整、限制在环境法所允许的范围内，从而协调人类与自然环境之间的关系，实现环境法的目的和任务。因此，环境法的实施，是整个环境法治的关键环节，具有决定性的实践意义。而环境法的实施，必须坚持以"事实为依据，以法律为准绳"以及"在法律适用上人人平等"的原则。

根据实施主体的不同，可以将环境法的实施分为公力实施和私力实施两大类别。

所谓公力实施，也称国家实施，是指国家机关依照法定权限和程序，凭借国家暴力进行的环境法的实施活动，包括行政机关通过依法行使行政权对环境资源进行的监督管理，司法机关通过行使司法权进行的实施活动，检察机关通过行使检察权进行的实施活动以及立法机关通过对行政机关、司法机关、检察机关等遵守环境法情况的监督所进行的实施活动。其中行政机关对环境法的实施活动发挥着最为重要、最为基础的作用，而许多国家的环境法也都明文规定设立专门的环境行政机关，由环境行政机关负责环境法的执行和实施。

所谓私力实施，也称公民实施，是指公民个人或公民组织依据法律规定所进行的环境法的实施活动，其主要形式包括依法参与环境行政决策，依法对违反环境法的国家机关、企事业单位或公民个人提起环境诉讼或实施检举、控告，与排污者签订污染防治协议，通过立法机关的民意代表对行政机关等遵守和实施环境法的活动实施监督以及针对环境犯罪、环境侵害行为实施正当防卫和其他自力救济等。

由于公众是环境公害的直接受害者，对环境状况最了解、最敏感，是完善和实施环境法治的根本动力来源，因此无论在理论上还是在实践中，国际社会与世界各国特别是美国等发达国家都十分重视社会公众在环境法实施过程中的重要作用，强调维护公众正当的环境权益，特别是知情权、参与权和获得救济权等程序意义上的环境权，使行政机关、司法机关等的公力实施与公民私力实施密切配合，以求收到良好的实施效果。例如 1992 年的

《里约环境与发展宣言》原则 10 强调："环境问题最好是在有关市民的参与下，在有关级别上加以处理。在国家一级，每个人都应有权适当地获得公共事务管理者所持有的关于环境的资料，包括在其社区内的危险物质及其活动的资料，并有机会参与各项决策进程。各国应通过广泛提供信息来提升公众的认识和鼓励公众参与，应让人人都能有效地使用司法和行政程序，包括补偿和补救程序。"

第四节　环境法律责任

所谓环境法律责任，是指环境法主体因违反其法律义务而应当依法承担的具有强制性的否定性法律后果，按其性质可以分为环境行政责任、环境民事责任和环境刑事责任三种。

一、环境行政责任

所谓环境行政责任，是指违反环境法和国家行政法规有关环境行政义务的规定者所应当承担的法律责任。承担责任者既可能是企事业单位及其领导人员、直接责任人员，也可能是其他公民个人；既可能是中国的自然人、法人，也可能是外国的自然人、法人。

在环境法中，某些行为承担环境行政责任的要件仅包括行为的违法性和行为人的主观过错（包括故意或过失）两个方面；某些行为承担环境行政责任的要件则包括行为的违法性、危害后果、违法行为与危害后果之间具有因果关系、行为人主观上有过错四个方面。而是否以"危害后果"作为承担环境行政责任的要件，须由环境法律法规做出明确规定。

对负有环境行政法律责任者，由各级人民政府的环境行政主管部门或者其他依法行使环境监督管理权的部门，根据违法情节给予罚款等行政处罚；情节严重的，有关责任人员由其所在单位或政府主管机关给予行政处分；当事人对行政处罚不服的，可以申请行政复议或提起行政诉讼；当事人对环保部门及其工作人员的违法失职行为也可以直接提起行政诉讼。

二、环境民事责任

所谓环境民事责任，是指公民、法人因污染或破坏环境而侵害公共财产或他人人身权、财产权或合法环境权益，所应当承担的民事方面的法律责任。

在现行环境法中，因破坏环境资源而造成他人损害的，实行过失责任原则。行为人没有过错的，即使造成了损害后果，也不构成侵权行为、不承担民事赔偿责任。其构成环境侵权行为、承担环境民事责任的要件包括行为的违法性、损害结果、违法行为与损害结果之间具有因果关系、行为人主观上有过错四个方面。因污染环境造成他人损害的，则实行无过失责任原则，除了对因不可抗拒的自然灾害、战争行为以及第三人或受害人的故意、过失等法定免责事由所引起的环境损害免于承担责任外，不论行为人主观上是否有过错，也不论行为本身是否合法，只要造成了危害后果（包括造成实际损害结果和有造成损害之虞两种情形），行为人就应当依法承担民事责任，即以危害后果、致害行为与危害后果间的因果关系两个条件为构成环境污染侵权行为、承担环境民事责任的要件。

侵权行为人承担环境民事责任的方式主要有停止侵害、排除妨碍、消除危险等预防性救济方式，以及生态修复、赔偿损失等补救性救济方式。上述责任方式，可以单独适用，也可以合并适用。其中因侵害人体健康或生命而造成财产损失的，根据《民法典》第1179条的规定，其赔偿范围是："侵害他人造成人身损害的，应当赔偿医疗费、护理费、交通费、营养费、住院伙食补助费等为治疗和康复支出的合理费用，以及因误工减少的收入。造成残疾的，还应当赔偿辅助器具费和残疾赔偿金；造成死亡的，还应当赔偿丧葬费和死亡赔偿金。"对侵害财产造成损失的赔偿范围，应当包括直接受到财产损失者的直接经济损失和间接经济损失两部分。直接经济损失是指受害人因环境污染或破坏而导致现有财产的减少或丧失，如所养的鱼死亡、农作物减产等。间接经济损失是指受害人在正常情况下应当得到，但因环境污染或破坏而未能得到的那部分利润收入，如渔民因鱼塘受污染、鱼苗死亡而未能得到的成鱼的收入等。此外，《民法典》第1232条还规定了"侵权人故意违反法律规定污染环境、破坏生态造成严重后果的，被侵权人有权请求相应的惩罚性赔偿"。

追究责任人的环境民事责任时，可以采取以下办法：由当事人之间协商解决；由第三人、律师、环境行政机关或其他有关行政机关主持调解；提起民事诉讼；也有的通过仲裁解决，特别是针对涉外的环境污染纠纷。

三、环境刑事责任

所谓环境刑事责任，是指行为人因违反环境法，造成或可能造成严重的环境污染或生态破坏，构成犯罪时，应当依法承担的以刑罚为处罚方式的法律后果。

构成环境犯罪是承担环境刑事责任的前提条件。与其他犯罪一样，构成环境犯罪、承担环境刑事责任的要件包括犯罪主体、犯罪的主观方面、犯罪客体和犯罪的客观方面。

环境犯罪的主体是指从事污染或破坏环境的行为，具备承担刑事责任的法定生理和心理条件或资格的自然人或法人。环境犯罪的主观方面是指环境犯罪主体在实施危害环境的行为时对危害结果发生所具有的心理状态，包括故意和过失两种情形。环境犯罪的客体是受环境刑法保护而为环境犯罪所侵害的社会关系，包括人身权、财产权和国家保护、管理环境资源的秩序等。环境犯罪的客观方面是环境犯罪活动外在表现的总和，包括危害环境的行为、危害结果，以及危害行为与危害结果间的因果关系。

关于环境犯罪的种类和名称，各个国家并不相同。根据《刑法》第六章第六节关于"破坏环境资源保护罪"的规定，我国环境犯罪的具体罪名主要有：第338条规定的污染环境罪；第339条规定的非法处置进口的固体废物罪，擅自进口固体废物罪；第340条规定的非法捕捞水产品罪；第341条规定的危害珍贵、濒危野生动物罪，非法狩猎罪，非法猎捕、收购、运输、出售陆生野生动物罪；第342条规定的非法占用农用地罪，破坏自然保护地罪；第343条规定的非法采矿罪，破坏性采矿罪；第344条规定的危害国家重点保护植物罪，非法引进、释放、丢弃外来入侵物种罪；第345条规定的盗伐林木罪、滥伐林木罪，非法收购、运输盗伐、滥伐林木罪等。承担环境刑事责任的方式，有管制、拘役、有期徒刑、无期徒刑、死刑、罚金、没收财产、剥夺政治权利和驱逐出境。自然人犯有"破坏环境资源保护罪"的，除死刑和无期徒刑外，上述刑罚种类基本上均适用；而法人犯有"破坏环境资源保护罪"的，仅适用罚金和没收财产两种形式的财产处罚。

第五节　我国环境法律制度概要

一、综合性环境保护法律制度

（一）《环境保护法》的基本内容

在 1979 年《环境保护法（试行）》和 1989 年《环境保护法》的基础上，我国于 2014 年 4 月修订形成了新《环境保护法》，该法是我国的环境保护基本法，它对环境保护的重要问题做了全面的规定。其基本内容可概括如下：

① 关于立法目的的规定；
② 关于环境保护监督管理体制的规定；
③ 关于环境保护监督管理制度的规定；
④ 关于保护和改善环境的具体措施的规定；
⑤ 关于防治环境污染和其他公害的具体措施的规定；
⑥ 关于环境信息公开和公众参与的规定；
⑦ 关于法律责任的规定。

（二）环境影响评价立法的基本内容

我国的环境影响评价立法主要有《环境影响评价法》《建设项目环境保护管理条例》《规划环境影响评价条例》《专项规划环境影响报告书审查办法》《环境影响评价审查专家库管理办法》《建设项目环境影响评价文件分级审批规定》《环境影响评价公众参与办法》等。其基本内容有：

① 关于环境影响评价对象与原则的规定；
② 关于规划环境影响评价的规定；
③ 关于建设项目环境影响评价的规定；
④ 关于法律责任的规定。

（三）促进清洁生产立法的基本内容

我国的清洁生产立法主要有《清洁生产促进法》《清洁生产审核办法》《关于加快推行清洁生产的意见》《国家环境保护总局关于贯彻落实〈清洁生产促进法〉的若干意见》等。

清洁生产促进立法的基本内容有：

① 关于清洁生产促进工作的监督管理体制的规定；
② 关于国家推行清洁生产的措施的规定；
③ 关于清洁生产实施措施的规定；

④ 关于实施清洁生产的鼓励措施的规定；

⑤ 关于法律责任的规定。

（四）促进循环经济立法的基本内容

我国的循环经济立法主要有《循环经济促进法》《再生资源回收管理办法》《国务院关于加快发展循环经济的若干意见》《废弃电器电子产品回收处理管理条例》等。

循环经济立法的基本内容有：

① 关于循环经济促进工作管理体制的规定；

② 关于循环经济的基本管理制度的规定；

③ 关于减量化的规定；

④ 关于再利用和资源化的规定；

⑤ 关于发展循环经济的激励措施的规定；

⑥ 关于法律责任的规定。

二、污染防治法律制度

（一）大气污染防治立法的基本内容

我国的大气污染防治立法主要有《大气污染防治法》《城市烟尘控制区管理办法》《关于发展民用型煤的暂行办法》等。其基本内容可以概括如下：

① 关于国务院和地方各级人民政府防治大气污染职责的规定；

② 关于大气污染防治监督管理体制的规定；

③ 关于排污单位的责任和公民权利义务的规定；

④ 关于大气环境保护标准制定机关及其权限、大气污染防治标准和限期达标规划的规定；

⑤ 关于通过合理的规划和布局防治大气污染的规定；

⑥ 关于对严重污染大气环境的落后生产工艺和落后生产设备实行淘汰制度的规定；

⑦ 关于大气污染防治监督管理制度的规定；

⑧ 关于防治烟尘污染的规定；

⑨ 关于防治废气、粉尘和恶臭污染的规定；

⑩ 关于违反大气污染防治法律法规的法律责任的规定，包括行政责任、民事责任和刑事责任。

（二）水污染防治立法的基本内容

我国的水污染防治立法主要有《水污染防治法》《淮河流域水污染防治暂行条例》《饮用水源保护区污染防治管理规定》等。其基本内容可以概括为以下几个方面：

① 关于水污染防治标准和规划的规定；

② 关于水污染防治监督管理体制与基本制度的规定；

③ 关于水污染防治的一般措施，以及工业水污染、城镇水污染、农业和农村水污染、船舶水污染防治措施的规定；

④ 关于饮用水水源和其他特殊水体保护的规定；

⑤ 关于水污染事故处置的规定；

⑥ 关于法律责任的规定。

（三）噪声污染防治立法的基本内容

我国的噪声污染防治立法主要是《噪声污染防治法》。其基本内容可以概括如下：

① 关于噪声污染监督管理体制的规定；

② 关于噪声污染防治标准和规划的规定；

③ 关于防治噪声污染的综合性制度和措施的规定；

④ 关于工业噪声污染防治措施的规定；

⑤ 关于建筑施工噪声污染防治措施的规定；

⑥ 关于交通运输噪声污染防治措施的规定；

⑦ 关于社会生活噪声污染防治措施的规定；

⑧ 关于法律责任的规定。

（四）固体废物污染防治立法的基本内容

我国的固体废物污染防治立法主要是《固体废物污染环境防治法》。该法的基本内容是：

① 关于固体废物污染环境防治原则的规定，包括固体废物的减量化、资源化和无害化原则，全程控制原则，分类管理原则等；

② 关于固体废物污染环境防治监督管理体制的规定；

③ 关于固体废物污染环境防治监督管理制度的一般规定；

④ 关于工业固体废物污染环境防治措施的规定；

⑤ 关于生活垃圾污染环境防治措施的规定；

⑥ 关于建筑垃圾、农业固体废物等污染环境防治措施的规定；

⑦ 关于危险废物污染环境防治的特别规定；

⑧ 关于法律责任的规定。

（五）土壤污染防治立法的基本内容

我国的土壤污染防治立法主要是《土壤污染防治法》。该法的基本内容是：

① 关于土壤污染防治原则的规定；

② 关于土壤污染防治规划、标准、普查和监测的规定；

③ 关于土壤污染预防和保护的规定；

④ 关于土壤污染风险管控和修复的规定；

⑤ 关于土壤污染防治保障和监督的规定；

⑥ 关于法律责任的规定。

（六）有毒有害物质污染控制立法的基本内容

环境立法中的有毒有害物质主要有化学品、农药和放射性物质。我国目前已经制定了《放射性污染防治法》，但尚无综合性的化学品污染控制法，也没有单行的农药控制法，而只是有一些相关的行政法规和行政规章，如《危险化学品安全管理条例》《监控化学品管理条例》《新化学物质管理登记办法》《农药管理条例》等，这在一定程度上为控制有毒有害物质的污染提供了法律依据。

（1）放射性污染防治立法的基本内容有：

① 关于放射性污染防治监督管理体制的规定；

② 关于发生新污染防治监督管理基本制度的规定；

③ 关于核设施的放射性污染防治的规定；

④ 关于核技术利用的放射性污染防治的规定；

⑤ 关于铀（钍）矿和伴生放射性矿开发利用的放射性污染防治的规定；

⑥ 关于放射性废物管理的规定；

⑦ 关于法律责任的规定。

（2）化学品污染控制立法的基本内容有：

① 关于对化学危险品的生产、使用、储存、经营、运输、装卸等实行严格管理的规定；

② 关于对监控化学品实行特殊管理的规定；

③ 关于对铬、镉、汞、砷、铅等严重污染环境的化学物质的生产和使用采取严格的污染防治措施的规定；

④ 关于对化学品的进出口实行严格管理的规定。

（3）农药污染控制立法的基本内容有：

① 关于农药登记制度的规定；

② 关于购买、运输和保管农药的规定；

③ 关于农药使用范围的规定；

④ 关于安全使用农药的规定。

（七）海洋污染防治立法的基本内容

我国的海洋污染防治立法主要有《海洋环境保护法》《防治船舶污染海域管理条例》《海洋石油勘探开发环境保护管理条例》《海洋倾废管理条例》《防治陆源污染物污染损害海洋环境管理条例》《防治海岸工程建设项目污染损害海洋环境管理条例》等。其基本内容是：

① 关于海洋环境保护管理体制的规定；

② 关于海洋生态保护的规定；

③ 关于防治陆源污染物污染损害海洋环境的规定；

④ 关于防治海岸工程建设项目对海洋环境污染损害的规定；

⑤ 关于防治海洋工程建设项目对海洋环境污染损害的规定；

⑥ 关于防治倾倒废弃物对海洋环境的污染损害的规定；

⑦ 关于防治船舶及有关作业活动污染海洋环境的规定；

⑧ 关于法律责任的规定。

三、自然资源法律制度

（一）土地资源立法的基本内容

我国的土地资源保护立法主要有《土地管理法》及其实施条例、《农村土地承包法》《土地复垦条例》《基本农田保护条例》《水土保持法》及其实施条例等。其基本内容是：

①　关于全面规划与合理利用土地的规定；

②　关于进行土地复垦、恢复土地功能的规定；

③　关于严格用地审批程序、避免乱占和浪费土地的规定；

④　关于建立基本农田保护区、严格控制占用耕地的规定；

⑤　关于防治土壤污染的规定；

⑥　关于防治水土流失、土壤沙化、盐渍化、潜育化等土地破坏的规定；

⑦　关于法律责任的规定。

（二）矿产资源立法的基本内容

我国的矿产资源保护立法主要有《矿产资源法》及其实施细则、《矿产资源勘查区块登记管理办法》《矿产资源补偿费征收管理规定》《煤炭法》《乡镇煤矿管理条例》等。其基本内容是：

①　关于矿产资源所有权、探矿权和开采权的规定；

②　关于矿产资源保护监督管理体制的规定；

③　关于矿产资源保护监督管理制度的规定；

④　关于矿产资源保护措施的规定；

⑤　关于集体和个体采矿的规定；

⑥　关于开采矿产资源活动中保护环境的规定；

⑦　关于法律责任的规定。

（三）水资源立法的基本内容

我国的水资源保护立法主要有《水法》《取水许可和水资源费征收管理条例》《城市供水条例》《河道管理条例》等。其基本内容是：

①　关于水资源规划的规定；

②　关于水资源开发利用的规定；

③　关于水资源监督管理体制的规定；

④　关于水资源、水域和水工程的保护的规定；

⑤　关于水资源配置和节约使用的规定；

⑥　关于水事纠纷处理与执法监督检查的规定；

⑦　关于法律责任的规定。

（四）森林资源立法的基本内容

我国的森林资源保护立法主要有《森林法》及其实施条例、《第五届全国人民代表大会第四次会议关于开展全民义务植树运动的决议》《国务院关于开展全民义务植树运动的实施办法》《森林和野生动物类型自然保护区管理办法》《退耕还林条例》《森林防火条例》《城市绿化条例》《森林病虫害防治条例》《森林采伐更新管理办法》等。其基本内容是：

①　关于森林监督管理体制的规定；

②　关于森林权属的规定；

③　关于森林发展规划的规定；

④　关于森林保护的规定；

⑤ 关于造林绿化的规定；

⑥ 关于森林经营管理的规定；

⑦ 关于森林保护监督检查的规定；

⑧ 关于法律责任的规定。

（五）草原资源立法的基本内容

我国的草原资源保护立法主要有《草原法》《草原防火条例》等。其基本内容是：

① 关于草原所有权和使用权的规定；

② 关于草原规划的规定；

③ 关于草原建设的规定；

④ 关于合理利用草原的规定；

⑤ 关于草原保护的规定；

⑥ 关于草原建设、利用与保护的监督检查的规定；

⑦ 关于法律责任的规定。

（六）渔业资源立法的基本内容

我国的渔业资源保护立法主要有《渔业法》及其实施细则、《水产资源繁殖保护条例》《水生野生动物保护实施条例》等。其基本内容是：

① 关于渔业生产实行"以养殖为主，养殖、捕捞、加工并举，因地制宜，各有侧重的方针"的规定；

② 关于发展养殖业的规定；

③ 关于规范捕捞业的规定；

④ 关于渔业资源增殖和保护的规定；

⑤ 关于渔业资源保护管理体制的规定；

⑥ 关于法律责任的规定。

（七）可再生能源立法的基本内容

我国的可再生能源立法主要有《可再生能源法》《清洁能源发展专项资金管理暂行办法》《电网企业全额收购可再生能源电量监管办法》等，其基本内容是：

① 关于可再生能源资源调查与发展规划的规定；

② 关于可再生能源产业指导与技术支持的规定；

③ 关于可再生能源推广与应用的规定；

④ 关于可再生能源发电价格管理与费用补偿的规定；

⑤ 关于促进可再生能源产业发展的经济激励措施与监督管理措施的规定；

⑥ 关于法律责任的规定。

四、生态保护法律制度

（一）生物多样性保护立法的基本内容

我国的生物多样性保护立法主要有《野生动物保护法》《陆生野生动物保护实施条例》《水生野生动物保护实施条例》《水产资源繁殖保护条例》《野生植物保护条例》《野生药材

资源保护管理条例》《进出境动植物检疫法》《植物检疫条例》等。

（1）野生动物保护立法的基本内容是：

① 关于野生动物资源属于国家所有的规定；

② 关于保护野生动物生境的规定；

③ 关于保护野生动物的监督管理体制的规定；

④ 关于单位、个人保护野生动物的权利、义务的规定；

⑤ 关于对珍贵、濒危野生动物实行重点保护的规定；

⑥ 关于控制对野生动物的猎捕的规定；

⑦ 关于鼓励开展野生动物科学研究的规定；

⑧ 关于对野生动物及其制品的经营利用和进出口活动实行严格管理的规定；

⑨ 关于法律责任的规定。

（2）野生植物保护立法的基本内容是：

① 关于野生植物保护基本方针和综合性措施的规定；

② 关于野生植物保护的监督管理体制的规定；

③ 关于野生植物保护的监督管理制度的规定；

④ 关于通过建立自然保护区、控制野生植物的经营利用等措施保护野生植物生境的规定；

⑤ 关于法律责任的规定。

（3）动植物检疫立法的基本内容是：

① 关于动植物检疫管理体制的规定；

② 关于动植物检疫范围的规定；

③ 关于检疫对象和划定疫区的规定；

④ 关于防止检疫对象传入措施的规定；

⑤ 关于对检疫不合格动植物处理办法的规定；

⑥ 关于法律责任的规定。

（二）水土保持和荒漠化防治立法的基本内容

我国的水土保持和荒漠化防治立法主要是《防沙治沙法》《水土保持法》及其实施条例。此外，《环境保护法》《湿地保护法》《土地管理法》《水法》《农业法》《森林法》及《草原法》等也对水土保持和荒漠化防治做了相应规定。综合来看，其基本内容有：

① 关于水土保持工作实行"预防为主，全面规划，综合防治，因地制宜，加强管理，注重效益"的方针的规定；

② 关于水土保持管理制度的规定；

③ 关于开展和鼓励有利于水土保持的活动的规定；

④ 关于禁止可能造成水土流失和荒漠化的某些活动的规定；

⑤ 关于基础设施建设、矿产资源开发、城镇建设、公共服务设施建设等可能造成水土流失的活动采取水土保持措施的规定；

⑥ 关于法律责任的规定。

（三）自然保护区立法的基本内容

我国的自然保护区立法主要有《自然保护区条例》《森林和野生动物类型自然保护区管理办法》《自然保护区土地管理办法》等。其基本内容是：

① 关于自然保护区管理体制的规定；

② 关于自然保护区分级的规定；

③ 关于建立自然保护区的条件和程序的规定；

④ 关于自然保护区分区（包括核心区和实验区）的规定；

⑤ 关于自然保护区管理措施及其开发利用的规定；

⑥ 关于法律责任的规定。

（四）风景名胜区和文化遗迹地保护立法的基本内容

我国的风景名胜区和文化遗迹地保护立法主要有《文物保护法》及其实施条例、《风景名胜区条例》《地质遗迹保护管理规定》等。另外，《环境保护法》《城乡规划法》《矿产资源法》等法律也对风景名胜区和文化遗迹地的保护作了相应规定。综合观之，其基本内容是：

① 关于制定规划、全面保护的规定；

② 关于划分风景名胜区和文物保护单位的级别、确定历史文化名城并对其实行重点保护的规定；

③ 关于风景名胜区管理机构、管理体制的规定；

④ 关于禁止侵占风景名胜区的土地和从事破坏环境景观的建设活动的规定；

⑤ 关于采取划定建设控制地带、限制文化遗迹地内工程建设、控制文化遗址的迁移、拆除、改作他用等措施保护文化遗迹地的规定；

⑥ 关于法律责任的规定。

1. 什么是环境法，环境法的目的、功能及其在法律体系中的地位是什么？

2. 谈谈你对环境法律关系的理解。

3. 什么是环境法的体系，其主要内容是什么？

4. 谈谈你对环境法实施问题的理解。

5. 什么是环境法律责任，其主要种类和内容是什么？

［1］国家计划委员会等.中国21世纪议程——中国21世纪人口、环境与发展白皮书［M］.北京：中国环境科学出版社，1994.

［2］汪劲.环境法学［M］.4版.北京：北京大学出版社，2018.

［3］王明远.环境侵权救济法律制度［M］.北京：中国法制出版社，2001.

［4］王明远.论我国环境公益诉讼的发展方向：基于行政权与司法权关系理论的分析［J］.中国法学，2016（1）：49-68.

［5］张明楷.污染环境罪的争议问题［J］.法学评论，2018，36（4）：1-19.

［6］张震.中国宪法的环境观及其规范表达［J］.中国法学，2018（4）：5-22.

［7］中国环境报社.迈向21世纪——联合国环境与发展大会文献汇编［M］.北京：中国环境科学出版社，1992.

第十九章　国际环境公约及履约

【导读】气候变化、臭氧层破坏、生物多样性丧失、海洋污染和有害化学品及废物的全面污染等全球环境问题，显著危害地球生态系统，严重威胁人类生存与可持续发展，需要世界各国共同应对和协力解决。自 20 世纪 80 年代以来，国际社会先后签订了一系列国际环境公约，逐步推动形成了当今全球环境治理的格局。本章介绍了当前主要的国际环境公约和中国履约行动，并着重阐述了《京都议定书》《巴黎协定》《关于消耗臭氧层物质的蒙特利尔议定书》和《关于持久性有机污染物的斯德哥尔摩公约》等国际社会应对气候变化、保护臭氧层和环境无害化管理有害化学品的一系列具有强制性国际法律约束力的重要国际环境公约的发展历程、谈判焦点和基本内容，以及中国全面采取的一系列政策及行动。

第一节　气候变化应对

气候变化对自然生态系统和人类社会产生一系列显著影响，是国际社会共同关注的重大全球性环境问题。1988 年，联合国环境规划署（UNEP）和世界气象组织（WMO）联合发起成立了政府间气候变化专门委员会（IPCC），为世界各国政府提供全球气候变化的科学评估与决策建议。在 1992 年巴西里约热内卢召开的联合国环境与发展大会上，154 个国家共同签署了《联合国气候变化框架公约》（United Nations Framework Convention on Climate Change，UNFCCC）（以下简称《公约》）。《公约》提出人类应对气候变化的最终目标是将大气圈中的温室气体浓度稳定在一个水平上，以防止人类对气候系统的有害干预。《公约》确定了发达国家和发展中国家在温室气体减排义务上具有"共同但有区别的原则"，并为国际社会合作应对全球气候变化提供了法律框架。《公约》于 1994 年 3 月正式生效，从 1995 年起每年召开缔约方大会（Conference of the Parties，COP），到 2022 年已经连续举办 27 届大会。

1997 年 12 月，《公约》各缔约方在日本京都召开的第三次缔约方大会（COP3）上通过了《京都议定书》，以"将大气中的温室气体含量稳定在一个适当的水平，以保证生态系统的平滑适应、食物的安全生产和经济的可持续发展"为目标，明确规定了 2008—2012 年各缔约方应承担的阶段性减排义务，即 2008—2012 年期间，主要工业发达国家的温室气体排放量要在 1990 年的基础上平均减少 5.2%；其中，欧盟削减 8%、美国削减 7%、日本削减 6%、加拿大削减 6%、东欧各国削减 5%～8%；发展中国家在"共同但有区别的原则"下不承担强制性减排义务，但是需要协助发达国家减排。然而，2001 年美国宣布退出《京都议定书》，使得《京都议定书》所规定的"核准国家数量超过 55 个，且温室气体排放合计占 1990 年世界温室气体总排放的 55% 以上"这一生效条件难以满足。直到 2005 年 2 月俄罗斯核准加入以后，《京都议定书》才最终凑足生效条件开始生效。到 2012 年，除欧洲国家实现《京都议定书》规定减排目标之外，美国、加拿大、日本和澳大利亚等国不仅没有落实公约规定减排义务，其温室气体排放量反而还出现了较大幅度的增长，《京都议定书》因此未得到充分有效的落实。

为进一步达成长期有效的全球温室气体减排协议，国际社会在 2007 年 12 月于印度尼西亚巴厘岛召开的《公约》COP13 上达成了"巴厘路线图"，明确提出：发达国家缔约方要依据其不同的国情，承担可测量的、可报告的和可核证的温室气体减排承诺或行动，包括量化的温室气体减、限排目标；发展中国家则要在可持续发展框架下，在发达国家履行向发展中国家提供足够的技术、资金和能力建设支持的前提下，采取适当的国内减排行动。"巴厘路线图"提出了以"减缓、适应、技术和资金"这四个方面为主要内容的《巴厘行动计划》，其中包括发达国家的减排承诺与发展中国家的国内减排行动，要求加强国际合作执行气候变化适应行动，帮助发展中国家加强适应气候变化能力建设，为发展中国家提供技术和资金，灾害和风险分析、管理，以及减灾行动等。"巴厘路线图"为下一步气候变化谈判设定了原则内容和时间表，决定立即启动一个全面谈判进程，以期在 2009 年丹麦哥本哈根举行的 COP15 上达成继《京都议定书》之后一项新的全球气候变化合作协议。然而，虽历经国际社会的广泛参与和艰苦谈判，由于各方在减排目标、义务分担、资金援助等问题上分歧较大，拟议中的《哥本哈根协议》最终没能在 COP15 上通过。

尽管哥本哈根会议没有达成最终协议，但各国在会上所达成的一系列重要共识，落实在了 2010 年墨西哥坎昆 COP16 上所达成的《坎昆协议》上，随着全球经济和温室气体排放格局的变化，国际应对气候变化的行动模式开始逐渐由"双轨"向"并轨"、由"强制减排"向"自主承诺减排"转变，对后续国际气候谈判产生了显著影响。2011 年，在南非德班的 COP17 会议上，各方同意在进一步完成《京都议定书》第二承诺期（2013—2020 年）工作的同时，决定谈判制定一项 2020 年后适用于所有缔约方的国际气候变化合作协议，最迟于 2015 年的在法国巴黎召开的 COP21 上达成。

2015 年 12 月，经过为期约 4 年的艰苦谈判，包括世界主要国家部长以及首脑之间多边或双边之间的密集交流磋商，在法国巴黎举行的 COP21 上，各国终于达成一份具有划时代意义的全球气候协定——《巴黎协定》（Paris Agreement，下简称《协定》），全球气候治理迎来重大转机。国际社会普遍认为，《协定》是一个全面平衡、持久有效、具有法律约束力的气候变化国际协议，为 2020 年后全球合作应对气候变化指明了方向和目标，是继《公约》及《京都议定书》之后人类应对气候变化的又一个里程碑。《协定》涵盖了减缓、适应、资金、技术、能力建设、透明度等各要素，是对各缔约方在 2020 年后如何落实和强化实施公约的框架性规定。《协定》提出了全球应对气候变化的长期目标：把全球平均气温升幅控制在工业化前水平以上 2 ℃之内，并努力将气温升幅限制在工业化前水平以上 1.5 ℃之内，这将大大减少气候变化的风险和影响；为此，缔约方应努力尽快达到温室气体排放峰值，并在 21 世纪下半叶实现温室气体源的人为排放与汇的清除之间的平衡（即"碳中和"）。《协定》遵循公平及"共同但有区别的责任与各自能力"（common but differentiated responsibilities and respective capabilities，CBDRRC）原则，明确指出：发达国家缔约方应当继续带头，努力实现全经济范围绝对减排目标；发展中国家缔约方应当继续加强它们的减缓努力，鼓励它们根据不同的国情，逐渐转向全经济范围内的减排或限排目标；发达国家缔约方应为协助发展中国家缔约方"减缓和适应"两方面提供资金，以便继续履行在《公约》下的现有义务。《协定》采取温室气体减排"国家自主贡献"（Nationally Determined Contributions，NDC）的方式实施，各缔约方根据自身国情和能力每五年提交各自的NDC，还应定期提供一份温室气体源的人为排放和汇的清除的国家清单报告，以及实现NDC方面取得的进展信息；NDC的核算则应按照公约制订的导则进行，以促进环境完整性、透明性、精确性、完备性、可比性和一致性，并确保避免双重核算。《公约》将在2023年后每五年开展一次全球盘点，以评估实现本协定宗旨和长期目标的集体进展情况；盘点应以全面和促进性的方式开展，考虑到减缓、适应，以及执行和援助措施等情况，并顾及公平和利用现有的最佳科学。截至2016年10月6日，全球已经有191个国家和区域一体化组织签署了《协定》，包括中国、美国、欧盟、巴西、印度、加拿大、德国、法国、新西兰、挪威等在内的75个公约缔约方批准了《协定》并向联合国秘书长递交了批准文书，已经占到全球排放份额的58.82%。2016年11月4日，《协定》正式生效，标志着全球气候治理进入了新的历史时期，世界各国应对气候变化行动逐步迈入了低碳转型和绿色发展的新阶段。

中国作为一个负责任的大国，一直积极参与应对气候变化国际事务。中国分别于1992年、1998年和2016年签署了《公约》《京都议定书》和《巴黎协定》，均为首批签署的国家之一。20世纪90年代开始，在国际应对气候变化发展的背景下，中国政府高度重视，坚持减缓和适应气候变化并重，持续采取一系列与应对气候变化相关的政策和措施，表19-1简要归纳了中国气候变化应对政策及行动。

表 19-1　中国气候变化应对政策及行动

年份	政策及行动	重点内容
2007	《中国应对气候变化国家方案》	中国第一部应对气候变化的全面的政策性文件，也是发展中国家颁布的第一部应对气候变化的国家方案
2007	《中国应对气候变化科技专项行动》	为《中国应对气候变化国家方案》的实施提供科技支撑，统筹协调中国气候变化的科学研究与技术开发，全面提高国家应对气候变化的科技能力
2008	《中国应对气候变化的政策与行动》白皮书	每年发布，内容为中国有关部门、地方在应对气候变化、推动绿色低碳循环发展方面所做的工作，包括强化顶层设计、减缓气候变化、适应气候变化、完善制度建设、加强基础能力、全社会广泛参与，以及积极开展国际交流与合作等方面
2013	《国家适应气候变化战略》	首次将适应气候变化提高到国家战略高度，推动重点领域和区域积极探索趋利避害的适应行动，城市化、农业、生态安全三类重点领域部署

年份	政策及行动	重点内容
2014	《国家应对气候变化规划 2014—2020》	中国应对气候变化领域的首个国家专项规划，明确了 2020 年前中国应对气候变化工作的指导思想、主要目标、总体部署、重点任务和政策导向，明确低碳省区、城市、城（镇）试点工程
2017	《"十三五"应对气候变化科技创新专项规划》	提出深化应对气候变化基础研究等十项重点任务，旨在建成全球气候变化大数据平台，形成应对气候变化的经济社会发展协调机制
2020	《关于促进应对气候变化投融资的指导意见》	明确气候投融资的定义，首次从国家政策层面将应对气候变化投融资提上议程，对气候变化领域的建设投资、资金筹措和风险管控进行了全面部署
2021	《中国气象局加强气候变化工作方案》	明确下一步应对气候变化工作重点，强优势、拓领域，进一步强化跨学科、跨领域交叉融合发展，全面提升应对气候变化科学水平和服务国家战略的决策咨询能力，保障气候安全，助力生态文明建设
2021	《关于统筹和加强应对气候变化与生态环境保护相关工作的指导意见》	从战略规划、政策法规、制度体系、试点示范、国际合作等五个方面，建立健全统筹融合、协同高效的工作体系，推进应对气候变化与生态环境保护相关工作统一谋划、统一部署，统一实施、统一检查
2021	《中国应对气候变化的政策与行动》白皮书	是中国继 2011 年以来第二次从国家层面对外发布的关于中国气候变化应对政策白皮书。作为世界上最大的发展中国家，中国克服自身经济、社会等方面困难，实施一系列应对气候变化战略、措施和行动，参与全球气候治理，应对气候变化取得积极成效
2022	《国家适应气候变化战略 2035》	统筹考虑气候风险与适应、重点领域和区域格局、自然生态和经济社会等不同维度，明确了未来适应气候变化工作的重点任务和保障措施，为提升气候韧性、有效防范气候变化不利影响和风险提供了重要指导

2007 年，中国政府发布了《中国应对气候变化国家方案》，这是中国第一部应对气候变化的全面的政策性文件，也是发展中国家颁布的第一部应对气候变化的国家方案。该方案明确了到 2010 年中国应对气候变化的具体目标、基本原则、重点领域及政策措施，包括农业、林业、水资源、海岸带四个重点领域，并初步提出了增强适应气候变化能力的具体行动措施。自 2008 年起，每年发布《中国应对气候变化的政策与行动》白皮书，全面介绍每一年度国家各部门、各领域及地方应对气候变化的最新行动进展和主要成就。

2013 年，中国国家发展和改革委员会发布了《国家适应气候变化战略》，首次将适应气候变化提高到国家战略高度，在充分评估气候变化当前和未来对中国影响的基础上，明确国家适应气候变化工作的指导思想和原则，提出"适应能力显著增强""重点任务全面落实""适应区域格局基本形成"三个总体目标,在基础设施、农业、水资源、海岸带和相关领域、森林等生态系统、人体健康、旅游与其他产业方面设置重点任务,划分东部城市化地区、农业发展地区、生态安全地区区域格局,同时建议形成完善体制机制、加强能力建设、加大财税金融政策支持力度、强化技术支撑、开展国际合作、做好组织实施系列保障措施,为统筹协调开展适应工作提供指导。2014年,中国政府发布了《国家应对气候变化规划2014—2020》,提出了中国应对气候变化工作的指导思想、目标要求、政策导向、重点任务及保障措施,将减缓和适应气候变化要求融入经济社会发展各方面和全过程,对建立健全适应气候变化的体制和机制提出了明确要求。2021年,第二次从国家层面对外发布《中国应对气候变化的政策与行动》白皮书,指出作为世界上最大的发展中国家,中国克服自身经济、社会等方面困难,实施一系列应对气候变化战略、措施和行动,参与全球气候治理,应对气候变化取得积极成效。

2020年9月,中国国家主席习近平在第七十五届联合国大会上宣布,中国力争2030年前二氧化碳排放达到峰值,努力争取2060年前实现碳中和目标,即所谓"双碳"目标。2021年10月,国务院印发《2030年前碳达峰行动方案》,聚焦2030年前碳达峰目标,对推进碳达峰工作作出总体部署;随后,重点领域和行业的配套政策也将围绕以上意见及方案陆续出台。2022年,中国政府发布《国家适应气候变化战略2035》,在深入评估气候变化影响风险和适应气候变化工作基础及挑战机遇的基础上,提出新阶段下适应气候变化工作的指导思想、基本原则和主要目标,进一步明确中国适应气候变化工作重点领域、区域格局和保障措施。明确至2035年,适应气候变化应坚持"主动适应、预防为主,科学适应、顺应自然,系统适应、突出重点,协同适应、联动共治"的基本原则,提出"到2035年,气候变化监测预警能力达到同期国际先进水平,气候风险管理和防范体系基本成熟,重特大气候相关灾害风险得到有效防控,适应气候变化技术体系和标准体系更加完善,全社会适应气候变化能力显著提升,气候适应型社会基本建成"。

经过三十余年的发展,中国应对气候变化政策已经从体制机制构建的初级阶段逐步走向完善和实际落地阶段,应对气候变化工作逐步形成良好的基础并取得扎实成效。未来,中国将继续积极参加全球气候变化治理,促进公平、合理、合作、共赢的全球气候治理体系。

第二节　臭氧层保护

人类对遭受严重损耗的臭氧层所采取的保护行动,是近代史上一个全球合作的典范。自臭氧层耗损被发现以来,人类从科学研究、决策响应到付诸行动,形成了一个非常高效的整体。科学家们很快弄清了造成臭氧层破坏的本质原因,世界各国决策层在此基础上达成了全球性的保护臭氧层协议,企业界则迅速采取行动,淘汰破坏臭氧层物质的生产和使用,目前已初见成效。

在20世纪70年代初,Crutzen和Johnston等人曾提出了超音速飞机排放的氮氧化物可能分解臭氧,1974年Molina和Rowland提出了被广泛用作制冷剂、溶剂、塑料发泡剂、气溶胶喷雾剂及电子清洗剂的氟氯化碳（CFCs）分解产生的氯自由基具有很强的耗损臭氧的能力，这些耗损臭氧的物质被称为消耗臭氧层物质（ODS）。自美国杜邦公司 1930 年代开发出 CFCs 并投入生产以来，CFCs 在许多行业都得到了广泛的应用。由于限制 CFCs 的生产和消费可能对许多工业部门造成重大影响，上述科学家的观点在提出后的最初一段时间受到了来自多方面的批评。

1985 年 3 月 22 日，也就是 Molina 和 Rowland 提出氯自由基损耗臭氧层机制后的第 11 年，也是南极臭氧洞被发现的之前数月，由联合国环境规划署发起，制定了第一部保护臭氧层的国际公约——《维也纳公约》，并于 1988 年 9 月 22 日生效。首次在全球建立了共同控制臭氧层破坏的一系列原则和方针。

1987 年，大气臭氧层保护的重要历史性文件——《蒙特利尔议定书》出台。在《蒙特利尔议定书》中，规定了保护臭氧层受控制物质的种类和淘汰时间表，要求发展中国家到 1999 年 7 月 1 日将 CFCs 的生产和消费冻结在 1995—1997 年三年的平均水平上，并在 2005 年使 CFCs 的生产和消费削减到冻结水平的一半，并要求各缔约国对 ODS 的生产、消费、进口及出口等建立控制措施。尽管《维也纳公约》和《蒙特利尔议定书》没有直接提出"共同但有区别的责任"原则，但经过修正的《蒙特利尔议定书（伦敦修正案）》第 10 和 10A 条提出的财务机制和技术转让体现了"共同但有区别的责任"原则。为此 1992 年联合国环境规划署建立了《蒙特利尔议定书》多边基金（以下简称"多边基金"），用以支持发展中国家逐步淘汰消耗臭氧层物质。

为了更进一步控制大气臭氧层的损耗，1990 年通过了《蒙特利尔议定书》的伦敦修正案，1992 年又通过了《哥本哈根修正案》，其中受控制物质的种类被再次扩充到氟氯烃（HCFCs）。此后在 1997 年、1999 年分别通过《蒙特利尔修正案》和《北京修正案》。认识到绝大多数 ODS 同时是高 GWP 的温室气体，淘汰 ODS 同时也能够减缓温室气体排放，2007 年 9 月在《蒙特利尔议定书》制定 20 周年之际，缔约方在蒙特利尔对 ODS 淘汰时间表进行了大幅调整，加快了 ODS 淘汰时间。因上述时间表的调整，仅仅发展中国家相比调整前时间表将减少 67% 的 ODS 生产和消费，约合 80 万吨 ODP 当量和 210 亿吨二氧化碳当量，其中中国约占全部发展中国家的 75%。

认识到替代淘汰 ODS 过程中采用了大量氢氟碳化物（HFCs），在中美推动下，2016 年国际社会达成了《蒙特利尔议定书（基加利修正案）》，首次将气候变化公约管控的温室气体纳入保护臭氧层的国际公约当中。

现在世界上禁止使用的 ODS 即受控制物质已扩展到包括 CFCs、哈龙、四氯化碳、甲基氯仿、HCFCs、甲基溴和 HFCs 等在内的近 100 种物质，其淘汰的时间表也一次次提前。从图 19-1 可以看到从科学发现、评估到国际行动的步伐。在全球履行保护臭氧层公约的背景下，大气中人为活动排放的消耗臭氧层物质浓度正在逐步下降。

中国政府一直高度重视臭氧层保护工作，并从积极参与到逐步主导国际合作。1989 年 9 月中国正式加入《维也纳公约》，同年 12 月 10 日该公约对中国生效。而且中国在第一次缔约国会议上，为体现"共同但有区别的责任"原则精神，首先提出了"关于建立保护臭氧层多边基金"的提案。1990 年中国积极参与《蒙特利尔议定书》的修正工作，1991 年中国正式成为按《蒙特利尔议定书》第 5 条第 1 款行事的缔约国。中国成为缔约

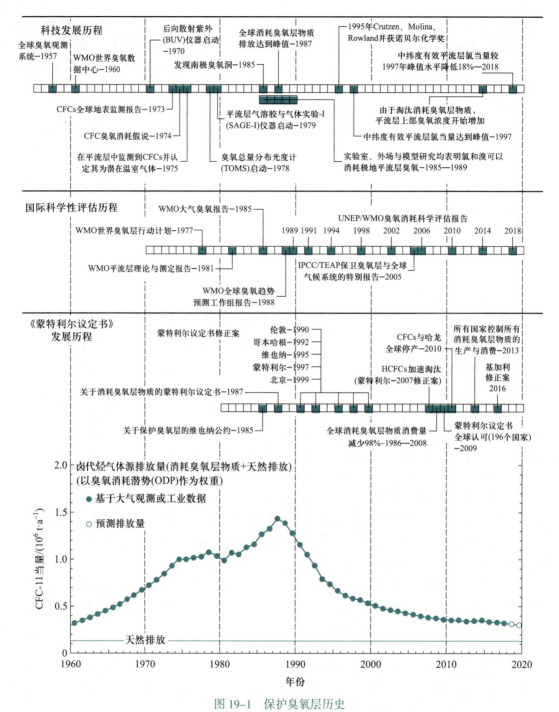

图 19-1 保护臭氧层历史

（引自：联合国环境规划署，Scientific assessment of ozone depletion，2018.）

国后，及时成立了包括 15 个部、委、局、总公司、总会的中国保护臭氧层领导小组办公室，负责《蒙特利尔议定书》组织实施工作，理顺了管理程序，制定了有关政策和法规，编制了各相关行业的淘汰战略，开展了公共意识的宣传活动，使保护臭氧层工作逐步走上正规化。

1992 年中国组织制定了《中国消耗臭氧层物质逐步淘汰的国家方案》，并在 1993 年初得到国务院的批准。1995 年中国率先组织制定了气溶胶喷雾剂、塑料发泡剂、家用冰箱、工商制冷、汽车空调、哈龙灭火剂、电子零件清洗、受控物质生产等 8 个行业的逐步淘汰受控物质的战略研究。1997 年率先在哈龙行业开发了以费用有效为特征，以行业为基础的行业整体淘汰方式。1999 年，中国更新了《中国消耗臭氧层物质逐步淘汰的国家方案》。2011 年，中国开始实施替代减排 HCFCs。截止到 2020 年底，中国通过世界银行、联合国开发计划署、联合国工业与发展组织、联合国环境规划署，以及美国、加拿大、德国和丹麦等国，已向多边基金执委会申请并得到批准的项目共近 500 个，共获得多边基金近 15 亿美元。此外，国内有关研究机构也开展了替代品和替代技术的开发，并取得了一定的成果。一些企业也利用自有资金开展了替代工作，并已有产品供应市场。

中国在淘汰 CFCs 和哈龙等臭氧层消耗物质方面取得了巨大成绩，自 1991 年起经过 30 年的积极履约，1990—2020 年累计避免约 580 万吨 CFC-11 当量 ODS 排放，避免了约 230 亿吨 CO_2 当量温室气体排放，为臭氧层恢复与气候保护做出了重要贡献。

2021 年 9 月 15 日，《蒙特利尔议定书（基加利修正案）》正式对中国生效。至此中国加入了全部《蒙特利尔议定书》修正案。中国履行《蒙特利尔议定书》同时面临应对臭氧层耗损和全球气候变化的需求。作为发展中的大国，中国涉及生产和使用 HCFCs 的行业广、企业多，各行业、企业之间生产设备、技术水平、管理水平、职工素质等千差万别。在 2030 年之前完成除维修行业之外的 HCFCs 淘汰面临挑战，我们需要付出更加艰苦的努力。从 1999 年首次生产 HFC-134a，到如今生产全球约 60% 的 HFCs，中国也是最大的 HFCs 消费国，在未来的履约行动中对于达成气候目标无疑举足轻重。作为第五条款国家，按照《基加利修正案》管控要求，中国预计从 2029 年开始实质性削减生产量和消费量，在 2045 年将生产量和消费量削减到基线水平的 20%（预计消费量约 1.5 亿吨 CO_2 当量）。在上述控制时间表下，预计 HFCs 在 2035 年前后达到排放峰值，2060 年排放量接近 2 亿吨 CO_2 当量。履行《基加利修正案》也面临巨大挑战：① HFCs 问题归根到底是温室气体的减排问题，如何将 HFCs 减排纳入国家整体温室气体减排规划以应对 1.5 ℃ 控制目标和碳中和目标，需要进一步深入研究和评估；② HFCs 替代技术仍有局限，推动替代技术的研发并制定相关标准，对实现减排目标十分必要；③ HFCs 监测与核准体系亟须完善，在国家和区域层面的进一步完善 HFCs 的大气浓度观测系统及企业排放的报告核准制度等对实现温室气体减排不可缺失。

第三节　生物多样性保护

1992 年 6 月，在巴西里约热内卢召开的联合国环境与发展大会上，世界各国签署了《生物多样性公约》(《公约》)，《公约》于 1993 年 12 月生效。《生物多样性公约》的目标是：保护生物多样性、可持续利用其组成部分，以及公平合理分享由利用遗传资源而产生的惠益。《公约》要求缔约方：制订保护和可持续利用生物多样性的国家战略、计划或方案，将其列入各部门的政策和行动中；查明对保护和可持续利用生物多样性至关重要的生物多样性组成部分，监测产生或可能产生重大不利影响的过程和活动种类；就地保护（建立保护区）、移地保护（辅助就地保护措施）和生物多样性组分的可持续利用这三个方面措施，保护和可持续利用生物多样性。

中国于 1992 年 6 月签署《生物多样性公约》，并于 1993 年底编制完成《中国生物多样性保护行动计划》，于 1994 年 6 月正式发布实施。这使中国成为世界上率先完成"多样性保护行动计划"的少数国家之一，在国际上产生了积极的影响。与此同时，根据公约要求，中国于 1994 年开始实施公约的后续行动，编写了《中国生物多样性国别报告》。报告详细阐述了中国生物多样性的现状，分析了保护生物多样性的效益，提出了加强生物多样性保护和可持续利用方面的国家能力建设。1994 年以来，《中国生物多样性保护行动计划》确定的主要目标——尽快采取有效措施以避免生物多样性进一步破坏，使严峻的现状得到减轻或扭转——已基本实现，对我国生物多样性保护工作起到了积极的作用。2010年，联合国大会将 2011—2020 年确定为"联合国生物多样性十年"，中国政府成立了"2010 国际生物多样性年中国国家委员会"，召开会议审议通过了《国际生物多样性年中国行动方案》和《中国生物多样性保护战略与行动计划（2011—2030 年）》。其中《中国生物多样性保护战略与行动计划（2011—2030 年）》战略目标包括：近期目标——到 2015 年，力争使重点区域生物多样性下降的趋势得到有效遏制；中期目标——到 2020 年，努力使生物多样性的丧失与流失得到基本控制；远景目标——到 2030 年，使生物多样性得到切实保护。多年来，中国坚持在发展中保护、在保护中发展，提出并实施国家公园体制建设和生态保护红线划定等重要举措，不断强化就地与迁地保护，加强生物安全管理，持续改善生态环境质量，协同推进生物多样性保护与绿色发展，生物多样性保护取得显著成效。

（一）优化就地保护体系

就地保护是指保护生态系统和自然生境，以及维持和恢复物种在其自然环境中有生存力的群体。自然保护区属于就地保护，是最有力、最高效的保护生物多样性的方法。就地保护，不仅保护了生境中的物种个体、种群、群落，而且保护和维持了所在区生态系统的能量和物质的运动过程，保证了物种的生存发育和种内的遗传变异度。因此，就地保护使生态系统、物种多样性和遗传多样性三个方面都得到最充分、最有效的保护，是保护生物多样性的最根本的途径。具体措施及成就简述如下。

1. 启动国家公园体制建设

目前，中国已建立各级各类自然保护地近万处，约占陆域国土面积的 18%。2015 年，在深度总结自然保护地 60 余年建设经验的基础上，中国启动国家公园体制试点，积极推动建立以国家公园为主体、自然保护区为基础、各类自然公园为补充的立体化自然保护地体系，先后设立三江源等 10 处国家公园体制试点，总面积约 22 万公顷，占陆域国土面积的 2.3%。与此同时，整合相关自然保护地划入国家公园范围，实行统一管理、整体保护和系统修复。通过构建科学合理的自然保护地体系，90% 的陆地生态系统类型和 71% 的国家重点保护野生动植物种得到有效保护。野生动物栖息地空间不断拓展，种群数量不断增加。大熊猫野外种群数量 40 年间从 1 114 只增加到 1 864 只，朱鹮由发现之初的 7 只增长至目前野外种群和人工繁育种群总数超过 5 000 只，亚洲象野外种群数量从 20 世纪 80 年代的 180 头增加到目前的 300 头左右，海南长臂猿野外种群数量从 40 年前的仅存两群不足 10 只增长到五群 35 只。

2. 实施生态保护红线制度

"生态保护红线"于 2011 年首次提出，2017 年被正式采用，是中国国土空间规划和生态环境体制机制改革的重要制度创新。中国创新生态空间保护模式，将具有生物多样性维护等生态功能极重要区域和生态极脆弱区域划入生态保护红线，进行严格保护。截至 2019 年底，初步划定的全国生态保护红线面积不小于陆域国土面积 25%，覆盖重点生态功能区、生态环境敏感区和脆弱区等重要生态区域。初步划定的生态保护红线，集中分布于青藏高原、天山山脉、内蒙古高原、大小兴安岭、秦岭、南岭，以及黄河流域、长江流域、海岸带等重要生态安全屏障和区域。生态保护红线涵盖森林、草原、荒漠、湿地、红树林、珊瑚礁及海草床等重要生态系统，覆盖全国生物多样性分布的关键区域，保护绝大多数珍稀濒危物种及其栖息地。完整的生态保护红线有望保护超过 95% 的中国最有价值的生态系统、100% 的国家关键保护动植物的栖息地、95% 的最佳自然景观资源、210 条重要河流的源头、所有生态脆弱地区及生态功能区。中国"划定生态保护红线，减缓和适应气候变化"行动倡议，入选联合国"基于自然的解决方案"全球 15 个精品案例。生态保护红线的划定与生物多样性保护具有高度的战略契合性、目标协同性和空间一致性，将有效提升生态系统服务功能，维护国家生态安全及经济社会可持续发展所必需的最基本生态空间。

3. 划定生物多样性保护优先区域

中国打破行政区域界限，连通现有自然保护地，充分考虑重要生物地理单元和生态系统类型的完整性，划定 35 个生物多样性保护优先区域。其中，32 个陆域优先区域总面积 276.3 万公顷，约占陆地国土面积的 28.8%，保护了重要自然生态系统和生物资源，在维护重要物种栖息地方面发挥了积极作用。

（二）完善迁地保护体系

迁地保护是指将生物多样性的组成部分转移到它们的自然环境之外进行保护。迁地保护主要适用于受到高度威胁的动植物物种的紧急拯救。中国持续加大迁地保护力度，系统实施濒危物种拯救工程，生物遗传资源的收集保存水平显著提高，迁地保护体系日趋完善，成为就地保护的有效补充，多种濒危野生动植物得到保护和恢复。具体措施及成就如下。

1. 完善植物迁地保护体系

迁地保护往往针对单一的目标物种，如利用植物园、动物园和移地保护基地和繁育中心等对珍稀濒危动植物进行保护。中国的植物园（树木园）于 20 世纪 80 年代以来发展很快，至今已有近 200 个。有用于科学研究的综合性植物园或药用植物园，有以收集树种为主的树木园，还有观赏植物园等。中国植物园保存的各类高等植物有 2.3 万余种。中国建立了较为完备的植物迁地保护体系，现有迁地栽培高等植物 396 科、3 633 属、23 340 种（含种以下分类单元），其中本土植物 288 科、2 911 属、约 20 000 种，分别占中国本土高等植物的 91%、86% 和 60%。建立迁地保护点近 200 个，基本完成苏铁、棕榈种质资源收集保存和原产中国的重点兰科、木兰科植物收集保存。建成 22 个多树种遗传资源综合保存库、13 个单树种遗传资源专项保存库、294 个国家级林木良种基地，保存树种 2 000 多种，覆盖全国大多数省份，涵盖目前利用的主要造林树种遗传资源的 60%。

2. 系统实施濒危物种拯救工程

截至 2018 年，中国已建立动物园（动物展区）240 多个，共建立 250 处野生动物救护繁育基地，在珍稀动物的保存和繁育技术方面不断取得进展，60 多种珍稀濒危野生动物人工繁殖成功，如大熊猫、东北虎、华南虎、雪豹、黑颈鹤、丹顶鹤、金丝猴、扬子鳄、扭角羚、黑叶猴等。其中，人工繁育大熊猫数量呈快速优质增长，大熊猫受威胁程度等级从"濒危"降为"易危"，实现野外放归并成功融入野生种群。朱鹮种群总数超过 4 000 只；藏羚野外种群恢复到 30 万只以上；曾经野外消失的麋鹿在北京南海子、江苏大丰、湖北石首分别建立了三大保护种群，总数已突破 8 000 只。此外，中国还针对德保苏铁、华盖木、百山祖冷杉等 120 种极小种群野生植物开展抢救性保护，112 种我国特有的珍稀濒危野生植物实现野外回归。

3. 加快重要生物遗传资源收集保存和利用

中国高度重视生物资源保护，近年来在生物资源调查、收集、保存等方面取得较大进展。实施战略生物资源计划专项，完善生物资源收集收藏平台，建立种质资源创新平台、遗传资源衍生库和天然化合物转化平台，持续加强野生生物资源保护和利用。实施一批种质资源保护和育种创新项目，截至 2020 年底，形成了以国家作物种质长期库及其复份库为核心、10 座中期库与 43 个种质圃为支撑的国家作物种质资源保护体系，建立了 199 个国家级畜禽遗传资源保种场（区、库），为 90% 以上的国家级畜禽遗传资源保护名录品种建立了国家级保种单位，长期保存作物种质资源 52 万余份、畜禽遗传资源 96 万份。建设 99 个国家级林木种质资源保存库，以及新疆、山东 2 个国家级林草种质资源设施保存库国家分库，保存林木种质资源 4.7 万份。建设 31 个药用植物种质资源保存圃和 2 个种质资源库，保存种子种苗 1.2 万多份。

第四节　海洋环境保护

近年来，全球海洋环境问题频发，溢油污染、水体酸化、生物多样性破坏、微塑料污染等海洋环境问题日益凸显。面对共同但具有区域差异的海洋环境污染挑战，世界各国在以《联合国海洋法公约》为基础的国际海洋法体系下，形成了囊括"全球层级、区域层级、国家层级、地方层级和社会层级"的多层级海洋环境治理体系，以应对日益复杂的海洋环境治理需求。

1954 年签署的《国际防止海洋油污染公约》，被视为全球海洋环境治理法律制度建设的起始，后被 1973 年签署的《国际防止船舶造成污染公约》所取代；1958 年联合国第一届海洋法会议上签订的《领海与毗连区公约》《公海公约》《大陆架公约》《公海渔业和生物资源养护公约》，明确了后续海洋治理相关法规涉及的各项定义，对各国在各类海域具有的权利与划定规则进行了规定；1982 年签署的《联合国海洋法公约》及其执行协定为全球海洋环境治理法律体系的核心，其第十二部分详细规定了各国有保护和保全海洋环境的义务；1999 年签署的《关于扣留海运船舶的国际公约》规定了船舶对海洋环境造成损害的赔偿及为消除损害应采取的措施；此外，《公海渔业和生物资源养护公约》《生物多样性公约》《联合国气候变化框架公约》中均涉及海洋生物多样性保护的内容；《国际油污损害民事责任公约》《国际燃油污染损害民事责任公约》《设立国际油污损害赔偿基金公约》《国际防止船舶造成污染公约》《国际海上运输有毒有害物质损害责任和赔偿公约》《防止倾倒废物及其他物质污染海洋的公约》等公约则针对不同海洋污染源的防治做出了规定。目前，随着海洋污染形势的快速变化及对诸多新兴海洋环境污染问题的日益关注，更多与海洋环境治理相关的国际公约正在酝酿中，如在谈判中的"公海生物多样性协定"将是一项关于国家管辖范围以外海洋生物多样性保护和可持续利用的国际协定，而同样在谈判中的"塑料污染防治（包括海洋环境）公约"着眼于解决塑料全生命周期的污染问题，其中包括控制已经广泛存在的海洋环境的塑料污染问题。

作为全球性海洋环境治理公约的补充，区域性的相关公约更加体现不同海区的生态系统差异及利益相关方的关切。1974 年以来，联合国环境规划署制定的区域海项目计划制订了 18 个区域海项目计划，涉及 143 个参与国家，形成了区域性的海洋环境治理法律框架。其中涵盖了诸如 1978 年《保护地中海免受污染公约》、1992 年《保护黑海免受污染公约》、1994 年《西北太平洋地区海域和沿海环境保护、管理和开发行动计划》、2019 年《海洋废弃物东亚海洋区域协调中心行动计划》等区域性海洋环境保护条约。海洋环境治理、保护和可持续利用海洋及海洋资源以促进可持续发展，是联合国提出的 2030 可持续发展目标（2030 SDGs）中一个重要目标。

国际上，美国、日本及欧洲有关国家率先制定了一系列海洋环境保护法律法规，并设置了相应执行机构，为我国的海洋环境治理提供了经验。美国于 1972 年颁布了《海岸带管理法》，提出"海岸带综合治理理念"，在政府干预下鼓励多元主体对海洋环境治理的参与，此外各地方因地制宜制定当地的海洋环境保护政策；构建起以国家海洋和大气管理局、国家海洋委员会为决策核心的环境治理行政管理体制，协调促进各地方对海洋环境治理的整体性实施。日本于 1978 年颁布的《濑户内海环境保护特别措施》对濑户内海的海洋环境与沿岸地区的环境治理统筹安排，第三期《海洋基本法》中更加强调海洋监测技术与海洋垃圾处理技术的实施。

中国对保护海洋资源、防治海洋污染一向持积极态度，坚决贯彻执行"海洋环境保护与海洋开发同步规划、协调发展"的方针，积极开展防止海洋污染和合理开发利用海洋资源的科学研究，并已建立了海洋环境保护管理机构。我国积极签署了包含《联合国海洋法公约》《国际油污损害民事责任公约》《国际干预公海油事故公约》等海洋环境治理国际公约；以 1982 年颁布的《海洋环境保护法》为基础形成了一系列的海洋环境保护法律体系，目前我国海洋环境治理已融入了"生态文明建设""建设美丽中国""加快建设海洋强国"等重大战略的实践中。2017 年"海洋命运共同体"的提出更为全球海洋环境治理提供了中国方案；"共同维护海洋生态文明"强调了全体人类在保护海洋生态环境及维护资源可持续利用中享有"共同但有区别的责任"，有利于促进海洋环境治理的全球参与。面向未来，我国的海洋环境治理工作正愈发重视与国际公约要求与发展趋势的衔接，进一步强化跨区域合作、科技投入与多元主体的参与。

第五节   化学品和危险废物管理

化学品是指经过人工的、技术的提纯、化学反应或混合过程生产出的、具有工业和商品属性的化学物质。化学品的大量开发和广泛使用在为现代社会带来了广泛福利的同时，也给生态环境和人体健康带来了日益显著的风险。其中，持久性有机污染物（POPs）、内分泌干扰物（EDCs）、多种药品和个人护理品（PPCPs），以及微塑料等化学品，因其广泛的环境污染和人体健康风险，逐渐引起了全球普遍关注，在中国被称为"新污染物"。与之相应地，以多种有害化学品成分为主的危险废物，以及电子废物、塑料废物的日渐增长，也同时威胁着全球环境和人体健康。与传统污染物不同，化学品和废物不仅可以经过环境介质进行污染传播，更通常通过国际贸易或以回收再利用为目的的跨国转移进行全球转移和扩散，这更进一步增加了其污染及风险控制的复杂性。因此，化学品和废物的环境管理成为全球环境保护和可持续发展的重要议程，并逐渐建立了一系列重要的国际环境公约。

国际化学品和危险废物环境管理发展历程见表 19-2。在 1972 年瑞典斯德哥尔摩召开的首次联合国人类与环境大会上，国际社会明确指出：应对化学品对人类和自然环境的危害予以极大关注，需开展国际化学品环境与健康危害的基本信息的收集和交流活动，评估其对人类健康的潜在的毒害危险。在大会的提议下，联合国环境规划署（UNEP）于 1976 年成立了国际潜在有毒化学品登记中心（International Register of Potentially Toxic Chemicals，IRPTC），主要任务是收集、保存和散发化学品健康和环境效应的信息；1980 年，世界卫生组织（WHO）与 UNEP、国际劳工组织（International Labour Organization，ILO）联合成立了国际化学品安全计划（International Programme On Chemical Safety，IPCS），主要任务是组织开展化学品环境与健康风险评估，发布权威性的评估报告及预防基准等。1989 年，面对不断加剧的危险废物跨国转移问题，全球 100 多个国家签订了《控制危险废物越境转移及其处置巴塞尔公约》（简称《巴塞尔公约》）。

表 19-2   国际化学品和危险废物环境管理发展历程

时间	里程碑事件	主要内容
1972 年	联合国人类与环境会议	共同关注化学品的环境和健康危害
1976 年	国际潜在有毒化学品登记中心（IRPTC）成立	收集和传播化学品环境与健康危害数据
1980 年	国际化学品安全计划（IPCS）成立	开展化学品环境与健康风险评估
1989 年	《控制危险废物越境转移及其处置的巴塞尔公约》签订	危险废物的国际转移控制及其环境无害化处置
1992 年	联合国环境与发展大会（UNCED）	《21 世纪议程》——国际化学品环境管理策略和框架

续表

时间	里程碑事件	主要内容
1994年	政府间化学品安全论坛（IFCS）成立	建立政府间化学品管理交流与合作机制
1995 年	国际组织间化学品良好管理机制（IOMC）成立	建立国际组织间化学品管理交流与合作机制
1998 年	《关于在国际贸易中对某些危险化学品和农药采取事先知情同意程序的鹿特丹公约》签订	防止有毒化学品国际贸易扩散转移
2001 年	《关于持久性有机污染物的斯德哥尔摩公约》签订	开启全球优先消除和控制潜在危害性化学品以降低环境和健康风险的统一行动
2002 年	世界环境与发展首脑峰会（WSSD）	提出 2020 年实现化学品及废物良好的管理可持续发展目标，制定《国际化学品管理战略》（SAICM）
2003 年	全球化学品统一分类和标识系统（GHS）发布	统一全球化学品危害性分类和标识及科学认知
2006 年	《国际化学品管理战略》（SAICM）达成	召开首次国际化学品管理大会（ICCM），启动实施面向 2020 年全球可持续发展目标的国际化学品管理战略和全球行动计划
2013 年	《关于汞的水俣公约》签订	首个重金属的环境和健康风险控制国际环境公约
2015 年	联合国大会通过《2030 可持续发展议程》	重申到 2020 年实现化学品和所有废物在整个存在周期的无害环境管理的目标
2017 年	首次 2020 年后国际化学品和废物管理战略磋商会	启动制订 2020 年后拓展国际化学品和废物管理协议或行动方案
2021 年	第五届联合国环境大会（UNEA5）	将"化学品与废物污染"与"气候变化"和"生物多样性丧失"一起列为联合国环境规划署三大核心工作领域，并决议设立专门的科学与政策专家委员会

　　1992 年，在巴西里约热内卢召开的联合国环境与发展大会（UNCED）上，化学品和废物环境管理问题被正式列入联合国可持续发展议程——《21 世纪议程》。《21 世纪议程》提出了国际化学品环境管理的六个领域战略行动规划，包括扩展和加快化学品风险评估、统一化学品分类和标识、加强有毒化学品风险信息交流、建立风险降低计划、加强国家化学品管理能力，以及防止有毒和危险化学品的非法国际贸易；同时，也提出了加强危险废物环境无害化管理及其非法越境转移控制的一系列战略行动。由此，国际社会先后于1995 年和1996 年成立了政府间化学品安全论坛（IFCS）和国际组织间化学品良好管理机制（IOMC）这两个重要的国际化学品管理交流与合作机制，并于1998 年达成了旨在防止

有毒化学品国际贸易转移的国际公约，即《关于在国际贸易中对某些危险化学品和农药采取事先知情同意程序的鹿特丹公约》（简称《鹿特丹公约》）；同时，启动了一项旨在优先降低全球POPs风险的具有法律约束力的国际公约的政府间谈判。2001年3月，历时三年的政府间谈判，国际社会最终签订了《关于持久性有机污染物的斯德哥尔摩公约》（简称《斯德哥尔摩公约》），开启了对人体健康和生态环境具有显著危害的一类优先关注化学品的全球统一控制行动。

《斯德哥尔摩公约》的签订和实施逐渐掀起了全世界范围内化学品环境管理运动，同时也启发了人们对于POPs以外更多潜在危害人体健康和环境的化学品实施有效风险管理的思考。2002年，在南非约翰内斯堡召开的世界环境与发展首脑峰会，各国一致同意制定《国际化学品管理战略》（SAICM），努力实现"到2020年以将化学品对人体健康和环境的显著影响降至最小化的方式生产和使用化学品，并通过技术和资金协助支持发展中国家加强其化学品和危险废物的管理能力"（以下简称"2020化学品及废物良好管理可持续发展目标"）。2006年2月，在阿联酋迪拜召开的首次国际化学品管理大会（ICCM）通过了《国际化学品管理战略》（SAICM），提出了一项包括273项化学品管理行动的全球行动计划（GAP），从而将国际化学品管理运动推向高潮。2013年1月，国际社会签订了另一项具有法律约束力的旨在控制全球汞排放与风险的国际环境公约，即《关于汞的水俣公约》。

随着SAICM逐步实施及其到2020年使命的终止，联合国环境规划署组织SAICM各方于2017年2月在巴西首都巴西利亚召开会议，启动了关于2020年后国际化学品和废物战略的第一轮磋商，旨在2020年第五次国际化学品管理大会（ICCM5）达成一项面向2020年以后的国际化学品和废物管理协议或行动方案。然而，受全球新冠疫情的影响，原定于2020年召开的ICCM5于2023年9月在德国波恩召开，审议通过了《全球化学品框架——为了一个没有化学品和废物危害的星球》。化学品和废物的环境管理已成为联合国提出的"2030年可持续发展目标（2030-SDGs）"的重要组成部分，以及历届联合国环境大会（UNEA）的一项专门的重要议题。2021年，第五届联合国环境大会将"化学品与废物污染"与"气候变化"和"生物多样性丧失"一起列为UNEP三大核心工作领域，并提议设立专门的科学与政策专家委员会。

综上所述，现行的化学品和废物管理的国际环境公约主要有《斯德哥尔摩公约》《鹿特丹公约》《巴塞尔公约》和《关于汞的水俣公约》这四个专门领域具有法律约束力的国际公约。其中，前三项公约因相互间密切的协同合作及其在国际化学品环境管理中的主体地位，通常被合称为"三公约"（英文简称BRS[①]）。按照公约所覆盖的化学品生命周期，《巴塞尔公约》和《鹿特丹公约》分别针对化学品的废物阶段和贸易流通阶段，《斯德哥尔摩公约》和《关于汞的水俣公约》则涵盖化学品从生产、使用、贸易、流通和废弃的全生命周期。以下简要介绍上述各国际公约及中国履约状况。

---

① 按照签署时间顺序及各公约英文首字母。

专栏 19-1　关于持久性有机污染物的《斯德哥尔摩公约》

《斯德哥尔摩公约》是继应对气候变化的《京都议定书》和保护臭氧层的《蒙特利尔议定书》之后，国际社会签订的第三个规定时限性污染防治义务的具有法律约束力的国际环境公约，是全球逐步消除和控制对人体健康和生态环境构成潜在危害的化学品的开始。公约受控的化学品清单不断增加，且覆盖了化学品的全生命周期，成为"三公约"乃至国际化学品和废物环境管理的基础引擎及核心性国际环境公约。

《斯德哥尔摩公约》遵循 1992 年联合国环境与发展大会《关于环境与发展的里约宣言》（简称《里约宣言》）中提出的"预先防范"原则，目标是保护人类健康和环境免受 POPs 的危害。《斯德哥尔摩公约》对各种来源、用途或种类的 POPs 及其库存、废物和污染场地提出了一系列不同程度的污染及风险控制要求，其主要规定包括三个方面：① 禁止或严格限制各种有意生产的 POPs 类化学品的生产、使用和进出口，消除或降低其生产和使用过程中的环境排放；② 采取"最佳可行技术"（best available techniques，简称 BAT）和"最佳环境实践"（best environmental practices，简称 BEP），控制各种无意产生的 POPs（如二噁英等）；③ 识别和环境无害化管理与处置各类 POPs 的库存、废物和污染场地。为全面落实公约各项规定，公约要求各缔约方在公约生效 2 年内，制定并提交一项履行公约各项义务的"国家实施计划"（National Implementation Plan，简称 NIP），并尽力将此项计划纳入国家可持续发展战略之中。截至 2022 年底，全球已经有 186 个国家签署了《斯德哥尔摩公约》，公约受控 POPs 已由 2001 年公约签署时首批受控的 12 种增加到 31 种，并且另有 6 种在增列审查进程中。在过去 20 多年里，《斯德哥尔摩公约》有效推动了全球 POPs 的淘汰和减排，显著降低了此类化学品的环境和健康风险，促进了多领域环境友好型化学品的开发、推广和应用及经济、社会的可持续发展。

中国政府于 2001 年 5 月 23 日签署了《斯德哥尔摩公约》，是公约的首批缔约国。2004 年 6 月 25 日，全国人民代表大会常务委员会决定批准该公约；同年 11 月 11 日，该公约正式对中国生效。《斯德哥尔摩公约》提出控制的 POPs 类化学品，涉及农业、卫生、建筑、化工、冶金、钢铁、环卫等众多领域及多方管理部门，对包括中国在内的发展中国家的技术、经济条件和管理能力提出了多方面挑战，尤其是中国这一世界化学品生产和使用大国。为全面、有效履行《斯德哥尔摩公约》，中国政府建立了由国务院 14 个部门组成的《斯德哥尔摩公约》履约协调组，于 2007 年发布了《中华人民共和国履行关于持久性有机污染物的斯德哥尔摩公约的国家实施计划》（简称《国家实施计划》），履约行动随即在全国范围内全面展开。自 2001 年签约以来，中国已经全面淘汰了 20 种类 POPs，将二噁英纳入了 14 个行业的污染排放标准，清理处置了历史遗留的上百个点位 10 万余吨 POPs 废物，提前 7 年完成含多氯联苯电力设备下线和处置的履约目标。2022 年 5 月，国务院发布《新污染物治理行动方案》，将 POPs 列为国家主要控制的新污染物，必将有力推动《斯德哥尔摩公约》在中国的全面履约。

专栏 19-2 关于在国际贸易中对某些危险化学品和农药采取事先知情同意程序的《鹿特丹公约》

《鹿特丹公约》旨在保护人类和环境免受国际贸易中的危险化学品和农药的不利影响。该公约于 1998 年 9 月 10 日在荷兰鹿特丹签订，于 2004 年 2 月 24 日生效。《鹿特丹公约》包括禁用或严格限用化学品的程序、极为危险的农药制剂的程序、其附件所列化学品进出口义务等内容。《鹿特丹公约》包括两大关键机制：其一，事先知情同意程序（PIC 程序），即对于被禁用或严格限用的化学品，其国际运输不得在未经出口国指定的国家主管当局同意或在违反其决定的情况下进行；其二，资料交流机制，即缔约方之间需要就有关潜在危险的化学品进行资料交流和信息传递。《鹿特丹公约》中提到的"某些"危险化学品和农药，包括列入公约附件的化学品和农药，以及缔约方向秘书处通报的其在国内禁用或严格限用的化学品和农药。化学品或农药列入公约附件，需要经过化学品审查委员会（CRC）会议的审议。截至 2022 年底，共有 165 个国家签署《鹿特丹公约》，该公约附件所列受控化学品共有 54 种，包括农药 35 种（包括 3 种极为危险的农药制剂），18 种工业化学品，以及 1 种同时属于农药和工业化学品的化学品。

中国于 1999 年 8 月 24 日签署《鹿特丹公约》。2004 年 12 月 29 日，全国人民代表大会常务委员会决定批准该公约。2005 年 6 月 20 日，该公约正式对中国生效。中国目前已经是全球最大的农药生产国，且对外出口比例达到 60%~70%。在履约方面，组织机构上，国内履约进展的主管部门包括生态环境部和农业农村部，其中生态环境部负责工业化学品和非在用农药的管理，农业农村部负责在用农药的管理。制度体系上，中国早在 1994 年即发布《有毒化学品进出口环境管理规定》，之后又发布了《中国禁止或严格限制的有毒化学品名录》，在 2018 年重新发布《中国严格限制的有毒化学品名录》；另外，中国先后发布了《农药管理条例》《关于在办理农药出口通知单工作中进一步加强鹿特丹公约履约程序的注意事项》，这些都给中国履行《鹿特丹公约》提供了制度保障。

专栏 19-3 控制危险废物越境转移及其处置的《巴塞尔公约》

为保护人类健康和环境免受危险废物和其他废物的产生、越境转移和处置造成不利影响，1989 年 3 月，国际社会签订了《巴塞尔公约》，并于 1992 年 5 月生效。截至 2022 年底，全球已经有 190 个国家签署了《巴塞尔公约》。《巴塞尔公约》不只是针对危险废物，而是包括各种废物。公约主要包括三个方面的内容：① 减少危险废物和其他废物的越境转移；② 尽可能在产生国进行废物环境无害化管理；③ 预防并尽量减少废物的产生。《巴塞尔公约》要求各缔约国根据各国社会、技术和经济方面的能力，保证将本国内产生的危险废物和其他废物减至最低限度；保证提供充分的处置设施用以从事危险废物和其他废物的环境无害化管理，不论处置场所位于何处，在可能范围内，这些设施应设在本国内；保证在管理过程中不产生危险废物和其他废物的污染，并在产生这类污染时，尽量减少其对人体健康和环境的影响。各缔约国应相互合作，以便改善和实施危险废物和其他废物的环境无害化管理。考虑到发展中国家的需要，鼓励各缔约国之间和有关国际组织之间进行合作，以促进特别是提高公众认识，发展对危险废物和其他废物的无害化管理和采用新的低废技术。1995 年《巴塞尔公约》通过了修正案，禁止发达国家以最终处置为目的向发展中国家出口危险废料，并规定发达国家在 1997 年年底以前停止向发展中国家出口用于回收利用的危险废料。《巴塞尔公约》关注各类有害化学品废物，其为《斯德哥尔摩公约》提出的各种 POPs 的废物提出鉴别和处置导则。同时，公约持续跟踪环境中不断新涌现的废物而发展，如针对日益增长的电子废物提出《关于电子和电气废物以及废旧电气和电子设备的越境转移——尤其是关于依照〈巴塞尔公约〉对废物和非废物加以区别的技术准则》。2015 年《巴塞尔公约》第十二次缔约方大会通过了《关于防止、尽量减少和回收危险废物及其他废物的卡塔赫纳宣言》（简称《卡塔赫纳宣言》），强调从源头预防和尽量减少废物的产生。这一战略框架和宣言的实施，使得《巴塞尔公约》的关注点向预防废物产生和进行环境无害化管理的方向转变。2019 年的公约第十四次缔约方大会上，《巴塞尔公约》再次做出重要修订，通过了《在巴塞尔公约下进一步采取行动应对塑料废物的决议》，将塑料废物纳入公约受控范围，对全球塑料废物转移及环境无害化管理与处置产生重要影响。

中国于 1990 年 3 月 22 日签署《巴塞尔公约》。1991 年 9 月 4 日，全国人民代表大会常务委员会决定批准该公约。1992 年 8 月 20 日该公约对中国生效。中国政府认为，禁止或限制有害废物越境转移的《巴塞尔公约》在防止向发展中国家转移有害废物方面是一个良好的开端。在危险废物越境转移中，发展中国家是主要受害者。尽管有了《巴塞尔公约》，但不少发展中国家缺乏必要的监控手段和管理有害废物的经验，有关机构和法规亦不完善，在实施《巴塞尔公约》方面遇到较多困难。为帮助发展中国家有效地实施《巴塞尔公约》，发达国家应承担下述义务：帮助发展中国家建立监测和控制有害废物的机构；向发展中国家提供鉴别、分析、评价和处理有害废物的技术和装备；转让无废和低废技术；在国际公约中，明确规定发达国家在技术转让和经济援助方面所承担的义务和责任。为积极履行《巴塞尔公约》，中国政府支持建立了巴塞尔公约亚洲太平洋地区培训和技术转让区域中心（简称"巴塞尔公约亚太区域中心"），持续推动区域履约能力建设。中国颁布的《中华人民共和国固体废物污染环境防治法》，明确了对危险废物和废物进口的要求，发布的《危险废物名录》和配套的《危险废物鉴别标准》给出了危险废物的判别标准，颁布的《危险废物经营许可证管理办法》《废弃电子产品回收处理管理条例》《医疗废物管理条例》等对危险废物环境无害化处置提出了具体要求，颁布的《关于禁止洋垃圾入境推进固体废物进口管理制度改革实施方案》明确禁止进口固体废物。

专栏 19-4 《关于汞的水俣公约》

　　保护人体健康和环境免受汞及其化合物的人为排放和释放的影响，2013 年 10 月，由联合国环境规划署主办的"汞条约外交会议"在日本熊本市表决通过了《关于汞的水俣公约》，该公约于 2017 年 8 月 16 日生效。《关于汞的水俣公约》的主要内容包括：① 对汞的供应和贸易实行控制，包括限期停止全球原生汞矿的开采；② 逐步禁止或严格限制各类添汞产品（如电池、节能灯、温度计和血压计）和用汞工艺（如电石法聚氯乙烯生产工艺）中汞的使用；③ 严格控制手工和小规模采金业汞的使用和排放；④ 严格控制大气汞排放（如燃煤发电、有色金属冶炼、水泥等行业）；⑤ 调查和控制向水和土壤介质释放的各类排放源；⑥ 对含汞废物及污染场地进行识别、评估和环境无害化管理或处置。截至 2020 年 8 月，有 123 个缔约方签署了《关于汞的水俣公约》。

　　中国政府于 2013 年 10 月 10 日签署了《关于汞的水俣公约》。2016 年 4 月，全国人民代表大会常务委员会决定批准该公约。2017 年 8 月 16 日，该公约正式对中国生效。中国是汞的生产、使用和排放大国，汞生产量和使用量均占全球生产量和使用量的 60% 左右，面临较大的履约压力。然而，中国作为负责任的大国，近年来积极开展《关于汞的水俣公约》履约各项工作，主要履约进展包括：制订了中国履行关于汞公约的国家实施计划；禁止了开采新的原生汞矿；禁止了新建氯乙烯单体用汞工艺；停止了公约管控的 9 大类添汞产品的生产和进出口；停止了公约管控的 7 个行业的用汞工艺；实现了 2020 年氯乙烯单体生产工艺单位产品用汞量较 2010 年减少超过 50% 的公约目标；截至 2020 年底，全国煤电总装机容量的 89% 已实现超低排放，并采用协同高效脱汞技术，脱汞效率可达 95% 左右。大气汞排放浓度普遍可达到 5 μg/m^3，远低于 30 μg/m^3 的国家标准。

　　除上述化学品和废物环境公约外，联合国环境规划署正在组织一项以"塑料污染（包括海洋环境）"为主题的、具有法律约束力的国际环境公约的政府间谈判，旨在从生产、使用、流通、回收和废弃的塑料全生命周期，预防和控制塑料污染。该公约必将成为一项对全球化学品和废物污染控制产生重要影响的国际环境公约，极大推动全球环境保护和可持续发展。

思考题

　　1. 从《京都议定书》到《巴黎协定》，应对气候变化的国际公约发生哪些转变？

　　2. 请说明当前中国履行《蒙特利尔议定书》面临的主要任务及其与气候变化的紧密联系。

　　3. 为什么说《斯德哥尔摩公约》在化学品全球环境治理公约体系中具有先导和基础性作用？

　　4. 请分析《巴塞尔公约》对于控制全球日益增长的电子废物和塑料污染方面的重要作用。

　　5. 中国履行生物多样性公约的主要举措和成效主要有哪些？

[1] 朱松丽, 高翔. 从哥本哈根到巴黎——国际气候制度的变迁和发展 [M]. 北京: 清华大学出版社, 2017.

[2] 傅燕.《巴黎协定》坚持的"共区原则"与国际气候治理机制的变迁 [J]. 气候变化研究进展, 2016, 12 (3): 243–250.

[3] United Nations, The Paris Agreement [EB/OL].

[4] 中华人民共和国国务院新闻办公室.《中国应对气候变化的政策与行动》白皮书 [EB/OL].

[5] UNEP. Scientific Assessment of Ozone Depletion: 2018.

[6] 刘建国, 等. 中国化学品管理: 现状与评估 [M]. 北京: 北京大学出版社, 2015.

[7] UNEP, The Stockholm Convention [EB/OL].

[8] 武丽辉, 南芳, 曲甍甍, 等.《鹿特丹公约》农药管控趋势及中国农药履约成效分析 [J]. 农药, 2021, 60 (11): 781–785.

[9] 段立哲, 李金惠. 巴塞尔公约发展和我国履约实践 [J]. 环境与可持续发展, 2020, 45 (5): 27–29.

[10] 魏辅文, 平晓鸽, 胡义波, 等. 中国生物多样性保护取得的主要成绩、面临的挑战与对策建议 [J]. 中国科学院院刊, 2021, 36 (4): 375–383.

[11] 中华人民共和国国务院新闻办公室.《中国的生物多样性保护》白皮书 [EB/OL].

[12] 中华人民共和国生态环境部. 关于印发《中国生物多样性保护战略与行动计划》(2011—2030年) 的通知 [EB/OL].

[13] 全永波. 全球海洋生态环境多层级治理: 现实困境与未来走向 [J]. 政法论丛, 2019 (3): 148–160.

[14] 刘惠荣, 齐雪薇. 全球海洋环境治理国际条约演变下构建海洋命运共同体的法治路径启示 [J]. 环境保护, 2021, 49 (15): 7.

郑重声明

高等教育出版社依法对本书享有专有出版权。任何未经许可的复制、销售行为均违反《中华人民共和国著作权法》，其行为人将承担相应的民事责任和行政责任；构成犯罪的，将被依法追究刑事责任。为了维护市场秩序，保护读者的合法权益，避免读者误用盗版书造成不良后果，我社将配合行政执法部门和司法机关对违法犯罪的单位和个人进行严厉打击。社会各界人士如发现上述侵权行为，希望及时举报，我社将奖励举报有功人员。

反盗版举报电话　（010）58581999　58582371

反盗版举报邮箱　dd@hep.com.cn

通信地址　北京市西城区德外大街 4 号
　　　　　高等教育出版社知识产权与法律事务部

邮政编码　100120

读者意见反馈

为收集对教材的意见建议，进一步完善教材编写并做好服务工作，读者可将对本教材的意见建议通过如下渠道反馈至我社。

咨询电话　400-810-0598

反馈邮箱　hepsci@pub.hep.cn

通信地址　北京市朝阳区惠新东街 4 号富盛大厦 1 座
　　　　　高等教育出版社理科事业部

邮政编码　100029

防伪查询说明

用户购书后刮开封底防伪涂层，使用手机微信等软件扫描二维码，会跳转至防伪查询网页，获得所购图书详细信息。

防伪客服电话

（010）58582300

数字课程账号使用说明

一、注册 / 登录

访问 https：//abooks.hep.com.cn，点击"注册 / 登录"，在注册页面可以通过邮箱注册或者短信验证码两种方式进行注册。已注册的用户直接输入用户名加密码或者手机号加验证码的方式登录。

二、课程绑定

登录之后，点击页面右上角的个人头像展开子菜单，进入"个人中心"，点击"绑定防伪码"按钮，输入图书封底防伪码（20 位密码，刮开涂层可见），完成课程绑定。

三、访问课程

在"个人中心"→"我的图书"中选择本书，开始学习。